U0176656

建筑工程
减隔振（震）设计

张同亿　等◎编著

中国建筑工业出版社

图书在版编目（CIP）数据

建筑工程减隔振（震）设计 / 张同亿等编著. — 北京：中国建筑工业出版社，2023.10
ISBN 978-7-112-29293-6

Ⅰ. ①建…　Ⅱ. ①张…　Ⅲ. ①建筑结构 - 防震设计
Ⅳ. ①TU352.104

中国国家版本馆 CIP 数据核字（2023）第 202784 号

本书系统阐述了建筑工程减隔振设计理论、设计方法和工程应用，涵盖了地震、风振、环境振动、设备振动、人致振动等振动源。内容包括现有振（震）动控制设计相关标准，结构减震设计、结构和楼盖减振设计、高层及大跨结构风振控制、结构隔震设计、结构及设备隔振设计，环境振动和地震一体化振震双控设计，高层结构减隔震和风振控制相关影响及典型组合减振（震）技术，介绍了减隔振（震）关键技术问题、大型振动试验设施振动控制专项研究成果。

本书可供建筑结构设计工程师和相关专业研究人员参考使用。

责任编辑：刘瑞霞　梁瀛元
责任校对：李美娜

建筑工程减隔振（震）设计

张同亿　等　编著

*

中国建筑工业出版社出版、发行（北京海淀三里河路 9 号）
各地新华书店、建筑书店经销
国排高科（北京）信息技术有限公司制版
北京中科印刷有限公司印刷

*

开本：787 毫米 ×1092 毫米　1/16　印张：35　字数：850 千字
2024 年 1 月第一版　　2024 年 1 月第一次印刷
定价：**149.00** 元
ISBN 978-7-112-29293-6
（41863）

前 言 FOREWORD

近年来，建筑结构设计有如下趋势：一是随着抗震设防要求的提高，采用减隔震的建筑结构占比逐步增加；二是随着高层建筑和大跨建筑的增加，抗风振设计和风振控制需求越来越多；三是我国城市的轨道交通快速增加，对于环境振动控制要求越来越高，交通振动逐步成为建筑工程结构设计必须关注的动荷载；四是随着用地紧张致使工业建筑上楼动力设备增加，动力设备振动对建筑结构、人体舒适度的影响，逐渐受到重视；五是精密设备和仪器受动力设备（含施工机械）振动和交通环境振动的影响，微振动控制要求也成为结构设计的重要部分；六是公共建筑大跨度楼盖对于人致振动控制需求也日趋增加。

以上地震、风振、环境振动、设备振动、人致振动等振动及响应是建筑工程设计需要考虑的，目前每一类振动作为一个独立的学科领域，都有众多的科研团队进行专项研究，并有很多科研成果、专著和相应的设计标准，多年来结构设计时一般对振动的控制也是分工况进行的。实际工程中，以上各类振动源的振幅、频率及持时有所不同、材料在不同振动作用下阻尼稍有区别、振动控制要求不尽相同，但振动控制采用的减隔振设计原理是相同的，计算分析方法上基本是相通的，工程应用中均围绕结构及减隔振设施的动力特性（主要是频率和阻尼）确定技术方案，另外，部分减隔振技术还会对不同振动源响应有不同甚至相反的影响。作为一个结构工程师，需要根据建筑功能、舒适度和安全性等要求，统筹考虑以上振动源产生的振动响应控制。因此我们为广大的一线工程师编著本书，以便于大家对各类振动源和振动响应控制的设计方法有宏观统一的了解，对建筑结构需要考虑的振动控制统筹考虑并开展一体化设计。

建筑工程振动控制技术路线分为抗振、减振两类，"振"包含了日常各类"振动"和"地震"。抗振设计通过结构自身性能实现振（震）动响应控制，减振设计通过在结构或受振体上设置振动控制装置，由控制装置与结构共同控制或抵御地震、风振及工业振动等动力作用，有效减小结构的动力响应。广义上讲，减振技术包含了日常"减振"（消能减振、调谐吸振）和"隔振"，隔振系统有效减小了上部体系的振动输入，把隔振系统与上部体系视为整体，隔振技术通过改变整体结构系统的动力特性，减小了上部结构的振动响应，是减振技术的一种特殊应用；狭义上讲，工程减振技术指的是减小结构的振动响应，而不改变振动输入的技术。为方便读者阅读，本书中仍然采用读者熟知的减振（震）、隔振（震）分别表述。

本书针对上述振动源，全面梳理了现有振（震）动及控制相关标准；分类总结及论述结构整体减震设计、工程整体和单层楼盖减振设计、高层及大跨建筑风振控制、结构整体隔震设计、结构整体及设备隔振设计；重点阐述了环境振动和地震一体化设计的振震双控设计方法，探讨了高层建筑减隔震和风振控制的相关影响，介绍了目前工程应用的典型组合减振（震）技术应用情况；另外，针对减隔振（震）工程应用中的部分关键技术问题进行了深入探讨；结合实际工程，针对大型振动试验设施振动控制进行了专项研究。

本书共分为 5 篇 16 章，其中第 1 篇由张同亿、付仰强、石诚、秦敬伟、张松、王文渊编著，第 2 篇由付仰强、张同亿、石诚、秦敬伟、王文渊、祖义祯、罗佑新、张松编著，第 3 篇由张同亿、付仰强、秦敬伟、张松、石诚编著，第 4 篇由张同亿、付仰强、罗佑新、秦敬伟、石诚编著，第 5 篇由石诚、张同亿、付仰强、赵宏训、秦敬伟编著；全书由张同亿、付仰强、石诚、李仕全进行校对，张同亿统一定稿。

针对建筑工程减隔振（震）设计理论、设计方法和装置应用，书中给出了大量典型工程实例，可便于读者理解和工程应用参考。除少数案例和算例外，本书实例为中国中元国际工程有限公司多年来的工程实践，许多工程师参与了上述工程的设计工作，向他们表示感谢；另外，书中参考了诸多专家的研究成果和文献，在此一并致谢。

由于工程减隔振（震）技术涉及领域广、内容多、技术及装置发展快，加之作者水平所限，书中难免有片面和不妥之处，敬请读者批评指正。

中国中元国际工程有限公司　张同亿

2023 年 12 月

目录 CONTENTS

第2篇 ｜ 建筑工程减振（震）设计

第3篇 | 建筑工程隔振（震）设计

第4篇 ｜ 建筑工程组合减隔振（震）设计

第5篇 │ 建筑工程减隔振（震）技术专项研究

工程减隔振（震）技术概论

第 1 章 工程减隔振（震）技术

1.1 认知振动

振动是物体运动的一种形式，是一种普遍存在的现象，比如地震、水波、声波、心脏跳动、环境噪声、超声波、光波、设备振动等都属于振动现象。广义上讲，一切随时间作周期性变化的物理过程统称"振动"，包括地震、风振等；狭义上讲，物体（或物体中的一部分）沿直线或曲线经过其平衡位置作的往复运动称为"机械振动"，简称振动，如单摆、弦线、音叉、鼓膜等的运动。

振动按照规律分为确定性振动、随机振动，其区别在于确定性振动可用确定性函数描述，而随机振动虽有一定的统计规律，但无法用确定性函数准确描述。

振动按照力学特征可分为强迫振动、自由振动、自激振动，强迫振动是指系统在外部激励作用下的振动，自由振动是指系统受到的初始干扰或激振力停止作用后产生的振动，自激振动是指系统在输入与输出之间具有反馈、同时存在能源补充而产生的振动。

振动的三个基本参数是振幅、频率、相位，频率、相位不同的振动组合不能简单叠加振幅。

振动按照对人类生活的影响可分为有益振动和有害振动两种。

有益振动，诸如人体器官的振动，医疗机械中波动（如超声波、核磁共振），乐器的律动，信号传递与通信，钟表中石英振荡器的振动等。利用振动可产生服务人们工作生活的有益效果，对人类生活水平的提高和科学技术的发展带来益处，比如：土建工程中，振动沉桩、振动拔桩以及混凝土浇筑时的振动捣实等；在工程地质方面，利用超声波进行检测、地质勘探和油水混合及油水分离；在石油开采上利用振动提高石油产量；在海洋工程方面，海浪波动的能量可以用来发电；工业生产中，可以利用振动完成许多工艺过程，例如振动破碎、振动筛分、振动成型、振动脱水、振动消除应力等。

有害振动，比如地震危及生命财产造成重大损失，机器和建筑物的振动影响正常使用甚至产生结构性损坏，运载工具的振动使乘客感觉到不舒适；工业噪声会污染环境，飞行器颤振及抖振可能会造成安全事故等。

有益振动的利用与有害振动的抑制，均属于振动控制的范畴。振动控制通过采取一定的技术措施及控制装置，或改变振动输入，或减小振动响应，对有益振动进行利用并控制在合理范围，对有害振动进行消减、阻隔或转移，使受控对象的振动水平满足预定要求。

1.2 建筑工程振动

建筑结构在动力设备、环境振动（比如轨道交通、公路交通、施工等）、地震及风等作用下会产生振动，过大的结构振动不仅会影响建筑功能及内部仪器设备的正常使用、引起人员的不适及损伤，还会造成建筑装修、主体及非主体结构的损坏甚至倒塌。因此振动控制是建筑工程设计的重要内容，针对不同类型的振动源影响，通过改变外部振动输入或减小建筑结构振动响应，降低振动对工程安全、人员舒适性、精密设备仪器正常工作的影响，使其满足结构承载力极限状态或者各类正常使用要求的设计规定。

目前建筑工程设计时，需要考虑地震、风、环境振动、人致振动、动力设备等振动源的影响，不同振动源的振动控制目标有所区别。针对地震动的振动控制，需要满足结构承载力、变形或楼面加速度等控制要求，旨在减小地震下结构的响应，减轻结构损伤，保证特殊建筑功能需要等；对于风振、施工振动、较大的动力设备荷载的振动控制，需要同时满足承载力极限状态与正常使用的要求，既要满足振动荷载下的结构受力、变形要求，又要避免振动影响建筑正常使用功能；对于环境振动、人致振动的控制，主要满足正常使用的要求，避免振动对内部人员舒适性及精密仪器设备工作环境产生不利影响。对于多种振动源影响同时存在、振动控制要求较高的建筑工程，需要采取组合控制措施，同时满足多种振动源影响控制的需求。

1.2.1 振动源

目前，建筑工程设计时需要考虑的振动可分为两类（图 1.2-1），一类为自然振动，包括地震、风等；一类为人为振动，包括交通振动、人致振动、动力设备、工程施工振动等。地震、风等自然振动多为随机振动；交通振动及人致振动可采用多个确定性函数（比如正弦函数）叠加描述，但其特性经过传播介质传递到受振体后，振动输入往往难以通过确定性函数准确描述；动力设备、施工机械等振动的运行频率相对固定，引起的振动多为频率单一的简谐振动。

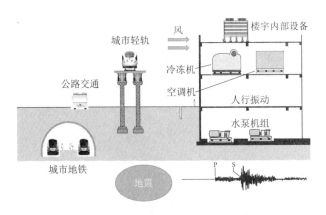

图 1.2-1　振动源示意图

从振动频率特性上看，振动源引发的建筑工程振动响应，同时体现振动源自身的振动频率与结构动力特性。地震动引发的建筑结构振动频率为 0.1～30Hz，卓越频率一般在 1～5Hz，远场地震传递到建筑物底部振动的长周期分量更为显著；风荷载中的平均风频率多在 10^{-3}Hz 以下，一般工程上视为静荷载处理，脉动风振动能量集中在 10^{-2}～10^{-1}Hz，引发的结构振动一般为 0.1～10Hz，属于典型的低频振动；轨道交通振动频带较宽，振动能量集中在

20～80Hz，传递到建筑工程的振动能量集中在 30～60Hz；人行荷载振动频率多集中在 2～4Hz，其他活动（如跳跃、运动等冲击荷载）振动频率较高，引发的建筑工程振动与人员运动的频率及人员数量密切相关；动力设备振动、施工振动等多为频率较为固定的振动，常见工作频率一般在 10～100Hz，引发的建筑工程振动频率以设备工作频带的能量最为丰富。

从振动幅值上看，较之环境振动、人致振动等，地震、风等自然振动源引发的建筑振动幅值响应更为明显，直接造成结构或非结构构件损坏；人为振动中爆破、大型施工机械及动力设备引发的建筑振动幅值也有可能造成装修或结构损坏，其他人为振动源引发的建筑振动幅值多数尚未达到引发结构损坏的程度，多导致振动加速度过大造成的舒适度问题，或者振动响应过大影响精密设备正常工作的问题。

从持续时间上看，地震属于偶然荷载，具有重现期长、作用时间短的特点，风荷载、环境振动、动力设备振动、人致振动均属于频遇振动，风荷载作用时间不固定，相比较地震，风荷载作用时间较长，有时达数小时，环境振动、动力设备振动及人致振动一般贯穿建筑工程整个设计使用年限，属于频发长时往复振动。

1.2.2 振动传播

振动通过固体传播介质（土体、基础底板、结构构件等），以波动形式传递给建筑工程或内部人员、设备。振动在固体介质中传播分为体波和面波。体波包括横波和纵波，在黏土层、砂地层的传播速度实测如下：纵波传播速度分别为 1100～1300m/s、1700～1800m/s，横波传播波速分别为 170～350m/s、300～600m/s。

纵波是由介质的压缩（或拉疏）弹性变形引起的，也称为压缩波或疏密波，振动方向和振动波的传播方向一致。纵波是传播最快的振动波，故纵波又称为 P 波（Primary wave），其在实体结构（如场地土体等）中的传播速度为：

$$C_{\mathrm{p}} = \sqrt{\frac{1-\mu}{(1+\mu)(1-2\mu)}} \cdot \sqrt{\frac{E}{\rho}} \qquad (1.2\text{-}1)$$

式中，μ 为泊松比；E 为介质的弹性模量；ρ 为介质密度。

横波是弹性介质的剪切变形产生的，横波的粒子振动方向和波的传播方向相垂直，其波速仅次于纵波，是振动测量中第二个记录到的波，故又称为 S 波（Secondary wave），其传播速度为：

$$C_{\mathrm{s}} = \frac{1}{\sqrt{2(1+\mu)}} \cdot \sqrt{\frac{E}{\rho}} \qquad (1.2\text{-}2)$$

面波是体波的次生波，包括 R 波（瑞利波）和 L 波（勒夫波）。面波质点振幅随着深度的增加呈现指数衰减；其中 R 波的传播速度与 S 波接近，在黏土层、砂地层的传播速度实测为 130～300m/s、240～550m/s。

振动在固体介质中的传播，往往随着传播距离呈现指数型衰减，其中面波衰减较慢，故面波是传播距离较远的振动波，在远离振源处面波通常比纵波、横波都更强。除距离衰减外，振动还会由于传播介质的黏滞性而衰减，不同振动频率的波衰减规律呈现差异，振动频率越高衰减越快。波的衰减特性及衰减曲线（$\mu/\mu_0 = \mathrm{e}^{-\lambda t} r^{-n}$）如图 1.2-2 及图 1.2-3 所示。

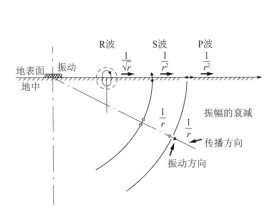

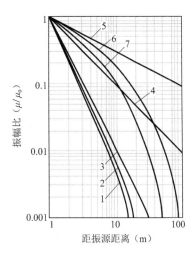

图 1.2-2　体波及面波传播衰减特性示意图　　　图 1.2-3　不同类型振动波随距离的衰减曲线

（1—体波，$n = 2$，$\lambda = 0.1$；2—体波，$n = 2$，$\lambda = 0.05$；3—体波，$n = 2$，$\lambda = 0$；4—体波，$n = 1$，$\lambda = 0$；5—面波，$n = 1/2$，$\lambda = 0$；6—面波，$n = 1/2$，$\lambda = 0.05$；7—面波，$n = 1/2$，$\lambda = 0.1$）

　　地震、轨道交通振动、施工振动等经过介质传递到建筑物底部，引发建筑工程振动。地震动经过场地土滤波，体波衰减快，远场地震引发的建筑振动，多以面波造成的振动为主，建筑上部结构振动沿楼层存在放大效应，地震下建筑工程的振动响应与工程材料、结构形式、整体质量与刚度分布、地震动持续时间等因素相关，直下型地震同时引发建筑工程显著的竖向振动，实际工程设计中对于大跨度、长悬臂及重要建筑等宜考虑竖向地震的影响；轨道交通振动传递到建筑工程基础，经过结构柱传递到楼盖，引发楼盖竖向振动，曲线型轨道交通振动源同时造成水平与竖向振动，楼盖振动水平与楼盖质量、楼盖面外刚度等有关。

　　风荷载直接作用在建筑表面，沿建筑高度荷载分布不同。建筑体型的精细化设计往往可以减小风振响应，除建筑形体外，脉动风荷载引发的风振响应取决于建筑高度、整体质量及结构刚度分布，与混凝土结构比较，高度接近的钢结构建筑的风振加速度往往偏大。

　　动力设备根据相对位置可分为建筑内部设备（含上楼及地面设备）和远离建筑的大型动力设备。上楼动力设备，容易造成楼盖竖向振动超标，振动还可能传递至相邻楼层，引发建筑局部楼层的竖向振动问题，部分纺织机械等水平振动较大时也可能导致结构整体水平振动；地面上布置的振动机器设备产生的振动一般较为明显，其通过设备基础及结构构件传播、扩散，处置不当容易引发建筑整体水平振动和楼盖竖向振动；远离建筑的大型动力设备振动传播与轨道交通振动、施工振动传播类似。

　　人致激励直接作用在建筑楼盖上，一般振动能量较小，难以引发整体结构的振动，其振动影响仅限于荷载作用所在位置及相邻区域的竖向振动，对于结构远端区域影响逐步减弱。

1.2.3　振动危害

　　强度、频率、持时不同的振动，对建筑结构、内部人员及精密仪器设备的影响程度不同（图 1.2-4）。不同振动引发的建筑工程振动，振动响应中近振源频率的响应成分最为丰富，建筑结构自身频率特性附近的频带振动能量相对集中。高频振动对于仪器设备及人体影响较大，低频振动由于更接近建筑结构的自振频率，对建筑结构自身影响更显著。振动对建筑物的破坏程度取决于振动源特性、振动源与建筑物之间的距离、地基土体及建筑基础动力特性、建筑结构整体动力特性、结构楼盖动力特性等因素。

对于精密仪器设备，过大的环境振动导致加工精度降低，影响精密仪表仪器测量精度，对某些特别精密、灵敏的仪器，比如灵敏继电器，振动可能使其保持触头断开，从而引起主电路断路等连锁反应，导致重大事故；环境振动还会造成机器设备的不平衡，加剧机械零部件磨损，降低加工精度甚至缩短设备寿命。

振动对于人的影响，主要包括损害人体健康、降低工作效率、引起舒适性问题三个方面。对于生产性振动，由于人体长时间直接暴露于振动环境且振动强度明显，往往会导致作业人员患上各类振动职业病；环境振动还经常导致噪声超标，虽然振动强度不大，但也会导致降低工作效率、影响睡眠等，有时还会引起人体内部器官共振，造成严重不适，显著影响人们正常工作及生活。

交通振动、动力设备、工程施工及风荷载导致的结构振动，未采取控制措施的情况下，可能会造成建筑结构的损伤，振动持久作用于建筑结构，可能导致建筑结构产生变形、建筑地基不均匀沉降、建筑基础和填充墙体甚至结构墙开裂、金属材料的疲劳等；强震还会造成建筑结构严重破坏甚至倒塌。

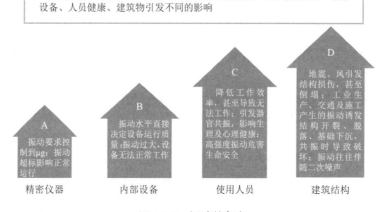

图 1.2-4　振动的危害

1.2.4　振动测试与分析

振动测试是量化振动输入及振动响应大小、检验振动控制是否满足要求的必须手段；振动分析是解决振动及动态特性问题、研究系统动力学特性、分析振动产生原因的必不可少的手段。振动测试系统，应根据测试对象的振动类型和振动特性进行选取。

1. 振动测试

振动测试的主要内容包括振源振动水平测试、受振动影响对象的振动水平测试及振动传递路径中的振动水平测试，其中振源涉及轨道交通、公路交通、人员活动、风、动力设备、施工、爆破等产生的振动，受振动影响的对象主要涉及建筑结构、人员、精密仪器设备等，振动传递路径包括了振源下部的土体、基础、结构构件或构筑物等。

根据振动激励产生的条件及测试目的，常用的振动测试分为人工激振下的动力特性检测、振源作用下的振动测试、环境脉动测试。其中振源作用下的振动测试可分为场地振动测试、振动传播规律测试、受振体振动水平测试等；环境脉动测试用于精密仪器设备使用环境下的微振动测试。

振动测试测点布置方案设计，需准确反映测试对象的振动响应情况，受限于测试规模，应选取具有代表性的控制点作为振动测试点，通常环境振动测试的测点数量不宜少于 3 个，楼盖振动测试面积不大于 $20m^2$ 时应至少选取 1 个测点，测试面积大于 $20m^2$ 时应至少选取 3 个测点，各测点宜采用多点同步测试。另外，传感器应布置在建筑物中振动有效传递路径上，当沿楼层布置时，应保证至少有一组测点平面位置一致；当建筑结构不对称时，应按各个主轴水平方向分别布置传感器。实际振动测试过程中，现场条件复杂，突发问题较多，需要测试人员根据现场情况采取相应的保护措施，避免测试过程受到外部干扰导致数据失效。

振动测试的时长应根据振动响应特征确定，并确保主要振动响应信息、数据分析结果等真实反映振动特征。振动测试应涵盖振动响应最大时段，环境振动测量应在昼间、夜间分别进行，振动测试过程中，应保持振源处于正常工作状态，应避免遭受其他振源和环境因素的干扰。

振动测试采样频率应根据分析频率的范围合理选取，每个测点记录有效振动数据的次数不应少于 3 次，3 次测试结果与平均值的相对误差不应超过±5%，振动测试点应设在振动控制点上，振动传感器的测试方向应与测试对象所需测试的振动方向一致，测试过程中不得产生倾斜和附加振动。

振动测试时传感器的安装固定必须满足两个要求：一是要满足传感器与被测对象保持一致运动；二是传感器的质量相对于被测对象要足够小，以保证被测对象在传感器安装前后的运动特征不发生改变。为保证上述要求，传感器可通过螺栓与被测结构紧密连接，或通过橡皮泥、双面胶等方式连接；在获取土层中的振动信号时，可先将传感器用螺栓固定在防水盒内，然后将防水盒埋在土层中。

2. 测试数据分析及处理

振动信号的分析处理是获取高精度振动数据的重要手段，常用的振动信号分析处理方法包括：预处理、时域分析、频域分析、时频分析和时间序列建模分析。

（1）信号的预处理

振动信号的预处理是将试验中采集到的信息尽可能还原成与实际状态相一致的振动数据。在振动实测中，获得的是电压值，其中也夹杂着以采集仪分辨率为单位的数字量以及背景振动等各种干扰振动数据，或因温度变化造成传感器零点漂移导致信号中存在长周期趋势项。为使采样数据更加接近被测对象的振动真实值，需做标定变换、消除趋势项等预处理操作。

定标就是将 A/D 转换器输出数字单位转变为相应的物理单位，再让传感器来拾取已知的标准振动量，以校正采集系统处理数据的准确性。也可以利用传感器的灵敏度将一个输入电压转换成带有物理单位的已知振动量。根据校正信号种类不同，分为阶跃定标和正弦定标。

趋势项指测试数据中包含的周期超过测试记录长度的振动，在时域中表现为波形朝向一个方向倾斜。在振动测试过程中，或多或少地存在信号趋势项，造成测量数据失真或测试精度降低。因此，在数据处理时，应对信号中的趋势项加以判别并剔除。常用消除趋势项的方法是最小二乘法。

采样获得的振动信号中常常夹杂着噪声信号，包括与测试不相干的其他动力源干扰、本底振动等，因此根据离散振动数据对振动曲线进行重新绘制时常出现尖峰、尖角，通常需要对采样数据做平滑处理。常用方法有五点三次平滑法和平均法。

（2）时域分析

信号时域分析即在时域内对信号进行分析处理，从振动波形中提取振动峰峰值、均值、有效值等有用信息或将振动信号转化为所需振动数据。通过时域分析，能够消除实测波形畸变，确定实测波形时间历程，再现真实波形，求出相位滞后、自由振动的波形衰减系数、振动系统的阻尼比等。信号时域分析包括数字滤波、微积分变换、统计分析、波形分析、相关分析等内容。

数字滤波能够分离频率分量、抑制干扰信号，从采样得到的离散振动数据中有针对性地筛选出研究者所关注的特定频率范围的振动信号。数字滤波基于研究者初步了解测试对象振动规律、干扰信号所处频带，有针对性地滤除这些干扰信号与噪声，截取有用信号。软件数字滤波仅依赖算法结构即可获得理想的滤波效果，应用广泛。数字滤波的频域方法是利用快速傅里叶变换将被分析的时域信号转换到频域进行分析，结合所关心的频率范围，将确定滤除的频率成分的振动值设为0或通过渐变过渡频带设为0。这种滤波方法运算快，易对滤波带进行高精度控制，但会造成谱泄漏，导致时域波形失真。数字滤波的频域方法在处理冲击响应、地震响应等数据长度较大信号以及自由振动信号时较为适用。数字滤波的时域方法通过对离散振动数据做差分运算实现，以达到滤波的目的。经典的数字滤波器主要有无限长冲激响应滤波器（IIR数字滤波器）和有限长冲激响应滤波器（FIR滤波器），前者应用较为广泛，后者阶数高、较精准，但计算时间延迟比同性能的数字滤波器大得多。

时域统计分析是对振动信号进行幅值上的各种处理，常用的统计特征值包括均值、最大值、最小值、均方根值、方根幅值、斜度、峭度、峰值指标、脉冲指标、裕度指标、峭度指标和概率密度分布（也称为幅值域分析）等，其中均值反映平均振动能量，最大值、最小值、峰值在一定程度上反映振动信号是否含有冲击成分，斜度则反映幅值概率密度对于纵坐标的不对称性，斜度越大，不对称越严重。受测试环境条件或设备条件限制，有些振动物理量的数据无法通过测试获取，而是经其他物理量运算得到。积分、微分运算是常用方法。时域内积分和微分运算是基于梯形积分求积的数值积分法和中心差分的数值微分法实现。时域波形分析的特点是信号的时间顺序，可直观描述振动随时间变化的情况，估量振动平稳与否及对称程度。

时域相关分析包括自相关分析和互相关分析。自相关分析是研究信号在振动过程中不同时刻的相关程度，可以区别信号的类型，检测随机噪声中的确定性信号，其自相关函数能够检测出振动信号中的周期性成分，函数收敛的快慢能够反映信号中所含频率成分的多少，波形的陡峭、平缓程度；互相关分析是描述两个振动过程中不同时刻的相关程度，可用于找出两个信号之间的关系，也可找出同一信号不同时刻的关系，常用于振动传播途径识别以及振动传播速度、传播距离等检测分析，如检测分析各种交通运输工具的振动影响、工业振动与噪声传播路径等。

（3）频域分析

频域分析是振动信号分析处理的重要分析方法，常用的频域分析方法有频谱分析、功率谱分析、倒频谱分析、细化谱分析、解调谱分析、相干函数分析及频响函数分析等，上述频域分析的核心算法是傅里叶变换。

频谱分析是将一个复杂的振动信号在频域内分解成简单信号的叠加，这些简单的信号对应各种频率分量同时体现幅值、相位、功率及能量与频率的关系，常用的频谱包括幅值谱、功率谱及相位谱。

功率谱分析是研究平稳随机振动信号常用的频域分析方法，可反映随机振动平均谱特性。功率谱分析是建立在功率谱密度函数基础上的，即通过对一段随机振动数据的自相关函数或两段随机振动数据的互相关函数进行傅里叶变换得到功率谱密度函数，包括自功率密度函数和互功率谱密度函数。自功率谱密度函数反映了振动能量在频域内的分布规律，常用来确定机械设备、结构的动力特性。

倒频谱分析亦称为二次频谱分析，是对功率谱取对数再进行傅里叶正变换运算，主要用于识别复杂频谱图上的周期结构，分析和提取密集泛频信号的周期成分。

细化谱分析、解调分析及相干函数分析均是信号处理与参数识别中常用的频域分析方法。频响函数分析是动力学系统动态特性在频域上的最完善描述，频响函数测量和分析是振动测试与数据分析的重要内容。

三分之一倍频程分析，因具备频带宽、谱线少等优点，被广泛应用于人体振动学、声学以及机械振动等宽频带振动测试的数据分析中。三分之一倍频程谱是将频率轴按照 $2^{1/3}$ 划分刻度，以每个中心频率为中心前后 $2^{1/6}$ 频率范围组成一个频带，每个频带内设置独立滤波器。我国现行标准中规定的中心频率为：1Hz，1.25Hz，1.6Hz，2Hz，2.5Hz，3.15Hz，4Hz，5Hz，6.3Hz，8Hz，10Hz，…。由上述数据可以总结出中心频率的递增规律：每隔 2 个中心频率，频率值增加 1 倍。三分之一倍频程谱可通过如下两种方法获得：第一种方法是在时域内实现，首先确定分析信号的整个频率范围，然后对时域内的振动信号按照每一个中心频率对应的频带进行带通滤波，对滤波后的时程数据进行统计分析，计算出该频带内数据的均方值或有效值，最后，按照中心频率由低到高依次绘制；第二种方法是在频域内实现，首先将分析的振动信号通过傅里叶变换转换到频域，得到相应的振动幅值谱或功率谱，然后计算每个中心频率对应频带内数据的平均值，最后按照中心频率由低到高依次绘制。

（4）时频分析

时频分析是对非平稳或时变信号在时间、频域上组合进行信号处理分析的方法，通过时间轴和频率轴两个坐标组成的相平面，可得到整体振动信号在局部时域内的频率组成，或者得到整体信号各个频带在局部时间上的分布和排列情况。常用的时频分析方法包括短时傅里叶变换、小波变换、Wigner-Ville 时频分析和 Hilbert-Huang 变换。

短时傅里叶变换是研究非平稳信号最广泛使用的方法，其基本原理是把信号划分成许多小的时间间隔，用傅里叶变换分析每一个时间间隔，以确定对应时间间隔内存在频率。

小波分析是一种基于小波变换的时频分析方法，核心是多分辨分析，即在不同尺度下由粗到精的处理方式，同时反映信号整体特征与局部信息，既能对信号中的短时高频成分进行定位，又可以对信号中的低频成分进行分析，克服了傅里叶变换分析在时域上无分辨率的缺陷，但其本质是窗口可调的傅里叶变换，故没有摆脱傅里叶变换的局限，基小波的有限长会造成能量泄漏。

Wigner-Ville 分析将一维的时间或频率函数映射为时间-频率的二维函数，能够准确反映信号能量随时间和频率的分布，该时频分析方法存在频率干涉现象，难以将含有多种频率成分的复杂信号表示清楚。

Hilbert-Huang 变换是一种先对一时间序列数据进行经验模态分解，将原数据分解成为一系列的固有模态函数分量，然后对各分量做 Hilbert 变换的处理方法。Hilbert-Huang 变换方法摆脱了傅里叶变换分析的局限，能够描绘信号时频谱和频域幅值谱，是一种更具有适应性的时频局部分析方法。

（5）时间序列分析

时间序列分析与经典的傅里叶变换的分析方法不同，时间序列分析是对采集到的振动信号建立时间序列模型，通过对模型参数的分析，识别系统的特性和状态。时间序列模型有自回归滑动平均模型、自回归模型和滑动平均模型三种。时间序列分析多用于数据趋势分析和预报。

3. 传感器

传感器的作用是把各种被测物理量转换为电信号，按照振动测量的物理量，振动测试传感器可分为位移传感器、速度传感器、加速度传感器及加加速度传感器，其中加加速度传感器可用加速度传感器加微分电路构成，实际工程中位移传感器、速度传感器及加速度传感器较为常见。测试传感器应由国家认定的计量部门定期进行校准；振动测试时，测试仪器应在校准有效期内。

位移传感器又称为线性传感器，是一种属于金属感应的线性器件，按照测量原理，位移传感器可分为电位器式、电阻应变式、电容式、电感式、磁敏式、光电式及超声波式。

速度传感器按照工作原理分为光电式、磁电式、霍尔式、激光式等。磁电式传感器又称为电动式或感应式传感器，仅适用于动态测量。磁电式传感器、霍尔式传感器不需要外部电源供电。激光式传感器的优点在于使用方便、无需固定参考系、不影响振动体的振动，同时测量频带宽、精度高、动态方位大，缺点是测量过程易受其他杂散光的影响。

加速度传感器是通过振动造成的传感器内部敏感部件发生振动变形，利用信号转换电路将变形转化成电压输出，得到振动加速度记录。根据加速度传感器的工作原理可分为压电式、压阻式、电容式、伺服式、三轴式 5 种。压电式传感器具有动态范围大、频率范围宽、坚固耐用、受外界干扰小、无需外部电源等优点，是目前振动测量应用最为广泛的加速度传感器。压阻式传感器具有测量频带宽、可实现超小型体积等优点，同时存在测量结果易受温度影响、特殊压阻芯体成本高等问题。电容式传感器具有电路简单、测量频带宽、灵敏度高、输出稳定、测量误差小，实际应用价值较高，其不足之处在于信号输入与输出为非线性、量程有限、信号干扰明显，需要通过后继电路等措施改善。伺服式传感器是一种闭环测试系统，具有动态性能好、动态范围大、线性度好等特点，伺服式传感器抗干扰能力强、测量精度高，广泛应用于惯性导航、惯性制导系统等高精度振动测量。三轴加速度传感器具有体积小、质量轻的特点，可用于测量空间加速度，在航空航天、机器人、汽车和医学等领域得到广泛应用。

对应不同的振动测试，需要结合测试环境及目的，确定合适的测试系统中传感器的性能参数，主要性能参数指标为传感器测试范围及量程、灵敏度、线性度、分辨率、失真度、信噪比及频响特性等。对于低频段、大位移振动测试宜选用位移传感器，特别是对于 1Hz 以下的振动信号，振动加速度幅值往往比较小，加速度传感器测试信号容易被噪声信号干扰或淹没，误差较大，此时采用位移传感器可获得较为真实的振动信号；对于高频振动，位移和速度振幅往往比较小，位移传感器、速度传感器的信号较弱，此时应采用符合性能参数要求的加速度传感器。

工业建筑振动测试仪器应根据内部动力设备的类型选用，传感器的灵敏度应满足振动测试环境中振动幅值的测量要求，并应保证在幅值测量下有足够的信噪比，传感器在测量范围内的非线性度不应大于 3%，最大横向灵敏度比不应大于 5%，传感器的安装谐振频率应大于最高分析频率的 20%，冲击振动测量时，传感器的安装谐振频率应大于脉冲持续时间 1/10 的倒数，低频振动测量时，传感器的下限频率应小于最低分析频率的 20%。

选择传感器时，应考虑如下指标：

（1）灵敏度。传感器接收到单位振幅值（包括速度、加速度、位移等）所输出的电信号量值（通常为电压值）。

（2）频率范围。在误差许可范围内，保障传感器能够对振动信号进行准确测量的频率范围，用灵敏度表征。一般情况下，灵敏度会随振动频率变化而变化，传感器频率范围为灵敏度在容许误差范围内的频率区间。

（3）动态范围。传感器能够测量的最小振动信号与最大振动信号的区间范围，在这个范围内，传感器可将振动信号按照线性关系输出为电信号，一旦超出这个范围，输入与输出信号之间成非线性。

（4）横向灵敏度。反映传感器抵抗与其测量主轴方向无关振动干扰的能力，表示为垂直测量主轴方向灵敏度与测量主轴方向灵敏度之比。其值低于 5%时，说明传感器抗干扰能力强。

（5）相位特性。反映拾振器输出信号与输入振动信号的相位角对应程度，一般要求传感器不能有相位差，即便有也应随频率呈线性变化，否则会产生畸变波形。

另外，在实际测试中，还应考虑传感器对测试环境的适应性，如温湿条件、电磁干扰等。应在测试前做好现场勘查，充分考虑多种干扰因素，采取有效的应对措施。

1.3　工程振动控制技术

1.3.1　技术路线

振动控制技术路线分为抗振、减振两类。这里的"振"包含了工程领域常见的振动和地震。

抗振设计即通过工程结构自身设计，实现抗振（震），这种技术路线应用时间长，应用面广，截至目前仍然是一般工程振动控制可选方案。对于地震、风振等作用，传统的抗振设计都是调整结构整体抗侧刚度、提高结构构件的强度和变形能力来保证结构安全，或通过改变工程形体构造降低风荷载，并结合结构设计提高风振舒适度。对于动力设备、施工、人致激励等引起的振动，设计时调整优化结构刚度，避开振动激励主要频率，控制结构或者设备仪器的动力响应。

随着社会的发展、科技的进步，人们对工程性能要求越来越高，同时精密仪器仪表和微电子设备的应用对环境振动的控制提出了越来越多、越来越严格的要求，传统的抗振技术方案难以满足工程需要。自 20 世纪 70 年代以来，以美国、日本和中国为代表，国内外在地震、风振、轨道交通振动及设备振动等领域开展了大量的减振技术研究工作，包括理论和算法研究、装置建模与开发、分析与设计方法、试点工程等系列的研究工作，经过 50余年的研究探索，工程减振技术实现了从设想到理论、从算法到装置、从试验到应用的跨越式发展，为结构振动控制提供了崭新的有效、经济、简单、可靠的方法。

减振设计即通过在结构或受振体上设置振动控制装置，由控制装置与结构或受振体共同控制、抵御地震、风振及工业振动等动力作用，有效减小结构的动力响应。减振设计的内容包括了控制装置选型、减振效果分析、极限状态验算以及构造措施等，减振效果的实现与选型设计、建造实施、运行维护等环节均关系密切。

减振技术包含了工程领域常用的"减振"和"隔振"。工程领域常用的减振技术指的是不改变振动输入而减小结构振动响应的技术，主要包括消能减振及调谐吸振。对于隔振技术，就上部结构及装置等被保护系统而言，隔振系统有效减小了上部体系的振动输入，但如果把隔振系统与上部体系视为整体，隔振技术通过改变整体结构系统的动力特性，减小了上部结构的振动响应，是减振技术的一种特殊应用。不论消能减振技术、调谐吸振技术，还是隔振技术，不同振动控制技术手段的效果都是为了减小振动响应，均属于减振技术的范畴，其技术路线逻辑如图 1.3-1 所示。

为方便读者阅读，本书后续章节中仍然采用减振、隔振分别表述。

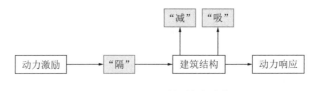

图 1.3-1　工程减振技术路线

在《工程隔振设计标准》GB 50463—2019（简称《隔振标准》）中，采用了"主动隔振"与"被动隔振"的表述，是工业建筑领域的常用术语，其含义与振动控制中的"主动控制"与"被动控制"的含义（见 1.3.2）不同。《隔振标准》中针对动力设备振动的主动隔振，是指积极减小振动设备的对外输出，降低设备振动荷载对周围环境的影响，同时降低动力设备自身振动，也叫积极隔振；被动隔振是指对振动传播途径或受振体采取隔振措施，减小振动输入并降低受振体的振动响应，也叫消极隔振。

1.3.2　技术分类

按照有无外部能源输入，振动控制可分为被动控制、主动控制、半主动控制及混合控制。

被动控制基于控制装置或子系统在动力激励下的动力响应，改变控制对象动力特性，减小控制对象动力响应，被动控制技术无需外部能量输入即可起到保护控制对象的作用，具有构造简单、效果明显、经济性好、易于维护等特点，主要包括隔振技术、消能减振技术及调谐吸振技术。目前，被动控制技术在实际工程中的应用已经非常广泛，大量研究成果已经转化为实用技术，如弹簧隔振技术、空气弹簧隔振技术、叠层橡胶垫隔震技术、消能减振技术、调谐质量减振技术，其中隔振与消能减振均已纳入我国相应的设计标准体系，目前工程应用比较普遍。

　　主动控制是应用现代的电子仪器和机械设备，对输入结构的地震动和结构构件的内力及位移反应实现联机实时观测和数据收集，由处理器根据预定控制算法和减震目标计算出所需控制力，然后通过施力设备将外部能源提供的控制力施加到结构上，达到衰减和控制结构振动的效果。主动控制不同于被动控制中的控制装置随结构一起变形被动产生控制力，而是利用外部能源通过自动控制系统，瞬时施加控制力或瞬时改变结构动力特性，利用主动的控制力改变结构振动状态，其控制系统一般包括传感器、控制器和作动器三部分，其中控制器是主动控制的核心环节，用来实现输入与输出之间传递关系的控制。控制系统可分为开环控制系统、闭环控制系统及开闭环控制系统，其控制原理如图 1.3-2 所示。开环控制系统是通过外部激励的信息（输入）调整主动控制力，闭环控制系统是通过结构响应（输出）调整控制力，开闭环控制系统是综合外部激励和结构响应信息调整控制力。主动控制方法可以实现结构的自动调节，其控制效果不随地震动特性的随机性而剧烈变化，控制效果优越，但其依赖于外部能源系统提供动力以及控制算法的优劣，加之设备复杂，价格高昂，且外部能源系统在地震等紧急状态下可靠性无法完全保证，一旦失效结构将面临巨大的风险，主动控制技术的大面积推广应用尚有诸多问题待解决。

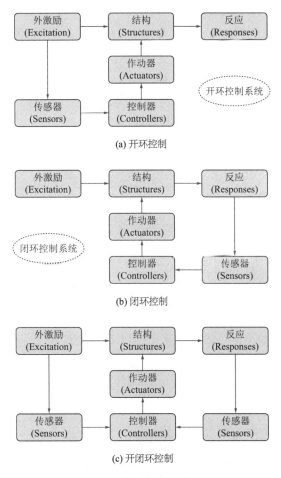

图 1.3-2　主动控制工作原理

半主动控制是在被动控制技术上发展出来的一种控制方法，其利用控制系统中的信息处理设备来主动处理和调节控制系统内部参数，对被动控制系统的工作状态进行调节和转换，使其对结构的控制随地震动能量的输入和结构的振动响应变化而处于最佳控制状态。半主动控制系统是一种只需要很少的外部能量输入即可调节被动控制系统变化且控制的过程依赖于结构自身的振动响应和外部振动输入的控制方法。因此，半主动控制系统既具有被动控制系统在大震作用下的高可靠度，又具有主动控制系统的自调节适应性。目前，典型的半主动控制装置有：可变刚度系统、可变阻尼系统、主动调谐参数质量阻尼系统及可控摩擦式隔振系统等，目前有一定的工程应用。

混合控制是指同时采用主动控制和被动控制，或者同时采用多种被动控制装置的组合控制技术，基于各自的控制基本原理，通过发挥不同控制形式及各种控制装置的优势，取长补短，以达到较优的综合控制效果。目前工程中应用的混合控制技术主要包括AMD + TMD混合控制、主动控制 + 基础隔振的混合控制、隔振 + 减振的混合控制、主动控制 + 消能减振的混合控制等。混合控制方法具有控制效果好、可靠性高等优点，发展前景广阔，但诸如最优控制算法、迟时补偿、混合控制系统可靠性等问题尚待解决，目前工程应用越来越多。

1.3.3 技术原理

对于消能减振技术、隔振技术，以经典的单自由度质量-刚度-阻尼系统为例解释技术原理，系统运动方程如下式：

$$M\ddot{x} + C\dot{x} + Kx = P(t) \tag{1.3-1}$$

式中，M、C、K分别为系统的质量、阻尼及刚度；x为振动位移。假定结构自振圆频率为ω_n，阻尼比为ξ，则刚度$K = M\omega_n^2$，阻尼系数$C = 2M\omega_n\xi$。

底部振动输入$P(t) = T(\omega)e^{i\omega t}$，$\omega$为振动激励频率，代入运动方程，整理得加速度传递函数及相对位移的传递函数：

$$|T(\omega)| = \sqrt{\frac{1 + (2\xi\omega/\omega_n)^2}{\left[1 - (\omega/\omega_n)^2\right]^2 + (2\xi\omega/\omega_n)^2}} \tag{1.3-2}$$

$$|T_s(\omega)| = \frac{(\omega/\omega_n)^2}{\sqrt{\left[1 - (\omega/\omega_n)^2\right]^2 + (2\xi\omega/\omega_n)^2}} \tag{1.3-3}$$

按上述公式绘制振动传递函数曲线如图 1.3-3 所示，从图中可见，体系振动响应的大小和振动激励频率与体系频率比、体系阻尼比ξ两个因素密切相关。

（1）当激励频率与体系频率比ω/ω_n小于 1.0 时，随着频率比的增大，体系的加速度及位移响应均增大；当ω/ω_n接近 1.0，即结构频率与振动激励频率趋于一致时，出现共振现象，加速度传递比$T(\omega)$达到最大为$\frac{\sqrt{1+(2\xi)^2}}{2\xi}$，位移传递比$T_s(\omega)$达到最大为$\frac{1}{2\xi}$；当$\omega/\omega_n$介于$1\sim\sqrt{2}$时，随着频率比的增加，体系的加速度响应及位移响应逐步减小，该阶段体系的加速度响应总是大于振动激励输入的加速度，且体系的加速度及位移响应随着阻尼比的增大而减小，该频段阻尼比ξ对体系的动力响应控制最为关键，称为减振有效区。

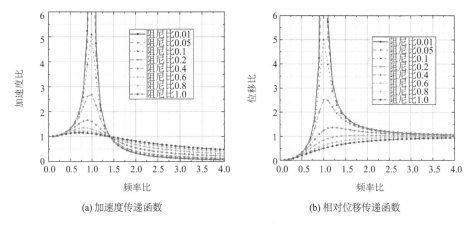

(a) 加速度传递函数　　　　　　　　(b) 相对位移传递函数

图 1.3-3　单质点体系的振动传递函数曲线

消能减振技术正是基于此原理，通过减振装置增加体系阻尼比，进而减小体系的振动响应。由于消能减振装置引入的动刚度会减小激励频率与体系频率的比值，当 ω/ω_n 小于 1 时，消能减振装置的动刚度有利于减小结构的动力响应，当频率比 ω/ω_n 介于 $1\sim\sqrt{2}$ 之间时，动刚度对于加速度传递比及位移传递比均是不利的。实际工程需要结合结构特性及减振目标，对减振装置的刚度及阻尼参数进行合理选择。

（2）当 ω 大于 $\sqrt{2}\omega_n$ 时，体系的加速度传递比小于 1，相对位移的传递比趋近于 1。即频率比大于 $\sqrt{2}$ 时，随着频率比的增加，体系的振动加速度响应低于输入的振动激励加速度并逐步减小并趋近于 0，相对位移趋近于底部输入的位移激励，该频段称为隔振有效区。

隔振技术就是基于降低体系自振频率、增大频率比的原理降低体系的振动响应。理论上频率比越低，隔振效果越显著。由图可见在隔振区范围内，阻尼增大对于加速度的隔振是不利的，但在满足隔振效果的前提下，阻尼对于避免隔振装置变形超过极限变形能力具有重要意义，同时也有利于动力系统启动过程中经过共振区时的振动抑制。实际工程中，应结合振动输入、隔振目标合理设计阻尼参数。

1. 隔振技术原理

隔振技术是指在上部体系与支承体系之间设置隔振装置，利用隔振装置延长体系的自振周期，避开振动激励的主要频率，阻止或减少振动能量进入上部体系，从而降低上部体系的动力响应。隔振技术的本质是利用隔振装置的低频特性，远离隔振装置自振频率的频带能量被隔振装置滤波，只有接近隔振装置自振频率的振动分量传递到上部体系，上部体系的振动频率成分及能量显著减少，从而起到隔振保护的作用。

从传递函数曲线（图 1.3-3）上可见，当 ω 大于 $\sqrt{2}\omega_n$ 时，隔振体系的加速度响应低于输入的振动激励，即达到隔振减小振动的效果。隔振后体系的频率越低，隔振效果越好，但频率比超过 3.0 后，隔振的效率的进一步提升并不显著。

以地震反应谱为例，隔震结构通过隔震装置降低体系自振频率，同时隔震层由于控制变形的需要，也会给结构提供一定的附加阻尼。从图 1.3-4 反应谱看，隔震系统的引入显著减小了体系的刚度，延长了周期，位移反应谱值明显加大，拟加速度谱值显著降低（①）；隔震层附加阻尼限制了隔震层的变形，位移谱值降低，同时阻尼的贡献进一步降低了体系拟加速度谱值（②）。

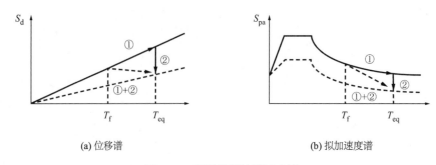

(a) 位移谱   (b) 拟加速度谱

图 1.3-4　隔震结构地震反应谱

2. 消能减振技术原理

消能减振技术是指在结构的某些部位设置阻尼耗能装置（或构件），通过振动激励下耗能装置（或构件）提供阻尼，集中吸收消散振动能量，有效减小主体结构的振动响应。从动力学的观点看，耗能构件的作用增大了原体系的阻尼，从而减小了振动响应。

引入阻尼耗能装置的经典单自由度系统运动方程如下所示，相比于无控系统，减振系统的运动方程左边引入了阻尼耗能装置的阻尼力，该阻尼力与装置两端的位移或速度存在相关性。

$$M\ddot{x} + C\dot{x} + Kx + F_D(\dot{x}, x) = P(t) \tag{1.3-4}$$

将运动方程两侧同时乘上 $\dot{x}\mathrm{d}t$ 并积分，可得到：

$$\int M\ddot{x}\dot{x}\,\mathrm{d}t + \int C\dot{x}\dot{x}\,\mathrm{d}t + \int Kx\dot{x}\,\mathrm{d}t + \int F_D(\dot{x}, x)\dot{x}\,\mathrm{d}t = \int P(t)\dot{x}\,\mathrm{d}t \tag{1.3-5}$$

即：

$$E_k + E_D + E_S + E_{FD} = E_{in} \tag{1.3-6}$$

上式中外部振动输入系统的总能量 E_{in}，转变为系统动能 E_k、系统固有阻尼耗能 E_D、系统变形能（弹性 + 非弹性）E_S 以及阻尼耗能装置的耗能 E_{FD}，阻尼耗能装置的引入，增加了整体系统等式左边的耗能能力，降低系统的振动响应，起到消能减振的效果。

从传递函数曲线可见，消能减振体系一般处在阻尼控制区，结构体系阻尼越大，整体减振效果越明显。

同样以地震反应谱为例，消能减震结构附加减震装置，给主体结构提供附加动刚度及附加阻尼，从图 1.3-5 的反应谱看，附加刚度减小了自振周期，位移反应谱值减小，拟加速度谱值增大（①）；附加阻尼减小了体系动力响应，位移谱值及拟加速度谱值均降低（②）。

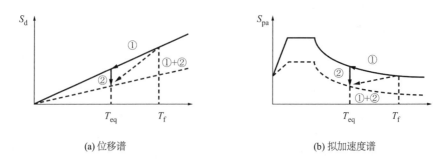

(a) 位移谱   (b) 拟加速度谱

图 1.3-5　消能减震结构的地震反应谱

3. 调谐吸振技术原理

对于调谐吸振技术，其 TMD 结构应用思想最早来源是 1909 年 Frahm 研究的动力吸振器，在简谐荷载作用下，当吸振器的固有频率与激振频率相等时，主质量块保持完全静止，如图 1.3-6 所示。

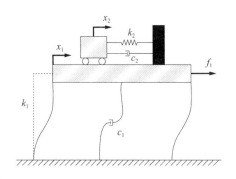

图 1.3-6　质量调谐阻尼器减振原理

通过设置质量调谐子结构，改变子结构自身质量或刚度以调整自振频率，当子结构的频率满足动力调谐条件（子结构固有频率与激振频率接近）时，振动荷载激励下，子结构产生一个与结构振动方向相反的惯性力作用在结构上，从而使主结构的振动反应衰减并受到控制。结构振动控制效果与子结构的质量比、频率比及阻尼比参数有关，质量比一定的情况下，存在最优的频率比和阻尼比参数，使得控制效果最佳。

从能量的角度理解，调谐吸振技术利用了子结构与外部激励的共振效应，通过子结构的动能转移了主结构的振动能量，子结构动能最终由调谐子结构中的阻尼单元和质量单元消耗掉，从能量耗散的角度，类似于阻尼耗能减振，不同之处在于调谐吸振技术先进行了系统间的能量转移，减小了主结构的动力响应，然后利用阻尼耗散子结构的振动能量。

1.3.4　技术选择

目前，针对各种振动源的不同特性及影响，工程振动控制技术和手段有了明显的进步和发展，设计中应区别给出振动控制方案。

地震反应的控制由来已久，现有工程结构设计首要考虑抗震性能，传统的抗震设计主要从结构变形及强度两个角度进行考虑，依靠结构体系、构件自身抵抗地震作用，现在逐步发展到大量采用减、隔震技术，即采用增设耗能构件等减震装置或者隔震装置，消耗地震输入能量，或者减小地震作用在主体结构中的传播，进而保护结构主体及人员，同时对非结构构件及内部设备辅以可靠的抗震措施，保障建筑结构及内部人员、设备的安全。总体上，减、隔震技术的应用有效丰富了结构抗震的手段，在经济代价合理的范围内有效提升了结构的抗震可靠性。

风荷载作用下的高层结构、大跨结构，由于自身动力特性偏柔，平均风荷载下结构变形可能较大，脉动风可能造成建筑舒适度超标，需要考虑抗风设计。通过建筑形体优化可以在一定程度上减小建筑结构的风振影响；增大结构刚度可以增加结构抗风的抵抗矩，减小结构变形；同时从减小风振影响、增大抗风能力的两个方面控制高层结构、大跨结构的风振响应，往往可以达到较为理想的结果；结构振动控制技术的引入，可通过附加消能阻尼器、TMD 装置、AMD 装置等减小高层或大跨结构在风荷载下的变形及动力响应，在风振控制效果与经济代价之间取得了较好的平衡，工程应用越来越多。

以轨道交通、公路交通、人致振动、动力设备等为代表的长持时、低强度、宽频带的振动，主要影响建筑正常使用，包括降低内部人员的舒适性、建筑内部精密仪器设备无法正常工作，随着社会的发展和生活品质的改善，近年来逐步引起社会的关注和重视。针对上述频发常见的微幅振动，除了控制结构自身动力特性外，常规的设计手段控制效果有限，往往需要采用减、隔振技术。相比较地震、风振等自然振动，该类型振动容易检测、复现，通过现场实测、振动仿真模拟可有效进行振动评估、预测，依据振动评估预测结果，可从振动源、振动传播路径及振动影响目标（受振体）采取多种振动控制措施，考虑到振动传播的复杂性及振动控制效果的可靠性，往往需要采取综合措施，比如对振源主动隔振、设置隔振屏障阻断振动传播等，以减小振动输入，对于振动控制目标较高的工程，在此基础上可同时考虑受振体的动力特性采取被动隔振措施。

工程设计时，可针对以上不同振源采取针对性的工程振动控制策略及措施，具体可参考表 1.3-1。

振动控制策略及措施概况 表 1.3-1

控制策略	地震	风	环境振动		人致振动	动力设备
改变振动输入	避让断裂带	风气候环境优化	振源避让；增加距离；振源减振		限制人员数量；避免人群同步活动	减小设备偏心，提高装配精度
	建筑隔震	建筑形体优化	传播途径隔振（如排桩、空沟等）	楼盖隔振		动力设备隔振
			受振体（建筑物、精密仪器设备）隔振			楼盖隔振
减小振动响应	结构调频：结构刚度设计、楼盖刚度设计，避开振动主频或适当增大刚度降低响应					
	消能减振：增加结构阻尼，消耗振动能量					
	调谐吸振：设置水平或竖向调谐质量阻尼器，转移振动能量					

参考文献

[1] R. 克拉夫, J. 彭津. 结构动力学第二版(修订版)[M]. 王光远, 等, 译校. 北京: 高等教育出版社, 2006.

[2] Anil K. Chopra. 结构动力学[M]. 北京: 高等教育出版社, 2005.

[3] 刘延柱, 陈立群, 陈文良. 振动力学[M]. 北京: 高等教育出版社, 2011.

[4] 周锡元. 建筑结构抗震设防策略的发展[J]. 工程抗震, 1997(1): 1-3.

[5] 周锡元. 中国建筑结构抗震研究和实践六十周年[J]. 建筑结构, 2009, 39(9): 1-14.

[6] 吴曼林, 谭平, 叶茂. 建筑工程中结构振动控制研究应用综述[J]. 水利与建筑工程学报, 2009, 7(4): 19-26.

[7] 周锡元. 工程抗震和城市防灾新技术研究状况与发展方向[J]. 灾害学, 2010, 25(S): 1-3.

[8] 杨先健, 徐建, 张翠红. 土-基础的振动与隔振[M]. 北京: 中国建筑工业出版社, 2013.

[9] 盛美萍, 杨宏晖. 振动信号处理[M]. 北京: 电子工业出版社, 2017.

[10] 徐平, 郝旺身. 振动信号处理与数据分析[M]. 北京: 科学出版社, 2021.

[11] 陆秋海, 李德葆. 工程振动试验分析[M]. 2 版. 北京: 清华大学出版社, 2017.

[12] 周锡元, 阎维明, 杨润林. 建筑结构的隔震、减振和振动控制[J]. 建筑结构学报, 2002(2): 2-12.

[13] 周福霖. 工程结构减震控制[M]. 北京: 地震出版社, 1997.

[14] 欧进萍. 结构振动控制(主动、半主动和智能控制)[M]. 北京: 科学出版社, 2003.

[15] 李宏男. 结构振动与控制[M]. 北京: 中国建筑工业出版社, 2005.

[16] 杨永斌, 伍云天, 韩腾飞. 工业建筑振动控制技术与应用案例[M]. 北京: 科学出版社, 2020.

[17] 徐建, 尹学军, 陈骝. 工业工程振动控制关键技术[M]. 北京: 中国建筑工业出版社, 2016.

[18] 滕军. 结构振动控制的理论、技术和方法[M]. 北京: 科学出版社, 2009.

[19] 日本免震构造协会. 建筑物隔震、减震设计手册[M]. 季小莲, 译. 北京: 中国建筑工业出版社, 2020.

[20] 周云. 结构风振控制的设计方法与应用[M]. 北京: 科学出版社, 2009.

[21] 汪大洋. 调频阻尼减振结构理论与设计[M]. 北京: 科学出版社, 2019.

[22] 苏经宇, 曾德民, 田杰. 隔震建筑概论[M]. 北京: 冶金工业出版社, 2012.

[23] 张克绪, 凌贤长. 岩土地震工程及工程振动[M]. 北京: 科学出版社, 2017.

[24] 吕玉恒, 燕翔, 魏志勇. 噪声与振动控制技术手册[M]. 北京: 化学工业出版社, 2019.

[25] 徐建. 工程隔振设计指南[M]. 北京: 中国建筑工业出版社, 2021.

[26] 韩庆华, 薛素铎, 霍林生. 大跨空间结构多维隔震减振体系与抗灾性能设计方法[M]. 北京: 科学出版社, 2020.

[27] 夏兆旺, 刘献栋. 颗粒阻尼减振理论及技术[M]. 北京: 国防工业出版社, 2020.

第 2 章　建筑工程减隔振（震）技术及应用

2.1　建筑工程减振（震）技术及应用

引入振动控制技术的减振（震）结构，是通过在主体结构中设置被动、主动或半主动耗能装置，吸收振动能量，控制或改善结构的动力响应，进而提升结构安全，满足人员及设备正常使用的要求。工程中常用的减振（震）技术主要包括消能减振技术、调谐吸振技术。

2.1.1　消能减振（震）技术及装置

1. 消能减振（震）技术

消能减振技术是指利用额外附加的消能装置，集中消耗振动能量、减小主体振动响应的技术，适用于地震、风振等不同振源激励下的振动控制。常见的消能装置（也称减振装置）一般可按照消能器（也称阻尼器）滞回恢复力的参数相关类型分类，主要包括位移型、速度型及复合型三类。

位移型消能器，滞回恢复力与消能器两端的位移相关，滞回曲线呈矩形或平行四边形，通过塑性滞回耗能或动摩擦耗散振动能量；位移型消能器屈服前给主体结构提供附加刚度，屈服后主要提供附加阻尼同时提供一定的附加刚度。速度型消能器，滞回恢复力模型与消能器两端的速度相关，线性相关则滞回曲线呈椭圆形，非线性相关随阻尼指数从 1 趋近于 0，滞回曲线从椭圆形趋于近似矩形且大速度下的阻尼力增长可以得到有效控制，可避免阻尼力过快增长造成消能器结构体破坏；速度型消能器，给主体结构提供附加阻尼，在动荷载下具有一定的动刚度，工程等效静力设计中，通常只考虑速度型消能器的阻尼力滞回耗能。复合型消能器，滞回恢复力既与消能器两端的位移相关，又与两端的速度相关，其滞回曲线呈斜向椭圆，同时给结构提供附加刚度和阻尼。

通过科研人员不断的开发与研究，消能减振（震）技术发展迅速，积累了大量的科研成果，目前已在国内外工程项目中得到了广泛应用。从消能减振结构的科学研究、设计理论，到自主研发和生产的消能减振产品，我国近年来在此领域取得了长足的进步。

目前我国的结构工程师进行消能减振结构的设计，已经可以做到有设计理论，有规范依据，有成熟的产品。在相应的审批、审图、施工各个环节也都得到了有力的支持。但是，国内减振产品尚缺乏统一标准、工程设计方法精准性有待提升、消能减振效率及优化设计等问题仍有待深入研究。消能减振技术适用于钢结构、钢筋混凝土结构、钢和钢筋混凝土混合结构的各种结构体系，如图 2.1-1～图 2.1-4 所示，且不受结构高度的限制。整体而言，无论位移型消能器还是速度型消能器，在钢结构体系中更能发挥滞回耗能作用，然而实际工程中大量的减振技术应用于混凝土结构，一定程度上降低了工程的实际减振效率。

图 2.1-1　屈曲支撑的应用

图 2.1-2　金属剪切型消能器的应用

图 2.1-3　黏滞消能器的应用

图 2.1-4　"增幅机构"连接的应用

2. 消能减振（震）装置

　　能量耗散被动型减震装置形式多样、构造简单、造价相对较低，在国内外减震工程中得到广泛应用。建筑工程中常用的位移型消能器包括屈曲约束支撑、金属屈服型消能器（剪切型、弯曲型）、摩擦消能器（板式、筒式）等。常用的速度型消能器包括筒式黏滞消能器和插板式黏滞阻尼墙等。复合型主要为黏弹性消能器，有板式和筒式两种，黏弹性材料种类众多，产品性能受环境温度、加载频率、循环变形和耐候性能等因素影响变化较为敏感，工程应用相对较少，因此本书不作为重点展开讨论。

　　消能装置应具备以下特性：

　　（1）力学性能满足设计要求。金属消能器的力学性能主要包括屈服承载力、最大承载力、屈服位移、极限位移、弹性刚度、二阶刚度等；摩擦消能器的力学性能包括起滑摩擦力、初始刚度、极限位移、滑动摩擦力等；黏滞消能器的力学性能包括极限位移、最大阻尼力、阻尼指数、阻尼系数等；黏弹性消能器的力学性能包括最大阻尼力、表观剪切模量、损耗因子、极限变形等。各类消能器的大部分力学性能参数的评定通过位移控制加载试验进行，根据试验目的选择相应的加载频率和加载幅值，对消能器按相应要求进行循环加载，并绘制滞回曲线（力-位移曲线）。个别力学性能参数，如摩擦消能器的起滑摩擦力和初始刚度通过力控制方式单向逐级加载，黏滞消能器的极限位移通过低速加载至两侧端部测定。

（2）耐久性。金属消能器需要根据使用环境考虑必要的耐腐蚀涂装；摩擦消能器的耐久性是指摩擦材料随着时间推移的特性变化、摩擦面氧化或锈蚀时摩擦系数变化引起的滞回特性随时间发生变化的现象，需要根据设置条件和暴露试验以及劣化加速试验，对消能器的耐久性进行确认；黏弹性体的特性改变主要指其本身的化学反应引起的分子链断裂或产生搭桥并由此引起的力学性能变化。

（3）耐火性。当钢材消能器经历高温环境超过变异点（约 727℃）时，材料及机械性能会发生变化，因此火灾后一般进行外观检测并根据需要采取更换等措施。其他类型的消能器过火后，材料性能发生变化，需采取必要的检查及更换措施。

（4）温度相关性。位移型消能器相对于速度型消能器温度相关性影响较小。对于速度型消能器，黏滞阻尼墙利用黏性体的剪切抵抗力作为阻尼力，温度越高阻尼力下降越明显，相比筒式黏滞消能器，其温度相关性较大；黏弹性消能器的温度相关性随黏弹性体种类的不同而不同，工程应用时需根据使用环境设定消能器的相关性能参数。

（5）循环极限性能（疲劳性能）。金属消能器是把振动能量转换成塑性滞回能量吸收的装置，其极限性能由循环次数、应变幅值决定。循环位移的极限变形能力一般多利用疲劳特性进行评价。摩擦消能器是通过把振动能量转换成摩擦面的摩擦热进行能量吸收的装置，摩擦面会出现磨损，对于循环荷载的极限性能，用由磨损特性决定的循环次数或累积滑动距离评价。黏滞消能器是由黏滞流体通过阻尼通道时摩擦进行能量吸收装置，疲劳试验时黏滞流体会有明显温度升高产生受热膨胀，缸筒必须有足够强度约束黏滞流体膨胀，避免过高内压破坏密封导致阻尼液泄漏。黏弹性材料需注意在风、交通振动等微振动情况下产生的反复变形引起的疲劳破坏问题。

（6）连接及预埋件的强度及稳定性。减震产品直接或间接连接于主体结构，减震设计中消能部件与主体结构连接的预埋件、节点板应处于弹性工作状态，且不应出现滑移或拔出等破坏。

各类减震消能器的基本材料、力学性能及其工程应用中对主体结构的动力特性影响，对比列于表 2.1-1。

减震消能器的基本性能及对结构动力特性的影响 表 2.1-1

类别	屈曲约束支撑、金属屈服型消能器	摩擦消能器	黏滞消能器	黏滞阻尼墙	黏弹性消能器
滞回曲线					
阻尼力动力特性	$F = Kf(u_d)$	$F = Kf(u_d)$	$F = Cv^\alpha$	$F = Cv^\alpha$	$F(t) = K_1 \Delta u + \dfrac{\eta K_1}{2\pi f_1} \Delta \dot{u}$

续表

类别	屈曲约束支撑、金属屈服型消能器	摩擦消能器	黏滞消能器	黏滞阻尼墙	黏弹性消能器
耗能材料及工作原理	金属轴向、剪切、挤压、弯曲产生塑性变形吸收振动能量。屈曲约束支撑常采用普通钢材，金属剪切型消能器常采用低屈服点钢材，以适应更大的位移延性系数要求	相接触的两种物质发生的相对位移产生与滑移方向相反的摩擦力，使建筑的振动能量转化为热能	活塞在气缸内的往复运动，使内封的填充黏滞流体通过孔隙射流运动克服摩擦；产生流体抵抗力	内插钢板在密闭高黏度流体中往复运动，利用黏性体的剪切抵抗力形成阻尼力	黏弹性材料层夹在约束钢板（筒）之间，黏弹性材料剪切变形提供刚度同时摩擦耗能
环境温度相关性	几乎无影响	几乎无影响	一般使用条件下，温度相关影响小。注意极低温度下黏性体性能变化的不良影响	温度影响大，温度升高剪切阻尼力下降	低温时刚度、能量吸收量增加，高温时相反。温度相关性低的材料待开发
损伤及安全极限	钢材疲劳累积塑性变形损伤，由形状和尺寸决定的最大极限变形，连接强度极限	累积摩擦滑移距离，由形状和尺寸决定的最大极限变形，连接强度极限	消能器黏滞阻尼液的最大极限性能，包括温度上升的极限和速度极限，由形状和尺寸决定的最大极限变形，连接强度极限	极限变形、疲劳极限状态
对主体结构影响	有附加刚度，结构变刚，周期变短；有效降低结构位移响应；由于刚度分布的变化，子结构内力通常增大，非子结构的内力通常减小；结构变刚，通常结构加速度响应增大	无附加刚度，周期无影响；可一定程度降低结构位移响应；刚度分布不变，子结构和非子结构的内力通常都减小；不增加结构刚度，阻尼耗能，有效降低结构加速度响应，需注意非线性消能器在不同震级下的消能能力变化	同时具有位移型消能器和速度型消能器的特点，根据参数选择的不同，对主体结构的影响有所差别

　　减震产品种类繁多，以工程应用较广的三类产品（屈曲约束支撑、金属屈服型消能器、黏滞消能器）为例，列表分析各类产品的主要力学性能参数及设计参数，根据工程设计经验，结合产品选型及应用给出建议，供设计人员参考。

　　1）屈曲约束支撑

　　部分常用的屈曲约束支撑产品规格及性能参数见表 2.1-2。

部分常用的屈曲约束支撑（BRB）规格及性能参数表　　　　　表 2.1-2

屈服力（kN）	规格型号	屈服前刚度（kN/mm）	屈服位移（mm）	屈服后刚度比	轴线长度（mm）	产品长度（mm）	外筒尺寸（$b \times h$）（mm）
1500	BRB-1500-4000	$250.9 \leqslant K_y \leqslant 319.3$	$4.7 \leqslant D_y \leqslant 6.0$	0.035	$5500 \leqslant L \leqslant 6500$	4000	250×250
	BRB-1500-5000	$196.8 \leqslant K_y \leqslant 252.0$	$6.0 \leqslant D_y \leqslant 7.6$	0.035	$6500 \leqslant L \leqslant 7500$	5000	250×250
	BRB-1500-6000	$196.8 \leqslant K_y \leqslant 252.0$	$7.2 \leqslant D_y \leqslant 9.3$	0.035	$7500 \leqslant L \leqslant 8000$	6000	250×250
3000	BRB-3000-4000	$501.9 \leqslant K_y \leqslant 638.6$	$4.7 \leqslant D_y \leqslant 6.0$	0.035	$5500 \leqslant L \leqslant 6500$	4000	300×300

屈服力（kN）	规格型号	屈服前刚度（kN/mm）	屈服位移（mm）	屈服后刚度比	轴线长度（mm）	产品长度（mm）	外筒尺寸（$b \times h$）（mm）
3000	BRB-3000-5000	$393.7 \leqslant K_y \leqslant 504.0$	$6.0 \leqslant D_y \leqslant 7.6$	0.035	$6500 \leqslant L \leqslant 7500$	5000	300×300
	BRB-3000-6000	$323.9 \leqslant K_y \leqslant 416.2$	$7.2 \leqslant D_y \leqslant 9.3$	0.035	$7500 \leqslant L \leqslant 8000$	6000	300×300

注：1. 屈服力的常见规格包括500kN、750kN、1000kN、1500～5000kN（每500kN一档）；

2. 产品长度常见的规格3500～8000mm（每500mm一档）；

3. 随着BRB屈服深度的不同，产品的二阶刚度不断发生变化。计算模型中屈服后刚度比具体取值可根据产品试验滞回曲线确定。

屈曲约束支撑产品选型及工程应用的说明及建议：

（1）方案试算阶段，主体结构中通常以等效支撑形式模拟BRB的附加刚度，当BRB的位置和布置形式（人字形、V形或单斜撑）确定后，通过试算确定等效支撑的截面面积A，进而可以根据轴线长度L、等效截面面积A，确定支撑等效轴向刚度EA/L。查阅表2.1-2，根据轴线长度L，选择与等效轴向刚度EA/L最接近的产品"屈服前刚度"，进而确定BRB的屈服承载力及产品长度，完成产品选型。产品选型后，在附加消能器的有控模型中将BRB的"屈服承载力""屈服前刚度""二阶刚度系数"等参数赋予连接单元非线性属性，进而完成后续分析工作。

（2）根据设计延性比的需求，耗能型BRB的芯材通常采用Q235钢，承载型BRB的芯材通常采用Q355钢，表2.1-2中列举的均为芯材为Q235钢的BRB的性能参数。当工程有特殊需要时，BRB的芯材也可采用低屈服点钢材。

（3）BRB的屈服位移主要取决于产品长度，BRB能否进入屈服主要取决于层间变形及其在支撑斜向产生轴线变形。在确定的层间变形下，通常无法像金属屈服型消能器那样调整产品的屈服力及屈服位移，从而获得更早的屈服状态。

（4）根据理论推导及试算，对应混凝土框架结构的弹性层间变形限值1/550的情况下，常规的BRB通常未进入屈服耗能状态；对应钢结构的层间变形限值1/250，BRB已进入屈服，提供给主体结构的附加刚度对应BRB屈服后的割线刚度。有设防地震正常使用要求的结构，在方案试算后的产品选型阶段，可将等效轴向刚度EA/L对应更大的"屈服前刚度"进行选型。

（5）为提高小、中震下的耗能能力，科研人员研发了"双阶"BRB，通过外套筒附加低承载力的金属屈服型消能器，可以在较小的变形下屈服耗能；也可通过内部构造实现，如芯材分为大、小截面，小截面耗能段先屈服，变形至设定位移后锁定限位，随着地震作用的增加，大截面耗能段逐渐进入屈服状态，耗能能力进一步提升。

（6）建议设计人员充分了解BRB的屈服承载力和外筒尺寸的对应关系，在建筑布置及装修包封设计中，针对产品规格尺寸给予充分的考虑，必要时可在产品深化设计阶段将消能器截面从正方形调整为长方形。

2）金属屈服型消能器

部分常用的金属屈服型消能器产品规格及性能参数见表2.1-3。

部分常用的金属屈服型消能器（MYD）规格及性能参数表　　　表 2.1-3

产品型号	力学参数						外观尺寸		
MYD-屈服承载力-屈服位移	芯材牌号	屈服力（kN）	屈服前刚度（kN/mm）	屈服位移（mm）	屈服后刚度比	设计位移（mm）	高H（mm）	长L（mm）	宽B（mm）
MYD-500-0.7	LY160	500	714	0.7	0.025	25	400	280	120
MYD-500-1	LY160		500	1.0		30	400	350	120
MYD-500-1.2	LY160		417	1.2		35	400	390	120
MYD-700-1.2	LY160	700	583	1.2		25	500	350	140
MYD-700-1.5	LY160		467	1.5		30	500	410	140
MYD-700-1.8	LY160		389	1.8		30	500	480	140

注：随着金属屈服型消能器延性比的不同，产品的二阶刚度发生变化。计算模型中屈服后刚度比具体取值可根据产品试验滞回曲线确定。

金属屈服型消能器产品选型及工程应用的说明及建议：

（1）表 2.1-3 产品力学参数中的屈服力、屈服前刚度及屈服后刚度比为减震分析时非线性连接单元输入参数，屈服后刚度比与芯材材质有关；设计位移为罕遇地震作用下消能器达到的最大位移，产品极限位移不应小于设计位移的 1.2 倍，并满足疲劳累积塑性性能要求。

（2）与屈曲约束支撑相比，金属屈服型消能器的屈服位移及屈服承载力的调整更为灵活，产品设计时可以改变屈服钢板的长度L和高度H联动调整屈服承载力及屈服位移，固定H，L越长屈服承载力越大；固定L，H越小屈服位移越小。在保证产品延性比的情况下，可设计为多遇地震下进入屈服耗能状态。

（3）工程应用中，消能器的屈服位移通常取值较小，通常 Q235 钢材不能满足较大的延性比需求，需要采用低屈服点"软钢"作为屈服耗能的芯材，建议优先选用 LY160 芯材，也可以根据工程需求采用 LY225 和 LY100 钢材。需要注意钢材的屈服强度越低，延性系数越高，但是多次屈服后的应变强度强化问题越突出。

3）非线性黏滞消能器

部分常用的黏滞消能器产品规格及性能参数见表 2.1-4。

部分常用的黏滞消能器（VFD）规格及性能参数表　　　表 2.1-4

产品型号	力学参数			设计参数（罕遇地震计算结果）			产品设计及外观尺寸			
VFD-NL-F-U	阻尼系数C [kN/(mm/s)^a]	阻尼系数C [kN/(m/s)^a]	阻尼指数 a	设计速度（mm/s）	设计阻尼力（kN）	设计位移u_0（mm）	最大阻尼力（kN）	极限位移（mm）	产品长度（mm）	缸体外径（mm）
VFD-NL-262-40	50	397	0.3	251	262	±40	277	±60	1000	200
VFD-NL-525-40	100	794	0.3	251	525	±40	554	±60	1150	205
VFD-NL-787-40	150	1191	0.3	251	787	±40	831	±60	1230	265
VFD-NL-1050-40	200	1588	0.3	251	1050	±40	1109	±60	1370	300
VFD-NL-1324-400*	189	1500	0.3	658	1324	±400	1398	±480	4255	400
VFD-NL-1456-550*	189	1500	0.3	905	1456	±550	1538	±660	4615	400

注：标*为隔震层常用黏滞消能器。

非线性黏滞消能器产品选型及工程应用的说明及建议：

（1）表 2.1-4 中产品力学参数为减震分析时非线性连接单元输入参数，设计参数为罕遇地震下消能器达到的工作状态参数，产品设计时，除满足力学参数并考虑极限速度外，为避免消能器的活塞拉出失效，在产品的极限行程上需要考虑足够的富余量，可参考《建筑消能阻尼器》JG/T 209—2012 的相关规定。

（2）阻尼系数C的单位，根据不同厂家表征的区别，可以是kN/(mm/s)^a，或是kN/(m/s)^a。固定阻尼指数，基于同样的阻尼出力，表 2.1-4 中列出不同单位制的两个阻尼系数的换算取值，设计人员需注意速度的单位和阻尼系数的单位在计算分析中需保持协调。阻尼系数宜根据项目的具体特点及不同设防地震水准的减震需求进行合理的取值。

（3）减震工程设计中，建议筒式非线性黏滞消能器的阻尼指数a取值范围为 0.1～0.3，防止消能器超过极限速度的情况下，产生过大的阻尼力传递给节点。

（4）黏滞消能器的见证检测，通常要求对消能器施加固定频率f（结构基频），分别输入位移幅值为不同分档的正弦激励（如 $0.3u_0$、$0.5u_0$、$0.7u_0$、$1.0u_0$、$1.2u_0$），在循环荷载作用下进行消能器性能试验及检测。为了试验加载尽量贴近工程实际的设计速度，建议减震专项设计文件中明确给出结构基频。

2.1.2 调谐吸振（震）技术及装置

1. 调谐吸振技术

近年来，调谐吸振技术应用越来越多，在地震、风振、环境振动、人致振动、动力设备振动等控制中应用广泛，已经发展为一种成熟的、拥有良好减振效果和广泛应用背景的减振技术。

调谐吸振技术按照调谐质量阻尼装置的类型，可分为固体质量调谐阻尼器(Tuned Mass Damper, TMD)、液体质量调谐阻尼器（Tuned Liquid Damper, TLD）及颗粒阻尼器（TPD）（图 2.1-5），结合外部能源实现调谐质量子系统的动力参数可变，形成了主动调谐质量阻尼器（AMD），对于需要控制多种频带的调谐控制需求，国内外学者提出了双级调谐质量阻尼器（DTMD）。

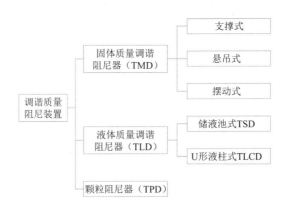

图 2.1-5 调谐质量阻尼装置分类

TMD 是在高层结构风振控制中应用较多的控制装置，近年来在大跨结构及桥梁中也得到广泛应用，主要是控制人致激励、交通振动等，在结构加固工程中也得到了应用，兼顾结构抗震和抗风需求。TMD 质量越大，减振频带越宽，相应的减振效果越好，但实际结构总是希望 TMD 的质量尽可能小。如何实现 TMD 质量与减振频带宽度的平衡，如何确保TMD 在地震下发挥充分的作用尚待深入研究；同时怎样合理选取 TMD 质量、弹簧刚度以及有效位置以实现减震效果的最优化值得更深入的讨论。

TLD 在高层建筑中可借助消防水箱、游泳池等设计，近年来应用有所增加；TPD 作为一种尚在研究阶段的新型消能器，目前工程实际应用不多。另外，各类调谐质量阻尼装置的产品尚缺乏统一标准，更多采用非标设计，其施工安装验收标准等尚待进一步发展完善。

2. 调谐质量阻尼器装置（TMD）

调谐质量阻尼器是目前大跨建筑结构与高耸结构振动控制中应用最早、最广泛的结构被动控制装置之一，TMD 系统是一个由弹簧、阻尼器和质量块组成的振动系统，一般支撑或悬挂在结构上（图 2.1-6）。其对结构振动控制的机理是：当主结构在外激励作用下产生振动时，带动 TMD 系统一起振动，TMD 系统运动产生的惯性力再反作用到主结构上，调频惯性力，使其与激励力的方向相反，与激励力抵消，使主结构的各项反应值（振动位移、速度和加速度）大大减小，达到控制主结构振动的目的。简言之，加上 TMD 后，把振动能量从主结构转移到 TMD 上，让 TMD 振动以控制主结构振动。计算和实践表明：当 TMD 系统的自振频率与结构的控制频率接近时，TMD 系统对此振型的控制作用最佳。换言之，TMD 的适用范围为一个频率窄带，当主结构在外界激励下在某个频率产生共振时，调谐TMD 可以使其发挥最大作用。

TMD 主要由三部分组成：弹簧元件、阻尼元件和质量块。弹簧元件和质量块用于调谐，即将 TMD 的频率精确调整到主结构的控制频率；阻尼元件的作用是消耗传递到 TMD 子结构的振动能量。

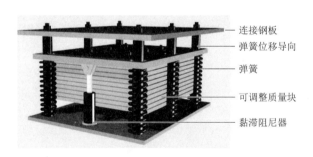

图 2.1-6　调谐质量阻尼器

常用的弹簧元件可采用螺旋弹簧、板簧、平行板簧、扭转弹簧、积层橡胶。

螺旋弹簧是金属弹簧中应用最多的弹簧，可以承受压缩、拉伸和扭转荷载。根据不同的应用目的，螺旋弹簧可以采用不同的尺寸和形状。一般使用的螺旋弹簧大多为等间距柱形弹簧，由等直径截面的相同型材成形而来。板簧有悬臂式、两端固定式以及平行板结构等形式。

阻尼元件可采用液压阻尼、磁性阻尼、黏弹性材料、摩擦阻尼、电磁黏性阻尼、硅凝胶等。液压阻尼是最经常使用的阻尼类型，但是，受温度及时间变化的影响，阻尼系数会变化。磁性阻尼具有稳定的阻尼性能，不受温度的影响，结构简单，安装方便，近年来，磁性流体阻尼应用逐渐增多。

TMD 的主要结构形式分为抗垂直振动和抗水平与扭转振动两种。TMD 主要应用场景包括以下三种：一是细高而独立的结构（桥塔、烟囱、电视塔、高层建筑），在风的激振下产生共振，对于主结构是很危险的；二是大跨度结构，如人行天桥、体育看台，在交通及步行的激振下产生共振，尽管这些振动对于结构没有安全问题，但是会使过街天桥和看台上的人员恐慌；三是特殊建筑物内的楼层，如房间布置了振动频率与楼盖频率接近的机械设备，设备在运行时激发楼盖振动。

TMD 应具备以下特性：

（1）稳定性，即在受到各种变动因素的影响下，经过最优调整后的 TMD 振动控制效果依然保持稳定的性质。

（2）宜选择大的消能器质量，使得共振峰值之间的带宽更大，也就是减振带宽更大，使得激励频率能够在更大的范围内变动，适应更加复杂的工况。但是需要注意的是，TMD 质量越大，需要越大的安装空间，工程成本也越大。

（3）应选取合适的频率比。最优频率比使得振幅曲线呈现两个峰值接近，且均能控制在一个合适的范围内（图 2.1-7）。

（4）应选取合适的阻尼比。当 TMD 阻尼比很小时，主系统的共振峰的幅值很大（图2.1-7），在减振频带减振效果很好；随着阻尼比增加，其共振峰值处幅值减小且两共振峰差距逐渐减小，当达到最优阻尼比时，两个共振峰的放大系数接近。但子结构阻尼比过大时，主系统的两个共振峰逐步合并成一个共振峰且共振峰幅值变大。一般工程上常用的阻尼比为 5%～20%。

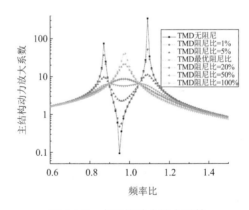

图 2.1-7　主系统动力放大系数

3. 调谐液体阻尼器装置（TLD）

TMD 在实际工程使用中存在对微小振动灵敏度不高、运营维护的费用较高、结构复杂、技术要求较高等问题。1987 年 Sato 等人提出了一种新型的被动控制装置 TLD，这种装置最早应用在航天和航海技术中，如火箭燃料箱中液体燃料的波动对火箭的影响、轮船的减摇水箱等。

TLD 的减振原理是：当结构在外界干扰时容器内的液体产生晃动并引起波浪，这种液体波浪对容器的动压力差构成了对建筑的减振力（图 2.1-8）。在水平地震作用下，设置 TLD 的多自由度结构体系的运动方程为：

$$[M]\{\ddot{u}\} + [C]\{\dot{u}\} + [K]\{u\} = -[M]\{\ddot{u}_g\} - \{F_{TLD}\}$$

式中，$\ddot{u}$、$\dot{u}$ 和 u 分别为结构体系的水平加速度、速度和位移；$\ddot{u}_g$ 为水平地震加速度；$[M]$、$[C]$ 和 $[K]$ 分别为结构体系的质量矩阵、阻尼矩阵和刚度矩阵；F_{TLD} 为 TLD 对结构的控制力矩阵。

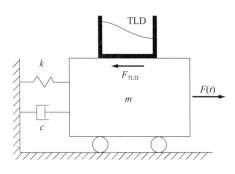

图 2.1-8　结构-TLD 体系示意

　　与 TMD 不同的是，TLD 的质量、刚度和阻尼都是由运动的液体来提供。刚度实际上来源于重力，能力的耗散来源于黏性边界层、来流湍流或波浪破碎等耗能机制。一般来说，减振效果与容器中液体的晃动频率、液体的黏滞性、容器的粗糙度、液体的质量等多种因素有关。调谐液体阻尼器所提供的控制力由两部分组成：一部分是液体随容器所在的结构层一起运动所引起的惯性力；另一部分是波浪对容器壁产生的动压力。通过适当调整容器中液体和波浪的晃动频率和液体的质量，就可以使 TLD 的控制效果达到最佳。

　　近年来，TLD 在高层建筑中应用逐渐增多，其优点如下：

　　（1）经济性能好，基本上不增加或仅增加很少的土建费用就可以达到减振抗风的作用，且维护费用较少；

　　（2）一般采用游泳池或消防水箱实现，结构简单易行。

2.2　建筑工程隔振（震）技术及应用

2.2.1　工程隔振（震）技术

　　隔振（震）技术应用范围广泛，涉及诸多领域，如核能电厂及相关设施、变电所加压站等设施、人员密集的公共建筑（如医院、学校等）、重要的文博类建筑、数据中心及内部设施、尖端精密仪表工业、生物安全实验室及内部设备、交通振动毗邻建筑、生命线系统工程中重要建筑等。

　　按振动控制分量分为：水平隔振（震）、竖向隔振（震）、三维隔振（震）。目前水平隔震在建筑工程抗震中应用广泛。随着轨道交通、设备振动等引起的结构竖向振动问题越来越突出，竖向隔振需求越来越大。同时水平地震及其他振动的多振源控制需求越发突出，开发研制成熟可靠的三维隔振（震）技术及装置成为亟待突破的工程关键问题之一。

　　按隔振（震）位置分为：基础隔振（震）、层间隔震、屋盖隔震、局部隔振、平台隔振。基础隔振（震）、层间隔震及屋盖隔震通过在建筑结构基础底部、层间、屋盖支撑处布设隔振（震）支座，实现隔振（震）层以上部位的振动减小，隔振（震）层位置以下的部位没有隔振（震）效果，尚需保证其对上部隔振（震）结构的有效支承作用。局部隔振是指对振动控制需求较高的局部位置进行隔振处理，比如房中房技术、重要机房的楼盖隔振、TOD项目中的轨道线路等。平台隔振包括光学平台、防微振平台、文物隔振装置、数据中心机柜隔振平台等，主要用于贵重物品、特殊装备等的隔振。

按隔振（震）装置类型分为：橡胶支座隔振（震），包括普通橡胶支座、铅芯橡胶支座、高阻尼橡胶支座等；平板滑移隔振（震），包括滑移隔振（震）、砂垫层隔振（震）、弹性滑板隔振（震）、刚性滑板隔振（震）等；摩擦摆隔震，包括单摆隔震、双摆隔震；弹簧支座隔振，包括螺旋弹簧隔振、碟形弹簧隔振；弹性垫板隔振及隔振垫隔振等。不同隔振装（震）置的力学性能，直接决定了隔振（震）效果，具体工程中，应结合隔振（震）目标及效果，选择合理可行的隔振（震）装置。

按隔振系统层级分为：单层隔振、双层隔振。单层隔振相对简单，上部体系与支撑体系之间仅设置一层隔振系统。单层隔振其隔振效率受到隔振装置传递比特性的限制，为进一步提升隔振效率，实际工程中也可采用双层隔振系统。双层隔振是在单层隔振的基础上，增加第二层隔振系统，采用串联组合，双层隔振系统具有两个固有频率。在第二固有频率以上的频段，双层隔振系统的振动传递率随频率上升而迅速减小，其振动传递比与激励频率的四次方成反比，即双层隔振系统对高频振动控制效果更优，隔振效果优于单层隔振；在中低频段隔振效果变差，尤其第二固有频率附近区域。此外，双层隔振系统的隔振质量对隔振第二频率影响显著，实际工程中应合理设计隔振质量，保证高频段获得较好隔振效果的同时，避免系统低频段的振动放大，将系统的第二固有频率对应的振动峰值控制在可接受的范围之内。舰船、航天领域采用的整体浮筏属于双层隔振系统，整体浮筏已经引入建筑楼宇内部的设备振动控制领域。针对功能性建筑，比如博物馆、生物安全实验室等，亦有建筑结构、内部设备或文物双层隔振的应用。

1. 隔震应用

诸多著名的古建筑，如中国的应县木塔、日本的奈良法隆寺等，都经历过多次地震的考验而屹立不倒，分析其原因在于古建筑的柱基、垫石、殿基等符合滑移隔震的技术原理。1881年日本河合浩藏在日本建筑杂志上提出了"地震时不受大振动的房屋"的建造设想，1906年德国J.Bechtold提出了建筑工程底部滚球隔震，1909年英国Calantarients提出滑石粉基础隔震的工程设想，1934年柔性柱支撑建筑实现，隔震技术开始在工程中获得应用。

20世纪60年代中后期，新西兰、日本、美国等多地震国家对隔震技术进行了系统的理论和试验研究，70年代，新西兰学者W.H.Robinson研制开发铅芯叠层橡胶支座，并在80年代初建成了世界上第一座铅芯橡胶支座隔震结构，大大推动了隔震技术的实用化进程。80年代后期建筑隔震理论和技术逐步成熟，90年代后世界多地推广隔震建筑，据不完全估计，截止到2022年9月，我国已经建成和在建的隔震建筑，包括住宅、学校、医院、办公、博物馆等各类隔震建筑总数已超过12000栋，居世界领先地位。

随着隔震建筑工程实践，隔震设计标准及相应的产品标准开始相继推出，隔震装置也逐步走向工业化，其产品试验及检测装备也在不断发展。我国把建筑隔震相继写入《建筑抗震设计规范》GB 50011—2010（2016年版）（以下简称《抗规》）、《建筑隔震设计标准》GB/T 51408—2021（以下简称《隔震标准》）等一系列国家标准，标志着隔震技术在我国的成熟发展。2021 年颁布实施的《建设工程抗震管理条例》（以下简称《抗震条例》），更是从立法的角度，规定高烈度地震区、地震重点监视防御区的学校、医院、应急救灾等功能性建筑需采用减隔震技术，进一步加大了隔震技术在建筑工程抗震领域的应用。

2. 隔振应用

20 世纪初，国外基础隔振技术开始迅速发展，欧洲一些国家新建的火电厂、核电站普遍采用了基础隔振技术，磨煤机、主变压器、核电站反应堆、主供热管等设备采用了隔振技术，经济效果非常显著。隔振技术还被广泛应用于电力工业以外的民用、轻工、电子、军工等诸方面。20 世纪 50 年代后，随着我国隔振技术研究的深入及隔振元件加工水平的提升，隔振技术首先在电力行业（如汽轮机组）及舰船行业广泛应用，20 世纪 80 年代开始迅速发展，逐步形成隔振系列产品。近年来，动力设备、交通运输、施工等人为振源引发的振动问题日益突出，对建筑结构、内部仪器设备等的正常使用造成不利影响，同时随着人民对生活环境质量要求的提高，环境舒适性问题也成为关注度较高的社会性问题，越来越多的建筑在设计阶段就需要采取隔振措施。

经过多年的理论试验研究与工程应用推广，隔振技术的应用发展已日趋成熟，目前适用隔振技术大致分为被动隔振、主动隔振和组合隔振三类。

无论是被动隔振还是主动隔振，目前主要采用线性隔振元件，如弹簧、橡胶等，线性元件结构简单、技术易于实现、工作可靠，在建筑工程整体隔振、局部隔振、动力设备隔振等工程中得到了广泛的应用。基于线性元件的隔振无法满足频率宽幅振动控制，且在系统固有频率处存在谐振峰，对低频振动隔振性能较差。20 世纪 80 年代后针对精密设备、航空航天仪表等环境振动控制，变刚度及变阻尼非线性隔振技术得到应用。

组合隔振也是 20 世纪 80 年代发展起来的新型隔振技术，它综合了被动隔振和主动隔振的优点，弥补了各自的缺点，以期达到隔离整个频率范围内振动的效果。其本质特点是通过多级隔振系统的联合优化设计，以较低的成本在宽频带范围内最大程度地隔离振动的传递，并保持系统的稳定性，较好地满足工程需要。目前我国对其研究主要集中在航天、精密机床和建筑工程等领域。

2.2.2　工程隔振（震）装置

为了减小动力机械或环境所产生的振动对支承结构或精密仪表和设备正常工作的影响、减少地震作用对建筑结构的能量输入，需要对振源、受控设备、建筑结构使用特定装置进行工程隔振（震）。

建筑工程隔震支座从普通橡胶支座、铅芯橡胶支座到高阻尼橡胶支座，再到摩擦摆以及复合三维隔震装置，不断发展丰富。

竖向隔振器主要有厚层橡胶、螺旋弹簧、碟形弹簧、空气弹簧等，其中钢螺旋弹簧隔振器具有性能稳定、承载能力强、寿命长、抗环境污染能力强、计算可靠、固有频率低等优点，隔振中应用较多。钢螺旋弹簧隔振器应用非常广泛，从各种精密仪器隔振到数十吨的锻锤、铁路轨道隔振，甚至整个大楼的隔振，钢螺旋弹簧隔振器都可以取得满意的效果。钢螺旋弹簧隔振器的另一个突出优点是可以进行非常精确的计算，在荷载范围内它的压缩量与负荷之间呈良好的线性关系，因此可准确计算得到隔振系统的压缩量与固有频率。

隔振（震）装置应具备以下特性：

（1）竖向承载。隔振装置需具备足够的竖向承载力，在上部结构正常使用的情况下，能够安全承托上部结构的重量及使用荷载，竖向承载力应具备相当的安全系数；同时，隔振装置应在竖向上能够保证上部结构的稳定性，正常使用过程中，不宜出现明显的竖向变形差，振动荷载作用下，隔振装置应避免出现受拉或受压破坏，满足上部结构稳定性的要求。

（2）隔振特性。隔振特性取决于隔振装置的刚度及阻尼，其刚度及阻尼应能同时满足隔振效率与变形能力限制的双重需求，即刚度应足够小，以达到尽量小的振动传递率，同时要控制隔振体系的变形不能超出隔振装置自身的变形能力；在其他外部荷载作用下，隔振体系应能够保持稳定。

（3）复位特性。振动荷载作用下，隔振支座产生变形以延长体系周期，减小振动输入，当振动荷载激励过后，上部体系需依赖隔振装置的自复位能力，回复到初始平衡位置，满足正常使用要求。

（4）阻尼特性。隔振装置的阻尼可以是隔振装置一体化阻尼，也可以采用外设的阻尼耗能装置。隔振装置阻尼的作用，主要是为了控制隔振装置变形不至于超过自身变形能力造成体系损毁，同时利用隔振装置的有效变形，增加体系的耗能，减小振动能量对上部结构的影响。

（5）耐久性与实用性。隔振装置的耐久性直接影响隔振体系的安全与稳定，正常使用情况下，隔振装置需具备长期支撑上部结构重量的能力。构造合理、简单实用的隔振装置，对于隔振技术的应用推广具有较大的工程价值。

隔振（震）产品种类繁多，设计人员根据工程需要选择一类产品或多类产品组合使用。

1. 橡胶隔振器（隔震支座）

橡胶是一种比较理想的隔振材料，作为高分子物质，具有良好的弹性，成型简单，加工方便，可以制成各种不同形状和不同受力状态的几何体。同时，橡胶具有较大的阻尼，用于动力机械的隔振以及建筑隔震中，可以减小隔振基础在动力机械启动或停车过程中的振幅以及结构振动响应，并且可以加快冲击荷载引起的振动的衰减。

1）橡胶隔振器

橡胶隔振器常用的有橡胶块隔振器和 G 型橡胶隔振器，如图 2.2-1 和图 2.2-2 所示。

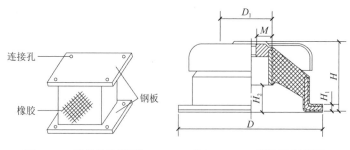

图 2.2-1　橡胶块隔振器　　　图 2.2-2　G 型橡胶隔振器

橡胶隔振器是以金属件为骨架，橡胶为弹性元件，用硫化粘结在一起的隔振元件，故有时也称其为金属橡胶隔振器，是目前应用最多的一类隔振器，主要用于通用机械设备（振动筛、通风机、压缩机、水泵、空调机组等）和各种发动机隔振；汽车、火车、城市轨道交通、飞机、船舶等交通设备更是离不开橡胶隔振器；有些冲压和锻压设备也采用橡胶隔振器隔离振动。

橡胶隔振器的主要特点是：

（1）可自由地选取形状和尺寸，制造比较方便，硬度变化调整容易，可根据需要任意选择三个相互垂直方向上的刚度，改变橡胶形状及内、外部构造，可以适应大幅度改变刚度和强度的需要。

（2）橡胶材料具有适量的阻尼，可以吸收振动能量，对高频振动能量的吸收尤为见效，通常在 30Hz 以上已相当明显，安装有橡胶隔振器的振动机械在通过共振区时，甚至在接近共振区时也能安全地使用，不会产生过大的振动，不需另外配置消能器。

（3）橡胶隔振器能使高频的结构噪声显著降低（通常能使 100～3200Hz 频段中的结构噪声降低 20dB 左右），这对控制噪声极为有利。

（4）抗冲击性能较佳。

（5）橡胶隔振器的缺点是受日照、温度、臭氧等环境因素影响，易产生性能变化与老化，在长时间静载作用下，有蠕变现象，对工作环境条件适应性也较差，因此要定期检查，以便及时更换。

橡胶隔振器的使用要求：

（1）荷载及变形要求

隔振器的设计及选用必须满足橡胶隔振器的容许应力与容许应变，其值可见《工程隔振设计标准》GB 50463—2019 的相关规定。

（2）适应环境条件的要求

用来制造橡胶隔振器的材料有很多种类，如：合成橡胶、天然橡胶及这两种的混合橡胶，不同种类的橡胶适应不同的环境条件。如耐油、耐酸、耐碱、耐高温、耐大气老化等。目前橡胶隔振器常用的橡胶是丁腈橡胶、氯丁橡胶、丁基橡胶和天然橡胶。丁腈橡胶耐油性强，氯丁橡胶耐气候性强，丁基橡胶耐酸碱性强，根据不同的环境条件和使用场所选择适用的橡胶材料加工或选用隔振器。

2）橡胶隔震支座

建筑橡胶隔震支座是由多层橡胶和多层钢板或其他材料交替叠置结合而成的隔震装置，包括天然橡胶支座（LNR）、铅芯橡胶支座（LRB）、高阻尼橡胶支座（HDR）。

天然橡胶支座（LNR），是由薄橡胶层和薄钢板层交互叠置，经高温、加压并硫化制作而成的支座，内部无竖向铅芯，如图 2.2-3 所示。支座内部橡胶除天然橡胶外，还添加有填充剂、补强剂和防老化剂等。天然橡胶隔震支座通过钢板层与橡胶层粘结，限制了橡胶层在竖向应力作用时产生的横向变形量，较纯橡胶体显著地提高了支座的竖向刚度。由于橡胶层约束表面积比自由表面积大许多，在橡胶层总厚度相同的条件下，支座竖向刚度将随着橡胶层单层厚度的减小而增加。橡胶隔震支座的水平刚度主要与橡胶材料和橡胶层的总厚度相关。因此在橡胶层总厚度相同的条件下，减小橡胶层单层厚度来增加支座竖向刚度的同时，水平刚度未改变，并且支座仍具有相同的变形能力。橡胶隔震支座的几何特性由第一形状系数S_1和第二形状系数S_2反映。第一形状系数为支座中单层橡胶的有效承压面积与其自由侧面表面积之比，通常认为与橡胶隔震支座的竖向性能和支座界限性能相关。第二形状系数对于圆形支座为内部橡胶层直径与内部橡胶总厚度之比，对于矩形或方形支座为内部橡胶层有效宽度与内部橡胶总厚度之比,通常认为与橡胶隔震支座的水平性能相关,并与橡胶支座的稳定性有关。隔震结构中使用的橡胶隔震支座,最早使用的是剪切弹性模量为 0.55～0.65MPa 的天然橡胶,由于剪切弹性模量偏大,隔震支座水平刚度偏大,现逐渐被剪切弹性模量为 0.30～0.45MPa 的天然橡胶隔震支座取代。

图 2.2-3　天然橡胶支座

　　铅芯橡胶支座（LRB）,是在天然橡胶隔震支座中心或非中心位置增加铅芯制作而成的具有良好耗能能力的隔震支座。生产工艺通常是在制造完成天然橡胶隔震支座后,将计算好体积的铅芯压入天然橡胶隔震支座的预留孔内制作而成,如图 2.2-4 所示。铅芯橡胶隔震支座的力学性能是天然橡胶隔震支座和铅芯消能器的叠加,其弹塑性恢复力特性如图 2.2-5 所示。铅芯橡胶隔震支座由于同时具有弹性变形、弹性恢复、承担竖向荷载和耗能的特性,并具有施工简便的特点,因此目前在隔震结构体系中应用广泛。通过控制支座铅芯的直径,可以调整支座的耗能能力。铅芯橡胶隔震支座本身具有弹塑性特性,其恢复力分析模型主要有以下几种：双线性模型、Ramberg-Osgood 模型、修正双线性模型、修正双线性模型 + Ramberg-Osgood 模型。

图 2.2-4　铅芯橡胶隔震支座

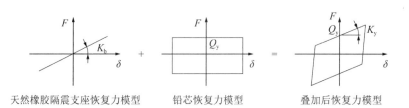

天然橡胶隔震支座恢复力模型　　铅芯恢复力模型　　叠加后恢复力模型

图 2.2-5　铅芯橡胶隔震支座恢复力特性

高阻尼橡胶支座（HDR）由上下连接钢板、高阻尼橡胶和钢板组成，其结构形式与天然橡胶支座相同，唯一的不同在于高阻尼支座的橡胶中添加了多种特殊化学成分以提高橡胶的阻尼比。高阻尼橡胶的化学成分与橡胶配方和添加剂直接相关，因此不同厂家生产的高阻尼橡胶，其化学成分不尽相同。一般来说，高阻尼橡胶的主要原料为天然橡胶或合成橡胶，相比传统的隔震支座，由复合橡胶材料制成的具有较高阻尼性能的橡胶隔震支座，不需要额外的阻尼器便可获得较强的阻尼特性，同时仍具有普通橡胶支座的水平和竖向力学性能。

2. 圆柱形螺旋钢弹簧隔振器

圆柱形螺旋钢弹簧隔振器是隔振中普遍使用的一种隔振元件。它的力学性能稳定，动态刚度与静态刚度、计算值与试验值都很接近，一般误差不超过 5%。同时，钢弹簧可以有较大的变形量，用它组成的隔振体系的自振频率可做到 3.0Hz 甚至更低。但是，钢弹簧的阻尼很小，非弹性阻尼力系数约 0.01，为了减小隔振体系通过共振（或冲击共振）区的振幅，加快被动隔振的自由衰减振动，一般宜与其他阻尼值较大的隔振材料联合使用。

圆柱形螺旋钢弹簧隔振器的形式有支承式和悬挂式两种，如图 2.2-6 和图 2.2-7 所示。支承式隔振器的弹性支承元件采用压缩弹簧；悬挂式隔振器的弹性支承元件可采用压缩弹簧，如图 2.2-7（a）所示，也可采用拉伸弹簧，如图 2.2-7（b）所示，两种情况均应采取措施保证隔振器的横向刚度大于其轴向刚度。采用拉伸弹簧时，弹簧两端的吊钩可采用两种做法，如图 2.2-8 所示。弹簧线径不大于 12mm 时，采用冷卷弹簧，线径大于 12mm 时，采用热卷弹簧。

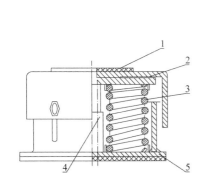
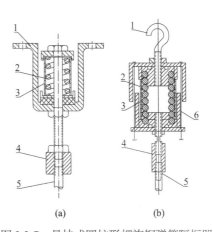

图 2.2-6　支承式圆柱形螺旋钢弹簧隔振器　　图 2.2-7　悬挂式圆柱形螺旋钢弹簧隔振器

1—柔性垫板；2—上盖板；3—弹簧；4—消能器；　　1—吊架或吊钩；2—弹簧；3—阻尼材料；4—长度调节旋钮；

5—支座　　　　　　　　　　　　　　　　　　　　5—吊杆；6—保护索

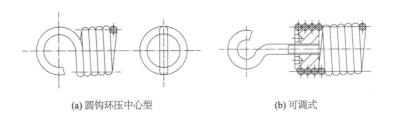

(a) 圆钩环压中心型　　　　　　　　(b) 可调式

图 2.2-8　拉伸弹簧的两种端部做法

　　圆柱形螺旋钢弹簧隔振器取材方便、构造简单、性能可靠、使用寿命长，配上材料阻尼或介质消能器后，隔振效果好，适用范围很广，除有特殊要求外，几乎所有振动设备和精密仪器设备隔振都可以用。一般来说，锻锤、压力机等冲击振动设备，适宜采用承载力大、水平刚度大、稳定性好的支承式隔振器，并配置竖向阻尼，阻尼比 0.2～0.3，也可以利用摩擦阻尼。轨道隔振采用的隔振器与此类似，但对隔振器的承载力、体积和刚度性能要求更高一些，阻尼比可小一些，但最小不得低于 0.05。旋转运动设备、曲柄连杆式机器和随机振动设备等，需按 6 自由度进行主动隔振设计，可采用水平刚度与竖向刚度相差不大、配有竖向和水平向阻尼的支承式隔振器，阻尼比不宜小于 0.05，合适的阻尼比是 0.1 左右，并需注意隔振设备场所温度对阻尼比和动刚度的影响，当对水平向启动、停机振幅增大要求不高时，如普通风机、水泵隔振，亦可采用仅配置竖向阻尼的隔振器。精密仪器设备的被动隔振，应采用水平刚度与竖向刚度相差较小、配有竖向和水平向阻尼比为 0.1～0.2 的支承式隔振器。设备悬挂隔振时，可采用悬挂式隔振器。管道隔振采用悬挂式隔振器或隔振吊钩，其阻尼比不宜小于 0.05。悬挂式隔振器需采取安全保护措施。

3. 碟形弹簧与迭板弹簧隔振器

　　碟形弹簧是由钢板冲压成形的碟状垫圈式弹簧，适用于冲击设备及扰力较大的竖向隔振，碟形弹簧可分为无支承式和有支承式，如图 2.2-9 所示。无支承式碟形弹簧，其内缘上边和外缘下边未经加工，因此承受荷载部分没有支承面；有支承式碟形弹簧，其内外缘经过加工而有支承面，在支承面上承受荷载。

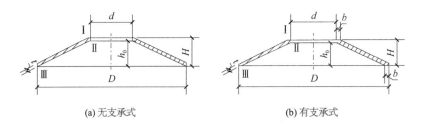

(a) 无支承式　　　　　　　　　　　(b) 有支承式

图 2.2-9　普通碟形弹簧

D—碟片外径；d—碟片内径；t—碟片厚度；H—碟片高度；
h_0—加载前碟片内锥高度；b—支承面宽度

　　由于单片碟形弹簧的变形和承载能力往往不能满足使用要求，因此一般成组使用。采用各种不同的组合方式，可以得到各种弹簧特性，大大扩大了碟形弹簧的使用范围。其组合方式有叠合式、对合式和复合式。

　　叠合式碟形弹簧组相当于组成该弹簧组的所有碟形弹簧的并联，弹簧组的刚度等于各单个碟形弹簧的刚度之和；对合式碟形弹簧组相当于组成该弹簧组的所有碟形弹簧的串联，弹簧组的刚度的倒数（柔度）等于各单个碟形弹簧的刚度倒数（柔度）之和；复合式碟形弹簧组则是上述两种方式的组合。由于簧片间存在摩擦，弹簧组中各碟形弹簧受力不尽相同，因此弹簧组的实际刚度应作修正。

　　碟形弹簧一般以组合的形式使用，使用时应注意以下事项：

　　（1）应设置导向件。为防止受载时碟片产生横向滑移，组合碟形弹簧应有导向轴（导杆）或导向套筒（导套），一般以导向套筒的效果较好。

（2）组合碟形弹簧的片数不宜过多。承受荷载时，碟片沿导向件表面滑动，将一部分荷载传递到导向件上，使得各个碟片承受的荷载将由动端的碟片开始向内依次递减。各碟片的应力大小也将不同，动端的碟片应力最大，寿命最短。

（3）为防止碟片被压平，对合的碟片间应放置垫环。

迭板弹簧隔振器由多弹簧钢板片和簧箍组装而成，可用于锻锤、压力机等承受冲击荷载的设备的竖向隔振。迭板弹簧的结构可分为弓形和椭圆形，如图 2.2-10 所示，板簧材料可采用 60Si2Mn 或 50CrVA。

迭板弹簧除应满足刚度要求外，还应有足够的疲劳寿命和阻尼系数。因此迭板弹簧的设计就是围绕这三个方面的要求来进行的。

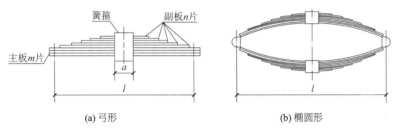

(a) 弓形　　　　　　　　　　　　　　(b) 椭圆形

图 2.2-10　迭板弹簧隔振器

m—主板片数；n—副板片数；a—簧箍宽度；l—板簧长度

使用时，应确保簧箍端面水平，并有装置限制簧箍水平窜动和转动，对于弓形弹簧，与弹簧端部接触的支承件应耐磨。

4．空气弹簧隔振器

空气弹簧是内部充气的一种柔性密闭容器，它是利用密闭于其中的空气可压缩性实现弹性作用的一种非金属弹簧。其特点如下：

（1）空气弹簧是一种变刚度的隔振元件，它随着承载不同而改变其刚度，即当承载大时，其内压也增大，随即也增大了刚度，因而在荷载变化时，隔振体系的固有振动频率可随之变化。

（2）空气弹簧具有非线性特性，因此可以将特性曲线设计成理想形状，如 S 形，即在曲线中间区段具有很低的刚度并且近似认为是线性的，可以使隔振体系获得很低的固有振动频率。

（3）空气弹簧具有较宽的承载范围，当其内压改变时，可以得到不同的承载力。

（4）空气弹簧内装有阻尼器，具有可调节竖向阻尼值的功能，可根据需要调节竖向阻尼值。

（5）空气弹簧有优良的隔声性能。

（6）空气弹簧隔振器当与高度控制阀组成隔振装置时，能自动调节被隔振体的高度，使被隔振体保持良好的水平度。即当被隔振体的质量及质心位置发生变化时，被隔振体将产生倾斜，此时高度控制阀会自动调节空气弹簧隔振器内的气压，从而改变各隔振器的刚度，将被隔振体水平度恢复到原来的状态，也就是说，带有高度控制阀的空气弹簧隔振装置，可以实现隔振体系刚度中心对质量和质心位置变化的自动跟踪，使质心与刚度中心在其垂直投影面上自动重合，使被隔振体保持原有的水平度。由于这种独特的性能，使空气弹簧在隔振领域得到广泛应用。

空气弹簧隔振器由橡胶帘线胶囊、附加气室及阻尼器组成，其类型可按胶囊形式不同加以区分。

胶囊是由帘线层、内外橡胶层和成型钢丝圈经硫化而成，荷载主要由帘线承受，帘线的材质对空气弹簧的耐压性和耐久性起决定作用。帘线一般采用高强人造丝、尼龙等材质，层数为 1~4 层，与胶囊经线方向成一角度布置。内层橡胶主要用于密封，应采用气密性能及耐油性能良好的橡胶，而外层橡胶除了密封作用外，还起保护作用，例如要考虑抗辐射及臭氧的侵蚀等。胶囊端部有采用螺钉密封或压力自封与金属件连接。胶囊结构如图 2.2-11 所示。

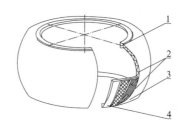

图 2.2-11　胶囊结构图

1—钢丝圈；2—帘线；3—外层橡胶；4—内层橡胶

（1）囊式：空气弹簧隔振器上下连接口直径相同，胶囊呈鼓形，可根据需要设计成单曲、双曲或多曲。图 2.2-12 为单曲囊式空气弹簧构造。

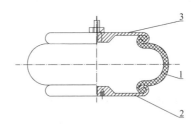

图 2.2-12　单曲囊式空气弹簧

1—胶囊；2—上连接口；3—下连接口

囊式空气弹簧制作容易，但其刚度较大，为了获得较低的刚度，设计成双曲或三曲形式，但多曲形式的横向定向较差，使用也往往受到限制。

（2）约束膜式空气弹簧隔振器：胶囊内侧或外侧有约束裙（内筒或外筒）者，为约束膜式，约束裙有直筒或斜筒之分。图 2.2-13 为约束膜式空气弹簧构造。

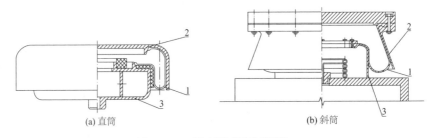

(a) 直筒　　　　　　　　　　　　　　(b) 斜筒

图 2.2-13　约束膜式空气弹簧

1—胶囊；2—外筒；3—内筒

这种空气弹簧由于斜筒的作用，降低了竖向刚度，因而可使隔振体系获得较低的竖向固有振动频率。

（3）自由膜式空气弹簧隔振器：胶囊无内外约束裙，胶囊的变形是无约束的。这种空气弹簧在竖向及横向都具有较低的刚度，因而具有良好的隔振性能，图 2.2-14 为自由膜式空气弹簧的一种构造。

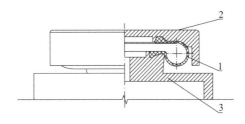

图 2.2-14　自由膜式空气弹簧

1—胶囊；2—上盖；3—内筒

此外还有滚膜式及囊膜组合式空气弹簧隔振器等。

囊式空气弹簧隔振器常用于工业振源隔振，约束膜式及自由膜式隔振器常用于精密仪器及设备隔振。

空气弹簧工作时充气，它的弹性是由压缩空气内能的变化得到的。利用空气弹簧隔振的隔振基座由四部分组成，如图 2.2-15 所示。

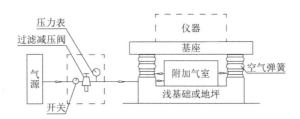

图 2.2-15　空气弹簧隔振基座

气源部分：压缩空气站或能控制输出气压的压缩机，目的是保证囊内有充足的气压。囊内的气压要稍大于附加气室的气压。

气压控制部分：由开关、过滤减压阀及压力表组成，以保证囊内气压在工作时为恒定值。

隔振支承部分：由空气弹簧、附加气室、连接空气弹簧与附加气室的毛细管组成。

被支承体：适当重量的基座和需要隔振的设备。

空气弹簧隔振基座可置于水泥地坪或独立浅基础上。工作的时候，压缩空气由气源经过气压控制装置进入附加气室，再经过毛细管进入空气弹簧，恒定的气压使基座升高到一定的位置。在工作的间隙，可以放掉空气，空气弹簧失去承载能力，基座可降落在预先准备的支柱上。每次工作时的气压应相同，以免隔振性能发生变化。为使各个空气弹簧内的气压相同，需要采用统一的附加气室。附加气室到各气囊内的毛细管的截面和长度也要一致。

带有附加气室的空气弹簧隔振基座的自振频率的计算比较复杂，目前还未得到一个符合实际的理论计算公式。但由基本原理和试验表明，影响空气弹簧隔振基座自振频率的主要因素是空气体积。包括附加气室在内的空气弹簧体积越大，自振频率越低。

空气弹簧的阻尼是由于体系发生振动时，压缩空气在附加气室和气囊之间往复流动，管壁对气流起了黏滞作用而产生的。阻尼的大小取决于：

（1）毛细管截面。面积小，阻尼大，但必须保持畅通。

（2）工作气压。气压低，阻尼大。

（3）毛细管长度。长度长，阻尼大。

（4）毛细管附着面。附着面大，阻尼大。

空气弹簧具有可控阻尼和较好的隔振效果，但是构造较复杂，适用于有特殊要求的精密仪表和设备的被动隔振。

5. 弹性滑板支座（ESB）

弹性滑板支座（ESB）是由橡胶支座部、滑移材料、滑移面板及上下连接板组成的隔震支座，橡胶支座部是由内部橡胶和内部钢板叠合整体硫化而成的支座部分，如图 2.2-16 所示。滑移材料一般为聚四氟乙烯，滑移面板通常采用不锈钢板，聚四氟乙烯层与不锈钢板面产生低摩擦系数的滑动。滑板支座本身不具备自动复位的能力，通常需与橡胶隔震支座联合使用。

6. 摩擦摆隔震支座（FPS）

摩擦摆隔震支座（FPS）是一种能够自动复位的平面滑移系统，最早在 1985 年由美国加州大学伯克利分校研发。图 2.2-17 为曲面式摩擦摆隔震支座。作为传统平面滑动系统的改进，摩擦摆系统特有的圆弧滑动面使其具有自复位功能。由于其具有良好的工程性质，国内外学者对其进行了较为深入的研究，并已成功应用于实际工程中。FPS 隔震消能的主要原理是将结构物本身与地面隔离，利用滑动面的设计来延长结构物的振动周期，以大幅度减小结构物因受地震作用而引起的放大效应。

摩擦摆支座可通过调整圆弧面的曲率半径改变隔震结构周期，实现更柔的隔震层，且在不增加刚度的同时可以具备更大的水平变形能力。

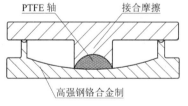

图 2.2-16　弹性滑板支座　　　　图 2.2-17　曲面式摩擦摆隔震支座

其他支座还有滚动支座、滑轨支座等。

7. 其他隔振材料

（1）乳胶海绵

乳胶海绵富有弹性，刚度较小，阻尼较大，非弹性阻尼系数约为 0.15，用它来装置的隔振体系的自振频率可做到 5Hz 以下。但由于它的承载能力较小，且容易老化，一般用于较小型仪器仪表和设备的被动隔振；也有在大型设备的隔振上采用的。

乳胶海绵和橡胶一样都属于非线性弹性材料，只有在变形较小时，才可按线性弹性理论计算。当相对变形超过 35% 时，即产生明显的非线性现象，弹性模量随应力的增加而迅速增大。相对密度为 0.1480 和 0.1236 的乳胶海绵的静态弹性模量如图 2.2-18 所示。

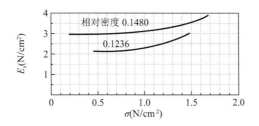

图 2.2-18　乳胶海绵静态弹性模量

乳胶海绵的动态弹性模量比静态弹性模量大，且随应力的改变而变化。图 2.2-19 是不同应力下的动态与静态弹性模量之比值。由图可见，这一比值随应力的改变而迅速增大，为了充分利用乳胶海绵的弹性性质，相对变形控制在 20%～35% 为宜。

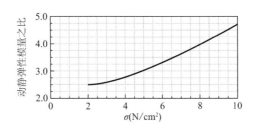

图 2.2-19　乳胶海绵动态与静态弹性模量之比

（2）软木

软木的弹性模量，由于配方和粒径等不同，差别甚大，即使同一种材料不同试件的试验结果，离散性也较大。

软木的弹性模量随着使用应力的增大而增大。一般使用应力宜控制在 8～15N/cm² 范围内；这时静态弹性模量约为 450～600N/cm²，动态弹性模量约为静态弹性模量的 2.0～2.5 倍。软木的允许应力小于 30N/cm²。非弹性阻尼系数约为 0.1。采用软木隔振的体系自振频率，一般都在十几赫兹以上，所以软木对于高频振动和冲击振动有一定的隔振效果。

建筑隔振（震）设计时尚需要辅助装置，辅助装置及部件包括阻尼装置、抗风装置、抗拉装置等。

1. 阻尼装置

隔震建筑中的阻尼装置是指通过吸收并耗散地震输入能量而使隔震层地震响应衰减的装置。阻尼装置一般在隔震层内设置，利用隔震层的大变形耗散地震能量。隔震层中配置的消能器需要满足四个要求：第一，具备足够的变形能力，能满足隔震层变形要求；第二，具有高耗能能力，能在隔震层中做功消耗地震能量；第三，消能器的刚度尽可能低，避免较多地改变隔震结构的自振周期；第四，满足水平两个方向运动的要求，均可提供有效的阻尼力。一般在隔震层中采用黏滞消能器的较多。

2. 抗风装置

抗风装置是隔震层用于抵御上部结构风荷载作用的装置，可以是隔震支座的组成部分，也可以单独设置。图 2.2-20 为常用的抗风装置示意图。抗风装置的设置不能影响隔震效果，宜均匀布置在结构周边。需注意抗风装置与周边构件的最小距离 l 需满足隔震沟的宽度要求。

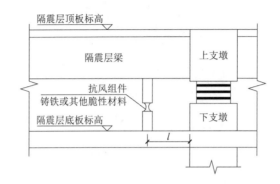

图 2.2-20　抗风装置示意图

3. 抗拉装置

抗拉装置是隔震层中用于抵御上部结构倾覆作用引起的竖向拉力的装置。抗拉装置可分为两类：一类是将抗拉限位装置与橡胶隔震支座设置为一体，这种类型的抗拉隔震支座具有限制隔震支座拉伸变形的作用，但支座构造复杂，实施难度大，同时增加了支座水平刚度，减震效果有所降低（图 2.2-21a）；另一类是将抗拉限位装置单独设置在隔震支座附近，并通过优化其刚度和连接间隙值，限制隔震支座在地震作用下的拉伸变形，这类抗拉装置不影响隔震支座水平性能（图 2.2-21b）。

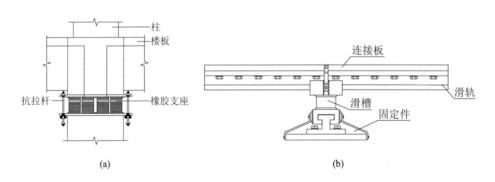

(a)　　　　　　　　　　　　　　(b)

图 2.2-21　抗拉装置示意图

参考文献

[1]　朱绪林, 林明强, 高蕊, 等. 中国建筑结构减隔震技术应用研究进展[J]. 华北地震科学, 2020, 38(4): 86-91.

[2]　杨光, 庞定慧. 隔振技术在建筑中的应用[J]. 华北水利水电学院学报, 2001, 22(2): 38-41.

[3]　李欣业, 张华彪, 郭晓强. 工程中的振动问题的研究进展[J]. 动力学与控制学报, 2022, 20(6): 1-9.

[4]　丁洁民, 吴宏磊. 减隔震建筑结构设计指南与工程应用[M]. 北京: 中国建筑工业出版社, 2018.

[5]　日本免震构造协会. 建筑物隔震·减震设计手册[M]. 季小莲, 译. 北京: 中国建筑工业出版社, 2020.

[6]　汪大洋. 调频阻尼减振结构理论与设计[M]. 北京: 科学出版社, 2019.

[7]　闫维明, 黄韵文, 何浩祥, 等. 颗粒阻尼技术及其在土木工程中的应用展望[J]. 世界地震工程, 2010, 26(4): 18-24.

[8]　葛根旺, 王军伟, 晋宇. 高层隔震结构的应用现状与研究进展[J]. 工程抗震与加固改造, 2020, 42(6): 53-69.

[9]　付仰强, 张同亿. 某医疗钢结构隔震设计与性能分析[J]. 建筑结构, 2021, 51(18): 92-97.

[10]　雷自学, 邱腾蛟. 设有隔振支座的微电子厂房微振动响应时程分析[J]. 建筑技术, 2013, 44(10): 201-203.

[11]　邓长根, 曾苗, 徐忠根. 结构工程竖向隔震技术研究进展[J]. 建筑科学与工程学报, 2019, 36(4): 1-11.

[12]　周颖, 陈鹏. 基于准零刚度特性的结构竖向隔振系统研究[J]. 建筑结构学报, 2019, 40(4): 143-150.

[13]　Robinson W H, Cousins W J. Lead Dampers for Base Isolation[C]. Ninth World Conference on Earthquake Engineering , August 2-9, Tokyo-Kyoto, Japan, 1988: 427-432.

[14]　Robinson W H, Monti M D. Seismic Isolation and Passive Damping-the New Zealand Experience on Isolation[A]. Energy Dissipation Post-Smart Conference on Isolation, Energy Dissipation and Control of Vibration of Structures[C]. Taormina, Sicily, Italy, August 25-27, 1997.

[15]　杨永斌, 伍云天, 韩腾飞. 工业建筑振动控制技术与应用案例[M]. 北京: 科学出版社, 2020.

[16]　姜俊平, 等. 振动计算与隔振设计[M]. 北京: 中国建筑工业出版社, 2009.

[17]　徐建. 工程隔振设计指南[M]. 北京: 中国建筑工业出版社, 2021.

[18]　刘文光. 橡胶隔震支座力学性能及隔震结构地震反应分析研究[D]. 北京: 北京工业大学, 2003.

[19]　Ceccoli C, Mazzotti C, Savoia M. Non-linear Seismic Analysis of Base-Isolated RC Frame Structures[J]. Earthquake Engineering and Structural Dynamics, 1998. 28: 633-653.

[20]　Feng D M, Miyama T, Tsugio T, et al. A New Analytical Model for the Lead Rubber Bearing[C]. 12WCEE, New Zeland. 2000.

[21]　Fujita L, et al. High Damping Rubber Bearings for Seismic Analysis of Base-Isolation of Buildings[C]. Trans, Japan Soc. Mech Eng, 1990, C56, 658-666.

[22]　Lu X, Li X, Tian M. Preparation of high damping elastomer with broad temperature and frequency ranges based on ternary rubber blends[J]. Polymers for Advanced Technologies, 2014, 25(1): 21-28.

[23]　魏威. 高阻尼橡胶隔震支座速度相关性力学模型的理论与试验研究[D]. 武汉: 华中科技大学, 2017.

[24]　张松. FPS隔震装置的隔震性能研究[D]. 唐山: 河北理工大学, 2006.

[25]　建筑隔震构造详图(滇 20G9-1)[S]. 昆明: 云南科技出版社, 2020.

[26]　苗启松, 卜龙瑰, 阎东东. 隔震建筑支座抗拉问题研究与应用[J]. 建筑结构, 2019, 49(18): 13-18.

第 3 章　建筑工程减隔振（震）控制指标及标准

建筑工程设计时，需要考虑的振动源包括地震、风、环境振动（轨道交通、公路交通、施工等）、人致振动、动力设备等。不同振动产生的影响不尽相同，包括对精密仪器、动力设备正常工作的影响、人员健康及舒适性影响、建筑功能及建筑装修、主体及非主体结构的损坏等。不同振动源的振动控制要求也有所区别：对于地震、风的振动控制，以及对于较大的施工振动、动力设备的振动控制，需要同时满足承载力极限状态与正常使用的要求，包括结构承载能力、变形、楼面加速度等控制要求；对于一般环境振动、动力设备振动、人致振动的控制，主要满足正常使用的要求，包括人员舒适性及精密仪器设备工作环境需求等。

目前，广大学者及工程师分别针对上述各类振动细分领域开展研究，相关建筑工程设计标准也是针对不同振动给出控制指标。

3.1　建筑工程减隔振（震）控制指标

3.1.1　建筑工程减隔震控制指标

相比常规建筑结构抗震设计的"小震不坏、中震可修、大震不倒"的基本设防目标，在主体结构中引入了耗能装置或隔震装置的减隔震结构，通常需要结合建筑功能及结构特征，依据规范标准，设定更高的抗震性能目标。性能目标采用不同地震水准下的建筑性能状态进行表征，抗震结构性能化设计主要从承载力及结构变形两方面提高设防及罕遇地震下的控制标准，保证结构主体及非结构构件的安全性。

2021 发布的《隔震标准》首次将隔震建筑的基本设防目标提升至"中震不坏、大震可修"，相应调整了隔震结构设计反应谱，提出了一体化隔震模型的反应谱等效线性分析方法，规定了隔震结构抗震性能设计的相关要求。设计方法相比传统的分部设计法及上部结构降度抗震设计大幅改进和完善。

随着《抗震条例》的颁布实施，对高烈度区和地震重点监视防御区的"新建学校、幼儿园、医院、养老机构、儿童福利机构、应急指挥中心、应急避难场所、广播电视等建筑"（以下简称"两区八类建筑"）提出了采用减震或隔震技术实现设防地震下正常使用的要求。《抗震条例》相关标准，将传统的"三水准、两阶段"的设计扩展为"三水准、三阶段"的设计，第二水准设防地震下的设防目标由"中震可修"上升至"中震不坏"，不同地震作用水准下的结构整体及构件的性能目标，主要体现在结构承载力、层间变形和楼层加速度三个方面的控制要求。围绕"正常使用"的具体控制标准，业内专家学者开展了相关研究和讨论，相关标准也陆续出台，各标准的具体控制指标不尽相同。

1. 地震时有正常使用要求的建筑分类

《基于保持建筑正常使用功能的抗震技术导则》（简称《导则》）及北京市《建筑工程减隔震技术规程》（简称《北京规程》），根据应急救灾及指挥通信功能、保护弱势群体等设防目标定位，将《抗震条例》中的"两区八类建筑"分为Ⅰ类建筑和Ⅱ类建筑（表 3.1-1），综合考虑震后影响，Ⅰ类建筑的抗震性能目标高于Ⅱ类建筑。

地震时正常使用建筑分类 表 3.1-1

	建筑物
Ⅰ类	应急指挥中心建筑；医院主要建筑；应急避难场所建筑；广播电视建筑
Ⅱ类	学校建筑；幼儿园建筑；医院附属用房；养老机构建筑；儿童福利机构建筑

云南省《建筑消能减震应用技术规程》（简称《云南规程》），将减震设计的建筑及其目标划分为两类。第一类："两区八类建筑"，当遭受相当于本地区设防烈度的地震影响时，主体结构基本不受损坏或不需修理即可继续使用，且非结构构件和附属设备满足正常使用要求；当遭受罕遇地震时，消能部件正常工作，结构可能发生损坏，经修复后可继续使用。特殊设防类建筑遭受极罕遇地震时，不致倒塌或发生危及生命的严重破坏。第二类：除前款规定以外，按云南省有关规定应采用消能减震技术的建筑，当遭受低于本地区抗震设防烈度的多遇地震影响时，消能部件正常工作，主体结构不受损坏或不需修理即可继续使用；当遭受相当于本地区抗震设防烈度的设防地震影响时，消能部件正常工作，主体结构可能发生损坏，但经一般修理仍可继续使用；当遭受高于本地区抗震设防烈度的罕遇地震影响时，消能部件不应丧失功能，主体结构不致倒塌或发生危及生命的严重破坏。

河北省《建筑工程消能减震技术标准》（简称《河北标准》），将消能减震结构的抗震设防目标分为两类。第一类：当遭受低于本地区抗震设防烈度的多遇地震影响时，消能部件正常工作，主体结构不受损坏或不需修理即可继续使用；当遭受相当于本地区抗震设防烈度的设防地震影响时，消能部件正常工作，主体结构可能发生损坏，但经一般修理仍可继续使用；当遭受高于本地区抗震设防烈度的罕遇地震影响时，消能部件不应丧失功能，主体结构不致倒塌或发生危及生命的严重破坏。第二类：多遇地震时要求同第一类；设防地震时，消能部件正常工作，主体结构基本不受损坏或不需修理即可继续使用；罕遇地震时，消能部件正常工作，主体结构可能发生损坏，经修理仍可继续使用。保证发生本区域设防地震时能够满足正常使用要求的建筑，其抗震设防目标应选用第二类；其他建筑的抗震设防目标不应低于第一类。

上海市《建筑消能减震及隔震技术标准》（以下简称《上海标准》）对于减震和隔震工程的基本抗震设防目标要求如下。减震结构：多遇地震时，消能部件可发挥部分消能功能，主体结构不受损坏可继续使用；设防地震时，消能部件应充分发挥消能功能，主体结构的非主要构件可能发生损坏，但经一般修理或不需要修理仍可继续使用；罕遇地震时，消能部件应发挥最大消能功能，主体结构不致倒塌或发生危及生命的严重破坏。隔震结构：设防地震下隔震建筑基本完好；罕遇地震时可能发生损坏，经修复后可继续使用。相比而言，由于《上海标准》发布于《抗震条例》之前，对于减震结构未上升到《抗震条例》设防地震正常使用要求，故部分性能目标的控制标准也相对其他标准偏低。

2. 设防地震下承载力设计

设防地震下结构构件承载力设计性能等级分类见表 3.1-2，减震结构的主体结构及消能子结构的承载力性能目标对比见表 3.1-3。

承载力设计性能等级分类   表 3.1-2

	性能化等级分类	是否考虑抗震等级调整地震效应	荷载基本组合或标准阻合	材料强度
弹性	A1	考虑	基本组合	设计值
	A2	不考虑	基本组合	设计值
不屈服	B1	考虑	标准组合	标准值
	B2	不考虑	标准组合	标准值
	B3	不考虑	标准组合	标准值基础上考虑材料超强系数 1.25
	B4	适当考虑，相比《抗规》减小	标准组合	标准值基础上考虑材料超强系数 1.25
极限承载力	C	不考虑	标准组合	按材料最小极限强度值计算的承载力；钢材强度可以取最小极限值，钢筋强度可取屈服强度的 1.25 倍，混凝土强度可取立方强度的 0.88 倍

设防地震正常使用的主体结构及消能子结构承载力性能目标对比   表 3.1-3

标准	设防地震						罕遇地震
	关键构件		普通竖向构件		普通水平构件		消能子结构
	抗剪	抗弯	抗剪	抗弯	抗剪	抗弯	抗弯、抗剪
《抗规》局部修订	A2	A2	A2	A2	A2	A2	
《隔震标准》	A1	A1	A1	B1	B1	B3	
《导则》《北京规程》	A2	A2	A2	B2	B2	B3	
《河北标准》	A2	B2	A2	B2	B2	B3	C
《云南规程》	B4	B4	B4	B4	B4	B4	

《上海标准》对消能减震结构构件截面抗震验算要求分为消能子结构和非消能子结构分别进行，验算要求参照现行上海市工程建设标准《建筑抗震设计标准》DG/TJ 08-9—2023 执行；消能子结构的主体结构构件应作为重要构件，按设防地震下不屈服进行设计，并进行罕遇地震作用下的性能状态验算，其罕遇地震下损伤不重于中等损坏，且性能要求应比其他相邻构件高一个等级。非消能子结构仅进行多遇地震下的承载力验算。

3. 设防地震及罕遇地震下结构层间变形限值

设防地震及罕遇地震下结构层间变形限值如表 3.1-4 和表 3.1-5 所示。

"中震不坏"减震结构（隔震上部结构）的层间位移角限值对比   表 3.1-4

标准	框架结构		框架-剪力墙结构		剪力墙结构		多高层钢结构	
	设防地震	罕遇地震	设防地震	罕遇地震	设防地震	罕遇地震	设防地震	罕遇地震
《抗规》局部修订	变形略大于弹性位移值	变形小于两倍弹性位移限值	变形略大于弹性位移限值	变形小于两倍弹性位移限值	变形略大于弹性位移限值	变形小于两倍弹性位移限值	变形略大于弹性位移限值	变形小于两倍弹性位移限值

续表

标准		框架结构		框架-剪力墙结构		剪力墙结构		多高层钢结构	
		设防地震	罕遇地震	设防地震	罕遇地震	设防地震	罕遇地震	设防地震	罕遇地震
《导则》及《北京规程》	I 类	1/400*	1/150	1/500*	1/200*	1/600*	1/250*	1/250*	1/100*
	II 类	1/300	1/100*	1/400	1/150	1/500	1/200	1/200	1/80
《河北标准》"第二类"《云南规程》"第一类"		1/400	1/100	1/500	1/200	1/600	1/250	1/250	1/100

注：带*的限值指标同《隔震标准》中设防地震及罕遇地震作用下弹塑性层间位移角限值，另外《隔震标准》对特殊设防类建筑，还要求极罕遇地震作用下结构及隔震层的变形验算。

"中震可修"减震结构的层间位移角限值对比　　　　　　　　　表 3.1-5

标准	框架结构		框架-剪力墙结构		剪力墙结构		多高层钢结构	
	设防地震	罕遇地震	设防地震	罕遇地震	设防地震	罕遇地震	设防地震	罕遇地震
《云南规程》"第二类"	无要求	1/100	无要求	1/170	无要求	1/200	无要求	1/100
《河北标准》"第一类"	无要求	1/70	无要求	1/150	无要求	1/180	无要求	1/70
《上海标准》	1/250	1/80	1/300	1/120	1/400	1/150	1/150	1/50

注：云南"第二类"增加了多遇地震下的层间位移角限值，对应混凝土框架结构、框架-剪力墙结构、剪力墙结构、钢结构的变形限值要求分别为：1/620、1/890、1/1120、1/280，相较常规抗震结构相关限值要求提高偏严。

4. 设防地震及罕遇地震下楼层加速度限值

设防地震及罕遇地震下减震结构的楼层加速度限值对比如表 3.1-6 所示。

设防地震正常使用减震结构的楼层加速度限值对比　　　　　表 3.1-6

标准		设防地震	罕遇地震
《抗规》局部修订		无要求	无要求
《导则》及《北京规程》	I 类	0.25g	0.45g
	II 类	0.45g	无要求
《河北标准》《云南规程》《上海标准》		无要求	无要求

3.1.2 环境及设备振动控制指标

环境及设备振动控制设计要求，可分为基于舒适度指标的振动控制标准、基于设备正常使用的振动控制标准及基于建筑结构安全的振动控制标准。

1. 基于舒适度指标的振动控制标准

（1）ISO 标准

ISO 2631-2：1989 中给出了振动控制基准曲线，利用基准曲线和放大系数可以得到人体可接受的建筑物振动水平，基于人体对于振动的接受水平，标准中给出了建筑振动限值，如表 3.1-7 所示。

ISO 标准关于建筑物内人体可接受振动水平的限值规定　　　　表 3.1-7

区域	时间	振级$VL/$（dB）$a_0 = 10^{-6}\text{m/s}^2$					
		连续振动、间歇振动和重复性振动			每天只发生数次的瞬态振动		
		x（y）轴	z轴	混合轴	x（y）轴	z轴	混合轴
振动敏感类工作区（如医院手术室、精密仪器实验室、剧院）	全天	71	74	71	71	74	71
住宅	白天	77～83	80～86	77～83	107～110	110～113	107～110
	夜间	74	77	74	74～97	77～110	74～97
办公室	全天	83	86	83	113	116	113
车间	全天	89	92	89	113	116	113

（2）机械振动与冲击人体暴露于全身振动的评价标准

《机械振动与冲击-人体暴露于全身振动的评价 第一部分：一般要求》GB/T 13441.1—2007 与 ISO 2631-1：1997 的一致性为等同，ISO 2631 是目前振动舒适度领域应用广泛的国际标准。该标准规定振动评价分为基本评价方法和补充评价方法。

基本评价法采用计权均方根加速度，按下式计算：

$$a_{\text{w}} = \left[\frac{1}{T} \int_0^T a_{\text{w}}^2(t)\,\text{d}t \right]^{\frac{1}{2}} \tag{3.1-1}$$

式中，$a_{\text{w}}(t)$为计权加速度（m/s^2）；T为测量时间长度（s）。

基本评价法采用计权均方根加速度作为评价指标，适用于波峰因数（波峰因数定义为以频率计权加速度信号的最大瞬时峰值与其均方根值的比的模）小于等于 9 的振动。当波峰因数超过 9 时，基本评估法可能会低估振动影响，应采用补充评估法。补充评估法包括运行均方根评价法或者四次方振动剂量法。

运行均方根评价法是通过使用一个短的积分时间常数来考虑偶然性冲击和瞬态振动。定义振动幅值为最大瞬时振动值（$MTVV$），由$a_{\text{w}}(t_0)$的时间历程上的最大值确定。

$$MTVV = \max[a_{\text{w}}(t_0)] = \max \left[\frac{1}{\tau} \int_{t_0-\tau}^{t_0} a_{\text{w}}^2(t)\,\text{d}t \right]^{\frac{1}{2}} \tag{3.1-2}$$

式中，$a_{\text{w}}(t)$为瞬时计权加速度；τ为运行平均积分时间，推荐使用 1s；t_0为观测时间（瞬时）；t为时间积分变量。

四次方振动剂量法采用的四次方振动剂量值（VDV的单位为 m/s$^{1.75}$）按下式计算：

$$VDV_z = \left\{ \int_0^T [a_{\text{zw}}(t)]^4\,\text{d}t \right\}^{\frac{1}{4}} \tag{3.1-3}$$

（3）德国标准

德国标准 DIN 4150（1975）以KB值的形式给出振动控制允许值：

$$KB = \frac{20.2A}{\left[1 + (f/f_0)^2\right]^{1/2}} = \frac{0.13Vf}{\left[1 + (f/f_0)^2\right]^{1/2}} = \frac{0.8Xf^2}{\left[1 + (f/f_0)^2\right]^{1/2}} \tag{3.1-4}$$

式中，A 为峰值加速度（m/s^2）；V 为峰值速度（mm/s）；X 为峰值位移（mm）；f 为频率（Hz），f_0 可取为 5.6Hz。

KB 值在 DIN 4150 中是一个随频率变化的函数，频率变化范围为 1～80Hz。表 3.1-8 给出了建筑不同区域以 KB 值表示的振动容许值。

DIN 4150（1975）给出的振动容许值　　　　表 3.1-8

区域	时间	KB值	
		连续、间歇重复振动	不常发生的冲击
住宅小区，一般住宅区，周末度假村	白天	0.2（0.15）	4
	晚上	0.15（0.1）	0.15
农村，郊区，中心区域	白天	0.3（0.2）	8
	晚上	0.2	0.2
商业区	白天	0.4	12
	晚上	0.3	0.3
工业区	白天	0.6	12
	晚上	0.4	0.4
特殊地区	白天	0.1～0.6	4～12
	晚上	0.1～0.4	0.15～0.4

注：括号中数据用于低于 5Hz 的水平振动。

（4）美国标准

美国标准《人承受建筑物内振动评价指标》ANSI S3 29 中给出了住宅类建筑物振动限值，见表 3.1-9。

美国标准 ANSI S3 29 中规定的住宅类建筑振动限值　　　　表 3.1-9

类型	时段	振动级VL（dB）					
		连续振动、间歇振动和重复性冲击			每天只发生数次的冲击振动		
		水平轴	竖向轴	混合	水平轴	竖向轴	混合
住宅	昼间 7:00～22:00	74～83	77～86	74～83	110	110	110
	夜间 22:00～7:00	71～74	74～77	71～74	74	77	74

美国 FRA（2005）及 FTA（2006）标准中针对轨道交通振动影响，采用了三阶段方法进行评价，对于其中第二阶段给出了交通振动影响下建筑物室内的振动限值要求（表 3.1-10）。

FTA 中建筑物室内振动限值的规定　　　　　　　　表 3.1-10

一般建筑房间类别	振动速度有效值允许值（dB）		
	一天内振动事件发生的频率		
	> 70 次	30～70 次	< 30 次
振动会影响室内人、仪器、设备正常工作的房间	65	65	65
振动会影响人睡眠的卧室	72	75	80
主要在白天使用的房间	75	78	83
特殊建筑房间类别	一天内振动事件发生的频率		
	> 70 次		< 70 次
音乐厅、电视工作室、录音工作室	65		65
礼堂、剧院	72		80

　　美国钢结构协会发布的《人员活动引起的楼面振动》AISC-11，基于钢-混凝土组合楼面系统的动力响应，考虑了人的舒适度要求和特殊设备对振动环境的要求，提出了适用于评判办公室、商场、室外人行天桥等环境振动控制标准，为人员活动引起的钢框架楼面系统和人行天桥的振动舒适度问题提供了基本设计原则和方法。AISC-11 标准中采用加速度作为振动评价指标，采用 ISO 2631-2：1989 推荐的基线标准（图 3.1-1）为基础，乘以一定的倍数（办公室倍数取 10，商业区和室内步行桥倍数取 30，室外步行桥倍数取 100）作为不同振动环境峰值加速度限值。

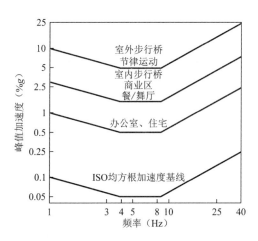

图 3.1-1　AISC-11 舒适度评价标准曲线

（5）日本标准

　　日本于 1976 年颁布了《振动限制法》，对道路交通产生的振动加以限制（表 3.1-11），以达到保护环境的目的。该限制法中所采用的振动评价量与我国相似，仍为铅垂方向的振动级 VL_z（修正的振动加速度级），但是基准加速度按式(3.1-5)取值。

$$\begin{cases} 1 \leqslant f \leqslant 4 & a_0 = 2 \times 10^{-5} f^{-0.5} \\ 4 \leqslant f \leqslant 8 & a_0 = 10^{-5} \\ 8 \leqslant f \leqslant 90 & a_0 = 0.125 \times 10^{-5} f \end{cases} \qquad (3.1\text{-}5)$$

日本《振动限制法》对工厂振动和道路交通的振动限值　　　　表 3.1-11

振动类型	场所划分	Z 振动VL_z（dB）		场所划分说明
		白天	夜间	
工厂振动	第一种区域	60～65	55～60	第一种区域：为了保持良好的居住环境，需要保持安静的区域，以及为了供居住使用而需要保持安静的区域。
	第二种区域	65～70	60～65	第二种区域：供居住用，兼供商业、工业等用的区域，为了保持这一区域内居民的生活环境而需要防止发生振动的区域；主要供工业用的区域等，为了不使这一区域内的居民生活环境恶化而需要防止发生显著振动的区域
道路交通	第一种区域	65	60	
	第二种区域	70	65	

（6）建筑工程容许振动标准

《建筑工程容许振动标准》GB 50868—2013 中，针对医院、住宅、办公、工业建筑车间办公室等使用空间内人体承受的 1～80Hz 全身振动，给出了人体舒适性的容许振动计权加速度级（表 3.1-12），当建筑物内使用者和居住者以站姿、坐姿、卧姿方式活动，活动姿势相对固定时，应采用水平向或竖向数值，当活动姿势不固定时，应采用混合向数值。针对工业建筑的生产操作区，GB 50868 中分别给出了人员暴露在操作区振动环境中不同时间对应的人体舒适性界限、疲劳-工作效率界限振动控制指标（表 3.1-13）。

建筑内人体舒适性的容许振动计权加速度级（dB）　　　　表 3.1-12

地点	时段	连续振动、间歇振动和重复性冲击振动			每天只发生数次的冲击振动		
		水平向	竖向	混合向	水平向	竖向	混合向
医生手术室和振动要求严格的工作区	昼间	71	74	71	71	74	71
	夜间						
住宅区	昼间	77	80	77	101	104	101
	夜间	74	77	74	74	77	74
办公区	昼间	83	86	83	107	110	107
	夜间						
车间办公区	昼间	89	92	89	110	113	110
	夜间						

生产操作区容许振动计权加速度级（dB）　　　　表 3.1-13

界限		暴露时间								
		24h	16h	8h	4h	2.5h	1h	25min	16min	1min
舒适性界限	竖向	95	98	102	105	109	113	117	118	121
	水平向	90	95	97	101	104	108	112	113	116
疲劳-工作降低界限	竖向	105	108	112	115	119	123	127	128	130
	水平向	100	105	107	111	114	118	122	123	126

GB 50868 第 7 章第 2 节中规定，交通振动对建筑物内人体舒适性影响的评价频率范围应为 1～80Hz，评价位置应取建筑物室内地面中央或室内地面敏感处。交通引起的振动对

建筑物内人体舒适性影响的评价，应附加采用竖向四次方振动剂量值，建筑物内人体舒适性影响的容许振动值，采用 ISO 2631 的建议值，如表 3.1-14 所示。

ISO 2631 中关于建筑工程内振动控制建议值　　　表 3.1-14

建筑物类型	时段	容许竖向四次方振动剂量值（m/s$^{1.75}$）
居住建筑	昼间	0.20
	夜间	0.10
办公建筑	昼间	0.40
车间办公区	夜间	0.80

针对声学环境敏感的民用建筑，GB 50868 中针对声学环境功能分区的类别，分别提出了 A 类房间、B 类房间的容许振动加速度均方根值（表 3.1-15、表 3.1-16）。其中，A 类房间是指以睡眠为主要目的，需要保证夜间安静的房间，包括住宅卧室、医院病房、宾馆客房等；B 类房间是指主要在昼间使用，需要保证思考与精神集中，正常讲话不被干扰的房间，包括学校教室、会议室、办公室、住宅中卧室以外的其他房间等。

A 类房间容许振动加速度均方根值（mm/s^2）　　　表 3.1-15

功能区类别	时段	倍频程中心频率（Hz）			
		31.5	63	125	250、500
0、1	昼间	20.0	6.0	3.5	2.5
	夜间	9.5	2.5	1.0	0.8
2、3、4	昼间	30.0	9.5	5.5	4.0
	夜间	13.5	4.0	2.0	1.5

B 类房间容许振动加速度均方根值（mm/s^2）　　　表 3.1-16

功能区类别	时段	倍频程中心频率（Hz）			
		31.5	63	125	250、500
0	昼间	20.0	6.0	3.5	2.5
	夜间	9.5	2.5	1.0	0.8
1	昼间	30.0	9.5	5.5	4.0
	夜间	13.5	3.5	2.0	1.5
2、3、4	昼间	42.5	15.0	8.5	7.5
	夜间	20.0	0.0	3.5	2.5

（7）城市区域环境振动标准

《城市区域环境振动标准》GB 10070—88 采用计权振动均方根加速度，针对不同的城市区域环境类别，规定了城市各类区域铅垂向的 Z 振级 VL_z 限值（表 3.1-17），其计算公式与 ISO 2631 一致。

GB 10070—88 规定的环境振动铅垂向 Z 振级 VL_z（dB）   表 3.1-17

适用地带	昼间	夜间	适用地带划分
特殊住宅区	65	65	特别需要安静的住宅
居民、文教区	70	67	居民、文教及行政机关
混合区、商业中心区	75	72	一般工业、商业、少量交通与居民混合区
工业集中区	75	72	集中工业区
交通干线道路两侧	75	72	主要城市道路两侧
铁路干线两侧	80	80	铁路线路 30m 范围外的区域

（8）城市轨道交通引起建筑物振动与二次噪声限值及其测量方法标准

《城市轨道交通引起建筑物振动与二次噪声限值及其测量方法标准》JGJ/T 170—2009 中针对不同的功能分区，给出了轨道交通沿线建筑物首层的分频振动级限值要求，如表 3.1-18 所示。

轨道交通沿线不同分区分频振动级限值   表 3.1-18

区域	昼间	夜间	适用范围
0	65	62	特别需要安静的住宅
1	65	62	居民、文教及行政机关
2	70	67	一般工业、商业、少量交通与居民混合区
3	75	72	集中工业区
4	75	72	主要城市道路两侧

（9）住宅建筑室内振动限值及其测量方法标准

《住宅建筑室内振动限值及其测量方法标准》GB/T 50355—2018 中，给出了住宅建筑室内振动 Z 振级限值（表 3.1-19）、1/3 倍频程铅垂向振动加速度级限值（表 3.1-20）。

住宅建筑室内 Z 振级限值（dB）   表 3.1-19

房间名称	限值等级	时段	限值
卧室	一级	昼间	73
		夜间	70
	二级	昼间	78
		夜间	75
起居室	一级	全天	73
	二级	全天	78

住宅建筑室内 1/3 倍频程铅垂向振动加速度级限值（dB）   表 3.1-20

房间名称	时段	限值等级	1/3 倍频程中心频率（Hz）									
			1	1.25	1.6	2	2.5	3.15	4	5	6.3	8
卧室	昼间	一级	76	76	76	75	74	72	70	70	70	70
	夜间		73	73	73	72	71	69	67	67	67	67

房间名称	时段	限值等级	1/3 倍频程中心频率（Hz）									
			1	1.25	1.6	2	2.5	3.15	4	5	6.3	8
卧室	昼间	二级	81	81	81	80	79	77	75	75	75	75
	夜间		78	78	78	77	76	74	72	72	72	72
起居室	全天	一级	76	76	76	75	71	72	70	70	70	70
	全天	二级	81	81	81	80	79	77	75	75	75	75
卧室	昼间	一级	70	71	72	74	76	78	80	82	85	88
	夜间		67	68	69	71	73	75	77	79	82	85
	昼间	二级	75	76	77	79	81	83	85	87	90	93
	夜间		72	73	74	76	78	80	82	84	87	90
起居室	全天	一级	70	71	72	71	76	78	80	82	85	88
	全天	二级	75	76	77	79	81	83	85	87	90	93

2. 基于设备正常使用的振动控制标准

（1）动力机器设备基础振动控制标准

《动力基础设计规范》GB 50040—2020 及《建筑工程容许振动标准》GB 50868—2013 第 5 章中规定了旋转式机器、往复式机器、冲击式机器、压力机、破碎机、磨机及振动试验台等动力设备的基础振动控制指标，汇总如表 3.1-21 所示。

不同动力机器类型基础容许振动值　　　　　表 3.1-21

动力机器类型	分类	容许振动值		
		位移（mm）	速度（mm/s）	加速度（m/s²）
活塞式压缩机	普通基础	0.2	6.3（20.0）	—
离心式压缩机	普通基础	—	5.0（10.0）	—
活塞式发动机	普通基础	—	10.0（20.0）	—
活塞式发动机试验台	普通基础	—	3.2（6.3）	—
通用机械	泵	—	3.0~5.0（7.0~10.0）	—
	风机	—	3.0~6.3（7.0~12.0）	—
	离心机、分离机等	—	5.0（10.0）	—
	电机	—	3.0~5.0	—
汽轮发电机组	转速 3000r/min	0.02	—	—
	转速 1500r/min	0.04	—	—
重型燃气轮机	功率 > 3MW、转速 3000~20000r/min	—	4.5（均方根值）	—
破碎机	转速 n ≤ 300r/min	水平 -0.25	—	—
	300r/min < 转速 n ≤ 750r/min	水平 0.20，竖向 0.15	—	—
	转速 n > 750r/min	水平 0.15，竖向 0.10	—	—

动力机器类型	分类	容许振动值		
		位移（mm）	速度（mm/s）	加速度（m/s²）
风扇类磨机	转速 n <500r/min	0.2	—	—
	500r/min ≤ 转速 n ≤ 750r/min	0.15	—	—
电液伺服振动试验台	稳态振动形式	0.1	1.00	—
	随机振动形式	0.07（均方根值）	—	0.7（均方根值）
电动振动试验台	激振力 ≤ 6.0	—	6.3	0.5
	激振力 > 6.0	—	10.0	0.8
纺织机	有梭纺织机	0.08	—	—
	剑杆纺织机	0.05	—	—
振动筛	直线型振动筛、圆振动筛和共振筛	—	10.0	—
轧机	冶金工业各类轧机	—	—	1.0

注：括号内为隔振基础容许振动值。

（2）精密仪器设备环境振动控制标准

VC（Velocity Criterion）标准为速度标准，也称为 IEST 标准或 ASHRAE 标准，适用于竖向和水平向的振动评估，对应的 VC 曲线采用了 1/3 倍频程的均方根速度谱（图 3.1-2）。我国《电子工业防微振工程技术规范》GB 51076—2015 参照 VC 标准，给出了电子工业用精密设备及仪器、纳米实验室及物理实验室用精密设备及仪器在频域范围内竖向和水平向的容许振动值，如表 3.1-22 所示。

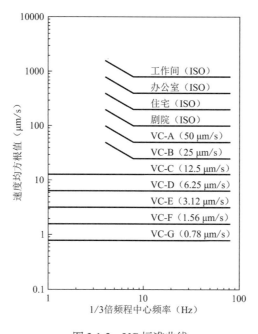

图 3.1-2　VC 标准曲线

电子工业、纳米实验室、物理实验室精密设备及仪器容许振动值　　　表 3.1-22

序号	精密设备及仪器	容许振动速度（μm/s）	容许振动加速度（m/s²）	对应频段（Hz）
1	纳米研发装置	0.78	—	1～100
2	纳米实验装置	1.60	—	1～100
3	长路径激光设备、0.1μm 的超精密加工及检测装置	3.00	—	1～100
4	0.1～0.3μm 的超精密加工及检测装置、电子束装置、电子显微镜（透射电镜、扫描电镜等）	6.00	—	1～100
5	1～3μm（小于 3μm）的精密加工及检测装置、TFT-LCD 及 OLED 阵列、彩膜、成盒加工装置、核磁共振成像装置	12.00	—	1～100
6	3μm 的精密加工及检测装置、TFT-LCD 背光源组装置、LED 加工装置、1000 倍以下的光学显微镜	—	1.25×10^{-3}	4～8
6		25.00	—	8～100
7	接触式和投影式光刻机、薄膜太阳能电池加工装置、400 倍以下的光学显微镜	—	2.50×10^{-3}	4～8
7		50.00	—	8～100

《建筑工程容许振动标准》GB 50868—2013 的第 4 章节中，给出精密加工设备、坐标测量机、计量与检测仪器、光学加工及检测设备及显微镜等在时域范围的振动控制标准值，如表 3.1-23 所示。

精密仪器设备在时域范围内的振动容许值　　　表 3.1-23

类型	名称	容许振动值		
		位移（μm）	速度（μm/s）	加速度（mm/s²）
精密加工设备	3～5μm 厚金属泊材轧制机	—	30	—
	高精度刻线机、胶片和相纸挤压涂布机、光导纤维拉丝机	—	50	—
	高精度机床装配台、超微粒干板涂布机		100	—
	硬质金属毛坯压制机	—	200	—
	精密自动绕线机		300	
三坐标测量机	测量精度介于量程的 1.0×10^{-5}～1.0×10^{-4}	4.0（频率小于 8Hz）	—	10.0（8～30Hz）20.0（50～100Hz）
	测量精度介于量程的 1.0×10^{-6}～1.0×10^{-5}	2.0（频率小于 8Hz）	—	5.0（8～30Hz）10.0（50～100Hz）
	测量精度小于量程的 1.0×10^{-6}	1.0（频率小于 8Hz）	—	2.5（8～30Hz）5.0（50～100Hz）
计量与检测仪器	精度为 0.03μm 光波的干涉孔径测量仪、精度为 0.02μm 的干涉仪、精度为 0.01μm 的光管测角仪	—	30.0	—
	表面粗糙度为 0.25μm 的测量仪	—	50.0	—
	检流计、0.2μm 分光镜（测角仪）	—	100.0	—
	精度为 1×10^{-7} 的一级天平	1.5	—	—
	精度为 1μm 的立式（卧式）光学比较仪、投影光学计、测量计	—	—	200.0
	精度为 1×10^{-5}～1×10^{-7} 的单盘天平和三级天平	3.0	—	—
	接触式干涉仪	—	300.0	—

类型	名称	容许振动值		
		位移（μm）	速度（μm/s）	加速度（mm/s²）
计量与检测仪器	六级天平、分析天平、陀螺仪摇摆试验台、陀螺仪偏角试验台、陀螺仪阻尼试验台	4.8	—	—
	卧式光度计、阿贝比长仪、电位计、万能测长仪	—	500.0	—
	台式光点反射检流计、硬度计、色谱仪、湿度控制仪	10.0	—	—
	卧式光学仪、扭簧比较仪、直读光谱分析仪	—	700.0	—
	示波检线器、动平衡机	—	1000.0	—
光学加工及检测设备	每毫米刻 6000 条线的光栅刻线机	—	5	—
	每毫米刻 3600 条线的光栅刻线机	—	10	—
	每毫米刻 2400 条线的光栅刻线机	—	20	—
	每毫米刻 1800 条线的光栅刻线机	—	30	—
	每毫米刻 1200 条线的光栅刻线机	—	50	—
	每毫米刻 600 条线的光栅刻线机	—	100	—
	镀膜机、环抛机	—	300	—
显微镜	80 万倍电子显微镜、14 万倍扫描电镜	—	30	—
	6 万倍以下电子显微镜、精度为 0.25μm 干涉显微镜	—	50	—
	立体金相显微镜	—	100	—
	精度为 1μm 的万能工具显微镜	—	300	—
	大型工具显微镜、双管显微镜	—	500	—

注：表中 30～50Hz 之间容许值可采用线性插值计算。

3. 基于建筑结构安全的振动控制标准

交通振动、动力设备、建筑内设备振动等，大多振动瞬时能量有限，除了大型工业动力设备冲击振动、爆破振动等外，一般很难造成危及建筑物安全的结构性损伤。长时间持续的振动，会引起建筑物外观损坏，比如墙壁粉刷层脱落、隔墙装修层开裂、地基土体不均匀沉降引发外观裂缝等。工程实践表明，建筑损伤的程度与振动速度峰值PPV（Particle Peak Velocity）有很强的相关性，目前国际上振动控制标准中多采用振动速度峰值作为建筑损伤控制指标。

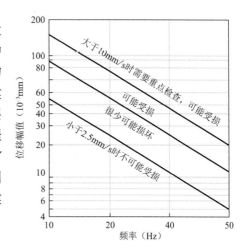

图 3.1-3 ISO 推荐的建筑振动标准

（1）ISO 推荐的建筑振动标准

ISO 推荐的建筑振动控制标准如图 3.1-3 所示。我国与 ISO 4866 等同的《机械振动与冲击 建筑物的振动 振动测量及其对建筑影响的评价指南》GB/T 14124—2009 中，给出了建筑物在各种振源条件下的结构响应的范围，如表 3.1-24 所示。

ISO 推荐的建筑振动典型范围 表 3.1-24

振源	频率范围（Hz）	幅值范围（μm）	速度范围（mm/s）	加速度范围（mm/s²）	时间特征	测量指标
交通振动	1～80	1～200	0.2～50	0.02～1	连续/瞬态	速度
爆破振动	1～300	100～2500	0.2～500	0.02～50	瞬态	速度
打桩	1～100	10～50	0.2～50	0.02～2	瞬态	速度
室外机械	1～300	10～1000	0.2～50	0.02～1	连续/瞬态	速度/加速度
声响	10～250	1～1100	0.2～30	0.02～1	连续	速度/加速度
室内机械	1～1000	1～100	0.2～30	0.02～1	瞬态	速度/加速度
人致振动-冲击	0.1～100	100～500	0.2-20	0.02～5	瞬态	速度/加速度
人致振动-直接	0.1～12	100～5000	0.2～5	0.02～0.2	瞬态	速度/加速度
地震	0.1～30	10～10^5	0.2～400	0.02～20	瞬态	速度/加速度
风	0.1～10	10～10^5			瞬态	加速度

（2）德国标准

德国标准 DIN 4150（1999）根据建筑物对振动的敏感性的不同，给出了三类建筑防止振动破坏的峰值振动速度与振动频率的函数曲线（图 3.1-4）。当进行建筑振动影响评估时，建筑物的评估振动速度在建筑物基础处测得，并选用速度值最大的峰值速度分量作为评价值。当建筑物的振动速度低于某一等级限值时，建筑物通常不会发生损伤。建筑物正常使用的振动速度容许值如表 3.1-25 所示。

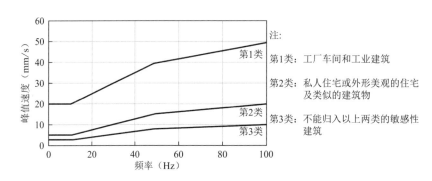

图 3.1-4　德国标准 DIN 4150（1999）建筑物振动控制标准曲线

DIN 4150（1999）中建筑物正常使用的振动速度容许值 表 3.1-25

建筑类别	结构类型	基础处振动速度容许值（mm/s）			顶层水平速度限值（mm/s）	
		10Hz 以下	10～50Hz	50～100Hz	短期振动	长期振动
1	商业或工业建筑及类似建筑	20	20～40	20～40	40	10
2	居住建筑及类似建筑	5	5～15	15～20	15	5
3	有保护价值或对振动特别敏感的建筑	3	3～8	8～10	8	2.5

（3）日本推荐采用的建筑振动标准

日本学者对不同建筑类型的结构振动速度破坏值进行了总结，推荐采用的建筑振动限制标准汇总如表 3.1-26 所示。

日本学者汇总的振动容许值　　　　　　　　　　　　表 3.1-26

指标	分类		振动容许值
位移	1	普通建筑物	0.067mm
		高强度建筑物	0.135mm
	2	设备和基础结构	0.406mm
		可以有轻微损害的场所	0.406mm
		住宅和建筑物	0.203mm
		教堂、旧纪念馆	0.127mm
速度	1	建筑物基本没有损坏	5mm/s
		轻微损坏	10mm/s
		有相当的损坏发生	50mm/s
		损坏相当大	1000mm/s
	2	损害的危险范围	> 84mm/s
		损害发生	> 119mm/s

（4）英国规范

英国规范 BS 7385-2 采用建筑物基础处振动速度峰值作为控制指标，如图 3.1-5 所示，针对 A 类（钢筋混凝土或框架结构、工业和重型商业建筑）与 B 类（非钢筋混凝土或轻质框架结构、住宅或轻型商业建筑）建筑物，按照不同的频率给出了振动速度限值要求。当频率低于 4Hz 时，结构振动最大位移不得超过 0.6mm。针对爆破振动对建筑物的影响，英国通过大量试验给出了经验数据，即古建筑及历史性建筑、加固改造的房屋、良好的建筑物、市政工程对应的容许振动速度值分别为 7.5mm/s、12.0mm/s、25mm/s 及 50mm/s。

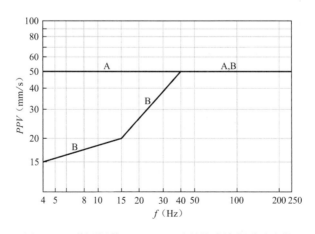

图 3.1-5　英国规范 BS 7385-2 建筑物容许振动速度值

（5）瑞士规范

瑞士规范 SN 640312a 中按结构类型将建筑分为 4 个不同的类别，即Ⅰ类—钢筋混凝土结构和钢结构，如工业建筑、桥、桅杆、挡土墙、非埋设管线、地下结构（如有衬砌和无衬砌的石窟、隧道、坑道）；Ⅱ类—有混凝土板、混凝土地下室墙和地上墙及有砖砌体的建筑、石挡土墙、埋设管线；Ⅲ类—有混凝土地下室楼盖和墙的建筑，地面上为砌体墙、木格栅楼盖；Ⅳ类—特别敏感或值得保护的建筑。针对机械、交通和施工设备以及冲击振动两种不同的振动源，给出了建筑安全的振动速度容许值（表 3.1-27）。

SN 640312a 结构振动控制标准 表 3.1-27

结构类别	机械、交通、施工等设备振动		冲击振动	
	f（Hz）	V_{max}（mm/s）	f（Hz）	V_{max}（mm/s）
Ⅰ	10～30	12	10～60	30
	30～60	12～18	60～90	30～40
Ⅱ	10～30	8	10～60	18
	30～60	8～12	60～90	18～25
Ⅲ	10～30	5	10～60	12
	30～60	5～8	60～90	12～18
Ⅳ	10～30	3	10～60	8
	30～60	3～5	60～90	8～12

（6）法国规范

法国环境保护规范（1986）中规定，建筑物主要构件特别是居民反映强烈的楼盖的振动（持续振动）速度限值为 9mm/s（频率介于 8～30Hz）和 12mm/s（频率超过 30Hz 时）；1994 年颁布的规程中，要求考虑振动频率计权，计权后振动频率介于 5～30Hz 时任意方向的振动速度不超过 10mm/s。

（7）建筑工程容许振动标准

《建筑工程容许振动标准》GB 50868—2013 规定，交通振动下，建筑结构在时域内的容许振动速度值如表 3.1-28 所示。工程经验表明，如果不超过限值，建筑不会发生损坏。超过限值较小，不一定导致建筑物损坏；如果超过限值较大，应考虑采用结构动应力来评价。

交通振动对建筑结构影响在时域范围内的容许振动速度值 表 3.1-28

建筑物类型	顶层楼面处容许振动速度峰值（mm/s）	基础处容许振动速度峰值（mm/s）		
	1～100Hz	1～10Hz	50Hz	100Hz
工业建筑、公共建筑	10.0	5.0	10.0	12.5
居住建筑	5.0	2.0	5.0	7.0
对振动敏感、具有保护价值、不能划归上述两类的建筑	2.5	1.0	2.5	3.0

为防止施工振动对建筑结构可能产生的损伤，基于建筑结构附加动应力与地基基础振动速度的相关性，GB 50868 中采用施工过程中振动引起的建筑结构的振动速度峰值作为容许振动评价指标（表 3.1-29、表 3.1-30）。需要注意的是，对建筑非结构性构件和各类悬挂物件等，由于其特性及受支撑或约束的方式具有较强的不确定性，故其受施工振动的安全评估不适用本条规定。

打桩、振冲等施工对建筑结构影响在时域范围内的容许振动值　　表 3.1-29

建筑物类型	顶层楼面处容许振动速度峰值（mm/s）	基础处容许振动速度峰值（mm/s）		
	1～100Hz	1～10Hz	50Hz	100Hz
工业建筑、公共建筑	12.0	6.0	12.0	15.0
居住建筑	6.0	3.0	6.0	8.0
对振动敏感、具有保护价值、不能划归上述两类的建筑	3.0	1.5	3.0	4.0

强夯施工对建筑结构影响在时域范围内的容许振动值　　表 3.1-30

建筑物类型	顶层楼面处容许振动速度峰值（mm/s）	基础处容许振动速度峰值（mm/s）	
	1～100Hz	1～10Hz	50Hz
工业建筑、公共建筑	24.0	12.0	24.0
居住建筑	12.0	5.0	12.0
对振动敏感、具有保护价值、不能划归上述两类的建筑	6.0	3.0	6.0

（8）爆破安全规程

《爆破安全规程》GB 6722—2011 针对不同的振动频率，以振动速度为控制指标，给出了爆破振动下基于建筑物安全的振动控制限值。表 3.1-31 中质点速度为三个振动分量中的最大值，频率为主振频率，硐室爆破不超过 20Hz，露天深孔爆破在 10～60Hz 之间，露天浅孔爆破在 40～100Hz 之间，深孔地下爆破在 30～100Hz 之间，浅孔地下爆破在 60～300Hz 之间。

爆破振动安全允许标准　　表 3.1-31

序号	保护对象类别		安全允许质点速度 V（cm/s）		
			$f \leqslant 10Hz$	$10Hz < f \leqslant 50Hz$	$f > 50Hz$
1	土窑洞、土坯房、毛石		0.15～0.45	0.45～0.9	0.9～1.5
2	一般民用建筑物		1.5～2.0	2.0～2.5	2.5～3.0
3	工业和商业建筑物		2.5～3.5	3.5～4.5	4.2～5.0
4	一般古建筑与古迹		0.1～0.2	0.2～0.3	0.3～0.5
5	运行中的水电站及发电厂中心控制室设备		0.5～0.6	0.6～0.7	0.7～0.9
6	水工隧道		7.0～8.0	8.0～10.0	10.0～15.0
7	交通隧道		10.0～12.0	12.0～15.0	15.0～20.0
8	矿山巷道		15.0～18.0	18.0～25.0	20.0～30.0
9	永久性岩石高边坡		5.0～9.0	8.0～12.0	10.0～15.0
10	新浇大体积混凝土（C20）	龄期 1～3d	1.5～2.0	2.0～2.5	2.5～3.0
		龄期 3～7d	3.0～4.0	4.0～5.0	5.0～7.0
		龄期 7～28d	7.0～8.0	8.0～10.0	10.0～12.0

（9）古建筑防工业振动技术规范

《古建筑防工业振动技术规范》GB/T 50452—2008 中以古建筑承重结构最高处作为控制点，针对砖结构、石结构及木结构按照不同的保护等级，分别给出了容许振动速度控制值，列入表 3.1-32 中。

古建筑容许振动速度（mm/s） 表 3.1-32

建筑类型	保护级别	控制点位置	控制点方向	速度V_p（m/s²）		
				< 1600	1600～2100	> 2100
砖结构	I 类	承重结构最高处	水平	0.15	0.15～0.20	0.20
	II 类			0.27	0.27～0.36	0.36
	III 类			0.45	0.45～0.60	0.60
				< 2300	2300～2900	> 2900
石结构	I 类	承重结构最高处	水平	0.20	0.20～0.25	0.25
	II 类			0.36	0.36～0.45	0.45
	III 类			0.60	0.60～0.75	0.75
				< 4600	4600～5600	> 5600
木结构	I 类	承重结构最高处	水平	0.18	0.18～0.22	0.22
	II 类			0.25	0.25～0.30	0.30
	III 类			0.29	0.29～0.35	0.35

注：I 类—全国重点文物保护单位；II 类—省级文物保护单位；III 类—市、县级文物保护单位。

3.1.3 建筑工程风振控制指标

为保证建筑结构具有必要的刚度，避免产生过大的位移、加速度而影响结构的承载力、稳定性和建筑使用舒适度要求，风荷载标准值作用下结构最大顶点侧向位移和最大层间位移角以及 10 年一遇风荷载标准值作用下结构特定部位最大加速度，应满足相关规范的要求。

1. 结构位移要求

《高层建筑混凝土结构技术规程》JGJ 3—2010（以下简称《高规》）第 3.7.3 条规定钢筋混凝土结构按弹性方法计算的风荷载作用下的楼层层间最大水平位移与层高之比 $\Delta u/h$ 宜符合下列规定：

（1）高度不大于 150m 的高层建筑，其楼层层间最大位移与层高之比 $\Delta u/h$ 不宜大于表 3.1-33 的限值。

楼层层间最大位移与层高之比的限值 表 3.1-33

结构体系	$\Delta u/h$限值
框架	1/550
框架-剪力墙、框架-核心筒、板柱-剪力墙	1/800
筒中筒、剪力墙	1/1000
除框架结构外的转换层	1/1000

（2）高度不小于 250m 的高层建筑，其楼层层间最大位移与层高之比Δu/h不宜大于 1/500。

（3）高度在 150～250m 之间的高层建筑，其楼层层间最大位移与层高之比Δu/h的限值可按本条第 1 款和第 2 款的限值线性插值取用。

《高层民用建筑钢结构技术规程》JGJ 99—2015（以下简称《高钢规》）第 3.5.2 条规定钢结构在风荷载作用下，按弹性方法计算的楼层层间最大水平位移与层高之比不宜大于 1/250。

2. 加速度限值要求

（1）顶点风振加速度

《高规》规定房屋高度不小于 150m 的高层建筑混凝土结构在 10 年一遇的风荷载标准值作用下，结构顶点的顺风向和横风向振动最大加速度限值见表 3.1-34，计算时结构阻尼比宜取 0.01～0.02。

混凝土结构顶点风振加速度限值　　　　　　　　　　表 3.1-34

使用功能	a_{lim}（m/s²）
住宅、公寓	0.15
办公、旅馆	0.25

《高钢规》表 3.5.5 规定房屋高度不小于 150m 的高层民用钢结构在 10 年一遇的风荷载标准值作用下，结构顶点的顺风向和横风向振动最大限值见表 3.1-35，计算时钢结构阻尼比宜取 0.01～0.015。

钢结构顶点的顺风向和横风向风振加速度限值　　　　表 3.1-35

使用功能	a_{lim}（m/s²）
住宅、公寓	0.20
办公、旅馆	0.28

当建筑风振舒适度不满足使用功能的要求时，可考虑采用外形优化、结构参数调整或风振控制等技术手段降低风振效应。

特别需要注意的是，从建筑内人员舒适性感受的角度，以上两个表中功能相同（仅结构材料不同）的建筑风振加速度控制指标不同，不尽科学合理，因为人员对风振的主观感受不会因结构材料的不同有所区别。

（2）建筑顶部风速限值

《高钢规》第 3.5.6 条规定圆筒形高层民用建筑顶部风速不应大于临界风速，当大于临界风速时，应进行横风向涡流脱落试验或增大结构刚度。

3. 强度及稳定控制要求

为避免高层建筑发生破坏、倒塌、结构开裂和残余变形过大等现象，在设计风荷载和其他荷载的组合作用下，结构内力必须满足强度设计要求，且在控制系统未开始工作之前，主体结构应具备普通结构抵抗使用荷载的一切功能。

为控制结构稳定性，避免结构发生整体失稳，结构刚重比也需满足相关规范要求。

3.1.4 人行舒适度控制指标

目前，国外涉及人致振动舒适度的规范有：英国规范 BS 5400、欧洲规范 EN 1990、国际标准化组织规范 ISO 10137、瑞典规范 BRO 2004、法国指南及德国规范 EN 03，我国的规范有《城市人行天桥与人行地道技术规范》CJJ 69—95、《建筑楼盖结构振动舒适度技术标准》JGJ/T 441—2019。上述各个规范都对人行荷载模型和舒适度限值做了具体的规定。

1. 英国规范

英国规范 BS 5400 规定，当桥梁的竖向基频 f 在 1.5～5Hz 之间时，需验算人致振动加速度值。当人行桥的竖向基频 $f > 5$Hz 时，则认为可以满足舒适性要求，无需验算。在人致荷载作用下，桥梁的最大加速度 $a_{\max}$ 应满足：

$$a_{\max} \leqslant 0.5\mathrm{m/s^2} \tag{3.1-6}$$

2. 欧洲规范

欧洲规范 EN 1990 规定，若桥梁的竖向基频 $f > 5$Hz、侧向与扭转基频 $f > 2.5$Hz，则人行桥的舒适性满足要求，不需验算；反之，需进行舒适度验算。

欧洲规范 EN 1990 分别给出了竖向及侧向振动方向下舒适度评价指标的推荐值，适用于任意位置的桥面板。在人致荷载作用下，桥梁的竖向及侧向振动最大加速度应符合表3.1-36 的规定。

EN1990 舒适度限值推荐值 表 3.1-36

振动方向		最大加速度限值（m/s²）
竖向		0.7
侧向	正常使用状态	0.2
	满布人群荷载	0.4

3. 国际标准化组织规范

国际标准化组织规范 ISO 10137 规定，在桥梁的设计阶段需分别计算结构在单人荷载和人群荷载作用下的加速度响应，之后根据规范中给出的舒适度评价曲线评价结构的舒适度和使用性能。

规范 ISO 10137 的舒适度评价指标包含加速度有效值、振动方向、振动频率等方面。规范制定了舒适度基准曲线（图 3.1-6），将基准曲线乘以一定倍数后可得舒适度容许曲线（图 3.1-7）。规范还指出，当行人在桥上处于静止状态时，舒适度的临界值要取运动状态的 1/2。结构振动的最大加速度在图中的实线以下时，满足舒适度要求。

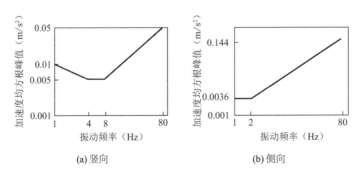

(a) 竖向　　　　　　　(b) 侧向

图 3.1-6　ISO 10137 规范振动舒适度基准曲线

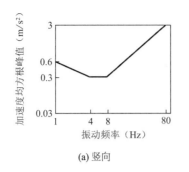 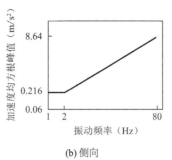

(a) 竖向　　　　　　　　　　　　(b) 侧向

图 3.1-7　ISO 10137 规范振动舒适度临界曲线

4. 瑞典规范

瑞典规范 BRO 2004 规定人行桥的一阶竖向振动频率应大于 3.5Hz，若不满足，则需进行人行桥的舒适度验算。

规范规定当桥梁所有位置的加速度均方根 $a_{\mathrm{RMS}} \leqslant 0.5\mathrm{m/s}^2$ 时，桥梁的舒适度得以满足。规范 BRO 2004 只对桥梁的竖向加速度计算做了规定，对其侧向加速度未提出相关要求。

5. 法国人行桥技术指南

法国人行桥技术指南（2006）规定当桥梁的竖向一阶频率 > 5Hz 或者侧向一阶频率 > 2.5Hz 时，人致荷载几乎无法引起桥梁的共振，认为桥梁的舒适度自动满足要求；反之，则需进行舒适度验算。

法国指南的舒适度评价指标为结构最大振动加速度，如表 3.1-37 所示。

法国人行桥舒适度指标限值　　　　　　　　　　表 3.1-37

舒适度等级	竖向加速度（m/s²）	侧向加速度（m/s²）
好	≤ 0.5	≤ 0.15*
中等	0.5～1.0	0.15～0.3
差	1.0～2.5	0.3～0.8
不可接受	> 2.5	> 0.8

注：*为避免产生侧向锁定现象，其最大值一般取 0.1m/s²。

6. 德国规范

德国规范 EN03 采用桥梁自振频率与桥梁振动的最大加速度来共同确定舒适度等级。若有人行桥的竖向及侧向自振频率落在 1.25～2.3Hz（竖向）及 0.5～1.2Hz（侧向）这两个敏感频率范围内，则需要根据不同的交通级别来确定行人密度，计算相应的人致动力荷载施加于结构，分析得到结构振动的最大加速度，最终根据舒适度评价指标确定结构的舒适度等级。

德国规范 EN 03 舒适度指标如表 3.1-38 所示。

德国规范 EN 03 舒适度评价指标限值　　　　　　　　表 3.1-38

舒适度级别	舒适度	竖向加速度限值（m/s²）	侧向加速度限值（m/s²）
CL1	最好	< 0.5	< 0.1

续表

舒适度级别	舒适度	竖向加速度限值（m/s²）	侧向加速度限值（m/s²）
CL2	中等	0.5～1.0	0.1～0.3
CL3	最小	1.0～2.5	0.3～0.8
CL4	不能接受	＞2.5	＞0.8

7. 中国标准

我国现行的人行桥规范《城市人行天桥与人行地道技术规范》CJJ 69—95 编制于 1995 年，采用的是频率调整法，即不让结构本身基频处在敏感频率区间内来避免过大的人致振动效应，未对人行桥舒适度做出直接的规定。规范规定：为避免共振，减少行人不安全感，天桥上部结构的竖向自振频率不应小于 3Hz。对于侧向的人致振动问题，该规范未做出相关规定。

我国现行的《建筑楼盖结构振动舒适度技术标准》JGJ/T 441—2019 对建筑楼盖竖向加速度和自振频率、连廊和室内天桥的横向加速度和自振频率做出了如下规定：

（1）行走激励为主的楼盖结构，第一阶竖向自振频率不宜低于 3Hz，竖向振动峰值加速度不应大于表 3.1-39 规定的限值。

竖向振动峰值加速度限值 表 3.1-39

楼盖使用类型	峰值加速度限值（m/s²）
手术室	0.025
住宅、医院病房、办公室、会议室、医院、门诊室、教室、宿舍、旅馆、酒店、托儿所、幼儿园	0.050
商场、餐厅、公共交通等候大厅、剧场、影院、礼堂、展览厅	0.150

（2）有节奏运动为主的楼盖结构，在正常使用时楼盖的第一阶竖向自振频率不宜低于 4Hz，竖向振动有效最大加速度不应大于表 3.1-40 规定的限值。

竖向振动有效最大加速度限值 表 3.1-40

楼盖使用类型	峰值加速度限值（m/s²）
舞厅、演出舞台、看台、室内运动场地、仅进行有氧健身操的健身房	0.50
进行有氧健身操和器械健身的健身房	0.20

注：看台是指演唱会和体育场馆的看台，包括无固定座位和有固定座位。

3.2 建筑工程减隔振（震）设计标准

3.2.1 建筑工程隔振（震）设计标准

目前，针对诸如交通振动等工业振动下的建筑结构整体隔振设计标准较少，随着建筑结构振动控制需求的不断发展，建筑整体隔振应用越来越多，相应的建筑隔振设计标准体系也会随之逐步完善；现行设计标准中，对于同时面临抗震与振动控制需求的建筑工程，建筑结构振震双控相应的标准体系亦在逐步建立。

1. 建筑结构隔震设计标准

我国建筑结构隔震相关标准，主要包括设计标准、施工验收标准、产品装置标准及技术要求等，实际工程应用中主要参考的标准及相关内容见表3.2-1。

建筑结构隔震设计相关标准　　　　　　　　　　　　　　　　表 3.2-1

分类	标准名称	适用范围及隔振（震）相关内容
设计标准	叠层橡胶支座隔震技术规程 CECS 126：2001	适用于 6～9 度区房屋和桥梁结构的叠层橡胶支座隔震结构设计与施工，主要包括房屋结构隔震、桥梁结构隔震、隔震层部件技术性能和构造要求、施工和维护
	建筑抗震设计规范 GB 50011—2010（2016 年版）	第 12 章规定了建筑水平隔震设计要点，主要包括基于减震系数的隔震结构分部设计方法、隔震层设计、隔震层以下结构和基础的设计、橡胶隔震支座性能要求及隔震构造措施等内容
	建筑隔震设计标准 GB/T 51408—2021	在总结我国工程建设中隔震技术的实践经验、参考国内外技术法规、技术标准的基础上，针对建筑工程隔震设计的重要技术参数进行了全面总结。隔震结构承载力抗震设计由"小震设计"提升到"中震性能化设计"，设防目标相应提升为"中震不坏、大震可修、巨震不倒"，提出基于整体模型的隔震结构直接分析设计方法，调整了隔震结构地震反应谱曲线，基于隔震结构的动力特征将振型分解反应谱法扩展为复振型分解反应谱法。本标准分别针对多层与高层建筑、大跨度屋盖建筑、多层砌体建筑、核电厂建筑、既有建筑和历史建筑的隔震加固、村镇民居建筑等的隔震工程，详细规定了概念设计、隔震层设计、结构设计及构造等相关内容
	建筑与市政工程抗震通用规范 GB 55002—2021	第 5 章建筑工程抗震措施中，明确了建筑工程采用的隔振装置、消能部件性能的基本要求，涉及隔震层、上部结构、下部结构及隔震层与上下部结构的连接构造等基本要求
	湖南省多层房屋钢筋沥青基础隔震技术规程 DBJ43/T 304—2014	适用于 6～8 度区新建或加固改造、高宽比不大于 2.5 的多层砌体或混凝土房屋钢筋沥青基础隔震结构的设计、施工及质量验收。 钢筋沥青隔震包括现浇的钢筋沥青层隔震、预制钢筋沥青隔震墩。 距离发震断层 10km 内的建筑宜采用竖向、横向三维隔震墩
	陕西省建筑滑移隔震技术规范 DBJ61/T 92—2014	适用于 7～9 度区建筑的滑移隔震设计与施工。主要内容包括滑移隔震支座、隔震结构设计、检验与观测、施工、维护与验收
	乌鲁木齐建筑隔震技术应用规定（设计部分）2015 年	适用于乌鲁木齐市隔震建筑工程的设计、施工、监理、质量监督、验收与维护。主要内容包括建筑结构隔震设计、既有结构隔震加固设计、隔震支座性能及检验要求、隔震施工、验收及维护
	四川省建筑叠层橡胶隔震支座应用技术标准 DBJ51/T 083—2017	适用于四川省内采用叠层橡胶隔震支座的新建和既有建筑隔震设计、施工、验收、维护与管理。主要内容涉及叠层橡胶隔震支座的设计规定、支座的性能要求与检测规则、结构隔震设计、施工与质量验收、维护与管理
	陕西省村镇砌体结构民居叠层橡胶支座隔震技术规程 DBJ61/T 106—2015	适用于陕西省 7～8 度地区村镇三层以下（含三层）的砌体结构民居建筑。主要内容为隔震支座的性能参数和试验要求、房屋隔震设计、构造措施、施工、维护
	深圳市建筑隔震和消能减震技术规程 SJG 56—2018	减隔震设计、装置、施工、验收、维护、抗震支吊架抗震设计（计算、设计、构造、机电减振装置设计）。 对特殊要求的仪器设备，提出了楼层加速度需求。 针对医院、学校等特殊公共建筑和人员密集的公共服务设施以及生命线工程建筑的隔震设计采用中震性能化设计（与《抗规》《高规》类似的性能化，与《隔震标准》不同）
	上海市建筑消能减震及隔震技术标准 DG/TJ 08-2326—2020	主要内容包括一般要求、隔震支座技术性能、隔震结构设计、隔震支座连接与构造、隔震部件安装施工、验收和维护。除按规定进行多遇地震下的截面抗震承载力验算外，尚应进行多遇地震、设防地震和罕遇地震下的变形验算。隔震层变形进行专门规定（设防地震下不大于 250mm，罕遇地震下不大于 500mm）；隔震结构可选取合适性能目标，进行抗震性能化设计。当建筑内放置有特殊要求的仪器设备时需要限制楼层加速度

续表

分类	标准名称	适用范围及隔振（震）相关内容
施工验收	建筑隔震工程施工及验收规范 JGJ 360—2015	填补了建筑隔震工程施工和验收标准的空白，统一和加强其施工过程控制和施工质量验收要求，保证建筑隔震工程的施工质量，满足设计文件的要求。本规范仅对新建、扩建的建筑工程中应用隔震橡胶支座的工程和验收做出规定（本规范制定时，除橡胶隔震支座外，其他产品应用较少，尚无对应的产品标准、设计标准）
	福建省建筑工程隔震橡胶支座和装置施工及验收规程 DBJ/T 13-252—2016	仅对新建和扩建的建筑工程中应用隔震橡胶支座的工程与验收做出规定
	乌鲁木齐建筑隔震技术应用规定（施工及验收部分）2015 年	主要内容包括基本规定、进场验收、新建及改扩建工程支座安装、既有建筑支座安装、隔震层构配件及隔震缝施工、工程验收、隔震建筑标识与维护等
其他	基于保持建筑正常使用功能的抗震技术导则	适用于高烈度（8 度及以上）设防区、地震重点监视防御区的新建学校、幼儿园、医院、养老机构、儿童福利机构、应急指挥中心、应急避难场所、广播电视八大类建筑减隔震设计，明确了中震正常使用功能的减隔震控制指标
	石油化工工程减隔震（振）技术规范 SH/T 3201—2018	规定了石油化工工程中减隔震（振）技术要求，适用于抗震设防烈度为 9 度（0.40g）及以下地区石油化工工程中结构和设备的减隔震设计、安装、检测、维护，也适用于石油化工工程中设备及管道的减隔振设计、安装、检测、维护

2. 重要物品及设施隔震设计标准

我国目前针对建筑物内部重要物品及设施的隔震研究日益增多，相应标准日趋完善（表 3.2-2）。

重要物品及设施隔震相关标准　　　　　　　　表 3.2-2

分类	标准名称	适用范围及隔震内容
文物	馆藏文物防震规范 WW/T 0069—2015	规定了馆藏文物及展柜、储藏柜、展具在地震作用下的防震设计、防震措施和地震应急管理，对于抗震设防烈度 6 度及以上地区的馆藏珍贵文物、抗震设防烈度 7 度及以上地区的馆藏文物和馆舍结构未采取减隔震技术的馆藏文物，宜采用隔震装置。适用于博物馆陈列和库藏文物的防震保护，也适用于各种艺术品的防震保护
	文物保护装备产业化及应用协同工作平台标准—馆藏文物防震 防震装置 技术要求 T/WWXT 0021—2015	规定了馆藏文物防震装置（隔震装置）的性能要求、技术要求、试验方法、检验规则、标志、包装、运输和贮存等要求，适用于设防烈度 6～9 度地区博物馆陈列和库藏文物的无源防震装置，主要包括博物馆内展柜、储藏柜、展具和文物的防震底座以及防震展柜
关键设备	数据中心基础设施施工及验收规范 GB 50462—2015 局部修订条文稿	规定数据中心基础设施应采取抗震和减振措施，对于 7 度及以上地区的 B 级（含 B 级）以上数据中心机柜和维持数据中心正常运行的电源设备应采用隔震措施，保证隔震后加速度峰值不大于 250cm/s²。隔震装置应根据数据中心机柜和维持数据中心正常运行的电源设备布置方式合理布置。电源设备可以采取单独隔震方式，也可以与数据中心机柜一起采用整体隔震方式。整体隔震方式包括联排隔震和整体地板隔震
	电力设施抗震设计规范 GB 50260—2013	第 6.8 节电气设备的隔震与消能减震设计中，为了提高电气设施的抗震能力，减轻地震灾害，针对不同场地的不同电气设备的结构特点、使用要求、自振周期等，选择隔震措施，采用的隔震装置应能满足强度及位移要求，同时不应影响电气设备正常使用
	工业企业电气设备抗震设计规范 GB 50556—2010	规范中规定，电气设备需考虑抗震设计，采用符合抗震设防要求的产品。当电气设备无法满足抗震设防要求时，应采用减震、隔震措施；规范附录 A 电气设备的减震与隔震设计中，规定了电气设备减隔震的技术要求及适用条件

3. 设备隔振设计标准

我国常用的动力设备隔振相关标准列入表 3.2-3。

动力设备隔振相关标准   表 3.2-3

标准名称	适用范围及隔振内容
工程隔振设计标准 GB 50463—2019	针对动力机器、交通工具等产生的振动对生产、工作、生活环境及仪器仪表设备的不利影响，从计算方法、设计原则、技术措施及装置产品等几个方面指导工程隔振设计。该标准主要用于对振动设备及交通振动的屏障隔振、主动隔振和智能隔振，以及振动敏感设备的被动隔振及智能隔振，不涉及建筑结构的隔振设计，也不涉及隔离由地震、风、海浪等自然作用引起的振动
火力发电厂土建结构设计技术规程 DL 5022—2012	附录 E 中从布置方式、隔振装置选型、隔振计算、控制指标等方面规定了汽轮发电机弹簧隔振基础设计相关内容
工业企业噪声控制设计规范 GB/T 50087—2013	基于减小固体传声及振动辐射噪声的需求，对动力设备隔振降噪设计目标进行了规定
医院建筑噪声与振动控制设计标准 T/CECS 669—2020	对振动及噪声敏感房间的设计指标进行了限定，同时要求内部的动力设备采用隔振设计，满足振动及噪声控制限值的要求

4. 其他工程隔振设计相关标准

除了上述标准外，国内其他工程隔振设计相关标准列入表 3.2-4。

其他工程隔振相关标准   表 3.2-4

标准名称	适用范围及隔振内容
古建筑振动控制技术标准 T/CECS 1118—2022	针对减小工业振动对古建筑的影响，建议采用振源减振＋传播路径隔振＋古建筑本体加固的综合控制措施，其中传播路径隔振主要指屏障隔振，规范中具体对空沟隔振、排桩隔振的设计要求及选型进行了介绍
电子工业防微振工程技术规范 GB 51076—2015	本规范第 7 章中，规定建筑结构采取防微振措施及动力设备采取隔振措施后仍不满足精密仪器工作要求时，应对精密设备及仪器采取隔振措施；精密设备及仪器隔振设计应根据其容许振动值、工作特性、支撑条件及安装要求确定隔振方案，并进行隔振计算，按照隔振控制效果选用隔振器或隔振装置，包括被动控制装置及主动控制装置，为达到隔振目的，隔振装置或隔振系统不得与外围结构刚性连接
数据中心项目规范（征求意见稿）	要求在数据中心建筑抗震能力范围内，电子信息设备及关键电源设备等不应丧失使用功能，应采用隔震技术保护关键设备安全。数据中心选址应避开强振源和强噪声源，在电子信息设备停机条件下，主机房区地板表面垂直及水平向的振动加速度不应大于 500mm/s² （数据中心包括政府数据中心、企业数据中心、金融数据中心、互联网数据中心、云计算数据中心、边缘计算数据中心、外包数据中心等从事信息和数据业务的数据中心）
工业建筑振动控制设计标准 GB 50190—2020	针对工业建筑在机械振动荷载作用下结构振动控制，介绍了工业建筑及楼盖振动控制措施，涉及动力设备的隔振及主体结构加强措施

3.2.2 建筑工程减振（震）设计标准

国内实际工程应用中涉及的主要工程减振（震）标准汇总见表 3.2-5。

建筑结构减振（震）相关标准汇总   表 3.2-5

分类	标准名称	适用范围及隔振（震）相关内容
设计标准	电子工业防微振工程技术规范 GB 51076—2015	第 6 章规定了电子厂房防微振设计的设计措施和验算内容，第 7 章规定了建筑结构采取防微振措施及动力设备采取隔振措施后仍不满足精密仪器工作要求时，应对精密设备及仪器采取隔振措施；精密设备及仪器隔振设计应根据其容许振动值、工作特性、支撑条件及安装要求确定隔振方案，并进行隔振计算，按照隔振控制效果选用隔振器或隔振装置，包括被动控制装置及主动控制装置，为达到隔振目的，隔振装置或隔振系统不得与外围结构刚性连接

续表

分类	标准名称	适用范围及隔振（震）相关内容
设计标准	建筑楼盖结构振动舒适度技术标准 JGJ/T 441—2019	标准中给出了舒适度的限值，并分别针对行走激励、有节奏运动、室内设备振动、室外振动，规定了荷载计算模型、结构加速度的计算方法，并给出了楼盖减振措施
	动力机器基础设计标准 GB 50040—2020	该标准规定了各类动力机器基础的动力计算方法和容许振动限值，当超过容许振动限值时，应采取隔振措施
	建筑消能减震技术规程 JGJ 297—2013	本规程适用于抗震设防烈度为 6～9 度地区新建建筑结构和既有建筑结构抗震加固的消能减震设计、施工、验收与维护。规定了地震作用与作用效应计算，消能器的技术性能，消能减震结构设计，消能部件的连接与构造，消能部件的施工、验收和维护
	既有建筑消能减震加固技术规程 DB32/T 3752—2020	本规程包括基本规定、消能器的技术性能、消能减震加固设计、消能部件的连接验收和维护等相关内容
	上海市建筑消能减震及隔震技术标准 DG/TJ 08-2326—2020	标准在总结近些年国内外消能减震、隔震技术的工程应用及科研成果的基础上，对减隔震建筑的地震作用和作用效应计算，减震结构和隔震结构设计，减震消能器及隔震支座的技术性能、减隔震装置连接及构造等要求作了详细规定，同时对减隔震部件的材料、检测、验收、安装与维护作了要求
	云南省建筑消能减震应用技术规程 DBJ 53/T-125—2021	规程将消能减震设计的建筑分为两类，明确《抗震条例》中的八类建筑为设防目标更高的第一类。规程针对国家及云南当地规定应当采用消能减震技术的工程，规定了地震作用与作用效应计算、消能减震结构设计、消能部件设计及附加阻尼比设计、消能部件的连接及构造，同时对不同类别的消能器的技术性能、试验方法及检验规则、施工验收及维护等应用层面作了规定
	河北省建筑工程消能减震技术标准 DB13(J)/T 8422—2021	标准将消能减震结构的抗震设防目标分为两类，第二类为提高到"中震不坏"的目标。标准主要内容包括消能器的技术要求、检测规定，地震作用和作用效应计算，消能减震结构设计及附加阻尼计算，消能部件的施工、质量验收和维护等相关内容
	北京市建筑工程减隔震技术规程 DB 11/2075—2022	规程针对减隔震技术的工程应用作了详细规定，主要包括减隔震结构设计、减隔震装置的性能要求、减隔震装置与主体结构的连接验算及构造、配套系统（比如机电管线）的构造要求，同时从施工、安装及运维的角度对减隔震技术的应用提出了明确要求
评价标准	建筑工程容许振动标准 GB 50868—2013	本标准适用于建筑工程在工业和环境振动作用下的振动控制和振动影响评价，包括基本规定、精密仪器和设备、动力机器基础、建筑物内人体舒适性和疲劳功效降低、交通振动、建筑施工振动和声学环境振动等相关内容
	城市区域环境振动标准 GB 10070—88	标准规定了城市区域环境振动的标准值及适用地带范围和监测方法
	住宅建筑室内振动限值及其测量方法标准 GB/T 50355—2018	本标准规定了在室内外各种振动源下的住宅建筑室内振动限值及其测量方法
	城市轨道交通引起建筑物振动与二次辐射噪声限值及其测量方法标准 JGJ/T 170—2009	本标准规定了由城市轨道振源引起的建筑物室内振动与噪声评估标准和测量方法
	液压振动台基础技术规范 GB 50699—2011	本规范规定了液压振动台基础的动力计算方法、基础振动容许值、基础构造和基础施工及验收
	建筑环境通用规范 GB 55016—2021	本规范规定了新建、改建和扩建民用及工业建筑中振动和噪声的容许限值、隔振设计的规定
荷载标准	建筑振动荷载标准 GB/T 51228—2017	本标准规定了各类机器动力设备产生的振动荷载、振动台激励、人行振动荷载、轨道交通荷载、施工机械产生的振动荷载的取值原则和方法，为工程振动设计提供输入作用效应

3.2.3 相关产品技术标准

国内实际工程应用中涉及的主要产品技术标准汇总见表 3.2-6。

主要产品技术标准 表 3.2-6

分类	标准名称	适用范围及隔振（震）相关内容
产品装置	橡胶支座 第 1 部分：隔震橡胶支座试验方法 GB/T 20688.1—2007	规定了隔震橡胶支座性能和橡胶材料的试验方法，适用于桥梁隔震橡胶支座和建筑隔震橡胶支座
	橡胶支座 第 2 部分：桥梁隔震橡胶支座 GB 20688.2—2006	规定了桥梁隔震橡胶支座及所用橡胶材料和钢板等的要求，包括橡胶支座的分类、要求、设计准则、允许偏差、检验规则、标志和标签。适用于桥梁结构所用的隔震橡胶支座
	橡胶支座 第 3 部分：建筑隔震橡胶支座 GB 20688.3—2006	规定了建筑隔震橡胶支座及所用橡胶材料和钢板的要求，包括隔震橡胶支座的分类、要求、设计准则、允许偏差、检验规则、标志和标签。适用于建筑结构所用的隔震橡胶支座
	橡胶支座 第 4 部分：普通橡胶支座 GB 20688.4—2007	适用于设计竖向承载力 3MN 以下的板式橡胶支座及设计竖向承载力 60MN 以下的盆式支座。 规定了普通橡胶支座的定义、产品分类、标记、要求、试验方法、标志、包装、运输和贮存
	橡胶支座 第 5 部分：建筑隔震弹性滑板支座 GB 20688.5—2014	规定了建筑隔震弹性滑板支座的术语和定义、符号、分类、要求、试验方法、检验规则、标志和标签。适用于建筑结构用滑板支座
	建筑摩擦摆隔震支座 GB/T 37358—2019	规定了摩擦摆隔震支座的术语和定义、分类、规格、标记、一般要求、要求、试验方法、检验规则、标志、包装、运输和贮存，适用于建筑物及构筑物结构中的摩擦摆隔震支座
	建筑隔震橡胶支座 JG/T 118—2018	规定了建筑隔震橡胶支座产品的符号、分类与标记、一般要求、要求、试验方法、检验规则、标志、包装、运输和贮存。适用于工业与民用建筑所用的建筑隔震橡胶支座（LNR＋LRB＋HDR）
	建筑隔震柔性管道 JG/T 541—2017	规定了建筑隔震柔性管道的术语和定义、分类与标记、一般要求、要求、试验方法、检验规则、标注、包装、运输和贮存。适用于工业与民用建筑隔震柔性管道
	建筑消能阻尼器 JG/T 209—2012	共 9 章：1. 范围；2. 规范性引用文件；3. 术语和定义；4. 分类和标记；5. 一般要求；6. 要求；7. 试验方法；8. 检验规则；9. 标志、包装、运输和贮存
	圆柱螺旋弹簧设计计算 GB/T 23935—2009	规定了圆截面材料圆柱螺旋弹簧的设计计算，适用于圆截面材料圆柱螺旋压缩弹簧、拉伸弹簧和扭转弹簧（不适用于非圆截面材料弹簧、特殊材料和特殊性能的弹簧）
	碟形弹簧 GB/T 1972—2005	规定了截面为矩形的碟形弹簧的结构形式、尺寸系列、技术要求、试验方法、检验规则和设计计算，适用于普通矩形截面碟簧，不适用于梯形截面碟簧、开槽形碟簧和膜片碟簧

建筑工程减振（震）设计

第 4 章　建筑工程减震设计

2008 年汶川地震后，大量灾后建筑亟待抗震修复、加固或拆除重建，同时随着社会对建筑抗震安全的高度关注，各级主管部门对新建学校、幼儿园、医院等建筑提出了更高的抗震设防要求，以黏滞消能器、屈曲约束支撑、金属屈服型消能器等为代表的减震装置得以推进应用及发展。2014 年 2 月住房和城乡建设部印发了《关于房屋建筑工程推广应用减隔震技术的若干意见（暂行）》，2021 年 9 月执行的《抗震条例》以及各地市发布的政策和标准，进一步促进了减震技术的工程应用。

近年来，随着我国部分省市装配式建筑相关政策的细化出台，钢结构也在越来越多的政府投资类公共建筑中得到推广应用。相比混凝土结构，钢结构承载强度高，延性好，结构变形能力强更有利于减震装置发挥滞回耗作用，因此在高烈度区高标准设防的减震结构中，采用钢结构并合理选用减震装置及布置方案，更有利于实现《抗震条例》所要求的性能目标。除了《抗震条例》规定的涉及震后应急救灾及弱势群体保护的"两区八类建筑"外，减震技术也在越来越多的重大工程中得到推广应用，如大型机场航站楼、博物馆、体育馆、大型会展展馆、超高层建筑等，应用减震技术的主体结构形式也变得丰富多样。

4.1　消能减震结构设计要点

相比常规抗震结构，引入振动控制技术的消能减震结构，需要在坚持抗震结构概念设计的基础上，明确减震结构在不同地震水准下的抗震性能提升目标，并在设防地震及罕遇地震水准下针对性能目标进行评估验算。

设计人员应了解消能减震结构设计涵盖的内容，进一步把控各环节的设计要点。具体内容包括：熟悉减震装置特性及适用范围，统筹主体结构与附加消能减震装置的选型，结合主体结构变形特点有效地进行消能部件的布置，兼顾建筑功能布局优选消能器与主体结构的连接形式，了解非线性消能器在不同地震水准下的减震贡献变化规律，重视连接的强度及刚度对减震性能及效率的影响，加强连接节点的构造设计。在消能器和连接部件深化、检测及施工安装阶段，做好技术审核，确保消能减震装置在预估的地震水准下发挥作用并留有余量。

4.1.1　减震结构的性能目标

减震结构需要综合考虑建筑使用功能、设防烈度及场地条件、结构类型和体型特征、震后损失及修复难度等因素，对应各级地震输入水准，设定结构安全及正常使用等方面的预期性能水准，各性能水准涵盖的性能指标包括不同重要性等级构件的承载力及损伤程度、结构整体层间变形及薄弱楼层控制等，震时或震后有正常使用需求的建筑，尚应注意对楼面加速度指标的控制，保障仪器设备的安全及避免非结构构件的破坏。

日本隔震结构协会《被动减震结构设计·施工手册》中列举了具有代表性的减震目标性能的实例，摘录如表 4.1-1 所示。

地震外部扰动水准和减震目标性能的实例（日本）　　　表 4.1-1

外部扰动水准		建筑物使用期间可能遭遇几次的水准	极为罕遇的大规模输入水准
地震输入水准		0.25m/s（0.10m/s*）	0.5m/s
目标性能	主结构	损伤极限以下	安全极限以下
	减震构件	损伤极限以下	安全极限以下
	楼面加速度反应	5m/s²	10m/s²
	层间位移角	1/200	1/100
	层间速度	0.1m/s	0.2m/s
	顶部位移角	1/250	1/150

注：*当使用告示反应谱的模拟地震动时。

我国建筑结构的抗震性能化设计由来已久，目前广泛应用于特别重要的建筑、复杂结构、超限高层等。抗震性能化设计具有很强的针对性和灵活性，针对工程需要，可以是对整个结构，也可以是对局部部位或关键构件，灵活运用各种措施达到预期的性能目标。参考《抗规》3.10 节及附录 M 的性能化设计相关规定，基于工程实践，将减震结构的性能水准分为 4 档，不同地震作用水准下的推荐性能目标归纳列入表 4.1-2。

减震结构的抗震性能目标　　　表 4.1-2

地震水准		性能 1	性能 2（日本最高级 S 类）	性能 3（日本第二级 A 类）	性能 4
多遇地震		完好，满足抗震结构弹性层间位移限值[Δu_e]			
设防地震	宏观目标	主体结构、非结构构件及机电设备完好，正常使用	主体结构基本没有损伤；非结构构件和机电设备没有损伤，或只出现不需要修复即可使用的轻微损伤	主体结构轻微损坏；简单修理后继续使用；非结构构件和机电设备轻微损伤，简单修复后继续使用	主体结构轻微至接近中等损坏，修复或加固后使用；非结构构件及机电设备经修复或更换后可继续使用
	承载力验算*	考虑抗震等级调整地震效应的设计值复核	不计抗震等级调整地震效应的设计值复核	按标准值复核	按标准值或极限值复核
	变形	< [Δu_e]	混凝土结构：（1.35~1.65）[Δu_e]；钢结构：（1~1.25）[Δu_e]	混凝土结构：（1.65~2）[Δu_e]；钢结构：1.25[Δu_e]	（2~3）[Δu_e]
	消能部件	消能器未超过损伤极限，连接的强度及稳定未超出损伤极限，无需更换消能器			
罕遇地震	宏观目标	基本完好，检修后继续使用	轻度至中度损坏；适度修复后继续使用	中等损坏；修复或加固后使用	接近严重破坏；大修后继续使用
	承载力验算*	不计抗震等级调整地震效应的设计值复核	反应谱等效线性化按标准值复核，弹塑性动力时程分析验证构件性能		反应谱等效线性化按极限值复核，弹塑性动力时程分析验证构件性能
	变形	略大于[Δu_e]	混凝土结构：（3~4）[Δu_e]；钢结构：（2.5~3）[Δu_e]	混凝土结构：（4~5）[Δu_e]；钢结构：（3~4）[Δu_e]	混凝土结构：< 0.9[Δu_e]（弹塑性层间位移限值）；钢结构：（4~5）[Δu_e]
	消能部件	消能器未超过安全极限，连接的强度及稳定未超出安全极限，根据检查情况确定是否更换消能器			

注：*表中主体结构承载力验算主要为地震内力计算和调整、地震作用效应组合、材料强度取值和验算方法，减震工程中构件承载力设计阶段，通常需要进一步划分关键部件、重要构件、次要构件，按照相关设计标准的要求进行分类验算。

在《抗震条例》出台之前，国内大多数减震结构的性能目标为表 4.1-2 的性能 3 或性能 4。《抗震条例》对"两区八类建筑"提出了设防地震"正常使用"的要求，《基于保持建筑正常使用功能的抗震技术导则》（简称《导则》）和云南、河北、北京等地方标准，分类量化了减震结构的具体性能目标，主要体现在结构承载力、层间变形和楼层加速度三个方面的控制要求，详见本书 3.1.1 节对比论述。整体而言，有"正常使用"要求的减震结构，宏观的性能目标接近表 4.1-2 性能 1 及性能 2，承载力的性能目标，按照构件重要性的不同，涵盖表 4.1-2 性能 1～性能 3；变形的性能目标可参考表 4.1-2 性能 2 及性能 3。对于非"两区八类建筑"的减震结构，除地方标准有明确规定外，可参考表 4.1-2 性能目标等级根据具体工程需求确定性能目标。

对于消能部件的连接，性能目标的要求为消能器最大出力作用下保持基本弹性。为此，《建筑消能减震技术规程》JGJ 297—2013 要求与消能器直接连接的预埋件、支撑、支墩、剪力墙及节点板的设计作用力取值为消能器在设计位移或设计速度下对应阻尼力的 1.2 倍。北京市地方标准《建筑工程减隔震技术规程》DB11/2075—2022 进一步提高了设计要求，即连接的设计作用力取值为消能器极限位移或极限速度对应阻尼力的 1.2 倍。

相较抗震结构的性能化设计主要控制承载力及变形的性能目标，减震结构有设防地震"正常使用"需求时还要注意对楼面水平加速度的控制，以医院的门诊医技楼为例，《导则》要求设防地震及罕遇地震下的最大楼面加速度限值为 0.25g 和 0.45g，相比日本减震目标明显偏严，可以理解为对于震时或震后有正常运营需求的建筑，通过减震技术严格控制结构楼面加速度响应，对于保障附属机电设备、仪器设备的安全，控制非结构构件的破坏，有着积极的作用。需要说明的是，减震结构的发展与性能全面提高是一个系统工程，选择匹配主体结构变形的非结构构件，如外围护墙、内隔墙、装修吊顶材料等，优化非结构构件的连接形式及连接构造；加强机电设备、仪器设备与主体结构的连接、抗震和减振等，对于实现建筑结构的正常使用同样非常重要。

4.1.2 减震工程设计步骤及要点

对于新建建筑工程，根据工程设计经验，总结消能减震设计实施步骤及设计要点如下：

（1）根据项目特征、抗震设防要求，确定减震结构在不同震级下的性能目标，包括但不限于：不同重要性等级的结构构件承载力验算及损伤控制、结构层间变形控制、结构楼层及附属装置加速度响应控制等目标。

设计要点：有政策性文件要求必须采用减隔震技术的工程，应综合设防烈度、建筑功能、场地条件、单元划分、震后损失及修复成本、消能器耗能机理等因素，比选主体结构选型及减震或隔震技术应用，满足规定的性能化设计目标；为了改善结构性能、提高设计使用标准的建筑工程，需根据结构特性、使用需求、造价控制等因素，优选减震装置及布置，确定改善或提高后的性能目标。

（2）根据性能目标，合理进行主体结构及减震装置选型，结合工程经验预设减震效果（附加刚度或耗能贡献）代入主体结构（如位移型消能器可采用节间等代支撑代入，速度型消能器可采用整体预估附加阻尼比代入）进行结构承载力及变形试算，初步确定主体结构布置及构件截面尺寸。

设计要点：不同抗震设防烈度对应的设防地震作用水平对主体结构选型影响大，主体结构特征及减震性能目标对减震装置的选型影响大。可参考 4.2.2 节 "主体结构及减震装置选型"，充分评估主体无控结构与预估性能目标之间的差距，避免主体结构的抗震性能与预设性能差距过大，减震措施无法实现预估的性能水准，必要时选择抗震性能更优的钢结构。

（3）在试算确定的主体结构基础上，根据规范相关的布置原则，结合建筑功能及平面布局，初步确定减震装置的布置位置、数量及力学参数，正确选用非线性连接单元，对消能部件及子结构按实际连接布置进行建模，构建消能减震有控结构模型。

设计要点：结合主体结构变形特征，减震装置宜布置在相对位移或相对速度较大的楼层，必要时可采取增幅机构措施（参考 4.5 节实例 4.5.1）提高减震效率。楼层加速度控制要求更高的减震工程，可结合结构变形及加速度响应沿楼层分布的特点，采用位移型消能器与速度型消能器的组合减震方案（参考 13.4 节实例 13.4.2）。

充分了解可选择的连接布置形式及消能器外观尺寸，合理进行消能器的平面落位，确保子结构中的消能部件布置与建筑及机电功能相互协调。消能器应避免布置在周边梁板面内刚度削弱的部位，其竖向布置应避免结构刚度突变出现薄弱层或薄弱构件。

消能部件中消能器及其连接均需按子结构中的实际布置建模，考虑消能部件引起的子结构柱、墙、梁的附加轴力、剪力和弯矩作用，分析模型能正确反映主体结构及连接的位移传递损失及其对减震效率的影响，必要时调整连接布置形式或增大连接的刚度和强度。

（4）通过非线性动力时程分析，分析不同地震作用水准下有控结构的地震响应，复核消能器工作状态，比选确定等效附加阻尼比和等效刚度，回代主体结构模型，采用振型分解反应谱法对主体结构（含消能子结构）进行等效线性化承载力设计。

设计要点：了解非线性消能器在不同震级水准下的减震贡献变化规律，综合确定不同地震作用水准对应的减震附加等效阻尼比和附加等效刚度。例如：屈曲约束支撑在多遇地震下通常不屈服耗能，只提供刚度，随着地震作用水准及主体结构变形的增加逐渐进入屈服耗能状态，等效刚度退化；黏滞消能器的阻尼指数越小，非线性阻尼力随速度增加的增幅衰减越明显。通常情况下，随着地震水准的增加，非线性耗能贡献比例下降，附加阻尼比等减震效果下降。但是，当主体结构刚度较大，多遇地震下间接连接的位移损失占比突出的情况下，可能出现设防地震相比多遇地震减震附加阻尼比持平甚至增加的情况。

（5）对经过试算调整后的结构弹塑性分析模型进行设防或罕遇地震下的动力弹塑性分析，验算结构及构件的性能目标（承载力、层间变形及楼面加速度等），提取消能器在罕遇地震下的设计位移或设计速度，确定产品力学性能参数。

设计要点：有别于隔震结构的非线性支座单元的水平刚度及有效阻尼的集中等效，减震结构受减震装置分散布置及非线性复杂程度的影响，尚未完全实现类似隔震结构一体化模型的等效反应谱法分析。设计人员应充分认识上述过程（3）和（4）的必要性和局限性。一方面，（3）、（4）两个过程的多次迭代，是为了推敲主体结构及减震装置布置，从承载力和层间变形两方面初步判断消能减震效果，为弹塑性分析提供带配筋的分析模型。另一方面，主体结构构件的损伤及刚度退化也会对消能器的状态及结构的地震响应产生影响，等效线性化方法存在不能精确模拟减震效果及提取消能器工作状态的局限性，过程（5）是评定减震结构各项性能目标、确定减震装置选型的主要依据。

（6）完成消能器连接段墙体或支撑的设计、典型的预埋件设计，放样绘制典型的消能器节间布置详图，形成专项设计说明，内容包括消能器数量及参数选型、消能器及连接钢支撑涂装要求、检测及验收要求、专项深化要求、消能部件装修包封构造要求等，完成消能减震专项工程设计文件。

设计要点：专项设计应包含连接构件、预埋件的设计内容并充分考虑其造价组成，如用于黏滞消能器连接的钢支撑的造价可能与消能器造价相当或更高；需充分考虑消能部件的装修包封做法，避免非结构构件连接不当阻碍消能器的变形，同时为检修及维护留出操作空间。

（7）消能减震专项工程招标确定产品厂家后，审核连接节点及预埋件的深化设计文件，按照相关规范、标准及设计要求开展进场检测，合格后方可现场安装。

设计要点：消能部件进场验收时，需开展消能器的见证检验工作，见证检验的样品应当在监理单位见证下从项目的产品中随机抽取，设计文件中应明确见证检验的数量、检验项目和加载工况等试验要求。

（8）审核消能部件的安装及施工方案，依据确定的施工组织方案进行混凝土结构预埋件埋设或钢结构节点连接板的工厂加工，现场复核尺寸后开展消能部件拼装及焊接，按要求对焊缝、安装偏差进行检测及必要的调整，完成消能减震专项工程验收。

设计要点：消能部件施工前，专项施工单位应根据专项工程深化设计文件要求，结合主体结构施工顺序及现场施工条件，编制专项施工技术方案。施工方案应注意协调消能部件及主体结构的施工顺序，混凝土结构中需注意预埋件锚筋与结构钢筋的放样避让，注意间接连接悬臂段墙体的标高及预埋件的平面定位；钢结构中注意梁柱下节点处楼板钢筋与连接节点板的放样避让及施工顺序等。

4.2 主体结构及消能减震装置的选型和布置

4.2.1 减震装置适用性

根据应对需求及解决问题的不同，各类减震装置在建筑工程中均有应用，典型的工程应用可以分为七类，如表 4.2-1 所示。

减震装置的典型工程应用及技术组合分类 表 4.2-1

类型	适用领域典型代表	解决问题	减震装置选择
1	高烈度区的甲、乙类建筑	设防地震地面加速度在 0.30g～0.40g 之间，采用隔震结构时，需要控制隔震层的变形并增加耗能	筒式黏滞消能器，通常在隔震层上下支墩之间设置
2	中、高烈度区的"两区八类建筑"	设防地震地面加速度在 0.15g～0.20g 之间，设防地震作用下正常使用 I 类建筑	多层建筑以速度型消能减震装置为主；高层建筑兼顾中下部楼层的层间变形或结构整体扭转变形控制需求，同时控制中上部楼层加速度响应，可采用位移型和速度型消能器的组合减震方案
		设防地震地面加速度在 0.15g～0.20g 之间，设防地震作用下正常使用 Ⅱ 类建筑	主体结构刚度较好时优选速度型消能减震装置；主体结构刚度偏小时首选位移型消能减震装置

续表

类型	适用领域典型代表	解决问题	减震装置选择
3	中、低烈度区的"两区八类建筑"	设防地震地面加速度在 0.05g～0.10g 之间，常规结构形式抗震性能化设计可以基本满足正常使用各项要求，"减震装置"作为抗震性能化设计的一种手段	速度型消能减震装置和位移型消能减震装置均可
4	提高抗震性能的高品质住宅	丙类建筑提高抗震性能目标或优化控制主体结构的截面尺寸	位移型消能减震装置为主
5	体型复杂的大型公建	改善结构竖向及水平刚度布置，适度兼顾整体抗震性能提升	位移型消能减震装置为主
6	超高层建筑	抗风为主，解决舒适度问题；兼顾解决加强层桁架钢构件屈曲失稳问题	速度型消能减震装置为主，可采用黏滞阻尼伸臂桁架；可采用屈曲约束支撑替代普通钢支撑
7	改造加固项目	减少主体结构加固量，全面提升结构整体抗震性能，解决大面积抗震构造措施不足的加固难题	主体结构刚度较好时优选速度型消能减震装置；主体结构刚度偏小时首选位移型消能减震装置

整体而言，当主体结构刚度不足时，可以选择位移型消能器，此时需要注意增加刚度对结构加速度响应可能的不利影响，以及消能器刚度退化对结构内力重分布的影响；当主体结构刚度尚可，需要消能器提供耗能时，可以选择速度型消能器，此时需注意非线性黏滞阻尼在不同地震水准下减震效果的变化。

选择及设计减震消能器的性能参数时，不仅需要在结构罕遇地震性能分析的基础上确定消能器的最大变形或最大速度，还需要关注其累积变形能力及疲劳损伤程度。当超出工作范围时，消能器性能急剧下降，甚至发生脆性破坏，反而可能有损结构安全性。

减震装置选型及设计时，消能器的技术性能需注意以下规定：

（1）消能器应具备良好的变形能力和消耗地震能量的能力，消能器的极限位移应大于消能器设计位移的 120%，速度型消能器极限速度应大于消能器设计速度的 120%。上海市《建筑消能减震及隔震技术标准》DG/TJ 08-2326—2020 还进一步要求，消能器的极限位移还应符合结构弹塑性层间位移角限值规定，在此位移下，消能器应满足往复加载 3 周，承载力变化不超过 ±15% 的要求。

（2）消能器中非消能构件的材料应达到设计强度要求，设计时荷载应按消能器 1.5 倍极限阻尼力选取，应保证消能器及附属构件在罕遇地震作用下都能正常工作。

（3）云南省《建筑消能减震应用技术规程》DBJ 53/T-125—2021 规定：消能器的屈服位移或起滑位移不宜小于 0.5mm。

（4）上海市《建筑消能减震及隔震技术标准》DG/TJ 08-2326—2020 对耗能型屈曲约束支撑的延性比要求：作为消能器使用的非承载型屈曲约束支撑，设计延性系数（设计位移与计算屈服位移的比值）$\mu_d \geq 6$，设计位移等幅 30 周加载下累积延性系数 $\sum \mu_d \geq 720$。

（5）《屈曲约束支撑应用技术规程》T/CECS 817—2021 对耗能型屈曲约束支撑的延性比要求为大于 8，且要求各类加载试验的累积延性系数不小于 1200，相比上海市地方标准要求更高。

（6）消能器在要求的性能检测试验工况下，试验滞回曲线应平滑、无异常。

4.2.2　主体结构及减震装置选型

在相同的性能目标要求下，主体结构及减震装置选型受设防烈度的影响很大。以《抗震条例》提出的设防地震正常使用要求为前提，本节以重点设防类（乙类）医院建筑为例，对比主体结构及减震装置选型问题，涉及结构类型包括混凝土框架结构、框架-剪力墙结构以及钢结构。特殊设防类（甲类）建筑的减震方案，抗震设防应根据场地地震安全性评价的结果，提高设防地震作用后，按建筑使用功能及性能目标参考选型；标准设计类（丙类）建筑的减震方案，可根据设防烈度和具体的性能目标需求，参考乙类建筑选用。

1. 6度区的结构及减震装置选型

6度区的抗震结构，按照《抗规》对房屋适用高度的相关规定，不超过60m时可采用混凝土框架结构，60～100m时可采用混凝土框架-剪力墙结构。相同场地条件下，6度区的设防地震作用相当于 7 度 0.15g 的多遇地震，考虑设防地震作用正常使用对应的层间变形限值相对多遇地震作用弹性层间变形要求的放松，6 度区对应变形控制的设防地震作用可认为相当于 7 度 0.1g 的多遇地震作用水准，此时按照《抗规》不超过 50m 的房屋可采用框架结构，考虑消能器的附加减震效果，混凝土框架结构的适用高度仍可按 60m 控制。

从发挥消能器减震效果的角度看，层剪切变形为主的框架结构相对框架-剪力墙结构的层间变形更大，耗能减震的附加效果更为明显，相应减震装置选型也很灵活：主体结构刚度较为富裕时，首选不附加刚度、以耗能为主的黏滞消能器，根据建筑布局可采用灵活的节间连接形式；主体结构有竖向刚度调节或平面扭转控制等需求时，可以采用屈曲约束支撑或金属屈服型消能器，通过调节或增大抗侧刚度提升结构抗震性能。当由于房屋超出适用高度或其他需求采用混凝土框架-剪力墙结构时，减震装置建议选用黏滞消能器。

整体而言，由于抗震设防烈度低，6 度区的结构构件尺寸通常不受地震控制，主要由建筑高度及层数、层高及柱跨等因素决定，风荷载较大地区的高层建筑还需考虑风振及舒适度的要求。承载力方面，即使设防地震下，大部分构件的配筋仍然是竖向荷载工况或构造控制，其原因除了控制内力组合中地震响应占比较小外，还和有震组合采用重力荷载代表值且荷载分项系数相对竖向荷载控制内力组合较小有关，特别是结构重要性系数取 1.1 的乙类建筑，这种现象更为突出。因此，建议在 6 度区减震装置布置时，综合考虑减震效率和经济指标，黏滞消能器尽量在结构变形较大的楼层布置，位移型消能器在结构刚度相对较弱的楼层布置并避免下部薄弱楼层，对于结构上部楼层，如果刚度和承载力富余较大，可不布置消能器。

建议对于低烈度区减震工程，更多地聚焦罕遇地震甚至极罕遇地震作用下结构的减震效果及消能器参数选型。以非线性黏滞消能器为例，受间接连接的位移损失影响，减震结构存在最优减震率问题，不同地震作用水准下最优减震率对应的消能器产品参数有所不同，相关研究见本书 14.2 节。

2. 7度（0.10g）区的结构及减震装置选型

7 度（0.10g）区的减震结构，对比其设防地震与 8 度（0.20g）多遇地震的地震水准的关系，设定附加减震效果，考虑设防地震下承载力设计要求相对多遇地震的差别，可以从地震输入和结构抗力两方面初步推断设防地震下各项性能目标实现的难易程度，从而参考 8 度区常规抗震结构的选型，合理采用减震措施。以 7 度区 II 类场地第二组（$T_g = 0.40s$）的减震结构为例，假定设防地震下消能器附加阻尼比为 5%，将 7 度多遇地震、设防地震和 8 度多遇地震的规范反应谱对比绘于图 4.2-1。

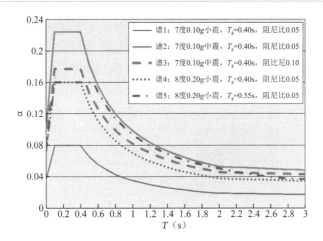

图 4.2-1 7 度减震工程与 8 度抗震工程的设计反应谱对比

从图 4.2-1 对比可知，设防地震是多遇地震的 2.8 倍（谱 2/谱 1）；8 度设防是 7 度设防的 2 倍（谱 4/谱 1），因此相同特征周期的情况下，7 度设防地震是 8 度多遇地震的 1.4 倍（谱 2/谱 4）。对于周期在 1~2s 之间的减震结构，附加 5% 的阻尼比可以减小地震作用 13%~17%（谱 3/谱 2），其表现为周期越短，附加阻尼减震效果越明显，此时 7 度减震后的设防地震作用是 8 度多遇地震作用的 1.16~1.21 倍（谱 3/谱 4）。基于此作用变化，对比《隔震标准》设防地震和《抗规》多遇地震不同构件的承载力验算公式，分析如下：对于关键构件，设防地震同《抗规》均采用基本组合验算公式，抗力项不变的情况下，作用项提高 16%~21%，即为构件承载力设计要求提高幅度；对于普通竖向构件，设防地震承载力验算按标准组合，相比《抗规》基本组合，承载力设计要求基本持平；对于普通水平构件，设防地震标准组合验算的抗力项考虑材料强度超强系数后，可认为此时 7 度设防地震构件承载力设计要求低于 8 度多遇地震。

此外，图 4.2-1 也列出了 8 度 $T_{\mathrm{g}} = 0.55$s（阻尼比 5%）的多遇地震反应谱（谱 5），对比可知 7 度（$T_{\mathrm{g}} = 0.40$s）减震结构设防地震作用低于 8 度（$T_{\mathrm{g}} = 0.55$s）的多遇地震作用。

整体而言，对于 7 度（0.10g）设防地震正常使用的减震结构，可参考 8 度多遇地震的抗震结构初步确定主体结构类型及截面尺寸。此时承载力设计要求相对 8 度多遇地震提高有限或者更低，层间变形容易满足设防地震下弹塑性层间位移角限值要求。通常混凝土结构的楼面加速度响应放大在 2.5 倍以内，考虑减震措施后，设防地震加速度 0.10g 作用下楼面加速度响应通常可以控制在 0.25g 之内。建议有加速度控制需求的建筑采用速度型消能器，避免结构刚度增加对加速度控制的不利影响；其他情况，可根据主体结构选型及具体需求，采用位移型消能器或速度型消能器。

3. 7 度（0.15g）区的结构及减震装置选型

7 度 0.15g 设防情况，可根据不同场地特征周期对应反应谱的变化，对照 8 度或 9 度多遇地震作用水准进行主体结构选型。如图 4.2-2 对比，假定 5% 的附加阻尼下，7 度 $T_{\mathrm{g}} = 0.55$s 的设防地震减震反应谱与 9 度 $T_{\mathrm{g}} = 0.45$s 的多遇地震抗震反应谱相当，地震作用水准很高，建议主体结构采用钢结构，加速度控制要求高时选用速度型消能器或组合减震；7 度 $T_{\mathrm{g}} = 0.40$s 的设防地震减震反应谱相比 8 度 $T_{\mathrm{g}} = 0.55$s 的多遇地震抗震反应谱增大约 30%，考虑设防地震层间变形及构件承载力（关键构件除外）控制要求相对多遇地震有所放松，一定程度上可考虑采用混凝土结构，加速度控制要求高时宜采用刚度偏柔的钢结构及速度型消能器，避免增加主体刚度"硬抗"对加速度控制的不利影响。

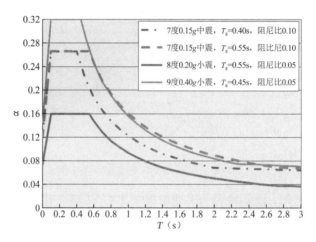

图 4.2-2　7 度 0.15g 减震工程与 8 度及 9 度抗震工程的设计反应谱对比

4. 8 度（0.20g）区的结构及减震装置选型

采用上述方法，评估 8 度设防地震作用水准相对的 9 度多遇地震的提升，周期在 1～2s 之间的减震结构，5%的附加阻尼比时，8 度减震后的设防地震作用是 9 度多遇地震作用的 1.15～1.20 倍，如图 4.2-3 所示。主体结构如选择常规的混凝土框架或框架-剪力墙结构，构件的承载力设计和整体变形控制困难，通常需要较大的构件截面及配置较多的型钢钢骨，且结构整体刚度大，楼面加速度的响应放大明显且很难控制在《抗震条例》允许的范围。此时，建议综合考虑建筑结构整体布局及单体划分、基坑支护及降水方案、隔震层电梯及机电管线竖向穿越等复杂情况、装配式建筑要求等，经过技术经济对比，合理选用钢结构附加减震措施或混凝土结构隔震措施。

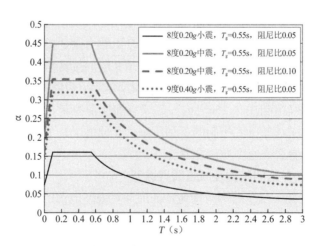

图 4.2-3　8 度减震工程与 9 度抗震工程的设计反应谱对比

钢结构自重轻，强度高，延性好，承载力和变形设计更易于满足高烈度设防的需求，结构大变形的特点也有助于消能器发挥滞回耗能作用。需要注意的是，钢结构减震装置的选择对变形与加速度响应控制存在一定的互相制约因素：一方面，增加位移型消能器的数量或刚度，可以提高结构的刚度，解决层间变形的控制问题；另一方面，通常结构刚度增加会导致加速度响应增大，不利于建筑中的非结构构件及设备仪器的正常使用保护。

《抗震条例》实施以来，中国中元国际工程有限公司积极探索高烈度设防地区医院适用的减震控制方案。结合结构变形及加速度响应沿楼层分布的特点、控制需求，尝试位移型消能器与速度型消能器的"组合减震"方案，已经在多个医疗建筑项目中得到有效应用。如 2021 年设计的廊坊市人民医院和 2022 年设计的西安未央区中医院，其设计条件、结构构件及减震装置的设置情况、层间变形及楼面加速度的控制目标及结果对比列于表 4.2-2 及图 4.2-4～图 4.2-7。

8 度区医院建筑采用钢结构"组合减震方案"的实例对比　　　　表 4.2-2

	廊坊项目多层门诊楼	西安项目多层门诊医技楼	廊坊项目高层病房楼	西安项目高层医技病房楼
设防地震输入水准	0.20g	0.23g	0.20g	0.23g
层间变形控制目标	1/200	1/250	1/200	医技裙房 1/250 病房塔楼 1/200
楼面加速度控制目标（设防地震）	0.25g	0.25g	0.25g	医技裙房 0.25g 病房塔楼 0.45g
总高度、层数及层高	18.6m，4 层（不含出屋面设备机房） 1 层：5.1m 2～4 层：4.5m	19.1m，4 层（不含出屋面机房层及构架层） 1 层：5.4m 2～3 层：4.5m 4 层：4.8m	43.2m，10 层（不含出屋面机房层） 1 层：5.1m 2～4 层：4.5m 5～10 层：4.1m	83.4m，15 层（不含出屋面机房层及构架层） 1 层：5.4m 2～3 层：4.5m 4 层：4.8m 5 层：4.5m 6～15 层：4.1m
主要柱网尺寸（m）	7.8×8.4	7.8×8.1	7.8×8.4/8.1/7.8	7.8×7.8/6.9/8.9
钢框架主要截面（mm）	柱：□500×25（20） 梁：500×250×12×25 500×250×10×20	柱：□500×25（20） 梁：550×250×12×25 550×250×12×20	柱：□600×24 □550×22（20，18） 梁：500×250×12×25 500×250×10×20	柱：□700×38（36，34） □650×32 □600×28（20） □500×20 梁：550×250×12×28 550×250×12×22
无控结构基本周期（s）	$T_1=1.303$（Y） $T_2=1.247$（X） $T_3=1.109$（扭转）	$T_1=1.29$（Y） $T_2=1.19$（X） $T_3=1.09$（扭转）	$T_1=2.57$（X） $T_2=2.41$（扭转） $T_3=2.26$（Y）	$T_1=3.201$（Y） $T_2=2.825$（X） $T_3=2.661$（扭转）
无控结构多遇地震最大层间变形	1/374（X，3 层） 1/357（Y，3 层）	1/390（X）（X，2 层） 1/310（Y）（Y，3 层）	1/387（X）（X，3 层） 1/289（Y）（Y，3 层）	1/322（X，4 层） 1/366（X，10 层） 1/271（Y，4 层） 1/294（Y，11 层）
无控结构设防地震最大层间变形	1/125（X，3 层） 1/125（Y，3 层）	1/138（X）（X，2 层） 1/110（Y）（Y，3 层）	1/135（X）（X，3 层） 1/101（Y）（Y，3 层）	1/121（X，4 层） 1/128（X，10 层） 1/95（Y，4 层） 1/103（Y，11 层）
有控结构设防地震最大层间变形	1/237（X，2 层） 1/243（Y，2 层）	1/291（X）（X，2 层） 1/312（Y）（Y，2 层）	1/233（X）（X，3 层） 1/220（Y）（Y，4 层）	1/268（X，4 层） 1/211（X，10 层） 1/280（Y，5 层） 1/222（Y，7 层）

	廊坊项目多层门诊楼	西安项目多层门诊医技楼	廊坊项目高层病房楼	西安项目高层医技病房楼
无控结构设防地震加速度响最大值（mm/s²）	4750（X，4层） 4365（Y，4层）	3693（X）（X，4层） 3036（Y）（Y，4层）	2900（X，10层） 2800（Y，6层）	2445（X，5层） 3793（X，15层） 2427（Y，5层） 4210（Y，15层）
有控结构设防地震加速度响最大值（mm/s²）	2382（X，4层） 2258（Y，4层）	2380（X，4层） 2430（Y，4层）	2345（X，10层） 2497（Y，10层）	2484（X，5层） 3240（X，15层） 2250（Y，3层） 3127（Y，15层）
消能器布置方案	1～4层全部为VFD	1～3层BRB+VFD； 4层BRB完全取消，换为VFD	1～3层BRB； 4～7层除四角控制扭转保留BRB，其余换为VFD； 8～10层BRB完全取消，换为VFD	1～11层BRB； 12～15层BRB+VFD

注：1. 廊坊项目设计于《抗震条例》颁布之初，关于变形及加速度的控制目标尚未有国家及地方明确标准，属于"正常使用"目标的初步尝试；西安项目主要结合当地审查要求，按《基于保持建筑正常使用功能的抗震技术导则》（报批稿）相关规定，确定性能目标。

2. 西安项目由于近场断层地震放大的影响，设防地震的加速度输入放大1.15倍后达到了0.23g。

1）廊坊项目多层门诊楼

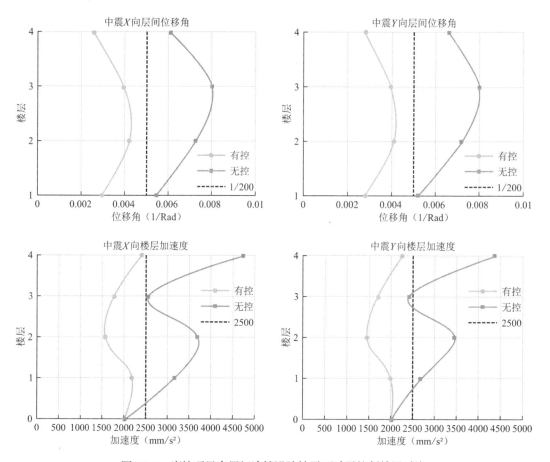

图4.2-4　廊坊项目多层门诊楼设防地震下减震控制效果对比

2）西安项目多层门诊医技楼

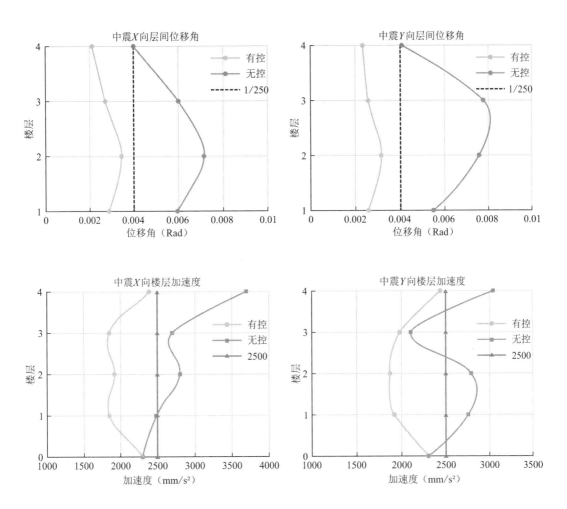

图 4.2-5　西安项目多层门诊医技楼设防地震下减震控制效果对比

3）廊坊项目高层病房楼

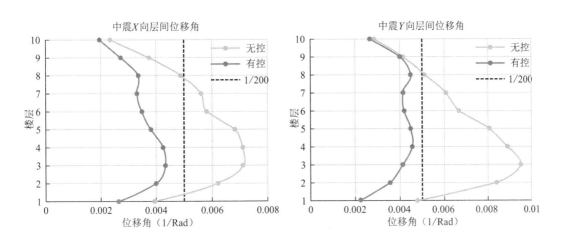

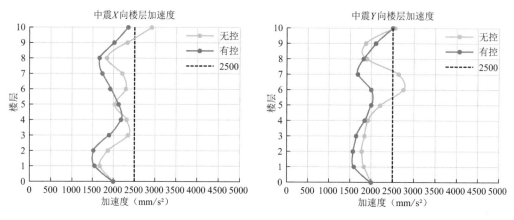

图 4.2-6　廊坊项目高层病房楼设防地震下减震控制效果对比

4）西安项目高层医技病房楼

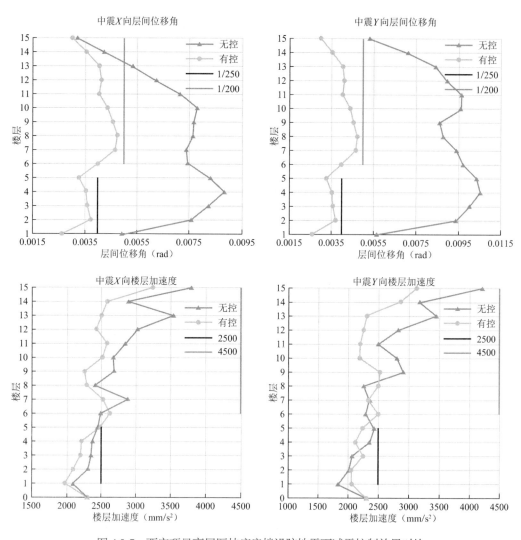

图 4.2-7　西安项目高层医技病房楼设防地震下减震控制效果对比

通过以上四个减震结构的对比可知：

（1）无控多层钢框架结构的楼面加速度响应沿楼层竖向均呈现"S"形分布：相对地面加速度输入，底部至中部楼面加速度响应随楼层升高逐步放大，继续向上楼层可能出现加速度减小趋势，甚至出现加速度响应小于地面输入的情况，但顶部几层再次出现放大现象，且放大效应随着楼层的增高有增大趋势，顶部楼层加速度响应放大约 1.5～2.5 倍。

（2）钢结构附加减震装置后减震效果明显，多层及高层的层间变形控制效果均很明显，层间变形均可控制在 1/250 以内。

（3）多层门诊楼采取附加速度型消能器为主的减震方案，加速度响应不超过 0.25g；高层病房楼，层间变形的控制需求决定了位移型消能器的布置楼层范围，当中上部楼层结构层间变形控制需求较小时，布置不增加刚度的速度型消能器，有利于控制结构顶部的加速度响应。

（4）采用组合减震方案后，病房楼的楼层加速度响应较易实现 0.45g 的控制目标；相比较而言，采用单一位移型消能器的减震方案，楼层加速度响应控制未能全部达到设计要求，详见 13.4.2。

5. 8 度（0.30g）及 9 度区的结构及减震装置选型

8 度 0.30g 及以上设防地区，减震主体结构即使采用钢结构，设防地震下楼面加速度响应最大值仍难以控制在 0.45g 以内，建议采用隔震结构。当隔震结构的建筑高度较高时，上部结构可进一步采用减震措施。

综上分析，对于《抗震条例》提出的设防地震有正常使用要求的医疗建筑，按不同抗震设防烈度给出主体结构及减震措施选型建议，汇总列于表 4.2-3。

不同抗震设防烈度下正常使用医院的主体结构及减震装置选型对比　　　表 4.2-3

抗震设防烈度	主体结构选型	附加消能减震措施	设防地震附加阻尼比目标（经验推荐值）（速度型消能器）	设防地震最大层间位移角减幅目标（经验推荐值）（位移型消能器）
6 度 0.05g	多层：混凝土框架 高层：混凝土框架-剪力墙	位移型消能器、速度型消能器均可	多层框架：5%～8% 高层框架-剪力墙：1.5%～3%	≥10%
7 度 0.10g	多层：混凝土框架 高层：混凝土框架-剪力墙	框架：位移型消能器、速度型消能器均可，有加速度严控要求时首选速度型消能器；框架-剪力墙：首选速度型消能器	多层框架：5%～8% 高层框架-剪力墙：1.5%～3%	10%～20%
7 度 0.15g	根据设防地震作用的具体水准，可选混凝土结构或钢结构	混凝土框架首选位移型消能器；混凝土框架-剪力墙结构首选速度型消能器；钢结构采用位移型消能器、速度型消能器均可，有加速度严控要求时首选速度型消能器	混凝土框架-剪力墙：3%～5% 钢框架：10%～15%	≥20%
8 度 0.20g	钢结构	首选速度型消能器；高层建筑兼顾楼层层间变形及加速度控制需求时，可采用速度型消能器和位移型消能器沿楼层混合布置的"组合减震方案"	黏滞消能器方案：10%～15% 组合减震方案：1.5%～5%（位移型消能器占比高时取低值）	局部楼层设置位移型消能器满足层间变形控制目标，消能器主要提供附加刚度
8 度 0.30g 9 度 0.40g	建议采用隔震结构。当隔震结构的建筑高度较高时，上部结构可进一步采用减震措施			

4.2.3 消能部件在主体结构中的布置

1. 一般规定

主体结构选型确定后，应根据预期减震效果及结构性能目标控制要求，结合建筑各层平面功能，合理布置消能部件。消能部件的布置应注意下列规定：

（1）消能部件的平面布置应沿结构两个主轴方向分散布置，宜使结构在两个主轴方向的动力特性相近。

（2）消能部件的水平布置间距宜满足《高规》关于框架-剪力墙结构中剪力墙间距的要求。

（3）消能部件的竖向布置宜使结构侧向刚度沿竖向均匀变化，避免侧向刚度和承载力突变，结构出现软（薄）弱层。

（4）消能部件宜布置在层间相对位移或相对速度较大的楼层，同时可采用以合理形式增加消能器两端的相对变形或相对速度的技术措施，提高消能器的减震效率。

（5）当建筑结构被认定为消能减震结构时，布置消能部件的楼层不宜少于地上总楼层数（局部出屋面数不计入）的 2/3；在设置消能部件楼层的 X 向和 Y 向消能器的数量分别不少于 2 个，且各方向分别不少于每 $500m^2$ 建筑面积 1 个。

（6）当消能器采用支撑型连接时，可采用单斜支撑布置、V 形和人字形等布置，不宜采用 K 形布置。支撑宜采用双轴对称截面，支撑长细比、宽厚比应符合国家现行标准《钢结构设计标准》GB 50017—2017（简称《钢标》）和《高钢规》的规定。

（7）当消能部件与内墙处于同一平面时，应采取有效措施确保消能器及其支承构件在地震作用下的变形不受阻碍。

（8）消能减震结构布置消能部件的楼层中，消能器的最大阻尼力在水平方向上分量之和不宜大于楼层层间屈服剪力的 60%。

（9）消能部件的设置，应便于检查、维护和替换，设计文件中应注明消能器使用的环境、检查和维护要求。

2. 关键问题

为使消能器在不同地震水准下都能充分发挥预估作用，提高消能器的减震效率，消能部件在主体结构的布置及减震设计中，需特别注意以下问题：

（1）为确保布置消能器柱跨的阻尼力向周围有效传递，需注意消能器所在柱跨周边梁板的平面内刚度，消能器不宜布置在楼板开大洞后与主体连接薄弱的抗侧框架跨内。

（2）消能器的类型或型号非对称布置时，应考虑具有非线性特性的消能器在不同地震水准下的阻尼力变化，控制其对结构刚度或承载力的不利影响。

（3）随着地震水准的增加，沿楼层竖向布置的位移型消能器逐步进入屈服状态，需注意非同步的层刚度退化程度对结构整体抗侧刚度变化的影响，避免集中布置的楼层出现薄弱层。

（4）采用支撑型连接时，连接支撑的轴向变形及两杆交汇的转动变形都会引起层间水平位移传递损失；采用墙式连接时，连接段墙体的弯剪变形、支托框架梁的转动变形，也会引起层间水平位移传递损失。为充分评估位移传递损失对减震效果下降的影响，减震分析中连接部件应真实建模，确保消能器的连接及支托结构的刚度和强度，控制位移损失。

（5）高烈度区的减震结构，可结合结构变形及加速度响应沿楼层分布的特点及控制需求，采取位移型和速度型消能器沿结构竖向"混合布置"的组合减震方案。通常高层建筑在层间变形较大的中、下部楼层布置位移型消能器后，上部楼层布置速度型消能器更有利于加速度的控制和下部减震效果的提升。

4.2.4　消能部件的连接与构造

消能部件除减震构件（消能器）外，还包括消能器与主体结构之间间接传力用的支撑或支墩（连接墙）、与主体结构相连的预埋板及节点板等连接部件。

消能器与主体结构的连接形式与主体结构的变形特点有关，以层间剪切变形传递为主的消能器连接布置形式包括直接连接型和间接连接型，节间布置形式包括斜撑式、门架式和墙式等。

直接连接型是将减震构件直接连接在上下楼层的主体结构构件上，层间位移直接传递给消能器。工程中常见的应用有屈曲约束支撑、防屈曲钢板剪力墙等。

间接连接是通过钢支撑或混凝土短墙，将减震构件间接与主体结构相连，层间位移在传递过程中会产生位移损失，消能器的变形小于层间变形。工程中常见的应用有"人字撑""V 形撑""单斜撑"连接的黏滞消能器，墙式连接的金属屈服型消能器、黏滞消能器、摩擦消能器及黏滞阻尼墙等。

典型的消能连接形式如图 4.2-8～图 4.2-12 所示。

（1）屈曲约束支撑的连接（图 4.2-8）

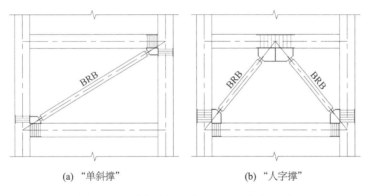

(a)"单斜撑"　　　　　　　　　　(b)"人字撑"

图 4.2-8　屈曲约束支撑与主体结构的连接

（2）金属屈服型消能器、摩擦消能器的连接（图 4.2-9）

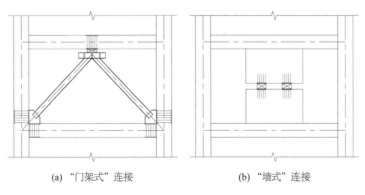

(a)"门架式"连接　　　　　　　　(b)"墙式"连接

图 4.2-9　金属屈服型消能器、摩擦消能器与主体结构的连接

（3）黏滞消能器的连接（图 4.2-10）

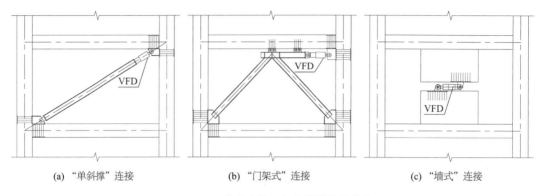

(a)"单斜撑"连接　　　　(b)"门架式"连接　　　　(c)"墙式"连接

图 4.2-10　黏滞消能器与主体结构的连接

其他连接形式包括结合主体结构变形特点，将黏滞消能器嵌入伸臂桁架的端部，利用超高层建筑弯曲变形形成黏滞阻尼伸臂减震机构（图 4.2-11）；利用几何放大关系，将两根分别铰接的连接支撑与一根黏滞消能器组成增幅机构，将消能器轴向变形相对层间剪切变形进行位移放大（图 4.2-12）。

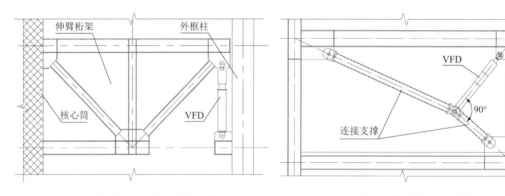

图 4.2-11　伸臂桁架连接（黏滞消能器）　　　图 4.2-12　增幅机构连接（黏滞消能器）

消能器的连接设计应注意下列规定：

（1）消能器的连接应具备足够的刚度、强度和稳定性，确保罕遇地震下消能器保持正常工作，实现预期的减震目标。

（2）减震分析中，需要对消能器与主体结构之间的间接连接的刚度予以足够的重视，避免连接刚度太弱，结构中的变形将无法有效传递给消能器，导致消能减震效率降低。

（3）与消能器直接相连的预埋件、支撑和墙及节点板的作用力取值不低于消能器在罕遇地震下设计位移或设计速度对应阻尼力的 1.2 倍，消能部件与主体结构连接的预埋件、节点板应处于弹性工作状态，且不应出现滑移或拔出等破坏。北京市地方标准提出了取极限阻尼力的 1.2 倍设计预埋件及连接板的更高要求，意在确保连接的有效性。

（4）支撑长细比、宽厚比应符合国家现行标准《钢标》和《高钢规》关于中心支撑的规定。

（5）消能器与支撑、节点板、预埋件的连接可采用高强度螺栓、焊接或销轴。应优先采用能有效消除连接间隙的连接方式。当采用销轴连接时，消能部件与销栓或球铰等铰接件之间的间隙应符合设计文件要求，当设计文件无要求时，间隙不应大于 0.2mm。

（6）屈曲约束支撑采用人字形或 V 形的布置形式时，可采取减小支撑偏轴布置、增加梁宽加大抗扭刚度或在支撑相交处增设面外交叉梁等措施，限制与支撑相连的梁侧向变形和扭转变形。

（7）金属屈服型消能器的连接设计时，需要充分考虑钢材应变硬化引起的消能器阻尼力的提高，按提高后的阻尼力对连接节点、连接杆件或墙体的强度和稳定性进行设计和验算。

（8）消能器的连接与节点不应影响主体结构的变形能力。如采用墙式连接时，悬臂的连接段墙体与周边框架柱之间需留出足够的变形空间，避免发生"短柱"剪切破坏；消能器与非结构构件之间应采用柔性连接，保证消能器的有效变形空间。

预埋件及节点板的构造应注意下列规定及措施：

（1）预埋件的锚固方式，抗风设计时可采用锚筋锚固；抗震设计时，宜采用对拉锚固，或采取更加有效的锚固措施。

（2）预埋件的锚筋和锚板设计应符合国家现行标准《混凝土结构设计规范》GB 50010—2010（简称《混规》）、《混凝土结构后锚固技术规程》JGJ 145—2013 的规定。

（3）沿剪力方向锚筋排数不宜多于四排，当多于四排时，应充分考虑锚筋层数的折减或采取其他有效传递剪力的措施。

（4）屈曲约束支撑或间接连接的钢支撑与节点板焊接连接时，除具有足够的承载力和刚度外，为防止发生面外失稳破坏，一般可采取增加节点板厚度或设置加劲肋等措施。

（5）黏滞消能器采用人字形或 V 形钢支撑间接连接水平布置时，为保证支撑平面外的稳定，需要在支撑交汇处设置平面外限位装置，可采取面外限位挡块等措施。

4.3　消能减震结构的分析与设计

4.3.1　分析方法及模型

消能减震结构的计算分析可根据主体结构所处的状态采用不同的分析方法，当主体结构处于弹性工作状态，且消能器处于线性工作状态时，可采用振型分解反应谱法、弹性时程分析法；当主体结构处于弹性工作状态，消能器处于非线性工作状态时，可将消能器进行等效线性化，采用附加刚度和阻尼比的振型分解反应谱法、弹性时程分析法，也可采用弹塑性时程分析法，不同地震水准下的消能器附加刚度和附加阻尼比应分别计算；当主体结构进入弹塑性状态时，应采用静力弹塑性分析法或弹塑性时程分析法。

减振工程设计中，反应谱等效线性化设计的主要目的是进行主体结构承载力验算并确定构件配筋（或验算应力）。等效线性化分析回代的附加刚度及附加阻尼比，通常需要采用考虑连接单元非线性的动力时程分析方法计算；消能器间接连接的位移损失对减震效果影响较大，需要在分析模型中按实际连接建模，充分考虑其位移损失。上述非线性耗能特征以及为提高减震效率采取的消能器非均匀布置，会导致各种"等效线性化分析"方法未必能完全反映结构减震耗能效果，工程应用中应根据时程分析的实际减震效果确定"等效"

附加刚度及附加阻尼比取值，有关间接位移损失的分析探讨见 14.1 节和 14.2 节，有关黏滞消能器的优化布置、附加阻尼比回代等效线性化分析的评价和设计建议见 14.3 节和 14.4 节。

消能减震结构的计算分析模型由主体结构、消能器必要的间接连接构件以及采用非线性连接单元模拟的消能器共同组成。非线性连接单元恢复力模型选用：屈曲约束支撑和金属屈服型消能器可采用双线性本构模型和 Wen 模型；黏滞消能器可采用 Maxwell 模型。减震结构现阶段常用的非线性动力时程分析方法包括快速非线性分析（FNA）法以及直接积分法，其中快速非线性分析法主要适用于主体结构弹性仅减震装置进入非线性的情况。这种方法计算速度较快，一般应用于减震结构小震或中震附加阻尼比的计算。需要注意的是，由于 FNA 法本质上是一种振型叠加方法，因而计算时需要根据非线性连接单元的数量，考虑足够的振型数才能保证计算结果准确。直接积分法适用于减震装置非线性同时主体结构进入弹塑性的情况，主要用于减震结构的大震弹塑性分析，现阶段可用的结构分析软件包括 PKPM、YJK、ETABS、SAP2000、Paco-SAP、SAUSAGE、MIDAS、Perform-3D 等。

4.3.2 设计流程

根据确定的消能减震结构性能目标，进行主体结构及附加消能装置选型后，减震结构的分析与设计逐步展开。以设防地震正常使用的减震结构为例，结合工程经验，分别给出屈曲约束支撑和黏滞消能器两类减震装置应用的减震设计流程。

1. 布置屈曲约束支撑的消能减震结构设计（图 4.3-1）

（1）建立无控模型，进行设防地震反应谱法分析，比对承载力及层间变形分析结果与性能目标的差距，初定主体结构，预估附加刚度需求。

（2）结合结构变形特点和建筑功能，初定消能器的布置位置、数量，用预估截面的等代支撑在无控结构中布置，形成等代模型。

（3）等代模型进行设防地震下反应谱法分析，比对承载力及变形性能目标是否满足，不满足时回到第 1 步调整主体结构或第 2 步调整等代支撑布置，直至满足性能目标为止。

（4）根据等代支撑的轴向刚度及受力，对照产品手册进行 BRB 选型，确定消能器的屈服刚度、屈服承载力等力学性能参数，在等代模型中用 BRB 替换等代支撑，形成包含非线性连接单元的有控模型。

（5）对有控模型进行设防地震作用下的非线性动力时程分析，验证减震结构的承载力及变形性能目标，不满足时回到第 4 步调整 BRB 参数或数量，直至满足性能目标为止。

（6）根据非线性动力时程分析结果，核定 BRB 在设防地震作用下的屈服状态（通常混凝土结构中不屈服，钢结构中可能屈服），将支撑的等效刚度及整体附加阻尼回代无控模型，形成等效线性化模型。

（7）采用反应谱法进行设防地震作用下等效线性化分析，针对不同重要性等级构件进行相关承载力设计。

（8）基于第 5 步及第 7 步，对带配筋的有控模型进行设防或罕遇地震动力弹塑性时程分析，验证统计各地震作用水准下结构的性能目标结果（承载力、层间变形及楼面加速度），不满足时需回到第 4 步调整，直至满足性能目标为止。

（9）提取消能器在罕遇地震下的设计阻尼力，进行消能部件的连接及预埋件设计。

（10）消能减震专篇编制。

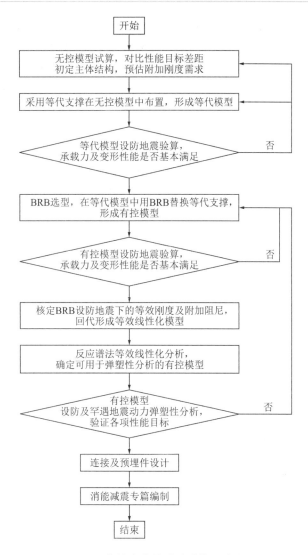

图 4.3-1 屈曲约束支撑减震结构设计流程

2. 布置黏滞消能器的消能减震结构设计（图 4.3-2）

（1）建立无控结构模型，进行设防地震反应谱法分析，比对承载力及层间变形分析结果与性能目标的差距，初定主体结构，预估附加阻尼需求。

（2）结合结构变形特点和建筑功能，初步进行 VFD 参数选型、结构建模，真实模拟 VFD 的间接连接，形成有控模型。

（3）对有控模型进行设防地震作用下的非线性动力时程分析，验证减震结构的变形及加速度性能目标，不满足时回到第 1 步调整主体结构或第 2 步调整 VFD 参数或数量，直至满足性能目标为止。

（4）根据非线性动力时程分析结果，核定 VFD 在设防地震作用下的工作状态，计算附加阻尼比，回代无控模型形成等效线性模型。

（5）采用反应谱法进行设防地震作用下等效线性化分析，针对不同重要性等级构件进行相关承载力设计。

（6）基于第 3 步及第 5 步，对带配筋的有控模型进行设防或罕遇地震动力弹塑性时程分析，验证统计各地震作用水准下结构的性能目标结果（承载力、层间变形及楼面加速度），不满足时需回到第 2 步调整，直至满足性能目标为止。

（7）提取消能器在罕遇地震下的设计阻尼力，进行消能部件的连接及预埋件设计。

（8）消能减震专篇编制。

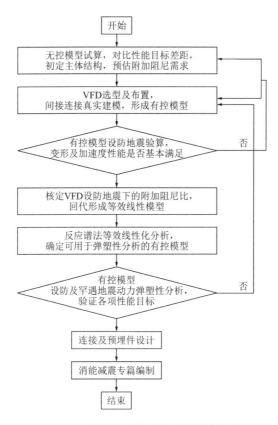

图 4.3-2　黏滞消能器减震结构设计流程

4.3.3　计算分析注意事项

消能减震结构计算分析中需特别注意以下问题：

1. 全过程分析流程的交叉往复性

主体结构及附加减震装置选型确定后，减震结构全过程的分析计算通常包括：根据结构及构件性能目标、预设减震效果进行主体结构性态试算，初定结构布置及构件截面；减震部件布置及有控结构分析，验算评估减震效果；确定等效参数代入无控模型，通过反应谱等效线性计算确定构件钢筋；考虑主体结构非线性的减震结构弹塑性动力时程分析，验证结构及构件的各项性能目标；检查不同部位消能器的工作状态，验算连接的强度及稳定，确定消能器的设计位移或设计速度；确定消能器极限阻尼力，设计连接节点及预埋件。这些分析设计工作通常需要经历交叉、循环调整的过程，例如：有控结构的整体指标不达标时，可联动调整主体结构刚度和消能器的参数及布置，必要时可考虑调整减震装置的类型，直至满足指标后再次进行构件承载力设计及后续分析；构件承载力性能验算未达标时，通常需要调整构件的强度或截面，再次分析验算；消能器的滞回耗能效果不足时，通常需要检查消能器的布置位置及连接的有效传力，或调整消能器的性能参数，重新进行减震分析模型的优化设计。在既定的性能目标下，推敲主体结构及减震方案选型及布置，寻求兼顾不同地震作用输入水准的最优减震效果，是消能减震工程设计的重点和难点。

2. 时程分析用地震时程曲线的选择及调幅

作为复杂结构计算的补充验算方法，时程分析采用不同的地震输入有助于发现结构响应的差异，但是在定量判定消能器减震效果时可能存在较大的偏差。因此，地震时程曲线的选择及调幅可采取以下两种方法：

对于主体结构进行等效线性化承载力分析（4.3.2 节 BRB 减震结构设计步骤 7、VFD 减震结构设计步骤 5），为了从时程分析中获得更为一致的消能减震效果评价，建议以无控结构时程分析的基底剪力与规范反应谱法的计算结果趋于一致（单条波的结果偏差从 65%～135% 调整为近 100%）为目标，必要时可对地震时程曲线调幅实现，据此确定结构减震等效参数。

设防或罕遇地震下减震结构性能目标的弹塑性时程分析验算（4.3.2 节 BRB 减震结构设计步骤 8、VFD 减震结构设计步骤 6），地震时程曲线的选择及调幅可按规范方法实施。

3. 等效刚度和等效阻尼比的确定及回代

有控结构考虑连接单元非线性的动力时程分析，可以评定消能器的工作状态及结构减震效果，确定等效附加阻尼比和等效刚度，回代主体结构模型，进而采用振型分解反应谱法进行等效线性化承载力设计。工程中常用的附加阻尼比的计算方法有三种：规范应变能法、能量曲线对比法和结构响应对比法。笔者团队对黏滞消能器减震结构的附加阻尼比计算方法相关研究结果表明：附加阻尼比回代等效线性化算法的准确度主要取决于各层消能器耗能对主体结构减震的贡献是否"均匀"，影响"均匀"的主要因素是主体结构各层层间变形的差别以及阻尼器沿楼层布置的均匀程度，实际工程中可能存在回代"均一变量"不能准确模拟结构各层"不均匀"减震的实际情况，附加阻尼比回代等效线性化计算方法存在局限性，详见 14.4 节论述。

4. 消能器间接连接刚度对减震效果的影响

位移型消能器受结构整体弯曲变形、连接构件变形等因素影响，消能器的实际剪切变形不等于上下楼层之间的层间变形。有关消能器间接连接刚度位移损失对减震效果的影响等论述见 14.1 节及 14.2 节。减震分析时需充分考虑消能器间接连接的位移传递损失及其对减震效率下降的影响，必要时增大间接连接的刚度或调整间接连接布置形式，确保减震效果。

4.3.4　消能子结构的设计

消能子结构指与消能部件直接连接的主体结构，包括梁、柱、抗震墙及其节点。消能子结构设计应注意下列规定：

（1）消能子结构的设计应着重加强节点、构件的延性，可采用沿构件全长提高配箍率、增设型钢等方法。

（2）消能子结构中非消能部件的梁、柱和墙构件宜按重要构件设计，满足不同地震水准下的承载力性能目标要求。构件作用效应计算时，应考虑结构的弹塑性。消能子结构下方至少一层的对应竖向构件也应满足相同的要求。

（3）当在垂直相交的两个平面内布置消能器，且分别按不同水平方向进行结构构件承载力设计时，应对布置消能器跨相交处的子框架柱进行双向地震作用下的承载力验算，满足构件承载力性能目标要求。

（4）消能子结构节点部位组合弯矩设计值应考虑消能部件端部的附加弯矩。

（5）消能子结构的节点和构件应进行极限位移和极限速度下消能器引起的阻尼力作用下的截面验算。

（6）当消能器的轴心与消能子结构构件的轴线有偏差时，子结构构件应考虑附加弯矩或因偏心引起的平面外弯曲的影响。

消能子结构的抗震构造措施应注意下列规定：

（1）消能子结构为混凝土或型钢混凝土构件时，构件的箍筋加密区长度、箍筋最大间距和箍筋最小直径，应满足现行国家标准《混规》和《高规》的要求；消能子结构为剪力墙时，其端部应设暗柱，其箍筋加密区长度、箍筋最大间距和箍筋最小直径，不应低于现行国家标准《混规》和《高规》中框架柱的要求。

（2）消能子结构为钢结构构件时，钢梁、钢柱节点的构造措施应按现行国家标准《钢标》和《高钢规》关于中心支撑的要求确定。

4.3.5　消能减震专篇

《抗震条例》第十二条要求，对位于高烈度设防地区、地震重点监视防御区的重大建设工程、地震时可能发生严重次生灾害的建设工程和地震时使用功能不能中断或者需要尽快恢复的建设工程，在初步设计阶段编制建设工程抗震设防专篇。第十一条要求，采用隔震减震技术的建设工程，设计文件中应当对隔震减震装置技术性能、检验检测、施工安装和使用维护等提出明确要求。根据以上要求，结合工程经验，建议消能减震专篇的编制包含以下内容：

（1）明确不同地震水准下结构的抗震性能化目标，包括但不限于：重要性分级不同的构件承载力性能、结构层间变形控制限值、结构楼层及附属设施加速度响应控制限值等目标。

（2）主体结构及减震装置选型的主要设计思路。

（3）消能部件在主体结构中的布置及各层数量统计，明确不同部位消能器直接布置或间接连接的方式，确定连接支撑或墙体的规格及尺寸，绘制典型的消能部件节间布置图。

（4）明确消能器规格及型号、力学性能参数，明确进场验收前见证检验的试验数量及要求。

（5）消能减震计算分析报告包括：不同地震水准下的分析工况及计算软件，时程分析用地震时程曲线的确定，附加阻尼比的计算及验证，典型部位消能器滞回曲线结果，构件承载力验算及塑性损伤发展情况，结构层间变形及楼面加速度统计，减震结构抗震设防的主要结论等。建议对比有控结构和无控结构的各项性能目标验算结果，说明减震结构在不同地震水准下的减震效果。

（6）必要的主体结构及消能部件的构造加强措施，有设防地震正常使用要求的建筑，建议结合楼面加速度计算结果，明确非结构构件及重要机电设备的连接构造措施。

（7）减震装置施工安装和使用维护要求。

4.4　消能部件的施工、验收和维护

消能减震工程应作为主体结构分部工程的一个子分部工程进行施工和质量验收。

4.4.1　进场验收

消能部件进场时应进行进场验收。验收项目包括出厂质量证明文件检查、外观尺寸检查、见证检验等，当设计有其他要求时，尚应进行相应的检验。其中，见证检验的样品应当在监理单位见证下从项目的产品中随机抽取，见证检验的数量和检验项目应符合设计文件要求，典型减震装置的试验方法和见证检验内容如下：

1. 屈曲约束支撑

（1）采用位移控制逐级循环加载（以支撑长度 1/300、1/200、1/150 及 1/100 为幅值）各 3 圈，绘制消能器的荷载-位移滞回曲线，检测消能器的基本力学性能，检验项目包括：屈服承载力、屈服位移、弹性刚度、二阶刚度、滞回曲线等。

（2）在支撑长度 1/80 幅值下，循环加载 3 圈，绘制对应的荷载-位移滞回曲线，计算消能器的极限位移和最大承载力。

（3）在支撑长度 1/100 幅值下，循环加载 30 圈，绘制对应的荷载-位移滞回曲线，检测消能器的疲劳性能。

2. 金属屈服型消能器

（1）采用位移控制逐级循环加载（以 $0.2u_0$、$0.4u_0$、$0.6u_0$、$0.8u_0$、$1.0u_0$ 为幅值，u_0 为设计位移），绘制消能器的荷载-位移滞回曲线，检测消能器的基本力学性能，检验项目包括：屈服承载力、屈服位移、弹性刚度、二阶刚度、滞回曲线等。

（2）在 $1.2u_0$ 幅值下，循环加载 3 圈，绘制对应的荷载-位移滞回曲线，计算消能器的极限位移和最大承载力。

（3）在 $1.0u_0$ 幅值下，循环加载 30 圈，绘制对应的荷载-位移滞回曲线，检测消能器的疲劳性能。

3. 黏滞消能器

（1）以设计频率 f_1 为加载频率，以正弦波为加载波形，分别以 $0.1u_0$、$0.2u_0$、$0.5u_0$、$0.7u_0$、$1.0u_0$、$1.2u_0$ 为加载幅值，各工况连续进行 5 个循环加载，绘制对应的荷载-位移滞回曲线。

（2）在 $1.0u_0$ 工况下第 3 个循环所对应的最大输出力作为最大阻尼力实测值。

（3）记录所有工况下第 3 个循环的最大位移和最大阻尼力，结合加载频率计算最大输出力对应的最大速度，进行力-速度曲线的回归拟合，计算阻尼系数及阻尼指数。

（4）采用位移加载试验控制试验机的加载系统匀速缓慢运动，记录其伸缩运动的极限位移。

（5）当消能器用于抗震时，以设计频率 f_1 为加载频率，以设计位移 u_0 为加载幅值，采用正弦激励法循环加载 30 圈，绘制对应的荷载-位移滞回曲线，检测消能器的疲劳性能。

（6）当消能器用于风振作用时，以设计频率 f_1 为加载频率，以 $0.1u_0$ 为加载幅值进行 3

次加载，每次加载不少于 20000 个循环，两次加载间隔不超过 24h，累计加载不少于 60000 个循环，绘制力-位移曲线，检测消能器的疲劳性能。

4.4.2 消能部件的施工

消能部件的施工安装顺序，应由设计单位、施工单位和消能器生产厂家共同确定，并符合现行国家标准《混凝土结构工程施工规范》GB 50666 和《钢结构工程施工规范》GB 50755 的规定。

消能减震专项工程通常由专项分包施工单位负责安装实施。消能部件施工前，专项施工单位应根据专项工程深化设计文件要求，结合主体结构施工顺序及现场施工条件，编制专项施工技术方案。

施工方案应注意协调消能部件及主体结构的施工顺序，混凝土结构中需注意预埋件锚筋与主体结构钢筋的放样避让，注意间接连接悬臂段墙体及预埋件的平面定位、垂直度及标高；钢结构中注意梁柱节点处连接节点板的施工顺序与梁柱拼接方式的关系，注意楼板钢筋与连接节点板的施工顺序。

减震装置安装需提前开展现场测量放样和定位等工作，同一部位消能部件的组成单元超过一个时，宜先将各组成单元及连接件在现场地面拼装为扩大安装单元后，再与主体结构进行连接。

对于现浇混凝土结构，消能部件与主体结构的总体安装顺序宜采用后装法。对于钢结构，消能部件和主体结构构件的总体安装顺序宜采用平行安装法，平面上应从中部向四周开展，竖向应从下向上逐渐进行。

当消能部件主要承受水平剪力、不承担竖向压力时，宜待竖向变形稳定后最终固定；当消能部件既承受水平剪力、又承担竖向压力时，安装后即可最终固定。

4.4.3 施工验收

消能减震专项工程施工质量验收应在自检合格基础上，由监理单位组织建设单位、设计单位、施工单位等进行验收，验收过程设计单位应重点核查以下内容：

（1）隐蔽工程在隐蔽前，应进行隐蔽工程验收，形成隐蔽验收文件。

（2）工程的观感质量应由验收人员现场检查，并应共同确认。

（3）消能部件的焊缝质量应符合现行国家标准《钢结构焊接规范》GB 50661 和《钢结构工程施工质量验收标准》GB 50205 的有关规定；节点板的现场焊缝等级宜为二级。

（4）消能器现场连接采用螺栓连接时，连接质量应符合现行行业标准《钢结构高强度螺栓连接技术规程》JGJ 82 和现行国家标准《钢结构工程施工质量验收标准》GB 50205 的有关规定。

4.4.4 消能部件的维护

消能部件的维护检查根据检查时间或时机可分为定期检查和应急检查，根据检查方法可分为目测检查和抽样检验。

消能部件应根据消能器的类型、使用期间的具体情况、消能器设计使用年限和设计文件要求等进行定期检查。金属屈服型消能器在正常使用情况下可不进行定期检查；黏滞消能器在正常使用情况下一般 10 年或二次装修时应进行目测检查，在达到设计使用年限时应进行抽样检验。

当发生地震、强风、火灾等可能会损伤消能器及其相关部件的灾害后，应及时进行应急检查，应急检查由专业人员进行，并提供相关报告。

4.5　建筑工程减震设计实例

4.5.1　增幅机构连接黏滞消能器减震实例

1. 工程概况

首都医科大学附属北京友谊医院二期工程医技楼地下 4 层，地上 5 层，平面尺寸 66m×81m，建筑面积 38000m²（地下 20000m²，地上 18000m²），结构高度 22.2m。抗震设防烈度 8 度（0.2g），抗震设防类别重点设防类（乙类），场地类别Ⅲ类，设计地震分组第二组，场地特征周期 0.55s。根据北京市装配式建筑相关政策要求，本工程主体结构采用装配式钢结构。本项目设计于 2019 年，作为高烈度区医疗建筑，设计采用减震技术应对较高的性能目标需求。医技楼建筑功能复杂，单位面积可布置消能器的位置相对较少。经试算，传统的黏滞消能器连接布置形式在中、大震下的减震效果有限。确定安全可靠、经济合理的减震方案，提升结构在中、大震下的减震效果是本工程设计的重点和难点。

2. 主体结构选型及消能减震技术方案

医技楼为多层建筑（图 4.5-1），结构刚度相对高层病房楼（屈曲约束支撑减震方案）较充足，减震产品选择没有附加刚度的速度型消能器（图 4.5-2）。

图 4.5-1　医技楼建筑效果图　　　　图 4.5-2　沿医疗主街布置黏滞消能器

具有明显的非线性出力特性的黏滞消能器（阻尼指数 0.1～0.3），对主体结构的减震效率通常随地震作用的增大呈下降趋势。本工程试算结果表明，不包含附加减震装置的无控主结构，多遇地震作用下的层间变形基本满足规范 1/250 限值要求，设防及罕遇地震作用下的最大层间变形分别接近 1/100 和 1/50。若采用传统人字撑连接方案（图 4.5-3），多遇地震作用下最大层间位移角减震率可达 40%，减震效果明显。但是，随着地震作用的增加，非线性黏滞消能器的阻尼力及耗能相对结构输入能量的增幅减缓，导致设防地震及罕遇地震作用下最大层间位移角减震率分别下降到 20% 和 10% 左右。

2017—2021 年，中国中元科研团队在国家"十三五"课题"工业化建筑隔震及消能减震关键技术"的大框架下，重点研究了"黏滞消能器附加阻尼比算法评价、消能器优化布置、最优减震率"等关键问题，在此基础上，选定本工程作为课题示范工程，结合项目特点及需求，进一步开展消能器采用不同连接形式的减震效果对比研究。经过多方案的技术经济比较，优选确定了增幅机构连接（图 4.5-4）的黏滞消能器减震技术方案。

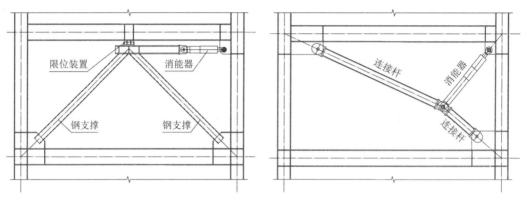

图 4.5-3　人字撑连接　　　　　　　　图 4.5-4　增幅机构连接

医技楼主体结构地上 5 层（局部 5 层为净化机房），框架柱为焊接箱形截面，主要尺寸：600×600×30，500×500×30；框架梁为焊接 H 形钢梁，主要截面尺寸：500×250×12×30；500×250×10×20。结合建筑平面功能，一～四层共设置 36 套黏滞型消能器（X 向每层 4 套，共 16 套；Y 向每层 5 套，共 20 套），平面布置见图 4.5-5。

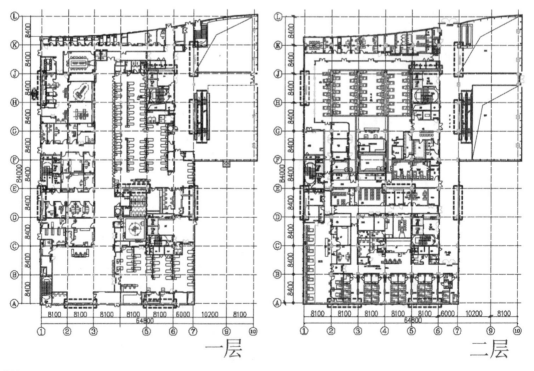

一层　　　　　　　　二层

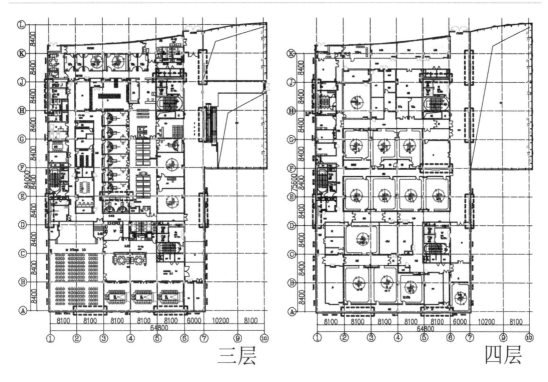

图 4.5-5　减震装置各层平面布置示意

　　黏滞消能器与主体结构采用反向套索式位移放大型连接，支撑连接杆截面为 299×20 的圆形钢管。减震结构模型见图 4.5-6，减震子结构的典型布置见图 4.5-7。黏滞消能器的力学参数及罕遇地震下的性能参数列于表 4.5-1。

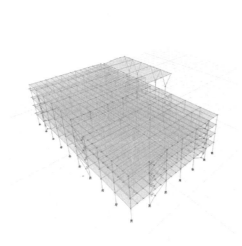

图 4.5-6　减震结构模型

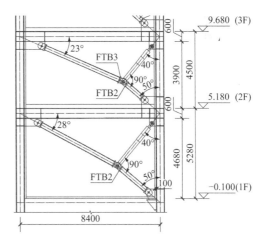

图 4.5-7　减震子结构

黏滞消能器参数　　　　　　　　　　　　　　表 4.5-1

阻尼系数[kN/(m/s)^a]	阻尼指数a	设计最大阻尼力（kN）	设计最大行程（mm）
800	0.3	740	±120mm

3. 增幅机构连接的方案试算及对比

增幅机构连接（套索式连接装置）采用两根支撑和消能器按一定的角度铰接相连（图 4.5-8），利用肘节机构的原理，来放大消能器两端的相对位移。以反向套索连接为例，其位移几何放大系数 f 的理论计算公式见式(4.5-1)。以跨度 8m、层高 4.5m 的子结构为例，不同的连接支撑角度 θ_1 和 θ_2 对应的位移放大系数（消能器位移/层间位移）见图 4.5-9。

$$f = \cos(\theta_1) / \cos(\theta_1 + \theta_2) - \cos(\theta_2) \tag{4.5-1}$$

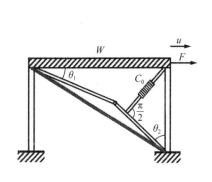 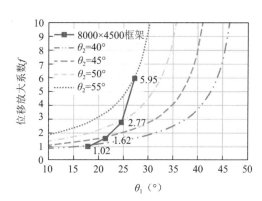

图 4.5-8　反向套索连接布置示意　　图 4.5-9　位移放大系数与反向套索连接支撑角度关系

由图 4.5-8 及图 4.5-9 可知，受柱跨和层高限制，θ_1 和 θ_2 的选择都需要在图中实线之内，当 θ_2 角度由 40°～55° 逐渐增大，θ_1 与 θ_2 之和分别为 58°、66°、75°、82° 时，θ_1 与 θ_2 之和越大，增幅机构的位移放大系数越大。需要注意的是，θ_1 与 θ_2 之和越接近 90°，消能器拉长的变形越容易出现上下两个连接共线，甚至反向套索变正向套索；另外，位移和出力放大得太大，消能器及连接设计困难。

工程应用前，先借助简单模型进行增幅机构连接的方案比选。首先在 ETABS 中构建一 3 跨 × 3 跨 × 3 层的钢框架模型（图 4.5-10），柱截面箱形 450 × 16，梁截面工字形 500 × 200 × 12 × 20。抗震设防烈度 8 度（0.2g），场地特征周期 0.55s。无控结构的基本周期 $T_1 = 1.188$s，多遇地震反应谱分析的层间位移角为 1/258。在无控结构的基础上，在 1～3 层 X 向边榀中间跨各布置 2 套黏滞消能器减震装置，全楼共布置 6 套。减震装置除了传统的人字撑连接外，另有三种不同"反向套索式连接"布置（图 4.5-11）。4 个算例中，黏滞消能器的阻尼系数均为 300kN/(m/s)^a，阻尼指数为 0.3，支撑截面统一采用 H300 × 300 × 10 × 15。

以 X 向最大层间位移角（二层）的减震率为评估指标，4 个算例在不同地震作用水准下的减震效果对比如图 4.5-12 所示。比较可知：相比传统人字形支撑方案，"反向套索 75°"方案的减震效果明显提升，"反向套索 58°"方案在减震效果上基本持平。对于"双消能器反向套索 73°"方案，其减震效果相较"反向套索 75°"方案基本持平。提取二层主体结构及消能器计算结果，计算实际位移放大系数，与理论值对比如表 4.5-2 所示，由表可知增幅机构的位移放大效果与理论值接近。

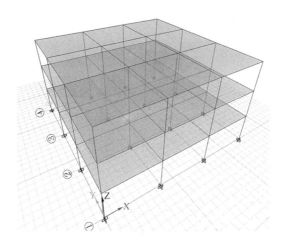

图 4.5-10　简单算例无控模型

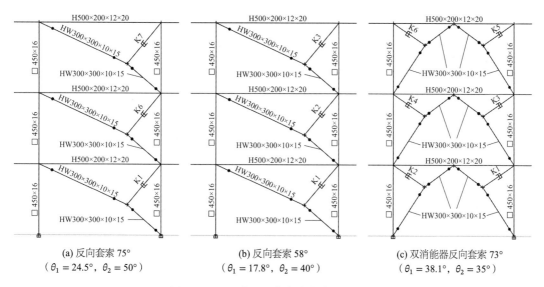

(a) 反向套索 75°
$(\theta_1 = 24.5°,\ \theta_2 = 50°)$

(b) 反向套索 58°
$(\theta_1 = 17.8°,\ \theta_2 = 40°)$

(c) 双消能器反向套索 73°
$(\theta_1 = 38.1°,\ \theta_2 = 35°)$

图 4.5-11　三种"反向套索式连接"布置

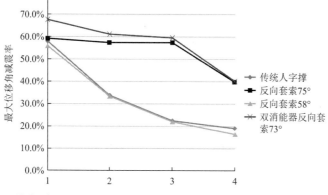

地震烈度（1—多遇地震；2—设防地震；3—罕遇地震；4—极罕遇地震）

图 4.5-12　不同地震作用水准下的最大层间位移角减震率对比

4 个算例中二层的消能器位移放大及减震出力对比   表 4.5-2

算例名称	消能器最大变形（mm）	层间最大变形（mm）（层间位移角）	实际位移放大系数	位移放大系数理论值	消能器出力（kN）	上斜杆支撑出力（kN）	减震有效阻尼力（kN）
传统人字	60.7	61.3（1/73）	0.99	—	215	—	215
反向套索 75°	86.7	33.7（1/133）	2.57	2.76	256	973	721
反向套索 58°	62.8	61.6（1/73）	1.02	1.02	215	413	229
双消能器反向套索 73°	57.9	32.0（1/140）	1.81	1.89	220[440]	673[1346]	349[704]

注：双消能器反向套索 73°算例中[ ]中的计算结果为两套消能器的出力之和。

值得注意的是，"反向套索 58°"与"反向套索 75°"两个方案中消能器出力及变形的提升变化有限，表 4.5-2 中阻尼力从 215kN 提升为 256kN，位移从 62.8mm 变化为 86.7mm，减震效果的提升和消能器耗能的变化没有直接的对应关系。进一步分析可知，采用反向套索连接后，消能器的出力方向相比人字撑连接的消能器出力方向发生了改变（图 4.5-13），此时上支撑斜杆的出力与层间变形方向相反，消能器出力与层间变形方向相同，上支撑杆出力是限制结构变形并发挥减震作用的主要因素。因此，把上支撑杆和消能器的出力投影到水平方向求和得到"减震有效阻尼力"，列于表 4.5-2，更有助于理解不同减震方案的减震效果差别。

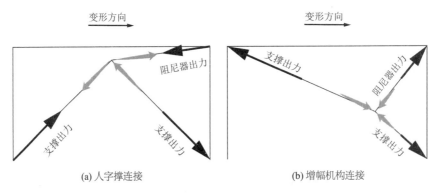

图 4.5-13   人字撑连接与增幅机构连接中消能器出力方向对比

经过以上方案对比，排除没有减震效果提升的"反向套索 58°"方案，"双消能器反向套索 73°"多布置了 1 倍数量的消能器，经济性相对较差，故在实际工程中类比采用"反向套索 75°"的增幅机构连接布置方案。

4. 位移放大系数与"减震有效阻尼力"放大系数一致性推导

前面提出了增幅机构连接中"减震有效阻尼力"的概念，本节先推导求证消能器变形与层间变形的位移放大系数，然后进一步推导"减震有效阻尼力"和"消能器出力"之间的关系。

构建包含三杆交汇的增幅机构减震子结构单元（图 4.5-14），假定层间水平变形为 u_1，忽略连接支撑杆的轴向变形情况下，三杆交汇点随主体结构的水平变形亦为 u_1。三杆交汇点（消能器左下端）在消能器轴向的变形为 u_2，消能器与主体结构连接点（消能器右上端）随主体变形在消能器轴向产生的变形为 $u_1 \cdot \cos \theta_2$，消能器的轴向变形 u 为两端点的轴向变形差，u 相对层间变形 u_1 的放大系数 f 的推导见图 4.5-14。

由图 4.5-15 可知,"减震有效阻尼力"相对消能器出力的放大系数与消能器轴向位移相对层间变形的放大系数一致,因此位移放大效果一定程度上可以理解为"减震有效阻尼力"的提升放大。

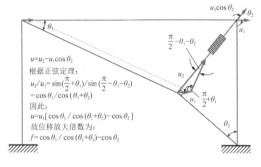

图 4.5-14　消能器位移放大系数推导

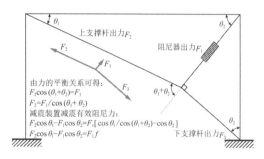

图 4.5-15　增幅机构"减震有效阻尼力"推导

5. 性能目标及减震效果评价

减震控制性能目标:考虑实际模型结构特性及消能器布置数量与简单模型的差异,"增幅机构"连接的减震方案在设防和罕遇地震作用下最大层间位移角减震率期望目标设定为40%和30%。另外,无控结构在设防地震作用下,个别梁端出铰;罕遇地震下首层顶框架梁端全部出铰,二~三层顶大部分框架梁端出铰,首层柱底全部出铰,构件承载力减震提升目标定为设防地震下主体结构保持弹性,罕遇地震下结构损伤程度有效改善。

性能分析:基于 ETABS 分析软件,构建动力弹塑性分析模型,同时考虑主体结构和连接单元的非线性,采用直接积分法进行动力弹塑性时程分析。在多遇地震、设防地震、罕遇地震下,分别计算有控结构(增幅机构连接)与无控结构的地震响应,统计不同震级下减震结构的减震效果,另外,对比人字撑连接方案的减震效果,汇总见表 4.5-3。

最大弹塑性层间位移角及其减震率　　　　　　表 4.5-3

地震作用	位移角(三条波最大值)						最大位移减震率			
	无控X	无控Y	人字撑连接X	人字撑连接Y	增幅机构连接X	增幅机构连接Y	人字撑连接X	人字撑连接Y	增幅机构连接X	增幅机构连接Y
多遇地震	1/265	1/315	1/450	1/561	1/433	1/530	41.0%	43.0%	38.9%	40.1%
设防地震	1/93	1/111	1/132	1/148	1/175	1/204	27.4%	22.4%	40.7%	44.4%
罕遇地震	1/49	1/53	1/56	1/60	1/81	1/105	10.4%	10.6%	38.0%	42.0%

注:两个减震方案仅消能器的节间连接形式不同,消能器布置位置、参数及钢支撑连接截面均相同。最大位移角减震率为各条波减震率的最小值,与三条波的层间位移角最大值不直接对应。

(1)不同地震作用水准下,两个减震方案的层间位移角减震效果对比

(2)设防及罕遇地震下结构损伤控制对比

无控结构在设防地震下,主体结构基本保持弹性,个别小跨高比的框架梁端出铰。有控结构在设防地震下,主体结构完全保持弹性。

无控结构在罕遇地震下,首层框架梁端全部出铰,二~三层大部分框架梁端出铰;首层柱底全部出铰,所有出铰深度皆未超过 IO 点。有控结构在罕遇地震下,仅最北侧两跨极

少数框架梁端出铰，首层柱底仅在 K 轴边跨有一处出铰。所有出铰深度皆未超过 IO 点，子框架均未出铰。

6. 小结

（1）本实例多层钢框架采用增幅机构的减震装置后，设防地震和罕遇地震下最大层间位移角的减震率分别可达到 40% 及 38%，相比传统的人字撑连接的 22% 及 10% 的减震效果大幅提升。罕遇地震下，有控结构仅极少数框架梁及一根框架柱出铰进入屈服，结构损伤情况较无控结构大为改善，实现了预期较高的性能目标。

（2）增幅机构减震方案，并未出现罕遇地震相对设防地震的减震效果明显下降的问题，结合本书 14.2 节"黏滞消能器最优减震率及变参数设计对结构减震性能的影响"的研究结论，推断原因是设防地震下连接支撑的轴向变形损失相对突出；间接连接的位移损失已超过"最优损失率"，罕遇地震下层间变形增大较多，非线性消能器及连接支撑的出力增大不多，间接连接位移损失相对占比减小，减震效果下降不明显，此工作有待进一步深入研究。

（3）本实例在地上建筑面积 18000m² 中共布置了 36 套增幅机构黏滞消能器减震装置，折算约 500m² 布置一套。根据工程经验，相对常规减震工程数量减少近一半。减震效果突出，确保建筑功能灵活性的同时具有良好的技术经济性。

（4）增幅机构连接的消能器位移放大系数不仅与两个支撑斜杆的角度之和有关，还与层高及柱跨的具体尺寸有关（双阻尼器方向套索 73° 与反向套索 75° 放大系数有别），在工程应用之前，建议通过理论计算预判位移放大系数，结合建筑功能和减震需求合理选择增幅机构布置，并做好连接支撑及连接节点的验算及匹配。

4.5.2 墙式连接黏滞消能器减震实例

1. 工程概况

大理州医院综合楼设计于 2019 年，地下 2 层，地上 20 层，平面尺 132m × 21m，建筑面积 314261m²，建筑高度 89.10m。建筑效果图见图 4.5-16，建筑平面、立面图见图 4.5-17、图 4.5-18。抗震设防烈度 8 度（0.2g），抗震设防类别为重点设防类（乙类），场地类别Ⅱ类，设计地震分组第三组，场地特征周期 0.45s，基本风压（50 年一遇）0.65kN/m²，结构体系采用框架-剪力墙，本项目为高烈度区医疗建筑，结构复杂，采用黏滞消能器减震设计。

图 4.5-16　建筑效果图

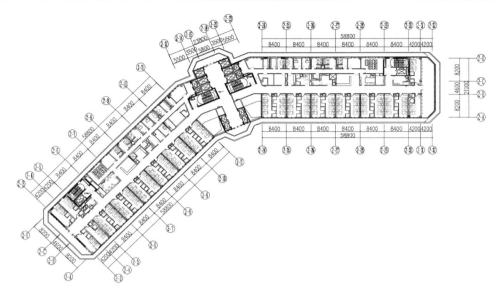

图 4.5-17　病房建筑平面布置图

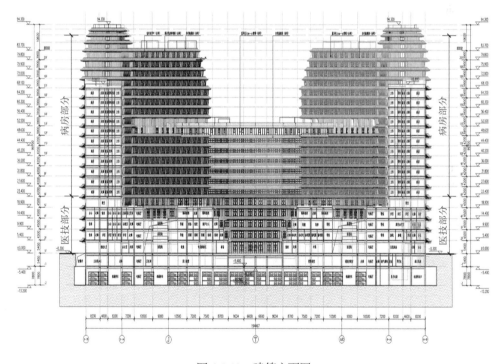

图 4.5-18　建筑立面图

2. 消能减震技术方案

　　项目属于区域医疗中心，地震发生后将发挥应急救灾功能，医疗功能不能中断，属于重点设防类建筑，住院楼为超限高层建筑结构，对结构抗震性能要求较高；项目所在地云南大理，属于高烈度地震区（8 度 0.2g），且为地震多发地区，近年来多次发生地震，项目地点靠近三个断裂带。

　　云南对结构抗震技术要求较高，根据《云南省隔震减震建筑工程促进规定实施细则》

第七条规定，应通过设置消能减震装置减小结构的水平地震作用，使建筑抗震性能明显提高，罕遇地震作用下减震结构与非减震结构的水平位移比小于 0.75。在不考虑附加阻尼比的情况下，结构仍需要满足多遇地震作用下弹性层间位移角限值和罕遇地震作用下的弹塑性层间位移角限值；消能减震结构在一般情况下，框架-剪力墙结构的最大层间位移角要求如下：在多遇地震作用下较规范限值减少的比例不低于10%，罕遇地震作用下不低于50%。

基于项目的特点和需求，采用耗能能力强、无不可逆塑性变形的悬臂墙式黏滞消能器进行减震控制，消能器标准层平面布置如图 4.5-19 所示，黏滞消能器参数如表 4.5-4 所示。

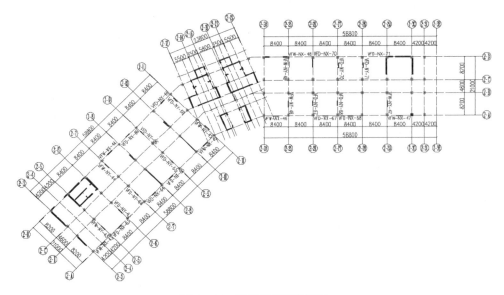

图 4.5-19　消能器平面布置图

黏滞消能器参数　　　　　　　　　　　　　　　　　　表 4.5-4

阻尼器规格型号	阻尼系数C [kN/(mm/s)^a]	阻尼系数a	设计阻尼力 （kN）	极限阻尼力 （kN）	设计容许 位移（mm）	极限位移 （mm）	数量 （套）
VFD-NL×398×45	140	0.2	384	398	30	45	173
VFD-NL×1489×45 （3×VFD-NL×497×45）	74	0.45	458	497	30	45	113
	74	0.45	458	497	30	45	113
	74	0.45	458	497	30	45	113
合计							512

3. 多遇地震作用下附加阻尼比计算结果

多遇地震作用下结构附加阻尼比如表 4.5-5 和表 4.5-6 所示。

多遇地震作用下结构附加阻尼比（规范方法）　　　　　　　表 4.5-5

	X向						
地震波	R1	R2	T1	T2	T3	T4	T5
结构总应变能（kN·m）	1148.2	1360.4	1722.5	1230.7	1078.3	1032.1	1423.3
阻尼器总耗能（kN·m）	699.7	778.0	1019.2	723.4	728.9	736.5	802.1
附加阻尼比（%）	4.85	4.55	4.71	4.68	5.38	5.68	4.49
平均值	4.91%						

Y向							
地震波	R1	R2	T1	T2	T3	T4	T5
结构总应变能（kN·m）	1285.9	1436.8	2341.6	1215.2	1280.9	1279.8	1536.3
阻尼器总耗能（kN·m）	677.8	743.1	1027.7	691.7	675.5	714.8	735.9
附加阻尼比（%）	4.20	4.12	3.49	4.53	4.20	4.45	3.81
平均值	4.11%						

多遇地震作用下结构附加阻尼比（能量法）　　　　　　表 4.5-6

X向							
地震波	R1	R2	T1	T2	T3	T4	T5
结构总应变能（kN·m）	1238.8	1806.3	1708.1	1096.4	1028.6	682.2	1457.9
阻尼器总耗能（kN·m）	1126.1	1534.1	1512.1	924.9	862.4	615.0	1256.9
附加阻尼比（%）	4.54	4.25	4.43	4.22	4.19	4.51	4.31
平均值	4.35%						

Y向							
地震波	R1	R2	T1	T2	T3	T4	T5
结构总应变能（kN·m）	1415.2	2031.8	2210.3	1182.7	1059.5	744.3	1685.9
阻尼器总耗能（kN·m）	995.2	1430.2	1653.6	786.3	678.3	538.4	1178.2
附加阻尼比（%）	3.52	3.52	3.74	3.32	3.20	3.62	3.49
平均值	3.49%						

4. 设防地震作用下附加阻尼比计算结果

设防地震作用下结构附加阻尼比如表 4.5-7 所示。

设防地震作用下结构附加阻尼比（规范方法）　　　　　表 4.5-7

X向							
地震波	R1	R2	T1	T2	T3	T4	T5
结构总应变能（kN·m）	7772.3	9426.3	11830.4	9315.1	8059.3	7842.2	10798.6
阻尼器总耗能（kN·m）	2586.6	2890.8	4161.0	2749.6	2674.7	2814.4	3262.1
附加阻尼比（%）	2.65	2.44	2.80	2.35	2.64	2.86	2.41
平均值	2.59%						

Y向							
地震波	R1	R2	T1	T2	T3	T4	T5
结构总应变能（kN·m）	7944.1	9601.7	15068.1	8066.7	8100.4	8090.2	10061.3
阻尼器总耗能（kN·m）	2415.3	2770.8	4063.8	2504.8	2487.1	2617.9	2782.7
附加阻尼比（%）	2.42	2.30	2.15	2.47	2.44	2.58	2.20
平均值	2.37%						

5．罕遇地震作用下计算结果

图 4.5-20 为结构典型部位在 R1 地震波 X 向作用下，结构塑性铰发展情况。

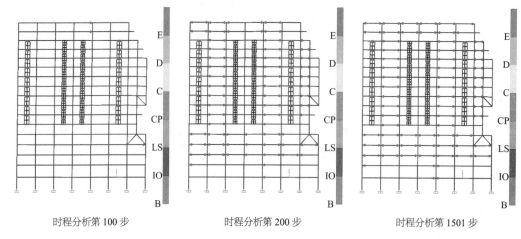

时程分析第 100 步　　　　时程分析第 200 步　　　　时程分析第 1501 步

图 4.5-20　结构塑性铰发展示意图

表 4.5-8 为罕遇地震作用下，非减震结构和减震结构最大层间位移角计算结果。

非减震结构和减震结构最大层间位移角计算结果　　　　表 4.5-8

方向	非减震结构位移角	减震结构位移角	减震结构位移角/非减震结构位移角
X	1/201	1/275	0.731
Y	1/194	1/261	0.745

图 4.5-21 为典型黏滞消能器的滞回曲线。

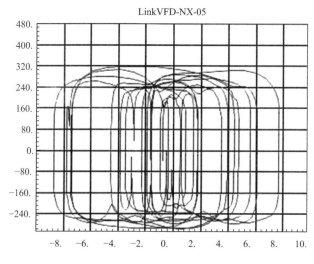

图 4.5-21　典型黏滞消能器滞回曲线

6．现场施工照片

图 4.5-22 为黏滞消能器现场施工照片。

(a) 单个消能器布置　　　　　　　　　　(b) 三个消能器布置

图 4.5-22　黏滞消能器施工照片

7．小结

（1）多遇地震作用下，结构主体保持弹性，在X、Y方向 7 条时程曲线作用下的平均附加阻尼比分别为 3.9%和 3.3%（计算值的 80%），满足附加阻尼比为 2%的预期要求。

（2）设防地震作用下，在X、Y方向 7 条时程曲线作用下的平均附加阻尼比分别为 2.1%和 1.9%，满足附加阻尼比为 1.5%的预期要求。

（3）罕遇地震作用下构件开始进入塑性，框架梁先出铰，而后框架柱出铰，结构总体满足"强柱弱梁"的要求。

（4）罕遇地震作用下，减震结构X向与非减震结构的水平位移比为 0.731；减震结构Y向与非减震结构的水平位移比为 0.745，满足"罕遇地震作用下减震结构与非减震结构的水平位移比小于 0.75"的要求。

（5）罕遇地震作用下，黏滞消能器滞回曲线饱满，发挥了良好的耗能能力，为结构主体提供了良好的安全保障。

（6）经消能减震设计分析，工程通过设置减震器以后，建筑抗震性能明显提高，主要计算结果均满足行业规范及云南省审查技术导则的要求。

4.5.3　屈曲约束支撑减震实例

1．工程概况

中国民航三中心项目设计于 2017 年，地下 3 层，地上 4 层，包含多个建筑单体，平面尺寸分别为 50.8m×69.6m、69.6m×88.5m，建筑面积 74985m²，建筑高度 19.6m。建筑效果图和立面图见图 4.5-23、图 4.5-24，某单体首层建筑平面图见图 4.5-25。结构抗震设防烈度 8 度（0.2g），抗震设防类别为重点设防类（乙类），场地类别Ⅲ类，设计地震分组第二组，场地特征周期 0.55s，结构体系采用钢筋混凝土框架＋屈曲约束支撑，屈曲约束支撑小震时提供刚度，同时控制底部避免出现薄弱层，减小扭转周期比，中、大震下提供耗能能力。

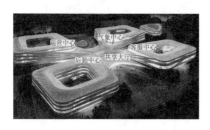

图 4.5-23　建筑效果图　　　　　　图 4.5-24　建筑立面图

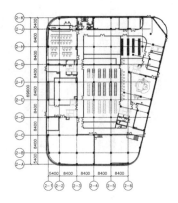

图 4.5-25　首层平面图

2．消能减震技术方案

图 4.5-26　情报管理中心首层屈曲约束
支撑布置图（椭圆内为 BRB）

该项目各单体竖向较为不规则，二层及以上楼层周圈楼盖外挑较多，且首层层高为 6.0~8.0m，二层及以上层高 4.2m，因此其整体扭转不易控制（无控模型扭转周期比 0.91），且首层易形成薄弱层。基于项目的特点，其中气象中心、情报管理中心、后勤中心采用屈曲约束支撑进行减震设计，屈曲约束支撑尽量布置在外圈框架之间，能有效增大结构的抗侧及抗扭刚度，在满足规范层间位移角的同时减小柱截面尺寸，增加使用面积。支撑类型均为耗能型，布置形式以单斜撑和人字撑为主。以情报管理中心为例，其屈曲约束支撑首层布置如图 4.5-26 所示。屈曲约束支撑设计参数见表 4.5-9。

屈曲约束支撑设计参数　　　　　　　　　　　　　　　表 4.5-9

编号	支撑类型	芯材牌号	屈服承载力	外观形状	数量
BRB1	耗能型	235	4000	矩形	22
BRB2	耗能型	235	3000	矩形	14

3．减震效果评价

对结构进行了罕遇地震下的动力弹塑性分析，结构的耗能图和典型屈曲约束支撑滞回曲线如图 4.5-27、图 4.5-28 所示。

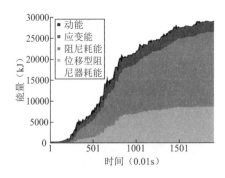

图 4.5-27　结构耗能图

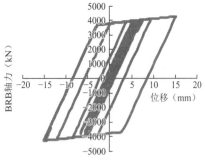

图 4.5-28　典型屈曲约束支撑滞回曲线

结果表明，屈曲约束支撑在罕遇地震下作为结构的第一道防线，率先进入屈曲耗能，滞回曲线饱满，有效减小了主体框架的地震力。同时查看主体结构各部分构件大震下的损伤情况，仅少数框架柱处于轻度或轻微损坏状态，说明屈曲约束支撑达到了减轻主体结构损坏的目的，提高了结构的安全储备和抗倒塌能力。

结构在罕遇地震作用下，结构阻尼比见表 4.5-10，屈曲约束支撑在大震时可附加 2.2%的阻尼比。

结构阻尼比统计　　　　　　　　　　　　　　　　表 4.5-10

内容	数值
结构初始阻尼比	4.5%
结构弹塑性	0.6%
位移型消能器（BRB）	2.2%
总等效阻尼比	7.3%

4. 现场减震装置情况

图 4.5-29 为屈曲约束支撑现场施工、安装情况。

(a) BRB 吊装　　　　　　　　　　　(b) 节点板焊接

(c) 支撑连接节点　　　　　　　　　　(d) 人字撑节点

图 4.5-29　屈曲约束支撑现场安装照片

5. 小结

针对本项目，采用耗能型屈曲约束支撑后：

（1）增大了结构的抗侧及抗扭刚度，解决了原混凝土框架结构扭转周期比大于 0.9 的问题；

（2）中、大震下支撑屈服耗能，减轻主体结构损伤。主体结构各部分构件的损伤情况表明，屈曲约束支撑达到了减轻主体结构损坏的目的，提高了结构的安全储备和抗连续倒塌能力。

4.5.4　摩擦消能器减震实例

1. 工程概况

太原十二院城幼儿园项目设计于 2016 年，地上 3 层，平面尺寸 52.1m × 19.1m，建筑面积 1789m²，建筑高度 19.6m。抗震设防烈度 8 度（0.2g），抗震设防类别为重点设防类（乙类），场地类别Ⅲ类，设计地震分组第二组，场地特征周期 0.55s，结构体系采用现浇混凝土框架结构，本项目采用金属复合摩擦消能器进行减震设计。

2. 消能减震技术方案

本项目根据当地相关文件要求需采用减震或隔震技术。主体结构为三层混凝土框架结构，建筑剖面如图 4.5-30 所示，本工程在 1～3 层相同位置各布置 4 个金属复合摩擦消能器，全楼共布置 12 个消能器，首层消能器布置见图 4.5-31。消能器的力学性能参数及设计参数见表 4.5-11。

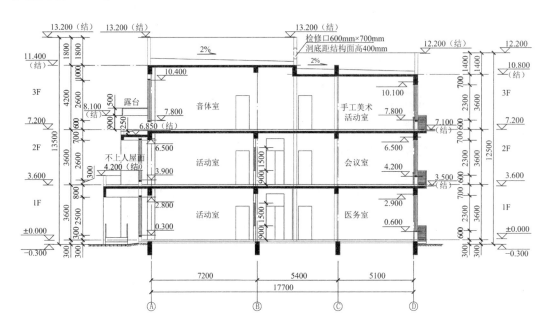

图 4.5-30　建筑剖面图

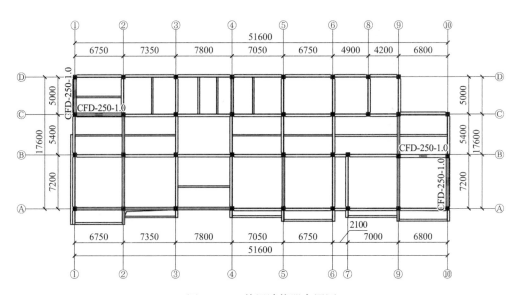

图 4.5-31　首层消能器布置图

金属复合摩擦消能器参数 表 4.5-11

型号	起滑阻尼力（kN）	起滑位移（mm）	二阶刚度	初始刚度（kN/mm）	极限荷载（kN）	极限位移（mm）	数量（个）
CFD-250-1.0	250	1.0	0	250	250	60	12

3. 减震效果评价

金属复合摩擦消能器与金属屈服型消能器同属于能提供一定刚度兼具耗能效果的位移型消能器，在消能器选型方面：（1）金属复合摩擦消能器的起滑位移很小，一般只有 1mm 左右，当设置其起滑阻尼力与软钢消能器的屈服荷载一致时，摩擦消能器可以更早地进入耗能状态，起滑后刚度为零，故其恢复力模型表现为接近矩形的平行四边形。相比金属屈服型消能器的双折线模型，理论耗能效果更好。（2）摩擦消能器依靠摩擦介质产生的阻尼力耗能，相比依靠金属本身弹塑性变形耗能的屈曲约束支撑和软钢消能器，能提供更大的极限位移，且耐疲劳性能更好，应用于变形较大的结构时，耗能上限更高。故本项目最终选择金属复合摩擦消能器减震方案。

结构构件承载力设计时采用等效线性化方式，依据《建筑消能减震技术规程》JGJ 297—2013 第 6.3.2、6.3.4 条，计算小震作用下的附加阻尼比。通过多轮的反应谱法迭代计算，得到附加阻尼比与结构变形基本一致的结果，X、Y 双向最小附加阻尼比为 3.14%。设防地震等效线性化设计时，附加阻尼比为 2%，总阻尼比为 7%。采用时程分析验证结构在不同地震水准作用下的动力响应。

计算结果表明：（1）结构层间位移角有效降低，设防地震下最大层间位移角为 1/248；罕遇地震下最大层间位移角为 1/135，保证结构在罕遇地震作用下的安全性且变形控制相对限值有所富裕。（2）子框架结构等关键部位通过抗震性能设计，可以保证消能装置工作的稳定性。

4. 减震装置构造措施

本工程中金属摩擦消能器采用造价较低的复合摩擦材料（CFD）。金属复合摩擦消能器连接构造及建筑做法示意图见图 4.5-32。

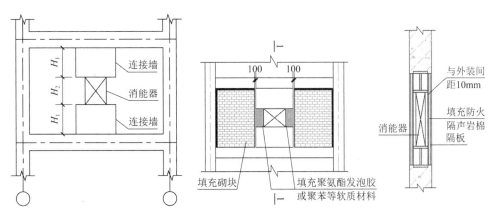

(a) 消能器立面布置图　　(b) 消能器建筑做法示意图　　(c) 消能器建筑外装示意图（1-1）

图 4.5-32　金属复合摩擦消能器构造及建筑做法示意图

5. 小结

（1）针对本项目，采用了金属复合摩擦消能器，尽可能减小消能构件对建筑功能的影响，并确保结构在罕遇地震下的性能。

（2）消能器数量根据建筑体量合理配置，本工程体量较小，经过分析合理确定消能器数量，减少对使用功能的影响和后期维护成本。

参考文献

[1] 日本隔震结构协会. 被动减震结构设计·施工手册(原著第 2 版)[M]. 蒋通, 译. 冯德民, 校. 北京: 中国建筑工业出版社, 2008.

[2] 中华人民共和国住房和城乡建设部. 建筑抗震设计规范: GB 50011—2010(2016 年版)[S]. 北京: 中国建筑工业出版社, 2016.

[3] 和田章, 等. 建筑结构损伤控制设计[M]. 曲哲, 等, 译. 北京: 中国建筑工业出版社, 2014.

[4] 冉田苒, 石诚, 张同亿, 等. 黏滞阻尼器位移损失对结构减震性能的影响研究[J]. 建筑结构, 2021, 51(3): 98-102.

[5] 日本免震构造协会. 建筑物隔震·减震设计手册[M]. 季小莲, 译. 北京: 中国建筑工业出版社, 2019.

第5章 建筑工程减振设计

本章涉及轨道交通振动、公路交通振动、施工振动（如强夯、爆破、打桩、地铁盾构等）等对建筑工程的振动影响及减振设计。

5.1 振动荷载

5.1.1 振动荷载特点

1. 轨道交通振动

轨道交通振动的源头在于列车-轨道系统的相互作用，现代列车系统通过悬挂系统与转向架连接，车体的重量通过转向架传给轮对，轮对再将荷载通过钢轨传至下部的轨道系统，其中轨道系统一般包括钢轨、轨枕、垫板、扣件、道床和基础。列车-轨道系统的耦合振动是一个复杂的动力学过程，振动特性与列车参数、轨道结构参数及列车运行速度等因素相关，其中诸多因素影响轨道交通振源的幅值和频率特性。列车系统中的轮轨作用力和列车运行速度对振动影响较大，研究结果表明，列车载重增加一倍，振动增加 2~4dB；列车运行速度加倍时，地面振动响应增加 4~6dB。当列车参数确定时，轨道参数尤其轨道动力特性参数设计应与车辆参数匹配设计，设计不当会引起轮轨磨损，加剧振动响应，轨道系统中扣件、垫板及道床均会对轨道刚度、阻尼参数产生影响。

尽管列车在直线段及曲线段会产生水平横向力，但轨道交通振动一般以竖向振动为主。

2. 公路交通振动

公路交通振动来自于机动车在公路上行驶时，轮胎施加给路面的一个变动的接地压力，在机动车运动路线产生振动。地面公路交通以竖向振动为主，隧道公路交通水平振动高于竖向振动，振动大小随着距离的增加逐步衰减。公路交通振动与路面平整度、机动车类型、机动车载重量及行车速度等因素有关，交通振动下建筑的响应还与公路基础结构、地面土体及建筑物特性相关。公路交通振动频带较宽，振动能量集中在 5~45Hz 之间的频带，虽然公路交通振动的幅值和能量相对地震、风振等自然振动较小，不会引发结构剧烈破坏，但公路交通振动长期存在、反复作用，会引发建筑裂缝或非结构构件的松动、剥落、地基变形下沉等，造成文物等振动疲劳损坏，影响精密仪器设备的正常使用。

3. 施工振动

城市建设中，常见的施工振动主要由强夯法处理地基、工程爆破、桩基础施工以及地铁盾构施工等产生，对于振动环境控制严格的精密仪器设备或文物，尚需考虑小型施工机械设备（比如混凝土搅拌机、锚杆机、电钻、破碎机等）的振动影响。施工振动会引发周边邻近建筑的结构产生动力响应，当结构振动超过限值时，引发建筑物结构构件、维护结构等的损坏、开裂，影响建筑物的正常使用，振动过大也可能对建筑物安全造成威胁。建筑物受影响的程度与结构固有动力特性、施工振动的强度、与施工振动源的距离及土体特性等有关。

强夯法施工，利用起重机等设备将大吨位的夯锤提升到一定高度后释放，利用夯锤的自由坠落冲击夯实地基土体，达到挤密土体、提高地基承载力的效果。强夯振动属于锤击运动，瞬时能量较大，振动频率 3～15Hz，振动持续时间一般不超过 1s，振动能量通过夯锤底部和侧面以弹性波的形式向外扩散，夯锤激发的瑞利波对周围邻近的建筑物产生明显影响，随着夯锤入土深度的加深，强夯振动的影响范围逐步增大，另外，由于强夯施工往往是在一定时间持续重复，可能引发地面建筑物强烈振动。

工程爆破振动包括地下工程爆破及地面工程爆破，主要是由炸药爆炸能量产生爆生气体和冲击波，引发振动并向远处传递。爆破振动持续时间较短，产生的振动波振幅较大，加速度瞬间幅值可达几十个g，但随距离衰减较快；爆破振动频率多为 10～50Hz，波长较短，通常在几十米到几百米之间，振动影响范围在几十米到数千米范围。爆破振动影响因素多，对于炸药性质、装药量、爆破规模、微差控制及间距控制等因素，可在爆破方案中进行技术设计控制，在增大爆破效果与减小振动影响二者之间取得平衡。爆破振动造成的结构性破坏主要包括最大位移首超破坏和塑性累积损伤两种形式。位移首超破坏指的是爆破瞬时输入能量产生的最大位移超过结构安全允许位移，造成结构破坏；损伤破坏是指爆破过程中虽然最大位移没有超过破坏极限位移，但反复爆破振动下建筑物内部存在振动积累的损伤。目前国内外爆破振动控制标准多规定了首超破坏指标，对考虑爆破持续时间及长时间反复爆破的累积损伤考虑较少。对于地面工程爆破，尤其高耸结构爆破，除了炸药产生的爆破振动，建筑物爆破后的触地振动也不容忽视。触地振动是被爆破建筑物爆破倒塌、接触地面的瞬间对地面产生的作用力，并以振动波的形式向外传播。触地振动的频率一般为 10～20Hz，低于爆破振动的频率，一定距离范围内，触地振动的水平分量小于竖向分量，但竖向分量衰减快。相比较爆破振动，触地振动由于衰减慢可能造成比爆破振动更大的影响。

桩基施工振动主要指预制桩打桩过程或灌注桩成桩过程中产生的振动，其中预制桩施工过程中瞬间激振引发土体振动，会对周边建筑产生明显影响，建筑振动响应与打桩振动强度、持续时间、建筑物动力特性及土体特性有关：一般情况下，静压桩施工过程中振动能量较小，对周边建筑物影响有限，静压桩施工过程中碰到孤石等，会造成振动速度峰值；预制桩锤击施工振动较大，可能会造成周边建筑维护构件或装饰面层开裂，影响内部振动环境要求较高的精密仪器设备正常使用及文物安全。

地铁盾构主要振动源包括盾构掘进过程中刀盘刀具切削土体产生的振动、盾构盾身运行产生的振动、施工配套车辆产生的振动，其中刀盘刀具切削土体产生的振动最为明显。研究表明，盾构滚刀切削土体的振动频率以 5～40Hz 为主，切削土体土层性质直接影响刀盘振动频率特性及振动幅值，盾构振动强度与盾构总推力、盾构掘进速度、刀盘切削转矩转速以及工程地质条件等有直接关系，其中盾构作业面的地质软硬程度对振动初始值影响较大。地铁盾构振动传递至周围土层，然后通过土体传递至邻近建筑物，引发建筑物振动。振动通过土体时，由于土体的滤波作用，高频部分衰减明显，低频部分传递至地面及建筑物，传递规律类似于轨道交通地下线及地震引发的振动传播，传递至建筑物的振动大小，还受到土体阻尼、盾构隧道埋深的影响，埋深越深、阻尼越大，建筑物振动影响越小。

5.1.2　振动荷载模拟

针对轨道交通、公路交通、施工等振动，国内外学者采用理论研究、简化荷载预测、试验分析研究等不同方法获得振动荷载。

振动荷载理论研究，是考虑振动源产生机制，利用解析法或有限元法求得振动荷载。其中的解析法对荷载理论模型进行特定假定和简化，经过理论分析及推导，得到特定条件下的振动荷载解析解；理论研究也可通过有限元数值模拟振动源及振动传递，同时结合实测记录校核修正，获取具有一定适用性和较高精度的振动荷载。

简化荷载分析方法，基于以往工程经验及测试数据，利用一个激振力函数来模拟振动荷载，该方法简单易行，可快速得到振动荷载，且不会受现场条件等限制，因此以国内外经验数据为基础进行荷载分析研究成为解决振动问题的切入点。简化荷载受人为因素影响较大，难以真实全面地反映荷载的动力特性，精度仅满足初步分析的要求，主要用于定性分析。

试验分析研究分为现场实测研究（也叫原型试验研究）以及缩尺试验研究。试验研究利用实测数据或缩尺模型试验测试数据进行频谱分析，获取振动的加速度表达式，然后考虑振动产生机制及传播过程，建立运动方程，推导得到振动荷载。试验分析研究法基于已有振动源进行现场测试，适用于既有振源和特定场地条件。

对于施工振动荷载，振动源相对简单且易于检测，振动荷载确定主要采用现场实测；对于轨道交通、公路交通等振动荷载，项目前期可采用理论研究中的解析法及简化荷载预测法，设计阶段可采用有限元数值模拟方法得到振动荷载。对于具备测试条件的，应进行现场实测，并对有限元数值模型进行校核修正。

5.2　减振设计

5.2.1　振动响应预测评估

为了获得不同振动源下的振动传播、衰减及受振体振动响应分布，需要对振动进行预测，并依据振动响应预测结果进行振动评估。振动预测方法主要包括经验公式法、解析预测法、有限元数值仿真法、振动测试与数值模拟相结合法等。振动预测旨在分析振动敏感点的振动响应情况，为振动评估提供数据支撑，同时指导振动控制措施的设计与实施。工程项目振动的最终评估，应以项目建成后的实际振动检测为准，因此设计阶段的振动评估也称为预评估。

1. 经验公式法

经验公式法指基于大量的实测数据，利用工程经验公式对振源作用下的结构振动响应进行估算预测。

1）工业振源影响预测

早在 1975 年，Ungar 和 Bender 基于振动能量从振源随距离耗散，提出了振动衰减与距离的平方根成正比，距离每增大一倍会产生 3dB 的振动衰减。

基于振动衰减理论基础，我国学者杨先健等提出了工业振源引起地面振动传播和衰减的计算方法，国家标准《动力机器基础设计标准》GB 50040—2020、《古建筑防工业振动技术规范》GB/T 50452—2008 中给出了类似的计算方法。针对火车、地铁、汽车、打桩等工业振源所造成的地面振动，距离工业振动源中心 r 处地面的竖向或水平向振动速度，可用下式表示：

$$V_r = V_0 \sqrt{\frac{r_0}{r} \left[1 - \xi_0 \left(1 - \frac{r_0}{r} \right) \right]} \exp[-\alpha_0 f_0 (r - r_0)] \tag{5.2-1}$$

式中，V_r 为距离振动源中心 r 处地面振动速度，但计算值小于等于场地地面脉动值时，其结果无效；V_0 为 r_0 处地面振动速度；r_0 为振源半径；r 为距离振动源中心的距离；ξ_0 为与振源半径等有关的几何衰减系数；α_0 为土的能量吸收系数；f_0 为地面振动频率；其中 r_0、ξ_0 及 α_0 取值可参见 GB/T 50452—2008 附录 B。

2）轨道交通振源影响预测

对于轨道交通振动的预评估，可采用链式衰减公式或《环境影响评价技术导则 城市轨道交通》HJ 453—2018 推荐经验公式。

（1）链式衰减是一种直观且便于理解的经验预测方法，它将振动传播路径中主要影响因素用振动级加以描述，振动级的衰减表示为衰减路径上各个部分衰减量的代数差。Kurzweil 将振动传播路径上的主要影响因素用振动级加以描述，得到下式：

$$L_a(\text{room}) = L_t(\text{tunnewall}) - C_g - C_{gb} - C_b \tag{5.2-2}$$

式中，$L_a(\text{room})$ 为沿线振动敏感点处振动响应，用加速度级表示；$L_t(\text{tunnewall})$ 为列车动荷载作用下距离钢轨外侧一定距离处参考点的振动响应，用加速度级表示；C_g、C_{gb} 和 C_b 为振动能量在传播过程中历经不同介质的衰减量，用加速度级表示。国内学者在公式(5.2-2)的基础上通过研究地铁列车动荷载传播衰减规律，提出定量预测列车运行下周围环境振动响应的经验公式：

$$RL_z = 87 + 20 \lg \frac{v}{60} + R_{tw} + R_{tr} + R_{tu} + R_g + R_b \tag{5.2-3}$$

式中，RL_z 为线路沿线振动敏感点预测结果，用加速度级表示；R_{tw} 为轮轨条件修正，跟预测线路运行条件有关（dB）；R_{tr}、R_{tu}、R_g 及 R_b 是振源向四周传播过程中经过不同系统的能量衰减。

（2）国内主要根据《环境影响评价技术导则 城市轨道交通》HJ 453—2018 对地铁环境振动进行预测。HJ 453—2018 中推荐的地铁运行产生的振动影响评价经验公式为：

$$VL_z = \frac{1}{n} \sum_{i=1}^{n} VL_{z0,i} \pm C \tag{5.2-4}$$

式中，VL_z 为预测点处的 Z 振级；$VL_{z0,i}$ 为地铁列车振动源强，即列车通过时段参考点的 Z 计权振动级；n 为列车通过列数（$n \geq 5$）；C 为振动修正项，考虑速度修正、轴重修正、轨道结构修正、轮轨条件修正、隧道结构修正、距离修正、建筑物类型修正，计算公式为：

$$C = C_{v} + C_{w} + C_{L} + C_{R} + C_{H} + C_{D} + C_{B} \tag{5.2-5}$$

上述各振动修正项取值如下：

速度修正C_{v}：地铁运行引起振动的速度修正可对振动源强进行修正，也可以直接给出不同速度下的振动源强值。预测时的列车运行计算速度，应尽量接近预测点对应区段列车通过的实际运行速度，不宜按列车设计的最高运行速度计算。列车速度的确定应考虑不同列车类型、启动加速、制动减速、区间通过、限速运行等因素的影响。速度修正C_{v}可按下式计算：

$$C_{v} = 20\lg\frac{v}{v_{0}} \tag{5.2-6}$$

式中，v_{0}为源强的参考速度；v为列车通过预测点的运行速度。

轴重修正C_{w}：当列车轴重与源强给出的轴重不同时，其轴重修正C_{w}可按下式计算：

$$C_{w} = 20\lg\frac{w}{w_{0}} \tag{5.2-7}$$

式中，w_{0}为源强的参考轴重；w为预测车辆的轴重。

轨道结构修正C_{L}：不同的轨道结构，修正值参考表 5.2-1。

轨道结构修正 C_{L} 表 5.2-1

轨道结构类型	振动修正量（加速度级）（dB）
普通钢筋混凝土整体道床	0
轨道减振器式整体道床	−3～−5
弹性短轨枕式整体道床	−8～−12
橡胶浮置板式整体道床	−15～−25
钢弹簧浮置板式整体道床	−20～−30

轮轨条件修正C_{R}：不同轮轨条件下的振动修正值如表 5.2-2 所示。

轨道条件修正 C_{R} 表 5.2-2

轮轨条件	振动修正量（加速度级）（dB）
无缝线路，车轮圆整，钢轨表面平顺	0
短轨线路，车轮不圆整，钢轨表面不平顺	5～10

隧道结构修正C_{H}：隧道结构尺寸、形状及隧道结构厚度都直接影响列车运行振动的传播。由于各类隧道结构差别较大，情况较为复杂，实际工程中最好采用类比测量法，即选择类似的隧道结构，通过类别方法确定修正值。

距离修正C_{D}：距离衰减修正C_{D}与工程条件、地质条件有关，建议采用类比方法确定修正值。当地质条件接近时，可选择工程条件类似的既有轨道交通线路进行实测。

建筑物修正C_{B}：预测建筑物室内振动时，需根据建筑物类型进行振动量修正。不同建筑物室内振动响应会有一定差别，一般分为三类建筑物考虑振动量修正。考虑到实际工程中各类建筑的差别很大，情况比较复杂，建议结合采用类比测试法，即选择与目标建筑物条件接近的实际建筑物，通过室内外振动的传递衰减确定修正量，如表 5.2-3 所示。

不同类型建筑物的振动修正值   表 5.2-3

建筑物类型	建筑物结构及特性	振动修正量（dB）
Ⅰ类	基础良好的框架结构建筑	−13～−6
Ⅱ类	基础一般的砖混、砖木建筑	−8～−3
Ⅲ类	基础较差的轻质、老旧房屋	−3～3

2. 解析预测法

解析预测法是基于振动波在土体及建筑结构中的传播理论，用理论模型描述研究预测振动传播及分布，可用来验证经验公式预测及下文的有限元数值仿真预测的结果。常用的解析预测法模型主要有 PIP（管中管）模型、车-轨-地基土相互作用预测模型、隧道-土-建筑物相互作用预测模型。PIP 模型目前较为典型，其与 Green 函数相结合，可预测半无限空间成层土体埋置隧道内振源激励下的地表振动响应。车-轨-地基土相互作用预测模型及隧道-土-建筑物相互作用预测模型均属于半解析模型，将振源-传播路径-受振体相互作用系统进行分解，对每个子系统采用不同的分析技术处理，考虑不同子系统之间的动力耦合，得到环境振动预测结果。

3. 有限元数值仿真

有限元分析可以较好地模拟真实情况，同时计算较快、节约成本，逐渐成为研究交通振动问题的主流。但是模拟时通常需要采用假设近似条件，例如对于边界条件的模拟、材料参数的确定等，限于计算机运算能力，常常需要采用简化模型，同时需要实际振动检测为有限元模型修正提供依据。

有限元模拟方法通过构建振源-传播途径-受振体的全系统模型，力求复现振动传播过程，在合理考虑振源特性、土体边界、材料特性等的基础上，结合现场实测记录或类比测试记录，对有限元模型校核修正，可获取具有一定适用性和较高精度的模拟振动荷载及振动传播仿真结果。轨道交通振动、地面交通振动、施工振动等荷载特性、持续时间、影响范围不同，有限元模拟采用的荷载模型、土体范围、单元尺寸有一定的区别。不同振动由振源经土体传至受振体的传播过程及衰减规律具有类似性，故下文振动荷载的有限元模拟以轨道交通振动预测模拟为例论述。

（1）模拟预测流程

有限元法模拟预测地铁振动，主要包括几何建模、参数选取、计算分析、实测校核、修正模型、振动预测等关键步骤，如图 5.2-1 所示。轨道交通振动数值模拟，本质上是半无限域内的振动应力波场求解，需要考虑半空间模型的离散化精度、人工截断边界的应力波反射、岩土动力学参数的合理取值、地铁列车荷载的激励模拟及有限元计算效率问题。

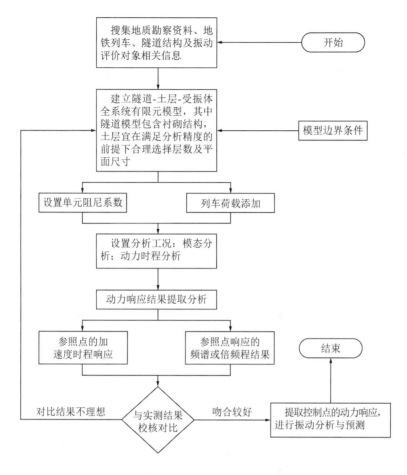

图 5.2-1　模拟预测流程

（2）模型几何尺寸

考虑人工黏弹性边界的有限元模型，参照既有的工程经验，一般水平尺寸取为地铁隧道直径的 8～10 倍，可获得较好的计算精度。竖向主要考虑土层厚度及层数：当不同土层的动力参数和土特性接近时，可合并为一层土体进行建模，合并后的土层参数可取合并前各层参数的加权平均。一般土层层数可取 3～8 层，层数过少难以反映出土层参数渐变的性质，层数过多在有限元计算时会造成较多的波动反射与折射，影响计算结果，土体厚度应不小于土层最大剪切波波长的一半。

（3）有限元网格划分

有限元网格尺寸需要平衡模拟精度与计算效率的关系。土体有限元计算中，存在波的传播截止频率，高于该截止频率的波将在有限元模型中被截断。研究表明，对于波速为 c 的均匀连续介质，若有限元网格尺寸为 x，则有限元模型中波的传播最小周期为 $\pi x/c$，对于周期为 T 的谐波在连续介质中的波长 $\lambda = cT$，则为保证有限元模拟中波形不发生明显失真的前提是有限元网格尺寸 x 不大于 λ/π。实际工程中，为在满足计算精度的前提下提高计算效率，可在振源附近的单元及控制点周边位置满足上述的网格尺寸要求，其他远离振源的位置可逐步放宽单元尺寸限制。

（4）模型边界处理

考虑到有限元模型的尺寸有限，人工截断边界会造成振动传播在边界处的反射等导致模拟失真，目前工程中常采用黏弹性边界。

黏性弹性边界，是在土体边界单元的节点上设置弹簧单元及阻尼单元模拟无限空间对计算模型的作用。黏弹性边界的弹簧单元和阻尼单元的取值如下式：

$$法向边界： k_i = \frac{2G_i}{r_i}A_i, \quad C_i = \rho c_{pi}A_i \tag{5.2-8}$$

$$切向边界： k_i = \frac{3G_i}{2r_i}A_i, \quad C_i = \rho c_{si}A_i \tag{5.2-9}$$

式中，k_i和C_i分别为黏弹性边界的刚度系数、阻尼系数；G_i、c_{pi}和c_{si}为介质的剪切模量、压缩波波速和剪切波波速；A_i为土体边界点i所代表的面积；r_i为振源到边界点i的距离。实际工程经验表明，黏弹性边界的模型响应与解析解吻合较好，大于30Hz频段收敛于解析解，在低频段模拟效果更优。

（5）阻尼取值

土体单元的阻尼，工程中常用瑞利阻尼模型，假定阻尼矩阵为质量矩阵与刚度矩阵的线性组合，组合系数由两个控制频率及其对应的阻尼比计算得到。土体阻尼比一般可取0.01～0.30，可结合试验方法确定具体数值。在地铁振动模拟中采用瑞利阻尼模型时，需要考虑到确定瑞利阻尼系数时两个控制频率的取值对分析结果的影响。地铁振动主要能量集中在20～80Hz，高频段能量集中，应避免瑞利阻尼矩阵中刚度矩阵系数对高频的抑制造成结果失真。柯西阻尼模型可选择若干个控制频率，可有效避免瑞利阻尼两个控制频率中间段阻尼偏小的误差。

4. 现场实测与数值模拟结合法

作为应用最广泛、成果最可靠的方法，现场实测与数值模拟结合法，一方面可以通过校核模型解决目前数值仿真对于振动源模拟、土层传递机理不明确等造成的振动响应输入时天然存在的与实测结果存在偏差的问题，另一方面可以避免参数分析时需要做大量重复性试验的繁琐不便。

实际工程中，可根据振动源的特性及工程条件，采用上述预测方法进行振动物理场的预测，得到振动分布及衰减规律。考虑到地铁振动影响的预测涉及的影响因素较多，往往采用多种方法进行比对预测，不论是经验公式法，还是数值模拟预测法，最终振动影响评价均应以项目完成后的现场实测结果为准，振动预测结果仅用于设计阶段的参考，故振动预测应多方法结合并留有设计余量，保证项目实施完成后振动满足规范要求。

5.2.2 减振措施

针对轨道交通振动、公路交通、施工振动等环境振动的减振控制，可以从振源、传播途径及受振体建筑结构三方面考虑，综合采用减小振源强度、切断振动传递路径及建筑结构采取减振措施，如表5.2-4所示。本章节减振设计主要论述振源减振及受振体自身响应控制（结构调频、阻尼减振、调谐吸振、局部减振等）措施，传播途径隔振及受振体隔振等相关设计内容详见本书第9章。

减振措施汇总　　　　　　　　　　　　　　表 5.2-4

减振分类	减振措施	技术说明	备注
振源减振	车辆-轮轨系统减振	改善轮轨关系、减小轮轨之间的冲击与摩擦，通过采用重型钢轨、减低钢轨高度、减振接头夹板、钢减振扣件、道床减振等措施，降低振源强度	适用于轨道交通
	限制列车运行速度	降低运行速度，减小轮轨之间的相互作用	
	无缝轨道	减少轨道接头，避免轨道不平顺引起的列车与轨道之间的冲击作用	
	约束颗粒阻尼减振器	一种宽频型钢轨阻尼减振降噪装置，其原理类似于TMD，其优势在于内部填充颗粒与约束腔体壁、颗粒之间的碰撞和摩擦，拓宽了减振频带	
	加大隧道埋深及隧道壁厚	增加振源与受振体之间的传播距离，利用土体厚度及隧道壁阻隔一部分振动能量向外扩散	
	限制车辆载重及速度	降低车辆与地面的相互作用	适用于公路交通
	改善道路平顺性		
传播途径减振	增加建筑与振源的距离	从平面布置上，增加振动传播距离，利用振动传播过程中的衰减效应，减小对建筑物的影响	见第9章
	设置隔振屏障	通过不同自振频率的中间介质，在振源与受振体之间构建振动波反射屏障（如隔振沟、板桩墙、波阻块等），减小振动向受振体的传播	
受振体减振	调整结构形式与布置	选择整体性较好的结构形式，通过合理布置梁柱等结构构件，减小楼板跨度	见第9章
	调整楼板厚度	增加板厚可增加重量与楼板竖向刚度，可减小楼板跨中的竖向振动响应	
	设置整体厚筏板基础	整体性好的厚筏板基础，可减小振动向上传播，起到隔离屏障的作用，长期来看可控制振动荷载下的基础沉降，同时也增加了受振体的总体质量，有利于减小振动	
	采用桩基础	桩体与桩间土构成的复合基础，增加了受振体的参振质量，同时刚度相对土体较大的桩体，增加地基基础的竖向刚度，可减小上部结构的竖向振动响应	
	地基减振措施	基础下设置砂垫层、聚氨酯减振垫板，可起到水平隔离屏障的作用，减小振动向基础及结构的传递能量	
	结构竖向采用减隔振装置	结构底部或层间采用厚肉橡胶支座、弹簧隔振支座、三维隔振支座等竖向刚度相对较小的隔振元件，利用隔振原理，减小隔振装置以上部位的振动；也可采用阻尼减振、TMD等减振装置，消耗振动能量，减小结构振动	
	局部浮置减振措施	振动敏感楼层、区域或房间，采用浮筑楼盖、钢弹簧浮置楼盖、房中房等局部减振技术，减小局部区域的振动响应	

5.2.3　减振设计流程

减振设计流程主要分为振动预测与评估、减振设计及实施、后评价三个阶段。其中振动预测与评估包括了明确振动敏感对象、振动控制标准、基于振动测试与有限元模拟的振动预测与评估；减振设计阶段根据振动控制标准及振动预测结果，选择合适的减振方案进行减振参数的优化分析，深化减振方案，并结合现场情况完成减振专项工程实施；减振后评价阶段包括了减振效果实测验证、减振后期维护及减振专项后评价，可为后续类似项目提供具有指导意义的工程参考。减振设计的主要流程如图 5.2-2 所示。

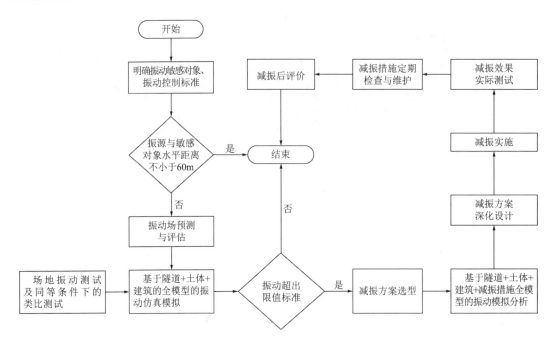

图 5.2-2　减振设计流程

5.3　减振工程实例

5.3.1　毗邻地铁建筑减振实例

1．工程概况

本项目主体建筑面积约 19 万 m²，其中地上面积约 12 万 m²，地下约 7 万 m²，包括办公楼、数据机房、配套用房、开闭所及地下车库。项目地块北侧毗邻地铁，地铁线路沿东西向从场地北侧地下穿过，隧道顶标高埋深约 12m，轨道标高埋深约 18m，轨道埋深略低于建筑地下室底板标高，区间隧道距离建筑地下室结构外墙约 8m。

本项目用地所在的地铁线路并未采取轨道上的减振措施，参照既有工程的实测经验，地铁运行会产生较大的振动及二次噪声影响。本项目建筑业态为高档办公，且存在重要的数据中心机房，地铁列车经过引起的振动影响不容忽视，需要开展针对地铁运行中的振动及二次噪声影响的预测评估，结合预测结果进行结构减振降噪设计。

2．场地振动预测

考虑到地铁线路已经运营，上部建筑结构尚未建设实施，先期采用有限元模拟结合现场实测的方法，对场地振动进行预测。

建立轨道-隧道-土体有限元模型如图 5.3-1 所示，考虑 8 层土层，整体模型尺寸 690m × 390m × 50m。列车荷载采用 SIMPACK 模拟的轨顶荷载（图 5.3-2），轨道采用梁单元模拟，隧道结构采用壳元，土体结构采用实体单元，土体四周及底部采用黏弹性人工边界，人工边界的刚度及阻尼参数由土层特性计算得到。

(a) 模型轴测视图

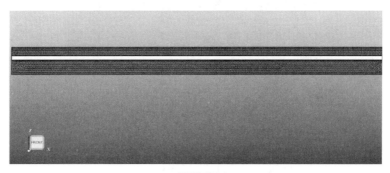

(b) 模型侧视图

图 5.3-1　轨道-隧道-土体有限元模型

　　场地现场测试数据与有限元模拟的监测点数据对比如图 5.3-2 所示。从时域结果看，对比测点的加速度峰值较为一致，波形基本吻合；两者对应频段的加速度振级相差大多 2～3dB，考虑到现场测试时，振动源除地铁外，尚包括地脉动及路面交通的影响，小于 3Hz 的低频段及 15～30Hz 频段上，实测结果比模拟结果略大。

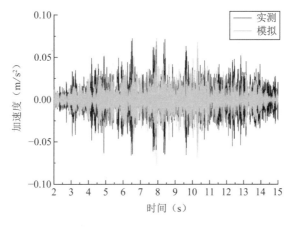

图 5.3-2　现场实测与有限元模拟结果对比

提取列车经过时场地加速度包络值云图 5.3-3，列车经过时，隧道正上方场地加速度最大，随着距离隧道中心线越来越远，场地加速度逐步衰减。提取场地典型测点的加速度进行时域及频域分析（图 5.3-4），时域加速度曲线呈现地铁运行振动的"纺锤形"，频谱能量集中在 40~80Hz 频带内，1/3 倍频程分析得到的对应分频加速度振级约 75dB（图 5.3-5），场地振动预测结果表明，列车振动影响显著。

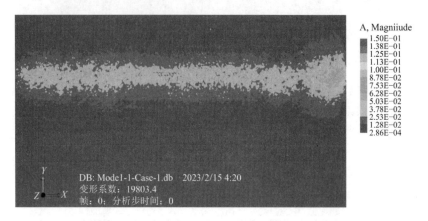

图 5.3-3　列车经过时场地加速度包络值云图

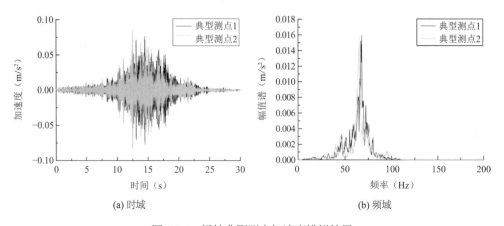

(a) 时域　　　　　　　　　　　　　　　　(b) 频域

图 5.3-4　场地典型测点加速度模拟结果

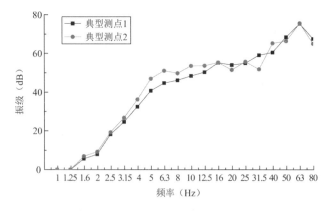

图 5.3-5　场地典型测点加速度振级模拟结果

3. 结构振动预测

对上部结构振动进行预测模拟,本节分别以紧邻地铁线路的高层与多层(图 5.3-6)为例。高层建筑 31 层,结构高度约 180m,结构抗侧体系为钢框架-混凝土核心筒结构-伸臂桁架,标准层楼板厚度 120mm;多层建筑高度 24m,采用钢框架结构体系,楼板厚度 120mm。

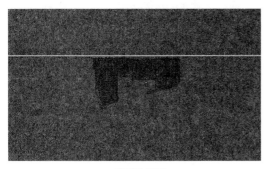

(a) 模型俯视图

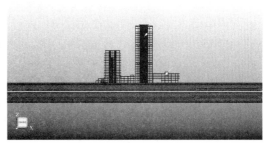

(b) 模型侧视图

图 5.3-6　轨道-隧道-土体-结构有限元模型(白色为隧道及轨道示意)

多层建筑沿楼层高度典型测点的加速度时程如图 5.3-7 所示,频谱曲线如图 5.3-8 所示,对比分析发现以下结论:(1)沿结构高度方向,各楼层楼板测点的振动加速度呈先减小、后增大的趋势,具体表现为 1 层到 3 层减小,从第 4 层开始出现放大;(2)从频谱上看,1 层到 3 层楼板测点的振动能量集中在 40~80Hz,1~3 层振动能量沿高度递减,从第 4 层开始,高频分量明显减小,低频振动能量占比上升,到了第 6 层(顶层)高频分量明显,但仍以低频为主;(3)柱子测点的加速度略小于楼板的加速度,沿结构高度呈现单调递减的趋势,从频谱上看,各层柱子测点的振动能量分布频带较为接近,且以高频能量为主,随楼层高度增加振动能量逐步降低。

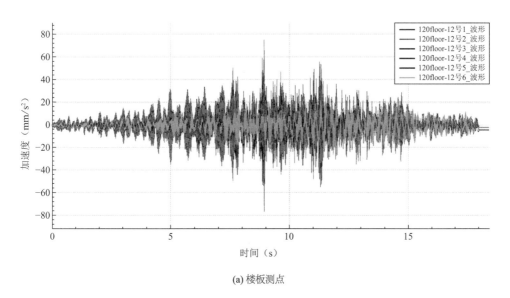

(a) 楼板测点

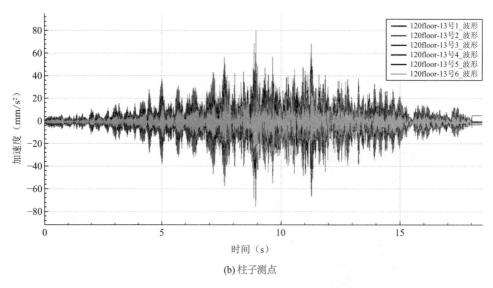

(b) 柱子测点

图 5.3-7　多层建筑沿楼层高度典型测点加速度时程

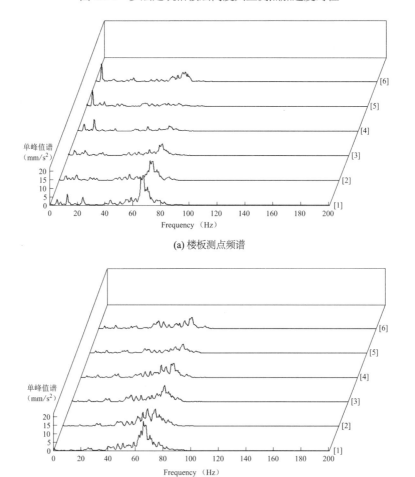

(a) 楼板测点频谱

(b) 柱子测点

图 5.3-8　多层建筑沿楼层高度典型测点频谱

　　多层建筑沿楼层高度典型测点的 1/3 倍频程曲线如图 5.3-9 所示。楼板测点 1/3 倍频程分频最大振级约 78dB，位于第 1 层；第 5 层及第 6 层最大振级约 76dB，相比较第 3 层、第 4 层有所放大；柱子测点分频振动级低于楼板振动级，最大值约 73dB，对应中心频率为 63Hz。

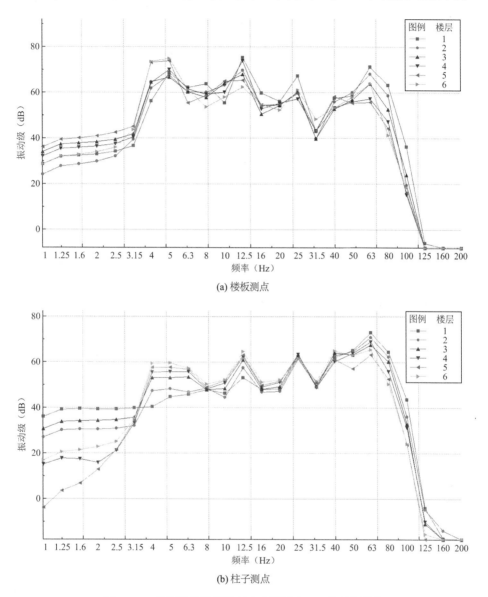

(a) 楼板测点

(b) 柱子测点

图 5.3-9　多层建筑沿楼层高度典型测点 1/3 倍频程曲线

　　高层建筑沿楼层高度典型测点加速度时程如图 5.3-10 所示，频谱曲线如图 5.3-11 所示。柱子测点的振动加速度，呈现沿楼层高度方向逐渐减小的趋势，振动能量以对应振源高频特性的频带为主；楼板测点的振动加速度，沿结构楼层高度方向规律并不明显，楼层振动响应受到振源特性及楼盖自身动力特性影响，各层楼盖的振动响应有差异，上部楼层的高频振动能量衰减明显；设备层（比如 10 层）楼盖振动放大明显，分析原因是设备层伸臂桁架及环带桁架的存在，使楼盖支撑刚度较大，设备层局部楼板区格的自振频率的倍频接近地铁振动主要能量频带。

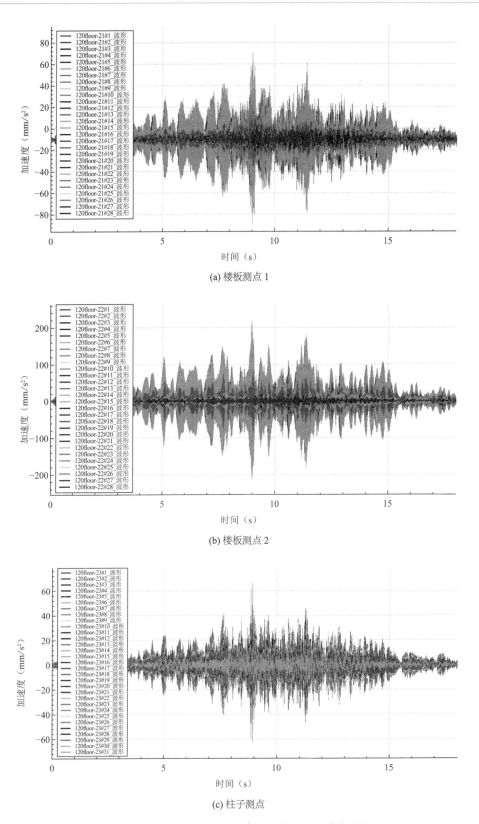

(a) 楼板测点 1

(b) 楼板测点 2

(c) 柱子测点

图 5.3-10　高层建筑沿楼层高度典型测点加速度时程

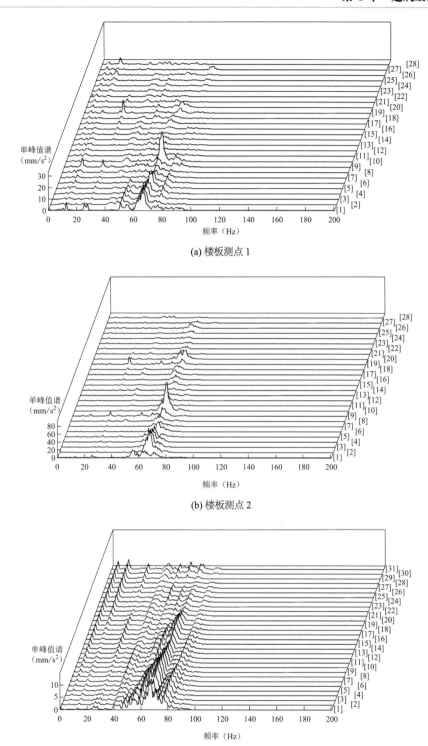

(a) 楼板测点 1

(b) 楼板测点 2

(c) 柱子测点

图 5.3-11　高层建筑典型测点频谱

高层建筑典型测点 1/3 倍频程曲线如图 5.3-12 所示，从 1/3 倍频程中心频率对应的分频振动级，楼板测点分频振动级最大值 75dB，高于柱子测点，设备层局部楼板测点分频振动级最大值 82dB；楼板测点最大分频振动级对应的中心频率低于柱子测点。

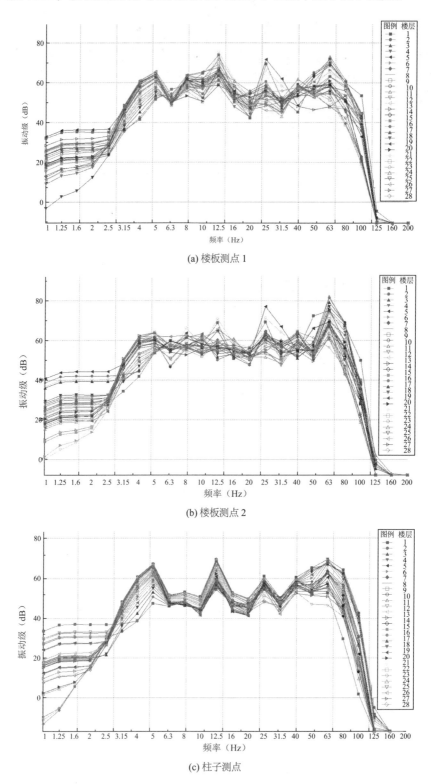

(a) 楼板测点 1

(b) 楼板测点 2

(c) 柱子测点

图 5.3-12　高层建筑典型测点 1/3 倍频程曲线

4. 结构减振

结合表 5.2-4 减振措施及本工程实际，地铁线路运行通车，轨道减振措施实施条件有限；同时场地距离地铁隧道较近，振动传播途径减振缺乏有利的实施条件，故本工程采取楼盖刚度二次设计的减振措施。综合考虑减振效果、对建筑空间及结构抗震性能的影响，分析比选确定加厚标准层楼板至 160mm。

加厚楼板后，多层建筑典型测点的振动响应时域及频域结果如图 5.3-13～图 5.3-15 所示，楼板测点及柱子测点振动响应均有所减小，楼板测点分频振动级最大值减小 3～5dB，减振后楼板最大分频振动级约 72dB；高层建筑典型测点的振动响应时域及频域结果如图 5.3-16～图 5.3-18 所示，加厚楼板后，楼板测点及柱子测点的振动加速度峰值减小明显，频域上楼盖刚度特性的对应频带上振动有所放大，总体上除个别楼层（1 层、3 层及 7 层），楼板测点及柱子测点的加速度分频振动级降低 3～4dB。

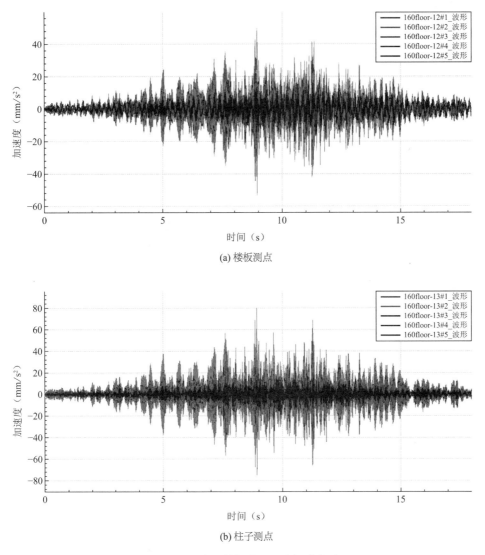

(a) 楼板测点

(b) 柱子测点

图 5.3-13　多层楼板典型测点加速度时程

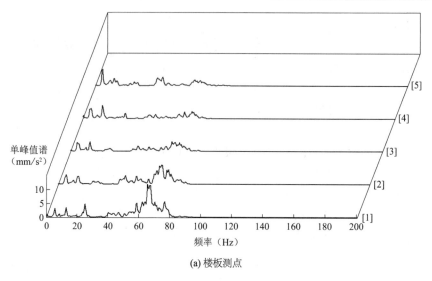

(a) 楼板测点

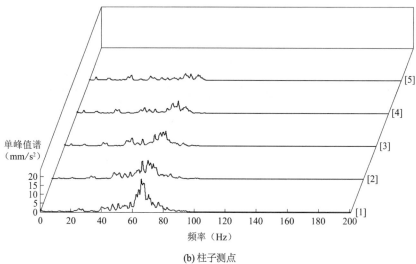

(b) 柱子测点

图 5.3-14 多层建筑典型测点频谱

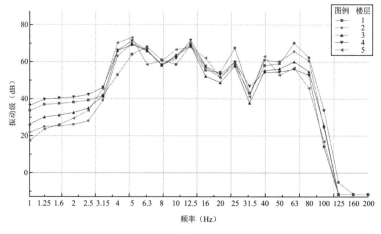

(a) 楼板测点

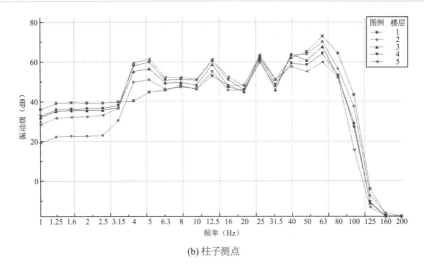

(b) 柱子测点

图 5.3-15 多层建筑典型测点 1/3 倍频程曲线

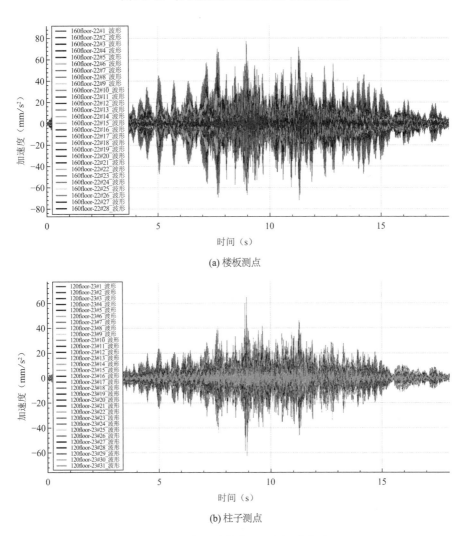

(a) 楼板测点

(b) 柱子测点

图 5.3-16 高层建筑典型测点加速度时程

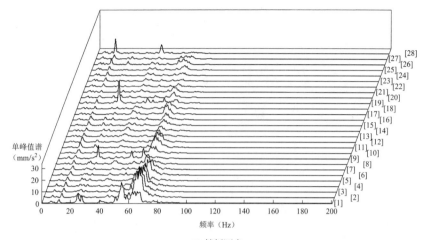

(a) 楼板测点

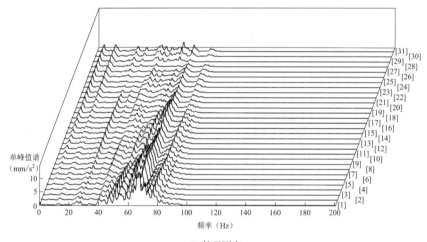

(b) 柱子测点

图 5.3-17　高层建筑典型测点频谱

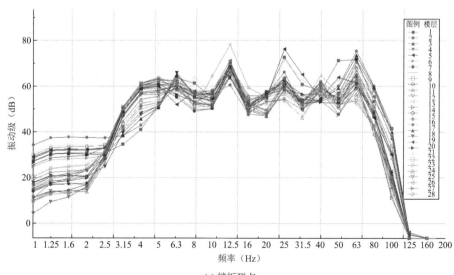

(a) 楼板测点

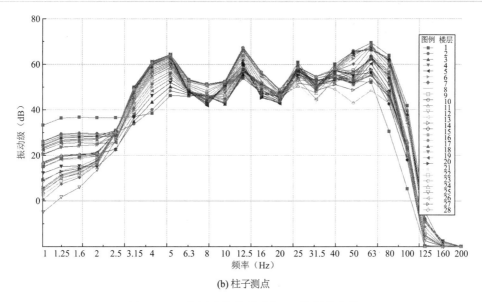

(b) 柱子测点

图 5.3-18　高层建筑典型测点 1/3 倍频程曲线

5.3.2　古建筑减振实例

1. 工程概况

西安古城墙建于明代洪武年间，从建成至今已有 600 多年历史，是世界上规模宏大、保存最完整的一座古代城垣建筑。西安城墙全长 13.74km，城墙高度约 12m，底部宽 16～18m，顶部宽 12～14m，为"砖表土芯"结构，在东、南、西、北建有城楼或箭楼，均与西安主要交通要道相接，车辆与行人从瓮城两边的券门通过，公路交通引起的振动对城墙安全可能会产生不利影响。与此同时，西安地铁 2 号线由南至北依次穿越或绕行永宁门城墙、钟楼、安远门城墙等全国重点文物保护单位，地铁运行势必会引起沿线古建筑产生一定的振动响应，若响应超出古建筑结构的容许振动标准，可能会对其结构造成安全隐患，需要采取技术可靠、经济可行的振动控制措施。

2. 路面交通振动测试

（1）测试方案

为评估公路交通振动对西安古城墙的影响，国内学者对城墙进行了环境振动测试。振动测试采用 INV306U-5168 多通道动态数据采集仪、DLF-8 信号放大器、891-Ⅱ型水平及垂向速度传感器及配套设备等，对西安古城墙环境振动进行了系统测试评估。

以北门段城墙和箭楼的环境振动测试为例，北门测试选取测点如图 5.3-19 所示，每个测点测量 X、Y、Z 三个方向的速度时程，X 向为东西向，Y 向为南北向，Z 向为竖向。测试时间为北门路面交通高峰时段，每次测试采样时间 600～1800s，其中测点 1 和测点 2、测点 3 和测点 4、测点 5 和测点 6、测点 7 和测点 8 为同步测试，典型测点振动测试结果如图 5.3-20 所示。

（2）数据处理与分析

对测试数据进行时域内的统计分析，得到各测点 3 个方向的振动速度幅值（表 5.3-1）。路面交通引起的各向振动，传递至城墙体，城墙体各测点（测点 1、2、3、4）Z 向振动分量比水平向振动分量大，各测点 Z 向速度幅值介于 0.135～0.358mm/s 之间，其中 9 号测点振动速度最大，分析原因是距离北门城墙约 100m 处陇海线上火车通过，造成振动放大；北门箭楼各测点（测点 5、6、7、8）Z 向速度幅值介于 0.049～0.127mm/s，箭楼上振动速度较城墙体振动速度有一定程度的衰减。各测点振动速度基本满足古建筑振动速度限值的要求。

沿城墙高度方向，Z 向和 X 向振动速度有衰减，Y 向振动速度有放大，分析原因，由于城墙 Z 向和 X 向（城墙平面内方向）刚度较大，加上城墙自身重量较大，振动有一定的衰减，Y 向（城墙平面外方向）刚度较弱，沿高度存在动力放大效应，沿高度振动响应放大趋势明显。

沿箭楼高度方向，2 层各方向振动幅值较之 1 层均有不同程度的放大，其中 X 向振动放大最显著，其次为 Y 向，Z 向振动放大最小，分析原因是箭楼竖向构件（厚重砖墙、承重柱）刚度大，加之较大屋顶竖向荷载的压重，减小了竖向的高频振动放大效应。

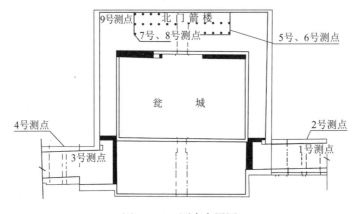

图 5.3-19　测点布置图

（1—城墙东侧门洞顶海墁，2—城墙东侧门洞底基础，3—城墙西侧门洞顶海墁，4—城墙西侧门洞底地面，5—箭楼东侧底边柱旁，6—箭楼东侧二层边柱旁，7—箭楼西侧底边柱旁，8—箭楼东侧二层边柱旁，9—箭楼西侧海墁）

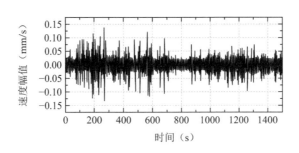

图 5.3-20　典型测点 Z 向振动速度时程波形图

测点振动速度幅值　　　　　　　　　　　　　　　　表 5.3-1

测点	方向	速度（mm/s）	测点	方向	速度（mm/s）
1	X	0.032	6	X	0.146
	Y	0.077		Y	0.137
	Z	0.135		Z	0.127

续表

测点	方向	速度（mm/s）	测点	方向	速度（mm/s）
2	X	0.100	7	X	0.023
	Y	0.062		Y	0.067
	Z	0.141		Z	0.049
3	X	0.060	8	X	0.071
	Y	0.139		Y	0.089
	Z	0.187		Z	0.061
4	X	0.562	9	X	0.170
	Y	0.503		Y	0.173
	Z	1.560		Z	0.358
5	X	0.028	—	—	—
	Y	0.081		—	—
	Z	0.079		—	—

如图 5.3-21 所示，从频域上看，路面交通引发的振动，靠近地面的底部测点，Z向振动频带 0～50Hz，振动能量集中在 3～8Hz、13～45Hz 之间的频带，传递至城墙的振动有所衰减，振动能量集中在 3～8Hz 之间，10Hz 以上的高频部分得到了显著衰减。

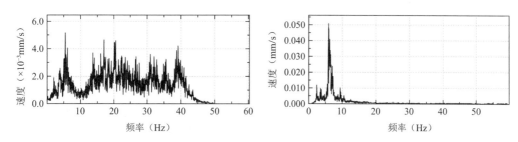

图 5.3-21　典型测点（底部测点与城墙测点）Z向振动频谱

3. 地铁振动影响分析与控制

地铁 2 号线穿越西安城墙南门和北门以及钟楼，在钟楼段为避免地铁运行对钟楼引起过大的振动，实行地铁上下行线分绕的设计方案，两条中心线相距 68m。地铁 2 号线隧道顶部埋深为 12.8m。地铁运行通车，轨道交通振动引发的振动对古建筑的影响不容忽视。国内学者通过基于隧道-加固桩-土体-古建筑全模型的动力模拟分析，对轨道交通振动影响进行了分析评估，并针对振源减振措施（空间避让地铁＋钢弹簧浮置板道床＋地铁限速通过）＋地基排桩加固的减振效果进行了模拟分析；运行通车后进行了长期的振动监测，基于监测结果，对上述组合减振措施的减振效果进行了后评价。

（1）有限元模型

地铁线路与钟楼的平面位置关系见图 5.3-22。为评估地铁 2 号线单独运行、2 号线及 6 号线共同运行下振动对古建筑的影响，采用 ABAQUS 建立了全系统模型，进行轨道交通振动下的数值模拟分析。

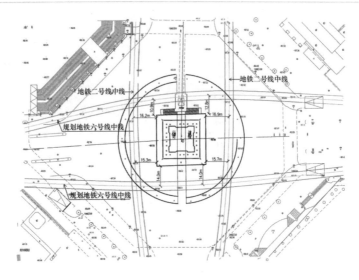

图 5.3-22　地铁线路与钟楼的平面位置关系

根据地铁线路布置和评估范围要求，在平行于地铁 2 号线和 6 号线隧道方向（Y 和 X 方向），按两列车长考虑，有限元范围按 200m 考虑，深度方向（Z 方向）有限元范围按 50m 考虑。单元采用实体六面体单元，台基外包砖单元尺寸为 $0.5m \times 0.5m \times 0.5m$，台基土单元尺寸为 $0.5m \times 0.5m \times 1.0m$。钟楼四周距台基约 55m 处有 4 面贯通的地下通道，通道顶部埋深 1.5m，通道断面为 $3m \times 9m$。地层靠近隧道和地下通道部分网格加密，随着距离的增加，网格尺寸逐渐加大。为防止人为固定边界引起的弹性波反射，造成计算误差，有限元模型四周及底部边界采用无限元。地层台基有限元模型见图 5.3-23。

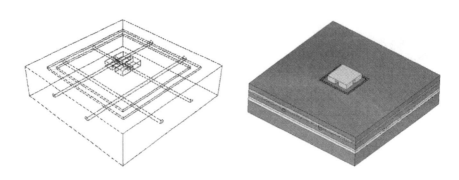

图 5.3-23　地层台基有限元模型

（2）减振技术措施

地铁线路穿越振动古建筑等敏感区域，按照地铁规划设计的要求，需要根据敏感区环境振动控制的标准，采取可靠的轨道减振措施（振源减振）。振源减振是控制轨道交通振动影响的最根本的方法，可分为一般减振措施（如普通扣件）、中等减振措施（如高等级扣件、弹性轨枕）、高等减振措施（如橡胶或聚氨酯浮置板道床）和特殊减振措施（如钢弹簧浮置板道床），根据环境振动的控制指标及轨道适用性、经济性，选取不同等级的减振措施。地铁穿越古建筑保护区，振动影响按照国家文物局的要求，振动速度不得超过 0.20mm/s，振动控制标准严格，轨道交通振动控制需求高，故轨道上采取了最高等级的弹簧浮置板道床。

同时综合采用空间避让地铁线路、古建筑地基加固技术等组合措施，减小交通荷载对古建筑振动的影响。

（3）振动分析

有限元模拟中的振动输入，考虑到钢弹簧浮置板道床的减振效果，将减振后的列车荷载施加到隧道结构中的轨道对应位置，每条隧道沿轨道方向有两列弹簧，每一列中相邻弹簧的间距为 1.25m，按两列车长考虑，共 160 个弹簧。在有限元计算中建立了与之相匹配的模型，即模型沿轨道方向为 200m，沿该方向的单元尺寸为 0.125m。

分析结果表明，2 号线单独作用时，钟楼台基 X 方向最大振动量为 0.0387mm/s，发生在台基顶东南角；Y 方向最大振动量为 0.696mm/s，发生在台基顶东南角；Z 方向最大振动量为 0.234mm/s，发生在台基顶中点；台基底到顶 X、Y、Z 三方向振动有放大趋势，X 方向放大系数为 1.4～2.5，Y 方向放大系数为 1.1～1.3，Z 方向放大系数为 1.05～1.15。南北券门洞由洞底到洞顶，X 方向振动衰减，Y、Z 方向振动放大；东西门洞由洞底到洞顶，Y 方向振动衰减，X、Z 方向振动放大。总体来看，沿台基高度，脚点处三方向振动均有放大，但 X 方向放大系数最大，Y 方向次之，Z 方向放大系数最小，这与现场测试的地面交通引起的台基振动规律基本一致。

2 号线和 6 号线共同运行、排桩加固古建筑地基后 2 号线和 6 号线同时降速运行的工况计算见表 5.3-2。

2 号线和 6 号线共同以列车设计速度运行时，台基最大竖向振动速度达 0.390mm/s，比 2 号线单独运行时引起的振动量大 66%，远远超出了国家文物局对地铁运行振动对地面的影响的要求。

当列车降速至 40km/h 时，2 号线和 6 号线共同运行引起的台基最大振动速度为 0.268mm/s，比以 70km/h 运行时振动量降低了 31%。由此可见列车降速运行对减小钟楼振动是有效的。

排桩加固地基后 2 号线单独运行时，台基各部位振动速度有比较明显的降低，台基最大振动量降低了 27%，且各部位振动速度均小于 0.2mm/s，排桩加固方案有一定的减小振动的效果。

采用排桩加固方案后列车降速行驶，2 号线和 6 号线共同通过钟楼时，台基顶部中点最大振动速度为 0.226mm/s，且台基其他部位最大振动量亦超过 0.2mm/s。由此可见，在目前的设计方案下，2 号线和 6 号线共同运行很难满足国家文物局的规定。考虑到地铁 6 号线为远期规划项目，建议对其规划设计方案或运行方案进一步优化（如避让距离、错时运行等），以确保钟楼安全。

钟楼台基振动速度工况计算　　　　　　　　　　　表 5.3-2

工况	速度（mm/s）		
	X 方向	Y 方向	Z 方向
排桩加固后 2 号线以 70km/h 单独运行	0.0122	0.0386	0.171
2 号线和 6 号线以 70km/h 共同运行	0.0576	0.1060	0.390
2 号线和 6 号线以 40km/h 共同运行	0.0218	0.0719	0.268
排桩加固后 2 号线和 6 号线以 40km/h 共同运行	0.00204	0.0628	0.226

4. 振动监测与减振后评价

实际实施中，地铁 2 号线区段的古建筑采用了振源减振措施（表 5.3-3），除了采用钢弹簧浮置板道床减振外，还包括地铁线路避让、加大隧道埋深、车辆限速通过等，从振动源上进行振动控制，同时对古建筑地基进行了注浆加固，减小古建筑振动响应。

西安地铁 2 号线古建筑区段减振措施   表 5.3-3

古建筑	区间里程	曲率半径（m）	拱顶埋深（m）	列车运行速度（km/h）	减振措施
永宁门	YCK14＋200～350	350	17.4～18.5	50～52	绕行、加大埋深、钢弹簧浮置板道床、地基注浆加固
钟楼	YCK11＋439～639	400	13.0～14.7	40～42	
安远门	ZCK14＋310～430	600	12.0～16.0	50～52	

地铁运行后，对西安古建筑进行了现场振动监测，依据地铁运营后隧道内及古建筑物本体长期振动响应水平，对振源减振及古建筑地基加固减振效果进行评价，并探讨古建筑振动响应的主要振源。

隧道内监测采用加速度拾振器，采样频率 512Hz，拾振器固定于钢轨、道床与隧道壁上；古建筑本体结构振动响应监测采用速度拾振器，采样频率为 256Hz，拾振器直接固定于平整、牢靠的结构面上（包括砖结构、木结构）。

（1）隧道内振动监测结果

列车以实际运行速度正常行驶状态下，完成全天监测工况。综合考虑列车行驶速度、运营高峰期等，选取 10 趟列车通过测点的时域信号进行统计分析，取其平均值作为评价物理量，统计结果见表 5.3-4 及表 5.3-5。列车振动能量由钢轨传播至周边结构时产生了很大程度的衰减，其中隧道壁振动以垂向为主；钢弹簧浮置板道床起到了明显的减振效果，隧道壁（垂向）减振效果达到 45.1%。Z 振级统计数据分析结果说明，隧道壁垂向减振量可达到 9dB，钢弹簧浮置板轨道起到了明显的减振效果。

隧道内振动加速度实测结果   表 5.3-4

测点位置	普通道床	钢弹簧浮置板	减振效果（%）
钢轨	230.97	303.16	—
道床	0.77	5.59	—
隧道壁（水平向）	0.61	0.33	45.10
隧道壁（垂向）	1.13	0.80	29.20

隧道内 Z 振级统计结果   表 5.3-5

测点位置	竖向 Z 振级 VL_z（dB）	
	普通道床段	钢弹簧浮置板道床段
钢轨	122	130
道床	98	104
隧道壁（水平向）	84	74
隧道壁（垂向）	95	86

（2）古建筑振动监测结果

针对地铁运营期、地铁停运期两种工况，对轨道交通、路面交通振动下古建筑的振动响应进行了长期监测，监测统计结果汇总见表 5.3-6，可以看出，不管是地铁运营期间，还是地铁停运期间仅有路面交通振动影响时，古建筑本体振动速度最大值均未超过 0.20mm/s 的要求，表明振源减振 + 古建筑地基加固综合减振措施的有效性。

古建筑振动监测数据汇总

表 5.3-6

监测工况	监测对象	速度幅值最大值（mm/s）	
		水平向	竖向
地铁运营期	永宁门城墙	0.078～0.093	0.067～0.128
	永宁门城楼	0.073～0.103	0.063～0.095
	钟楼台基	0.047～0.066	0.058～0.070
	钟楼本体	0.151～0.164	0.080～0.113
	安远门城墙	0.072～0.094	0.126～0.161
	安远门箭楼	0.123～0.153	0.075～0.106
地铁停运期	永宁门城墙	0.044～0.062	0.052～0.073
	永宁门城楼	0.049～0.062	0.034～0.050
	钟楼台基	0.090～0.106	0.032～0.052
	钟楼本体	0.030～0.045	0.038～0.055
	安远门城墙	0.053～0.064	0.055～0.088
	安远门箭楼	0.082～0.138	0.047～0.070

相比较地铁停运期间（仅有路面交通振动影响），轨道交通与路面交通同时存在的工况下，除了钟楼台基水平向振动分量外，其他古建筑的水平振动及竖向振动均出现了明显的叠加放大效应，从放大数值上看，路面交通对于城墙、城楼等古建筑的振动影响，比轨道交通振动更加显著，古建筑振动响应水平主要由路面交通贡献。

5. 小结

基于西安地铁 2 号线古建筑振动减振控制，西安地铁建设者进行了全面系统的研究，提出了针对古建筑防振保护的建议措施，可供其他古建筑减振工程参考借鉴。

（1）地铁线路设计应尽量远离古建筑，轨道线路在经过古建筑时可采取双线绕行的方案以降低对古建筑的影响；同时尽量加大线路埋深，以尽可能降低振动对其影响。

（2）场地条件允许的情况下，对古建筑设置隔离桩，并预留化学注浆加固处理地基的条件，以便在量测超限时能及时注浆，减少施工及运营过程中对其影响。

（3）穿越古建筑保护区的轨道线路，轨道宜采用无缝线路，尽量减少接头，可减小运行中的轮轨振动；道床宜采用减振效果最好的钢弹簧浮置板减振道床，以从振源上尽量减少地铁运营中的振动对其影响。

5.3.3　TOD项目减振实例

TOD（Transit-Oriented-Development）概念由美国彼得·卡尔索尔普提出，TOD是"以公共交通为导向"的开发模式，以公共交通（主要是指火车站、机场、地铁、轻轨等轨道交通及巴士干线）为基础，将工作、商业、文化、教育、居住等功能集为一体，打造新型城市社区，国内各大城市基于站点或车辆段上盖陆续开发TOD项目，目前常见的TOD可分为区域型TOD、城市型TOD、社区型TOD三大类型。

依托轨道交通进行的TOD物业上盖开发模式发展迅猛，高效解决土地效用的同时，确定其带来的振动噪声问题的有效解决方案是关键。目前，TOD物业上盖开发项目采用《城市区域环境振动标准》GB 10070—88作为区域振动标准；采用《城市轨道交通引起建筑物振动与二次辐射噪声限值及其测量方法标准》JGJ/T 170—2009作为室内振动标准。其中JGJ/T 170—2009明确规定了适用于城市轨道交通列车运行引起沿线建筑物振动的限值和测量方法，同时规定了城市轨道交通沿线建筑物室内二次辐射噪声限值。

TOD物业上盖开发车辆段的振动和噪声有别于区间正线的振动和噪声，主要具有以下特点：

（1）车辆通过时速度低，一般地铁出线限速25km/h，回线限速5～10km/h；

（2）库外线路小半径曲线多、接头多、道岔多，轨道不平顺比较大；

（3）减振降噪措施受到场地边界、交通规划、轨道运行等限制，效果有限。

针对TOD项目的减振降噪，往往需要采用多种振源减振措施，比如弹性扣件、弹性轨枕、橡胶浮置板道床、钢弹簧浮置板、阻尼钢轨、无缝钢轨减小接头等，加上受振体减振措施（比如层间隔振、房中房、楼板减振等），辅以隔声、吸声措施，通过综合手段控制建筑空间的振动噪声。

目前，国内有很多成功的TOD物业上盖开发减振降噪措施实例，如香港地铁采用加厚上盖板、声屏障、道床垫等措施；广州萝岗车辆段采用梯形轨枕、道床垫等措施；北京平西府TOD物业上盖开发在道岔区采用道砟垫，库外线采用减振扣件，试车线加装声屏障，敏感建筑物之间设置隔振墙。针对盖上建筑减振，可采用减振垫板、大承载钢弹簧支座隔振或三维振技术，减小受振体的振动。

上海"天空之城"项目（图5.3-24）紧邻轨道17号线徐盈路站，是一个比较典型的TOD成功案例。该项目结合了17号线的车辆段（停车和机修）约17公顷用地及周边的待开发地块，在保证车辆段安全运行的前提下，考虑徐盈路周边的大片居住功能，开展了集社区商业、办公、居住等功能的综合上盖开发，通过跨越崧泽大道且直联17号线的轨道车站站厅，运用空中步行街道串联和缝合了原本被市政快速路、高架轨道、车辆段超大用地、河道等分隔的多幅地块，形成"车站＋步行"辐射下的低碳出行社区。

"天空之城"项目上盖总建筑面积约38万 m²，完全位于该车辆段上方，共分为4个地块，如图5.3-25所示。01地块上盖为商业，采用钢筋混凝土框架和钢框架结构，转换方式为梁托柱"硬转换"；03地块上盖为商业和办公，采用钢筋混凝土框架和钢框架-支撑结构，同样采用硬转换。02 和 04 地块为高层住宅，结构形式为剪力墙结构，采用隔震转换。

图 5.3-24　天空之城项目效果图

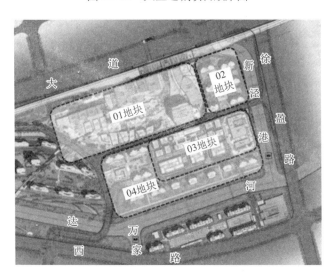

图 5.3-25　平面规划示意图

针对 TOD 项目中普遍存在的振动噪声问题，"天空之城"采用了振源减振 + 上盖建筑减振的组合措施。

（1）振源减振

针对不同的区域采用不同的减振措施（图 5.3-26）。轨道出入线区域，采用减振扣件 +道砟垫，同时辅以声屏障减小噪声影响；咽喉区采用阻尼钢轨 + 道砟垫减小轨道振动源；试车线区域采用浮置板道床 + 道砟垫，同时结合隔声墙、消声百叶对噪声进行控制；对于17 号线轻轨运行段，采用梯形轨枕进行振源减振。

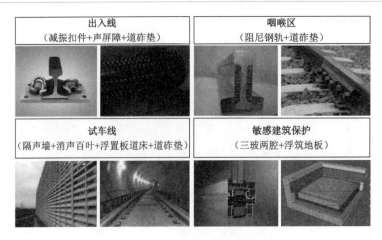

图 5.3-26　振源减振措施示意图

（2）上盖建筑减振降噪措施

由于上盖建筑与下部车库结构的竖向体系不连续，上盖建筑与下部车辆段设置了转换体系，包括硬转换和隔振转换（图 5.3-27）两种形式。转换结构的设置，在一定程度上影响了振动的传递，转换结构形成的隔振空腔起到了一定的隔声效果。同时，针对上盖建筑的振动及噪声敏感区域，采用重点区域楼盖减振方案，通过调整楼板厚度改变楼盖的自振频率，以控制轨道交通运行产生的振动响应，同时围护构件采用了"三玻两腔"的隔声构造，减小轨道交通运行产生的辐射噪声。

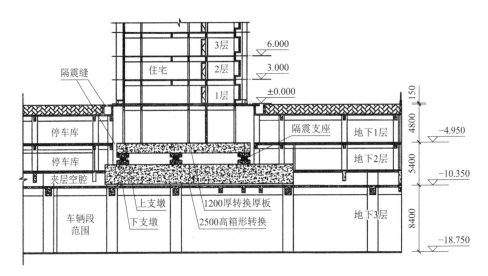

图 5.3-27　隔振转换示意图

参考文献

[1]　黄世明. 轨道交通与建筑物共建结构车致振动舒适度评价[D]. 武汉：武汉理工大学, 2013.

[2]　肖桂元, 韦红亮, 王志驹, 等. 地铁列车引起与地铁合建建筑结构环境振动特性现场测试分析[J]. 铁道学报, 2015, 37(5): 88-93.

[3]　黄微波, 杨阳, 冯艳珠, 等. 轨道交通振动传播规律与减振措施研究进展[J]. 噪声与振动控制, 2016, 36(6): 101-105.

[4]　常乐, 任珉, 闫维明. 城市公路与高架路交通诱发建筑振动实测与分析[J]. 北京工业大学学报, 2008, 34(10): 1053-1058.

[5]　陈锋, 黄茂松, 竹宫宏和. 公路高架桥交通引起的地面振动: 分析和验证[J]. 岩土工程学报, 2008, 30(1): 86-91.

[6]　李秀峰. 公路交通振动和室内环境振动对精密仪器的影响及被动隔振技术研究[D]. 广州: 广州大学, 2020.

[7]　张浩龙. 基础施工振动对相邻建筑物影响评价及检测方法[J]. 岩土工程, 2016(5): 140-143.

[8]　方东升. 施工振动对房屋结构安全影响分析与鉴定[J]. 铁道科学与工程学报, 2007, 4(4): 65-70.

[9]　刘庆杰, 胡孟达, 雷晓燕, 等. 地铁地下连续墙施工诱发的环境振动实测与分析[J]. 噪声与振动控制, 2015, 35(3): 140-143.

[10]　于海涛. 强夯施工振动对建筑物影响安全距离计算方法研究[J]. 建筑监督检测与造价, 2016, 9(1): 28-32.

[11]　孙超, 赵建锋, 孙山尊, 等. 基于实测数据的青岛硬岩地铁隧道爆破施工振动影响范围研究[J]. 市政技术, 2021, 39(1): 53-56.

[12]　王剑明. 地铁车站暗挖钻爆施工振动分析与控制研究[J]. 铁道建筑技术, 2019(5): 128-131.

[13]　马银春. 旋挖转机施工振动对附近建筑物的安全影响及环境保护研究[J]. 甘肃科技, 2016, 32(13): 92-94.

[14]　王鑫, 韩煊. 盾构施工振动振源的影响因素研究[J]. 地震工程学报, 2014, 36(3): 592-598.

[15]　丑亚玲, 刘文高, 乔雄, 等. 基于交通振动环境下建筑结构损伤机理及减振隔振的研究现状[J]. 地震工程学报, 2021, 43(3): 654-662.

[16]　叶茂, 曹保兴, 郑志华, 等. 列车动荷载下某古遗址隔振沟的减振效果研究[J]. 应用力学学报, 2015, 32(4): 682-688.

[17]　张逸静, 陈甦, 王占生. 城市轨道交通振动引起的地面振动传播研究[J]. 防灾减灾工程学报, 2017, 37(3): 388-395.

[18]　孙成龙, 高亮, 侯博文, 等. 地铁线临近建筑物振动特性及参数影响分析[J]. 北京交通大学学报, 2017, 41(4): 23-39.

[19]　付仰强, 张同亿, 秦敬伟, 等. 多线性竖向复合隔振结构性能研究[J]. 建筑结构, 2021, 51(22): 78-83.

[20]　凌育洪, 吴景壮, 马宏伟. 地铁引起的振动对框架结构的影响及隔振研究——以某教学楼为例[J]. 振动与冲击, 2015, 34(4): 184-189.

[21]　丁德云, 刘维宁, 李克飞, 等. 地铁振动的地标低频响应预测研究[J]. 土木工程学报, 2011, 44(11): 106-114.

[22]　张啓乐, 刘林芽, 李纪阳. 地铁运行引起宿舍楼环境振动预测及隔振措施研究[J]. 防灾减灾工程学报, 2015, 35(6): 745-751.

[23]　周巍, 吴永红, 屈文俊. 城市轨道交通环境中既有建筑室内振动隔振方法研究[J]. 工业建筑, 2008, 38(Z): 307-311.

[24]　WILSON G P, SAURENMAN H J, HELSON J T. Control of ground borne noise and vibration[J]. Journal

of Sound and Virbration, 1983, 87(2): 339-350.

[25] 任莹, 管立加, 刘骞, 等. 弹簧隔振层在民用工程整体隔振中的减振分析[J]. 工程抗震与加固改造, 2015, 37(1): 77-82.

[26] 张莉莉. 地铁邻近建筑三维隔振(震)支座力学性能试验及减振效应分析[D]. 上海: 上海大学, 2022.

[27] 钱春宇, 郑建国, 宋春雨. 西安古城墙环境振动测试与分析[J]. 防灾减灾工程学报, 2008, 28(Z): 109-111.

[28] 钱春宇, 郑建国, 宋春雨. 西安钟楼台基受地铁运行振动响应的分析[J]. 世界地震工程, 2010, 26(Z): 177-181.

[29] 宋春雨, 陈龙珠, 郑建国, 等. 地铁轨道减振措施对城墙振动的影响[J]. 防灾减灾工程学报, 2008, 28(Z): 147-150.

[30] 张凯, 董霄, 邓国华, 等. 西安城墙北门区段交通振动影响测试分析[J]. 建筑结构, 2015, 45(19): 58-61.

[31] 钱春宇, 郑建国, 张炜, 等. 西安钟楼台基防工业振动控制标准研究[J]. 建筑结构, 2015, 45(19): 26-31.

[32] 韦安祺. 地铁车辆段上盖开发道岔减振降噪关键技术研究[J]. 铁道勘察, 2022, 48(2): 109-113.

[33] 丁祖昱. 房企 TOD 项目开发模式及难点分析[J]. 中国房地产, 2020(29): 13-16.

[34] 阎启, 傅晋申, 周建龙. 上海徐泾车辆段上盖高层结构层间隔震设计[J]. 建筑结构, 2022, 52(9): 132-138.

[35] 吴宗臻. 地铁列车振动环境影响的传递函数预测方法研究[D]. 北京: 北京交通大学, 2016.

[36] 陶子渝. 考虑土-桩-上部结构动力耦合的地铁车辆段上盖建筑车致振动预测方法研究[D]. 广州: 华南理工大学, 2022.

第6章 建筑工程楼盖减振设计

近年来，大空间结构在办公室、商场、体育馆、车站、展览馆等公共场所的运用逐渐增多，大空间楼盖的跨度越来越大。大跨楼盖结构的竖向自振频率一般较低，当楼盖自振频率接近人员行走、跳跃、跑步、节奏运动等人致振动的频率，或者接近其上动力设备的工作频率时，容易产生显著的动力响应，这些动力响应影响了建筑的使用功能，也给人们的工作、休息乃至身体健康带来影响，人致振动及设备振动等引发的楼盖振动问题逐步引发关注。

本章针对人致振动、设备振动引起的建筑楼盖的振动，从振动荷载、振动分析、减振措施等方面，对建筑工程楼盖的振动控制进行阐述。

6.1 人致振动楼盖减振设计

6.1.1 概述

人致振动（如步行、跳跃等）造成的结构振动舒适度问题，已成为大跨楼盖、人行天桥及空中连廊等建筑结构设计的控制因素之一。英国伦敦泰晤士河上的千禧桥，由于大量游客的行走通过造成大桥严重的侧向晃动；英国的利兹市政厅由于摇滚音乐会上兴奋的人群跟着音乐跳动，节奏性运动导致楼盖产生显著振动及可见裂缝；韩国首尔的 Techomart 大楼 12 层健身人员运动，导致整个大楼发生剧烈振动长达 10min；美国旧金山金门大桥因大量人群跑步经过造成大幅振动，引发行人的极度不适。

近些年来，国内外许多学者对人致振动引起的楼盖舒适问题进行了大量的研究，相关研究成果写入了楼盖舒适度设计规范和指南，如 AISC design guide 11：Floor vibrations due to human activity，ATC design guide 1：Minimizing floor vibration（ATC，1999），SCI P354：Design of floors for vibration：a new approach，国内《高规》《混规》《高钢规》《组合楼板设计与施工规范》CECS 273：2010 等标准均针对建筑工程楼盖结构舒适度提出了明确的设计要求。《建筑楼盖结构振动舒适度技术标准》JGJ/T 441—2019 更为全面地从振动荷载、评价标准、检测评估以及减振控制等方面对建筑工程楼盖舒适度设计作了规定。

6.1.2 人致振动荷载

人致荷载可以分为固定位置动荷载和移动荷载：周期性的跳跃、突然站立、原地活动等属于固定位置上的动荷载，步行、跑步属于移动荷载。还可以将人致荷载分为周期性荷载或是瞬变性荷载：周期荷载主要是走、跑、跳、踩脚、拍手、摇摆身体等，瞬变性荷载如高台跳水等。本节立足于工程应用，重点介绍工程中常见的人致振动荷载，一般按照单人行走荷载、人群行走荷载、有节奏运动荷载分析计算。

1. 单人行走荷载

单人行走荷载模型激励曲线是研究人行荷载的基础，与人的步频以及体重有直接的关系。国内外学者针对单人行走荷载模型进行了大量的研究，提出了多种单人行走激励荷载模型，比如国际桥梁与结构工程协会（IABSE）推荐的荷载模型、国内学者基于步行试验提出的行走激励模型等，均是采用傅里叶级数或多项式构建荷载模型。

《建筑楼盖结构振动舒适度技术标准》JGJ/T 441—2019 推荐的单人行走荷载模型，激励荷载如下式所示：

$$F(t) = \sum_{i=1}^{3} \gamma_i P_p \cos(2\pi i \bar{f}_1 t + \varphi_i) \tag{6.1-1}$$

式中，$F(t)$ 为人行走激励荷载（kN）；P_p 为行人重量（kN）；通常取 0.7kN；γ_i 为第 i 阶荷载频率对应的动力因子，可按表 6.1-1 取值；$\bar{f}_1$ 为第一阶荷载频率，可按式(6.1-2)取值；φ_i 为第 i 阶荷载频率对应的相位角，可按表 6.1-1 取值。工程实践及试验证明，前三阶步行频率对楼盖振动响应的贡献较大，取前三阶步行频率构成的激励荷载计算楼盖振动响应，可以满足工程精度的要求。

步行荷载的动力因子和相位角   表 6.1-1

荷载频率阶数 i	1	2	3
γ_i	0.5	0.20	0.10
φ_i	0	$\pi/2$	$\pi/2$

$$\bar{f}_1 = \begin{cases} 1.6 & \dfrac{f_1}{n} < 1.6 \\ \dfrac{f_1}{n} & 1.6 \leqslant \dfrac{f_1}{n} \leqslant 2.2 \\ 2.2 & \dfrac{f_1}{n} > 2.2 \end{cases} \tag{6.1-2}$$

式中，n 为整数，可取 1、2、3；f_1 为楼盖结构的第一阶竖向自振频率。

2. 人群行走荷载

对于连廊及室内天桥等，大规模人群产生的步行力，由于试验设备的局限性，不易直接测试，实际工程中，一般都是将单人步行力按照一定的方式叠加得到人群步行力。由于行人间步行不一致，不同人的步行力相互影响，按照荷载等效原则，人数为 N 的人群荷载可等效为 N_e 个步调一致的行人产生的荷载。等效人群行走荷载如下式所示：

$$p_1(t) = P_b \times \gamma' \times \psi \times \cos(2\pi \bar{f}_{s1} t) \tag{6.1-3}$$

$$p_2(t) = P_b \times \gamma' \times \psi \times \cos(2\pi \bar{f}_{s2} t) \tag{6.1-4}$$

$$p_L(t) = P_{bL} \times \gamma' \times \psi_L \times \cos(2\pi \bar{f}_{sL} t) \tag{6.1-5}$$

式中，$p_1(t)$ 为第一阶人群荷载频率对应的单位面积人群竖向荷载；$p_2(t)$ 为第二阶人群荷载频率对应的单位面积人群竖向荷载；$p_L(t)$ 为单位面积人群水平荷载；P_b 为单个行人行走时产生的竖向作用力，可取 0.28kN；P_{bL} 为单个行人行走时产生的水平作用力，可取 0.035kN；$\bar{f}_{s1}$、$\bar{f}_{s2}$、$\bar{f}_{sL}$ 分别为第一阶、第二阶人群荷载竖向频率、人群荷载水平频率；γ' 为等效人群密度；ψ、ψ_L 分别为竖向荷载折减系数、水平荷载折减系数，取值可参见《建筑楼盖结构振动舒适度技术标准》JGJ/T 441—2019 第 9.2.5 及 9.2.6 条的规定。对于建筑楼盖，水平自振频率较高，可仅考虑竖向人群荷载的激励工况，对于不封闭的连廊、室内天桥等横向宽度较小的结构，其竖向频率和水平横向频率均较小，应考虑人群荷载的竖向作用、水平作用两种激励工况。

人群荷载的频率可按式(6.1-6)～式(6.1-8)确定。

$$\bar{f}_{s1} = \begin{cases} 1.25 & \dfrac{f_1}{n} < 1.25 \\[2mm] \dfrac{f_1}{n} & 1.25 \leqslant \dfrac{f_1}{n} \leqslant 2.50 \\[2mm] 2.50 & \dfrac{f_1}{n} > 2.50 \end{cases} \tag{6.1-6}$$

$$\bar{f}_{s2} = 2\bar{f}_{s1} \tag{6.1-7}$$

$$\bar{f}_{sL} = \begin{cases} 0.50 & \dfrac{f_{L1}}{n} < 1.25 \\[2mm] \dfrac{f_{L1}}{n} & 0.50 \leqslant \dfrac{f_{L1}}{n} \leqslant 1.20 \\[2mm] 2.50 & \dfrac{f_{L1}}{n} > 1.20 \end{cases} \tag{6.1-8}$$

式中，f_1、f_{L1} 分别为第一阶竖向自振频率、第一阶水平自振频率。

等效人群密度 γ' 可按式(6.1-9)计算确定。

$$\gamma' = \frac{10.8\sqrt{\varepsilon N}}{A} \tag{6.1-9}$$

式中，ε 为阻尼比，对于钢楼盖可取 0.005，钢-混凝土组合楼盖取 0.01，混凝土楼盖取 0.02；A 为人群活动的面积；N 为组成人群的行人总数量，一般可取 $N = 0.5A$，具体视工程实际工况确定。

3. 有节奏运动荷载

有节奏运动，如跳舞、演唱会、体育比赛、健身操等，对于楼盖的振动影响比较明显，当建筑中设有舞厅、健身房等功能房间时，需要对有节奏运动区域进行振动分析，同时还应考虑有节奏运动对相邻楼盖使用功能的影响。

有节奏运动荷载可按实测数据确定，也可以按式(6.1-10)所示的荷载模型计算。

$$P_i(t) = \gamma_i Q_p \cos(2\pi i \bar{f}_1 t) \tag{6.1-10}$$

式中，$P_i(t)$ 为第 i 阶荷载频率对应的有节奏运动荷载；Q_p 为有节奏运动的人群荷载，舞厅、演出舞台可取 0.60kN/m^2，看台取 1.50kN/m^2，仅进行有氧健身操的健身房取 0.20kN/m^2，室内场地、同时进行有氧健身操和器械健身的健身房取 0.12kN/m^2。$\bar{f}_1$ 为第一阶荷载频率。

跳舞、演唱会及体育看台上观众节奏运动频率按式(6.1-11)确定，健身操、室内体育活动等节奏运动频率按式(6.1-12)确定。

$$\bar{f}_1 = \begin{cases} 1.5 & \dfrac{f_1}{n} < 1.5 \\[2mm] \dfrac{f_1}{n} & 1.5 \leqslant \dfrac{f_1}{n} \leqslant 3.0 \\[2mm] 3.0 & \dfrac{f_1}{n} > 3.0 \end{cases} \tag{6.1-11}$$

$$\bar{f}_1 = \begin{cases} 2.00 & \dfrac{f_1}{n} < 2.00 \\[2mm] \dfrac{f_1}{n} & 2.00 \leqslant \dfrac{f_1}{n} \leqslant 2.75 \\[2mm] 2.75 & \dfrac{f_1}{n} > 2.75 \end{cases} \qquad (6.1\text{-}12)$$

式中，γ_i 为第 i 阶荷载频率对应的动力因子，可按表 6.1-2 采用。

有节奏运动的动力因子   表 6.1-2

有节奏运动	动力因子 γ_i		
	第一阶	第二阶	第三阶
跳舞	0.5	—	—
观众在看台上的活动	0.25(0.40)	0.05(0.15)	—
健身操、室内体育活动	1.50	0.60	0.10

注：1. 看台是指演唱会和体育场馆的看台，无固定座位的看台取括号内数值；
     2. 同时进行健身操和器械健身时，动力因子可按健身操取值。

对于行走激励为主的楼盖结构，比如同时行走人数较少的手术室、住宅，同时行走的人数较多但一般不会出现同步行走的餐厅、展览厅，同时行走的人数多但步频很低的剧场、影院、礼堂等，可按单人行走激励进行楼盖的振动响应分析；对于建筑中走廊、通道、连桥等高密度流动人群区域，行走的人群密度比较大，且很可能出现人群同步行走的情况，此时宜进行人群荷载激励下的振动响应分析。对于承受节奏性运动的楼盖结构，应进行节奏运动荷载激励下的振动响应分析。

6.1.3 振动分析方法

人致振动下建筑楼盖振动分析，可采用简化分析和有限元分析两种方法，对于行走激励下楼盖竖向振动，也可以采用加速度反应谱法计算分析。

1. 简化分析法

对于布置规则、质量分布均匀和边界条件简单的楼盖结构，可将楼盖简化为单自由度体系，仅考虑楼盖的第一阶竖向自振频率，按照单自由度体系的动力学方程，考虑楼盖的有效振动质量、人行荷载作用力及动力因子，计算分析楼盖最不利振动点的峰值加速度响应。《建筑楼盖结构振动舒适度技术标准》JGJ/T 441—2019 中给出了单人行走激励、节奏性运动激励下楼盖加速度简化计算公式。

2. 有限元分析方法

对于边界条件简单，结构平面布置规则的楼盖结构，采用简化分析方法比较合适。但是，当建筑楼盖结构采用井字梁、无梁楼盖或者结构平面布置复杂、竖向自振频率较为密集时，基于单自由度振动系统的简化分析方法受到了限制，宜采用有限元法进行人致振动下楼盖动力响应分析。

采用有限元法分析楼盖人致振动响应，首先进行结构动力特性的分析，得到结构的频率和振型，然后将人致荷载激励函数作为外荷载施加在结构模型中，采用动力时程分析方法，得到楼盖体系的振动响应。

基于有限元的楼盖结构振动分析,楼盖结构的质量、刚度和阻尼参数的取值对分析结果影响较大。楼盖的质量包括楼盖结构的恒荷载和有效活荷载,均应按实际情况确定。恒荷载包括楼盖的自重、面层、隔墙、吊挂和装饰等;楼盖有效活荷载包括摆放的家具、桌椅等。对于跳跃等活动,还应考虑参与活动的人的等效荷载,人的等效荷载与人群的密度有关。楼盖刚度受到实际边界、隔墙、洞口等影响,宜通过现场模态试验和分析来确定楼盖的动力特性,然后根据模态试验结果对结构有限元模型进行修正,以尽可能建立符合实际边界条件的结构分析模型。针对人行荷载动力计算分析时楼盖阻尼的取值,国内外学者进行了系列研究,楼盖的阻尼包括了结构构件的阻尼(材料阻尼、节点阻尼)和非结构构件阻尼,其中非结构构件阻尼占比较大,根据《建筑楼盖结构振动舒适度技术规范》JGJ/T 441—2019,舒适度计算时,行走激励为主的建筑楼盖阻尼比可按表 6.1-3 取值。

行走激励为主的建筑楼盖阻尼比　　　　　　　　表 6.1-3

楼盖使用类别	钢-混凝土组合楼盖	混凝土楼盖
手术室	0.02～0.04	0.05
办公室、住宅、宿舍、旅馆、酒店、医院、病房	0.02～0.05	0.05
教室、会议室、医院门诊室、托儿所、幼儿园、剧院、影院、礼堂、展览厅、公共交通等候大厅、商场、餐厅、食堂	0.02	0.05

注:对手术室、办公室、住宅、宿舍、旅馆、酒店、医院病房建筑,阻尼 0.02 可用于无家具和非结构构件情况,如无纸化电子办公区、开敞办公区等;阻尼比 0.03 可用于有家具、非结构构件,带少量可拆卸隔断的情况;阻尼比 0.04 可用于有较大较沉的大型办公桌、会议桌、大床等家具的情况;阻尼比 0.05 可用于含全高填充墙的情况。

楼盖结构竖向振动时程分析,还应注意:

(1)应根据结构边界条件、实际受力情况并进行适当、合理简化,建立符合实际情况的有限元计算模型。

(2)根据楼盖竖向自振频率的计算结果,合理选择楼盖不利振动点和行走激励的第一阶荷载频率。

(3)时程分析采用人致荷载函数进行加载分析时,荷载函数时长不宜少于 15s,积分时间步长不宜大于 $1/(72\bar{f_1})$。

(4)动力分析时,对于混凝土材料的弹性模量,宜采用动弹性模量,具体取值可视楼盖形式采用静弹性模量放大 1.2～1.35 倍。

3. 行走激励下反应谱分析法

行走激励下楼盖振动的反应谱分析方法,考虑 1～10Hz 范围内的荷载激励频带,根据实测的复步落步荷载曲线,提出了计算单人步行竖向荷载作用下的楼盖加速度均方根响应的反应谱(图 6.1-1);根据实测或有限元分析的楼盖振动频率及振型质量,结合该反应谱曲线计算各振型对应的加速度均方根响应,并取最大值的 2 倍得到峰值加速度。该方法考虑了楼盖跨度、人行荷载行走路线以及楼盖响应验算点位置不同的影响修正。

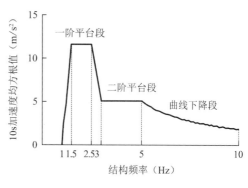

图 6.1-1　设计反应谱形状

6.1.4 楼盖减振设计

大跨度楼盖结构人致振动控制，主要有两种措施：一是减小振动输入，比如楼盖采用浮筑构造（比如高分子柔性材料、橡胶垫、钢弹簧等浮筑层）进行隔振；二是减小楼盖振动响应，可通过调整楼盖结构动力特性，调整刚度避开人致振动频率或增加楼盖阻尼，都可减小人致振动下的楼盖动力响应。对于轻质、高强的大跨度楼盖结构不可避免地会与人致振动频率重合，调整结构动力特性进行控制会造成建设成本浪费，此时可考虑采用调谐质量阻尼器（TMD）减振，实现有效合理的振动响应控制。关于楼盖隔振相关内容可参见第 9 章，下文重点介绍基于楼盖动力特性调整及 TMD 控制振动设计的相关内容。

1. 基于楼盖动力特性调整的减振设计

楼盖结构动力特性的调整，主要是改变楼盖面外刚度和阻尼。一般以行走激励为主的楼盖结构，设计时楼盖第一阶竖向自振频率不宜低于 3Hz；有节奏运动为主的楼盖结构，第一阶竖向自振频率宜控制不低于 4Hz。

当楼盖结构跨度较小时，增加楼盖刚度对减小楼盖振动、提高舒适度效果明显且较为经济。提高楼盖的刚度可采用增大构件截面、增设构件支点、施加体外预应力等方法。

（1）增大截面法是指增大原构件截面，提高其刚度，改变其自振频率，适用于梁、板体系。增大截面法可采用加大截面高度或宽度、加厚翼缘板、变工字形截面为箱形截面等方式。

（2）增设支点法指用增设构件支点或改变支座约束来改善结构受力体系，改变其自振频率。主要方法有：增设柱、墙、支撑或辅助杆件来增加构件支点；将简支结构端部连接成连续结构；将构件端部支承由铰接改造成刚接；调整构件的支座位置等。

（3）体外预应力法可通过施加体外预应力提高构件的刚度，降低结构的人致振动。

增加楼盖的阻尼也可以有效地降低楼盖的振动响应，一般通过可增设隔墙、吊顶或面层等，提高非结构构件的阻尼比；也可以通过楼盖下粘贴耗能材料，增加楼盖竖向变形时的结构阻尼比。

2. 基于 TMD 的减振设计

对于轻柔的大跨度楼盖结构而言，楼盖结构频率较低，通过调整楼盖动力特性参数降低人致振动影响，代价较大且减振效果有限。当楼盖结构的自振频率难以达到频率控制要求时，可采用 TMD 进行楼盖减振控制。

大跨度楼盖结构的振型比较密集，通常前几阶模态对楼盖结构总体响应的贡献最大，因此，以此类结构为对象进行 TMD 减振设计时，工程上可重点关注结构的前几阶模态。TMD 减振设计具体步骤如下：

（1）结构动力特性分析，得到楼盖结构的模态；具备测试条件的，应现场实测结构模态，并对有限元模型进行校正。

（2）挑选接近人行步频范围内的楼盖结构自振频率，构建人致振动荷载，一般至少考虑前 3 阶振动荷载。

（3）根据振动敏感点位置，结合楼盖自振模态，确定 TMD 布设位置。

（4）TMD 参数设计：首先根据 TMD 布设及对应楼盖范围，初步确定质量比，一般质量比可取控制模态质量的 0.5%～5%；然后根据最优控制理论，选定 TMD 的频率比和阻尼比。当采用 TMD 控制楼盖多阶振动模态时，需要设置多个调谐质量阻尼器（MTMD），每种 TMD 需按照不同控制模态的频率和模态质量进行参数设计与优化。

（5）动力时程分析，对比有无 TMD 情况下楼盖结构的振动响应，有 TMD 情况下若振动响应仍不满足规范要求的振动加速度限值要求，则调整 TMD 质量比，重新进行计算，直至达到要求。

（6）验算 TMD 行程，若超出使用要求，则提高阻尼比，同时要复核提高 TMD 阻尼比后楼盖结构的振动响应。

（7）基于现场测试，进行 TMD 安装与调试。

6.1.5　人致振动楼盖减振实例

1. 工程概况

厦门国际会展中心三期工程，东临四号路，北侧为会展中心一期和二期，西侧紧靠前埔中路，南临会展南路。建设用地面积 105687m²，总建筑面积 168000m²，其中，地上建筑面积 78000m²，地下建筑面积 90000m²。整个会展中心鸟瞰见图 6.1-2（a），图中右侧部分为三期工程。工程主体平面尺寸为 143.2m × 406.45m，设 2 条变形缝，分为 A、B、C 共 3 个区，前广场为纯地下室，平面分区如图 6.1-2（b）所示。

(a) 鸟瞰图

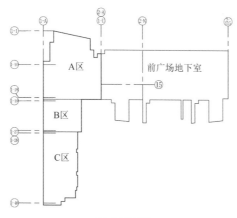

(b) 分区示意

图 6.1-2　会展中心示意图

工程主要功能为大空间展厅，主体展厅两侧设辅助用房，C 区展厅上设办公用房。地下 1 层为小型汽车库、库房、餐饮及设备用房，建筑高度 23.95m。主要建筑分区如下：A 区平面尺寸约 143.2m×155m，含 99m 跨展厅；B 区平面尺寸约 93.5m×72m，含 72m 跨展厅；C 区平面尺寸 84.5m×178.5m，含 63m×81m 展厅 2 个，各区剖面图如图 6.1-3 所示。

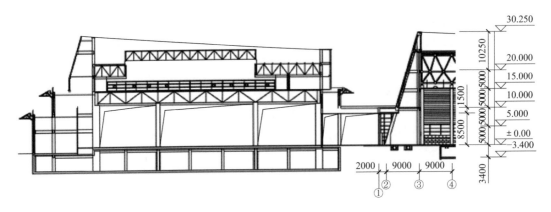

图 6.1-3　会展中心 C 区剖面示意图

C 区建筑地上共 2 层，其中 1 层为大跨度展厅，2 层建筑功能为办公。原设计拟采用跨度 63m 的楼盖，分析后发现存在两个问题：一是楼盖用钢量很大；二是楼盖竖向振动加速度较大。在不影响使用功能的条件下，楼盖结构纵向跨度设为 27m，横向跨度为 18m+27m+18m，双向布置 4m 高主桁架，纵向布置 27m 跨度等高次桁架，横向间距 3m 布置 9m 跨钢梁。中间柱采用钢管混凝土柱，与桁架刚性连接，为释放温度应力，主桁架端部与辅助用房钢筋混凝土柱滑动连接。楼盖平面及剖面布置见图 6.1-4。

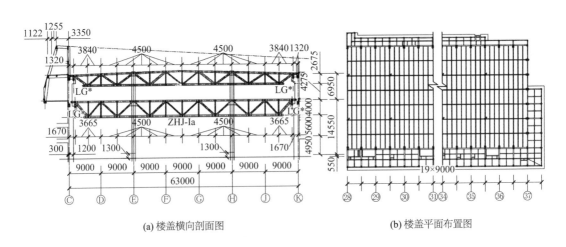

(a) 楼盖横向剖面图　　　　　　　　　　　(b) 楼盖平面布置图

图 6.1-4　C 区楼盖结构示意图

2. 楼盖竖向振动计算

为确保 2 层办公舒适度，对 27m 跨区域在步行激励下的响应采用 ETABS 进行数值分析，计算时采用的步行荷载工况为国际桥梁及结构工程协会（IABSE）所给定的连续步行激励荷载模式，并且假设单人质量 65kg，行进频率假定为 2.15Hz，则相应的步行荷载如图 6.1-5 所示。

理论计算结果表明，本项目大跨度楼盖竖向固有频率较低（第一阶竖向频率 4.29Hz），当人员在楼盖上行走时，很容易激发楼盖产生共振现象，共振引起结构振幅过大，如图 6.1-6 所示。振动加速度超出规范 0.005g限值，给行人造成心理恐慌；进而可能导致结构耐久性降低，或者在长期使用过程中，钢结构的焊缝容易引起疲劳破坏；因此对大跨度楼盖进行减振处理是十分必要的。

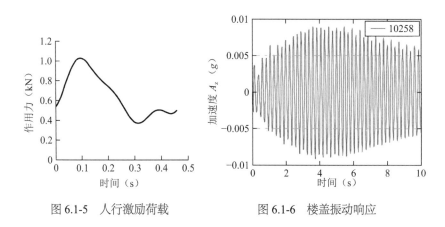

图 6.1-5　人行激励荷载　　　　图 6.1-6　楼盖振动响应

3. TMD 振动控制

调谐质量阻尼器由质量m_t、阻尼c_t和弹簧k_t组成，分别为：

$$m_t = \mu M_1 \tag{6.1-13}$$

$$c_t = 2m_t \xi \omega_1 \tag{6.1-14}$$

$$k_t = \omega_1^2 m_t \tag{6.1-15}$$

式中，M_1为主结构的质量；ω_1为控制结构的频率；μ为质量比；ξ为 TMD 的阻尼比，其最优阻尼比、频率比为：

$$\xi_{opt} = \sqrt{\frac{3\mu}{8(1+\mu)^3}} \tag{6.1-16}$$

$$f_{opt} = \frac{1}{1+\mu} f_1 \tag{6.1-17}$$

本项目在 27m 跨间纵向次桁架跨中下弦处安装调谐质量阻尼器（TMD），TMD 每个 0.625t，每跨安装 4 个，共计 24 个，总质量 15t。TMD 布置示意见图 6.1-7。

增设 TMD 前后楼盖振动最大点的振动加速度计算值比较见图 6.1-8 及表 6.1-4，从表 6.1-4 可以看出，安装 TMD 后各节点的振动加速度峰值都有较大幅度的减小，减振效果良好，最高可接近 50%。此外，减振前各点的振动幅值相差较大，而减振后各点的振动幅值相近，减振后可以满足办公建筑楼盖舒适度不大于 0.05m/s² 的要求。

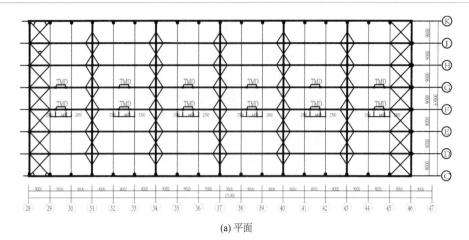

(a) 平面

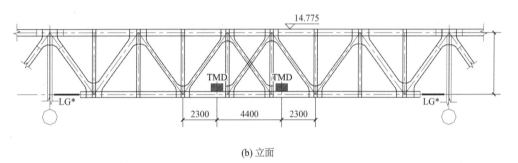

(b) 立面

图 6.1-7　TMD 布置示意

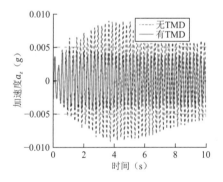

图 6.1-8　TMD 减振效果

结构楼盖典型测点加速度响应对比　　　　　　　　　　　　　　　　　表 6.1-4

序号	楼盖节点	无 TMD-竖向振动（g）	有 TMD-竖向振动（g）	减振效率 （有 TMD-无 TMD）/无 TMD
1	10029	6.88×10^{-3}	3.85×10^{-3}	44%
2	10030	6.86×10^{-3}	3.75×10^{-3}	45%
3	10143	8.45×10^{-3}	4.60×10^{-3}	46%
4	10144	8.40×10^{-3}	4.57×10^{-3}	46%
5	10257	8.99×10^{-3}	5.12×10^{-3}	43%
6	10258	9.04×10^{-3}	5.16×10^{-3} ·	43%

序号	楼盖节点	无 TMD-竖向振动（g）	有 TMD-竖向振动（g）	减振效率 （有 TMD-无 TMD）/无 TMD
7	10371	8.62×10^{-3}	4.81×10^{-3}	44%
8	10372	8.40×10^{-3}	4.85×10^{-3}	42%
9	10485	5.75×10^{-3}	3.95×10^{-3}	31%
10	10486	5.70×10^{-3}	3.99×10^{-3}	30%

6.2　设备振动楼盖减振设计

伴随我国工业化和城市化进程的快速发展，一大批工业厂房及大型文化旅游购物中心应运而生。越来越多的大型生产机械设备和娱乐设备被安置在较高楼层，由此引发的楼盖结构振动问题也日渐增多。设备运行引起的振动若不加控制，可能会使楼盖产生共振，影响建筑本身的性能，甚至使楼板产生裂缝，导致结构破坏；结构振动会对设备造成不良影响，特别是会影响精密仪器的精度和性能，降低设备的使用寿命；同时，结构振动还容易引起工作人员的疲劳和恐慌，降低工作人员的舒适感和安全感，甚至影响身心健康。而大型机械设备普遍存在自重大、移动困难等客观因素，故为保障设备运转时工业厂房的结构安全，对楼盖结构的减振也势在必行。

室内设备引起楼盖振动问题主要存在以下几类原因：第一，设备振动控制设计并未列入一般结构设计时的强制性要求；第二，传统结构设计人员缺乏有效的振动控制设计经验；第三，动力设备或振源种类较多、复杂性高，实现有效的振动控制并不容易。

6.2.1　设备振动荷载及组合

设备的动力荷载是振动舒适度设计的输入条件，振动荷载标准值宜由设备制造厂提供，当设备制造厂不能提供时，应根据振动荷载测量确定或按相关标准的有关规定采用。《建筑振动荷载标准》GB/T 51228—2017 给出了常用的动力设备振动荷载模型和参数取值。

振动荷载的计算模型和基本假定应与设备的实际运行工况一致。建筑工程振动荷载应根据设计要求采用标准值、组合值作为代表值。

设备的动力荷载应包括下列内容：扰力和扰力矩的方向、幅值和频率；扰力作用点；工作转速；旋转部件的质量；偏心距等。

进行振动荷载作用效应组合时，应符合下列规定：承载能力极限状态设计时，静力荷载与等效静力荷载效应组合、静力荷载与振动荷载效应组合应采用基本组合；正常使用极限状态设计时，静力荷载与等效静力荷载效应组合、静力荷载与振动荷载效应组合应采用标准组合。

当多个周期性振动荷载或稳态随机振动荷载组合时，振动荷载均方根效应组合值，宜按下式计算：

$$S_{v\sigma} = \sqrt{\sum_{i=1}^{n} S_{v\sigma i}^2}$$ (6.2-1)

式中，$S_{v\sigma}$ 为 n 个振动荷载均方根效应的组合值；$S_{v\sigma i}$ 为第 i 个振动荷载效应的均方根值；n 为振动荷载的总数量。

当两个周期性振动荷载作用时，振动荷载效应组合的最大值，宜按下式计算：

$$S_{vmax} = S_{v1max} + S_{v2max} \tag{6.2-2}$$

当冲击荷载起控制作用时，振动荷载效应组合，宜按下式计算：

$$S_{vp} = S_{vmax} + \alpha_k \sqrt{\sum_{i=1}^{n} S_{v\sigma i}^2} \tag{6.2-3}$$

式中，S_{vp} 为当冲击荷载控制时，在时域范围上效应的组合值；S_{vmax} 为冲击荷载效应在时域上的最大值；α_k 为冲击作用下的荷载组合系数，可取 1.0。

6.2.2 设备振动楼盖动力响应分析方法

设备荷载引起的楼盖竖向振动加速度宜采用时程分析计算方法。计算设备荷载引起的本层楼盖竖向振动加速度时，计算模型可仅取本层楼盖进行分析。计算设备荷载引起的其他楼层楼盖竖向振动加速度时，计算模型宜取整体结构进行分析。

进行设备振动分析之前，首先要建立正确的结构分析模型，对结构进行模态分析，得到结构的动力特性，如频率、振型等；然后将设备振动荷载模型输入到结构分析模型中，得到结构的动力响应。

进行动力分析时，可以采用瞬态分析和稳态分析两种方法。稳态分析主要是分析设备从启动到正常工作阶段结构的动力响应。

6.2.3 设备振动楼盖减振方法

对设备引起的振动，控制方法可归纳为以下四类：

（1）调整振源。设备振动的主要来源是设备本身的不平衡力，最简单有效的控制方法是调整设备的位置。对于生产操作区、娱乐设施等设备，可根据结构布置情况来调整振源位置，将设备移到结构刚度较大的位置，从而减小楼盖振动响应。

（2）防止共振。防止和减少共振响应是振动控制的一个重要方面。可通过改变设备转速、型号或局部加强法等，改变设备的固有频率，防止其与楼盖自振频率接近而引起楼盖的共振；对于一些薄壳机体或仪器仪表柜等，还可采用粘贴弹性高阻尼结构材料增加其阻尼，以增加能量逸散，减小楼盖的振动响应。

（3）减振、隔振。在振源不变的情况下，可通过减少或隔离振动达到控制振动的目的。对于常见的设备振动而言，目前工程上应用最为广泛的控制振动的有效措施是在设备底座安装隔振器。

（4）采用调谐质量阻尼器。此方法与人致振动楼盖减振方法相同。

6.2.4 设备振动楼盖减振实例

1. 工程概况

某精密加工设备的电子厂房，三层混凝土框架结构，柱横向跨度 10m，纵向跨度 12m。该项目的三层楼盖 2-E~2-F 轴和 2-5~2-6 轴之间增设一台精密加工设备，由于建筑楼宇内部的动力设备及环境影响，需要评估楼盖振动水平能否满足精密设备的微振动环境要求。

2．现场振动测试

针对 3 层精密仪器放置区域，进行了楼盖振动测试，共测试了 3 个点，各测试点位置见图 6.2-1。

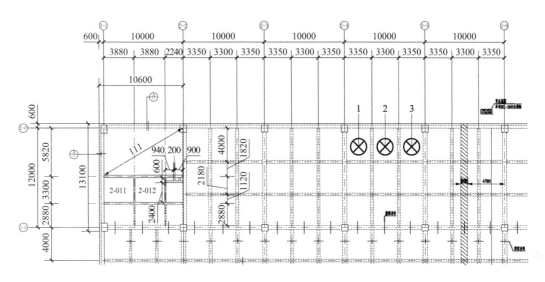

图 6.2-1　测点布置示意

对各测点测试数据进行处理分析，得到对应的 1/3 倍频程曲线，如图 6.2-2～图 6.2-4 所示。分析可知，测点 1 满足 VC-B 标准，测点 2 在中心频率 12.5Hz 处超过 VC-A，测点 3 略超过 VC-B。从测点分布图可以看出，测点位于楼盖的跨中，因此，测点 2 振动大于其他两测点，符合一般规律。

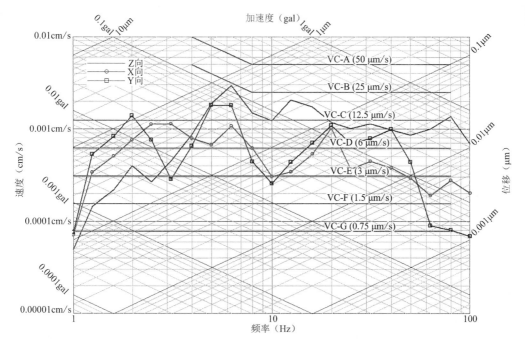

图 6.2-2　测点 1 水平及竖向 1/3 倍频程曲线

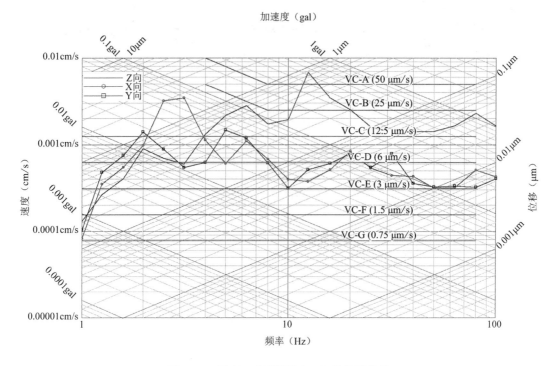

图 6.2-3　测点 2 水平及竖向 1/3 倍频程曲线

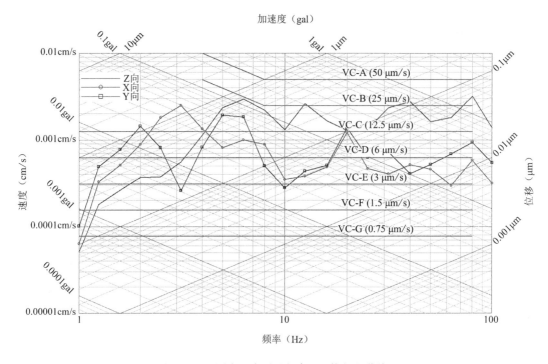

图 6.2-4　测点 3 水平及竖向 1/3 倍频程曲线

3. 基于 TMD 的楼盖减振控制

本工程针对楼盖跨中单一频率超出振动限值要求的情况，采用 TMD 进行调频减振。

（1）TMD 设计及实施

楼盖的竖向振动基频 13.1Hz，振型参与质量 167200kg，取质量比 0.03，则 TMD 阻尼比及频率为：

$$\xi_{\text{opt}} = \sqrt{\frac{3\mu}{8(1+\mu)^3}} = 0.101$$

$$f_{\text{opt}} = \frac{1}{1+\mu} f_1 = 13.11\text{Hz}$$

按照上述总的参数，在楼盖下方设置 4 个 TMD，TMD 参数如表 6.2-1 所示。

TMD 设计参数　　　　　　　　　　　　　　　表 6.2-1

	控制方向	质量（kg）	刚度（N/mm）	阻尼系数（N·s/mm）
TMD	竖向	1254	8504	21

TMD 安装方案如图 6.2-5 所示。

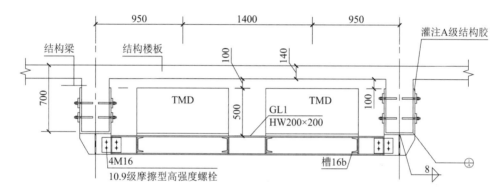

A-A

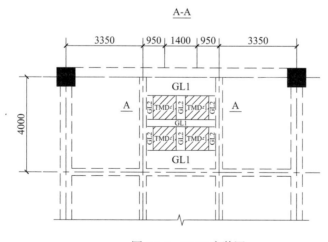

图 6.2-5　TMD 安装图

（2）控制效果分析

图 6.2-6 给出了控制点的振动速度 1/3 倍频程曲线，可以看出增加 TMD 后，楼盖竖向振动可以满足要求，振动控制效果显著。

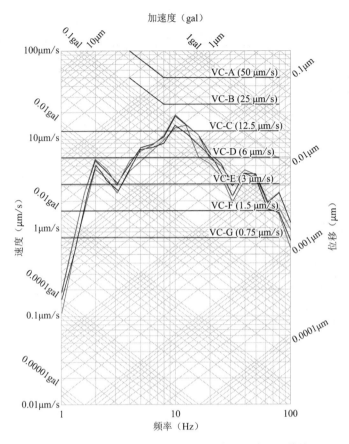

图 6.2-6　安装 TMD 楼盖测点的竖向 1/3 倍频程曲线

参考文献

[1]　秦敬伟. 基于双足步行模型的人体-结构相互作用[D]. 北京: 北京交通大学, 2014.

[2]　秦敬伟. 人群荷载作用下大跨楼板振动响应分析[D]. 博士后研究工作报告. 北京: 北京交通大学, 2016.

[3]　QIN J W, LAW S S, YANG Q S, et al. Pedestrian-bridge dynamic interaction including human participation[J]. Journal of Sound and Vibration,2013, 332(4): 1107-1124.

[4]　QIN J W, LAW S S, YANG Q S, et al. Finite element analysis of pedestrian-bridge dynamic interaction[J]. Journal of Applied Mechanics, ASME, 2014, 81. 041001-1-15.

[5]　陈宇. 步行荷载激励下大跨人行桥的振动研究和减振研究[D]. 北京: 清华大学, 2007.

[6]　张同亿, 王利群, 曾庆鹏. 厦门国际会展中心三期大跨屋盖和楼盖结构设计[J]. 建筑结构, 2013: 43(2): 1-4.

[7]　秦敬伟, 杨娜, 杨庆山. 人群步行荷载激励下北京南站站厅楼板振动试验研究[J]. 北京工业大学学报, 2011, 37(S).

[8]　BROWNJOHN J M W, MIDDLETON C J. Procedures for vibration serviceability assessment of high-frequency floors[J]. Engineering Structures, 2008, 30: 1548-1559.

[9]　MURRAY T M. Floor vibrations: A critical serviceability issue[C]. Presentation at the 3rd Annual Meeting of the South Carolina Structural Engineers Association, Hilton Head, SC, August 8th, 2008.

[10]　MURRAY T M, ALLEN D E, UNGAR E E. Floor vibrations due to human activities. Steel design guide, Series-11, AISC/CISC, Chicago. 1997.

[11]　ATC design guide 1: Minimizing floor vibration. Applied Technology Council, Redwood city, California, 1999.

[12]　SMITH A L, HICKS S J, DEVINE P J. Design of floors for vibration: a new approach. The Steel Construction Institute, Silwood Park Ascot Berkshire SL5 7QN, 2009.

[13]　WILLFORD R, YOUNG P. A design guide for footfall induced vibration of structures. The Concrete Centre by The Concrete Society, 2006.

[14]　HIVOSS. Design of footbridges guideline. Human induced vibrations of steel structures, 2008.

[15]　陈政清, 华旭刚. 人行桥的振动与动力设计[M]. 北京: 人民交通出版社, 2009.

[16]　娄宇, 黄健, 吕佐超. 楼板体系振动舒适度设计[M]. 北京: 科学出版社, 2013.

[17]　谢伟平, 马朝霞, 何卫. 大跨度楼盖自振频率与人致振动舒适关系研究[J]. 武汉理工大学学报, 2012, 34(4): 96-101.

[18]　朱鸣, 张志强, 柯长华, 等. 大跨度钢结构楼盖竖向振动舒适度的研究[J]. 建筑结构, 2008, 38(1): 72-76.

[19]　聂建国, 陈宇, 樊建生. 步行荷载作用下单跨人行桥振动的均方根加速度反应谱法[J]. 土木工程学报, 2010, 43(9): 109-117.

[20]　陈宇, 樊建生, 聂建国. 多跨人行桥振动的均方根加速度反应谱法[J]. 土木工程学报, 2010, 43(9): 117-124.

[21]　韩小雷, 陈学伟, 毛贵牛, 等. 基于人群行走仿真的楼板振动分析方法及反应谱公式推导[J]. 建筑科学, 2009, 25(5): 4-9.

[22]　徐若天, 陈隽, 叶艇, 等. 大跨度楼盖步行荷载作用的加速度反应谱研究[J]. 建筑结构学报, 2015, 36(4): 133-140.

[23]　张思功. 行走作用下组合楼板振动的数值分析方法研究[D]. 北京: 北京交通大学, 2011.

第7章　建筑工程风振控制

对于高层、大跨度建筑工程，仅仅通过增强结构刚度来抵抗强风作用，可能代价很大甚至不能满足要求。这时需要考虑结构风振控制，风振控制包括风荷载优化与风振响应控制两个方面：风荷载优化主要基于风气候环境优化、建筑形体改进，减小结构的风荷载输入；风振响应控制主要是指通过对结构刚度特性与阻尼特性的调整或者施加外力的方法，减小结构风振响应。除了常规结构体系优化及构件设计的刚度调整，近年来基于减振技术的建筑风振控制实例越来越多。

7.1　风荷载及风致响应

7.1.1　风的基本概念

1. 风的组成

空气从气压大的地方向气压小的地方流动就形成了风，风的流动速度叫做风速。空气流动遇到建筑物时，由于受阻雍塞，形成了风压，风压作用在建筑物被称为风荷载。研究风荷载首先需要研究风的特性。

通过对风速实测资料研究发现，在风速时程曲线中（图 7.1-1），风速由长周期成分和短周期成分组成。长周期风的周期通常大于 10min，与建筑结构的自振周期相差较远，因此工程中将其定义为平均风，认为它对结构的作用与静力作用近似。短周期风的周期通常在几秒到几十秒之间，和建筑结构的自振周期接近，而且这部分风速的变化具有随机性，工程中将其定义为脉动风，它对结构的作用会引起结构的振动。

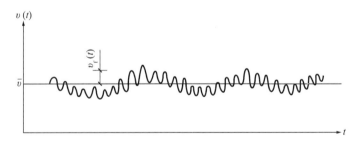

图 7.1-1　平均风速和脉动风速

2. 平均风速剖面

在大气边界层内，由于空气流动受摩擦力的影响，风速随高度变化，其变化规律被称为平均风速剖面。平均风速剖面主要取决于地面粗糙度和温度垂直梯度。通常认为在离地面高度 300～550m 时，风速不再受地面粗糙度的影响，即达到"梯度风速"，该高度称为梯度风高度H_G。平均风速剖面常用对数律和指数律来描述。

对数律表达式如下：

$$\bar{v}(z) = \frac{1}{k}\bar{v}^* \ln\left(\frac{z'}{z_0}\right) \tag{7.1-1}$$

式中，$\bar{v}(z)$为高度z处的平均风速；$\bar{v}^*$为摩擦速度或流动剪切速度；k为卡曼常数，一般取0.4；z_0为地面粗糙度，与地面类型有关；$z' = z - z_h$为有效高度，取离地高度z和零位移平面高度z_h之差，零位移平面可取一般房屋高度的3/4处。

指数律表达式如下：

$$\bar{v}(z) = \bar{v}_b\left(\frac{z}{z_b}\right)^{\alpha} \tag{7.1-2}$$

式中，z_b、$\bar{v}_b$分别为标准参考高度和标准参考高度处的平均风速；z、$\bar{v}(z)$分别为计算高度和计算高度处的平均风速；α为地面粗糙度指数，与地面粗糙程度有关，在梯度风高度H_G范围内保持常量。

因指数律比对数律计算简便，且两者差别不大，在工程设计中一般采用指数律。我国《建筑结构荷载规范》GB 50009—2012（简称《荷载规范》）即采用了指数律剖面，标准参考高度为10m，地面粗糙度指数和梯度风高度的取值见表7.1-1。表中各类地貌具体为：A类指近海海面和海岛、海岸、湖岸及沙漠地区；B类指田野、乡村、丛林、丘陵以及房屋比较稀疏的乡镇；C类指有密集建筑群的城市市区；D类指有密集建筑群且房屋较高的城市市区。

由前文可知高度大于梯度风高度H_G时，风速不再受地面粗糙度的影响，即各类粗糙度下H_G以上高度风速相等，据此，再根据式(7.1-2)和表7.1-1，可推导出各类地貌下10m风速$\bar{v}_{10*}$与B类标准地貌下的10m风速$\bar{v}_{10B}$之间的比值，列入表7.1-1。

各类地貌下的粗糙度指数、梯度风高度以及风速关系　　　　　　表7.1-1

地貌类别	A	B	C	D
α	0.12	0.15	0.22	0.30
H_G	300	350	450	550
$\bar{v}_{10*}/\bar{v}_{10B}$	1.133	1.0	0.738	0.512

3. 基本风速

风速随距地面高度变化而变化，不同的地貌环境也影响风速的大小，因此有必要对特定高度条件分析平均风速，相应风速或风压称为基本风速和基本风压。主要涉及以下几个方面：

（1）标准高度：在梯度风高度范围内，距地面越高风速越大。因此标准高度的规定对基本风速数值影响很大，我国气象台记录风速仪高度大多安装在 8～12m 之间，因而我国规范规定以 10m 为标准高度。

（2）地貌：地面越粗糙，同一高度风速越低，因此有必要为基本风速规定一个统一的地貌条件标准。目前风速仪大都安装在气象台，一般离城市中心有一定距离，且周围空旷平坦地区居多。因而《荷载规范》规定的基本风速和风压是针对一般空旷平坦地面，即 B 类地貌。

（3）基本风速的样本选择：考虑到风速有它的自然周期，如东南沿海最大风速多在夏季半年，西北内陆多在冬季半年，所以《荷载规范》中采用年最大风速作为统计样本，年最大风速指的是年最大平均风速。

（4）平均风速的时距：平均风速的数值与平均时距（即求平均风速的时间间隔）的取值有关。通常时距越短，平均风速越大。《荷载规范》中取 10min 时距的平均风速数据样本。

（5）风速重现期：在统计意义上，连续出现两次大于设计风速的时间间隔被称为风速重现期，重现期与结构的抗风安全度或保证率有关，《荷载规范》规定基本风速的重现期是 50 年。

（6）基本风速的数理统计计算方法：基本风速由年最大平均风速的统计样本根据概率密度分布函数求得。常用的概率密度分布有三种：极值Ⅰ型分布、极值Ⅱ型分布和韦布尔分布。目前大多数国家包括《荷载规范》中采用极值Ⅰ型分布，其表达式为

$$F_{\mathrm{I}}(x) = \mathrm{e}^{-\mathrm{e}^{[-\alpha(x-u)]}} \tag{7.1-3}$$

式中，x 为年最大风速样本；u 和 α 分别为位置参数和尺度参数，可根据样本平均值 $\bar{x}$ 和标准差 σ_x 求出：

$$\alpha = \frac{1.28255}{\sigma_x}, \ u = \bar{x} - \frac{0.57722}{\alpha} \tag{7.1-4}$$

将式(7.1-3)变换可得：

$$x_{\mathrm{I}} = u - \frac{\ln(-\ln F_{\mathrm{I}})}{\alpha} \tag{7.1-5}$$

式中，x_{I} 为极值Ⅰ型分布的最大基本风速；F_{I} 为对应的不超过该最大基本风速的概率，可利用重现期 T 求出。重现期为 T 年时，在任一年中超越该风速一次的概率为 $1/T$，因此不超过该风速的概率为 $1 - 1/T$。

$$F_{\mathrm{I}} = 1 - 1/T \tag{7.1-6}$$

将式(7.1-4)、式(7.1-6)带入式(7.1-5)整理后可得到最大基本风速的表达式：

$$x_{\mathrm{I}} = \bar{x} + \varphi\sigma_x \tag{7.1-7}$$

式中，$\varphi = -[0.57722 + \ln(\ln - F_{\mathrm{I}})]/1.28255$，为保证系数。

当采用有限数量样本 n 的均值 $\bar{x}$ 和标准差 σ_1 时，分布参数 u 和 α 分别按下式计算：

$$\alpha = \frac{C_1}{\sigma_1}, \ u = \bar{x} - \frac{C_2}{\alpha} \tag{7.1-8}$$

式中，C_1 和 C_2 是和样本数量相关的系数，具体取值见表 7.1-2，当数量为无穷大时，这两个系数就同式(7.1-4)中的 1.28255 和 0.57722。计算基本风速时，年最大风速的样本数量一般应大于 25 年；当不能满足时，不宜小于 10 年。

系数 C_1 和 C_2 表 7.1-2

样本数量 n	C_1	C_2	样本数量 n	C_1	C_2
10	0.9497	0.4952	45	1.15185	0.54630
15	1.02057	0.5182	50	1.16066	0.54853
20	1.06283	0.52355	60	1.17465	0.55208
25	1.09145	0.53086	70	1.18536	0.55477
30	1.11238	0.53622	80	1.19385	0.55688
35	1.12847	0.54034	90	1.20649	0.5586
40	1.14132	0.54362	100	1.20649	0.56002

4. 基本风压

根据伯努利方程，可以求得风压和风速之间的关系，如下式：

$$w = \frac{1}{2}\rho v^2 \tag{7.1-9}$$

式中，w 为风压（kPa）；v 为风速（m/s）；ρ 为空气密度（t/m³）。海拔高度、纬度、空气湿度、温度等不同，空气密度也会发生变化。一般情况下，可取 $\rho = 1.25\mathrm{kg/m^3}$，即风压和风速的关系为 $w = \frac{1}{1600}v^2$。

当风速统计样本满足标准条件，即：时距 10min、采集标准高度 10m、观测场地为平坦空旷的地形、重现期 50 年时，得到的风速为基本风速，由式(7.1-9)可换算出基本风压。

实际工程中，也会遇到一些非标准条件的情况，这时需要对风速或风压进行换算。

（1）高度换算：不同高度的风速可按指数律式(7.1-2)进行换算。

（2）时距换算：风速观测可能有其他时距，如澳大利亚和美国规范取 3s，加拿大取 1h 等，参考美国规范 ASCE/SEI7-16 中不同时距的平均最大风速与 1h 平均风速的转换曲线，不同时距间风速换算关系见表 7.1-3。

不同时距间风速换算关系 表 7.1-3

风速时距	1h	10min	5min	2min	1min	30s	20s	10s	5s	3s	瞬时
v_t/v_{10}	0.94	1	1.07	1.16	1.20	1.25	1.28	1.35	1.39	1.43	1.50

（3）重现期换算：重现期不同，最大风速的保证率不同，相应的基本风速和基本风压值也就不同。《荷载规范》按 50 年重现期来确定基本风压，但也指出对于风荷载要求较高的建筑，基本风压应适当提高，实际操作时可采用适当提高重现期来确定风压，重现期 R 年的风压值可根据 10 年和 100 年的风压值按下式确定：

$$w_R = w_{10} + (w_{100} - w_{10})(\ln R / \ln 10 - 1) \tag{7.1-10}$$

式中，w_R、w_{10} 和 w_{100} 分别为重现期为 R 年、10 年和 100 年的风压值。

7.1.2　结构风荷载

《荷载规范》中给出了结构风荷载取值计算公式如下：

$$w_k = \beta_z \mu_s \mu_z w_0 \tag{7.1-11}$$

式中，w_0 为基本风压；μ_z 为高度系数；μ_s 为体型系数；β_z 为风振系数。基本风压和高度系数分别由基本风速和地貌确定，体型系数和风振系数则反映了建筑结构本身的特性。

但对于体型复杂的高层和大跨度建筑，风荷载通常不能简单地由上式计算。对于高层建筑，结构风荷载主要包含顺风向、横风向和扭转分量三部分，一般情况下顺风向效应起主要作用，对于高度超过 150m 或高宽比大于 5 的高层建筑也会出现明显的横风向效应，超高层建筑中横风向效应甚至远大于顺风向效应。大跨度建筑如各类体育场馆、展览馆、机库、厂房等，一般建筑高度不高，处在大气边界层风速变化大、湍流度高的区域，空气绕流和动力作用复杂，其风荷载分布及风致响应较为复杂。这两类建筑的风荷载分布和特性通常需要通过专项风荷载研究确定，如数值风洞、风洞试验、风气候研究等。

1. 数值风洞

数值风洞技术是以流体力学的基本方程（纳维-斯托克斯方程，简称 N-S 方程）为理论依据，通过计算机模拟结构周围的风环境，并将 N-S 方程进行数值离散，反复迭代获得结构相关的风速、风压等数据，用于初步确定结构的体型系数。与进行风洞试验相比，数值风洞成本低、周期短、效率高，常用于方案阶段进行风压分布、方案优化等研究。

2. 风洞试验

风洞试验是目前进行高层和大跨建筑结构风荷载研究的最为普遍的方法，将按比例缩小的建筑模型放置于风洞中进行测压或测力试验，通过模型在风洞中获得的风荷载数据推算出实际结构风荷载。

建筑结构的风洞试验主要有高频测力天平试验、刚性模型测压试验和气弹模型试验三类。高频测力天平试验通过安装在建筑物缩尺比例模型底部的高灵敏天平测得建筑物弯矩、扭矩、剪力等整体受力以及动态响应，假设建筑振型为理想一阶线性振型，可通过基底弯矩进一步求得结构的广义力从而可以得到结构的风振响应，一般多用于高层建筑或输电塔等高耸项目中，但该方法忽略了高阶模态和模态间的耦合作用，只能得到结构上总的风荷载且不能获得荷载的分布特性。刚性模型测压试验主要是通过在建筑物的缩尺比例模型上布置多个测压点来测得建筑物模型表面的压力分布，结合计算模型进行风振分析求得风振响应。刚性模型测压试验不仅能得到结构的风荷载还可以直接获得其分布，为建筑主体结构和围护结构设计提供风荷载依据，是目前风洞试验最常用的方法。对于刚度和阻尼均较小、风致振动幅度较大、风和结构的耦合作用对结构响应的影响不可忽略的建筑，刚性模型无法考虑气流作用下建筑变形对风场产生的影响，此时可采用气弹模型试验，试验不仅模拟建筑的外形，还必须模拟结构的质量刚度分布以及阻尼特性，以再现结构和气流的相互作用，但试验技术要求高、模型制作难度大、成本高，目前主要用于大型桥梁项目中。

刚性模型测压试验作为最常用的风洞试验，其试验技术要求可以参考行业标准《建筑工程风洞试验方法标准》JGJ/T 338—2014，试验主要要点如下：

（1）试验模型

试验模型应满足与实际建筑物的几何相似，建筑模型包括可能对试验结果产生明显影响的建筑结构细节，周边环境模型包括可能对结果产生明显影响的周边地形、建筑等。

试验模型的缩尺比例在满足阻塞比等规定的前提下应尽可能大，这同风洞试验室装置尺寸相关。

试验测点应足够多，对于双面受风位置如挑篷、女儿墙等应双面布置测点。对于风压变化较大或者结构设计特别关注的位置应加密测点布置。测点数量受限于试验模型的尺寸以及试验单位的同步测压通道数量。

（2）试验风场

模拟大气边界层风场的平均风剖面和湍流度剖面应按《荷载规范》中规定的地面粗糙度类别模拟，风剖面和模型的几何缩尺比宜保持一致，不应小于建筑物几何缩尺的 1/3。模拟的大气边界层风场应进行校测。

测压和测力试验的试验风速宜大于 8m/s。

试验风向角间隔应小于 15°。

（3）数据采集及处理

采样时长应保证统计结果的稳定性，换算到实际结构的采样时间不应小于 10min。

极值计算模型可采用峰值因子法或极值统计方法，采用峰值因子法时，峰值因子不应小于 2.5。

3. 风向影响

风向对于风荷载的影响主要体现在两个方面，首先同一重现期下不同风向的平均风速不同，在气象科学中用"风玫瑰图"来体现。风玫瑰图是在一个极坐标底图上按比例画出某一地区某一时段内各风向出现频率或各风向的平均风速的统计图。另外，对于建筑物来说，不同风向下的风压分布以及气动特性不同。

有些国家在荷载规范中考虑风向对荷载的影响，如美国规范 ASCE7-16 中，对于不同的建筑结构类型给出了风向调整系数K_d，取值范围为 0.85～1.0。

目前《荷载规范》中不考虑风向对于风荷载的影响，假定最大风速风向和结构产生最大响应的方向相同，并据此计算结构所受风荷载，偏于保守。考虑实际情况在不同方向上强风的出现概率是不同的，我国《工程结构通用规范》GB 55001—2021 第 4.6.7 条对于风向影响系数做了明确规定：当有 15 年以上符合观测要求且可靠的气象资料时，应按照极值理论的统计方法计算不同风向的风向影响系数，所有风向影响系数最大值不小于 1.0，最小值不小于 0.8；对于其他情况取 1.0。

7.1.3　风致响应及计算方法

风荷载是建筑结构的主要荷载之一，其作用频率比地震高得多，且作用时间更长。对于高层建筑、大跨度建筑等，风荷载甚至起控制性作用。高层、大跨度建筑风致损伤和破坏的实例屡有发生，这是由于此类结构整体刚度偏小，其固有频率和强风的卓越频率更为接近，导致结构在风作用下更容易发生共振效应。

风对建筑结构产生的破坏现象主要表现为：

（1）产生影响人们正常工作生活的振动；

（2）建筑结构或局部构件产生较大的变形或挠度，引起墙体、屋面、装修构件乃至结构损坏；

（3）建筑结构或局部构件不稳定或失稳破坏；

（4）反复的风力作用导致建筑结构构件产生疲劳破坏。

对于高层建筑，风带来的主要是对围护构件的破坏或舒适度的问题。例如 1926 年美国佛罗里达州的一次飓风使一座 17 层钢框架大楼出现了塑性变形，这座大楼的玻璃等围护结构几乎完全破坏，隔墙也严重开裂。2021 年深圳赛格大厦出现了有感振动，后续专家组调查认定在特定风场条件下，桅杆发生了涡激共振，激发了大楼主体结构频率相同的高阶弯扭组合模态，进而引起大楼主体结构有感振动。

风对大跨度建筑产生破坏的案例也主要集中表现在屋面围护构件的破坏。2022 年 2 月，风暴"尤尼斯"袭击伦敦，导致曾举办伦敦奥运会的"千禧穹顶"严重损坏。国内的北京首都机场 T3 航站楼在 2010—2013 年遭遇过三次被大风掀开屋顶的事故。这些案例都造成了巨大的财产损失和社会不良影响。

另外，风致疲劳也一直是抗风设计领域的研究热点，对于刚度小的高层或大跨度建筑在风荷载作用下长期处在往复变形状态，结构经历了大量的应力循环后易出现疲劳问题。风致疲劳案例目前主要出现在输电塔、桅杆、天线等细高构筑物上。

结构风致响应的计算本质上就是求解结构在随机风荷载激励下的动力方程，目前主要有频域法和时程法两大类方法。

1. 频域法

频域法是将风荷载时程在频域上进行离散处理，得到其功率谱，再利用传递函数建立响应功率谱和风荷载功率谱之间的关系式，基于随机振动理论对反应谱进行积分处理最终得到结构的风振响应。频域分析法是以线性化假设为前提条件，结构的刚度和阻尼在计算过程中不发生改变，同时忽略结构的非线性效应对结构动力响应的影响，且不能有效考虑风荷载的时间相关性对结构的影响，因此该分析方法不适用于非线性结构风振响应问题。另外，由于频域法的精度取决于振型选取的合理性，对于高层、高耸结构通常由前几阶振型控制，其振型截断误差较小；但对于大跨度结构，由于振型分布密集，高阶振型的影响不可忽略，采用频域法可能会导致计算精度的降低。

2. 时程法

时程法将风荷载时程直接作用在结构上，通过逐步积分得到结构的动力响应，通过对响应时程进行统计分析得到相应风致响应。时程法适用范围广，计算精度高，能得到较完整的结构动力响应全过程信息，但计算量大。随着计算机技术的提高，时程法的应用越来越广泛。时程法计算技术要点如下：

（1）脉动风荷载的数值模拟

在没有风洞试验或实测风时程数据时，时程分析的脉动风速可借助各种数值模拟方法进行模拟，其中比较常用的有自回归法（AR 法）和谐波叠加法等。图 7.1-2 所示为 AR 法模拟脉动风速的流程。

图 7.1-2　AR 法模拟脉动风速流程

（2）积分方法

由于风荷载时程是复杂的随机函数，动力方程不能得出解析解，将动力方程转变为增量方程后再进行积分求解，即将时间转化为一系列微小时间段，在时间段内采取一些假设从而能对增量方程直接积分得出增量，以该步的终态作为下一时间段的初始值，逐步积分得到动力响应的全过程。最常用的积分方法有线性加速度法、Wilson 法、Newmark 法等。如有限元软件 ANSYS，其瞬态动力分析的直接积分法中，默认采用 Newmark 法。

（3）时间步长取值

积分时间步长的大小是动力分析的关键。时间步长越小，计算精度越高，计算时间也越长。风振时程分析时，建议时间步长取 $1/20f$，f 为对结构响应有贡献的最高阶频率（Hz），若要得到加速度结果，要求更小的步长。

（4）阻尼比取值

风振时程分析时，常用的阻尼模型为 Rayleigh 阻尼，也称为比例阻尼，如下式所示：

$$C = \alpha M + \beta K \tag{7.1-12}$$

其中质量阻尼 α、刚度阻尼 β 取值如下：

$$\alpha = \frac{2\xi \omega_i \omega_j}{\omega_i + \omega_j} \tag{7.1-13}$$

$$\beta = \frac{2\xi}{\omega_i + \omega_j} \tag{7.1-14}$$

式中，ξ 为结构振型阻尼比；ω_i、ω_j 分别为第 i 阶、第 j 阶圆频率值。

（5）响应的数理统计方法

峰值响应计算通常采用峰值因子法，如下式所示：

$$R_{\text{peak}} = \overline{R} \pm g\sigma_{\text{R}} \tag{7.1-15}$$

$$\mu = \frac{R_{\text{peak}}}{\overline{R}} \tag{7.1-16}$$

式中，g 为峰值因子；σ_{R} 为计算得到的响应均方根差；$\overline{R}$ 为平均响应；R_{peak} 为峰值响应；峰值响应除以平均响应就是对应的风振系数 μ。

7.2　风振控制一般要求

1. 建筑体型控制

建筑工程风振控制设计首先应考虑建筑结构形体因素。高层建筑、大跨度建筑工程形体选择及优化参见 7.3 节和 7.4 节内容。

2. 风振控制系统布置

建筑工程风振控制系统布置宜符合《建筑结构风振控制技术标准》JGJ/T 487—2020（简称《风振控制标准》）第 3.1.2～3.1.4 条要求：风振控制系统宜根据减振要求沿结构两个主轴方向分别设置，平面布置不应使结构产生扭转响应；风振控制系统竖向布置位置，宜根据被控结构振动特征和所采用的振动控制技术特点优化确定；风振控制系统安装位置应便于检查、维修和更换。

不同类型风振控制技术工作原理不同，为提高结构风振控制效果，宜根据风振控制技术原理、结构风振特征和使用要求，合理选择风振控制技术，形成合理的结构风振控制体系。

（1）黏滞消能器、黏弹性消能器宜布置在结构速度和变形较大的位置，且平面布置应避免偏心；黏弹性消能器不宜应用于工作温度变化较大的结构；

（2）调谐消能器仅适用于阻尼比较小的结构，宜布置在控制模态的位移峰值位置；

（3）主被动组合调谐质量系统适用于对风振减振效果要求较高的高层建筑和高耸结构，宜布置在所控振型的峰值位置。

3. 消能器相关要求

《风振控制标准》对于黏滞和黏弹性消能器、调谐质量阻尼器以及主被动组合调谐质量阻尼器也进行了相关规定，其中包括：

（1）在正常使用环境下，黏滞消能器设计使用年限不宜小于 30 年；黏弹性消能器设计使用年限不宜小于 50 年；

（2）当采用时程分析法分析被控结构风振响应时，黏滞消能器以及黏弹性消能器控制力设计值应取为多条风荷载时程计算得到的消能器控制力包络值的 1.4 倍；

（3）调谐质量阻尼器和主被动组合调谐质量阻尼器惯性质量的行程允许值应大于其设计值的 1.2 倍；

（4）设置主被动组合调谐质量阻尼器后，被控结构层间变形应符合层间位移角的设计要求；

（5）《建筑消能减震技术规程》JGJ 297—2013 第 3.2.1 条第 2 款规定在 10 年一遇标准风荷载作用下，摩擦消能器不应进入滑动状态，金属屈服型消能器和屈曲约束支撑不应屈服。

4. 强度设计要求

结构风振控制除了满足本书 3.1.3 节要求外，尚应对系统进行强度设计，可分为主体结构强度控制、风振控制系统构件强度控制、与风振控制系统相连构件强度控制。

1）主体结构强度控制要求

（1）主体结构构件承载力设计应采用计入风振控制系统附加阻尼影响的结构内力组合；

（2）主体结构的总阻尼比应为主体结构阻尼比和风振控制系统附加阻尼比之和；整体结构的总刚度应为主体结构刚度和风振控制系统刚度之和；

（3）风振控制系统不应作为承载主体结构重量的构件；

（4）对于直接承受风振控制系统的结构构件，应进行承载能力极限状态验算，其承受的作用力可根据设计风荷载作用下风振控制系统作用在结构上的最大作用力确定；

（5）风振控制结构宜具有可靠的耗能机制，使结构在遭遇到意想不到的或难于判断的荷载作用及其效应影响时不致失效；但若风振控制系统失效，应保证结构在设计风荷载作用下的安全；

（6）对同时具有抗震要求的建筑结构，可考虑风振控制系统的减震作用，并按《风振控制标准》第 8 章和《抗规》的相关规定，进行风振控制系统设计。

2）风振控制系统构件强度控制要求

（1）风振控制系统的设计使用年限不宜低于建筑结构的设计使用年限；

（2）风振控制系统要求被控结构始终处于弹性工作状态，系统各部件不应发生强度、疲劳破坏；

（3）风振控制系统位移和速度设计值可取为《风振控制标准》第 3.2.4～3.2.6 条给出的等效风荷载标准值作用下得到的风振控制系统最大位移和最大速度的 1.4 倍；《风振控制标准》第 3.3.1 条规定风振控制系统的控制力、位移和速度的允许值应分别大于其设计值的 1.2 倍；

（4）在风振作用下，风振控制系统在其设置方向应具有良好的减振效果，而在其他方向上不产生不利影响；

（5）在风荷载标准值作用下风振控制系统不应与结构构件发生碰撞，并宜采取防碰撞措施。

3）连接件强度控制要求

除了应满足《钢标》和《混规》中关于连接构件构造措施的要求外，还应满足风振控制系统控制力设计值作用下的强度要求：

（1）风振控制系统与被控结构之间的直接连接部件在风振控制系统设计值 1.2 倍作用下应处于弹性工作状态；

（2）风振控制系统与主体结构的连接宜采用螺栓或销栓连接，也可采用焊接连接。

7.3　高层建筑风振控制

7.3.1　高层建筑风洞试验要点

高层建筑通常对风荷载较为敏感，一般需要通过风洞试验确定其风荷载。

高层建筑结构的风荷载及风致响应应通过测压试验并结合风振计算或高频测力天平试验确定。风洞试验应按《荷载规范》规定的地面粗糙度类别模拟平均风速剖面和湍流度剖面。高度大于 400m 的超高层建筑或高度大于 200m 的连体建筑，宜在不同的风洞实验室进行独立对比试验。当对比试验的结果差别较大时，应经专门论证确定合理的试验取值。结构设计时，根据风洞试验报告确定的高层建筑的风荷载，当无独立的对比试验结果时，由取定的风荷载得出的主轴方向基底弯矩不应低于现行国家标准《荷载规范》计算值的80%；有独立的对比试验结果时，应按两次试验结果中的较高值取用，且由取定的风荷载得出的主轴方向基底弯矩不应低于《荷载规范》计算值的 70%。

1. 风振计算及峰值因子

超高层建筑风振计算应按随机振动理论进行。工程应用中主要关心风速、风荷载及响应的极值。常用的方法是将平均量和脉动量相叠加来计算反应极值。脉动量采用脉动均方根乘以峰值因子的方法进行计算。峰值因子取值大小隐含着不同的概率水准，根据《荷载规范》的相关规定，峰值因子取值不应小于 2.5。

2. 空间相关性

高层建筑的等效静力风荷载及风荷载效应宜根据不同方向的脉动风荷载的相关性进行

计算。在脉动风荷载作用下，高层建筑的顺风向风荷载、横风向风荷载和扭转风振等效风荷载一般是同时存在的，但三种荷载的最大值一般不会同时出现。若同时将三个方向的等效荷载最大值直接施加于结构，是偏于保守的。因此对于不同风荷载组合情况需要考虑三个方向风荷载的相关性，对被组合的荷载工况进行折减。折减系数可根据结构所受气动荷载和响应的相关特征确定，也可参考《荷载规范》的方法计算。

3. 风向折减

高层建筑风荷载风向折减分为两类，除了 7.1.2 节中给出的考虑强风出现概率进行的折减，设计中还可以考虑环境及建筑物遮挡造成的风荷载折减。下面以厦门裕景中心工程实例予以说明。

（1）概率折减：厦门裕景中心项目对风向角的影响进行了风洞试验研究（图 7.3-1）。Soho办公楼Y方向最大荷载出现在 260°左右（图 7.3-2），气候统计分析结果表明在 260°方向出现百年一遇强风的可能性相对较小（图 7.3-3），考虑风向折减的荷载效应约减小 20%（表 7.3-1）。

（2）遮挡折减：Soho办公楼Y方向最大荷载出现在 260°左右，受到了酒店大楼遮挡作用（图 7.3-1）。酒店大楼约 78m 高，与 Soho 办公楼（高约 209m）间隔较近，所以会产生一定的遮挡作用。对比表 7.3-1 中规范 A 类与风洞试验不包括风向效应的结果，可知本项目遮挡造成的荷载减小约为 25%。

厦门裕景中心 Soho 塔楼基底反应结果 表 7.3-1

100 年重现期	《荷载规范》（不包括风向效应）			风洞试验研究结果		
	A 类	B 类	C 类	不包括风向效应	包括风向效应折减	
Y 向基底剪力（N）	6.46×10^7	5.85×10^7	4.75×10^7	4.90×10^7	3.77×10^7	折减率 77%
Y 向基底倾覆力矩（N·m）	7.63×10^9	7.04×10^9	5.97×10^9	5.69×10^9	4.48×10^9	折减率 79%
X 向基底剪力（N）	2.56×10^7	2.32×10^7	1.88×10^7	1.79×10^7	1.45×10^7	折减率 81%
X 向基底倾覆力矩（N·m）	2.87×10^9	2.65×10^9	2.26×10^9	2.13×10^9	1.76×10^9	折减率 83%
基底扭转力矩（N·m）	—	—	—	5.72×10^8	4.40×10^8	折减率 77%

图 7.3-1 厦门裕景中心风洞试验模型

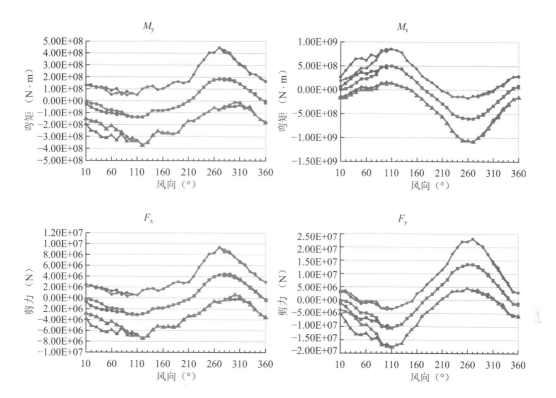

图 7.3-2　厦门裕景中心基底剪力及弯矩与风向角的关系

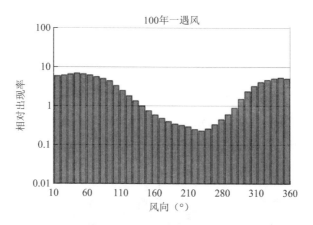

图 7.3-3　100 年重现期风速在不同风向下出现的相对概率

7.3.2　高层建筑工程风振控制设计要点

1. 体型选择

高层建筑结构自振周期较长，对风荷载较为敏感。当建筑高度超过 150m 时，风荷载可能成为水平控制荷载之一。建筑外形不同，导致其气动性能不同，而气动外形对结构的顺风向和横风向风致响应的影响都较为显著。合理的建筑体型可以显著优化建筑的气动性能，有效减小风荷载效应。《高规》第 3.4.2 条规定高层建筑宜选用风作用效应较小的平面形状；第 3.3.7 条规定高层民用建筑宜采用有利于减小横风向振动影响的建筑形体。

从 1971 年开始，Davenport 等人使用气弹模型研究建筑物体型对风荷载的影响。如图 7.3-4 所示，圆形平面建筑的风致响应最小，等边三角形建筑的风致响应最大，最大值与最小值之比为 3。另外，宽厚比为 2 的矩形平面建筑短（弱轴）方向的位移也非常大。高层建筑宜采用风阻较小的体型，当建筑基本体型确定而没有更多选择的情况下，也可以通过对建筑的平面、立面及空间形式做局部调整优化，从而实现明显降低建筑风荷载的目的。

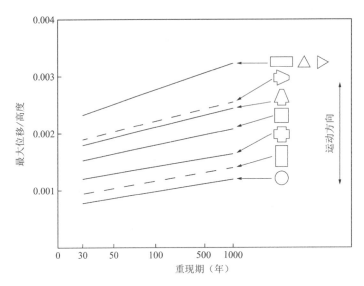

图 7.3-4　截面形状对建筑的最大风致位移响应的影响（Davenport 1971）

2. 体型优化

通过改变建筑物体型降低风荷载，主要可以从以下几方面考虑：

（1）平面优化：合理优化建筑物角部，比如采用圆角、削角、凹角等（图 7.3-5），可以在不改变建筑物整体体型的情况下，改善建筑物气动性能，这一方面的研究成果已经写入《荷载规范》。

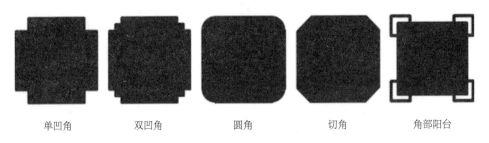

| 单凹角 | 双凹角 | 圆角 | 切角 | 角部阳台 |

图 7.3-5　建筑物平面角部优化形式

（2）立面优化：通常建筑立面由底到顶逐步收窄，形成楔形立面可以减小横风响应。收窄的形式有沿立面高度均匀收进或退台式收进等（图 7.3-6）。

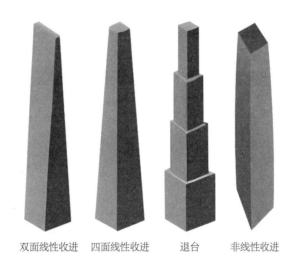

双面线性收进　　四面线性收进　　退台　　非线性收进

图 7.3-6　建筑物立面优化形式

立面优化方法还可以考虑采取设置扰流翼、立面开导流槽等措施。

（3）体型优化：对横风向引起的风荷载以及顶部舒适度控制，采用沿高度不断扭转的建筑体型是非常有效的方式。适度增加建筑物的扭转程度可使涡漩脱落之间的相关性减小，降低横风向动力响应。例如芝加哥螺旋塔（图 7.3-7）的扭转体型使顶部加速度减小了约 80%，上海中心大厦（图 7.3-8）采用扭转 120° 的体型，与传统规则不扭转的箱体体型相比，风荷载作用降低达 60%。

图 7.3-7　芝加哥螺旋塔　　　图 7.3-8　上海中心大厦

高层建筑结构设计时，工程师通常要从方案阶段开始就关注该建筑物的空气动力学优化，结构工程师与建筑师、风工程顾问紧密合作对建筑体型进行抗风优化研究。

虽然高层建筑体型优化可采用数值风洞试验方法进行方案探讨，但量化评估通常采用风洞试验的方法进行。试验多采用高频测力天平方法，也可以采用测压试验结合风振分析的方法，必要时也可考虑采用气弹模型试验方法。试验评估的主要设计指标有主体结构的顶点位移、层间位移角、顶点加速度、倾覆力矩、基底剪力等。

3. 风振控制设计要点

除了上述体型优化降低风荷载外，很多时候高层建筑还需要采取专门的风振控制措施，其设计要点主要包括以下几个方面：

1）风振控制目标

高层建筑在风荷载作用下，当遇到以下几种情况时需考虑设计专门的风振控制系统进行减振设计。

（1）提高建筑在风荷载作用下的舒适度性能：建筑在风荷载作用下的舒适度指标不能满足规范要求，或虽然满足规范要求但业主期望提高其舒适度品质要求；

（2）风荷载作用较大造成主体结构设计困难：当风荷载作用较大时，如沿海台风地区，结构的高宽比过大，主体结构侧向刚度过小的情况下，主体结构设计困难，不得不考虑布置风振控制系统降低风致效应；

（3）结构设计需要布置减震系统，宜兼顾减小风振作用。

2）风振控制方案选择

合理的风振控制方案意味着高减振效率、高可靠度、低成本、技术先进等要求。风振控制方案及选型需依据风振控制目标进行。

超高层建筑当需要提高其在风荷载作用下的舒适度性能时，可以优先考虑选用调谐阻尼器，包括调谐质量阻尼器（Tuned Mass Damper，TMD）和调谐液体阻尼器（Tuned Liquid Damper，TLD）。超高层建筑顶部通常需要设置较大的重力式消防水箱，将其设计成与结构第一主频相当的调谐液体阻尼器对提高建筑的舒适度性能是一个很好的选择，当然水箱式调谐液体阻尼器存在主频调整技术难度高、减振效果可靠性低等缺点；当经济成本、结构空间及承载能力允许情况下，采用调谐质量阻尼器是一种更为可靠的减振方案；对结构风振减振要求较高的超高层建筑和高耸结构，可采用主被动组合调谐质量系统。

当需要布置减震系统且考虑减小风振作用时，则需评估减震系统对风振反应的减振效果。

3）风振控制系统设计要求

高层建筑风振控制系统应满足3.1.3节结构位移、加速度限值等正常使用状态的要求、强度及稳定承载力等极限承载力状态要求，以及有关风振控制系统布置要求等。

（1）调谐阻尼器系统设计要求

调谐阻尼器宜布置在主体结构的顶层或所控制振型的峰值处；对控制结构扭转风振的情况，调谐阻尼器宜在主体结构的顶层或所控制振型峰值处，可远离质心布置两个或偏心布置。

采用调谐质量阻尼器的主体结构，风振控制设计可采用等效风荷载法或时程分析法；采用调谐液体阻尼器的风振控制设计宜采用等效风荷载法。风振控制设计中，可仅考虑主体结构的风荷载，不考虑作用在调谐阻尼器上的风荷载。

直接承受调谐阻尼器作用的结构构件应进行承载力极限状态的强度验算、正常使用极限状态的变形验算，受弯构件的挠度处应满足主体结构正常使用和调谐质量阻尼器正常工作的要求。

对同时有抗震要求的结构,可考虑调谐质量阻尼器在结构遭受多遇地震时的减震作用;当结构遭遇罕遇地震时，应采用机械锁定等措施限制阻尼器惯性质量块的运动。

调谐阻尼器的设计包括确定系统的质量m_T、刚度k_T、阻尼系数C_T、自振圆频率ω_T、阻尼比ξ_T、最大行程、最大速度和极限控制力等参数。调谐阻尼器系统参数的设计取值可参考《风振控制标准》式(6.3.2)、式(6.3.3)。调谐阻尼器的有效质量与结构预期控制振型广义质量的比值宜取 0.5%～5%，且可能条件下宜取较大值。调谐阻尼器作用于主体结构的控制力由《风振控制标准》式(6.3.1)确定。阻尼器惯性质量的最大行程可按《风振控制标准》式(6.3.5)确定。调谐质量阻尼器结构风振控制设计宜采用时程分析法。直接与调谐阻尼器连接的结构构件在设计风荷载作用下应处于弹性工作状态。

（2）黏滞和黏弹性消能器系统设计要求

消能器的安装数量和位置宜通过方案对比和优化确定。消能器宜布置在结构变形或速度较大的位置，且平面布置宜避免偏心。

主体结构风振响应分析时，应计入黏滞消能器附加阻尼，以及黏弹性消能器附加刚度和阻尼。

设计风荷载作用下直接与黏滞消能器或黏弹性消能器连接的构件应处于弹性工作状态。黏滞消能器宜采用两端铰接连接，安装时应使其仅承受轴向变形。

7.3.3 高层建筑体型优化实例

1. 工程概况

本项目位于福州市，由主体结构高度 518m 的 108 层塔楼及 5 层商业裙房组成。规划建设集商业、办公、文化展示、酒店于一体的商业综合体。建筑效果如图 7.3-9 所示。

图 7.3-9　建筑效果图

2. 体型优化方案

为减小风荷载作用，建筑与结构密切结合，方案之初考虑到建筑体型优化，建筑平面采用不等边六边形，且在平面中设置凹槽导流（图 7.3-10），并采用建筑形体沿高度旋转的策略，降低风荷载作用。

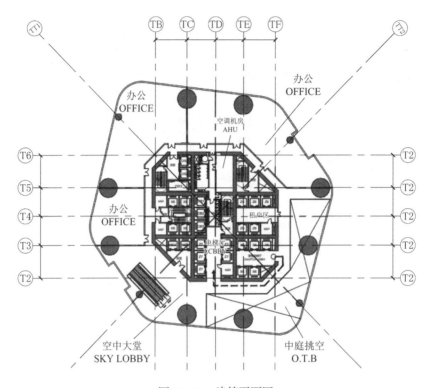

图 7.3-10 建筑平面图

为优化风荷载效应，建筑方案初步确定了整体结构扭转 60°、70°、80° 以及 90° 的建筑造型方案（图 7.3-11）。

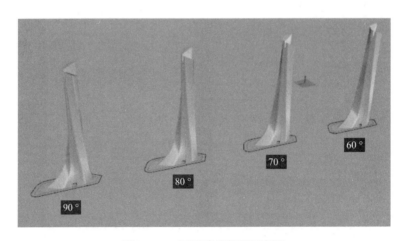

图 7.3-11 四种建筑外形示意图

为了获得上述各方案风荷载相对大小，从而选择相对更优的气动外形方案，本项目通过高频天平测力的试验比较各方案的受力特点，从而确定相对更优的气动方案造型。依据结构设计参数，结合天平获得气动力参数进行了初步的风荷载作用效应分析，得出了各方案不同风向角下的等效静风基底弯矩（图 7.3-12）。

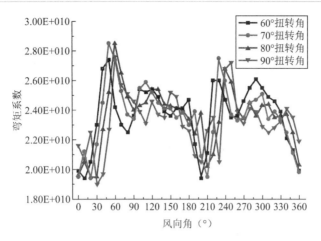

图 7.3-12　四种外形等效静风基底弯矩合力曲线

在均匀流风场作用下，四种方案的弯矩系数较为接近，从大到小依次是模型扭转角60°、70°、80°、90°，极值作用风向角为 310°附近；在考虑周边的紊流作用下，四种方案的弯矩系数相差相对较大，从大到小依次是模型扭转角 80°、70°、90°、60°，极值作用风向角为 60°附近。因此，从该项目实际风场作用来看，考虑周边的紊流风场更为接近实际情况，以风荷载为考虑因素，建筑方案气动外形以扭转角 60°更为有利，扭转角 90°次之。

本项目初步设计阶段，建筑根据平面布置需要，又进行了建筑体型不旋转和 45°旋转两种建筑方案的详细研究，图 7.3-13 为两种建筑方案的示意图。

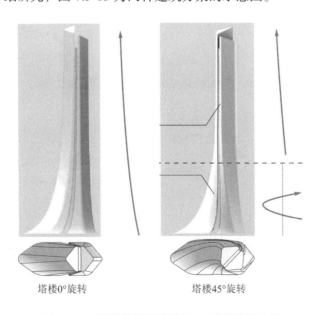

塔楼0°旋转　　　　　　　　塔楼45°旋转

图 7.3-13　塔楼体型不旋转和 45°旋转建筑方案

再次对塔楼不旋转和 45°旋转两个建筑方案进行了高频测力天平风洞试验，得到了不同风向角下的基底风荷载，并通过风致振动响应分析确定了各层等效风荷载，图 7.3-14 为风洞试验模型。图 7.3-15 和图 7.3-16 分别为两个模型的基底剪力和弯矩的对比图。

图 7.3-14　风洞试验模型

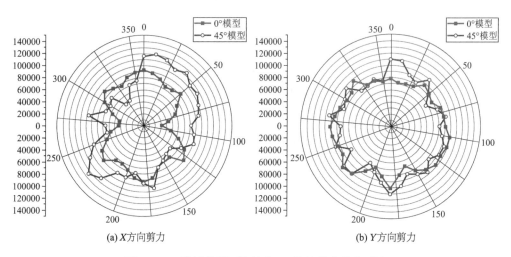

(a) X方向剪力　　　　　　　　　　　　　　(b) Y方向剪力

图 7.3-15　塔楼体型不旋转和 45°旋转基底剪力对比

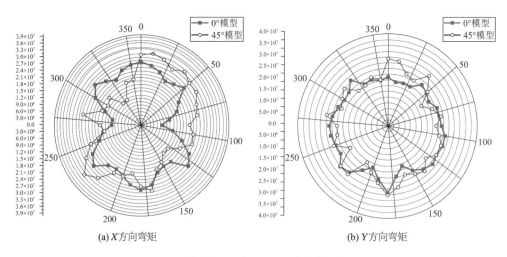

(a) X方向弯矩　　　　　　　　　　　　　　(b) Y方向弯矩

图 7.3-16　塔楼体型不旋转和 45°旋转基底弯矩对比

塔楼体型不旋转模型的 X 向基底剪力峰值为 94800kN，对应的基底弯矩为 28727500kN·m；

Y向基底剪力峰值为 100174kN，对应的基底弯矩为 28860800kN·m。塔楼顶层X方向位移最大极值发生在 230°风向角，为 0.4735m，Y方向位移最大极值发生在 180°风向角，为 0.5732m。塔楼顶层最大加速度响应出现在 0°风向角下，大小为 0.2484m/s^2。

塔楼体型 45°旋转模型的X向基底剪力峰值为 124346kN，对应的基底弯矩为 33948700kN·m；Y向基底剪力峰值为 109927kN，对应的基底弯矩为 30012500kN·m。X方向位移最大极值发生在 230°风向角，为 0.4865m，Y方向位移最大极值发生在 40°风向角，为 0.5519m。塔楼顶层最大加速度响应出现在 50°风向角下，大小为 0.3219m/s^2。

以上结果表明，对于本建筑的裙房和主楼连为一体裙摆式体型，主体建筑平面为六边形并采用切角等措施，对风荷载控制非常重要。对此类平面的建筑，扭转对整体风荷载响应影响较小，与 7.3.2 节中两个工程案例差别较大。

7.3.4　高层建筑风振控制实例

1. 工程概况

海口国际金融中心位于海口市新 CBD 区大英山新城中心的 B17 号地块。本工程由一座超高层塔楼、东西两个配楼及地下车库组成（图 7.3-17）。塔楼地上 90 层，地下 4 层，建筑高度 429m，结构屋面高度 411.45m。本工程总建筑面积约为 40 万 m^2，其中塔楼地上建筑面积约为 26.5 万 m^2。各层主要功能为：地下为设备用房及交通空间，1～3 层为入口大厅。4～61 层为办公区，64～90 层为酒店区，其中 64 层为酒店全日餐厅，65 层和 66 层为酒店空中大堂及书吧，87 层为泳池及水疗按摩区，88 层、89 层为酒店餐厅及包厢，90 层为特色餐厅。另外，在 3～3M 层、10 层、21 层、32 层、42～43 层、54～55 层、62～63 层、73 层、85～86 层共设 9 个避难层（机电层）。办公区标准层层高为 4.5m，酒店客房标准层层高为 3.9m，避难层层高为 4.5m。塔楼底层建筑宽度约 65m，顶层建筑宽度约 45m。

建筑效果图

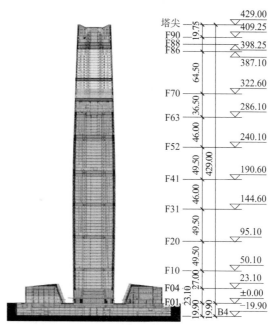

剖面图

图 7.3-17　海口国际金融中心（单位：m）

2. 塔楼主体结构体系

塔楼主体结构采用巨型框架支撑外框 + 钢框架支撑核心筒抗侧结构体系，如图 7.3-18 所示。巨型框架支撑外框为主要抗侧力体系，钢框架支撑核心筒为次要抗侧力体系。

（1）巨型框架支撑外框结构

外框结构由 8 根钢管混凝土巨柱、8 道腰桁架及巨型钢管支撑（底部为钢管混凝土支撑）以及 4 根钢管混凝土巨型中柱组成巨型框架支撑结构。巨型柱、巨型支撑及腰桁架的截面尺寸见表 7.3-2～表 7.3-4。

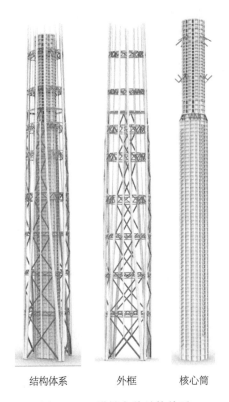

结构体系　　　　外框　　　　核心筒

图 7.3-18　塔楼主体结构体系

巨型柱截面尺寸　　　　　　　　　　　　　　　　　表 7.3-2

楼层	截面尺寸 $D \times t$（mm）	混凝土强度等级/钢材牌号
1～12	CFT4200×80	C70/Q420GJ
13～23	CFT4000×80	C70/Q390GJ
24～34	CFT3800×70	C70/Q390GJ
35～49	CFT3500×60	C70/Q390GJ
50～57	CFT3200×60	C70/Q390GJ
58～70	CFT2900×50	C70/Q390GJ
71～79	CFT2700×50	C70/Q390GJ
80～83	CHS2700×80	Q390GJ

楼层	截面尺寸 $D \times t$（mm）	混凝土强度等级/钢材牌号
84～88	CHS2500 × 70	Q390GJ
89～90	CHS2200 × 60	Q390GJ

巨型支撑截面尺寸　　　　　　　　　　表 7.3-3

楼层	截面尺寸 $D \times t$（mm）	混凝土强度等级/钢材牌号
1～3	CFT2200 × 80	C70/Q420GJ
4～15	CHS1500 × 70	Q390GJ
16～20	CHS1500 × 65	Q390GJ/Q420GJ
22～66	CHS1500 × 60	Q390GJ

腰桁架截面尺寸　　　　　　　　　　表 7.3-4

楼层	位置	弦杆 $b \times h \times t$（mm）	腹杆 $b \times h \times t$（mm）	钢材牌号
10	非托中柱	RHS800 × 1000 × 60 × 45	SHS800 × 900 × 60	Q420GJ
	托中柱	SHS1100 × 1000 × 80	RHS900 × 1000 × 90	Q460GJ
21	非托中柱	RHS800 × 1000 × 60 × 45	SHS800 × 900 × 60	Q420GJ
	托中柱	SHS1000 × 80	RHS900 × 1000 × 90	Q460GJ
32	非托中柱	RHS800 × 1000 × 60 × 45	SHS800 × 900 × 60	Q420GJ
	托中柱	RHS1400 × 1000 × 90 × 50	RHS900 × 1000 × 90	Q460GJ
42～43	非托中柱	RHS800 × 1000 × 60 × 45	SHS800 × 900 × 60	Q420GJ
	托中柱	SHS1100 × 1000 × 80 × 45	SHS900 × 1000 × 70	Q460GJ
54～55	非托中柱	RHS800 × 1000 × 60 × 45	SHS800 × 900 × 60	Q420GJ
	托中柱	SHS1100 × 1000 × 80 × 45	SHS900 × 1000 × 70	Q460GJ
62～63	非托中柱	RHS800 × 1000 × 60 × 45	SHS900 × 1000 × 70	Q420GJ
	托中柱	HS1000 × 1000 × 60 × 45	SHS900 × 1000 × 70	Q460GJ
73		RHS1000 × 1000 × 60 × 45	SHS900 × 1000 × 60	Q420GJ
85		RHS800 × 1000 × 60 × 45	RHS900 × 900 × 70	Q420GJ

（2）钢框架支撑核心筒

底部办公区段：底部办公区段核心筒平面为矩形（图 7.3-19）。框架柱为矩形截面钢管混凝土柱，工字形截面钢梁。沿核心筒 X 向、Y 向各布置 4 道中心支撑框架或偏心支撑框架。X1、X4、Y2、Y3 为中心支撑，采用耗能型屈曲约束支撑 BRB（芯材采用低屈服点钢材 LY100 或 LY160），设计参数见表 7.3-5，共计 148 根。X2、X3、Y1、Y4 为偏心支撑框架，均设置耗能梁段（图 7.3-20），截面 H700 × 400 × 14 × 28，腹板采用低屈服点钢材 LY225，翼缘 Q345，抗剪屈服承载力 1050kN。耗能梁段共计 244 段。办公区核心筒框架柱及钢支撑截面尺寸见表 7.3-6。

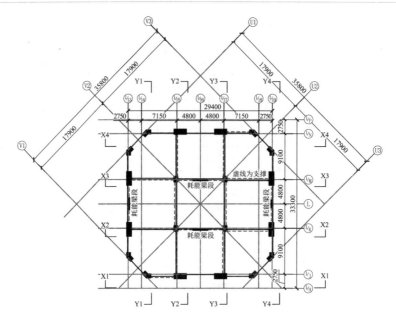

图 7.3-19 底部办公区段核心筒平面布置图

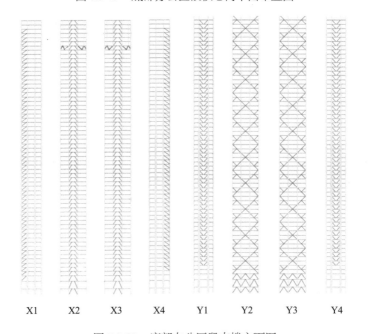

图 7.3-20 底部办公区段支撑立面图

耗能型屈曲约束支撑 BRB 设计参数　　　　　　　　表 7.3-5

位置	楼层	刚度（kN/m）	设计出力（kN）	材质	根数
X1、X4	37～41	823809	3000	100	10
X1、X4	49～61	823809	5000	100	26
Y2、Y3	22～25、28～31 34～37、40～43 46～49、52～55 58～61	1.2×10^6	8000	160	112

办公区核心筒框架柱及钢支撑截面尺寸　　　　　　　　　　表 7.3-6

楼层	框架柱（mm）		支撑（mm）	
1～9	C70/Q420GJ	RCFT900×2500×80×80（异形） RCFT1000×1700×60×60 RCFT1200×1700×60×60 RCFT800×1100×35×35	Q345/Q390GJ	□500×800×40×35 □500×800×50×45 H400×500×25×35
10～16	C70/Q420GJ	RCFT900×2100×70×70（异形） RCFT1000×1500×50×50 RCFT1200×1500×60×60 RCFT800×1100×30×30	Q345/Q390GJ	H400×450×20×35
17～23	C70/Q420GJ	RCFT900×1900×70×70（异形） RCFT1000×1500×35×35 RCFT1200×1500×45×45 RCFT800×1100×30×30	Q345/Q390GJ	H400×450×20×35
24～31	C70/Q420GJ	RCFT900×1600×45×45（异形） RCFT1000×1500×35×35 RCFT1200×1500×45×45 RCFT800×1000×30×30	Q345/Q390GJ	H400×450×20×35
32～41	C70/Q420GJ	RCFT900×1200×40×40（异形） RCFT1000×1200×35×35 RCFT1100×1300×35×35 RCFT800×1000×30×30	Q345/Q390GJ	H400×400×20×35
42～49	C70/Q420GJ	RCFT900×1000×30×30（异形） SCFT1000×30 SCFT1000×35 SCFT800×25	Q345/Q390GJ	H400×400×20×35
50～61	C70/Q420GJ	RCFT900×1000×30×30（异形） SCFT900×30 SCFT800×20	Q345/Q390GJ	H400×400×20×35

　　上部酒店区段：64 层及以上为酒店区，核心筒变为圆形平面（图 7.3-21 及图 7.3-22），楼板有较大开洞。外框巨型支撑终止在 63 层。酒店区段侧向刚度变弱。为保证竖向刚度的连续性、均匀性。酒店区段核心筒采用密柱深梁框筒结构形式。核心筒周边框架柱为箱形截面钢柱。另外酒店区段每层各布置 6 片黏滞阻尼墙以降低这一区段的地震反应。主要构件尺寸及黏滞阻尼墙参数见表 7.3-7。

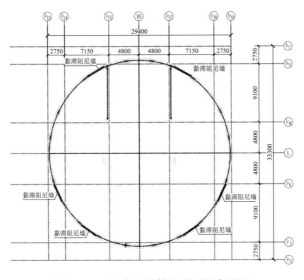

图 7.3-21　酒店区段核心筒平面布置图

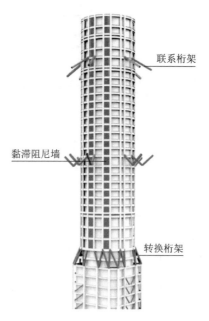

图 7.3-22　酒店区段核心筒布置透视图

酒店区核心筒框架柱、环梁截面及黏滞阻尼墙参数　　　　　　　　表 7.3-7

楼层	核心筒柱 $b \times h \times t$（mm）	核心筒环梁	黏滞阻尼墙 （VWD）
F64～F90	RCFT600 × 900 × 22 RCFT600 × 1550 × 60	H1100 × 500 × 22 × 35 □1100 × 500 × 22 × 35	$F = Cv^{\alpha}$ $C = 6000$ $\alpha = 0.45$
	C70/Q390GJ	Q345、Q420	最大出力 2500kN

3. 黏滞阻尼墙减风振效果评估

（1）计算模型

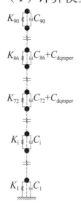

基于 SAP2000V17，采用简化的"糖葫芦串"模型，层与层的节点之间采用线性连接单元连接，每个连接单元具有 X、Y 向的剪切刚度及绕 Z 轴抗扭刚度，其值采用 YJK 软件计算出的等效剪切（扭转）刚度（已考虑弯曲变形）。在 72～86 层之间增加连接单元，具有 X、Y 两个方向阻尼，其特性值为每层的 6 片阻尼墙阻尼在 X、Y 两个方向上投影之和。在每一层的质点上赋予层重力荷载代表值以及层质量转动惯量，施加 X、Y 及绕 Z 轴三个方向的风时程荷载。模型如图 7.3-23 所示。

图 7.3-23　SAP2000 "糖葫芦串"模型

经校核，该模型的质量与整体模型基本吻合，一阶自振周期为 6.09s（平动），二阶自振周期为 6.05s（平动），三阶自振周期为 2.77s（扭转），与整体模型的周期计算结果相差不大。计算时采用 0.05s 的输出步长，计算 0～2500s 结构在风振作用下的响应。

（2）计算结果

典型风向角 X、Y 向基底剪力情况如表 7.3-8 所示。

各风向角 X、Y 向基底剪力　　　　　　　　　　　　表 7.3-8

风向角（°）	200	40	290
无阻尼墙时基底剪力（kN）	1.87×10^4（X 向） 1.98×10^4（Y 向）	3.44×10^4（X 向） 3.18×10^4（Y 向）	2.70×10^4（X 向） 3.25×10^4（Y 向）
有阻尼墙时基底剪力（kN）	1.83×10^4（X 向） 1.92×10^4（Y 向）	3.30×10^4（X 向） 3.08×10^4（Y 向）	2.66×10^4（X 向） 3.13×10^4（Y 向）
基底剪力减小比例	2.04%（X 向） 2.70%（Y 向）	4.03%（X 向） 2.95%（Y 向）	1.61%（X 向） 3.57%（Y 向）

以 40°风向角加速度计算为例，90 层顶部 X、Y 向加速度历程曲线如图 7.3-24、图 7.3-25 所示。分析数据可知，X 向峰值加速度（绝对值）发生在 2251s，其值为 133.7mm/s²；Y 向峰值加速度（绝对值）发生在 742s，其值为 126mm/s²。

为考察阻尼墙的减振效果，计算一个没有阻尼墙的对比模型，其 X 向加速度峰值为 144.3mm/s²，Y 向加速度峰值为 168.7mm/s²。相比之下，增加了阻尼墙后，结构的 X、Y 向加速度峰值分别减小了 7.35% 和 25.3%。截取 X 向加速度峰值段 2225～2275s 以及 Y 向加速度峰值段 700～750s，90 层顶的加速度在有无阻尼墙时的对比如图 7.3-26 和图 7.3-27 所示。

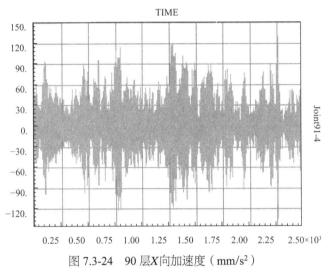

图 7.3-24　90 层 X 向加速度（mm/s²）

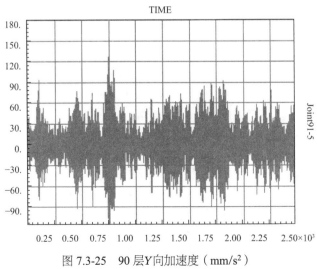

图 7.3-25　90 层 Y 向加速度（mm/s²）

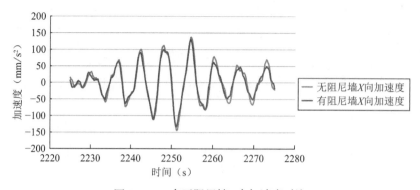

图 7.3-26　有无阻尼墙X向加速度对比

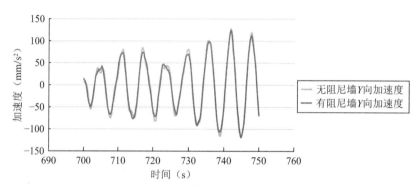

图 7.3-27　有无阻尼墙Y向加速度对比

以 40°风向角为例计算，以 80 层阻尼墙为例，其X、Y向的滞回曲线如图 7.3-28、图 7.3-29 所示。可见，阻尼墙X向最大出力为 331.2kN，最大位移为 1.8mm 左右；Y向最大出力为 210.3kN，最大位移为 1.75mm 左右。

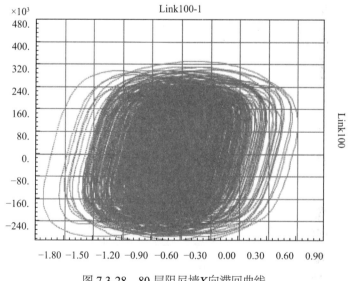

图 7.3-28　80 层阻尼墙X向滞回曲线

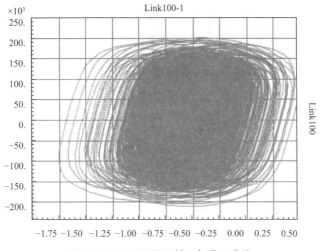

图 7.3-29　80 层阻尼墙 Y 向滞回曲线

4. TLD 水箱减振（震）

虽然风洞试验风致加速度满足规范要求，但为提高酒店使用品质，利用酒店顶部设备层（86 层）消防水池，设计 TLD 水箱减振。本工程共采用 2 个减振水箱，水箱水总质量为 620t，水深为 1.8m，减振水箱平面布置图如图 7.3-30 所示。考虑水箱减振后，初步风致加速度分析结果见图 7.3-31，水箱减振效果达 20% 以上。

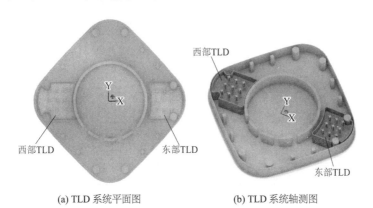

(a) TLD 系统平面图　　　　　　　(b) TLD 系统轴测图

图 7.3-30　86 层 TLD 水箱平面布置示意图

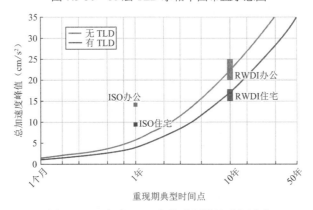

图 7.3-31　考虑 TLD 水箱减振的风致加速度

为了评估 TLD 水箱对地震反应的影响，双向输入小震地震波 S0265，计算结构位移如图 7.3-32 所示，在 X 向上，有 TLD 的情况下水箱附近层的层间位移角减小了约 15%。

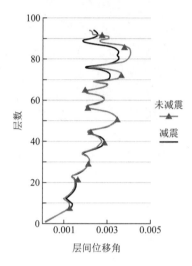

图 7.3-32　小震 S0265 下 X 向层间位移角

5. TLD 水箱与黏滞阻尼墙综合减风振

为了评估 TLD 水箱与黏滞阻尼墙综合减风振的效果，建立 ETABS 整体计算模型。TLD 减振水箱的单独减振效果等效成具有相应阻尼、质量和弹簧刚度的单质点 TMD 减振体系，TLD 减振水箱的单质点动力参数见表 7.3-9。

TLD 减振水箱的动力参数　　　　　　　表 7.3-9

	方向	频率（Hz）	等效质量（t）	等效液体阻尼比（1 年风）	等效液体阻尼比（10 年风）
西侧水箱	E-W（X）	0.151	148	3.5%	7.5%
	N-S（Y）	0.155	147	3.5%	7.5%
东侧水箱	E-W（X）	0.153	118	3.5%	8.0%
	N-S（Y）	0.149	118	3.5%	8.5%

模拟采用刚性板模型，第 1 阶周期 6.575s，第 2 阶周期 6.545s，在建筑 86 层处的东西侧采用相同方式施加两个质点定义 TLD。

以 40°、200°、290° 风向角 10 年风为例分析，采用 FNA 法进行计算，计算三个模型：无 TLD 无阻尼墙（未减振）、有 TLD 无阻尼墙、有 TLD 有阻尼墙，以此考察 TLD 的作用以及 TLD 与阻尼墙的联合作用。考察 86 层的加速度，加速度结果见表 7.3-10，TLD 在各典型风向角的减振率分别为 20.02%、22.06%、9.15%，减风振效果明显。

86 层典型风向角 10 年风致加速度值（mm/s²）　　　　　　表 7.3-10

风向角	未减振	有 TLD	有 TLD 有阻尼墙
40°	178.55	142.80	142.34
200°	191.00	148.86	148.51
290°	153.97	139.88	137.51

未减振与有 TLD 有效加速度（矢量和）对比见图 7.3-33，可以看出，在加速度较大的区段 TLD 减振效果明显。

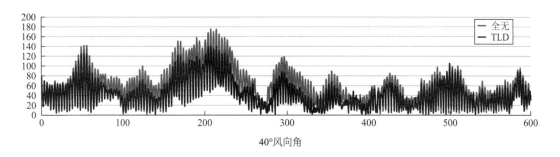

40°风向角

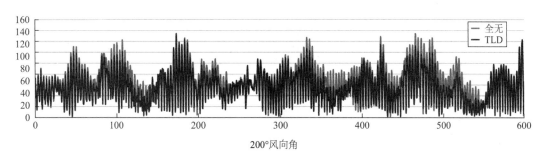

200°风向角

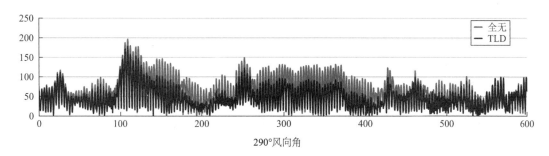

290°风向角

图 7.3-33　风致加速度对比

7.4　大跨建筑工程风振控制

7.4.1　大跨建筑工程风洞试验要点

对于《荷载规范》中无体型系数依据的大跨建筑工程项目，一般应进行风洞试验确定风荷载取值。风洞测压试验不仅用于确定主体结构的风荷载，试验的极值风压结果也为围护结构的抗风设计提供依据。

风洞试验应按《荷载规范》规定的地面粗糙度类别模拟平均风速剖面和湍流度剖面，大跨建筑工程项目通常高度较低，应重点要求近地面屋盖高度区域（一般要求 2 倍建筑高度且不小于 10%梯度风高度范围内）的模拟风场剖面符合要求。风洞试验风速不应小于 8m/s，且根据建筑平均高度计算的雷诺数不小于 11000。另外，屋盖平均高度处风洞模拟风场与大气边界层风场顺风向湍流积分尺度之比，宜接近模型几何缩尺比，不应小于几何缩尺比的 1/3。试验阻塞比宜小于 5% 且不应大于 8%。

风洞试验给出用于结构设计的等效静力风荷载，即将风荷载动力效应以等效的静力形式表达出来，从而将复杂的动力分析问题转换为静力分析问题，简化设计工作。大跨结构的风振响应具有多模态参与的特点，不在同一时刻达到极值，存在一定相位差，针对不同效应等效会得到不同的等效静力荷载分布形式，而且该等效静力风荷载往往只能保证该控制点响应和动力极值响应等效。工程中通常可给出部分关键效应（如跨中挠度、关键构件内力等）对应的等效静力风荷载分布。

7.4.2 大跨结构风振控制设计要点

大跨结构对风荷载影响敏感，对于风压较大或重要建筑常需要进行专项的抗风设计研究，对于基本风压没有明确依据的项目，当风荷载影响敏感时，还应根据工程所在地区的气象及地貌开展研究，科学确定基本风压取值。当传统抗风设计困难或成本较高时，应考虑风振控制设计，主要从两方面进行：

1. 气动措施

气动措施即通过改变结构外形来降低结构的风荷载。一般情况下，选择流线型的几何体型可有效减小整体风荷载；风场在尖锐的墙角、屋檐、屋脊等部位会发生气流分离形成旋涡，并在建筑表面形成局部吸力，因此在这些区域适当改变建筑物局部外形减小风荷载，例如：采用弧形或圆形代替尖锐的角、采用透风的女儿墙或者局部女儿墙、在屋面边缘区域安装气流干扰器干扰旋涡产生等。由于大跨建筑通常体型各异，建议开展数值风洞研究，对体型、围护形式等进行方案比选和优化。

2. 减振装置

在大跨结构中常用的减振装置有调谐质量阻尼器（TMD）、黏滞消能器和黏弹性消能器等。消能器在结构中能否充分发挥其减振作用，很大程度上依赖于它的位置和参数，对于简单结构，利用工程经验可以直接判断或者试出接近最优的布置，实际大跨结构比较复杂，节点和单元数目较多，一般需要进行优化参数分析。

三种消能器的布置原则、性能要求参见本书 7.2 节及 7.3 节要求。调谐质量阻尼器设计参数主要包括阻尼器数量、质量比、刚度、阻尼系数、最大行程、最大速度等；黏滞消能器设计参数主要包括阻尼器数量、附加阻尼等；黏弹性阻尼器可设计成与钢管外形一致的筒式阻尼器，设计参数主要包括阻尼器数量、有效刚度、等效阻尼等。

7.4.3 大跨结构风振控制实例

1. 工程概况

柬埔寨国家体育场项目位于柬埔寨首都金边市，建筑面积约 8 万 m^2，设计座席 6 万座。体育场南北设人字形吊塔，通过斜拉索吊起东西两侧的月牙形罩棚，吊塔后方设置背索。吊塔塔顶标高 99m；罩棚采用鱼腹式索桁架结构体系并覆盖 PTFE 膜材，最大跨度约 65m，罩棚外轮廓平面近似圆形，南北跨度约 278m，东西跨度约 270m；罩棚外周设环梁与环柱，柱距约 10m，环梁中部高两端低，最高点标高 39.9m，最低点约 26m。索桁架隔柱布置，间距约 20m，相邻两榀索桁架中间设置谷索，二者均与环柱环梁相连。环柱之间设置穿孔板幕墙，通过拉索与环梁环柱连接。建筑效果如图 7.4-1 所示。

图 7.4-1　柬埔寨体育场

2. 基本风压的确定

由于当地没有健全的国家工程设计规范体系，基本风压取值也没有明确的依据。既有项目调研发现，设计基本风压取值与当地气象资料不一致，且未见取值依据。针对上述问题，对工程所在地区的气象及地貌开展研究，综合考虑数据完备性和结构抗风安全性，以金边国际机场年最大风速的研究结果为基础，并结合现场调研及周边国家规范规定，不同重现期风压建议如下：10 年重现期取 0.4kPa；50 年重现期取 0.45kPa；100 年重现期取 0.5kPa。10 年、50 年、100 年重现期基本风压、采样频率和采样时间间隔列于表 7.4-1 中。

基本风压及对应的计算参数取值　　　　　　　　　　　　　　　　表 7.4-1

参数	10 年重现期	50 年重现期	100 年重现期
基本风压（kPa）	0.4	0.45	0.5
采样频率（Hz）	9.23	9.79	10.32
采样时间间隔（s）	0.108	0.102	0.097

3. 数值风洞和风洞试验研究

建筑方案阶段，对体育场罩棚的体型系数分布进行数值风洞研究，对围护结构形式提出合理优化建议。分析采用 FLUENT 软件，计算模型使用体育场实际尺寸，并将其置于 1300m × 400m 的计算断面内，最大阻塞率约为 2%。风场入口距离建筑迎风面 400m，为了使空气流动充分发展，背风面距离出口 900m。入流剖面采用《荷载规范》中规定的 B 类地貌，利用 FLUENT 自带的 UDF 功能实现。湍流模型采用 Realizable k-ε 模型，对流项的离散格式采用二阶迎风格式，压力-速度耦合方程解法采用 SIMPLE 算法。为考虑围护结构开洞率对体型系数的影响，考虑了全开敞、开洞率 60% 以及全封闭三种工况，由分析结果可知，开洞率对进风侧影响较大，开洞率越低，进风侧罩棚体型系数越大。罩棚上下表面净风压总体表现为风吸力，体型系数随开洞率降低而增大。开洞率对出风侧罩棚影响较小，可忽略其影响。

根据风洞阻塞度要求、转盘尺寸及原型尺寸，试验模型缩尺比确定为 1：150，图 7.4-2 为刚性模型在风洞中的照片，罩棚上下布置测点，墙面内外布置测点，间隔 10° 共测量 36 个风向角的结果。试验风速 12m/s，压力采样频率为 400.6Hz，采样时间 33s 左右。所有测点的压力数据采用同步获得。

图 7.4-2　模型在风洞中的照片

由于来流分离、旋涡脱落以及再附着等因素，异形屋面的风压分布通常十分复杂。选取 0°、90°、180° 和 270° 为典型风向角，图 7.4-3 所示为体育场罩棚在上述风向角下的平均风压系数。0° 和 180° 规律相类似，在靠近进风侧罩棚风压合力为压力，压力最大值发生在约 1/4 长度方向位置处，罩棚吸力最大值发生在靠近出风侧。90° 和 270° 规律相类似，进风侧罩棚迎风位置近环梁侧风压力最大，其余位置压力分布较为均匀，出风侧罩棚中间吸力较大，两侧较小。

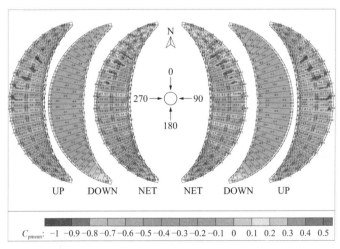

(a) 0°风向角

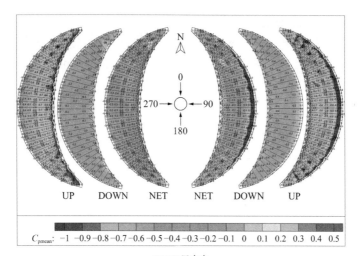

(b) 90°风向角

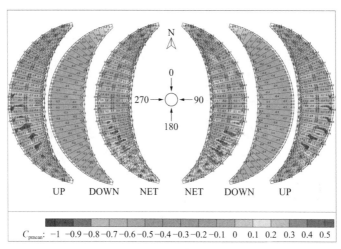

(c) 180°风向角

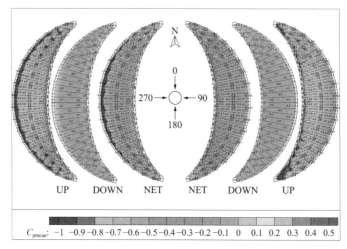

(d) 270°风向角

图 7.4-3　体育场罩棚的平均风压系数

4. 风振分析（频域法及时程法）

风洞试验单位采用频域法进行了风振分析，并提供了等效静力风荷载。本项目采用 CQC 法计算，阻尼比取 0.02，峰值因子取 2.5。图 7.4-4 所示为 90°风向角下罩棚的等效静力风荷载分布图。

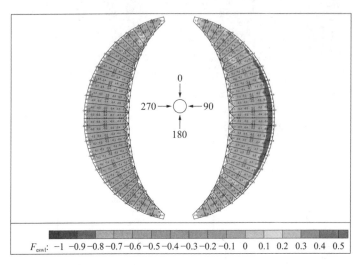

F_{eswl}: -1 -0.9 -0.8 -0.7 -0.6 -0.5 -0.4 -0.3 -0.2 -0.1 0 0.1 0.2 0.3 0.4 0.5

图 7.4-4　等效静力风荷载（90°风向角，kPa）

考虑到项目的重要性，采用时程分析方法对风振分析进行了补充计算。风压时程采用风洞试验的同步测压结果，根据相似定律以及风速风压关系，推导了由试验风速时程转换到时程分析的风荷载时程的关系式，具体过程简述如下：

风洞试验单位提供了每个测点的风压系数时程，该风压系数等于体型系数与高度系数的乘积（无量纲），风洞试验主要参数列于表 7.4-2。

风洞试验主要参数　　　　　　　　　　　　　　表 7.4-2

模型缩尺比例	1：150
试验采样频率（Hz）	400.60
测点数量	362
测点采样数	13200
采样时长（s）	33
试验风速（m/s）（对应于模型高度 1.8m）	12

首先将试验的风压系数时程换算成实际计算采用的风压时程数据。设刚性模型表面第 i 个测点上第 j 个风压系数为 $C_{p,ji}$，对应的时间为 t_j，其中 $j = 1,2,\cdots,13200$。

大气边界层风场中实际建筑物上的风压值为：

$$p_{ji} = \frac{1}{2}\rho V_i^2 C_{p,ji} = w_0 C_{p,ji} \tag{7.4-1}$$

式中，ρ 为空气密度（可取 1.25kg/m³）；V_i 为实际结构上第 i 个测压点高度处的风速；w_0 为计算采用的基本风压值（kPa）。

通过相似定律$(nL/V)_m = (nL/V)_p$（式中n为频率，L为几何尺寸，V为风速，下标m表示试验模型，p表示原型），有：

$$\frac{n_p}{n_m} = \frac{L_m/L_p}{V_m/V_p} \tag{7.4-2}$$

几何尺寸比为 1∶150，试验风速为 12m/s，对应于模型高度 1.8m 即实际高度 270m 处，当基本风压为w_0时，根据《荷载规范》，其对应的离地高度 10m 处的风速为：

$$V = \sqrt{2w_0/\rho} = 40\sqrt{w_0} \tag{7.4-3}$$

风剖面按指数律考虑：

$$V(z) = V_{10}(z/10)^{\alpha} \tag{7.4-4}$$

式中，α为风剖面指数，按 B 类地貌取 0.15。将式(7.4-3)、式(7.4-4)代入式(7.4-2)，得到实际风的采样频率和采样步长分别为：

$$n_p = 14.59 \times \sqrt{w_0}$$

$$\Delta t = \frac{1}{n_p} = \frac{1}{14.59 \times \sqrt{w_0}}$$

风振时程分析采用 ANSYS 软件进行计算，为了简化计算，只选取了左侧罩棚如图 7.4-5 所示，模型中不考虑索塔，并假定斜拉索、环梁环索在索塔端为固定；模型中不考虑膜材，面单元仅作为导荷介质，无刚度。采用完全法瞬态动力分析，该方法采用完整的系统矩阵计算瞬态响应，可包含各类非线性特性。

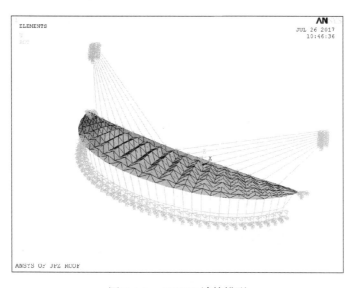

图 7.4-5　ANSYS 计算模型

547 个面单元根据形心距离最近原则选择与 362 个测点匹配，并以该测点风压系数时程再乘以基本风压得到面的风压时程，采样数据取 6200 个，对应 10 年、50 年、100 年重现期的总采样时长分别为 669.6s、632.4s、601.4s，均大于 600s。计算中采用瑞利阻尼假定，其中质量阻尼α、刚度阻尼β取值如下：

$$\alpha = \frac{2\xi\omega_i\omega_j}{\omega_i + \omega_j}, \quad \beta = \frac{2\xi}{\omega_i + \omega_j}$$

式中，ξ 为结构振型阻尼比，取 1% 或 2%；ω_i、ω_j 分别为第 i 阶、第 j 阶圆频率值。结构基本频率列于表 7.4-3，前 4 阶振型模态见图 7.4-6，阻尼计算时取前 2 阶：阻尼比为 1% 时，$\alpha = 0.052$，$\beta = 0.002$；阻尼比为 2% 时，$\alpha = 0.103$，$\beta = 0.0039$。在做舒适度评估时取 10 年重现期风荷载，风振振幅小、应力水平较小，因此采用的阻尼比小于常规结构强度计算时采用的阻尼比，取 1%；在进行 100 年重现期风荷载计算时，阻尼比取 2%，与风洞试验单位的等效静力风荷载计算统一。

结构基本周期和频率 表 7.4-3

	1	2	3	4	5	6	7	8	9	10
周期（s）	1.255	1.179	1.004	0.890	0.835	0.754	0.678	0.620	0.602	0.537
频率（Hz）	0.797	0.848	0.996	1.124	1.198	1.326	1.475	1.613	1.661	1.862

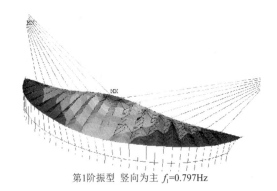

第1阶振型 竖向为主 $f_1=0.797$Hz

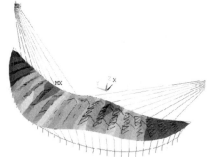

第2阶振型 X 向为主 $f_2=0.848$Hz

第3阶振型 竖向和 X 向 $f_3=0.996$Hz

第4阶振型 竖向+X 向高阶 $f_4=1.124$Hz

图 7.4-6 前 4 阶振型模态

根据等效静力风荷载计算，发现在 70° 风向角时，左侧罩棚环索中部节点 Z 向位移最大，因此后文主要考察 70° 风向角结果。峰值响应计算采用峰值因子法，g 为峰值因子，取 2.5。取等效静力风荷载计算时位移最大的几个中部环索节点，统计了其位移峰值响应和风振系数列于表 7.4-4，节点编号见图 7.4-7。

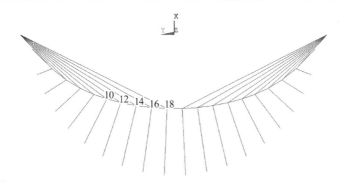

图 7.4-7　节点编号图

节点位移响应（m）和风振系数　　　　　　表 7.4-4

编号	U_x-14	U_z-14	U_x-16	U_z-16	U_x-18	U_z-18
平均响应R	0.0398	0.0965	0.0699	0.1369	0.0896	0.1646
均方根σ_R	0.0105	0.0374	0.0145	0.0470	0.0175	0.0533
峰值响应R_{peak}	0.0661	0.1899	0.1061	0.2545	0.1333	0.2978
风振系数μ	1.66	1.97	1.52	1.86	1.49	1.81
等效静力风荷载计算结果R_s	0.0588	0.0992	0.0927	0.1558	0.1142	0.2229
$(R_s - R_{peak})/R_{peak}$	−11.0%	−47.8%	−12.7%	−38.8%	−14.3%	−25.1%

从表中可以看出，当峰值因子取 2.5 时，环索节点各位置的风振系数在 1.6～1.9，时程法计算的峰值响应比等效静力风荷载计算的位移响应大，相对误差在 20%左右，个别达到 40%左右。

取 18 号节点位移时程如图 7.4-8、图 7.4-9 所示，图中背景响应为结构准静力响应，脉动响应为动力总响应减去背景响应，脉动响应均方根值为 0.035，乘以峰值因子 2.5 后为 0.0864，占峰值响应 0.2978 的 29%。

对脉动响应进行频谱分析，其功率谱图见图 7.4-10。从图中可以看出，脉动响应主要由第 1 阶和第 3 阶频率（$f_1 = 0.797$Hz，$f_3 = 0.996$Hz）贡献，这两阶均是竖向振动为主的振型。

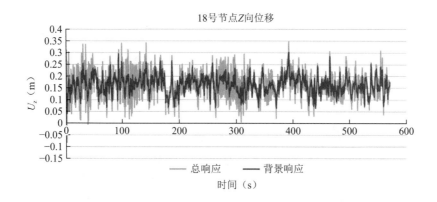

18号节点Z向位移

时间（s）

—— 总响应　　—— 背景响应

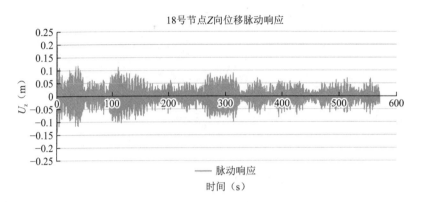

图 7.4-8　U_z-18 时程曲线

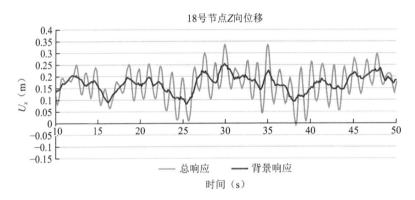

图 7.4-9　U_z-18 时程曲线局部放大图（10～50s）

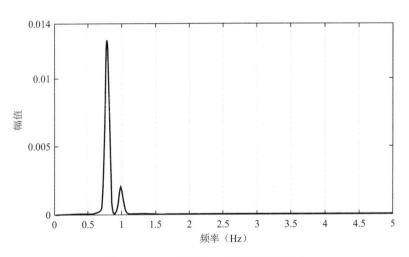

图 7.4-10　18 号节点 U_z 脉动时程频谱图

　　用同样的方法统计索应力结果，索段编号见图 7.4-11，将应力变化响应统计结果列于表 7.4-5 中。从表中可以看出斜拉索索力减小，环索、上径向索索力增大，应力变化峰值响应都小于 100MPa，风振系数在 1.6 左右。其中由于 39 号环索的平均响应较小，计算出来的风振系数偏大为 2.9。时程法计算的峰值响应比等效静力风荷载计算的位移响应大，相对误差在 20%左右。

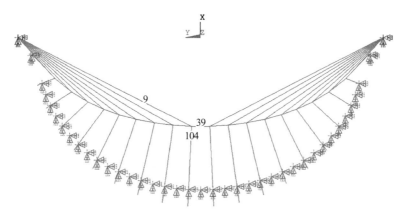

图 7.4-11　索段编号

索应力响应（MPa）和风振系数　　　　　　　　表 7.4-5

编号	$\Delta\sigma$-39（环索）	$\Delta\sigma$-9（斜拉索）	$\Delta\sigma$-104（上径向索）
平均响应R	8.95	−38.87	24.48
均方根σ_R	6.85	10.10	5.69
峰值响应R_{peak}	26.07	−64.12	38.72
风振系数μ	2.91	1.65	1.58
等效静力风荷载计算结果R_s	17.92	−48.69	36.37
$(R_s - R_{peak})/R_{peak}$	−31.3%	−24.1%	−6.1%

取 9 号斜拉索索应力变化时程如图 7.4-12、图 7.4-13 所示，图中背景响应为结构准静力响应，脉动响应为动力总响应减去背景响应，脉动响应均方根值为 7.53，乘以峰值因子 2.5 后为 18.82，占峰值响应 48.69 的 31%，比例较小。这说明响应以背景响应为主。同样可以做脉动响应的频谱图，如图 7.4-14 所示，亦是第 1 阶、第 3 阶竖向振动为主。

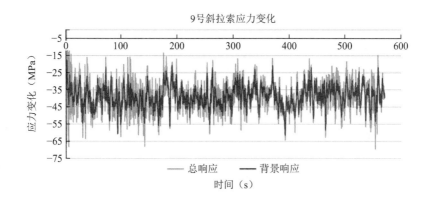

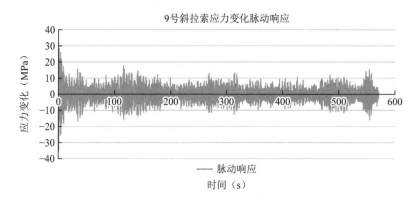

图 7.4-12　Δσ-9 时程曲线

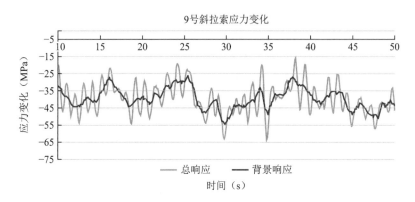

图 7.4-13　Δσ-9 时程曲线局部放大图（10～50s）

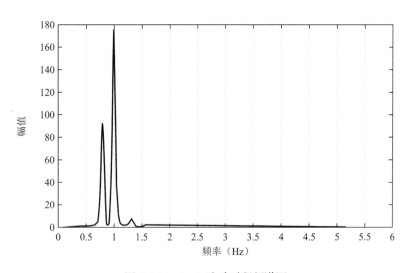

图 7.4-14　Δσ-9 脉动时程频谱图

　　对简化的单侧罩棚模型进行了动力时程法分析，荷载采用了 100 年重现期的 70°风向角风荷载时程，并取峰值因子为 2.5，对中部环索节点的位移响应和中部环索、斜拉索、径向索应力响应进行统计分析，得出以下结论：

（1）动力响应以背景响应为主，共振引起的脉动响应占总响应的比例约为 30%。

（2）共振引起的脉动响应主要由第 1 阶和第 3 阶振型贡献。

（3）时程分析的统计峰值响应结果比风洞试验单位提供的等效静力风荷载计算的静力响应结果大 20% 左右，个别响应效果相对误差超过 40%，因此，对特别重要的大跨度屋盖结构，宜进行风振时程分析。

（4）时程分析得到的中部环索区域的响应风振系数在 1.6～1.9。

为了与风洞试验单位提供的风振报告结果有可比性，计算中采用了与风振报告中相同的阻尼比、峰值因子来计算。但有研究认为大跨屋盖结构峰值因子取 2.5 值得商榷，加拿大等规范中采用下式计算峰值因子：

$$g = \sqrt{2\ln \nu T} + \frac{0.577}{\sqrt{2\ln \nu T}} \tag{7.4-5}$$

式中，ν 为结构基频，T 取 600s，带入第 1 阶频率值 0.797，则峰值因子取 3.7，风振系数以及与等效静力风荷载结果误差比值列于表 7.4-6，从表中可以看出，风振系数变成 2.0 左右，相对误差在 25%～50%，差距较大。因此，对重要结构进行时程分析时，峰值因子取值宜专门研究。

峰值因子取 3.7 时风振系数及与等效静力风荷载结果的相对误差　　表 7.4-6

编号	U_x-14	U_z-14	U_x-16	U_z-16	U_x-18	U_z-18	$\Delta\sigma$-39	$\Delta\sigma$-9	$\Delta\sigma$-104
风振系数 μ	1.98	2.43	1.77	2.27	1.72	2.22	3.83	1.96	1.86
$(R_s - R_{peak})/R_{peak}$	−25.3%	−57.8%	−25.0%	−49.9%	−25.9%	−38.4%	−47.8%	−36.1%	−20.2%

5. 体育场罩棚风振控制方案及分析

环索风致加速度较大，研究通过在环索上设置 TMD 进行环索风致振动的控制。减振控制频率取结构第一阶频率 0.797Hz，采用 Den-Hartog 的最佳参数调整方法确定 TMD 系统的参数。

本工程单侧罩棚的总质量为 580t，取质量比为 0.01，由此得到单个 TMD 的设计参数。

在每个节点增加 1t 的 TMD 后，环索节点在自重下的竖向位移变化见表 7.4-7，从表中可以看出，增加 TMD 后，环索节点在自重荷载下的竖向位移增加了约 6%。

环索节点在自重荷载下的竖向位移　　表 7.4-7

节点编号	14	16	18	32	34	36
原结构（mm）	−283	−369	−419	−283	−369	−419
加 TMD 之后（mm）	−299	−393	−446	−299	−393	−446
相对差	5.7%	6.5%	6.4%	5.7%	6.5%	6.4%

对增加 TMD 的模型进行模态分析，结果见表 7.4-8。其中加 TMD 之后的模型结果中去掉了由于 TMD 弹簧消能器单元产生的局部振型。从结果可以看出，增加 TMD 后，主结构的基频有所增加。

结构基本频率对比   表 7.4-8

阶数	1	2	3	4
原结构（Hz）	0.797	0.848	0.996	1.124
加 TMD 之后（Hz）	1.103	1.127	1.198	1.334

在原结构上增加 TMD 后进行风振计算，计算采用 10 年重现期基本风压，阻尼比取 0.01。主要结果见表 7.4-9 和图 7.4-16。

从图 7.4-15 中可以看出，加 TMD 之后节点的脉动响应有所减小，但背景响应不变，这是由于背景响应是准静力响应，TMD 是通过质量块的惯性运动起到减振作用，因此只能在动力响应中有效，即 TMD 只能减小脉动响应。从表 7.4-9 中可以看出，Z 向加速度的减振效率接近 30%，X 向加速度的减振效率略高，约为 45%。由于脉动响应占位移总响应的比例很小，TMD 对位移减振效率很小。

从加速度频谱对比图 7.4-16 可以看出，与第 1 阶频率对应的峰值有明显下降，但后几阶频率对应的峰值下降不明显，这说明 TMD 对于控制频率减振效果好，但对非控制频率减振效果差。

加 TMD 后 18 号节点主要响应结果   表 7.4-9

方向		Z 向	X 向
18 号节点位移响应（m）	平均响应 R	0.1046	0.1058
	均方根 σ_R	0.0308	0.0079
	峰值响应 R_{peak}	0.1817	0.1257
	风振系数 μ	1.74	1.19
18 号节点加速度响应（m/s²）	均方根 σ_R	0.3345	0.0871
原结构加速度响应均方根值（m/s²）		0.4624	0.1578
加速度减振效率 （原结构加速度 − 加 TMD 后加速度）/原结构加速度		27.7%	44.9%
原结构位移响应峰值 R_{peak}（m）		0.1887	0.1304
位移响应减振效率 （原结构位移 − 加 TMD 后位移）/原结构位移		3.7%	3.6%

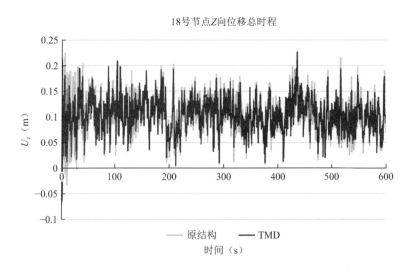

18号节点Z向位移总时程

时间（s）

— 原结构   — TMD

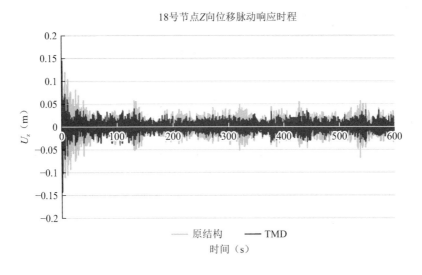

18号节点Z向位移脉动响应时程

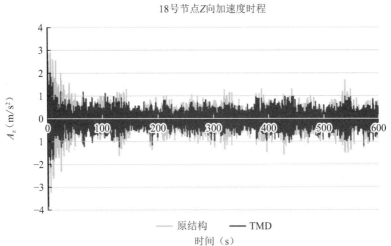

18号节点Z向加速度时程

图 7.4-15　18 号节点 Z 向响应时程对比

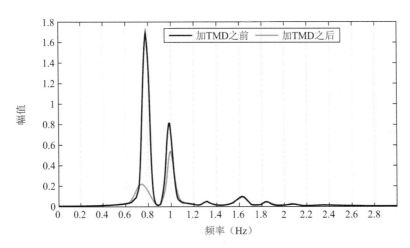

图 7.4-16　18 号节点 Z 向加速度响应频谱对比

6. 斜拉索风振控制方案及分析

斜拉索和背索的基本参数列于表 7.4-10，斜拉索直径为 70～110mm，长度为 65～167m，背索直径为 120mm，长度为 120m 左右，长径比较大，根据斜拉索振动理论，对各种可能存在的振动分析如下：

（1）涡激振动

Scruton 数 $S_{c\Delta} = 2\delta m/\rho D^2$，带入表 7.4-10 中的数据后发现 70mm、90mm、110mm、120mm 四种直径索的 Scruton 数分别为：8027δ、8025δ、8030δ、8032δ，若要使其满足 Scruton 数不小于 20 的要求，斜拉索的对数衰减率 δ 应大于 0.0025。

（2）尾流驰振

平行背索间距 1m，为 8.3 倍索径（d），大于 $5d$，发生尾流驰振的可能性较小，可通过保证对数衰减率大于 0.003 的措施，避免尾流驰振的发生。

（3）抖振

由于索的内力很大以及空气动力阻尼的作用，抖振的振幅通常较小。

（4）风雨振

风雨振需要雨线的参与，所以通常只发生在索体外附光滑 PE 套的情况下，本项目中采用的是高钒索，其表面是螺旋线形，不具备产生雨线的条件，因此发生风雨振的可能性不大。但由于对索体风雨振的研究并不十分成熟，对于这种螺旋状的高钒索的风雨振研究目前还是空白，从结构安全角度来说，还是应该适当采取减振措施，如附加阻尼等。

（5）参数振动

根据现有研究，参数振动通常发生在桥面或桥塔的振动频率接近索的固有振动频率 2 倍时。本项目索的固有频率在 0.73～1.61Hz 之间，即发生参数振动的条件是罩棚或桥塔的振动频率接近 1.46～3.22Hz。但从前文章节可以看出，罩棚的前 5 阶频率均小于 1.4Hz，两侧斜塔的自振频率也小于 1.4Hz，发生参数振动的可能性较小。

综上所述，本项目斜拉索发生上述各种振动的可能性较小，但目前对于斜拉索研究大多是桥梁领域，对于体育场类建筑的斜拉索振动研究基本是空白，该项目是非常重要的地标性建筑，为确保安全，设计仍适当采取减振措施。目前，斜拉索的主要减振措施有：增设辅助索、通过拉索表面缠绕螺旋线等方式改变拉索的气动外形以及设置消能器等。根据项目特点，本项目采用在斜拉索和背索端部设置黏滞消能器的减振方案。斜拉索下端连接在环索处，消能器在环索处很难固定，而且对建筑效果破坏较大；体育场背索落地位置是建筑物的主要出入口，消能器的安装空间不足，因此斜拉索和背索的消能器均设置在上端锚固处。斜拉索和背索消能器可按两种方案布置，方案一是各索与塔间分别设置消能器，方案二是索间利用消能器或连接器相连，最短索与塔间设置消能器。方案一中当斜拉索与塔身夹角较大时，很难保证消能器与索垂直安装，另外由于塔顶空间有限，消能器的安装难度大，因此本项目选用方案二控制拉索振动，如图 7.4-17 所示。

斜拉索及背索基本参数　　　　　　　　　　　　　表 7.4-10

索编号	直径（mm）	截面面积（mm²）	每米重量（kg/m）	长度（m）	初始预应力（MPa）	第 1 阶频率（Hz）
1	70	2840	23.6	65.88	373.732	1.609
2	70	2840	23.6	77.29	393.134	1.406

索编号	直径 （mm）	截面面积 （mm²）	每米重量 （kg/m）	长度 （m）	初始预应力 （MPa）	第1阶频率 （Hz）
3	70	2840	23.6	89.59	397.218	1.22
4	90	4700	39	101.6	311.500	0.952
5	90	4700	39	113.2	384.000	0.949
6	90	4700	39	125.8	479.000	0.954
7	110	7020	58.3	139.7	461.026	0.843
8	110	7020	58.3	153.5	484.160	0.786
9	110	7020	58.3	167.3	494.900	0.729
10	120	8360	69.4	126.6	480.000	0.949
11	120	8360	69.4	122.7	480.000	0.979
12	120	8360	69.4	118.8	480.000	1.011
13	120	8360	69.4	115	480.000	1.045

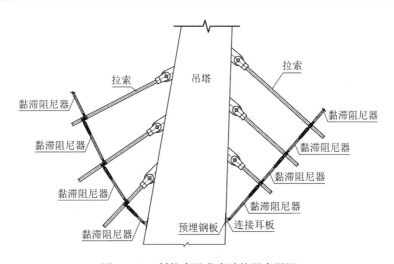

图 7.4-17　斜拉索及背索消能器布置图

在斜拉桥中常见的单索布置黏滞消能器的减振方案中，消能器的最佳阻尼系数可根据斜拉索-消能器系统的通用阻尼比计算公式求得，但对于本项目中的多索联合减振方案无法直接利用近似公式计算消能器的最佳阻尼系数，本节以背索为例，通过 ANSYS 有限元计算软件对背索多消能器系统进行风振分析，考虑不同阻尼系数的消能器系统对背索减振的效果。

斜拉索的脉动风速时程采用 Davenport 谱由 AR 法进行模拟，关键参数有：10m 高度平均风速 28m/s，阶数 4，采样时间和步长为 100s 及 0.1s，截断频率 10Hz，C_x、C_y、C_z 分别取为 16、6、10，地面粗糙度指数 0.15。得到的 18 号节点（10 号背索中点）脉动风速、脉动风速功率谱与 Davenport 谱对比见图 7.4-18。

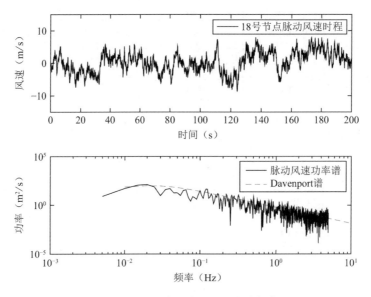

图 7.4-18　脉动风速时程及其功率谱

　　拉索承受风荷载与风速之间的关系比较复杂，但本节重点在于讨论索的减振系统，因此简化了风荷载的计算，风荷载和风速之间的关系参考《公路桥梁抗风设计规范》中的规定［（式(7.4-6)）］，式中阻力系数 C_D 取 0.723，空气密度 ρ 取 1.25。

$$F_D = \frac{1}{2}\rho U^2 C_D(\gamma)D \tag{7.4-6}$$

　　由数值模拟得到的脉动风速时程，叠加上考虑高度影响后的平均风速时程，可以得到每个节点对应的风速时程，根据上式即可得到每个节点对应的单位长度下的风荷载时程，乘以节点对应的索长即可得到节点力时程，见图 7.4-19。其中节点力方向为顺风向。

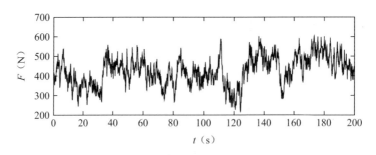

图 7.4-19　10 号背索某节点风荷载时程

　　在 ANSYS 中建立背索-消能器模型，其中各消能器的阻尼系数取值相同，计算时不考虑索本身的阻尼比，对比阻尼系数为 0 无控系统、5kN·s/m、20kN·s/m、50kN·s/m 四种情况。从 18 号节点（10 号背索中点）的位移时程（图 7.4-20）可知，减振效果明显。将 18 号节点的位移统计列于表 7.4-11，可见，按位移响应峰值统计减振效率约 40%。

减振效果统计　　　　　　　　　　　　　表 7.4-11

C		$C=0$（无控）	$C=5\text{kN}\cdot\text{s/m}$	$C=20\text{kN}\cdot\text{s/m}$	$C=50\text{kN}\cdot\text{s/m}$
18 号节点水平位移响应（mm）	平均响应R	20.53	20.54	20.54	20.54
	均方根σ_R	12.93	5.74	4.58	4.25
	峰值响应R_{peak}	52.86	34.88	31.99	31.15
	风振系数μ	2.57	1.70	1.56	1.52
位移减振效率（原结构位移－加消能器后位移）/原结构位移		—	34%	39%	41%

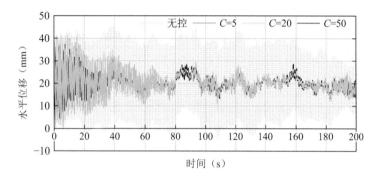

图 7.4-20　背索中点位移时程（mm）

阻尼系数为 20kN · s/m 时，18 号节点的振动频率谱见图 7.4-21，频率谱分析的结果显示振动信号中包含很多频率成分，但是只有一个和拉索自振频率一致的卓越频率。增加消能器后，功率谱幅值明显下降。

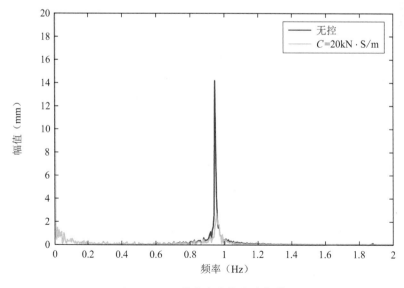

图 7.4-21　背索中点位移功率谱

最终实际项目中综合考虑成本等因素，采用了阻尼系数 26kN · s/m 的消能器，项目投入使用后效果良好。

7. 小结

本案例中的索膜张力结构罩棚，质量轻、刚度小，风荷载是设计中的控制因素。项目设计过程中系统地进行了抗风及减振设计，取得了良好效果，主要结论如下：

（1）本案例对工程所在地区进行风气候分析，以历年数据为基础，科学地确定了基本风压取值。

（2）本案例通过数值风洞研究围护结构的开洞率对罩棚风荷载的影响，为建筑围护方案优化提供依据，最终综合建筑功能确定了大开洞率的围护方案，降低了罩棚风荷载。

（3）本案例进行风洞试验研究了罩棚风压分布特点，利用频域法和时程法分别进行了风时程分析，并以时程分析为基础研究了关键位置的减振方案。

（4）本案例研究了在中部六个环索控制点设置 TMD 的减振方案，该方案在每个控制点的节点位置设置一个 TMD，计算表明对环索控制点Z向加速度的减振率约 30%，X向加速度的减振率约 45%。

（5）本案例中研究了针对斜拉索、背索的减振方案，在索间利用黏滞消能器及连接器相连，最短索与索塔间设置黏滞消能器，对比了不同阻尼系数对索的减振效率，计算表明阻尼系数大于 20kN·s/m 后减振率约 40%。

参考文献

[1] 张相庭. 结构风压和风振计算[M]. 上海: 同济大学出版社, 1985.

[2] 黄本才, 汪从军. 结构抗风分析原理及应用[M]. 上海: 同济大学出版社, 2008.

[3] 建筑结构荷载规范: GB 50009—2012[S]. 北京: 中国建筑工业出版社, 2012.

[4] 曾锴, 汪丛军, 黄本才, 等. 计算风工程中几个关键影响因素的分析与建议[J]. 空气动力学学报, 2007, 25(4): 504-508.

[5] 建筑工程风洞试验方法标准: JGJ/T 338—2014[S]. 北京: 中国建筑工业出版社, 2014.

[6] 舒新玲, 周岱. 风速时程 AR 模型及其快速实现[J]. 空间结构, 2003, 9(4): 27-32, 46.

[7] 阎石, 郑伟. 简谐波叠加法模拟风谱[J]. 沈阳建筑大学学报(自然科学版), 2005, 21(1): 1-4.

[8] Anil K Chopra. 结构动力学[M]. 北京: 高等教育出版社, 2005.

[9] 王新敏. ANSYS 结构动力分析与应用[M]. 北京: 人民交通出版社, 2014.

[10] Xie J. Aerodynamic optimization of super-tall buildings and its effectiveness assessment[J]. Journal of Wind Engineering and Industrial Aerodynamics, 2014, 130: 88-98.

[11] 李波, 杨庆山, 田玉基, 等. 锥形超高层建筑脉动风荷载特性[J]. 建筑结构学报, 2010, 31(10): 8-16.

[12] 包联进, 陈建兴, 童骏, 等. 超高层建筑锥形体型与结构设计的关系[J]. 建筑结构, 2022, 52(10): 118-122.

[13] Tanaka H, Tamura Y, Ohtake K. Experimental investigation of aerodynamic forces and wind pressures acting on tall buildings with various unconventional configurations[J]. Journal of Wind Engineering and Industrial Aerodynamics, 2012, 107-108: 179-191.

[14] 严亚林, 唐意, 金新阳. 气动外形对高层建筑风荷载的影响研究[J]. 建筑结构学报, 2014, 35(4): 297-303.

[15] 赵昕, 丁洁民, 孙华华, 等. 上海中心大厦结构抗风设计[J]. 建筑结构学报, 2011, 32(7): 1-7.

[16] 汪大绥, 周建龙, 包联进. 超高层建筑结构经济性分析[C]//世界高层都市建筑学会. 崛起中的亚洲: 可持续性摩天大楼城市的时代: 多学科背景下的高层建筑与可持续城市发展最新成果汇总. 世界高层都市建筑学会第九届全球会议论文集. 2012: 789-795.

[17] 张同亿, 张松, 王宁, 等. 海口双子塔-南塔结构设计关键技术研究[J]. 建筑结构学报, 2021, 43(1): 192-201.

[18] 张同亿, 祖义祯, 张速, 等. 柬埔寨国家体育场结构选型及优化[J]. 建筑结构, 2020, 50(1): 1-7, 51.

[19] 张速, 唐意, 张同亿, 等. 柬埔寨国家体育场风荷载设计研究[J]. 建筑结构, 2020, 50(1): 8-14, 37.

[20] 祖义祯, 张同亿, 张速, 等. 柬埔寨国家体育场罩棚结构设计[J]. 建筑结构, 2020, 50(1): 15-22.

[21] 李频. 斜拉索外置式消能器及其控制器研究[D]. 杭州: 浙江大学, 2015.

[22] 公路桥梁抗风设计规范: JTG/T 3360—01—2018[S]. 北京: 人民交通出版社, 2019.

[23] JOHN D. HOLMES 著. 结构风荷载[M]. 全涌, 李加武, 顾明, 译. 北京: 机械工业出版社, 2016.

第

3

篇

建筑工程隔振（震）设计

第8章　建筑工程隔震设计

8.1　隔震结构设计方法

隔震结构设计方法目前主要有两种：一是《抗规》中的分部设计方法，也称减震系数法；二是《隔震标准》中的直接设计方法。在《隔震标准》颁布实施以前，隔震结构多采用分部设计方法；基于《隔震标准》提高了隔震结构设防标准，提供了一体化分析方法，直接设计方法应用越来越广泛。

8.1.1　分部设计方法

《抗规》中的分部设计方法，一般是将整个隔震结构分为上部结构、隔震层和下部结构及基础，分别进行设计。

1. 上部结构

对于上部结构，采用根据水平地震影响系数折减后的地震作用，按照常规抗震结构进行设计。由于隔震支座的弯曲刚度较小，所以一般将柱底修改为铰接。建议采用时程分析方法计算水平地震影响系数。

2. 隔震层

隔震层设计包括长期荷载下的隔震支座竖向承载能力验算、基于减震系数的水平刚度及阻尼参数优化、隔震支座水平及竖向极限性能验算、隔震层抗风验算，具体包括以下内容：

（1）长期荷载下隔震支座的压应力水平满足规范限值要求；

（2）隔震层水平刚度及阻尼满足减震系数要求，同时大震下隔震层变形不能超过隔震支座的极限变形能力；

（3）大震下隔震支座的压应力及拉应力需满足隔震支座极限性能要求，并应控制隔震支座出现拉应力的范围和水平，必要时增设抗拉装置；

（4）隔震层的水平刚度应满足抗风需要。

3. 下部结构

隔震层下部结构应能满足不同地震水准下隔震层发挥隔震性能的传力需要。隔震层以下的地下室或层间隔震的下部结构，应进行设防地震作用下承载力验算及变形验算、罕遇地震进行抗剪承载力验算，确保下部结构的可靠性。对于隔震层以下直接支承隔震层及以上结构的相关构件，应满足嵌固的刚度比要求。

对于隔震层支墩、支柱及相连构件，应采用隔震结构罕遇地震下隔震支座底部的竖向力、水平力和力矩进行承载力验算。

层间隔震的下部结构，按照不低于上部结构弹塑性层间位移角限值的要求进行罕遇地震作用下变形控制，设计条件许可的情况下，下部结构可采用更严格的变形控制目标，以提高结构体系的整体稳定性和安全性。

4. 地基基础

地基基础按抗震设防烈度进行设计，甲、乙类建筑的抗液化措施应提高一个等级确定，直至全部消除液化沉陷。

分部设计方法基于减震系数将隔震结构等效为降低地震作用后的抗震结构进行反应谱分析。该方法计算简单，易于操作。

由于隔震结构与抗震结构动力特性的真实差异，分部设计方法一定程度上牺牲了力学模型的合理性和计算结果分析的准确性。该方法中水平向减震系数取值非常关键：对于多层建筑，为按弹性计算所得的隔震与非隔震层间剪力的最大比值；对高层建筑结构，尚应计算隔震与非隔震各层倾覆力矩的最大比值，并与层间剪力的最大比值相比较，取二者的较大值。根据笔者研究，上述包络值仍不能保证所有构件安全，详细论述见本书15.2 节。

8.1.2　直接设计方法

《隔震标准》提出了隔震结构的直接设计方法，主要特点有：①采用一体化建模，一体化设计；②提高抗震设防目标为"中震不坏、大震可修、巨震不倒"；③采用迭代方法或弹塑性时程分析方法计算隔震支座等效刚度和等效阻尼比；④采用复振型分解反应谱法考虑隔震层阻尼比较大时的非比例阻尼影响。

隔震结构直接设计方法，一般按照如下步骤进行设计：

（1）确定隔震目标，即确定地震作用降低的程度；

（2）进行隔震支座布置；

（3）建立包括隔震支座的计算模型；

（4）迭代计算得到隔震支座的等效刚度和等效阻尼比；

（5）计算隔震结构底部剪力比；

（6）根据底部剪力比判断是否满足隔震目标，如果不满足调整隔震支座，重复进行（2）～（6）步骤，直至满足隔震目标；

（7）进行相关关键控制指标验算，验算不满足要求时，重复进行（2）～（7）步骤，直至满足验算要求；

（8）构件配筋设计。

直接设计方法基于上部结构带隔震层的一体化模型进行设计分析，设防地震作用下的分析方法包括振型分解反应谱法和时程分析法。反应谱法作为主要设计方法予以保留但限制使用范围；时程分析法作为补充验算方法，要求应用于体型不规则、高度超过 60m，或者隔震层装置组合比较复杂的隔震结构，当时程分析方法的主要计算结果大于反应谱分析时，对相关部位的部件与构件的内力和配筋做相应的调整。此外，当罕遇地震下主体结构进入弹塑性状态，以及隔震支座基于拉压刚度不均匀的应力计算时，仍需采用非线性动力时程分析方法。

需要注意的是，《隔震标准》采用一体化模型直接设计方法后，仍需计算隔震结构底部剪力比，但底部剪力比是否不大于 0.5 仅作为上部结构抗震措施可否减低 1 度考虑的依据。

8.1.3 设计注意事项

1. 房屋高度取值

随着隔震技术和相关规范、标准的发展及工程应用推广，隔震建筑的房屋高度越来越高。确定隔震建筑的房屋高度是隔震结构设计的必要条件，除了确定结构体系的适用高度和结构抗震等级外，《隔震标准》中的部分条款规定也和房屋高度直接相关，如第 4.1.3 条中针对房屋高度不超过 24m 和房屋高度大于 60m 的隔震建筑规定了不同的要求。

对于隔震建筑来说，当隔震层位于地下一层时，对于房屋高度的起算高度，有以下两种不同的理解：

（1）按照隔震支座下支墩顶面；

（2）和非隔震建筑一样，按照室外地面。

隔震建筑对高宽比的控制、大震工况的验算，能够有效地保证结构体系的整体刚度、抗倾覆能力、整体稳定、承载能力等宏观控制指标，不同建筑的隔震层位置可能会有一定的差异，但是按照室外地面计算房屋高度，对于不同结构体系的适用高度是合适的。

而对于抗震等级来说，在《抗规》和《高规》中均有关于"接近高度分界"的表述，说明对于一些抗震有利的建筑，其抗震构造等级是可以适当调整的，隔震建筑在结构规则性、地震作用、可能的损伤模式上，均较常规抗震结构更加有利。因此，对于隔震层位于地下一层，即隔震支座距室外地面的高度不太大时，和隔震层位于地上的层间隔震建筑，房屋高度从室外地面起算是合理的。对于隔震层位于地下二层及以下时，需要根据项目实际情况确定。

2. 隔震层指标控制

隔震层的主要控制指标及其控制目的总结如表 8.1-1 所示。

隔震层的主要控制指标及其控制目的　　　　　　　　　　　　　表 8.1-1

控制指标	控制目的
隔震层刚度中心与质量中心宜重合，设防地震作用下偏心率不宜大于3%	避免扭转效应过大的抗震不利影响
隔震支座在重力荷载代表值作用下竖向压应力限值	在支座竖向极限承载力基础上引入安全系数，长期荷载作用下，保证上部结构稳定并提供足够的安全储备
隔震层抗风承载力设计值不应小于风荷载作用下隔震层剪力标准值的1.4 倍[①]（隔震支座的屈服承载力不满足时可采用抗风装置）	风荷载下隔震支座不屈服，保证隔震建筑在风荷载下的安全性
隔震层在罕遇地震作用下的水平最大位移对应的恢复力，不宜小于隔震层屈服力与摩阻力之和的 1.2 倍	保证罕遇地震之后，隔震层具有良好的复位性能
罕遇地震作用下，橡胶支座考虑扭转的水平最大位移不应大于支座直径的 0.55 倍和各层橡胶厚度之和的 3 倍二者的较小值[②]	避免大变形下橡胶支座受压失稳
隔震橡胶支座，同一加速度时程曲线作用下，出现拉应力的支座数量不宜超过支座总数的 30%且要满足拉应力限值[③]；弹性滑板支座罕遇地震下必须保持受压状态	控制橡胶支座受拉数量，不抗拉支座必要时加防提离装置，防止支座大量受拉影响结构稳定和安全

续表

控制指标	控制目的
罕遇水平和竖向地震作用下，橡胶隔震支座的最大拉、压应力限值	橡胶支座受拉有明显的屈服变形，拉屈后支座抗剪性能大幅下降，罕遇地震下重点控制隔震支座受拉应力
重力荷载代表值计算的抗倾覆力矩与罕遇地震作用下的倾覆力矩之比不应小于 1.1	高层建筑的倾覆力矩较大，为避免隔震建筑倾覆风险
不等高隔震，罕遇地震作用下相邻隔震层的层间位移角不应大于 1/1000	通过控制下落层的刚度和变形，保证不等高隔震层的支座的水平协调变形

注：①《建筑与市政工程抗震通用规范》GB 55002—2021 中，风荷载作为可变荷载，当对承载力分项不利时，荷载分项系数为 1.5，与《隔震标准》有所不同，抗风验算时如何选取风荷载分项系数工程中尚存在争议。

②对特殊设防类建筑，在极罕遇地震作用下隔震橡胶支座的 $[u_{hi}]$ 值可取各层橡胶厚度之和的 4.0 倍；且隔震橡胶支座产品的水平极限变形不应低于各层橡胶厚度之和的 4.0 倍。

③限值详见本书 8.1.4 节。

3. 基础设计

《隔震标准》第 3.2.3 条规定，隔震建筑地基基础的设计和抗震验算，应满足本地区抗震设防烈度地震作用的要求。

对于基础与隔震支墩之间有下部结构构件时，应按照《隔震标准》第 3.2.3 条进行中震设计；对于基础与下支墩直接相连时，基础是否按照关键构件设计存在一定争议。

4. 关键构件的确定

根据功能、作用、位置及重要性等将结构构件分为关键构件、普通竖向构件、重要水平构件和普通水平构件，其中关键构件是指构件的失效可能引起结构的连续破坏或危及生命安全的严重破坏，可由结构工程师根据工程实际情况分析确定，例如，隔震层支墩、支柱及相连构件，底部加强部位的重要竖向构件、水平转换构件及与其相连竖向支承构件，以及层间隔震结构位于地面以上的下部结构，其竖向投影向外延伸一跨范围内的所有竖向构件均属于关键构件。普通竖向构件是指关键构件之外的竖向构件；重要水平构件是指关键构件之外不宜过早屈服的水平构件，包括对结构整体性有较大影响的水平构件、承受较大集中荷载的楼面梁（框架梁、抗震墙连梁）、承受竖向地震作用的悬臂梁等；普通水平构件包括一般的框架梁、抗震墙连梁等。对于关键构件，要求其设防烈度下抗震承载力满足弹性设计要求。对于普通竖向构件及重要水平构件，要求其设防烈度下受剪承载力满足弹性设计要求，而正截面承载力需满足屈服承载力设计。

对于基底隔震，由于隔震层楼盖的参与，一般认为隔震层梁板具有较强的类似"嵌固端"作用，为保证上部结构的变形破坏模式与一般框架结构保持一致，首层柱可不按关键构件考虑；对于层间隔震，首层柱属于隔震层以下、地面以上构件，对防止结构连续倒塌和保护生命安全均具有重要作用，应按关键构件考虑。

8.1.4　不同隔震设计标准应用注意事项

目前，隔震设计国家标准有《抗规》和《隔震标准》，地方标准有部分早于《隔震标准》发布，包括乌鲁木齐（2015）、甘肃（2016）、四川（2017）、深圳（2018）、上海（2020）等，部分晚于《隔震标准》发布，包括河北（2021）、云南（2021）、北京（2022）、陕西（2022）

等，其中北京、陕西又是在《抗震条例》颁布后发布的，具体详见本书 3.2 节。由于发布实施时间不同（以《隔震标准》及《抗震条例》实施时间为节点），或者地方提出个别特殊要求，上述标准部分设计规定有所不同，设计时需要予以注意。

1. 隔震结构高宽比和抗倾覆安全系数要求

隔震结构高宽比和结构抗倾覆相关，关于这两个参数，主要有三种规定：一是对隔震结构高宽比无要求，提出抗倾覆安全系数要求，如《隔震标准》和北京、深圳标准；二是限制结构最大高宽比，对结构抗倾覆安全系数无要求，如《抗规》；三是同时对两个参数提出限值要求，如甘肃、河北、陕西、四川和乌鲁木齐等。笔者认为，直接对结构抗倾覆安全系数提出要求更科学合理。

2. 层间变形限值

隔震结构层间变形限值规定主要有三类：一是按照传统的两阶段设计方法，规定小震、大震下的层间位移角限值；二是按照中震正常使用的要求，规定中震、大震或极大震下的层间位移角限值；三是在二的基础上，进一步将建筑划分为 Ⅰ 类建筑和 Ⅱ 类建筑，分别规定层间位移角限值。部分标准对层间变形的规定区别见本书 3.1.1 节。

另外，对于层间隔震建筑，嵌固面至隔震层结构层间变形值，《隔震标准》的规定对于罕遇地震要求同上部结构，对于设防及极罕遇地震要求高于上部结构，限值详见表 8.1-2。

下部结构层间位移角限值 表 8.1-2

	设防	罕遇	极罕遇
钢筋混凝土框架结构	1/500	1/100	1/60
钢筋混凝土框架-抗震墙结构	1/600	1/200	1/130
钢筋混凝土抗震墙结构	1/700	1/250	1/150
钢结构	1/300	1/100	1/60

3. 隔震支座竖向受力限值

对于橡胶隔震支座面压验算分两种工况，一是在重力荷载代表值作用下的压应力验算，二是在罕遇地震作用下的压应力验算。两类工况下限值相关标准基本一致，建议均不得低于《隔震标准》的规定，即按照甲类、乙类、丙类建筑要求，工况一限值分别为 10MPa、12MPa 和 15MPa，且需要按照第二形状系数和直径予以调整限值，工况二限值分别为 20MPa、25MPa 和 30MPa。需要注意的是，北京标准按照橡胶隔震支座第一形状系数（S_1）进行了区分：当 $S_1 \geqslant 30$ 时，同其他标准一致；当 $S_1 < 30$ 和 $S_1 < 25$ 时分别对限值加严处理。

对于罕遇地震作用下受拉橡胶隔震支座，《隔震标准》规定按照甲类、乙类、丙类建筑要求拉应力限值，分别为 0MPa、1.0MPa 和 1.0MPa。

对于上述罕遇地震作用下的压应力和拉应力验算，应采用水平和竖向地震作用标准值组合的最不利轴力。

4. 与隔震层有关的水平力验算工况

鉴于橡胶支座抗拉屈服强度低的特点，《抗规》要求风荷载和其他非地震作用水平荷载标准值产生的总水平力不宜超过结构总重力的 10%；《隔震标准》除了要求进行隔震层罕遇地震恢复力验算外，还规定了隔震层抗风承载力要求。需要注意的是，鉴于标准发布时间原因，部分标准对抗风验算时风荷载分项系数的规定有所不同，建议可统一按"通用规范"取为 1.5。

5. 隔震支座最大水平变形限值

对于隔震支座最大水平变形，相关标准规定基本一致，《隔震标准》的规定见表 8.1-1。需要注意的是，北京及陕西标准提高了标准，要求特殊设防类、重点设防类隔震建筑的橡胶隔震支座的极限剪切变形不应小于橡胶总厚度的 450%。

6. 设计反应谱

目前国内的规范及标准，对于隔震结构的设计反应谱的规定大致可以分为三类，见表 8.1-3。

隔震结构设计反应谱对比　　　　　　　　　　　　表 8.1-3

	反应谱曲线分段
《抗规》《北京规程》《河北标准》	由直线上升段、水平段、曲线下降段、直线下降段共 4 段组成，阻尼比不等于 0.05 时，曲线下降和直线下降段分别引入衰减指数、下降斜率调整系数及阻尼调整系数
《隔震标准》《导则》《云南规程》《上海标准》	相比《抗规》反应谱，取消直线下降段，统一改为曲线下降段，衰减指数及阻尼调整系数不变
《广东高规》	由直线上升段、水平段、第一下降段和第二下降段组成，水平地震影响系数最大值 α_{max} 考虑场地类别影响的调整，增大地震分组第二组和第三组的 T_g，非 0.05 阻尼比的调整系数覆盖平台段及两个下降段且调整公式与《抗规》有较大差别

8 度 0.2g 设防，Ⅲ类场地，第二组，不同阻尼比的设计反应谱对比见图 8.1-1，由图对比可知，《抗规》和《隔震标准》的设计反应谱对于中、短周期段保持一致，在 $T_g = 3s$ 之后的谱值随周期的加长差距逐渐加大，这个差距在大阻尼比的情况下相对更为突出，《隔震标准》的设计反应谱阻尼衰减明显。

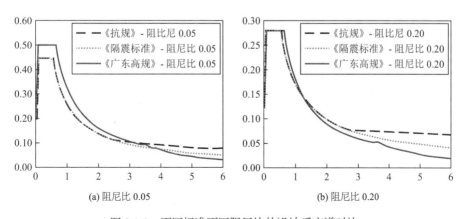

图 8.1-1　不同标准不同阻尼比的设计反应谱对比

《广东高规》引入场地效应系数、增大设计地震分组第二组和第三组的 T_g 以考虑远场长周期地震动影响后，阻尼比为 0.05 时，中、短周期结构的设计地震力增大，对抗震结构的安全性要求有所提高。采用拟加速度谱标定反应谱，聚焦结构恢复力，使得长周期大阻尼比反应谱相对《隔震标准》设计谱进一步下调，这对于超高层建筑及隔震建筑的设计理论上更为合理。

7．近场效应放大系数

根据《建筑与市政工程抗震通用规范》GB 55002—2021 的相关解释，发震断层指的是全新世活动断裂中，近 500 年来发生过 $M \geq 5$ 级地震的断裂或今后 100 年内可能发生 $M \geq 5$ 级地震的断裂，需在设计前期做好必要的收资工作，并注意不同标准对近场地震作用的放大系数不同，如表 8.1-4 所示。

发震断层近场放大系数对比　　　　　　　　表 8.1-4

	≤ 5km	> 5km，< 10km
《抗规》《北京规程》《甘肃规程》《四川规程》《深圳规程》《广东高规》*	1.25	1.5
《隔震标准》《导则》《河北规程》《陕西规程》	1.15	1.25

注：*《广东高规》仅针对高烈度区（8 度及以上）存在发震断层时，考虑地震作用增大调整。

8.2　隔震结构计算分析

隔震结构分析方法主要有反应谱分析方法和时程分析方法，反应谱分析方法为线性分析方法，时程分析方法既可以处理线弹性结构也可以处理弹塑性结构。也可以采用两种方法结合的反应谱层间剪力校准法。

对于线弹性结构的反应谱分析方法和时程分析方法，需要对非线性构件，如铅芯橡胶支座等，指定构件的等效刚度和等效阻尼。等效刚度和等效阻尼的确定可以采用线性迭代的方法或者根据不同的地震水准，按照一定的变形直接确定构件的等效刚度和等效阻尼。

8.2.1　计算分析方法

1．振型分解反应谱法

振型分解反应谱法可分为实振型分解法和复振型分解法，实振型分解法是复振型分解法的一种特例，当阻尼矩阵满足比例阻尼假定时，复振型分解法可以退化到实振型分解法。

一般非混合结构体系，其多自由度结构的阻尼形式可认为是均匀分布的阻尼，可通过质量矩阵、刚度矩阵进行解耦，可采用实振型分解反应谱法，即《抗规》中规定的振型分解反应谱法。

对于结构阻尼分布不均匀的混合结构等，结构阻尼矩阵无法解耦，如图 8.2-1 所示。对于隔震结构，隔震层的阻尼比一般在 10%～20%的范围，因此也属于非比例阻尼结构。对于非比例阻尼结构，可采用复振型分解反应谱法，同时考虑质量矩阵、刚度矩阵和阻尼矩阵的影响。

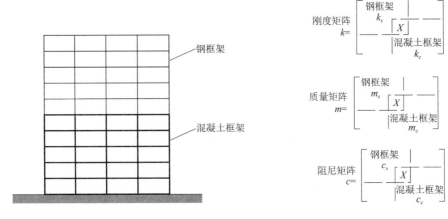

$$刚度矩阵 \quad k = \begin{bmatrix} 钢框架 \\ k_s \\ \hline & \boxed{X} \\ \hline & & 混凝土框架 \\ & & k_c \end{bmatrix}$$

$$质量矩阵 \quad m = \begin{bmatrix} 钢框架 \\ m_s \\ \hline & \boxed{X} \\ \hline & & 混凝土框架 \\ & & m_c \end{bmatrix}$$

$$阻尼矩阵 \quad c = \begin{bmatrix} 钢框架 \\ c_s \\ \hline & \boxed{X} \\ \hline & & 混凝土框架 \\ & & c_c \end{bmatrix}$$

图 8.2-1　非比例阻尼结构

三向输入的复振型分解反应谱法的峰值响应 $R_{\max}^2$，可表达为：

$$R_{\max}^2 = \left(R_{1x}^2 + R_{2y}^2\right)\cos^2\theta + \left(R_{2x}^2 + R_{1y}^2\right)\sin^2\theta + \\ 2\left(R_{1xy} - R_{2xy}\right)\sin\theta\cos\theta + R_3^2 \tag{8.2-1}$$

$$R_{kx}^2 = \sum_{i=1}^{N_c}\sum_{j=1}^{N_c}\left(\rho_{ij}^{vv}\alpha_i^{(1)}\alpha_j^{(1)}V_{ki}V_{kj} + 2\rho_{ij}^{vd}\alpha_i^{(1)}\beta_j^{(1)}D_{ki}V_{kj} + \rho_{ij}^{dd}\beta_i^{(1)}\beta_j^{(1)}D_{ki}D_{kj}\right) \tag{8.2-2}$$

$$R_{ky}^2 = \sum_{i=1}^{N_c}\sum_{j=1}^{N_c}\left(\rho_{ij}^{vv}\alpha_i^{(2)}\alpha_j^{(2)}V_{ki}V_{kj} + 2\rho_{ij}^{vd}\alpha_i^{(2)}\beta_j^{(2)}D_{ki}V_{kj} + \rho_{ij}^{dd}\beta_i^{(2)}\beta_j^{(2)}D_{ki}D_{kj}\right) \tag{8.2-3}$$

$$R_{kxy}^2 = \sum_{i=1}^{N_c}\sum_{j=1}^{N_c}\left[\rho_{ij}^{vv}\alpha_i^{(1)}\alpha_j^{(2)}V_{ki}V_{kj} + \rho_{ij}^{vd}\left(\alpha_i^{(1)}\beta_j^{(2)} + \alpha_i^{(2)}\beta_j^{(1)}\right)D_{ki}V_{kj} + \\ \rho_{ij}^{dd}\beta_i^{(1)}\beta_j^{(2)}D_{ki}D_{kj}\right] \tag{8.2-4}$$

$$R_3^2 = \sum_{i=1}^{N_c}\sum_{j=1}^{N_c}\left(\rho_{ij}^{vv}\alpha_i^{(3)}\alpha_j^{(3)}V_{3i}V_{3j} + 2\rho_{ij}^{vd}\alpha_i^{(3)}\beta_j^{(3)}D_{3i}V_{3j} + \\ \rho_{ij}^{dd}\beta_i^{(3)}\beta_j^{(3)}D_{3i}D_{3j}\right) \tag{8.2-5}$$

式中，R_{kx} 为反应谱 $D_k(\omega,\xi)$ 与 $V_k(\omega,\xi)$ 作用在结构 X 方向下的最大响应；R_{ky} 为反应谱 $D_k(\omega,\xi)$ 与 $V_k(\omega,\xi)$ 作用在结构 Y 方向下的最大响应；R_{kxy} 为 R_{kx} 与 R_{ky} 的交叉项。

若假设地震动为白噪声过程，则相关系数的解析表达式如下：

$$\rho_{ij}^{vv} = \frac{8\sqrt{\xi_i\xi_j}(\xi_i + r\xi_j)r^{3/2}}{(1-r^2)^2 + 4\xi_i\xi_j r(1+r^2) + 4\left(\xi_i^2 + \xi_j^2\right)r^2} \tag{8.2-6}$$

$$\rho_{ij}^{vd} = \frac{4\sqrt{\xi_i\xi_j}(1-r^2)r^{1/2}}{(1-r^2)^2 + 4\xi_i\xi_j r(1+r^2) + 4\left(\xi_i^2 + \xi_j^2\right)r^2} \tag{8.2-7}$$

$$\rho_{ij}^{dd} = \frac{8\sqrt{\xi_i\xi_j}(r\xi_i + \xi_j)r^{3/2}}{(1-r^2)^2 + 4\xi_i\xi_j r(1+r^2) + 4\left(\xi_i^2 + \xi_j^2\right)r^2} \tag{8.2-8}$$

$$r = \frac{\omega_i}{\omega_j} \tag{8.2-9}$$

由于隔震层上部结构与隔震层的阻尼相差较大，实振型分解法不能解决非比例阻尼的问题，采用强迫解耦的实振型分解法，忽略交叉耦合项可能会带来一定的偏不安全的误差；采用复振型分解法虽然可以更好地处理非比例阻尼问题，但是用等效线性方法解决非线性的动力问题依然存在局限性。

对比统计水平地震工况（设防地震）下反应谱方法与时程分析方法计算结果的差异和规律，主要结论如下：

（1）采用等效线性方法计算具有非线性隔震层的隔震结构，无法考虑地震激励过程中隔震支座实际状态的变化，可能造成反应谱法与时程分析结果差异较大，反应谱法（为避免规范反应谱与地震动时程输入荷载上的差异，采用地震波对应的真实反应谱）可能低估结构上部楼层的剪力，造成结构设计偏不安全（详见本书 15.1 节论述）。

（2）由于隔震一体化模型和非隔震模型在地震作用下的响应存在差异，其构件内力减震系数的分布也会存在差异，同层不同位置构件的减震系数与楼层减震系数存在差异，当采用各楼层减震系数的包络值进行设计时，有些构件的减震系数会超出楼层包络值，不能保证按此方法设计的所有构件都是安全的（详见本书 15.2 节论述）。

此外，反应谱方法分析隔震结构的局限性，还包括以下内容：

（1）振型分解反应谱法通过结构各振型响应峰值的组合获得总响应峰值。组合过程中需要假定地震动为白噪声平稳随机过程，还需要假定各振型响应峰值因子彼此相等，这些假定对于自振频率高度密集、振型耦联作用明显的大规模复杂结构会产生较大的计算误差。

（2）典型的隔震支座滞回曲线通常并不是对称的，使用最大变形状态推定等效刚度和等效阻尼的合理性存在争议，而且初始加载和卸载时，刚度明显要大于等效刚度，这可能激发结构更多的高频成分，在反应谱分析中难于考虑。

（3）由结构刚度和变形引起的恢复力是结构内力，对应伪加速度谱；相对而言，对应绝对加速度谱的惯性力是结构外力，与恢复力之间相差了阻尼力。从结构承载力计算的角度，设计中需要的是伪加速度谱，当阻尼比较小时，两者相差不大；当阻尼比较大时，两者差别不容忽视，周期越长，两者的差别越大。

（4）规范反应谱一般都是给出阻尼比 5%的标准反应谱，大阻尼比情况下不同规范给出的谱值衰减调整系数不尽相同，如《隔震标准》和《广东高规》之间就有较大差别。另外，国外学者也提出了不同的变阻尼反应谱调整方法，各种方法阻尼对反应谱函数衰减的差别会直接影响隔震结构设计结果。

根据以上分析，基于线性分析的复振型反应谱法并不能解决非线性隔震设计的所有问题。反应谱方法基本假定的局限性、大阻尼比下伪加速度谱与绝对加速度谱的差别、隔震层等效线性化方法的选择、变阻尼反应谱的衰减标准以及高层隔震结构高阶振型的复杂性，都会引起隔震结构反应谱等效线性化分析与时程分析结果的差异。

2. 时程分析方法

时程分析方法根据结构材料刚度矩阵在分析过程中是否变化，可分为线弹性时程分析和弹塑性时程分析。线弹性时程分析一般指结构在分析过程中刚度不发生变化，弹塑性时程分析一般指结构在分析过程中刚度有可能发生变化。

时程分析方法可分为两种方法：一是基于叠加原理的分析方法，二是逐步积分方法。基于叠加原理的分析方法应用了叠加原理，所以只能用于线性体系，逐步积分方法既可以用于线性体系又可以用于非线性体系。

基于叠加原理的分析方法有两种不同的叠加类型：一种为时间相关的叠加原理，如卷积或傅里叶积分；另一种为空间叠加原理，它使多自由度体系反应被表示为一系列独立的单自由度体系振型坐标反应的组合，即振型分解法。这两种类型的叠加都需要结构反应期间保持线性，由结构特性矩阵系数改变引起的任何非线性都会使分析结果失效。虽然线性是振型坐标解耦的必要条件，但是只有结构体系为比例阻尼时才能达到振型坐标运动方程解耦的目的；对于任何其他形式的阻尼，振型坐标运动方程将通过振型阻尼系数耦合。

数值逐步积分法是分析任意非线性反应方程唯一普遍适用的、也是处理耦合的线性振型方程的有效方法。它把反应的时程划分为一系列短的、相等的时间间隔，对每一个间隔按照线性体系来计算其反应，此时体系具有间隔起始时存在的物理特性，间隔结束时的特性要按照体系的变形和应力状态来修正，以用于下一时间步。这样，非线性多自由度分析就近似为一系列依次改变特性的线性体系分析。当逐步积分法用于线性结构时，由于不需要修正结构特性，因此计算大为简化，有时用直接积分法比用振型叠加法更胜一筹，这是因为在自由度很多的体系中计算振型和频率的工作量非常大，而直接积分法不需要进行特征值分析。

3. 基于随机模拟时程分析结果的反应谱层间剪力校准法

反应谱法采用平均峰值谱，具有统计意义，但诸多的基本假定以及隔震层等效线性的问题使得其在隔震结构分析中存在局限性。在确定的地震动激励下，时程分析法虽然能准确地获得结构的地震响应，但是少量的地震动输入难以获得具有统计意义的地震响应结果。

随机振动时域显式模拟法由华南理工大学苏成教授等人提出，已被《广东高规》采纳，适用于线性分析及非线性分析。该方法基于与规范反应谱完全等效的地震动加速度功率谱，生成统计意义上完全等效的大量人工模拟地震波，通过构建结构地震响应的显式表达式，无需反复求解运动微分方程，实现快速时程分析；利用时域显式表达式的降维优势，实现隔震装置局部非线性自由度的高效降维迭代计算，大幅提高计算效率。在此基础上，依照随机模拟法计算得到的楼层剪力平均值校准反应谱法的楼层剪力，通过引入层间剪力校准系数对反应谱法得到的等效线性隔震结构的楼层剪力及构件内力进行调整，有效地克服了传统反应谱法存在的问题。此外，基于振型叠加的快速非线性时程分析"FNA"法，同样可以用于主体结构弹性的隔震结构时程分析，与"时域显式法"计算结果具有较好的一致性。

CiSDesignCentre 相关资料建议，采用反应谱法进行设计、随机模拟法进行校准以及时程分析法进行校核的隔震设计基本流程见图 8.2-2。

吴文博、易伟文等人试算结果表明，依据《隔震标准》计算的隔震结构下部楼层剪力，复模态反应谱法一般比随机模拟法的计算结果偏大，主要原因是《隔震标准》大阻尼比反应谱衰减调整系数相对保守；对于隔震结构上部楼层，复模态反应谱法的计算结果相对随机模拟法可能偏小，造成上部结构设计偏不安全。

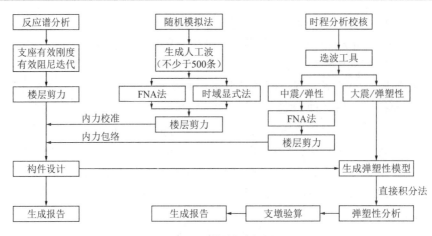

图 8.2-2　隔震设计流程图

当时程分析计算结果大于反应谱分析时，依据《隔震标准》相关要求对构件内力放大调整，体现了补充验算的重要性。当计算结果小于反应谱分析时，是否可以调整，规范并未给出相关说明。考虑《隔震标准》大阻尼反应谱衰减的相对保守，以及反映结构恢复力的伪加速度谱恒小于反映结构惯性力的绝对加速度谱的情况，在大量随机地震波与规范谱统计意义等效的前提下，建议可以根据具体情况考虑对《隔震标准》反应谱分析的结果进行校核折减。

8.2.2　计算分析注意事项

对于设计反应谱、近场效应放大系数的讨论，详见 8.1.4 节。除此之外，尚应注意以下事项。

1. 竖向地震作用

考虑隔震层大多不能隔离结构的竖向地震作用，《抗规》要求 8 度和 9 度水平减震系数不大于 0.3 时，计入多遇地震作用水准的竖向地震作用。《隔震标准》出台后，地震作用水准上升为设防地震，对于 8 度及以上区域的长悬臂及大跨度结构以及 9 度区的高层建筑，应进行竖向地震作用验算。

无论上部结构形式如何，罕遇地震作用下隔震层的支座拉、压应力验算均需考虑竖向地震作用。竖向地震作用的取值可以按照《抗规》第 12.2.1 条规定的重力荷载代表值比例法确定后叠加，也可通过竖向地震波调幅后输入的方式直接在动力时程分析中考虑。

2. 铅芯橡胶支座的屈服剪力设计值

铅芯橡胶支座屈服剪力设计值是隔震结构分析非常重要的参数，在进行计算分析时需要准确确定该参数。

目前部分厂家产品参数和计算软件中的屈服剪力指铅芯橡胶支座屈服点处的值，如图 8.2-3 中 F_{dy} 所示。但是在《隔震标准》中，该参数指铅芯橡胶支座滞回曲线与纵坐标的交点，如图 8.2-4 中 Q_y 所示。

因此，在应用软件计算分析时，产品参数应和《隔震标准》中的定义一致，上述情况可按照式(8.2-10)进行换算。

$$Q_y = F_{dy} - K_y U_{dy} \tag{8.2-10}$$

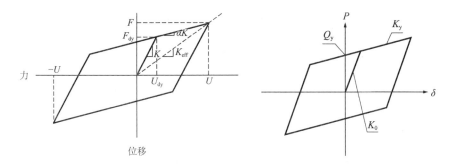

图 8.2-3　部分产品参数和计算软件中屈服剪力　图 8.2-4　《隔震标准》中屈服剪力

3. 隔震结构的周期折减问题

按照《高规》的规定，不同结构类型的结构周期折减系数为 0.6～1.0，隔震结构的变形主要由隔震支座的变形组成，因此上部结构的刚度对结构的地震分析结果影响较抗震结构要小，一般隔震结构可不考虑周期折减。

4. 隔震支座在重力荷载代表值作用下的压应力计算

计算隔震支座在重力荷载代表值作用下的压应力时，《隔震标准》中并未明确重力荷载代表值如何计算。隔震支座重力荷载代表值下的竖向压应力设计考虑的是保证支座在长期荷载作用下的蠕变变形以及稳定性能，属于正常使用极限状态设计。

根据《荷载规范》中的规定，荷载组合为准永久组合，采用重力荷载代表值不需要考虑荷载分项系数。

5. 隔震支座在罕遇地震、极罕遇地震下的拉压应力计算

隔震结构在罕遇、极罕遇地震作用下，上部结构可能会进入塑性状态，隔震支座可能会出现拉应力或提离，为强非线性结构，导致振型分解反应谱法不再适用。

因此，在计算隔震支座在罕遇、极罕遇地震下的拉应力时，应采用弹塑性时程分析方法。

6. 相邻隔震层层间位移角的计算

《隔震标准》规定当隔震层的隔震装置处于不同标高时，应采取有效措施保证隔震装置共同工作，且罕遇地震作用下，相邻隔震层的层间位移角不应大于 1/1000。

当采用反应谱分析方法时，不能用两点的峰值位移计算相邻隔震层的层间位移角，而应该将每个振型的层间位移角按照振型组合后的结果取值。

7. 支座变形计算

《隔震标准》中规定了隔震支座在不同地震水准作用下的变形要求，但是没有明确是否按照两个方向的矢量和还是两个方向分别单独计算。在实际设计中，有相当多设计是按照两个主轴方向分别单独计算。考虑隔震支座在产品试验时，均是按照单独方向加载，因此建议隔震支座的位移控制按照两个方向的矢量和进行计算。

8.3　隔震构造、施工及维护

8.3.1　连接构造

隔震支座连接示意图见图 8.3-1。对于隔震支座的连接，应对隔震支墩混凝土局部受压、

隔震支座连接螺栓强度、隔震支座预埋件进行分析设计，计算时应考虑隔震支墩及连接部位的附加弯矩。

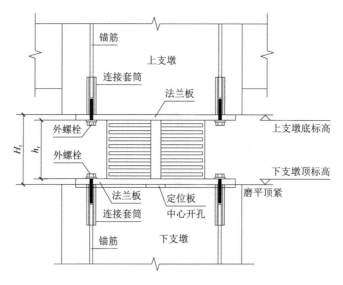

图 8.3-1　隔震支座连接示意图

　　隔震建筑上部结构与周围固定物之间应设置完全贯通的竖向隔离缝以避免罕遇地震作用下可能的阻挡和碰撞，隔离缝宽度不应小于隔震支座在罕遇地震作用下最大水平位移的 1.2 倍，且不应小于 300mm。对相邻隔震结构之间的隔离缝，缝宽取两侧结构相应部位最大水平位移值之和，且不应小于 600mm。对特殊设防类建筑，隔离缝宽度尚不应小于隔震支座在极罕遇地震下最大水平位移。隔震层以上结构之间的隔离缝尚应考虑隔震层以上结构的变形。

　　上部结构与下部结构或室外地面之间应设置完全贯通的水平隔离缝，水平隔离缝高度不宜小于 20mm（需要注意的是，北京标准为 30mm，河北、乌鲁木齐标准为 50mm），并应采用柔性材料堵塞，进行密封处理。图 8.3-2 为隔震建筑隔离缝示意图。

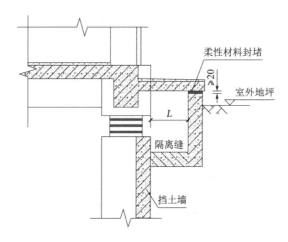

图 8.3-2　隔震建筑隔离缝示意图

采用悬吊式方案穿越隔震层的电梯井时，在电梯井底部可设置隔震支座，亦可直接悬空，电梯井与下部结构之间的净距L不应小于所在结构与周围固定物之间的隔离缝宽度。图 8.3-3 为隔震建筑电梯井示意图。

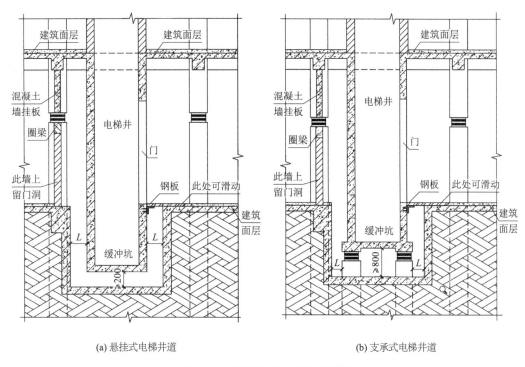

(a) 悬挂式电梯井道　　　　　　　　　(b) 支承式电梯井道

图 8.3-3　隔震建筑电梯井示意图

穿越隔震层的楼梯、扶手、门厅入口、踏步、电梯、地下室坡道、车道入口及其他固定设施，应避免地震作用下可能的阻挡和碰撞，做断开或可变形的构造措施。相关构造措施示意图如图 8.3-4～图 8.3-7 所示。

穿越隔震层的一般管线在隔震层处应采用柔性措施，其预留的水平变形量不应小于隔离缝宽度。穿越隔震层的重要管道、可能泄漏有害介质或可燃介质的管道，在隔震层处应采用柔性措施，其预留的水平变形量不应小于竖向隔离缝宽度的 1.4 倍。图 8.3-8 为管道穿越隔震层示意图。

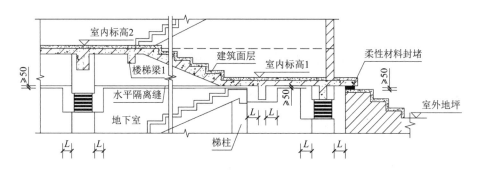

图 8.3-4　楼梯节点构造示意图

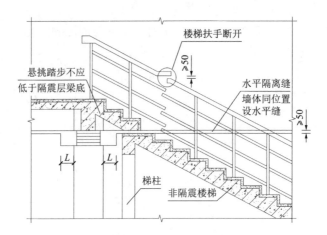

图 8.3-5　隔震层楼梯扶手、栏杆节点构造示意图

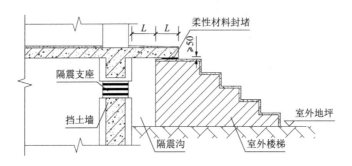

图 8.3-6　室外踏步节点构造示意图

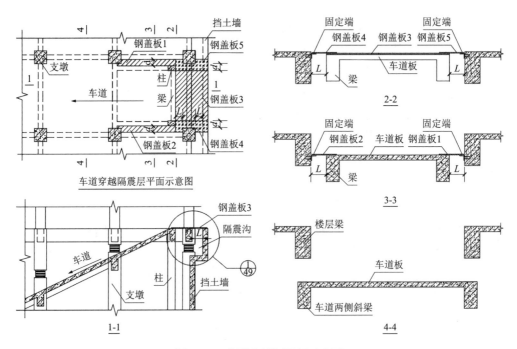

图 8.3-7　车道穿越隔震层示意图

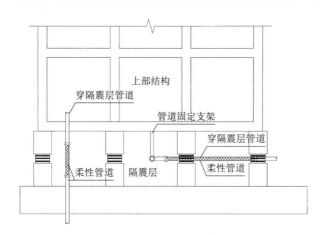

图 8.3-8　管道穿越隔震层示意图

利用构件钢筋做避雷导电时,应采用柔性导线连接隔震层上部结构和下部结构的钢筋,其预留的水平变形量不应小于隔离缝宽度的 1.4 倍。图 8.3-9 为避雷线连接示意图。

图 8.3-9　避雷线连接示意图

8.3.2　支座检验、施工与维护

工程设计时,设计文件上应注明对支座的性能要求,支座安装前应具有符合设计要求的型式检验报告及出厂检验报告。型式检验除应满足相关的产品要求外,检验报告有效期不得超过 6 年。出厂检验报告只对采用该产品的项目有效,不得重复使用。出厂检验应符合下列规定:

（1）特殊设防类、重点设防类建筑,每种规格产品抽样数量应为 100%;

（2）标准设防类建筑,每种规格产品抽样数量不应小于总数的 50%,有不合格试件时,应 100%检测;

（3）每项工程抽样总数不应少于 20 件,每种规格的产品抽样数量不应少于 4 件,当产品少于 4 件时,应全部进行检验。

除上述规定外,隔震支座及隔震层阻尼装置产品的型式检验及出厂检验应符合国家标准的相关规定,检验确定的产品性能应满足设计要求,极限性能不应低于隔震层各相应设计性能。

隔震支座施工流程主要步骤如下：

（1）下支墩钢筋绑扎；

（2）支座下埋板定位、安装固定支架；

（3）下支墩顶部钢筋绑扎；

（4）安装下埋板并校正；

（5）下支墩模板安装、浇筑混凝土；

（6）下埋板检测；

（7）安装连接构件、隔震支座；

（8）安装上埋板、上支墩施工。

隔震层应设置进人检查口，进人检查口的尺寸应便于人员进出，且符合运输隔震支座、连接部件及其他施工器械的规定。隔震支座应留有便于观测、维修更换隔震支座的空间，宜设置必要的照明、通风等设施。隔震建筑应设置标识，标识内容应包括隔震装置的型号、规格及维护要求，以及隔离缝的检查和维护要求。

8.4 建筑工程隔震设计实例

8.4.1 某医院住院楼隔震实例

1. 工程概况

本实例为昌吉州人民医院新区住院楼，地上 13 层，地下 2 层，建筑高度 59.95m，建筑抗震设防分类标准为重点设防类（乙类）。采用橡胶隔震支座，包括天然橡胶支座（LNR）和铅芯橡胶支座（LRB）。抗震设防烈度为 8 度，设计基本地震加速度为 0.20g，设计地震分组为第三组，建筑场地类别为 Ⅱ 类，场地特征周期值为 0.45s。结构形式为钢筋混凝土框架-剪力墙结构，标准层平面如图 8.4-1 所示。本项目 2021 年完成设计。

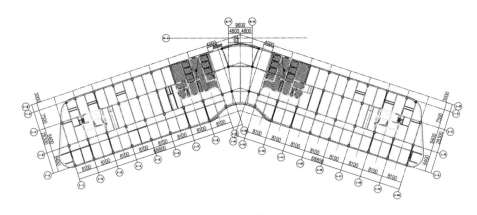

图 8.4-1 标准层平面图

2. 隔震支座布置

核心筒下隔震支座设置在基础顶，为错层隔震结构，核心筒下隔震支座布置和隔震层隔震支座布置如图 8.4-2 所示。

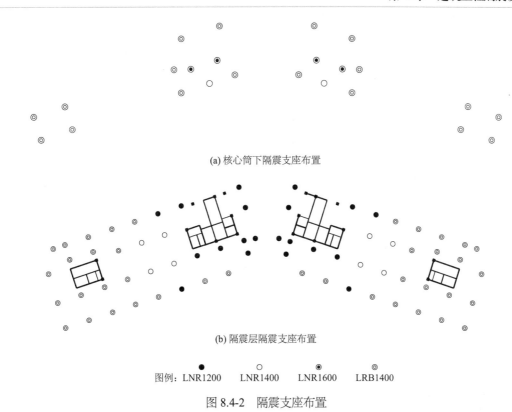

(a) 核心筒下隔震支座布置

(b) 隔震层隔震支座布置

图例： LNR1200　　LNR1400　　LNR1600　　LRB1400

图 8.4-2　隔震支座布置

本项目共布置了 92 个隔震支座，其中 20 个 LNR1200，10 个 LNR1400，4 个 LNR1600，58 个 LRB1400。隔震支座参数如表 8.4-1 和表 8.4-2 所示。

隔震支座参数（一）　　　　　　　　　　　　　　　　表 8.4-1

型号	有效直径（mm）	有效面积（cm²）	等效线性参数			第二形状系数
			水平刚度（kN/m）	竖向刚度（kN/m）	等效阻尼比（%）	
LNR1200	1200	11276	2149	6484000	—	5.91
LNR1400	1400	15348	2329	6848000	—	5.49
LNR1600	1600	20046	2630	8300000	—	6.67
LRB1400	1400	14771	3580	7200000	24	5

隔震支座参数（二）　　　　　　　　　　　　　　　　表 8.4-2

型号	非线性参数				各层橡胶厚度之和（mm）
	水平初始刚度（kN/m）	拉压刚度比	水平屈服力（kN）	屈服后水平刚度（kN/m）	
LNR1200	2149	0.0667	—	—	203
LNR1400	2329	0.0667	—	—	255
LNR1600	2630	0.0667	—	—	240
LRB1400	27040	0.0667	420	2080	280

3. 设防地震作用下计算

根据《隔震标准》第 3.1.3 条和第 4.3.3 条，隔震结构在设防地震作用下，应进行结构以及隔震层的承载力和变形验算，当采用时程分析法时，在设防地震作用下，隔震建筑上部和下部结构的荷载-位移关系特性可采用线弹性力学模型；隔震层应采用隔震产品试验提供的滞回模型，按非线性阻尼特性以及非线性荷载-位移关系特性进行分析。

采用 PKPM（V6.1）软件进行振型分解反应谱法分析，采用 ETABS（V19）软件进行对比分析计算。

结构前 3 阶振型信息如表 8.4-3 所示，由计算结果可知，两个软件采用等效刚度计算的周期和振型形式基本一致。

周期计算结果（等效线性） 　　　　表 8.4-3

振型	PKPM 模型（s）	ETABS 模型（s）	备注
1	4.025	4.083	平动
2	4.017	4.078	平动
3	3.776	3.836	扭转

根据 PKPM 隔震后模型的等效线性化模型复振型分解反应谱法计算结果和隔震前的振型分解反应谱法计算结果，设防地震作用下上部结构底部剪力比值为 0.39。

由 PKPM 计算模型得到的风荷载标准值产生的总水平力如表 8.4-4 所示，根据计算结果风荷载标准值产生的总水平力远小于结构总重力的 10%。

隔震层抗风承载力计算结果 　　　　表 8.4-4

风荷载水平剪力标准值V_{wk}（kN）		结构总重力G（kN）	$0.1G/V_{wk}$	
X向	Y向		X向	Y向
5708	16056	869772	15.2	5.4

由 PKPM 计算模型得到的隔震层抗风承载力计算结果如表 8.4-5 所示，根据计算结果隔震层抗风承载力满足规范要求。

隔震层抗风承载力计算结果 　　　　表 8.4-5

风荷载水平剪力标准值V_{wk}（kN）		抗风承载力设计值V_{Rw}（kN）	V_{Rw}/V_{wk}	
X向	Y向		X向	Y向
5708	16056	24360	4.27	1.52

隔震层偏心率计算步骤如下：

隔震层重心计算：

$$X_g = \frac{\sum N_{l,i} \cdot X_i}{\sum N_{l,i}}, \quad Y_g = \frac{\sum N_{l,i} \cdot Y_i}{\sum N_{l,i}}$$

隔震层刚心计算：

$$X_k = \frac{\sum K_{ey,i} \cdot X_i}{\sum K_{ey,i}}, \quad Y_k = \frac{\sum K_{ex,i} \cdot Y_i}{\sum K_{ex,i}}$$

隔震层偏心距计算：

$$e_x = |Y_g - Y_k|, \ e_y = |X_g - X_k|$$

隔震层扭转刚度计算：

$$K_t = \sum \left[K_{ex,i}(Y_i - Y_k)^2 + K_{ey,i}(X_i - X_k)^2 \right]$$

隔震层回转半径计算：

$$R_x = \sqrt{\frac{K_t}{\sum K_{ex,i}}}, \ R_y = \sqrt{\frac{K_t}{\sum K_{ey,i}}}$$

隔震层偏心率计算：

$$\rho_x = \frac{e_y}{R_x}, \ \rho_y = \frac{e_x}{R_y}$$

式中，$N_{l,i}$ 为第 i 个隔震支座承受的重力荷载；X_i、Y_i 为第 i 个隔震支座中心位置 X 方向和 Y 方向坐标；$K_{ex,i}$、$K_{ey,i}$ 为第 i 个隔震支座在 X 方向和 Y 方向 100% 变形状态下的等效刚度。

计算结果见表 8.4-6，结构两个方向最大偏心率均小于 3%，满足《隔震标准》的相关要求，隔震支座布局合理。

隔震支座偏心率计算结果 表 8.4-6

偏心距（m）		扭转刚度（kN·m）	回转半径（m）	偏心率（%）	
X 向	Y 向			X 向	Y 向
0.8831	0.1068	624031239	46.64	0.23	1.89

在重力荷载代表值作用下，隔震支座压应力见表 8.4-7，由表中计算结果可知，隔震支座在重力荷载代表值作用下的最大压应力小于 12MPa，满足《隔震标准》的要求。

隔震支座在重力荷载代表值作用下压应力计算结果 表 8.4-7

隔震支座编号	支座类型	支座压应力（MPa）	隔震支座编号	支座类型	支座压应力（MPa）
1	LRB1400	8.7	47	LRB1400	6.6
2	LRB1400	8.2	48	LRB1400	6.3
3	LRB1400	11.3	49	LRB1400	7.3
4	LRB1400	10.6	50	LRB1400	7.5
5	LRB1400	9.6	51	LNR1400	9
6	LRB1400	9.2	52	LNR1400	8.9
7	LRB1400	10.6	53	LNR1400	8.7
8	LRB1400	10.1	54	LNR1400	8.3
9	LRB1400	6.9	55	LRB1400	2.3
10	LRB1400	6.9	56	LRB1400	2.8
11	LNR1400	10.1	57	LNR1200	7.8
12	LNR1400	10.2	58	LNR1200	7.5
13	LRB1400	10.5	59	LNR1200	6.1

隔震支座编号	支座类型	支座压应力（MPa）	隔震支座编号	支座类型	支座压应力（MPa）
14	LRB1400	10	60	LNR1200	6.1
15	LRB1400	9.4	61	LRB1400	3.9
16	LRB1400	9.5	62	LRB1400	4.8
17	LNR1600	11.1	63	LRB1400	7.8
18	LNR1600	11.1	64	LRB1400	7.5
19	LNR1600	12.0	65	LRB1400	3.1
20	LNR1600	12.0	66	LRB1400	2.9
21	LRB1400	6.4	67	LNR1200	7.1
22	LRB1400	6.4	68	LNR1200	7
23	LRB1400	7.4	69	LRB1400	6.6
24	LRB1400	7.5	70	LRB1400	6.6
25	LRB1400	7.3	71	LNR1400	8.4
26	LRB1400	8.6	72	LNR1400	8.2
27	LRB1400	6.7	73	LNR1200	5.9
28	LRB1400	6.7	74	LNR1200	6
29	LRB1400	6.6	75	LNR1200	7.1
30	LRB1400	6.6	76	LNR1200	7.1
31	LRB1400	6	77	LRB1400	5.2
32	LRB1400	5.9	78	LRB1400	5.6
33	LRB1400	9.5	79	LNR1400	8.3
34	LRB1400	8.9	80	LNR1400	7.9
35	LRB1400	6.2	81	LRB1400	5.6
36	LRB1400	6.2	82	LRB1400	5.5
37	LRB1400	6.3	83	LRB1400	5.9
38	LRB1400	6.5	84	LRB1400	5.9
39	LNR1200	8.2	85	LNR1200	7.8
40	LNR1200	8.2	86	LNR1200	7.7
41	LRB1400	6.3	87	LNR1200	9.5
42	LRB1400	6.4	88	LNR1200	9.4
43	LRB1400	8	89	LNR1200	6.5
44	LRB1400	7.9	90	LNR1200	6.5
45	LRB1400	8.3	91	LNR1200	8.5
46	LRB1400	8.2	92	LNR1200	8.5

结构在设防地震作用下上部结构最大层间位移角 1/928（X向）、1/924（Y向），下部结构最大层间位移角 1/1711（X向）、1/1611（Y向），均满足规范要求。

4．罕遇地震作用下计算

根据《隔震标准》第 3.1.3 条和第 4.3.3 条，隔震结构在罕遇地震作用下，应进行结构以及隔震层的变形验算，并应对隔震层的承载力进行验算。当采用时程分析法时，隔震建筑上部和下部结构宜采用弹塑性分析模型；隔震层应采用隔震产品试验提供的滞回模型，按非线性阻尼特性以及非线性荷载-位移关系特性进行分析。

采用 SAUSAGE（2021）软件进行罕遇地震作用下的动力弹塑性计算。SAUSAGE 模型和 PKPM 模型的结构质量和周期对比如表 8.4-8 和表 8.4-9 所示，由计算结果可以看到两个模型的质量和周期基本一致。

SAUSAGE 模型和 PKPM 模型结构质量对比　　　　　　　　表 8.4-8

	SAUSAGE 计算结果	PKPM 计算结果	误差（%）
恒荷载质量（t）	81451	80818	0.78
活荷载质量（t）	8073	7889	2.33
总质量（t）	89524	88707	0.92

注：误差为（SAUSAGE 模型 − PKPM 模型）/PKPM 模型。

SAUSAGE 模型和 PKPM 模型结构周期对比　　　　　　　　表 8.4-9

振型	SAUSAGE 模型（s）	PKPM 模型（s）	备注
1	4.024	4.025	平动
2	4.012	4.017	平动
3	3.725	3.776	扭转

根据《隔震标准》第 4.1.3 条，每条地震加速度时程曲线计算所得的结构底部剪力不应小于振型分解反应谱法计算结果的 65%，多条时程计算的结构底部剪力的平均值不应小于振型分解反应谱法计算结果的 80%。同时为了确保地震波选择的严谨性，参照《抗规》第 5.1.2 条规定，采用时程分析法时，按建筑场地类别和设计地震分组选用实际强震记录和人工模拟的加速度时程曲线，其中实际强震记录的数量不应少于总数的 2/3，多组时程的平均地震影响系数曲线应与振型分解反应谱法所采用的地震影响系数曲线在统计意义上相符。本工程选取了实际 5 组强震记录和 2 组人工模拟加速度时程，7 组时程曲线的反应谱和规范反应谱曲线如图 8.4-3 所示，基底剪力结果如表 8.4-10 所示。

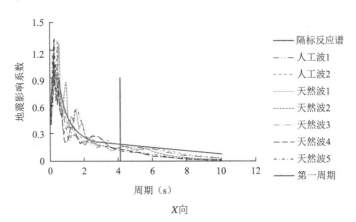

X 向

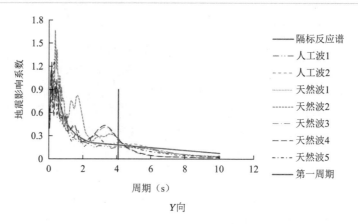

图 8.4-3　时程曲线的反应谱和规范反应谱曲线

结构弹塑性时程分析基底剪力计算结果　　　　　　表 8.4-10

分析工况	基底剪力（kN）	
	X 向	Y 向
人工波 1	22578	22008
人工波 2	27016	27830
天然波 1	23670	24241
天然波 2	23670	24241
天然波 3	20951	20918
天然波 4	21119	21413
天然波 5	20476	20970

隔震层恢复力验算结果如表 8.4-11 所示，满足《隔震标准》第 4.6.1 条的要求。

隔震层恢复力计算结果　　　　　　表 8.4-11

隔震层恢复力（kN）	1.2 倍隔震层屈服力（kN）
65362	29232

罕遇地震作用下，上下隔震层之间的最大层间位移角为 1/1135，小于标准限值 1/1000，满足《隔震标准》第 4.6.2 条第 2 款的要求。罕遇地震作用下隔震支座最大水平位移为 438mm，隔震支座水平位移计算结果均满足标准限值要求。

整体抗倾覆验算结果如表 8.4-12 所示，分析方法为迭代刚度的复振型分解反应谱法，计算结果满足《隔震标准》第 4.6.9 条第 2 款的要求。

整体抗倾覆计算结果　　　　　　表 8.4-12

抗倾覆力矩（kN·m）		倾覆力矩（kN·m）		比值	
X 向	Y 向	X 向	Y 向	X 向	Y 向
126000000	43200000	8360000	8550000	15.0	5.1

结构在罕遇地震水平和竖向地震共同作用下，隔震支座最大压应力为 22.5MPa，最大

拉应力为 0.6MPa。

出现拉应力工况的支座个数为 9 个，占总支座数量的 9.6%，出现拉应力的支座数量满足《隔震标准》第 6.2.1 条的要求。

上部结构在罕遇地震作用下，最大层间位移角分别为 X 向 1/534，Y 向 1/463，均满足相关规范要求。根据《隔震标准》第 4.7.3 条，下部结构在罕遇地震作用下，结构最大弹塑性层间位移角分别为 X 向 1/908，Y 向 1/684，均满足规范 1/200 的要求。

隔震层支墩、支柱及相连构件采用在罕遇地震作用下隔震支座底部的竖向力、水平力和弯矩进行承载力验算，并按照抗剪弹性、抗弯不屈服进行构件设计。

5. 极罕遇地震作用下变形计算

根据《隔震标准》第 3.1.3 条，对超过 24m 的乙类建筑进行极罕遇地震作用下的结构及隔震层的变形验算。

极罕遇地震作用下，隔震支座最大水平位移为 773mm，隔震支座变形均小于各层橡胶厚度之和的 4 倍，满足《隔震标准》第 4.6.6 条的规定。在极罕遇地震作用下，上部结构最大层间位移角分别为 X 向 1/303，Y 向 1/244，下部结构最大层间位移角分别为 X 向 1/523，Y 向 1/473，均满足相关规范要求。

8.4.2　某区域医疗中心隔震实例

1. 工程概况

云南滇西区域医疗中心项目位于云南省大理市，项目一期工程医疗综合楼总建筑面积约 34 万 m^2，地下建筑面积约 10 万 m^2，地上建筑面积约 24 万 m^2。根据云南省相关文件的要求，结合项目情况及抗震设防需求，医疗综合楼采用隔震技术。本项目 2019 年完成设计。

医疗综合楼设有两层地下室，地上由 1 栋门诊医技楼和 4 栋住院楼组成，门诊医技楼和住院楼地上通过防震缝划分为 5 个结构单体。门诊医技楼结构地上 5 层，建筑高度 23.4m，平面尺寸 337.0m×92.0m，采用现浇钢筋混凝土框架结构；4 栋住院楼结构布置基本一致，地上 17 层，建筑高度 70.9m，平面尺寸 70.0m×28.0m，采用现浇钢筋混凝土框架-剪力墙结构。隔震层设置于两层地下室以上，建筑±0.000 以下位置。各结构单体的隔震层底板连为一体（地下一层顶板），隔震层顶板之间设置防震缝，满足不同单元在罕遇地震作用下的水平变形需求。项目的总体布置见图 8.4-4，地上结构单元划分见图 8.4-5。

图 8.4-4　总体布置图

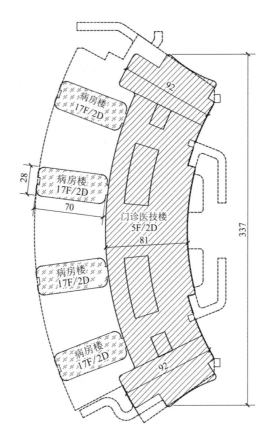

图 8.4-5　地上结构单元划分图（单位：m）

本项目为医疗建筑，建筑抗震设防类别为重点设防类。大理市的抗震设防烈度为 8 度（0.2g），设计地震分组第三组，Ⅲ类场地，特征周期 0.65s。根据勘察报告，本项目建设场地 5km 内存在发震断裂带，地震作用考虑 1.5 的增大系数。

本项目设计于 2019 年，在《隔震标准》执行之前，采用"分部设计方法"进行设计。

2. 门诊医技楼隔震方案设计

1）隔震设计目标

门诊医技楼设定的目标为隔震结构的水平向减震系数不大于 0.4，隔震后水平地震作用按至少降低 1 度计算。

2）隔震层布置

门诊医技楼平面超长，整体呈扇形，左右基本对称布置。隔震支座选型上，采用了铅芯橡胶支座和叠层橡胶支座两种类型。为尽可能提升减震效果，平面中部布置天然橡胶支座，延长隔震模型周期；为控制隔震层偏心率和隔震模型的平扭周期比，平面左右两侧选择剪切刚度较大的铅芯支座，柱网较大区域布置刚度大的铅芯支座（上部），柱网较密区域布置普通橡胶支座（下部），以控制结构短向隔震层的偏心率。门诊医技楼共使用了 524 个支座，其中铅芯橡胶支座 336 个，普通橡胶支座 188 个。各类型支座数量及力学性能详见表 8.4-13 和表 8.4-14，隔震支座平面布置见图 8.4-6。

铅芯橡胶支座力学性能参数　　　　　　　　　　　　表 8.4-13

类别	符号	单位	LRB1000-Ⅱ	LRB800-Ⅱ
使用数量	N	套	140	196
剪切模量	G	MPa	0.49	0.392
第一形状系数	S_1	—	≥ 20	≥ 20
第二形状系数	S_2	—	≥ 5	≥ 5
竖向刚度	K_v	kN/mm	4300	2900
等效水平刚度（100%剪应变）	K_{eq}	kN/mm	3.19	2.05
屈服前刚度	K_u	kN/mm	12.50	8.01
屈服后刚度	K_d	kN/mm	2.08	1.33
屈服力	Q_d	kN	203	106
橡胶层总厚度	T_r	mm	186	149
支座总高度	H	mm	390	302

普通橡胶支座力学性能参数　　　　　　　　　　　　表 8.4-14

类别	符号	单位	LNR800
使用数量	N	套	188
剪切模量	G	MPa	0.392
第一形状系数	S_1	—	≥ 20
第二形状系数	S_2	—	≥ 5
竖向刚度	K_v	kN/mm	2700
等效水平刚度（100%剪应变）	K_h	kN/mm	1.33
橡胶层总厚度	T_r	mm	149
支座总高度	H	mm	302

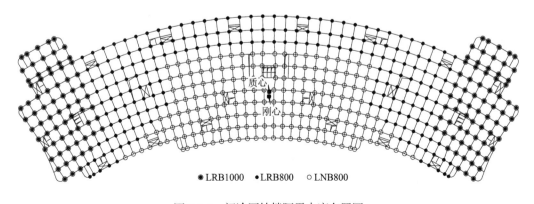

●LRB1000　●LRB800　○LNB800

图 8.4-6　门诊医技楼隔震支座布置图

3）主要计算结果

（1）隔震层偏心率验证

门诊医技楼的隔震层偏心率如表 8.4-15 所示，两个隔震层两个方向的偏心率均在 3% 以内。

隔震层偏心率结果 表 8.4-15

全局坐标	重心（m）	刚心（m）	偏心距（m）	扭转刚度（kN·m）	回转半径（m）	偏心率
X	10.095	10.000	3.206	13166309197	109.482	0.09%
Y	14.674	11.468	0.094			2.93%

（2）隔震支座长期面压验算

《抗规》第 12.2.3 条规定，乙类建筑的橡胶隔震支座在重力荷载代表值下的竖向压应力不应超过 12MPa。本工程各支座最大的支座压应力为 9.75MPa，小于 12MPa，且有一定的安全储备。

（3）隔震层抗风验算

《抗规》第 12.1.3 条规定，采用隔震的结构风荷载和其他非地震作用的水平荷载标准值产生的总水平力不宜超过结构总重力的 10%。门诊医技楼结构总重力荷载代表值为 1708965kN，X 方向风荷载标准值为 3312kN，Y 方向为 10779kN，抗风验算满足要求且有较大富余。

（4）结构动力特性

隔震层的设置拉长了结构自振周期从而有效降低地上结构的地震作用。非隔震结构与隔震结构自振周期（对应设防地震下 100%支座剪切变形割线刚度）对比见表 8.4-16。

门诊医技楼隔震结构与非隔震结构自振周期对比 表 8.4-16

周期	非隔震结构（s）	隔震结构（s）	隔震结构/非隔震结构
1	0.996	2.653	2.66
2	0.897	2.638	2.94
3	0.863	2.248	2.60

（5）设防地震减震系数计算

隔震分析选取了 5 条天然波和 2 条人工波，各条波持时、频谱特性均满足《抗规》的相关要求。在 7 条地震波作用下，隔震结构与非隔震结构层间剪力比的平均值见表 8.4-17。

隔震结构与非隔震结构层间剪力比平均值 表 8.4-17

楼层	X 向输入	Y 向输入
5	0.134	0.145
4	0.170	0.189
3	0.194	0.214
2	0.218	0.236
1	0.248	0.259

两个输入方向的地震波作用下，各层层间剪力比平均值的最大值为 0.259，取此数值为水平向减震系数。考虑 1.5 的近场系数，根据《抗规》第 12.2.5 条，隔震后的水平地震影响系数最大值为：

$$\alpha_{\max 1} = 1.5\beta\alpha_{\max}/\psi = 1.5 \times 0.259 \times 0.16/0.85 = 0.073$$

经综合考虑，采用分部设计法的抗震模型的水平地震影响系数最终取值为 0.08。由于减震系数小于 0.4，抗震措施按降低 1 度考虑。

（6）隔震层温度效应分析

门诊医技楼平面尺寸约为 337m × 92m，整体平面呈弧形，沿弧线最大长度约 360m，属于超长结构，需考虑温度作用产生的不利影响。温度应力的累积与结构构件受到的约束情况有关，对于隔震结构，由于隔震支座的剪切刚度相较墙、柱等结构竖向构件的刚度小得多，其对上部结构构件的约束作用大大减小。据此，隔震层的设置有利于缓解超长结构受温度作用的影响。

根据《荷载规范》附录 E 规定，大理市的最低基本气温为 −2℃，最高基本气温为 28℃。取结构合拢温度为 13℃，则结构最大升温为 15℃，最大降温为 −15℃。混凝土构件在硬化过程中产生收缩，进而在其内部产生拉应力，因此可将收缩变形等效为结构的整体降温。本工程的门诊医技楼全楼混凝土添加微膨胀剂，并辅以膨胀加强带及后浇带等施工措施，可以有效释放或抵消混凝土收缩产生的不利影响，故温度作用分析时不考虑混凝土收缩产生的等效降温。但为了尽量避免混凝土收缩引起隔震支座变形，地上结构后浇带位置的梁、板钢筋均断开，后期搭接连接。

经计算，门诊医技楼在 ±15℃的温差下，隔震支座的最大位移为 28mm。

（7）罕遇地震下隔震层位移验算

门诊医技楼采用的支座最小直径 800mm，橡胶隔震支座的水平极限位移允许值为 $\min\left(0.55D, \ 3T_r\right)$ 即 440mm。罕遇地震下支座的最大水平位移为 365mm，满足要求。

考虑地震作用和温度作用的叠加，门诊医技楼的隔震沟宽度计算值为 466mm，产品设计及隔震沟宽度确定时取整为 500mm。

（8）罕遇地震下隔震支座应力验算

罕遇地震作用下，隔震支座的最大压应力为 11.76MPa，小于 25MPa；最大拉应力为 0.27MPa，小于 1MPa，支座的拉、压应力均满足要求。

3. 住院楼隔震方案设计

1）隔震设计目标

与门诊医技楼相同，住院楼设定的目标为隔震后水平地震作用至少降低 1 度。

2）隔震层布置

住院楼地上为钢筋混凝土框架-剪力墙结构，综合考虑建筑交通核布置以及结构剪力墙布置，采用了错层隔震的形式，即建筑交通核处的剪力墙筒体下落至基础底板设置隔震层，其余区域在建筑首层以下设置隔震层。住院楼隔震层以上的结构三维模型如图 8.4-7 所示。

单栋住院楼共布置 70 个支座（图 8.4-8），支座类型包括铅芯橡胶支座、普通橡胶支座和弹性滑板支座，为了最大程度提升减震效果并控制隔震层变形，另外在隔震层附加了 12 套黏滞消能器，各类型支座和消能器的数量及力学性能详见表 8.4-18～表 8.4-21。

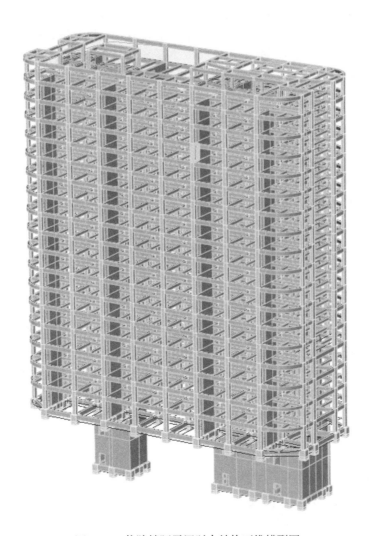

图 8.4-7　住院楼隔震层以上结构三维模型图

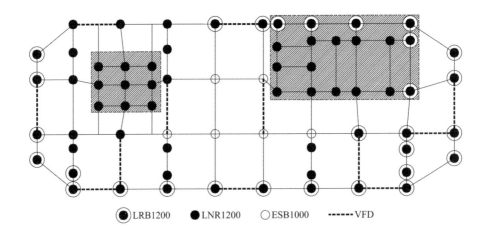

⦿LRB1200　●LNR1200　○ESB1000　------VFD

图 8.4-8　住院楼隔震支座布置图

铅芯橡胶支座力学性能参数　　　　　　　　　表 8.4-18

类别	符号	单位	LRB1200
使用数量	N	套	29
剪切模量	G	MPa	0.34
第一形状系数	S_1	—	≥20
第二形状系数	S_2	—	≥5
竖向刚度	K_v	kN/mm	5000
等效水平刚度（100%剪应变）	K_{eq}	kN/mm	2.7
屈服前刚度	K_u	kN/mm	9.6
屈服后刚度	K_d	kN/mm	1.6
屈服力	Q_d	kN	250
橡胶层总厚度	T_r	mm	220
支座总高度	H	mm	459.5

普通橡胶支座力学性能参数　　　　　　　　　表 8.4-19

类别	符号	单位	LNR1200
使用数量	N	套	35
剪切模量	G	MPa	0.34
第一形状系数	S_1	—	≥20
第二形状系数	S_2	—	≥5
竖向刚度	K_v	kN/mm	4600
等效水平刚度（100%剪应变）	K_h	kN/mm	1.6
橡胶层总厚度	T_r	mm	220
支座总高度	H	mm	459.5

弹性滑板支座力学性能参数　　　　　　　　　表 8.4-20

类别	符号	单位	ESB1000
使用数量	N	套	6
竖向刚度	—	kN/mm	10000
初始刚度	—	kN/mm	18
动摩擦系数	—	—	0.045

黏滞消能器力学性能参数　　　　　　　　　表 8.4-21

类别	符号	单位	VFD
使用数量	N	套	12
最大输出阻尼力	F	kN	1500

类别	符号	单位	VFD
设计位移	—	mm	500
设计速度	—	mm/s	1000
阻尼指数	α	—	0.30
阻尼系数	C	kN/(m/s)$^\alpha$	1500

3）主要计算结果

（1）隔震层偏心率验证

住院楼隔震层偏心率如表 8.4-22 所示，两个隔震层两个方向的偏心率均在 3%以内。

隔震层偏心率结果 表 8.4-22

全局坐标	重心（m）	刚心（m）	偏心距（m）	扭转刚度（kN·m）	弹力半径（m）	偏心率
X	44.581	44.591	0.165	80585131	23.334	0.04%
Y	23.656	23.490	0.009			0.70%

（2）隔震支座长期面压验算

乙类建筑的橡胶隔震支座在重力荷载代表值下的竖向压应力不应超过 12MPa，弹性滑板支座不应超过 25MPa。本工程橡胶隔震支座的最大压应力为 8.52MPa，小于 12MPa，弹性滑板支座的最大压应力为 18.16MPa，小于 25MPa，两种支座长期面压均有一定的安全储备。

（3）隔震层抗风验算

《抗规》第 12.1.3 条规定，采用隔震的结构风荷载和其他非地震作用的水平荷载标准值产生的总水平力不宜超过结构总重力的 10%。住院楼结构总重力荷载代表值为 511814kN，X方向风荷载标准值为 3921kN，Y方向为 9889kN，抗风验算满足要求且有较大富余。

（4）结构动力特性

住院楼的非隔震结构与隔震结构自振周期对比见表 8.4-23。

住院楼隔震结构与非隔震结构自振周期对比 表 8.4-23

周期	非隔震结构（s）	隔震结构（s）	隔震结构/非隔震结构
1	1.843	4.274	2.31
2	1.741	4.265	2.45
3	1.582	3.773	2.38

（5）设防地震减震系数计算

住院楼隔震分析选取了 5 条天然波和 2 条人工波，各条波持时、频谱特性均满足《抗规》的相关要求。在 7 条地震波作用下，隔震结构与非隔震结构层间剪力比及倾覆力矩比的平均值见表 8.4-24。

隔震结构与非隔震结构层间剪力比及倾覆力矩比平均值　　　表 8.4-24

楼层	层间剪力比		倾覆力矩比	
	X向输入	Y向输入	X向输入	Y向输入
18	0.178	0.179	0.178	0.179
17	0.226	0.226	0.214	0.215
16	0.248	0.240	0.232	0.228
15	0.264	0.256	0.245	0.240
14	0.275	0.275	0.255	0.251
13	0.288	0.292	0.264	0.261
12	0.304	0.306	0.272	0.271
11	0.315	0.313	0.281	0.278
10	0.315	0.312	0.286	0.284
9	0.316	0.309	0.291	0.287
8	0.316	0.301	0.294	0.289
7	0.314	0.295	0.297	0.290
6	0.314	0.289	0.299	0.290
5	0.313	0.286	0.300	0.289
4	0.310	0.286	0.301	0.289
3	0.308	0.288	0.302	0.289
2	0.308	0.290	0.302	0.289
1	0.313	0.292	0.304	0.289

两个输入方向的地震波作用下，各层层间剪力比及倾覆力矩比平均值的最大值为 0.316，取此数值为水平向减震系数。考虑 1.5 的近场系数，根据《抗规》第 12.2.5 条，隔震后的水平地震影响系数最大值为：

$$\alpha_{\max 1} = 1.5\beta\alpha_{\max}/\psi = 1.5 \times 0.316 \times 0.16/0.80 = 0.0948$$

经综合考虑，采用分部设计法的抗震模型的水平地震影响系数最终取值为 0.10。由于减震系数小于 0.38，抗震措施按降低 1 度考虑。

（6）罕遇地震下隔震层位移验算

住院楼采用的最小支座直径为 1200mm，橡胶隔震支座的水平极限位移允许值为 min（$0.55D$，$3T_{\mathrm{r}}$）即 660mm。罕遇地震下橡胶支座的最大水平位移为 433mm，满足要求。根据《抗规》第 12.2.7 条缝宽不宜小于罕遇地震作用下支座最大位移的 1.2 倍即 520mm，产品设计及隔震沟宽度确定时取整为 600mm。

（7）罕遇地震下隔震支座应力验算

罕遇地震下橡胶隔震支座的最大压应力为 23.27MPa，小于 25MPa；最大拉应力为

0.93MPa，小于 1MPa；橡胶隔震支座的拉、压应力均满足要求。罕遇地震下，弹性滑板支座的最大压应力为 23.27MPa，小于 50MPa，可以满足要求。

（8）黏滞消能器出力及行程计算

为了控制隔震层在罕遇地震下的位移，住院楼在隔震层每个方向设置了 6 套黏滞消能器，共 12 套，黏滞消能器的阻尼系数 C 为 1500kN/(mm/s)$^{\alpha}$，阻尼指数 α 为 0.30。罕遇地震下各消能器最大出力和最大位移结果基本一致，最大出力为 1460kN，最大位移平均值为 433mm。两个方向黏滞消能器的典型滞回曲线如图 8.4-9 所示，可以看出黏滞消能器滞回曲线饱满，起到了较好的耗能作用。根据罕遇地震下的出力及行程，确定消能器的最大出力为 1500kN，设计位移取为 440mm。

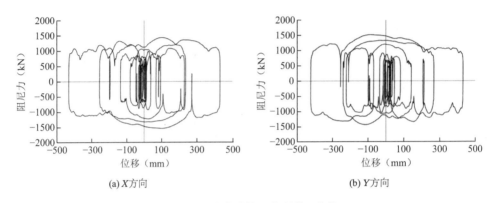

(a) X 方向　　　　　　　　　　　　　(b) Y 方向

图 8.4-9　黏滞消能器典型滞回曲线

4）上部结构布置与隔震层支座布置联动设计

住院楼建筑高度为 70.9m，建筑短向宽度为 28.0m，高宽比为 2.53，采用钢筋混凝土框架-剪力墙结构体系。由于结构的高宽比较大，同时作为第一道防线的剪力墙承担了主要的抗侧力作用，隔震支座的拉应力控制是住院楼隔震设计的难点。

根据建筑功能布置，上部结构最初的剪力墙布置如图 8.4-10 所示。根据此布置进行隔震层设计并进行设防地震和罕遇地震下的结构计算。计算结果表明，罕遇地震下支座的拉应力远超规范规定的 1.0MPa 的限值，最大值达到 4.0～5.0MPa。从位置上看，拉应力超标的支座主要出现在临建筑外轮廓的端部单片墙以及剪力墙筒的角部，最大拉应力的支座位于右侧剪力墙筒临近建筑外轮廓的角部。

面对支座拉应力超限问题，设计团队采用了上部结构与隔震层支座布置联动设计的思路：从上部结构剪力墙布置及隔震层支座及消能器布置两个方面考虑，解决支座拉应力过大的问题。上部结构剪力墙布置的调整主要采取了三项措施：①在支座拉应力较大的剪力墙附近增设单片剪力墙，分散地震力；②通过设置墙洞削弱剪力墙筒体的刚度，减小地震力集中；③缩减贴边剪力墙筒的尺寸，交通核剪力墙筒在一定程度上远离建筑外轮廓。调整后的结构布置如图 8.4-11 所示。隔震层的调整主要采取了三项措施：①隔震支座均选用剪切模量较小的支座，减小隔震层刚度；②部分中柱下选用弹性滑板支座，进一步减小隔震层刚度；③在隔震层顶、底板之间设置黏滞消能器，进一步耗散地震能量，控制隔震层位移。通过上部结构和隔震层的联动调整，将隔震支座在罕遇地震下的拉应力控制在 1.0MPa 的限值之内。

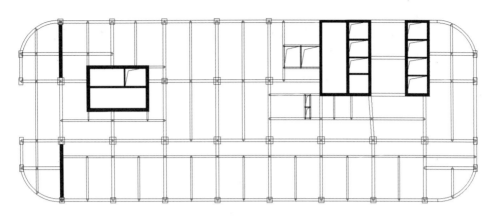

图 8.4-10 初始地上结构布置图

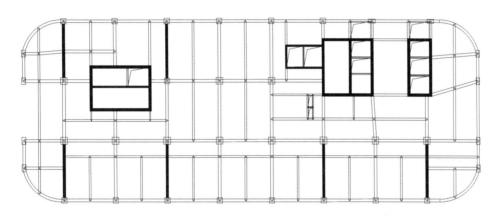

图 8.4-11 调整后地上结构布置图

4. 小结

（1）对于超长结构，采用隔震技术后可缓解隔震层以上结构受温度作用的影响，但支座产品设计和隔震沟宽度确定时应考虑温度作用下的支座变形。

（2）高层框架-剪力墙结构采用隔震技术时，剪力墙布置宜分散；剪力墙筒宜布置在建筑平面的中部，不宜临边设置。

（3）通过设置弹性滑板支座可以较明显减小隔震层的刚度，但会导致隔震层位移偏大，此时可通过在隔震层设置黏滞消能器来改善抗震性能。

（4）对于高宽比较大的高层建筑采用隔震技术时，若支座拉应力控制困难，宜同时考虑调整隔震层以上结构的平面刚度分布、隔震层支座及消能器布置。

参考文献

[1] 建筑抗震设计规范: GB 50011—2010(2016 年版)[S]. 北京: 中国建筑工业出版社, 2016.

[2] 建筑隔震设计标准: GB/T 51408—2021[S]. 北京: 中国计划出版社, 2021.

[3]　R.克拉夫, J.彭津.结构动力学　第二版(修订版)[M]. 王光远, 等. 译校. 北京: 高等教育出版社, 2006.

[4]　陈华霆, 谭平, 彭凌云, 等. 基于隔震结构 Benchmark 模型的复振型叠加反应谱方法[J]. 振动与冲击, 2017, 36(23): 157-163.

[5]　筑信达 DC 隔震设计软件的隔震解决方案. 北京: 筑信达技术通讯第 21 期, 2022 年 3 月.

[6]　建筑隔震构造详图(滇 20G9-1). 昆明: 云南科技出版社, 2020.

第 9 章　建筑工程隔振设计

9.1　建筑工程隔振技术

轨道交通、公路交通、施工等产生的振动，其特点是波长较长，传播距离远。上述振源引起的地面振动包括水平向振动和竖向振动，两种振动在传播过程中的衰减特性存在差异，竖向振动在传播过程中比水平向振动衰减慢。

针对受轨道交通、公路交通、施工等振动影响的建筑工程隔振设计，目前常用的隔振技术包括振动传递路径隔振、建筑物（受振体）隔振。

振动传递路径隔振，是基于屏障隔振原理，即通过在振动传播介质中设置一定尺度的物体，该物体与波传播介质具有较大差异的阻抗比（阻抗比为波传播介质的质量密度与剪切波速的乘积与屏障质量密度与剪切波速的乘积之比），利用振动波在屏障处的反射、衍射及散射，能够阻隔和耗散一部分振动波能量，即为屏障隔振技术。

建筑物隔振设计往往以竖向振动的隔振为主。常见的建筑物竖向隔振包括聚氨酯垫板隔振、弹簧支座隔振、厚肉橡胶支座隔振以及智能隔振。按照隔振位置，可采用基础隔振、层间隔振、局部隔振。基础隔振和层间隔振往往采用弹簧隔振支座＋黏滞阻尼装置，利用弹簧来减缓振动的能量，同时为避免因竖向柔度增大而可能引起的摇摆振动，可设置黏滞消能器抵抗和吸收振动的能量，从而达到隔振的目的。基础隔振也可采用聚氨酯垫板降低交通振动影响。局部隔振主要考虑建筑物局部敏感区域隔振，具体包括房中房隔振、浮置地板隔振，其中房中房隔振适用于使用空间要求具有较高隔声性能的情况。

对于轨道沿线、交通干线及施工场地周边的振动敏感的建筑物（如医院、科学实验室和高精度仪器工厂等），在振源周围设置屏障费用较高或设置屏障较困难的情况下，分别采用 ER/MR 智能隔振装置和耗能减振、隔振装置，对建筑结构进行振动控制，也是行之有效的方法。ER/MR 智能隔振装置具有自适应性强、稳定性好和安装方便等特点，能够有效地减小建筑结构的绝对加速度反应。目前，美国的 Johnson 等对采用 ER/MR 智能隔振装置的建筑结构进行了计算分析，国内类似装置应用的工程实例较少。

对于建筑工程，采用上述隔振措施需要同时满足建筑抗震的要求，现有针对轨道交通、公路交通、施工等工业振动的控制措施或控制装置，大多对于建筑物地震响应的降低无明显效果。因此，针对隔振建筑的建筑振震双控，亟需研究同时控制地震响应及工业振动响应的一体化控制方法，开发具有振震双控的三向组合型隔振（震）装置。

9.2　传递路径隔振设计

按照屏障的材料及分布形式，屏障隔振可分为连续屏障和非连续屏障两种。连续屏障包括空沟、连续墙、连续板桩、泥浆屏障、气垫屏障等，非连续屏障包括空井排、桩排、砖井排等。空沟、井排、排桩、连续墙（实心墙或空心墙）、波阻块、周期屏障结构（例如蜂窝状屏障）等在工程中较为常见。空沟的隔振效果优于其他形式的屏障隔振，空沟在土体中间形成了空气分界面，任何弹性波都无法通过；不过空沟深度受到施工、维护的限制，在较长振动波长的情况下作用有限；采用澎润泥浆壁的方法，可加深空沟的深度，但仍无法完全满足常见波长的隔振效果要求，同时空沟内的泥浆传导振动波，从而降低了隔振效果。排桩、连续墙突破了空沟的深度限值，虽然同等深度下排桩、连续墙的高阻抗导致隔振效果低于空沟，但深度H的增加可提高总的隔振效率。井排的效果优于桩排，不过井排的维护要求也较高。

依据屏障与振源的相对位置，屏障隔振技术可分为近场主动隔振和远场被动隔振。近场隔振是防止振动源的振动输出，考虑到近场隔振以体波为主，增加近场隔振屏障的深度可减小从屏障底部绕射的振动波；远场隔振是防止地面传播的振动输入，考虑到远场以 R 波为主，影响范围大、深度小，适当增加远场隔振屏障的长度，可减少从屏障侧面绕射的振动波。

传递路径隔振设计，首先由场地地质条件的动力特性确定隔振屏障的厚度，对于井排及桩排，还应按桩径、桩距及行距（当采用双排或多排桩时）确定波的透射率，可得到隔振效率。而隔振范围则由屏障的深度、长度与被屏蔽的波长的衍射关系确定。

屏障隔振的本质在于，弹性波在弹性介质中传播时，遇到与其传播介质波速和密度不同的物体时，弹性波即产生反射、散射和衍射。隔振屏障可假定为传播介质中的异性弹性体，如图 9.2-1 所示。

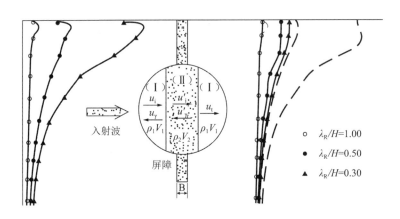

图 9.2-1　弹性波传播示意

振动传播介质为Ⅰ，屏障介质为Ⅱ，厚度为B，振动弹性波由介质Ⅰ经过屏障介质Ⅱ后，有一部分振动波再次传递到介质Ⅰ。假定振动传播介质Ⅰ中的波速为V_1，单位质量密度为ρ_1，屏障介质Ⅱ的波速为V_2，单位质量密度为ρ_2。当Ⅰ中的振动弹性波u_i遇到屏障Ⅱ后被分解成四种波：（1）在$x=0$面向Ⅰ反射的u_r；（2）进入Ⅱ的透射波u_i'；（3）在$x=d$面的反射波u_r'；（4）透过$x=d$面传入Ⅰ的透射波u_t。上述四种波与入射波u_i保持一定的比例关系。基于屏障投射效应，假设入射波u_i为振幅u_0的稳态振动弹性波，在$u=d$面的透

射波与 $x = 0$ 面的入射波的振幅之比称为传递系数或透射系数，以振动波的透射率 T_u 表示该比值：

$$T_u = \frac{u_t}{u_i} = \frac{4\alpha}{\sqrt{(1+\alpha)^4 + (1-\alpha)^4 - 2(1-\alpha^2)^2 \cos\frac{\omega B}{V_{R(B)}}}} \qquad (9.2\text{-}1)$$

$$\alpha = \frac{\rho_B V_{R(B)}}{\rho_S V_{R(S)}} \qquad (9.2\text{-}2)$$

式中，T_u 为隔振屏障的透射系数；α 为波的阻抗比；B 为屏障厚度；ρ_B、$V_{R(B)}$ 分别为屏障的密度及波速（非连续屏障为当量波速）；ρ_S、$V_{R(S)}$ 分别为振动传播介质的密度及波速；ω 为屏障前振动入射波的圆频率。

非连续屏障的整体当量波速可按下列公式计算：

单排井排：$\quad V_{R(B)} = V_{R(S)}\left[1 - \left(\frac{S_p d}{S\lambda_R}\right)^{1/n}\right]$ \qquad (9.2-3)

式中，n 一般取 6；S_p 为井空中心距；S 为井空净距，当 $S = 0$ 时，即为连续屏障，当入射波波长较短时，合理设计的井排可获得近似空沟效应；λ_R 为振动传播介质面波波长。

多排井排：$\quad V_{R(B)} = V_{R(S)} S_d\left(\frac{\sum \beta S_d + \frac{D}{\lambda_R}}{1-\alpha_n}\right)^{-1}$, $\quad S_d = \frac{S_p}{S} + \frac{D}{\lambda_R}$ \qquad (9.2-4)

式中，D 为多排井排最外边两排排距；$D \leq S_p < 4d$；β 取 0.7~0.8；d 为井排孔径；$V_{R(S)}$ 对于主动隔振取剪切波速，被动隔振取面波波速。

单排桩排：$\quad V_{R(B)} = V_{R(S)}(1+\alpha_p)$, $\alpha_p = [S_d(1+\alpha_n)/(\lambda_R/d)]^{1/n}$ \qquad (9.2-5)

式中，n 对于混凝土单排桩取 1.0，其他材料由实测确定；$\alpha_n = (\rho_p V_p)/(\rho_S V_{R(S)})$，$\rho_p$ 为桩材料密度，V_p 为桩纵波波速。

多排桩排：$\quad V_{R(B)} = V_{R(S)} S_B\left[\frac{K/\lambda_R}{\sum \varepsilon(1+\alpha_p)}\right]^{-1}$, $\quad K = (2010\sum I)^{1/4} + d$ \qquad (9.2-6)

式中，I 为桩惯性矩；d 为桩体直径；ε 取 1（地下水位以上）；$S_B = \frac{S_p}{S} + (K-d)/\lambda_R$。

对于非连续屏障的单体间距越小，通过屏障的透射波越少，隔振效果越好。工程经验表明，为使得非连续屏障满足整体隔振屏障功能且获得较好的隔振效果，屏障单体间距建议满足 S_p/B 介于 1.5~1.75，其中 S_p 为屏障单体中心间距，B 为屏障厚度。

图 9.2-2 所示为屏障透射系数 α 与屏障厚度 B、入射波圆频率 ω 及屏障波速 $V_{R(B)}$ 的关系曲线，其中 α 不大于 1 为软隔振屏障，α 大于 1 为硬隔振屏障，即隔振屏障的材料波速低于或高于振动传播介质波速时，均可起到隔振效果，二者波速相差越大，隔振效果越明显。

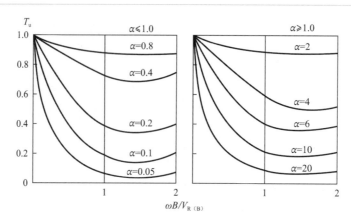

图 9.2-2　屏障透射系数曲线

1. 屏障材料选择

隔振屏障材料的隔振效果，主要受到隔振屏障材料与土层之间的波阻抗比的影响。当屏障材料与土层的波阻抗比接近 1 时，理论上无明显减振效果，波阻抗比越小或越大，隔振效果越好。按照波阻抗比的相对大小，可分为柔性屏障材料与刚性屏障材料。柔性屏障材料包括粉煤灰、橡胶碎片、泡沫塑料、聚氨酯、发泡聚苯乙烯（EPS）等，刚性屏障材料主要有砂砾石、加气混凝土、轻骨料混凝土和钢板桩等。

总体上，在一般场地土介质条件下，柔性材料如聚氨酯等明显比混凝土等刚性材料具有更小的透射率，但相比较刚性材料，柔性材料在高应力水平下往往具有较大的应变及明显的徐变性，单独作为隔振屏障材料时，在长期的土压力作用下产生较大的变形，波阻抗比增大，影响长期的隔振效果，而较"硬"的刚性材料在变形和材料老化方面问题较少，故刚性材料外包柔性材料的复合隔振屏障，在实际应用中更具推广价值。

隔振屏障材料的剪切模量与密度是制约隔振效果的关键参数。实际工程中，隔振屏障材料的选择，要结合土层的"软硬"及振动源的频率特性，尽量选择与土层特性差异较大的材料，同时避免隔振材料自振频率与振动源频带的耦合，保证隔振屏障的隔振效果。

2. 屏障几何尺寸

隔振屏障的深度和长度决定了隔振有效范围，加深和加长屏障，可减少底面和侧面绕射的振动波，对隔振效果的影响显著。

隔振屏障的深度与振动波的衍射效应有关，图 9.2-3 为波的衍射率与屏障深度的关系。当隔振屏障的深度 H 为波长的 1/4～1/3 时，屏障后的振幅可减少 50%～60%，故屏障深度一般应不小于波长的 1/4；同时当屏障深度接近波长时，继续增加深度，对于隔振效果的提升作用有限。当隔振屏障靠近振源一侧时，屏障不应影响振源所在位置的地基基础整体性，屏障深度一般取 0.8～1.0 倍的波长，当屏障靠近建筑物（受振对象）时，屏障深度建议取为 0.7～0.9 倍的波长。当距离振源较远时，应考虑土体介质非均匀性的滤波效应的影响确定波长取值。

振动波在某一特定位置和角度入射屏障时，可能激发屏障振动，屏障中的弯曲波与入射波形成高度耦合，造成屏障隔振起不到隔振作用，反而可能形成第二振动源而增大振动，这种现象称为屏障吻合效应（图 9.2-4）。屏障吻合效应相当于一般弹性体系中的共振，但与共振有所区别。实际工程设计中可通过控制屏障深度与厚度避开屏障吻合频率。屏障的吻合频率可用式(9.2-7)计算。一般认为当屏障深度 H 满足小于 0.5 倍波长时，可避免产生屏障的吻合效应。

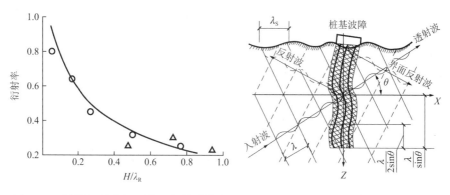

图 9.2-3　波的衍射率与屏障深度关系曲线　　图 9.2-4　屏障吻合效应示意

$$f = 0.551 \frac{V_p^2}{C_p B \sin^2\theta}, \quad C_p = \sqrt{\frac{E}{\rho_p(1-\mu^2)}} \tag{9.2-7}$$

近场隔振（靠近振源）屏障长度一般不小于 2.5～3.125 倍的波长，远场隔振（靠近建筑物），屏障长度一般不小于 6～7.5 倍波长。

屏障厚度与振动波的投射效应有关，一般隔振沟屏障的厚度可取振动波波长的 1/20，对于排桩等非连续屏障厚度，一般不小于地面面波波长的 1/8，水平波阻板厚度不小于 0.07～0.09 倍地面面波波长。

9.3　建筑物隔振设计

9.3.1　整体隔振一般要求

建筑物整体隔振系统设计时，应根据场地振动特性、振动容许标准、位移控制要求，综合考虑振源特性、建筑结构自振特性、保护目标振动敏感的程度和频带、振源与建筑结构的距离、土壤的振动传递衰减特性等因素，选择适当的隔振装置及必要的限位装置组成结构的隔振层。

1. 隔振层要求

建筑隔振的固有频率应根据振源特性确定。建筑结构楼盖板固有频率一般在 20～30Hz之间，轨道交通的振源激励频率一般较高，但经过土壤滤波之后，低频振动分量有所增加，公路交通的振源激励频率在 10～30Hz 之间。当振源为轨道交通时，隔振系统频率不宜大于 12Hz，当振源为公路交通时，隔振系统频率不宜大于 6Hz，且不应大于两者主激励源卓越频带区的下限值。要求 12Hz、6Hz 的隔振系统固有频率，对应减振效果的起点频率为16.8Hz、8.4Hz，可以确保减振效果。

点支承式整体隔振时，隔振器宜布置在柱、墙等竖向构件下部，隔振器下部支承构件的刚度不宜小于隔振器刚度的 10 倍。当不满足要求时，应计入下部结构的刚度影响。

隔振层的刚度分布宜与荷载分布一致，隔振层在结构自重作用下的变形差不应大于 2mm。

2. 计算分析要求

（1）验算内容

隔振系统设计时，应进行下列验算：隔振系统的频率计算；结构控制部位振动响应的验算；隔振器的承载力及变形验算；隔振器与结构连接件承载力验算。点支承式整体隔振时，隔振器受拉时应进行抗拉和抗滑移验算，并采取相应措施；隔振器上下结构应进行冲切和局部承压验算。

（2）分析要求

鉴于隔振效果受多种因素影响，建筑隔振在环境振动作用下的计算，宜采用动力时程方法进行整体结构分析。隔振层竖向和水平向承载力、刚度应通过结构整体分析确定，隔振系统设计时应计入结构变形对整体隔振体系竖向总刚度的影响。

（3）阻尼取值

建筑隔振设计时结构的阻尼比，宜按下列规定取值：混凝土结构阻尼比宜取 0.02，钢结构阻尼比宜取 0.005，混合结构阻尼比宜取 0.01。以上阻尼比适用于建筑环境振动计算（小能量输入），当建筑结构本身及隔振器需进行抗震计算、风振验算时，应满足相关规范的规定。

（4）质量取值

隔振体系的频率和振动响应计算时，建筑物重力荷载代表值宜取结构和构配件自重标准值以及各可变荷载组合值之和。各可变荷载的组合值系数，应按表 9.3-1 采用。

楼面和屋面活荷载组合值系数　　　　　　表 9.3-1

可变荷载取值方法及类别		组合值系数
各类屋面可变荷载		0.3
按实际情况计算的活荷载		1.0
按等效均布荷载计算的楼面活荷载	书库、档案库、贮藏间、设备间	0.8
	其他民用建筑	0.3
	工业建筑	0.7

（5）振动荷载

建筑物基底的振动荷载，可按下列规定确定：既有振源条件下，宜在基础施工完成后进行测试，确定最终的振动荷载。当具有相似工程环境的振源实测值时，可根据地基特性、基础埋深等参数修正后采用；当不具备测试条件时，可对振源及场地建立整体力学模型，通过计算预测振动荷载。

（6）建筑隔振体系的一阶竖向自振频率，可按下式计算：

$$f = \frac{1}{2\pi}\sqrt{\frac{g}{\Delta}} \tag{9.3-1}$$

式中，f 为隔振结构体系的一阶竖向自振频率（Hz）；Δ 为建筑物重力荷载代表值下隔振支座的竖向变形值（m）。

（7）其他要求

对隔振器及结构的承载力及变形验算时，荷载取值及组合应符合现行国家标准《荷载规范》及《建筑振动荷载标准》GB/T 51228—2017 的规定。

3. 隔振装置选择和布置

（1）隔振装置

建筑结构采用整体隔振设计时，隔振装置可采用隔振器、隔振垫等；当设置消能器时，消能器可采用黏滞消能器、电涡流消能器等。

（2）支承方式

建筑结构整体隔振可采用点支承式或满铺支承式（图 9.3-1）。点支承式隔振装置应采用隔振器或隔振垫，满铺支承式隔振装置应采用隔振垫。

点支承式主要指仅在结构墙、柱等竖向承载构件处设置隔振器，上部结构重量通过梁板等水平构件传递到墙柱，再传递给隔振器。此时隔振器与上下结构宜采用螺栓连接、防滑垫片连接。

满铺支承式主要指将隔振垫满铺于结构基础（主要适用于筏板或梁筏基础）之下的隔振形式。

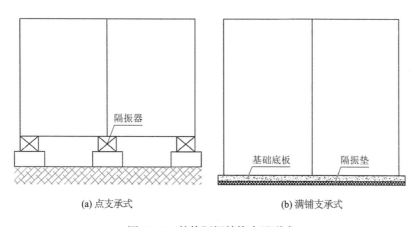

(a) 点支承式　　　　　　　　　　(b) 满铺支承式

图 9.3-1　整体隔振结构支承形式

（3）隔振层位置

隔振层的位置应根据工程需求设置；隔振层设置在不同标高处时，应采取有效措施确保隔振层上下结构完全断开。隔振层根据工程情况可选择布置在适宜位置，常用位置包括如图 9.3-2（a）、（b）、（c）、（d）所示四种类型，也可设置在不同标高处，如图 9.3-2（e）所示。

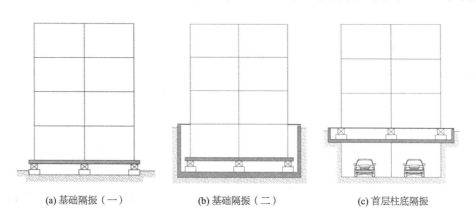

(a) 基础隔振（一）　　　　　(b) 基础隔振（二）　　　　　(c) 首层柱底隔振

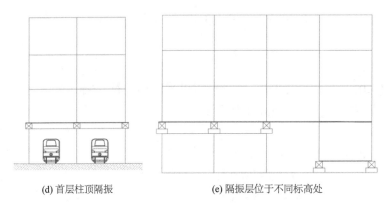

(d) 首层柱顶隔振　　　　　　　　　　(e) 隔振层位于不同标高处

图 9.3-2　隔振层位置示意图

9.3.2　整体隔振设计流程

建筑物隔振设计流程如图 9.3-3 所示，设计关键步骤包括隔振方案选型、隔振装置布置、隔振装置参数设计（传递率、频率、质量、刚度、阻尼）、固有频率计算、隔振效果评估等。

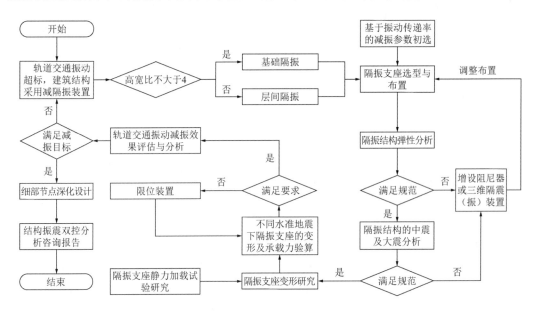

图 9.3-3　隔振设计流程

当有竖向减振需求的建筑位于地震设防区时，需要考虑地震对结构性能的影响，目前针对该类结构的双控思路，主要以竖向隔振 + 水平减震的组合控制为主，有关振震双控设计相关内容，详见第 11 章。此时设计流程需要增加抗震验算相关环节（图 9.3-3）。另外，结构及隔振器的抗震验算应符合现行国家标准《抗规》的规定。

9.3.3　整体隔振构造要求

整体隔振的构造，应符合下列规定：

（1）上部结构周边应设置竖向隔离缝及水平隔离缝，竖向隔离缝的宽度不应小于 30mm 且不应小于隔振器的最大水平变形（图 9.3-4），水平隔离缝宽度不宜小于 20mm。

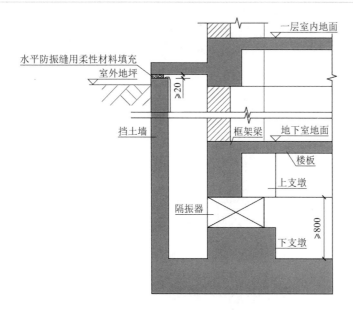

图 9.3-4 隔离缝示意图

（2）墙体、楼梯等功能连续结构，在跨越隔振层时应断开且至少保留 20mm 的间隙，并采用柔性材料填充（图 9.3-5）。

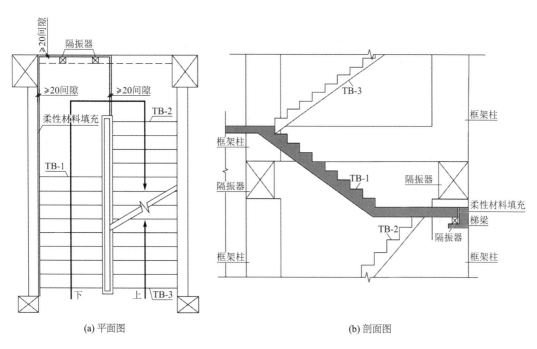

(a) 平面图　　　　　　　　　　　　　　(b) 剖面图

图 9.3-5 穿越隔振层楼梯做法示意图

（3）结构构件穿越隔振层时应断开，管线穿越隔振层时应采用柔性连接（图 9.3-6）或弹性支撑。

（4）当采用点支承式隔振时，隔振器和消能器的设置应便于检查和替换，检修空间的净高度不宜小于 800mm（图 9.3-4）。

（5）当采用满铺支承式隔振垫时，应保证隔振层密实，且四周应采用柔性防水处理。

（6）隔振结构地下室外墙与回填土间应满铺聚苯等刚度小且耐久性好的柔性材料。

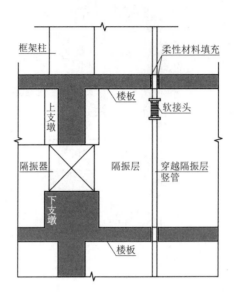

图 9.3-6　柔性管线连接示意图

另外，隔振层宜设置进人检修口，检修口可利用穿越隔振层的楼梯或在隔振层楼板上开洞实现，检修口的尺寸应满足施工、检修人员及相关器械的运输要求。

9.3.4　局部隔振

建筑局部隔振，可采用房中房或浮筑楼盖隔振。其隔振器承载力及变形验算应计入施工荷载的影响。当隔振系统支承于结构的柱和梁上时，应采用点支承式；隔振系统支承于楼面时，可采用点支承式或满铺支承式隔振。

1．房中房隔振

当隔振体系有隔声需求时，宜采用房中房隔振。房中房隔振可采用主动隔振及被动隔振，房中房隔振宜与整体结构进行耦合分析。

房中房隔振方案宜符合下列要求：当隔振层间面积较大时，可采用交嵌式房中房方案，房中房楼盖与主体结构之间应填充柔性材料；当隔振层间面积较小且动力设备较为密集时，可选用内置式房中房方案，房中房墙体、屋盖与主体结构应脱开。交嵌式和内置式房中房示意图如图 9.3-7 所示。

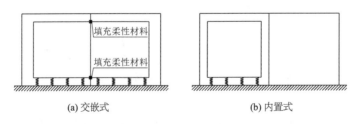

图 9.3-7　交嵌式和内置式房中房示意图

隔振体系具有隔声需求时（如消声室），应采取隔振措施以减少结构的固体传声。根据实践经验，当隔振体系振动频率小于消声室测试下限频率的 0.1 倍时，可满足消声室的使用要求；当隔振体系阻尼比不小于 0.1 时，隔振系统能有效减弱共振频率的振动值。

为减小消声室的振动响应，消声室内动力设备应采取主动隔振措施。为了减小动力设备的振动，一般采取较厚重的台座，根据实践经验，隔振台座重量一般应大于动力设备重量的 3 倍。另外，隔振元件应防止"高频失效"问题。

消声室隔振设计尚应符合现行国家标准《消声室和半消声室技术规范》GB 50800—2012 的规定。

2. 浮筑楼盖隔振

浮筑楼盖隔振可用于动力设备主动隔振和精密仪器被动隔振。浮筑楼盖可采用支点支承、满铺支承，隔振示意图见图 9.3-8。

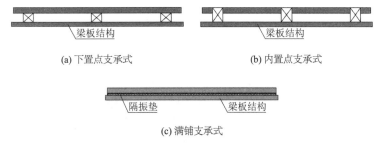

(a) 下置点支承式　　　　　　　　　　(b) 内置点支承式

(c) 满铺支承式

图 9.3-8　浮筑楼盖隔振示意图

3. 局部隔振支承及构造要求

房中房隔振的构造，应符合下列要求：房中房底板、浮筑楼板厚度不宜小于 130mm，板应设置双向配筋，钢筋直径不宜小于 8mm，每个方向的配筋率不宜小于 0.15%；房中房底板、浮筑楼盖与主体结构间隙、房中房墙体与主体结构的间隙不应小于 30mm，且不应小于房中房的最大变形值；穿越房中房结构与主体结构的管线应采用弹性支承或柔性连接。

9.4　建筑工程隔振设计实例

9.4.1　隔振沟隔振实例

1. 工程概况

本项目新建输水管廊对应隧道工程长度约为 5.62km（含 2.0km 明挖段，3.6km 盾构段），盾构隧道内径为 13.3m，外径为 14.5m，隧道顶埋深 10.2m。其中隧道明挖段与振动敏感建筑（白塔古建筑）相距 24m（基础边缘 20m），明挖段隧道开挖振动及配套施工机械振动会对白塔的结构安全造成影响，在隧道与白塔之间设置隔振沟进行施工振动控制。限于现场施工条件及经济性制约，结合施工开挖的最大深度及隔振效果需求，隔振沟深度确定为 30m，沟宽 120mm。隧道、隔振沟及古建筑位置关系如图 9.4-1 及图 9.4-2 所示。

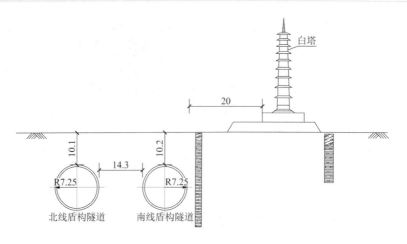

图 9.4-1　隧道结构、隔振沟及古建筑位置示意图

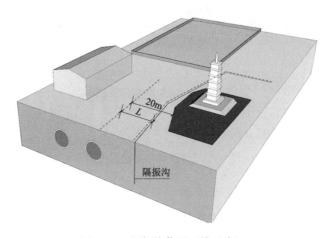

图 9.4-2　隔振沟位置三维示意图

2. 隔振沟隔振效率优化分析

为对比分析不同的隔振沟与开挖振动源的距离对隔振效率的影响，研究施工机械振动传播及衰减规律，采用 SAP2000 有限元分析软件建立数值土体-隔振沟-结构分析模型，软件版本为 V20.2.0，模型尺寸为 120m × 60m × 40m，网格划分为 2.5m × 2.5m × 2m，采用实体单元模拟土体，边界条件为黏-弹性边界，模型如图 9.4-3 所示，土体参数选取如表 9.4-1 所示。振动输入为机械设备施工时现场采集的振动加速度。

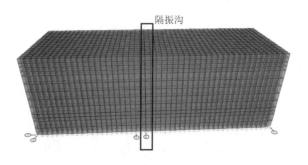

图 9.4-3　土体＋隔振沟模型示意图

土层特性参数　　　　　　　　　　　　　　　表 9.4-1

土层名称	土层厚度（m）	场地分层平均剪切波速V_s（m/s）	场地分层平均纵波波速V_p（m/s）	密度ρ（g/cm³）	动弹性模量E_d（10^2MPa）	动剪切模量G_d（10^2MPa）	动泊松比（ν_d）
填土	2	112	1360	1.89	0.71	0.24	0.497
含碎石粉质黏土	2	289	1590	1.89	4.68	1.58	0.483
强风化石英砂岩	2	636	2220	2.11	24.84	8.53	0.455
中风化石英砂岩	32	914	3340	2.65	64.62	22.14	0.46

按照平面上隔振沟位置距明挖振动源的距离L分别取 0m（无隔振沟）、5m、10m、15m、20m，分别建立有限元模型，进行振动谐响应分析，对比研究白塔基础位置处的振动响应。

无隔振沟时，白塔位置处的振动响应如图 9.4-4 所示，振动经过土体滤波，施工振动传递至白塔处，高频振动衰减明显，水平振动分量衰减更快，X、Y、Z三向振动加速度最大值约为 9mm/s²、16mm/s²、20mm/s²。

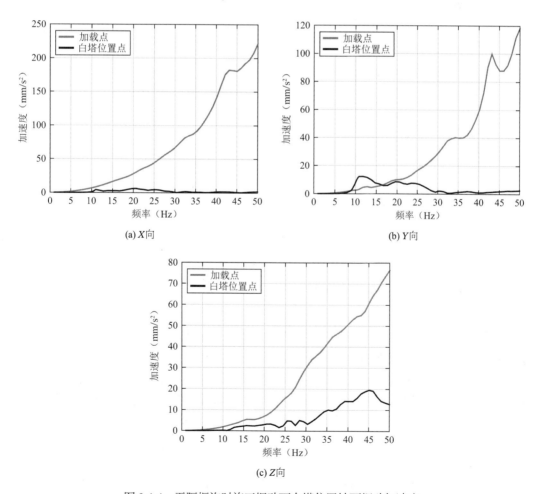

(a) X向　　　　　　　　　　　　　　　(b) Y向

(c) Z向

图 9.4-4　无隔振沟时施工振动下白塔位置地面振动加速度

隔振沟距离振动源分别为 5m、10m、15m、20m 时，白塔位置处地面振动加速度响应对比如图 9.4-5 所示，距离 15m 时白塔位置处地面水平振动控制效果最优，距离 10m 时白塔位置地面竖向振动控制效果最优，同时考虑白塔基础土体嵌固要求，隔振沟不宜距白塔基础过近，隔振沟与施工振动源距离取 10m。

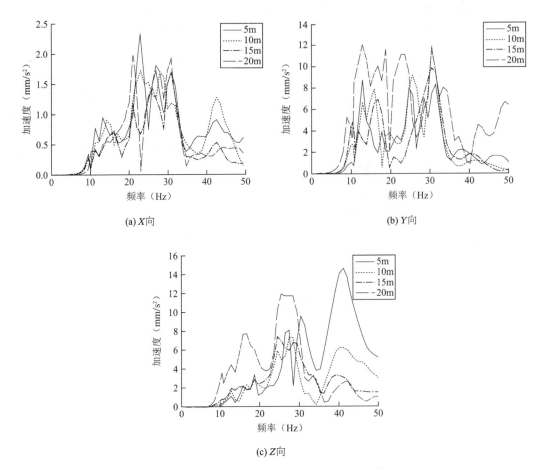

(a) X向　　　　　　　　　　　　(b) Y向

(c) Z向

图 9.4-5　隔振沟位置不同时施工振动下白塔位置处地面振动加速度

3. 隧道明挖施工振动测试与分析

（1）振动测试

为了测试明挖施工设备工作时产生的振动水平及振动特性，获得施工振动源至白塔处的振动衰减规律，评估隔振沟对施工振动的衰减效果，进行了现场施工振动测试。

分别在明挖施工基坑内（测点 1）、隔振沟靠近基坑一侧（隔振沟内，测点 2），隔振沟靠近白塔一侧（隔振沟外，测点 3）设置振动测点，测试施工机械工作时的三向振动加速度（东西向为X向，南北向为Y向，竖向为Z向），采样频率 256Hz，每个振动测试样本时长为 60min。

（2）频域分析

明挖段施工振动下，各测点频谱分析结果如图 9.4-6 所示，明挖施工振动源振动能量主要集中在 30～90Hz 的高频，反映了施工机械设备工作状态下动力特性及场地土层特性，经过土体滤波，到达 10m 处的隔振沟前时，大部分高频振动明显衰减，振动能量集中在 10～20Hz 及 80～90Hz 两个频带，经过隔振沟后，振动能量衰减明显，隔振效果明显。

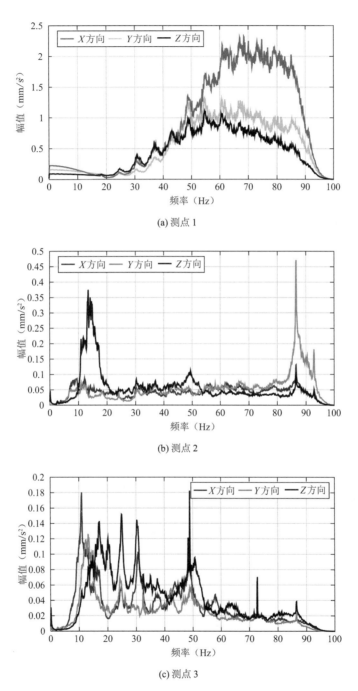

(a) 测点 1

(b) 测点 2

(c) 测点 3

图 9.4-6　振动测点的频谱

（3）时域分析

振动测试加速度时域数据如表 9.4-2 所示，明挖设备处振动水平向分量比竖向分量明显，其中 X 向最为明显，加速度最大值 354.48mm/s²，测试时段的加速度有效值为 21.88mm/s²；传递至隔振沟位置的施工振动，经过土体的滤波作用，相比较竖向振动，水平振动分量衰减得更快，隔振沟前的测点振动加速度，竖向振动分量更加明显；隔振沟后的测点，经过隔振沟的隔振，X、Y、Z 向加速度最大值分别减小 29.1%、18.2%、25.6%，加速度有效值分别减小 42.4%、52.9%、33.8%，隔振效果明显。

加速度时域结果　　　　　　　　　　　　　　　　　　表 9.4-2

方向	测点 1（基坑内）	
	加速度最大值（mm/s²）	加速度有效值（mm/s²）
X方向	354.48	21.88
Y方向	326.32	12.59
Z方向	236.68	10.00
方向	测点 2（隔振沟前）	
	加速度最大值（mm/s²）	加速度有效值（mm/s²）
X方向	31.91	1.39
Y方向	26.14	1.34
Z方向	52.23	1.48
方向	测点 3（隔振沟后）	
	加速度最大值（mm/s²）	加速度有效值（mm/s²）
X方向	22.61	0.80
Y方向	21.38	0.63
Z方向	38.84	0.98

隔振后地面测点 3 的振动速度统计如表 9.4-3 所示，X、Y、Z 三向速度峰值均满足国家规范中对于古建筑振动安全保护的限值要求。

隔振后地面振动速度　　　　　　　　　　　　　　　　表 9.4-3

方向	速度峰值（mm/s）
X方向	0.245
Y方向	0.247
Z方向	0.413

9.4.2　排桩＋聚氨酯垫隔振实例

1. 工程概况

本项目为北京大学人民医院大兴院区，建筑场地与地铁距离较近，建筑物与地铁线水平距离最近处约 10m，基础标高与地铁隧道底面标高相差约 9m，地铁运行产生的振动噪声影响不可忽略。院区东侧为医疗综合楼，西侧为教学科研楼，如图 9.4-7 及图 9.4-8 所示，两栋建筑以新凤河为界，其中综合楼地下两层、地上十四层，十四层以上为屋面层及机房层，教学楼为地下两层，地上结构为六层，两栋建筑都为钢筋混凝土结构，基础形式为筏板基础。医疗综合楼结构体系采用钢筋混凝土框架-剪力墙体系，科研楼采用框架结构体系。下文隔振工程介绍以医疗综合楼为例，医疗综合楼典型结构平面布置如图 9.4-9 所示。

图 9.4-7　项目效果图

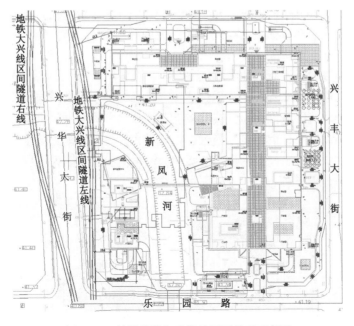

图 9.4-8　地铁线路与建筑的平面关系示意图

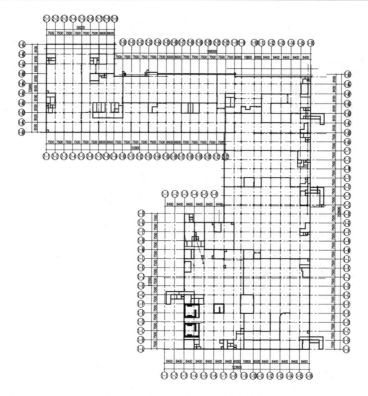

图 9.4-9　典型结构平面布置图

2. 场地振动测试与评价

（1）场地测试

本项目采取三向同步测试，测试工况包括列车通过工况与环境振动工况，测试设备（图 9.4-10）采用 GMS-100 型脉动拾振器、INV3062T 型 32 位微振采集仪。选取振动敏感点作为测试点位，测点布置如图 9.4-11 所示，其中测点 1、2 为教学楼测点，测点 3、4、5、6、7 为医疗综合楼测点。

各测点的加速度时程及频谱曲线如图 9.4-12～图 9.4-18 所示，时域结果统计见表 9.4-4。从图及表中可以看出，测试断面（测点 5、6、7）地面振动水平随距地铁线路距离增大而减小；位于河道西侧建筑区域因距地铁线路较近其振动水平较东侧明显偏大；测点 3 及 4 距地铁线路最远，振动最小，而测点 1 最近，振动最大。另外，测点 2 水平振动明显大于竖向振动，其他各测点的水平向振动量值与竖向振动量值接近，因为测点 2 位置对应曲线轨道位置，振动水平分量显著。

图 9.4-10　振动采集设备

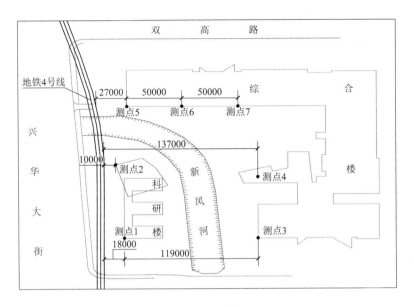

图 9.4-11　测点布置示意

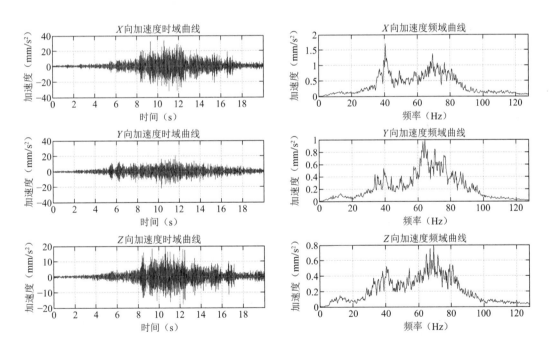

图 9.4-12　测点 1 振动测试时域、频域数据

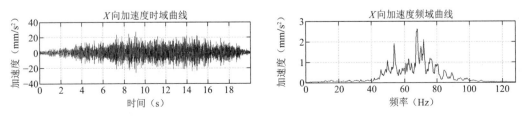

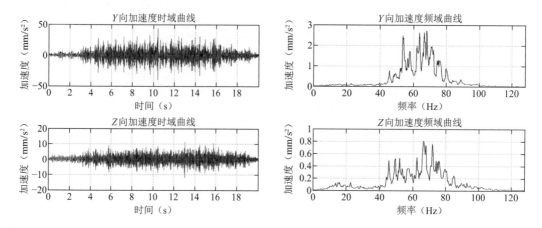

图 9.4-13　测点 2 振动测试时域、频域数据

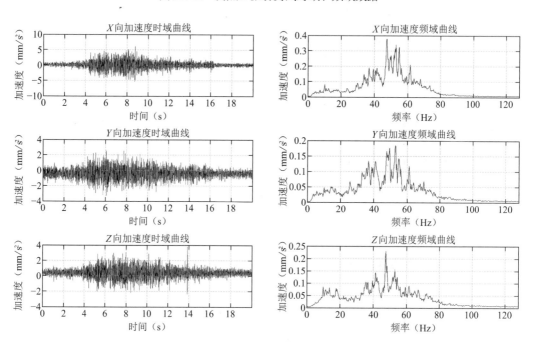

图 9.4-14　测点 3 振动测试时域、频域数据

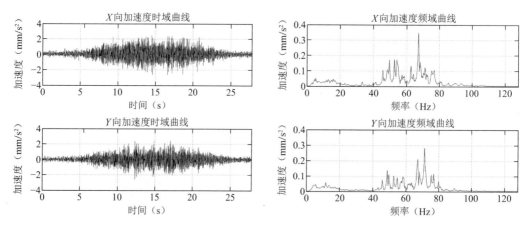

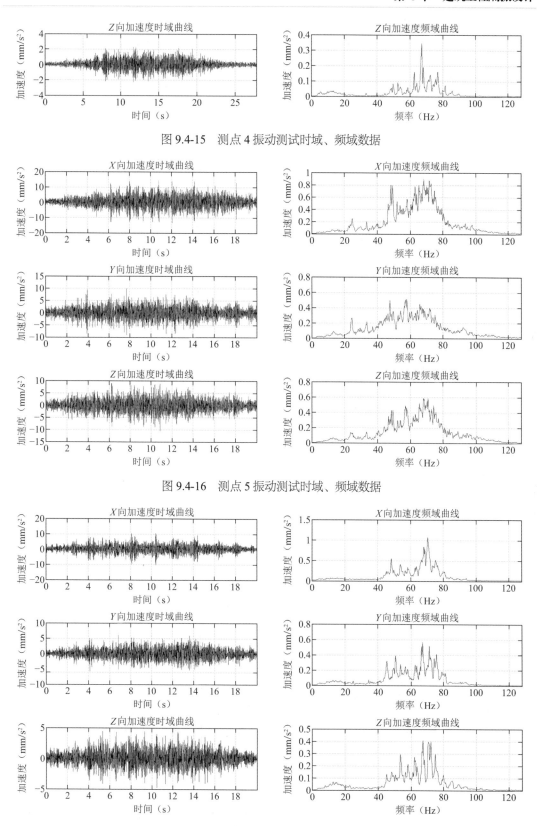

图 9.4-15　测点 4 振动测试时域、频域数据

图 9.4-16　测点 5 振动测试时域、频域数据

图 9.4-17　测点 6 振动测试时域、频域数据

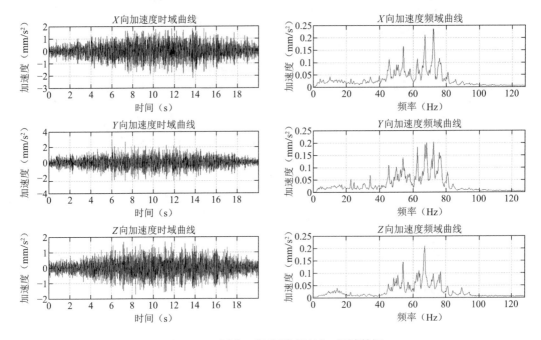

图 9.4-18　测点 7 振动测试时域、频域数据

测点时域结果统计　　　　　　　　　　　　　　　　　　表 9.4-4

测点编号	加速度峰值（mm/s²）		
	X方向	Y方向	Z方向
测点 1	27.07	17.93	17.65
测点 2	25.42	31.47	11.07
测点 3	2.46	1.86	3.37
测点 4	2.68	2.62	2.34
测点 5	14.94	10.07	9.32
测点 6	9.80	5.35	4.80
测点 7	2.89	3.00	2.18

（2）振动评价

将上述时域测试数据换算成基础底板处的振动 Z 振级，如图 9.4-19 所示，测点 1、测点 2 处的振动 Z 振级均超过限值要求，需要采取振动控制措施。

测试结果表明：

（1）通过对轨道交通毗邻建筑结构的振动测试分析，发现地铁诱发的环境振动以高频分量（40～80Hz）为主，经过土层的滤波效应，传递到建筑结构的高频分量有所减少，结构主要表现为低频（10～30Hz）楼盖振动和高频（40～70Hz）整体振动。

（2）地面的振动水平随与地铁线路的距离增大而减小明显，测点 1、2 的西部场地比东侧场地振动明显。

（3）该项目建筑场地毗邻的地铁线路是转弯弯道,对建筑的水平向振动影响比竖向大。而一般情况下地铁运行时竖向振动影响大,国内评价标准也多为 Z 振级评价,与本项目实际问题不一致,仍需考虑水平向振动影响。

（4）测点地面位置 Z 振级满足国家标准要求,但计算分析结果表明结构楼层 Z 振级超过标准要求。

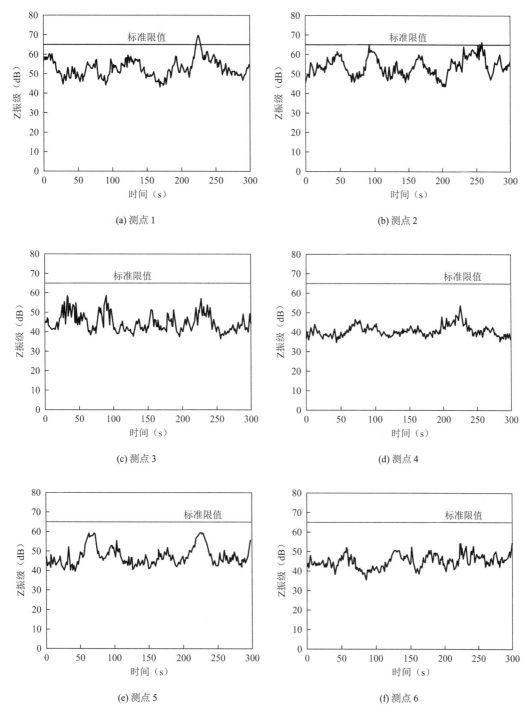

(a) 测点 1

(b) 测点 2

(c) 测点 3

(d) 测点 4

(e) 测点 5

(f) 测点 6

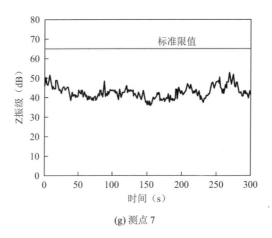

(g) 测点 7

图 9.4-19　测点 1～7 振动 Z 振级

3. 隔振方案设计

由于医疗建筑对振动舒适度要求很高，针对地铁引发的振动问题，拟在综合楼大楼外侧靠近地铁的区域布置隔振桩、同时在筏板基础底面满铺聚氨酯垫板的组合隔振体系，如图 9.4-20 所示（图中阴影填充部分为聚氨酯垫隔振范围，左侧点位为排桩位置），尽可能降低地铁振动的不利影响。

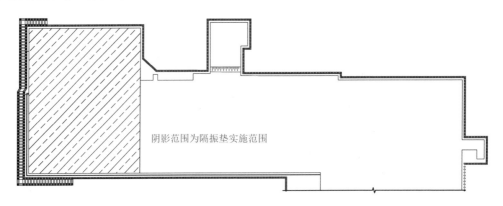

图 9.4-20　综合楼隔振体系布置图

聚氨酯弹性垫板可用于建筑基底及地下室侧壁，减小轨道交通运行时产生的振动与噪声，施工方便，对上部结构的影响较小，实际工程中应用越来越多。聚氨酯减振垫的参数由基底反力确定，本项目的基底反力如图 9.4-21（a）所示，对应的减振垫布置如图 9.4-21（b）所示，减振垫的刚度如表 9.4-5 所示。

聚氨酯垫板刚度（N/mm³）　　　　　　　　　　　　表 9.4-5

聚氨酯隔振垫分区	抗压刚度
区域一	0.02
区域二	0.08
区域三	0.15

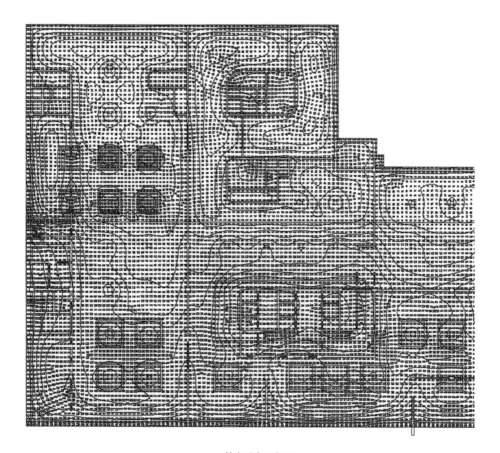

(a) 基底反力示意图

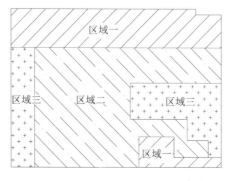

(b) 聚氨酯垫布置示意图

图 9.4-21　基底反力及减振垫布置

4．隔振分析

（1）隔振垫参数选型

结构模型如图 9.4-22 所示，以长期荷载下基础底板的面压为基准，计算图示隔振区中对应区域面弹簧的竖向刚度，通过调整各区域面弹簧的竖向刚度，聚氨酯减振垫板在结构自重作用下的变形都保持在 2.5mm 左右（图 9.4-23）。

图 9.4-22 结构有限元模型

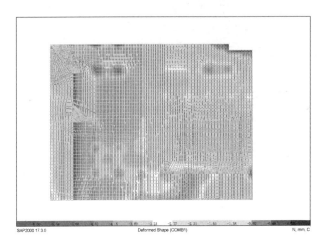

图 9.4-23 聚氨酯垫板（面弹簧单元）变形图

（2）动力特性分析

隔振区上部结构总重量 603115.28kN，隔振区总竖向刚度 241246.11kN/mm，竖向隔振固有频率 10.0Hz，隔振结构前三阶模态如图 9.4-24 所示。

（a）一阶模态 Y 轴平动（0.67Hz）

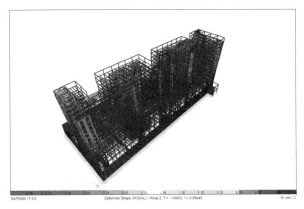

(b) 二阶模态X轴平动（0.69Hz）

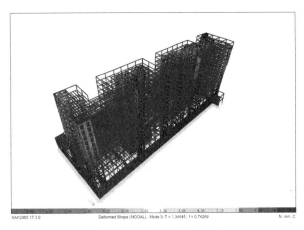

(c) 三阶模态绕Z轴扭转（0.74Hz）

图 9.4-24　隔振结构模态

（3）隔振效果分析

通过对地铁振动测试数据的时域与 Z 振级分析结果可知：隔振桩中间区域两侧振动加速度衰减 50%以上，端头区域两侧振动加速度衰减 30%左右，说明地铁振动可绕过隔振桩传递到桩内侧。本项目取隔振桩的减振效率为 30%输入后续计算。

本项目采用《住宅建筑室内振动限值及其测量方法》GB/T 50355—2018（简称《住宅》）作为振动评价标准。采用《住宅》1/3 倍频程振动加速度级以及 Z 振级为主要评价指标，振动限值见标准表 3.1.2-13 及表 3.1.2-14，其中 1 级限值为适宜达到的限值，2 级限值为不得超过的限值，本评价采用 1 级限值。在以振级最大值VL_{Zmax}作为振动测量评价量时，对不同振源类型的测量结果应采用表 9.4-6 的值进行修正。

对不同振源类型的测量结果修正值　　　　　　　　　　表 9.4-6

振源类型		修正值（dB）	
		昼间	夜间
冲击振动	每日发生几次	−10	−3
	频发	−5	0

续表

振源类型		修正值（dB）	
		昼间	夜间
城市轨道交通		−5	0
铁路交通振动	重载货运线路	−5	−3
	其他线路		−5

　　由于综合楼距离地铁运行线路较远，本项目在计算时验证了在不采用聚氨酯弹性垫板而只采用隔振桩的情况下是否满足上述标准限值，即将隔振桩内部的振动加速度时程曲线作为振动输入，分别计算不采用聚氨酯弹性垫板和局部采用聚氨酯弹性垫板时综合楼上部结构的振动响应。

　　①不采用聚氨酯弹性垫板

　　提取综合楼上部各层振动响应最大的点进行评价，如图 9.4-25～图 9.4-28 所示。

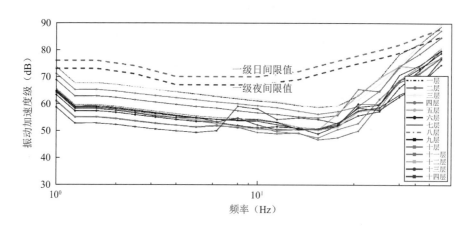

图 9.4-25　各楼层 1/3 倍频程振动加速度级与限值对比（拟隔振区）

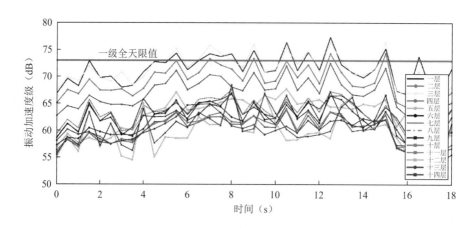

图 9.4-26　各楼层 Z 振级与限值对比（拟隔振区）

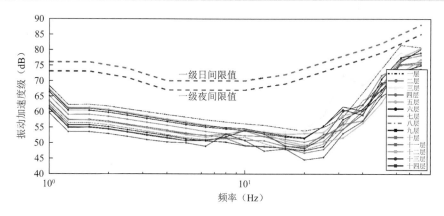

图 9.4-27　各楼层 1/3 倍频程振动加速度级与限值对比（非隔振区）

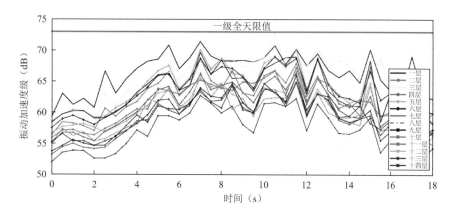

图 9.4-28　各楼层 Z 振级与限值对比（非隔振区）

　　由上述两图可得，当不采用减振垫板时，综合楼建筑拟隔振区结构下部三层振动均不满足限值要求；拟隔振区以东部位可满足限值要求。

　　②采用减振垫板

　　在综合楼局部布置减振垫板时再次计算，同时提取综合楼上部各层隔振区和非隔振区的振动响应最大的点进行评价，如图 9.4-29 和图 9.4-30 所示。

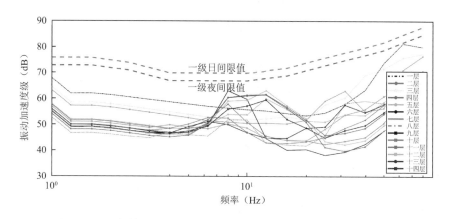

图 9.4-29　各楼层 1/3 倍频程振动加速度级与限值对比（隔振区）

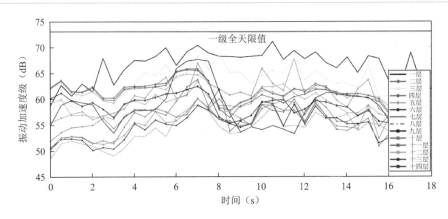

图 9.4-30　各楼层 Z 振级与限值对比（隔振区）

由上述各图可得，当采用减振垫板时，综合楼建筑结构上部各层振动水平均满足限值要求。

5. 结论

通过上述分析，可以得出如下结论：

（1）通过隔振桩衰减测试可知，隔振桩中间区域两侧振动加速度衰减 50% 以上，端头区域两侧振动加速度衰减 30%。

（2）在只采用隔振桩而不采用减振垫板的情况下，建筑结构下部三层振动均不满足标准限值要求。

（3）在同时采用隔振桩和减振垫板时，综合楼建筑结构上部各层振动水平均满足标准限值要求。

9.4.3　地铁上盖学校建筑钢弹簧隔振实例

1. 工程概况

本项目为北京丽泽中学，总用地面积 1.95hm^2，建筑面积 3.43 万 m^2，其中地上建筑 1.70 万 m^2，地下建筑 1.73 万 m^2。项目在地块东侧布置 1 栋 4 层教学楼；西侧布置 1 栋 4 层学生宿舍楼（图 9.4-31）。设有两层地下室，主要为教学辅助设施、学生餐厅、地下车库、设备用房等。本工程结构体系采用框架结构，主要结构跨度为 8.10m 和 7.05m，基础采用平板筏形基础，建筑剖面见图 9.4-32，隔振结构基本信息见表 9.4-7。

图 9.4-31　项目效果图

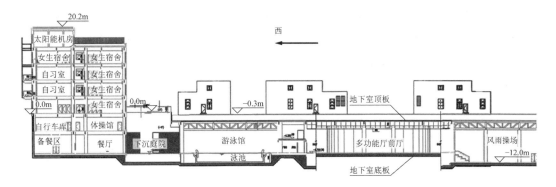

(a) 1-1 剖面

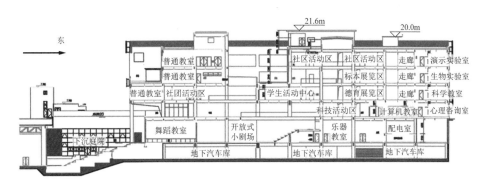

(b) 2-2 剖面

图 9.4-32　建筑剖面示意图

建筑结构基本信息　　　　　　　　　　　　　　　　　　　　表 9.4-7

建筑物	建筑层数	高度（m）	结构形式	基础
教学楼	地下 2 层，地上 4 层	18.00	框架 + 隔振	筏板基础，埋深 11.5m
宿舍楼	地下 2 层，地上 4 层	17.25	框架 + 隔振	筏板基础，埋深 10.6m

地铁正线沿东西向穿过项目地块（图 9.4-33），其中地铁线路穿越教学楼正下方长度 40.5m，距离宿舍楼最近处 2.6m，地铁轨道埋深 32.1～35.2m，轨道标高距离教学楼、宿舍楼基础底板分别为 21.8m、24.9m。地铁运行时轮轨系统产生的振动通过隧道结构、土体传递给上方的建筑，振动传播路径短、振动影响明显，同时考虑到教学楼昼间教学功能、宿舍楼夜间睡眠功能需求，要求全时段振动及噪声环境均需满足建筑正常使用，需要考虑减振降噪措施。

地铁轨道建设滞后于建筑工程建设，为减小地铁运行对上部教学楼及宿舍楼等建筑产生的振动及噪声影响，保障地铁运行后学校教学楼内的教学实验仪器的正常使用，在要求地铁轨道采取轨道减振措施的基础上，学校教学楼及宿舍楼采用地下室顶竖向隔振技术。

结构隔振层采用钢弹簧支座 + 弹性垫层材料 + 刚性支墩组合竖向隔振方案，水平方向上考虑布设黏滞消能器，以减小隔振层水平地震下的变形。组合隔振既满足降低地铁振动的要求，又满足地震作用下的性能要求，同时考虑到高烈度地震区的水平地震作用较大，结构边跨及角部采用抗拉钢弹簧支座，抵抗水平地震下隔振层拉伸作用，并配合多线性竖向组合隔振，提供整体抗倾覆作用，避免上部结构摇摆变形过大，在满足地铁振动不超过70/67dB的控制目标前提下，抗震性能满足设防要求。

下文以教学楼隔振设计分析为例介绍。

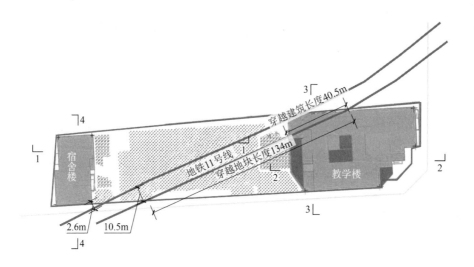

(a) 平面

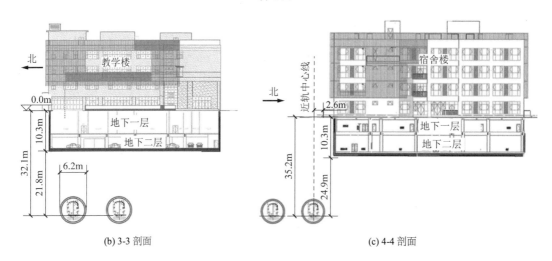

(b) 3-3 剖面   (c) 4-4 剖面

图 9.4-33　建筑与地铁线路的关系

2. 隔振层布置

结合地铁振动激励频率，按照振动频段为 5～100Hz 考虑，长期荷载下隔振支座竖向设计频率取 3.5Hz。组合隔振系统中，弹性垫层刚度取隔振支座竖向刚度的 4 倍，自重荷载下刚性支墩顶部的弹性垫层，距离上部结构构件 20mm。

隔振支座布置见图 9.4-34，隔振支座参数见表 9.4-8，结构层隔振支座照片如图 9.4-35所示。

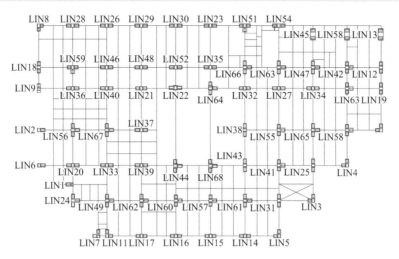

图 9.4-34　隔振支座布置图

图 9.4-35　隔振支座现场照片

竖向隔振支座参数　　　　　　　　　　表 9.4-8

编号	竖向刚度（kN/mm）	水平刚度（kN/mm）	编号	竖向刚度（kN/mm）	水平刚度（kN/mm）
LIN1	23.94	19.15	LIN35	207.51	166.01
LIN2	79.49	63.59	LIN36	209.44	167.56
LIN3	91.86	73.49	LIN37	209.72	167.77
LIN4	98.76	79.01	LIN38	209.93	167.94
LIN5	101.44	81.15	LIN39	212.94	170.35
LIN6	104.76	83.80	LIN40	215.07	172.05
LIN7	112.43	89.94	LIN41	218.05	174.44
LIN8	113.92	91.14	LIN42	218.24	174.59
LIN9	114.59	91.67	LIN43	218.52	174.81
LIN10	116.04	92.83	LIN44	228.39	182.71
LIN11	126.25	101.00	LIN45	229.81	183.85
LIN12	133.67	106.94	LIN46	230.98	184.79
LIN13	143.78	115.03	LIN47	231.10	184.88

编号	竖向刚度（kN/mm）	水平刚度（kN/mm）	编号	竖向刚度（kN/mm）	水平刚度（kN/mm）
LIN14	144.02	115.21	LIN48	231.21	184.97
LIN15	144.49	115.59	LIN49	231.34	185.07
LIN16	144.62	115.70	LIN50	232.25	185.80
LIN17	149.61	119.69	LIN51	232.35	185.88
LIN18	150.08	120.06	LIN52	232.63	186.10
LIN19	151.81	121.45	LIN53	235.52	188.41
LIN20	157.63	126.10	LIN54	243.15	194.52
LIN21	163.63	130.91	LIN55	244.35	195.48
LIN22	164.55	131.64	LIN56	245.41	196.33
LIN23	164.83	131.86	LIN57	246.75	197.40
LIN24	172.75	138.20	LIN58	248.24	198.59
LIN25	173.92	139.13	LIN59	249.63	199.70
LIN26	175.76	140.61	LIN60	253.43	202.75
LIN27	176.44	141.15	LIN61	253.83	203.06
LIN28	178.16	142.53	LIN62	256.01	204.81
LIN29	180.87	144.70	LIN63	264.31	211.45
LIN30	183.46	146.77	LIN64	265.07	212.05
LIN31	193.42	154.74	LIN65	278.88	223.11
LIN32	194.17	155.34	LIN66	280.30	224.24
LIN33	198.64	158.91	LIN67	281.38	225.11
LIN34	205.82	164.66	LIN68	305.75	244.60

为控制隔振支座在地震作用下的水平位移，隔振层沿建筑周边双向布置了黏滞消能器，为提高消能器的工作效率，将消能器布置在结构侧向变形最大的支座处，共布置 32 个消能器（图 9.4-36），消能器黏滞阻尼系数为 4000kN·(m/s)$^{-0.3}$。

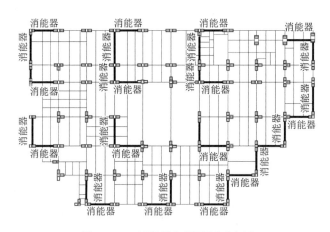

图 9.4-36　消能器布置平面示意图

3. 模态分析

隔振层上结构总重量 261621.5kN，隔振层总竖向刚度 13081.08kN/mm，隔振层总水平刚度：10464.86kN/mm，模态分析结果（图 9.4-37）表明，隔振后竖向固有频率为 3.14Hz。

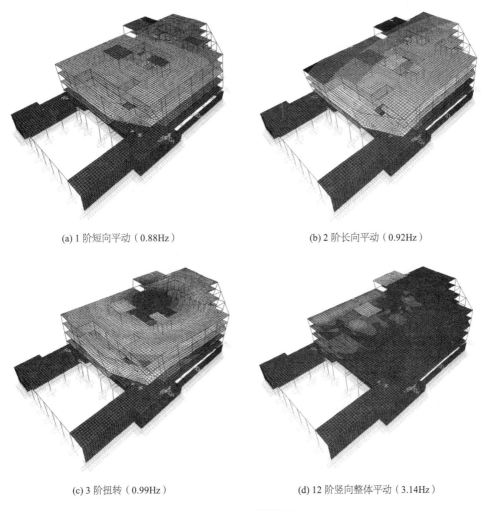

(a) 1 阶短向平动（0.88Hz）　　　　　　　(b) 2 阶长向平动（0.92Hz）

(c) 3 阶扭转（0.99Hz）　　　　　　　(d) 12 阶竖向整体平动（3.14Hz）

图 9.4-37　结构模态

4. 地铁振动隔振效果分析

（1）振动输入

本项目下穿地铁 11 号线处于拟建阶段，建筑先于地铁建设，建筑设计阶段的振动输入采用类比测试的样本数据。通过与该项目的地铁车速、车型、土质、建筑与地铁的位置关系、建筑结构形式及基础条件等各参数对比，选择与该项目相似的地铁 10 号线丰台站至首经贸站区间，K40 + 790 里程与 K40 + 930 里程两处断面进行振动测试，分别考察地铁轨道未采取减振措施和弹性长轨枕减振处理两种情况下地铁经过时对应地面位置的振动响应，典型测点的振动测试数据如图 9.4-38 所示，相比较轨道未采取减振措施的区间，轨道采用弹性轨枕措施后的振动加速度峰值减小 60%，高频分量显著减小。本项目由于轨道减振措施未定，建筑工程设计采取最不利工况包络设计。

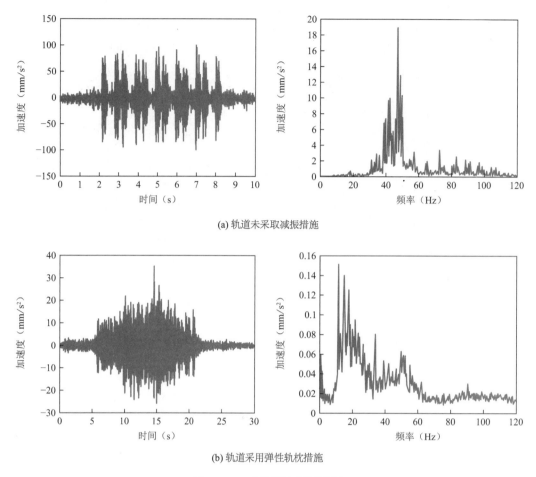

(a) 轨道未采取减振措施

(b) 轨道采用弹性轨枕措施

图 9.4-38　典型测点测试数据

（2）时域分析

以实测的地铁振动信号为输入，进行结构振动响应分析。分别提取隔振结构、未隔振结构楼层振动敏感点加速度响应（图 9.4-39），峰值统计如表 9.4-9 所示。与未隔振结构相比，采用弹簧隔振后，结构楼层的振动加速度峰值减振率 66.9%～72.3%，结构楼层加速度峰值降低明显。

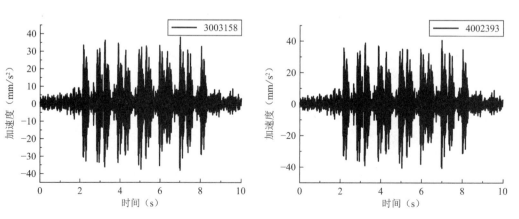

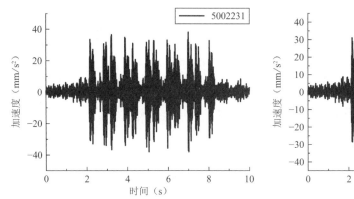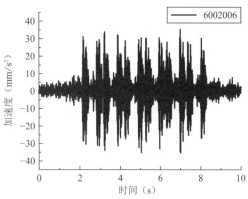

图 9.4-39　振动评价点加速度时程

地铁振动加速度峰值（mm/s²）　　　　　表 9.4-9

评价点	无控结构	隔振结构	减振率
1 层点	111.15	36.75	66.9%
2 层点	141.33	41.02	71.0%
3 层点	132.57	39.14	70.5%
4 层点	129.62	35.90	72.3%

注：无控结构为隔振结构去除钢弹簧支座的结构。

（3）频域分析

各楼层评价点的频域上的加速度响应如图 9.4-40 所示，隔振后，由于隔振系统频率 3.14Hz 左右，地铁振动激励中的低频部分与系统频率发生共振响应，3.14Hz 附近隔振结构的加速度大于基底输入的加速度；在远离隔振系统固有频率的频带（5Hz 以上），隔振结构加速度反应明显小于基底输入的振动加速度，隔振后 5Hz 以上的结构振动加速度得到了显著降低。

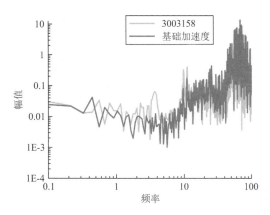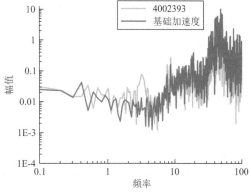

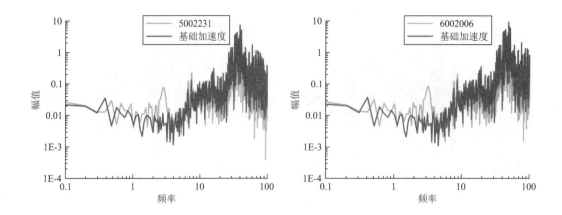

图 9.4-40　各楼层评价点加速度频谱

按照《城市轨道交通引起建筑物振动与二次辐射噪声限值及其测量方法标准》JGJ/T 170—2009 的要求，采用 1/3 倍频程中心频率按不同频率 Z 计权因子修正后的分频最大振级 VL_{max} 作为评价量，楼层振动敏感点在 1/3 倍频程中心频率点的分频振级如表 9.4-10 所示，隔振层上部各楼层振动均满足规范昼间 70dB、夜间 67dB 的限值要求，达到了地铁振动的控制目标。

1/3 倍频程分频振级　　　　　　　　　　　　　　　表 9.4-10

中心频率	1 层点	2 层点	3 层点	4 层点
4	22.47	23.22	23.15	22.9
5	16.1	16.77	16.74	16.57
6.3	18.56	19.4	19.43	19.25
8	22.36	22.8	23.01	23.03
10	29.4	28.84	29.83	29.98
12.5	36.13	38.22	39.61	39.89
16	24.38	32.84	31.53	31.97
20	25.05	24.78	25.7	25.9
25	41.44	37.05	36.46	35.28
31.5	54.06	50.42	50.32	48.84
40	49.23	47.11	47.08	45.63
50	46.26	45.7	45.41	44.41
63	46.37	46.51	46.17	45.3
80	46.32	46.69	46.33	45.51
VL_{max}	41.81	42.51	42.14	41.36

5. 结论

（1）多线性竖向组合隔振支座中的钢弹簧支座竖向刚度低，对地铁振动中高频振动的隔振效果明显，通过合理设计弹簧元件的刚度参数，可有效减小地铁振动对主体结构的影响。

（2）工程中采用的钢弹簧支座，其抗震性能关系到整体结构的抗震安全，需要进行专门论证分析，选取合适的变形控制指标，在满足地铁隔振效果的同时，保证整体结构的抗震性能满足相应规范的要求。隔振结构的抗震分析参见本书第 11 章。

9.4.4 办公建筑楼盖隔振实例

1. 工程概况

本项目为既有建筑改造项目，原功能为工业厂房，改造后为高品质办公楼，北侧紧邻地铁线路，建筑物东北角部距离地铁最近，平面距离约 7m，西北角部距地铁线路约 23m。既有地铁线路的轨道减振措施有限，经现场踏勘表明，地铁运行时，建筑内部振动明显，伴随产生的振动噪声对建筑影响较大，振动与噪声问题不容忽视。按照《环境影响评价技术导则 城市轨道交通》HJ 453—2018，对于毗邻地铁的建筑结构，需要考虑地铁运营产生的振动对建筑结构的影响，地下线路中心线两侧 50m 内需进行环境振动影响评估。考虑到改造后业态为高品质办公楼，为保证改造后建筑正常使用功能，应进行振动专项评估及减振降噪专项设计。

2. 振动测试

振动测试步骤如图 9.4-41 所示。为捕捉到建筑振动特性，测点布置方案如图 9.4-42 所示，沿建筑物的东西向、南北向设置 2 个测试断面，测点间距约 50m，建筑一层布置 17 个传感器，二层布置 15 个传感器，总计 32 个传感器，同步测试。

测量工况包括环境振动测试工况与列车通过工况，其中列车通过工况考虑总计不少于 20 列地铁运行通过，取 20 列车的能量平均值作为测量值；当全天运营车次不足 20 列时，取全天运营车次的能量平均值作为测量值。

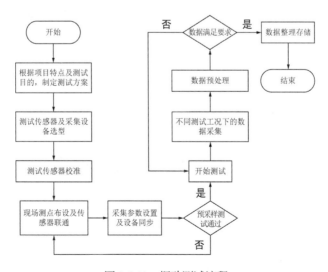

图 9.4-41 振动测试流程

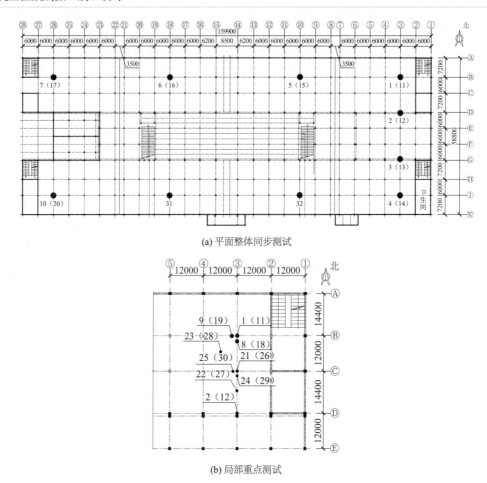

(a) 平面整体同步测试

(b) 局部重点测试

图 9.4-42　振动测试测点布置图（图中括号内编号为二层测点编号）

振动测试仪器主要包括：振动速度传感器、采集仪、电脑（加配专业软件），其余配套设备有：传感器电源、多功能电源、GPS、无线路由器、数据电缆线等。测试设备系统如图 9.4-43 所示。设备具体型号为 2D001V 型磁电式振动传感器、DH5983 型数据采集仪，数据分析处理采用 DHDAS 软件。

图 9.4-43　测试设备系统示意图

典型测点的测试数据如图 9.4-44 及图 9.4-45 所示。

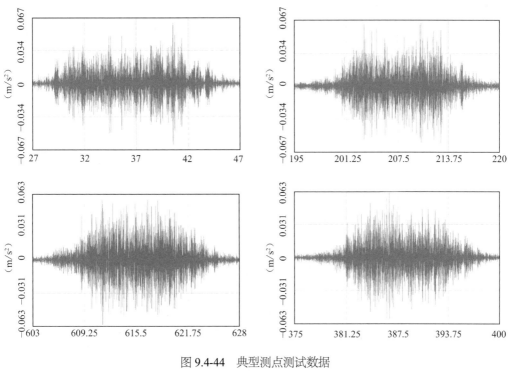

图 9.4-44　典型测点测试数据

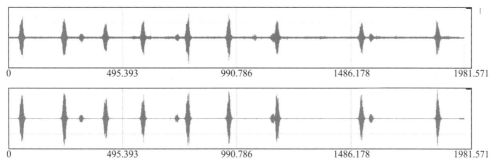

图 9.4-45　多车次典型测点测试数据

对测试数据进行时域分析，提取测点在不同列车经过时振动加速度峰值，并对车次结果取均值，各测点（图 9.4-42）分析结果如表 9.4-11 所示。

各测点加速度峰值的平均值汇总（m/s²）　　　　　　　　　　表 9.4-11

测点	1	2	3	4	5	6	7	8	9	10	11
峰值	0.081	0.049	0.062	0.037	0.064	0.038	0.048	0.068	0.064	0.015	0.080
测点	12	13	14	15	16	17	18	19	20	21	22
峰值	0.051	0.045	0.025	0.066	0.044	0.031	0.024	0.023	0.016	0.067	0.110
测点	23	24	25	26	27	28	29	30	31	32	
峰值	0.167	0.045	0.065	0.057	—	0.116	0.020	0.019	0.017	0.03	

测试数据 1/3 倍频程分析，不同列车通过时，各测点最大 Z 振级 VL_{zmax} 及分频最大振级 VL_{max} 统计汇总如表 9.4-12 所示。

各测点不同车次下 VL_{zmax} 及 VL_{max} 的平均值汇总（dB）　　　　表 9.4-12

测点	1	2	3	4	5	6	7	8	9	10	11
VL_{zmax}	81.3	77.3	79.8	76.2	80.0	76.6	78.0	80.6	80.1	68.9	82.8
VL_{max}	78.2	75.2	77.1	72.9	77.3	74.0	75.0	78.5	77.7	64.5	79.8
测点	12	13	14	15	16	17	18	19	20	21	22
VL_{zmax}	79.5	78.4	73.0	81.2	77.7	75.3	71.9	71.4	69.8	80.4	85.2
VL_{max}	75.4	74.6	68.8	77.5	74.4	71.0	68.2	67.7	64.9	78.0	81.7
测点	23	24	25	26	27	28	29	30	31	32	
VL_{zmax}	88.3	77.9	80.5	79.8	—	86.2	70.2	69.4	74.0	71.8	
VL_{max}	85.0	74.6	77.3	76.2	—	82.8	66.9	66.0	72.5	69.6	

依据振动测试及分析结果，初步可得到以下结论：

（1）柱子位置测点振动加速度峰值，一层测点加速度峰值最大为 0.081m/s²，位于测点 1，最小为 0.015m/s²，位于测点 10。

（2）楼板区格中心测点加速度最大为 0.167m/s²，大于柱间测点及柱位置测点的加速度。

（3）楼板区格中心测点的振动级，比柱子位置测点的振动级大 5～6dB。

（4）一层楼板区格中心测点分频最大 Z 振级为 85.0dB，二层分频最大振级为 82.8dB。一层、二层区域振动均超出规范 70dB 的限值要求，一层最大超标 15dB，最小超标 3dB；二层最大超标 12.8dB，最小超标 3dB。

3. 振动评估

根据场地环境振动实测数据，对拟改造的建筑物楼层的振动响应进行分析，得出预测分析结论及建议。具体的技术路线如图 9.4-46 所示：首先进行场地环境振动测试，获取拟改造建筑物基底实测振动响应等数据；再建立建筑物有限元计算模型，并输入实测数据，计算各楼层振动响应；最后根据计算结果与相关规范限值进行比对，如满足要求，则无需进行减隔振设计，如不满足，则需进行减隔振设计。

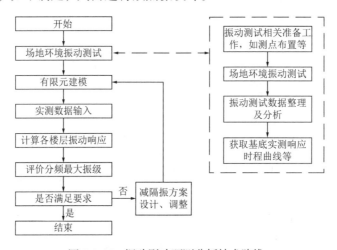

图 9.4-46　振动影响预测分析技术路线

（1）评价标准

本项目采用《城市轨道交通引起建筑物振动与二次辐射噪声限值及其测量方法标准》JGJ/T 170—2009（简称《城轨》）作为振动评价标准，振动控制限值标准见表 3.1-18。4～200Hz 频率范围内，采用 1/3 倍频程中心频率上按不同频率 Z 计权因子修正后的分频最大振级 VL_{max} 作为评价量，加速度在 1/3 倍频程中心频率的 Z 计权因子如表 9.4-13 所示。根据本项目建筑物的使用功能，室内振动限值为昼间 70dB、夜间 67dB。

加速度在 1/3 倍频程中心频率的 Z 计权因子　　　　　　　　表 9.4-13

1/3 倍频程中心频率（Hz）	4	5	6.3	8	10	12.5	16	20	25
计权因子（dB）	0	0	0	0	0	−1	−2	−4	−6
1/3 倍频程中心频率（Hz）	31.5	40	50	63	80	100	125	160	200
计权因子（dB）	−8	−10	−12	−14	−17	−21	−25	−30	−36

（2）计算模型

结构有限元模型，依据甲方提供的本项目现场测绘图纸及检测单位提供的鉴定计算用的 PKPM 模型建立。结构振动预测分析，通过 ABAQUS 软件，采用基于 HHT 法的直接积分动力时程分析，ABAQUS 结构模型质量及周期，均与既有建筑检测单位提供的 PKPM 模型一致，误差不大于 5.0%。结构有限元模型见图 9.4-47。结构前 6 阶振型见图 9.4-48。

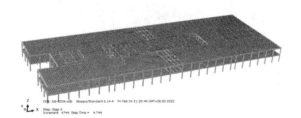

图 9.4-47　结构有限元模型

(a) 第 1 阶振型

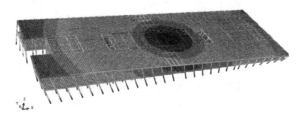

(b) 第 2 阶振型

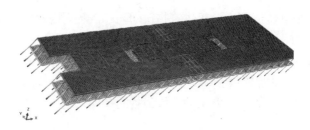

(c) 第 3 阶振型

(d) 第 4 阶振型

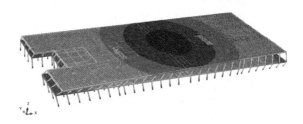

(e) 第 5 阶振型

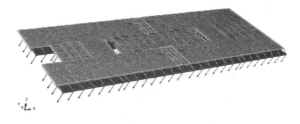

(f) 第 6 阶振型

图 9.4-48　结构前 6 阶振型

　　采用特征值法得到的模型模态分析结果见表 9.4-14。表中各参数含义如下：TRAN-X 为X向振型质量参与系数，TRAN-Y 为Y向振型质量参与系数，TRAN-Z 为Z向振型质量参与系数，ROTN-X 为绕X向转动振型质量参与系数，ROTN-Y 为绕Y向转动振型质量参与系数，ROTN-Z 为绕Z向转动振型质量参与系数。由表中可知，结构X向前 6 阶振型质量参与系数合计即达到 99.99%，结构Y向前 4 阶振型质量参与系数合计即达到 99.99%。结构X向、Y向的基频分别为 1.39、1.29Hz，竖向振动表现为楼盖的竖向振动，从第 78 阶开始，楼盖出现局部竖向振动，频率为 10.16Hz，第 500 阶竖向振型参与质量达到 85.63%。

频率和振型参与质量　　　　　　　　　　　　　表 9.4-14

模态	频率（Hz）	TRAN-X		TRAN-Y		TRAN-Z		ROTN-X		ROTN-Y		ROTN-Z	
		质量（%）	合计（%）	质量（%）	合计（%）	质量（%）	合计（%）	质量（%）	合计（%）	质量（%）	合计（%）	质量（%）	合计（%）
1	1.29	0.00	0.00	91.67	91.67	0.00	0.00	0.00	0.00	0.00	0.00	0.29	0.29
2	1.35	0.14	0.14	0.29	91.96	0.00	0.00	0.00	0.00	0.00	0.00	91.71	92.00
3	1.39	92.01	92.15	0.00	91.96	0.00	0.00	0.00	0.00	0.00	0.00	0.14	92.14
4	3.91	0.00	92.15	7.99	99.94	0.00	0.00	0.01	0.01	0.00	0.00	0.03	92.17
5	4.11	0.03	92.18	0.04	99.98	0.00	0.00	0.00	0.01	0.00	0.00	7.79	99.96
6	4.22	7.82	99.99	0.00	99.98	0.00	0.00	0.00	0.01	0.00	0.00	0.02	99.98
…	…	…	…	…	…	…	…	…	…	…	…	…	…
78	10.16	0.00	99.99	0.00	99.98	1.41	8.25	0.20	5.93	1.80	6.43	0.00	99.99
…	…	…	…	…	…	…	…	…	…	…	…	…	…
497	17.82	0.00	99.99	0.00	99.99	0.00	85.60	0.01	84.64	0.00	83.85	0.00	99.99
498	17.84	0.00	99.99	0.00	99.99	0.01	85.61	0.02	84.66	0.02	83.87	0.00	99.99
499	17.86	0.00	99.99	0.00	99.99	0.01	85.62	0.00	84.66	0.00	83.87	0.00	99.99
500	17.89	0.00	99.99	0.00	99.99	0.01	85.63	0.00	84.66	0.01	83.89	0.00	99.99

（3）分析方法及输入

为了模拟地铁经过建筑物区域的建筑结构振动过程，采取多点激励的方法进行加载，具体做法为：将一列地铁经过时首层各测点的加速度时程作为输入激励，进行动力时程分析。多点激励方法一般有大质量法和位移法，本项目采用位移法进行多点激励加载。将结构分为八个区域，每个区域的基底分别输入同一趟地铁经过时该区域测得的加速度时程，加载分区如图 9.4-49 所示。

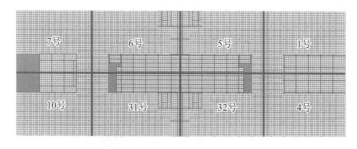

图 9.4-49　多点激励加载分区图及对应的测点编号

本项目测试了多趟地铁经过建筑物时的结构振动加速度，在动力时程分析时，选取 8 趟具有代表性的地铁振动作为输入激励。8 趟列车经过时，基底加速度时程曲线及其时域和频域特性如图 9.4-50 所示。

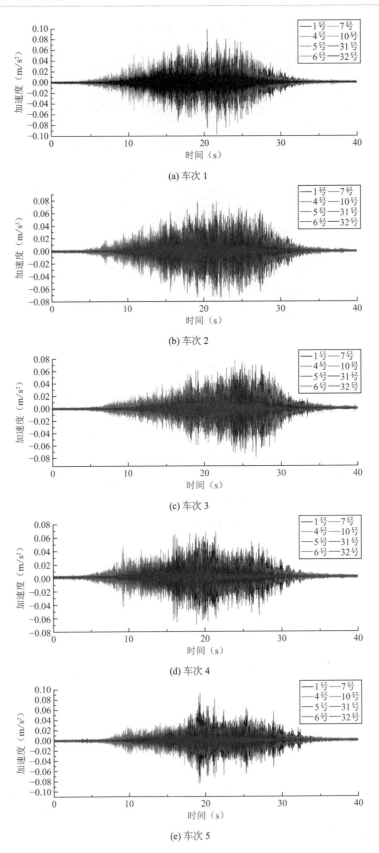

(a) 车次 1

(b) 车次 2

(c) 车次 3

(d) 车次 4

(e) 车次 5

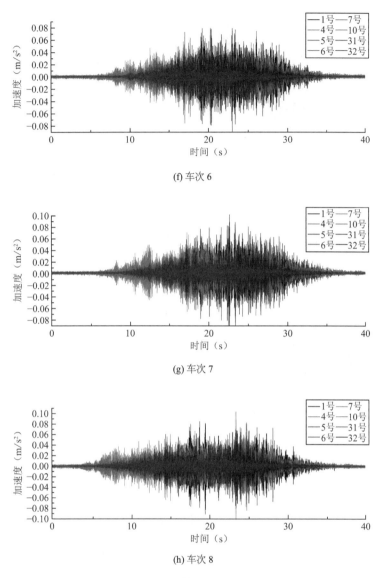

(f) 车次 6

(g) 车次 7

(h) 车次 8

图 9.4-50 基底加速度时程

结构振动分析采用基于 HHT 的直接积分动力时程分析方法，考虑沿结构长向与轨道距离不同的振动衰减特性，采用多点激励方式输入振动，以各测点记录的地铁经过时段的结构基础底部加速度响应时程作为振动输入，计算结构各层楼盖在地铁振动激励下的加速度响应。计算完成后在结构每层楼盖的不同位置选取具有代表性的节点，提取其绝对加速度时程，进行分频最大振级分析，然后将各点所有地铁经过时段的分频最大振级求均值后，得到最终分析结果，并与相关规范的限值进行对比，对地铁振动影响是否超限作出判定。

（4）多点激励下结构振动分析

提取模型中对应测点位置的振动响应，并与实测数据结果进行校核，如图 9.4-51～图 9.4-53 所示，振动实测数据与 FEA 模拟数据的时域及频域特性基本一致。

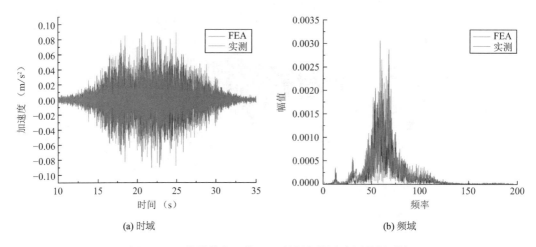

图 9.4-51　典型节点一的 FEA 结果与振动实测数据对比

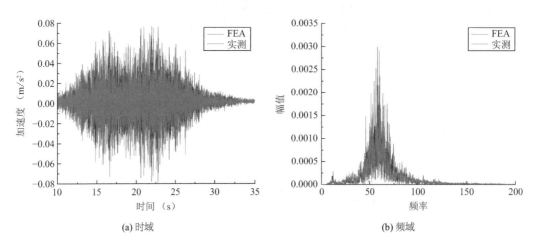

图 9.4-52　典型节点二 FEA 结果与振动实测数据对比

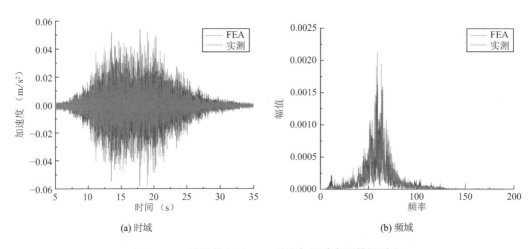

图 9.4-53　典型节点三 FEA 结果与振动实测数据对比

分别提取不同振动控制部位的楼盖振动计算响应，如图 9.4-54 所示，分别选取结构中部及角部区域代表性测点，对应的结构振动时域加速度曲线及频域特性曲线如图 9.4-55 所示。

依据提取节点的振动加速度，进行 1/3 倍频程分析，振动级-频率关系曲线如图 9.4-56 所示。结果表明，除两个节点外，其他大部分楼盖区域的振动级均超过 70dB 限值，最大振级 87.7dB（位于建筑物东北角区域），最小振级 65dB（位于建筑物西南角区域）。

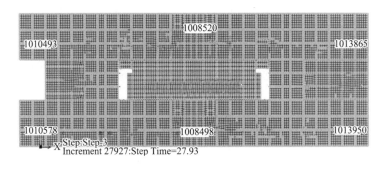

图 9.4-54 提取振动响应的节点位置示意

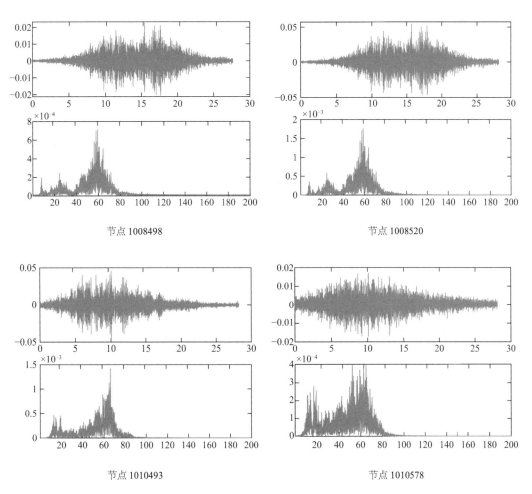

节点 1008498　　　　节点 1008520

节点 1010493　　　　节点 1010578

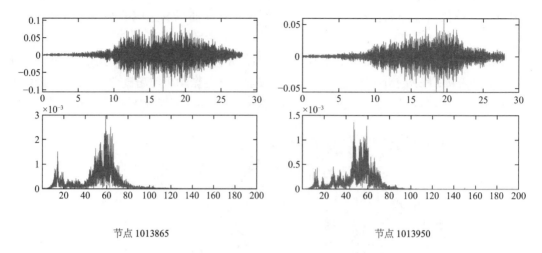

节点 1013865   节点 1013950

图 9.4-55　典型节点的时域及频域响应图

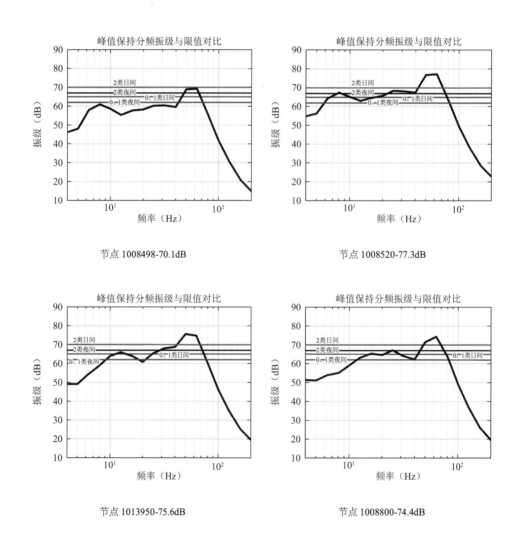

节点 1008498-70.1dB   节点 1008520-77.3dB

节点 1013950-75.6dB   节点 1008800-74.4dB

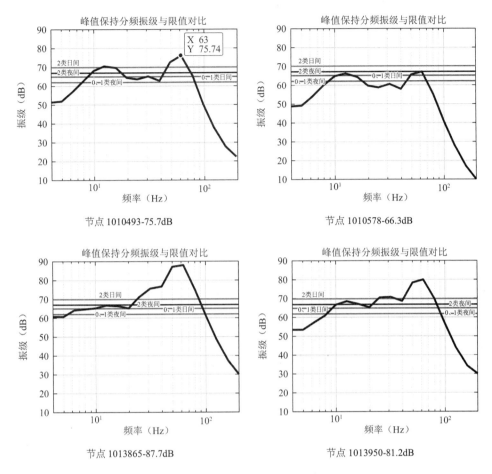

图 9.4-56　楼层典型节点振动级

根据基于多点激励的动力响应的时程分析及频谱分析可知，地铁运行引起楼盖产生较大的振动，从图中可以看出：在楼盖基频 10Hz 左右有明显的峰值，这反映的是楼盖结构自身的动力特性；同时，从图中也可以看出在 20～80Hz 之间，楼盖振动也非常明显，这反映的是地铁振源的特性。根据计算可知，楼盖跨中的振动加速度最大，结构分频最大振级不满足《城轨》中对于居住、商业混合区，商业中心区规定的限值要求。

（5）小结

由上述结构振动评估分析可得如下结论：

①一层、二层结构楼盖振动分频最大振级不满足《城轨》对于居住、商业混合区，商业中心区规定的限值不大于 70dB 要求，最大超标量约 17.7dB。

②考虑到本项目为改造项目，应结合本报告的测试及评估结论，对结构加固改造后的结构进行振动专项分析，并采取技术可靠、经济合理的减隔振措施，控制结构振动水平满足国家相应标准的要求。

4. 减振设计

结合本项目振动测试与评估结果，需要进行减振专项设计。减振方案从振源、传播路径、建筑物三个方面进行比选（图 9.4-57）。

振源减振	传播途径减振	建筑减振
项目成本最低，协调难度大	阻断振动传播，受限场地空间	受振体减振，调整结构布置或采取减振措施，易于实施
· 轨道减振 · 控制地铁列车车速 · 浮置板道床	· 调整建筑与地铁线路的距离，增加振动传播衰减 · 振动隔离带：隔振沟、隔振桩、地下连续墙等	· 调整结构：形式和布置、楼板刚度和重量 · 竖向隔振：柱底竖向隔振 · 楼板隔振：浮筑楼板、弹簧浮置板 · 建筑装修类措施：架空地板、吸声消声材料（吊顶+墙体+龙骨+隔声棉）

图 9.4-57　减振方案比选示意图

振源减振，本项目地铁已投入运营，轨道减振处理影响地铁正常运行，难以实施，故不做深入探讨。

传播途径减振，建筑外轮廓距离地铁线路仅 7m，且建筑红线范围内场地有限，红线外紧邻市政道路，无法实施隔离屏障。

受振体（建筑物）减振，可考虑以下三个方案：方案一，加大楼板厚度；方案二，弹簧浮置楼盖减振；方案三，柱底竖向隔振。鉴于本项目振动超标较大，单纯的加大楼板厚度，难以达到预期的控制效果，同时考虑到本项目属于加固改造项目，柱底隔振方案对既有基础及结构影响较大，隔振改造及加固增加工期及造价，故本项目采用钢弹簧浮置楼盖减振方案。

（1）减振设计参数

根据整体建筑功能布局，对办公空间（图 9.4-58 中深灰色填充范围）采用弹簧浮置板减振。

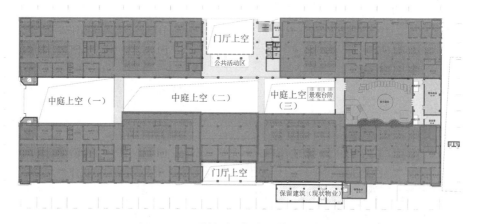

图 9.4-58　弹簧浮置板布设范围示意

钢弹簧浮置板竖向设计频率 6Hz，板厚 130mm，浮置板与楼板之间的间隙 30mm，钢弹簧支承间距 1.2～1.5m；轻质隔墙采用减振龙骨放于浮置板上，四周采用石膏板墙体吸声，吊顶采用减振吸声吊顶，以减小地铁运行过程中产生的二次辐射噪声。

（2）减振效果试验

弹簧浮置板试件板尺寸 2.5m×3.8m×0.16m，如图 9.4-59 及图 9.4-60 所示，混凝土强度等级 C30，设计频率 6.0Hz，试验工况：不加配重；施加素混凝土配重块 40 块，每块尺寸 0.75m×0.35m×0.11m，重量满足本项目正常使用设计荷载。

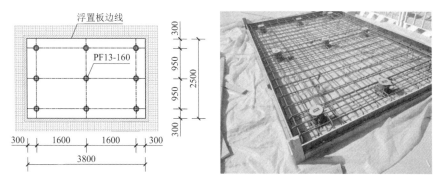

图 9.4-59 弹簧浮置板试件设计及制作

图 9.4-60 弹簧浮置板减振效果现场试验

测试结果如图 9.4-61 所示，数据分析表明，从动力特性上看，地面频率 12～15Hz，钢结构楼盖频率 16Hz，普通混凝土楼盖频率 18Hz，厚板混凝土楼盖频率 22Hz，浮置板不加配重实测频率 8Hz，浮置板考虑配重实测频率 6.5Hz，浮置板体系的频率远离地铁振动源主频及结构楼盖的频率。从减振前后的时域及频域对比看，结构振动加速度减振率超过 90%，地铁振动的高频成分明显衰减。

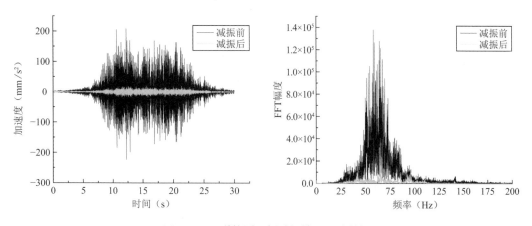

图 9.4-61 弹簧浮置板减振效果测试数据

统计 10 趟列车经过时的振动测试数据（表 9.4-15），统计结果表明，不考虑配重，取 10 趟列车平均值，楼盖振动级平均为 83.2dB，浮置板减振后为 66.7dB，平均减小 16.5dB；考虑配重，取 10 趟列车平均值，楼盖振动级平均为 81.8dB，浮置板减振后为 62.4dB，平均减小 19.4dB，减振效果显著，减振后可以满足规范要求。

10 趟列车经过敏感点振动级统计　　　　　　表 9.4-15

工况	车次 1	车次 2	车次 3	车次 4	车次 5	车次 6	车次 7	车次 8	车次 9	车次 10
楼板测点	81.4	83.4	82.1	81.4	81.7	85.1	83.7	83.3	83.8	85.9
浮置测点	64.7	67.0	63.4	64.7	63.7	67.0	70.0	69.3	65.4	71.9
降低 dB	16.7	16.4	18.7	16.7	18.0	18.1	13.7	14.0	18.4	14.0
工况	车次 1	车次 2	车次 3	车次 4	车次 5	车次 6	车次 7	车次 8	车次 9	车次 10
楼板测点	82.0	84.0	77.3	79.2	82.1	82.6	85.3	83.4	80.2	82.2
浮置测点	64.8	63.9	57.9	58.8	60.8	61.1	65.3	65.4	64.0	62.2
降低 dB	17.2	20.1	19.4	20.4	21.3	21.5	20.0	18.0	16.2	20.0

（3）减振效果数值模拟

建立包含弹簧浮置板的结构模型，以地铁经过时的地面振动作为输入，进行动力时程分析，分析弹簧浮置板减振效果。

提取办公区域敏感点对应位置楼板/浮置板编号及位置如图 9.4-62 所示，16350/7287、17495/8080、16180/7176、17622/8166，对比弹簧浮置板上下振动响应（图 9.4-63 及图 9.4-64）。结果表明：弹簧浮置板上振动加速度明显减小，振动频谱中的高频分量被有效隔离，对应浮置板自身频率的振动分量有所放大，总体减振效果明显；25～100Hz 之间，钢弹簧浮置板振动远小于原楼盖振动，尤其在地铁最大振动频段位 60Hz 左右范围内，现场试验及模拟结果均表明浮置板减振效果明显，减振后结构楼盖分频最大振级均满足限值要求，达到了设计预期效果。

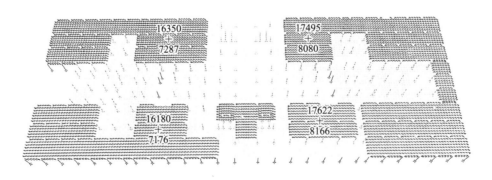

图 9.4-62　敏感点空间分布示意图

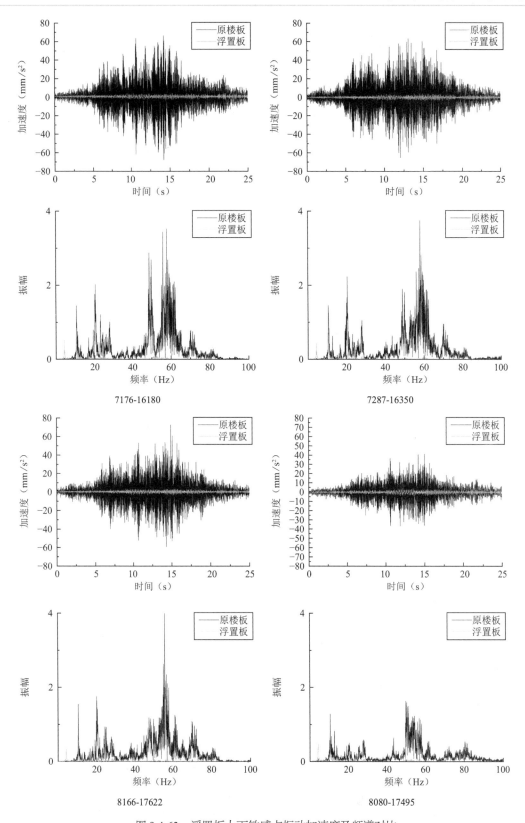

图 9.4-63　浮置板上下敏感点振动加速度及频谱对比

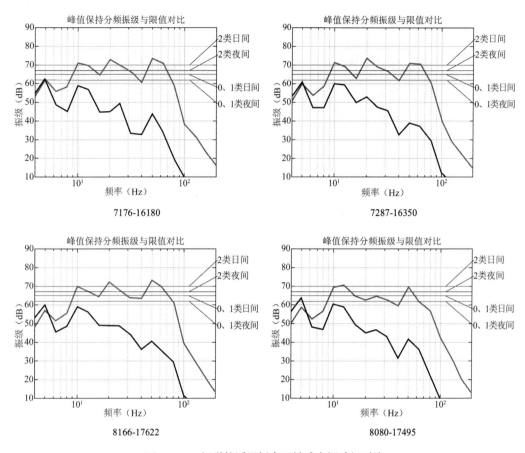

图 9.4-64　钢弹簧浮置板上下敏感点振动级对比

参考文献

[1]　郑国琛, 祁皑. 地铁引发邻近建筑物振动及控制研究评述[J]. 地震工程与工程振动, 2018, 38(5): 93-102.

[2]　卢华喜, 梁平英, 徐晏平. 高速列车引起建筑物振动的研究方法概述[J]. 噪声与振动控制, 2010(4): 50-53.

[3]　孙家麟, 郭建国, 金志春. 城市轨道交通振动控制和噪声简明手册[M]. 北京: 中国科学技术出版社, 2002.

[4]　黄微波, 杨阳, 冯艳珠, 等. 轨道交通振动传播规律与减振措施研究进展[J]. 噪声与振动控制, 2016, 36(6): 328-333.

[5]　高广运, 杨先健, 王贻荪. 排桩隔振的理论分析与应用[J]. 建筑结构学报, 1997, 18(4): 58-68.

[6]　郑国琛, 吴应雄, 祁皑. 某城市地铁沿线填充屏障的隔振预测[J]. 南昌大学学报, 2017, 39(2): 134-139.

[7]　刘卫丰, 刘维宁, 马蒙, 等. 地铁列车运行引起的振动对精密仪器的影响研究[J]. 振动工程学报, 2012, 25(2): 130-137.

[8]　王田友, 丁洁民, 楼梦麟, 等. 地铁运行所致建筑物振动的传播规律分析[J]. 土木工程学报, 2009, 42(5): 33-39.

[9]　张向东, 高捷, 闫维明. 环境振动对人体健康的影响[J]. 环境与健康杂志, 2008, 25(1): 74-76.

[10]　刘卫丰, 刘维宁, 聂志理, 等. 地铁列车运行引起的振动对精密仪器影响的预测研究[J]. 振动与冲击, 2013, 25(2): 18-23.

[11]　汤康生, 吴燕, 盛涛, 等. 基于新型支座的地铁上盖高层建筑基础隔振模型试验研究[J]. 工业建筑, 2021, 51(5): 76-81.

[12]　Cao Z, Guo T, Zhang Z, et al. Measurement and analysis of vibrations in a residential building constructed on an elevated metro depot[J]. Measurement, 2018, 125: 394-405.

[13]　Song Y, He W, He X, et al. Vibration Control of a High-Rise Building Structure: Theory and Experiment[J]. IEEE/CAA Journal of Automatica Sinica, 2021, 8(4): 866-875.

[14]　姚锦宝, 夏禾, 陈建国, 等. 列车运行对附近建筑物振动影响的试验研究和数值分析[J]. 中国铁道科学, 2009, 30(5): 129-134.

[15]　吴从晓, 周云, 邓雪松, 等. 竖向隔振建筑振动反应分析研究[J]. 土木工程学报, 2013, 46(Z2): 13-18.

[16]　杨先健, 徐建, 张翠红. 土-基础的振动与隔振[M]. 北京: 中国建筑工业出版社, 2013.

[17]　秦敬伟, 付仰强, 张同亿, 等. 柱顶弹簧隔振结构抗震性能分析与研究[J]. 建筑结构, 2020, 50(16): 71-76.

第 10 章 建筑工程设备隔振设计

10.1 概述

随着我国社会的进步和技术发展，高端装备制造业已经进入了精密和超精密时代。精密仪器是现代工业生产、检测和科学试验的关键设备，然而当环境振动影响过大时，会造成设备加工质量达不到规定的要求，或者仪器检测和试验数据不准确，从而导致严重的后果。

10.1.1 设备主动隔振与被动隔振

隔振是减小设备振动的最为广泛和有效的措施。设备隔振主要分为两种：一种是对振动敏感的机器和设备隔振，这类设备隔振的主要目的是保证在给定的外部激励下，设备或其他关键区域的相对振动不超过允许的极限值。典型代表如精密机床、坐标测量仪、光刻机、电镜等。另外一种是对产生振源的机器和设备隔振，这类设备隔振的主要目的是将传递到基础的动态作用力减小到允许值以下。典型代表如锻锤、水压机等产生冲击力的设备或激振器等。这些动力设备虽然经过静、动平衡，但仍有不平衡力存在，它们通过设备基础传递到地基上，不仅会影响周围工作人员的工作和身体健康，还会影响周围设备仪器的正常使用。

第一种隔振称为被动隔振（图 10.1-1a），也称为消极隔振，旨在减小隔振对象的外部振动输入；第二种隔振称为主动隔振（图 10.1-1b），也称为积极隔振，旨在减小隔振对象的对外振动输出。

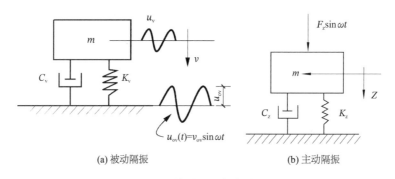

(a) 被动隔振   (b) 主动隔振

图 10.1-1 被动隔振与主动隔振

10.1.2 隔振方式

隔振器连接方式通常分为支承式、悬挂式和悬挂支承式。

（1）支承式（图 10.1-2a），隔振器设置在被隔振设备机座或刚性台座下。

（2）悬挂式（图 10.1-2b），被隔振设备安装在两端为铰的刚性吊杆悬挂的刚性台座上或直接将隔振设备的底座挂在刚性吊杆上，悬挂式可用于隔离水平方向振动。

（3）悬挂支承式（图 10.1-2c），在悬挂式的吊杆上端或下端设置受压隔振器（一般不宜采用受拉弹簧），可隔离水平及竖向振动。

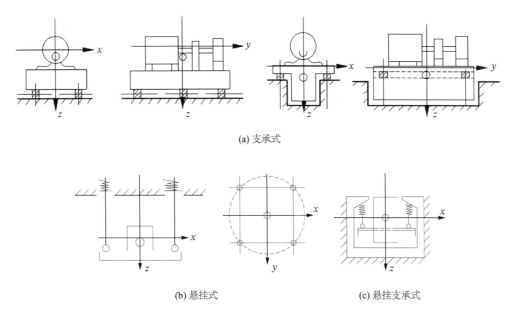

(a) 支承式

(b) 悬挂式　　　　　　　　　　　　　(c) 悬挂支承式

图 10.1-2　设备隔振方式示意图

10.1.3　隔振效果评价指标

1. 振动传递率

图 10.1-1（b）给出了单自由度主动隔振系统示意图，质量为 M、刚度为 k、黏性阻尼系数为 c，当周期性外力 $F_0\cos(\omega t)$ 垂直作用在物体上，基础受到弹簧力及阻尼力，物体同样也受到弹簧力及阻尼力，物体按一定的规律运动。把基础受到的弹簧力及阻尼力的合力 F_T 与作用在物体上的外力 F_0 相比，这个比值 T_a 称为振动传递率，用下式表示：

$$T_a = \frac{F_T}{F_0} \tag{10.1-1}$$

振动传递率的含义是传到基础上的力是原振动力的百分比。

对于黏性阻尼系统，其振动传递率可用下式计算：

$$T_a = \sqrt{\frac{1 + 4\xi^2 (f/f_0)^2}{\left[1 - (f/f_0)^2\right]^2 + 4\xi^2 (f/f_0)^2}} \tag{10.1-2}$$

振动传递率 T_a 与频率比 f/f_0 及阻尼比 ξ 有关，三者关系可以用图 10.1-3 表示。由图中可知：

（1）当 $f/f_0 \approx 1$ 时，传递率为极大，此时整个隔振系统处于危险的共振状态；

（2）当 $f/f_0 = \sqrt{2}$ 时，传递率 $T_a = 1$，此时隔振系统无隔振效果，但传递力也不放大；

（3）当 $f/f_0 > \sqrt{2}$ 时，传递率 $T_a < 1$，起到隔振效果。

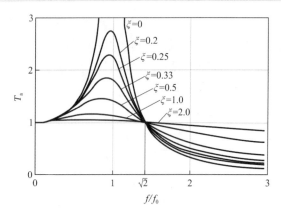

图 10.1-3　振动传递率曲线

一般而言要使隔振系统效果明显，频率比可取为 2.5～4.5。

在共振区内，阻尼可以抑制传递率的幅值，使物体的振幅不至于过大；在非共振区，当频率比大于 1.414 时，阻尼反而使振动传递率增大。

2. 隔振效率

有时还可以用隔振效率来表示隔振效果，可用下式计算：

$$\eta = \frac{F_0 - F_T}{F_0} = 1 - T_a \tag{10.1-3}$$

隔振效率的实际含义是振动力被隔离掉的比例。一般振动传递率的概念用得较多，因为振动传递率曲线非常形象地说明了系统隔振好坏程度与关键参数的关系。

3. 隔振系数

对于被动隔振，可用隔振系数 T_p 表示其隔振效果，它的含义是被隔离的物体振幅与基础振幅之比，用下式计算：

$$T_p = \frac{x_0}{U_0} = \frac{\sqrt{1 + 4\xi^2 (f/f_0)^2}}{\sqrt{\left[1 - (f/f_0)^2\right]^2 + 4\xi^2 (f/f_0)^2}} \tag{10.1-4}$$

被动隔振系数与主动隔振的振动传递率表达式相同。

10.2　设备隔振设计方法

10.2.1　隔振设计要点

一般设备的隔振设计，可按单自由度的情况计算，也就是只计算一个方向的振动与传递，而不必像设计重型机械或精密设备那样按六个自由度计算。以下简要介绍设备隔振设计要点：

（1）扰动力分析：首先要分清是主动隔振还是被动隔振，如果是主动隔振，要掌握动力设备正常运转时所产生的扰力（矩）的大小、频率、方向及其作用的位置；若无扰力矩资料，则必须具有机器运动部件的质量、几何尺寸、传动方式及机器转动部分的质量偏心距、活塞冲程等资料。如果是被动隔振，则要掌握设备底座处的振动加速度频谱。

（2）隔振系统的固有频率与传递率：隔振系统的固有频率应根据设计要求，由所需的振动传递率或隔振效率来确定。对于被动隔振，可根据设备对振动的具体要求及环境振动的恶劣程度确定隔振系数。

（3）设备的允许振动指标：对于精密的设备及机器，其允许振动的指标在出厂说明书或技术要求中可以查到，这是保证设备正常运转的必要条件，应在设计时给予确保。

（4）附加质量块：一般设备的隔振系统设计，往往是将发动机与工作机器安装在一个有足够刚度和质量的隔振底座上，称为隔振台座或刚性台座。刚性台座从材料角度可分为两类：一类是由型钢焊接而成，另一类是由钢筋混凝土浇筑而成。在下列情况下，应设置刚性台座：①机器机座的刚度不足；②直接在机座下设置隔振器有困难；③为了减少被隔振对象的振动，需要增加隔振体系的质量和质量惯性矩；④被隔振对象由几部分或几个单独的机器组成。

隔振底座的质量就称为附加质量块，这个附加质量块的重量一般为机组重量的若干倍。采用附加质量块有以下好处：使隔振器受力均匀，设备振幅得到控制；减小因机器设备重心位置的计算误差所产生的不利影响；使系统重心位置降低增加系统的稳定性；提高系统的刚度，减小其他外力引起的设备倾斜；防止机器通过共振转速时的振幅过大；作为一个局部能量吸收器以防止噪声直接传给基础。

（5）隔振器的选型：包括确定隔振器的承载力、刚度和阻尼比、尺寸等。

（6）隔振器的布置应考虑系统质刚重合：隔振器在平面上的布置，应力求使其刚度中心与隔振体系（包括隔振对象及刚性台座）的重心在同一垂直线上，对于主动隔振，当难于满足上述要求时，刚度中心与重心的水平距离不应大于所在边长的 5%，此时垂直向振幅的计算可不考虑回转的影响。对被动隔振应使隔振体系的重心与刚度中心重合。

（7）启动与停车：避免设备启动阶段以及停车过程中，设备变频可能造成的共振现象。

（8）与设备和其基础连接有关的管线：对于附带有各种管道系统的机组设备，除机组设备本身要采用隔振器外，管道和机组设备之间应加柔性接头；顶棚、墙体等建筑物体连接处均应弹性连接（如弹性吊架或弹性托架），必要时，导电电线也应采用多股软线或其他措施。

10.2.2　隔振设计流程

隔振分析之前，首先将隔振系统作为单自由度体系，根据被隔振体的容许振动指标，初步确定合适的隔振系统的频率、质量、刚度和阻尼比。

初步确定隔振系统的参数之后，按如下步骤进行详细的隔振分析：

（1）建立有限元模型；

（2）将隔振器作为刚性支座进行静力计算，得到支座反力；

（3）根据预设隔振频率，按式(10.2-1)确定隔振器的竖向变形；

$$\Delta = g/(2\pi f)^2 \tag{10.2-1}$$

（4）根据静力计算得到的支座反力，得到各个隔振器的刚度；

$$k_i = \frac{F_i}{\Delta} \tag{10.2-2}$$

（5）将隔振器的刚度和阻尼比参数输入到有限元模型中；

（6）进行隔振系统的动力特性分析，得到频率和振型；

（7）输入振源，进行动力时程分析或稳态分析；

（8）提取基础的动力响应，根据被隔振体的容许振动指标进行评价，如不满足要求，则调整隔振系统刚度；

（9）隔振系统的抗震验算，确保隔振器满足极限变形和极限承载力要求。

10.3　设备隔振设计实例

10.3.1　主动隔振实例一

1．工程概况

本项目位于梅州市人民医院 9 号楼，地下室 B2 层局部冷冻机房内设有冷冻水泵、冷却水泵、热水泵及补水泵等水泵总计 18 台，现场设备安装机组采用了钢弹簧隔振支座，管道吊架采用了橡胶垫隔振，水泵相关进排水管线大多采用吊挂安装（进水管局部采用落地支架），如图 10.3-1 所示。

由于建筑功能需求变化，B2 层冷冻机房的上方进行了功能调整，B1 原住院药房等功能调整为彩超室、心电图室等。B2 层设备开机试运行时，B1 层彩超室出现振动问题。业主提出对改造后的功能房间进行振动评估。经现场检测，由于原设计弹簧选型不当及施工质量较差，心电图室振动基本满足规范要求，彩超室存在振动超标问题。

本项目针对功能房间的振动控制需求，对现有设备基础隔振进行改造。

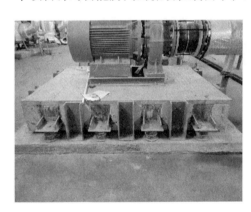 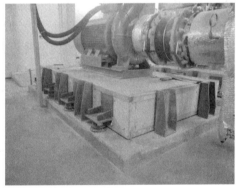

图 10.3-1　设备基础隔振

2．隔振效率

设备基础减振器采用专门设计定制的钢弹簧隔振支座，每台设备 6/8 套。以大冷却水泵为例，混凝土基础台座尺寸为 2800mm × 1630mm × 360mm，基础台座总重量 4190kg，运行重量 1080kg，隔振系统总重量为 5270kg。设置 8 个承重支座，每个支座承担 658kg。

设备转速 1450r/min，频率 24.2Hz。隔振频率 f_0 取 2.5Hz，隔振器压缩量 40mm。

弹簧隔振器刚度：$k = m(2\pi f)^2 = 658 \times (2 \times 3.14 \times 2.5)^2 = 1.62 \times 10^5 \text{N/m}$

频率比：$\lambda = f/f_0 = 24.2/2.5 = 9.68$

隔振效率T计算：阻尼比ξ取 0.035

$$\eta = \sqrt{\frac{1 + (2\xi\lambda)^2}{(1 - \lambda^2)^2 + (2\xi\lambda)^2}} = 0.013$$

$$T = (1 - \eta) \times 100\% = 98.7\%$$

隔振效果良好。

3. 楼盖振动响应分析

建立结构和隔振基础的有限元模型，输入动力设备产生的动荷载，提取楼盖的振动响应，并与规范的振动容许限值进行对比。

根据规范中卧式离心机的振动荷载公式，计算出有限元模型中所输入的三向动力荷载，计算结果见表 10.3-1。根据动力设备机组实际布置情况，在模型中原动力设备支座处输入三向动力荷载。

$$F_{vx} = me\omega_n^2$$
$$F_{vy} = 0.5me\omega_n^2$$
$$F_{vz} = me\omega_n^2$$

竖向动力计算参数　　　　　　　　　　　　　　表 10.3-1

荷载方向	机器转速n（r/min）	频率f（Hz）	偏心距e（m）	旋转部件总质量m（kg）	机器扰力P_m（N）	竖向动力荷载 $P_m(t) = P_m \sin(\omega_m t)$
F_x	1450	24.2	4.0×10^{-4}	103	943	$943 \times \sin(151t)$
F_y	1450	24.2	4.0×10^{-4}	103	943	$0.5 \times 943 \times \sin(151t)$
F_z	1450	24.2	4.0×10^{-4}	103	943	$943 \times \sin(151t)$

整体有限元模型及加载示意如图 10.3-2 所示。

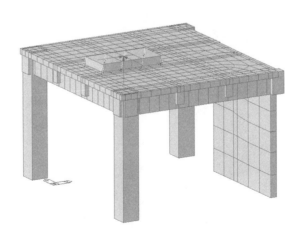

图 10.3-2　有限元模型及加载示意图

为了比较采取隔振措施后的效果，建立了基础非隔振时的有限元模型，施加相同的动力荷载进行振动分析。

首先，对隔振和非隔振两种工况下的彩超室楼盖响应进行对比，通过计算结果（图 10.3-3）可知，非隔振时，楼盖加速度最大值为 29mm/s²，采取隔振措施后，楼盖加速度最大值为 0.72mm/s²，使楼盖的振动响应降低了 97.5%，隔振效果显著。

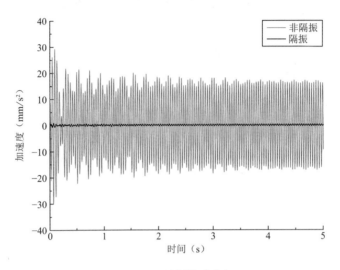

图 10.3-3　隔振前后响应

采取隔振措施前后，彩超室楼盖的加速度云图如图 10.3-4 和图 10.3-5 所示。

根据楼盖的加速度时程，进行 1/3 倍频程分析，得到隔振前后楼盖的加速度 Z 振级，如图 10.3-6、图 10.3-7 所示。从图中可以看出，隔振前楼盖加速度 Z 振级最大值为 75.87dB，隔振后楼盖加速度 Z 振级最大值为 40.66dB。根据《医院建筑噪声与振动控制设计标准》T/CECS 669—2020 中医院各类房间的室内 Z 振级限值为 75dB，因此，隔振前彩超室楼盖加速度 Z 振级不满足规范要求，隔振后彩超室楼盖加速度 Z 振级满足规范要求。

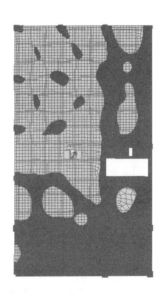

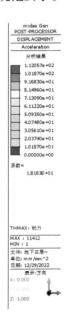

图 10.3-4　非隔振下楼盖加速度云图

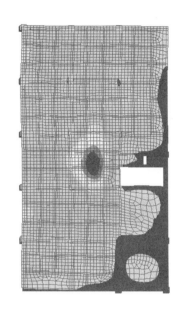
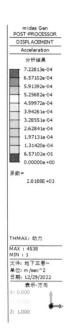

图 10.3-5　隔振后楼盖加速度云图

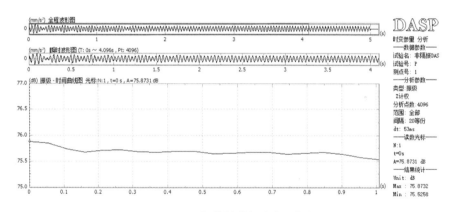

图 10.3-6　隔振前楼盖加速度 Z 振级

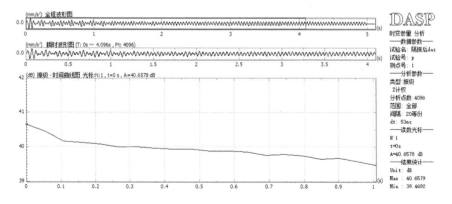

图 10.3-7　隔振后楼盖加速度 Z 振级

10.3.2 主动隔振实例二

1. 工程概况

某医院病房楼屋顶，设置有 5 台冷却塔设备，冷却塔底部设置有钢筋混凝土条基，如图 10.3-8 及图 10.3-9 所示。冷却塔设备电机频率最大 50Hz，变频（30Hz、40Hz 及 50Hz）工作，对应电机最大转速为 960r/min，风机的最大转速为 261r/min，风机叶片数为 6 片，运转重量为 13030kg（2 台）、17460kg（3 台）。

冷却塔试运行期间，产生明显的振动噪声。尤其 40Hz、50Hz 工频下运行时，设备基础振动强烈，同时振动通过基础传递至下部病房楼楼盖，下部病房相邻 2 层的楼盖振感明显，影响下部病房的正常使用。

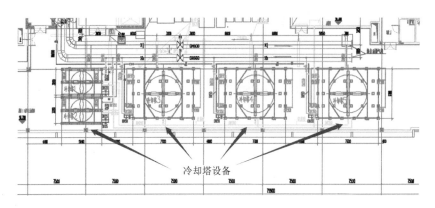

图 10.3-8　冷却塔平面位置示意

图 10.3-9　冷却塔现场情况

2. 楼盖振动测试评估

为评估冷却塔设备引发的楼盖振动情况，进行了现场振动测试。测试工况考虑冷却塔设备分别按照 30Hz、40Hz、50Hz 不同频率运行。测试结果表明：

（1）病房楼盖振动明显超出规范限值，振动频率成分比较丰富，包括了风机工频、叶频、电机工频等，同时受到屋盖结构刚度、管道支架、钢结构托架构件刚度的影响，振动频率成分较复杂。

（2）屋盖上部设备基础的振动明显超标，最大超标 80%，需要采取振动控制措施。

3. 振动控制方案及效果

（1）振动控制方案

本项目针对楼盖上部的冷却塔设备，采取基础顶弹簧隔振的方案。弹簧支座选型计算如下（以运行重量 17460kg 的冷却塔为例）：

每台选用 30 个弹簧支座，弹簧支座承担重量 582kg。设备干扰频率 50Hz，隔振固有频率 f_0 取 2.2Hz，减振器压缩变形量 50mm。

则频率比：$\lambda = f/f_0 = 22.73$

隔振效率 T 计算：阻尼比 ξ 取 0.035

$$\eta = \sqrt{\frac{1 + (2\xi\lambda)^2}{(1 - \lambda^2)^2 + 2\xi\lambda^2}} = 0.0035$$

$$T = (1 - \eta) \times 100\% = 99.6\%$$

（2）病房楼盖振动控制效果

为评估设备隔振后病房楼盖的减振效果，进行了设备运行下的病房楼盖振动实测。测试工况按照 5 台冷却塔机组全部开机运行，考虑 30Hz、40Hz、50Hz 不同工作频率。

设备隔振后，病房内振动明显降低。图 10.3-10 中病房层各测点 1/3 倍频程结果如表 10.3-2 所示。参照《医院建筑噪声与振动控制设计标准》的要求，运行工况 30Hz、40Hz 时，病房内各测点均能满足振动级高要求标准，运行工况 50Hz 时除测点 2 外，其他测点振动满足规范的振动级高要求标准，测点 2 满足规范的振动级低限要求标准。

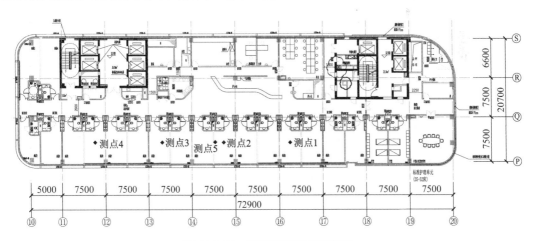

图 10.3-10　病房楼盖测点示意图

楼盖测点振动级结果汇总　　　　　　　　　　　　　　　　　表 10.3-2

振动级（dB）	测点 1	测点 2	测点 3	测点 4	测点 5
30Hz	68.9	66.2	62.3	71.2	64.7
40Hz	70.8	72.3	64.0	70.2	68.2
50Hz	73.6	75.5	65.7	71.9	69.3

设备隔振前后病房内结构振动噪声对比如图 10.3-11 所示。设备隔振前，40Hz 运行工况时，对应中心频率 63Hz 的振动噪声级超出规范 1dB；50Hz 运行工况时，对应中心频率 125Hz 及 250Hz 的振动噪声级均超出规范限值，分别超出 6.89dB、8.5dB。设备隔振后对应中心频率的振动噪声级均有所降低，最大降低 14.37dB，隔振后各中心频率对应的振动噪声级均满足规范要求。

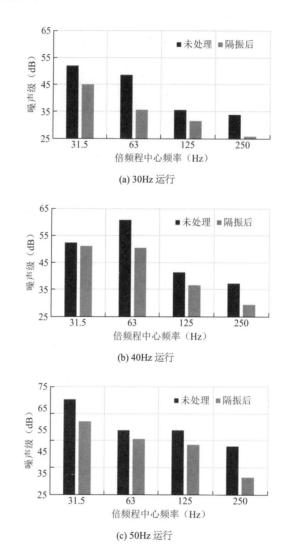

图 10.3-11　设备隔振前后病房内噪声对比

10.3.3　被动隔振实例

1. 工程概况

本项目为纳米光栅波导显示器件二期实验室装修项目，项目位于广州黄埔区中巨科学创新城，实验室位于科学创新城的东北角。项目北侧为主交通干道，距实验室直线距离 50m，路面上主要车辆为大型物流运输车及公共汽车。实验室平面如图 10.3-12 所示，图中云线为精密设备所在区域，共 5 个场地。根据精密设备的防微振需求，1 号场地和 5 号场地的振动水平需满足设备振动容许标准 VC-D 水平，2 号场地、3 号场地和 4 号场地的振动水平需满足设备振动容许标准 VC-C 水平。

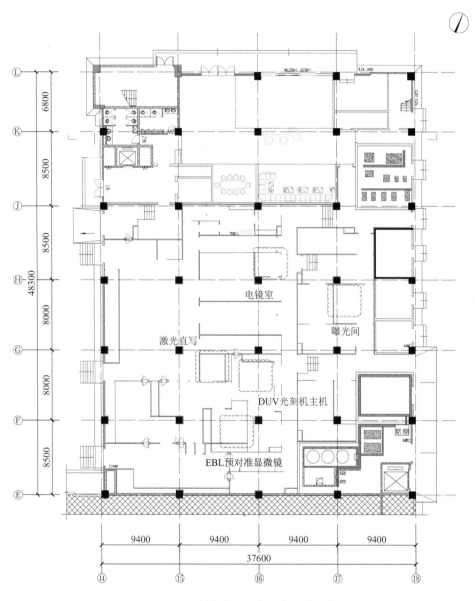

图 10.3-12　精密仪器设备所在区域示意图

2. 微振动环境测试与评估

在 5 个区域内分别布置 1 个测点，每个测点布置 3 个传感器，同时采集Z向（垂直向）、X向（东西向）、Y向（南北向）振动数据，采样频率为 512Hz。测量白天和夜间外部交通振动对影响场地的振动水平，测点 1 加速度时程曲线、三个方向频谱图、VC 曲线分别见图 10.3-13、图 10.3-14、图 10.3-15。

对测试数据进行时域统计分析、频谱分析及 1/3 倍频程分析，可以得出以下结论：

（1）测试场地现状受道路交通振动影响明显，连续有大型车辆经过时，场地有较为明显的振动；

（2）场地振动主要集中于 0～30Hz 频段内，峰值速度对应的频率在 3～6Hz 区间；

（3）根据测试结果，5 个测点所处位置均不满足相应的 VC 等级，需进行防微振设计，减小道路交通振动等外部振动源对精密设备的影响。

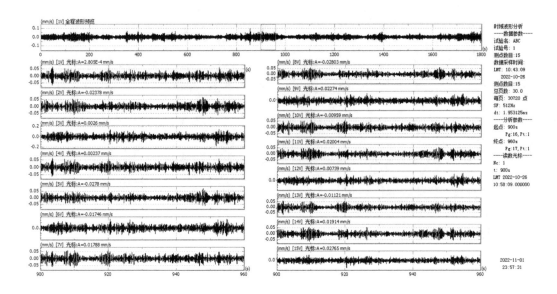

图 10.3-13　测点加速度时程曲线

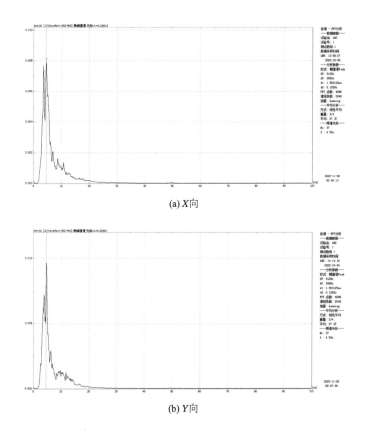

(a) X向

(b) Y向

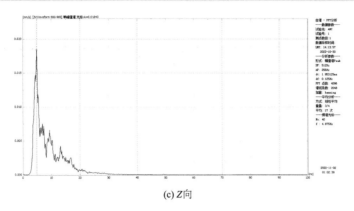

(c) Z 向

图 10.3-14　测点 1 频谱图

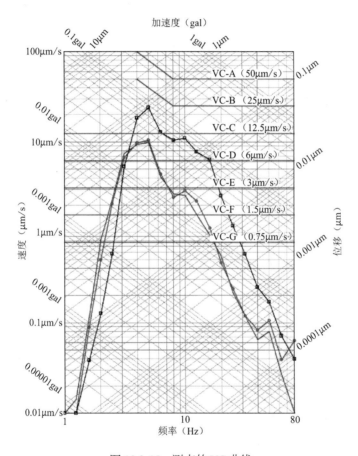

图 10.3-15　测点的 VC 曲线

3. 微振动控制方案设计

本项目结合场地及设备运行情况，采用精密仪器设备基础隔振的控制方案。隔振装置采用低频弹簧隔振支座，隔振支座的竖向频率为 1.5Hz。

分别建立非隔振基础模型和隔振基础模型进行有限元分析。取最不利时段 900～960s 的三向加速度作为振动荷载（图 10.3-16），输入到非隔振基础和隔振基础的有限元模型中进行模态动力分析。

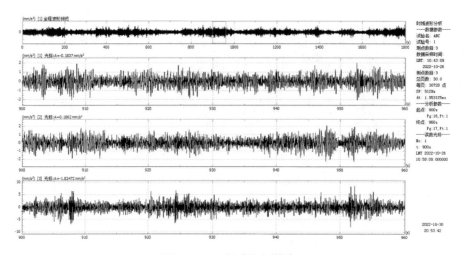

图 10.3-16 振动输入激励

非隔振基础及隔振基础动力时程分析得到的 VC 曲线对比如图 10.3-17 所示。从计算结果可知，非隔振基础的振动水平不满足设备振动容许标准，隔振基础的振动水平均在 VC-D 以下，满足设备振动容许标准。

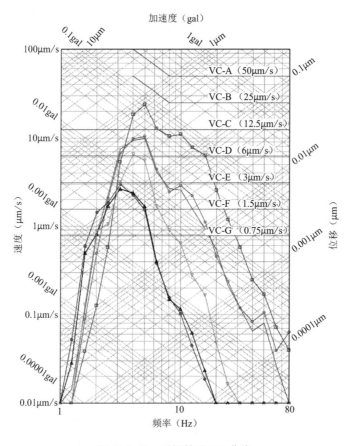

图 10.3-17 隔振前后 VC 曲线

参考文献

[1]　黄伟, 张同亿, 胡明祎, 等. 某医院动力设备引起建筑结构振动传递测试研究[J]. 建筑结构, 2017, 47(Z): 341-344.

[2]　谈志春, 翟光中, 尹学军, 等. 大型风机基础振动控制经验[J]. 石油化工设计, 2001, 18(2): 25-30.

[3]　曹静, 谭浩华, 荣光伟. 风机弹簧减震器的效率计算[J]. 机械研究与应用, 2018, 31(6): 99-102.

[4]　袁丽, 牛跃华, 屈靖. 离心风机减振降噪设计与应用实证[J]. 噪声与振动控制, 2013, 33(6): 224-226.

[5]　段宝林, 张忠. 天津市第二儿童医院设备机房噪声振动控制设计与措施[C]//全国声学设计与噪声振动控制工程学术会议, 2015.

[6]　杨强. 大型汽轮发电机组弹性基础竖向隔振减振性能研究[D]. 广州: 广州大学, 2021.

[7]　黄迪. 弹性基础浮阀隔振系统同步定相振动控制研究[D]. 哈尔滨: 哈尔滨工业大学, 2019.

建筑工程组合减隔振（震）设计

第 11 章　建筑工程震振双控设计

11.1　建筑工程震振双控设计方法

随着我国工程建设及城市轨道交通的快速发展，大量建筑工程需要同时控制常时交通等环境振动和偶发地震作用。由于两类振源的特性、控制目标差异明显，针对两类振动的控制技术手段及装置又相互影响，目前该类工程减隔震与振动控制缺乏统筹设计，寻求同一系统同时合理控制两类振动响应成为当前研究的热点之一。目前，国内外在建筑结构减隔震方面理论和实践较为丰富，在工程振动控制方面开展了结构及设备减隔振系列研究，但是针对震振双控理论与技术研究刚刚起步，且多集中在控制装置研发方面。

11.1.1　环境振动控制与减隔震的异同

建筑工程的环境振动控制与减隔震理论基础相同，均属于结构动力学范畴的输入输出控制，但二者在控制标准、控制方向、控制装置及设计方法等方面有较大差异。

1. 控制标准

建筑工程的环境振动控制，旨在满足建筑正常使用功能，即满足建筑舒适度、内部设备振动环境的要求，属于正常使用状态下的"功能性"控制；建筑减隔震技术属于结构抗震工程的特殊领域，旨在通过增加减隔震装置，改善结构抗震性能，避免地震下的结构损伤性破坏，属于承载能力极限状态下的"安全性"控制。从控制标准上来说，环境振动的控制标准更为严格，是在建筑结构满足"安全性"标准的基础上，进一步满足"功能性"标准。

2. 控制方向

建筑工程减隔震，除了近场浅源地震及大跨结构，大多情况下是以水平地震作用下建筑结构的动力响应控制为主；对于环境振动，多数情况下，结构楼盖的竖向振动对于建筑功能性影响更为明显。

3. 控制装置

减隔震控制装置，地震作用下需要承担地震力，消耗地震能量，其性能需要满足不同地震水准下的减隔震需求，与结构构件共同构成整体结构的抗侧力体系；用于环境振动的控制装置，需要达到振动传递衰减或阻隔振动的效果，同时应避免地震作用下对结构抗震造成不利影响。现阶段，可同时实现结构减隔震与环境振动控制的一体化装备较少。

4. 设计方法

建筑减隔震的设计，是以结构可靠度理论为基础，基于结构承载与变形的要求，综合考虑结构抗震性能、减隔震装置的工作状态及极限能力、连接构造等，进行整个系统的性能分析与设计；环境振动控制的设计，是以振动现场实测或振动预测为基础，结合振动控制标准，分析研究环境振动下结构动力响应及控制装置的减振效果，环境振动的控制效果应以工程实施后的现场实测作为最终的评价标准。

11.1.2 震振双控设计方法

1. 设计方法

以竖向隔振 + 水平减震的组合震振双控，为了显著增大结构竖向自振周期以实现竖向振动控制效果，竖向刚度往往较小，使得长期重力荷载作用下的静平衡压缩较大，容易造成结构摇摆，需采取综合措施，减小上部结构的摇摆响应。

针对环境振动与结构抗震的双重控制需求，为解决竖向刚度小造成的上部结构摇摆响应大问题，同时避免结构底部转角过大，提出一种以钢弹簧竖向隔振为主的震振双控方法及系统。该双控系统主要包括钢弹簧元件构成的弹簧支座、弹性垫层、刚性支墩、辅助垫层及用于抗拉的碟形弹簧和黏滞消能器。

其中，弹簧支座主要由上盖板、下盖板、弹簧元件及预压螺栓构成；弹性垫层采用聚氨酯材料垫板，与刚性支墩串联，弹性垫层与上部结构之间预留变形空间；碟形弹簧与预紧螺栓、上下盖板串联，当产生受拉变形时，碟形弹簧产生抵抗拉力的受压变形。

上述系统中的弹簧支座为低频大承载螺旋弹簧支座。钢螺旋弹簧可以有效隔离竖向振动，但钢螺旋弹簧支座的水平刚度一般为竖向刚度的 0.6～0.8 倍，与框架柱的抗侧刚度相当，水平隔震效果较差，地震作用下会导致钢弹簧产生较大的水平变形，因此需要设置耗能消能器及限位系统（图 11.1-1），以减小水平地震作用及水平变形。同时，由于隔振装置的竖向刚度小，隔振层的竖向变形需要控制，为确保钢弹簧不发生破坏，结构不发生失稳，需要设置刚性支墩及抗拉装置（图 11.1-2）。

图 11.1-1 黏滞消能器   图 11.1-2 刚性支墩及抗拉装置

（1）隔振（震）支座刚度的计算模型

隔振支座的受力过程如图 11.1-3～图 11.1-6 所示。受拉刚度为碟形弹簧的受压刚度 k_T，受压时，自重荷载作用下，由弹簧支座提供静刚度，静载下产生变形为 u_0（图 11.1-3）；在常时振动荷载（如轨道交通振动荷载）下，弹簧处于受压状态，竖向刚度由弹簧支座的刚度 k_1 提供，弹簧元件产生动变形 u 不超过预留变形 δ（图 11.1-4）。

在地震作用下，根据地震烈度的不同，弹簧处于不同的工作阶段：在小震及中震作用下，竖向刚度由弹簧支座的刚度 k_1 提供，弹簧元件产生动变形 u 不超过预留变形 δ，此时，隔振上部结构不与弹性垫层接触（图 11.1-5）；在罕遇地震作用下，弹簧产生动变形 u 超过预留变形

δ，此时，隔振上部结构与弹性垫层接触，弹性垫层进入工作状态（图 11.1-6）。在此工况下，弹性垫层（刚度为k_2，一般可忽略支墩刚度影响）与弹簧支座的竖向刚度k_1并联，隔振系统的竖向刚度为$k_1 + k_2$（图 11.1-7 曲线中变形u_1至变形u_2段）；极端情况下动荷载进一步增大，动变形超过弹性垫层的竖向变形能力，由刚性支墩承担支撑作用。通过合理地组合弹簧支座刚度k_1、弹性垫层刚度k_2，可实现竖向刚度的多阶段变化，满足不同动荷载下的控制需求。

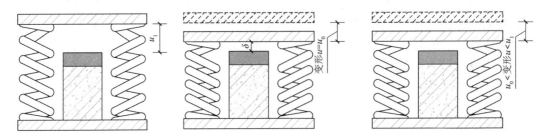

图 11.1-3　支座自由状态　　　　图 11.1-4　正常使用下支座变形状态（恒活下、恒活 + 交通荷载）

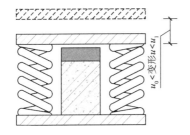　　　　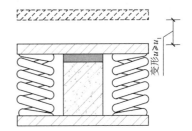

图 11.1-5　多遇地震及设防地震下支座变形状态　　　图 11.1-6　罕遇地震下支座变形状态

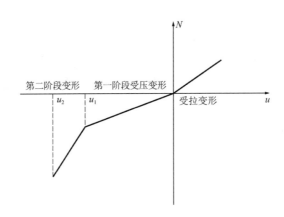

图 11.1-7　隔振支座多线性竖向力-位移关系

根据上述受力过程，震振双控系统的刚度模型可以采用下式表示：

$$k = \begin{cases} k_1 & u < u_1 \\ k_1 + k_2 & u_1 \leqslant u \leqslant u_2 \end{cases} \tag{11.1-1}$$

（2）抗拉隔振支座

在大震作用下，沿周边布置的隔振支座可能出现受拉，由于普通钢弹簧支座不能抗拉，因此，为了抵抗拉力，在普通弹簧支座上增加抗拉螺栓和碟形弹簧（图 11.1-8）。其工作原理为：当钢弹簧恢复到原始长度时，螺栓将拉力传递给碟形弹簧，碟形弹簧受压抵抗支座的拉力。

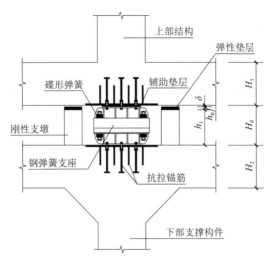

图 11.1-8　抗拉隔振支座

（3）水平限位

为了减小隔振支座在地震作用下的水平位移，在隔振层的水平方向上布设一定数量的黏滞消能器。为提高消能器的工作效率，将消能器布置在结构侧向变形最大的支座处。一般建筑两端部区域的弹簧支座变形最大，因此，可将消能器布置在此处。同时，将消能器沿建筑周边双向布置，提高结构在地震作用下的抗扭能力，消能器的数量和具体参数需要通过计算确定。典型节点如图 11.1-9 所示。

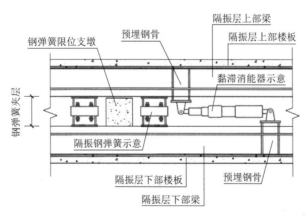

图 11.1-9　消能器设置典型节点图

（4）隔振层设计

隔振层宜设置在基础上部，也可以设置在正负零处或建筑地上某楼层，即采用层间钢弹簧隔振方式。对于层间钢弹簧隔振，支座下部的柱除满足承载力要求外，还应在柱顶设置拉梁，以保证隔振层的水平抗侧刚度，若水平刚度不够，则需要设置楼盖提高隔振层的刚度。

（5）分析方法

建筑震振双控设计宜采用时程分析计算方法，计算模型宜取整体结构进行分析。

由于振型分解反应谱法无法考虑消能器的非线性和隔振支座的非线性，因此，进行隔振结构的抗震分析时，应采用时程分析法得到结构的动力响应。

在进行抗震分析时，采用三向地震波输入，分别进行多遇地震、设防地震和罕遇地震下的动力分析。

2. 钢弹簧隔振支座的容许变形指标

在极限情况下，弹簧支座应避免压并，簧丝可进入轻微塑性状态。弹簧支座的竖向极限变形和水平极限变形容许值应根隔振支座的受力性能试验确定。

11.2 建筑工程震振双控设计实例

1. 工程概况

北京大学景观楼包括 1 段、2 段两座单体，既有地铁从 2 段结构正下方纵向穿过。2 段单体地下 1 层，层高 4.5m，地上 4 层，首层层高 4.0m，2～4 层层高 3.90m，3 层与 4 层之间局部夹层层高 1.80m，结构总高度 15.60m，平面尺寸 129.40m×35.20m。主体结构设计使用年限 50 年，抗震设防烈度为 8 度（0.20g），场地类别Ⅲ类，设计地震分组第二组，场地特征周期 0.55s。采用筏板基础，弹簧隔振支座上部主体结构采用钢筋混凝土框架结构体系，考虑到地下室使用功能限制，隔振支座底标高为−1.45m，并沿地下室柱顶位置增设拉梁，提高隔振支座下部结构的整体性，隔振层阻尼由单独设置的黏滞消能器提供。结构典型平面如图 11.2-1 所示。

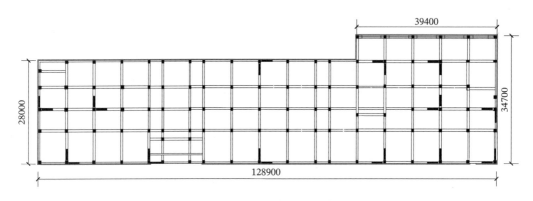

图 11.2-1 典型结构平面示意图

2. 隔振层选型与布置

地铁振动竖向荷载影响较之水平振动影响更为显著，本工程隔振的主要目的是控制既有地铁线路下穿结构造成的轨道交通竖向振动。本工程初步设计结合隔振效率及隔振装置变形能力，确定隔振支座布置原则：

（1）隔振后刚度满足自振频率不大于 3.5Hz；

（2）重力荷载下隔振支座竖向变形极差小于 2mm；

（3）隔振层刚心与上部结构质心的偏心小于 3.0%；

（4）隔振层变形应小于弹簧支座变形能力。

按照上述原则初选并布置隔振层，隔振后体系竖向基本频率 3.41Hz；隔振支座刚度如表 11.2-1 所示。按照竖向变形布置调整的隔振层刚心与上部结构质心基本重合；自重下隔振支座竖向变形如图 11.2-2 所示，最大 19.8mm，最小 18.4mm，极差为 1.4mm，满足设计要求。

为保证隔振层变形小于隔振支座变形能力，同时减小隔振层扭转变形，沿隔振层端部及角部设置黏滞消能器，经参数优化后，确定消能器参数如表 11.2-2 所示。优化布置后最终隔振布置方案如图 11.2-3、图 11.2-4 所示，总计采用钢弹簧支座 103 个，黏滞消能器 30 个。

支座刚度值　　　　　　　　　　　　　　　　表 11.2-1

类别	弹簧竖向刚度（kN/mm）	弹簧水平刚度（kN/mm）
LIN 1	17.007	13.605
LIN 2	76.998	61.598
LIN 3	86.733	69.387
LIN 4	101.787	81.429
LIN 5	114.182	91.346
LIN 6	123.546	98.837
LIN 7	128.002	102.402
LIN 8	134.823	107.858
LIN 9	142.249	113.799
LIN 10	146.081	116.865
LIN 11	154.089	123.271
LIN 12	159.401	127.521
LIN 13	167.380	133.904
LIN 14	172.722	138.177
LIN 15	177.259	141.807
LIN 16	181.008	144.806
LIN 17	186.689	149.351
LIN 18	199.309	159.448
LIN 19	207.197	165.757
LIN 20	221.368	177.094
LIN 21	227.458	181.966
LIN 22	240.183	192.146
LIN 23	248.754	199.004
LIN 24	254.381	203.505
LIN 25	263.880	211.104
LIN 26	277.651	222.121

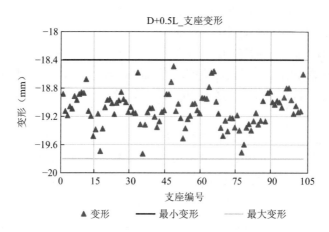

图 11.2-2　重力荷载下隔振支座竖向变形

消能器参数　　　　　　　　　　　　　　　表 11.2-2

阻尼系数[kN·(s/m)$^{\alpha}$]	阻尼指数α	行程
2500	0.3	±50mm

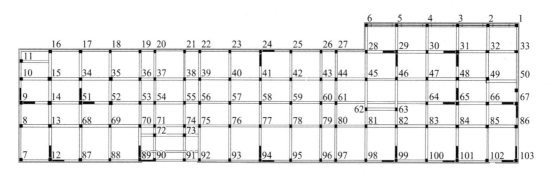

图 11.2-3　隔振支座布置图

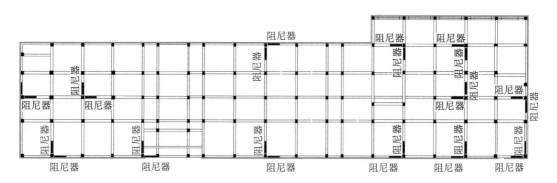

图 11.2-4　黏滞消能器平面布置图

3. 结构隔振分析

（1）振源输入

基坑开挖至设计标高后，进行振动测试，共布置了 2 个测点，如图 11.2-5 所示。

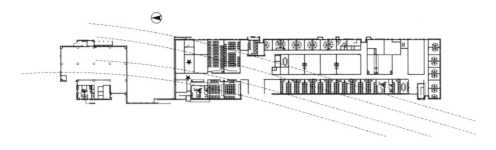

图 11.2-5　北京大学景观楼场地振动测试测点布置图（图中五角星）

列车经过时，测点 1 振动测试时域、频域数据如图 11.2-6 所示。

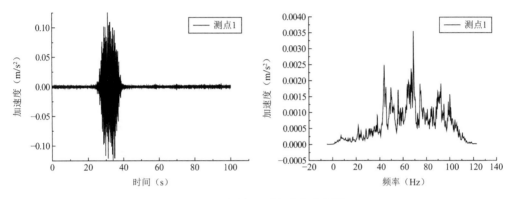

图 11.2-6　测点 1 时程曲线和频谱

从测试的结果可以看出，地铁振动集中在 20～120Hz 之间，在 40～100Hz 之间振动尤为明显。

（2）时程分析

将位于大楼基坑测点 1 和测点 2 时程曲线作为隔振结构基底加速度输入进行时程分析，考察结构各评价点的加速度数值。选取各楼层典型振动不利点作为评价点，给出时程分析计算结果。各评价点的加速度峰值见表 11.2-3。

加速度峰值对比　　　　　　　　　　　　　表 11.2-3

节点	加速度峰值（mm/s²）		基底加速度峰值（mm/s²）
	未隔振	隔振	
一层	169.62	21.27	
二层	69.34	23.32	141.45
三层	133.73	42.27	
四层	82.58	30.42	

由表 11.2-3 可知，与未隔振结构相比，隔振结构加速度明显减小，减振效果明显。

隔振不但有效地减小了结构的加速度响应幅值，而且改变了结构相应的频谱特性，图 11.2-7 为首层楼盖隔振前后的加速度响应频谱。由图中可以看出，在系统频率 3.323Hz 左右，隔振结构的加速度大于基底加速度，因为此时激励频率与系统频率接近，产生共振效应。在远离隔振系统固有频率段，隔振结构加速度反应明显小于基底加速度。

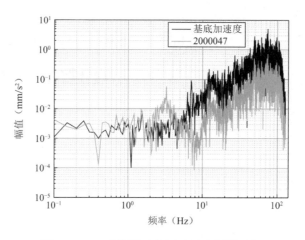

图 11.2-7　一层评价点加速度响应频谱对比

（3）振动评价

①标准 GB/T 50355—2018 振动评价

选取各楼层最不利振动点作为评价点，给出隔振结构在 1/3 倍频程中心频率点的加速度级，见表 11.2-4 及图 11.2-8。由图表可得，隔振结构均满足限值要求。

振动加速度级（La：dB）　　　　表 11.2-4

1/3 倍频程中心频率（Hz）	一层节点 2000047	二层节点 3000093	三层节点 4000086	四层节点 5000160	限值
1	29.13	24.21	26.70	29.80	76
1.25	24.23	21.49	23.45	26.08	75
1.6	24.56	21.71	23.09	25.31	74
2	23.33	22.45	23.69	25.67	73
2.5	27.60	28.32	28.80	29.69	72
3.15	35.32	36.46	36.86	37.36	71
4	30.44	31.17	31.81	32.33	70
5	22.88	25.21	25.42	27.38	70
6.3	21.81	34.41	34.87	36.69	70
8	19.90	34.97	35.08	37.36	70
10	28.15	34.85	36.56	38.39	72
12.5	37.17	41.32	44.57	45.65	74
16	36.83	40.58	43.29	45.10	76
20	40.02	42.38	44.70	47.14	78
25	47.48	49.20	51.50	54.12	80
31.5	49.62	50.96	53.27	55.98	82
40	55.51	56.49	58.81	61.60	84

1/3 倍频程中心 频率（Hz）	一层节点 2000047	二层节点 3000093	三层节点 4000086	四层节点 5000160	限值
50	63.83	64.65	66.98	69.81	86
63	64.32	65.01	67.34	70.20	88
80	67.40	68.03	70.36	73.24	90

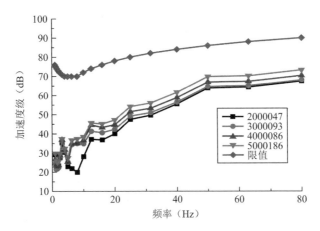

图 11.2-8　典型节点振动加速度级与限值对比

②标准 JGJ/T 170—2009 振动评价

选取各楼层最不利振动点作为评价点，给出隔振结构在 1/3 倍频程中心频率点的加速度级，见表 11.2-5 及图 11.2-9。由图表可得，隔振结构均满足限值要求。

楼盖分频振级（VL：dB）　　　　表 11.2-5

1/3 倍频程中心频率 （Hz）	一层节点 2000047	二层节点 3000093	三层节点 4000086	四层节点 5000160
4	30.44	31.17	31.81	32.33
5	22.88	25.21	25.42	27.38
6.3	21.81	34.41	34.87	36.69
8	19.90	34.97	35.08	37.36
10	28.15	34.85	36.56	38.39
12.5	36.17	40.32	43.57	44.65
16	34.83	38.58	41.29	43.10
20	36.02	38.38	40.70	43.14
25	41.48	43.20	45.50	48.12
31.5	41.62	42.96	45.27	47.98
40	45.51	46.49	48.81	51.60
50	51.83	52.65	54.98	57.81

1/3 倍频程中心频率（Hz）	一层节点 2000047	二层节点 3000093	三层节点 4000086	四层节点 5000160
63	50.32	51.01	53.34	56.20
80	50.40	51.03	53.36	56.24
VLmax	51.83	52.65	54.98	57.81
限值	65	65	65	65

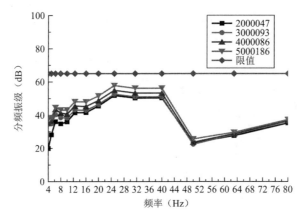

图 11.2-9　典型节点分频振级与限值对比

③标准 GB 10070—88 振动评价

选取各楼层最不利振动点作为评价点，给出隔振结构最大 Z 振级 VL_z 见表 11.2-6，由结果可得，隔振结构均满足限值要求。

各评价点 Z 振级（VL_z：dB）　　　　　　表 11.2-6

	一层节点 2000047	二层节点 3000093	三层节点 4000086	四层节点 5000160
模拟值	56.53	57.49	62.57	59.81
限值	65	65	65	65

4. 结构抗震性能分析

（1）结构弹性性能

通过 ETABS V17.0 建立结构有限元模型如图 11.2-10 所示，其中隔振支座采用 Link 单元模拟，消能器采用 Damper 单元模拟。

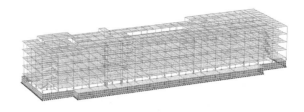

图 11.2-10　结构有限元模型

①反应谱分析

由于振型分解反应谱法无法考虑消能器的非线性特性，反应谱分析仅对无控结构和有控结构进行弹性对比分析。

如表 11.2-7 所示，相较于无控结构，有控结构的水平自振周期约为无控结构的 1.15 倍，隔振后除隔振层外，结构层间位移、楼层剪力均减小 20%以内（图 11.2-11、图 11.2-12）。竖向承载力相近的钢弹簧隔振支座（Spring Isolator）及混凝土柱（700mm×700mmC）刚度特性如表 11.2-8 所示，与支承柱串联后的水平刚度约为混凝土柱水平刚度的 0.82 倍，故虽然有控结构的剪力变小，但是水平位移反而增大，对于其他指标，隔振结构与未控结构相差不大。

结构整体性能指标　　　　　　　　　　表 11.2-7

整体指标		有控结构		无控结构	
质量		39419t		39671t	
周期（s）	1	0.732	X向平动	0.642	X向平动
	2	0.726	Y向平动	0.598	Y向平动
	3	0.677	Z轴扭转	0.551	Z轴扭转
	4	0.373	Z轴扭转	0.345	Z轴扭转
	5	0.298	Z向平动	0.230	Z轴扭转
	6	0.293	Z向平动	0.218	Y向平动
剪力（kN）（剪重比）	X	37909（0.096）		37646（0.095）	
	Y	37237（0.094）		38033（0.096）	
层间变形	X	1/532（隔振层 1/466）		1/601	
	Y	1/572（隔振层变形 1/429）		1/689	

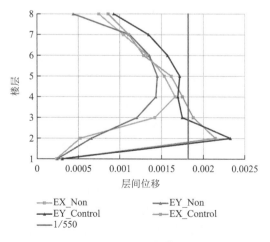

图 11.2-11　层间位移

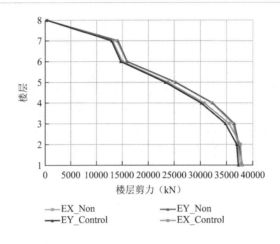

图 11.2-12　楼层剪力

　　竖向上，钢弹簧隔振支座竖向刚度约为混凝土柱的 0.05 倍，结构竖向振动模态由局部楼板振动（周期 0.124s）变成整体竖向振动（周期 0.293s），竖向低阶模态的参与质量增加，竖向低阶周期处于地震影响系数曲线平台段（$0.1s \sim T_g$ 之间），隔振后的竖向地震作用会有所增加，结构分析与设计均需考虑竖向地震作用的影响。

刚度特性对比 表 11.2-8

刚度	700mm × 700mmC	Spring Isolator
竖向 K_v（kN/mm）	3790	194
水平 K_h（kN/mm）	98.0	80.3（与柱串联后）

②弹性时程分析

　　按照规范对于地震记录幅值、频谱及持时要求，选取 2 条天然记录（TW3、TW4）和 1 条人工记录（Arti1），分别按照 $1.0X + 0.85Y + 0.65Z$ 及 $0.85X + 1.0Y + 0.65Z$ 输入。为考虑消能器的非线性特性，对无控结构、有控结构（无消能器）及消能器有控结构均采用非线性时程分析，结构阻尼比均采用 0.05。

　　结构变形如图 11.2-13 和图 11.2-14 所示，相较于无控结构，有控结构隔振层位移小震下 X 向 1/510、Y 向 1/416，中震下 X 向 1/180、Y 向 1/149，均超出位移限值（小震下 1/550、中震下 1/200）；有控结构增加消能器后，隔振层位移小震下 X 向 1/798、Y 向 1/862，中震下 X 向 1/232、Y 向 1/217，结构最大位移小震下 X 向 1/716、Y 向 1/659，中震下结构最大位移出现在隔振层，均满足要求。

　　楼层剪力如图 11.2-15 及图 11.2-16 所示，相比较无控结构，增设消能器的有控结构，隔振层以上楼层剪力，小震下 X 向减小 10%～33%、Y 向减小 15%～40%，中震下 X 向减小 6.7%～30%、Y 向减小 11.1%～35%。

　　不同地震记录输入下结构基底竖向反力时程如图 11.2-17 所示，采用钢弹簧支座隔振后，结构竖向由局部楼板振动变为整体竖向振动，竖向自振周期处于 $0.1s \sim T_g$ 范围内，较之于无控结构，消能器有控结构基底竖向反力峰值增加约 2.0%，并未出现明显的竖向地震放大。

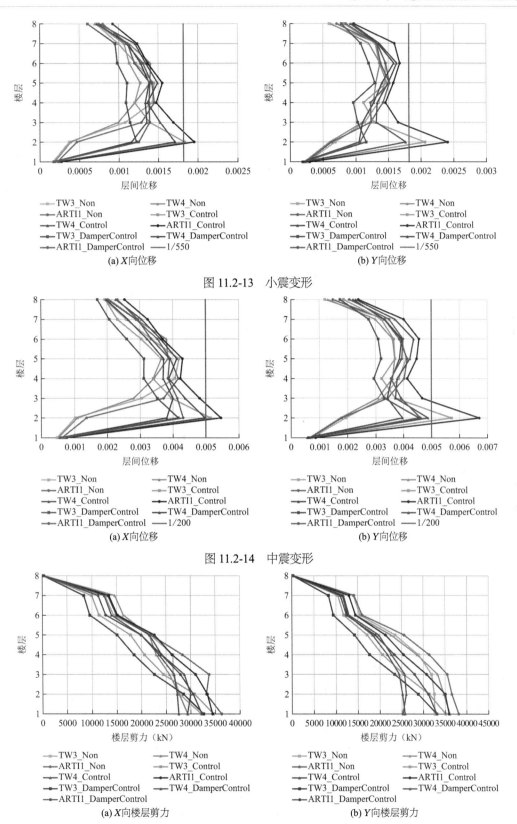

(a) X向位移

(b) Y向位移

图 11.2-13　小震变形

(a) X向位移

(b) Y向位移

图 11.2-14　中震变形

(a) X向楼层剪力

(b) Y向楼层剪力

图 11.2-15　小震下楼层剪力

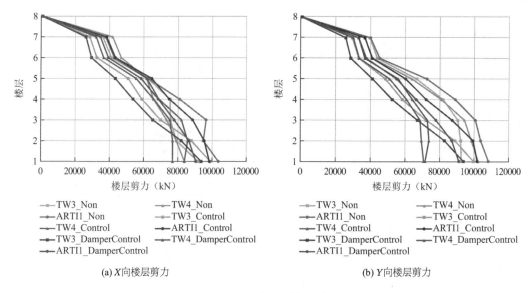

(a) X向楼层剪力　　　　　　　　　(b) Y向楼层剪力

图 11.2-16　中震下楼层剪力

对比分析无控结构与消能器有控结构的竖向构件内力，消能器有控结构端部竖向构件轴力增加 10%～20%，设计过程中考虑到竖向地震的不利作用，端部两跨的竖向构件抗震等级及轴压比均予以提高。

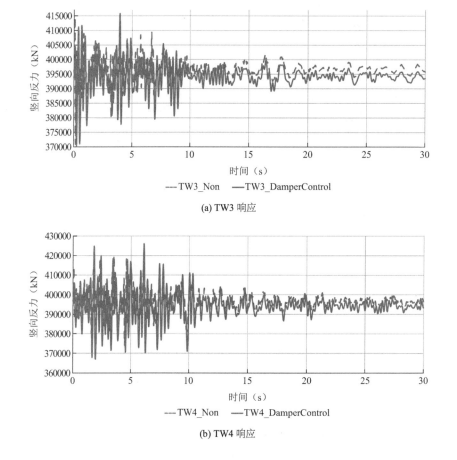

(a) TW3 响应

(b) TW4 响应

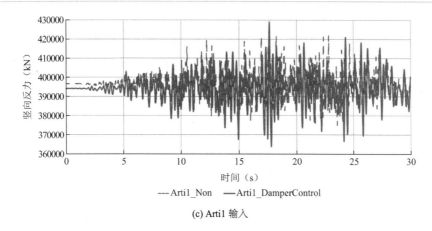

(c) Arti1 输入

图 11.2-17　不同地震记录输入结构竖向反力响应

　　小震及中震下消能器出力如图 11.2-18 所示，小震及中震下消能器出力分别达到设计出力的 44.5%及 66.7%。典型消能器滞回曲线如图 11.2-19 所示，小震及中震下消能器变形分别约为 2mm、7mm，消能器滞回饱满；采用能量比法计算小震及中震下附加阻尼比分别为 2.13%、1.91%，表明消能器发挥了较好的耗能减震作用。

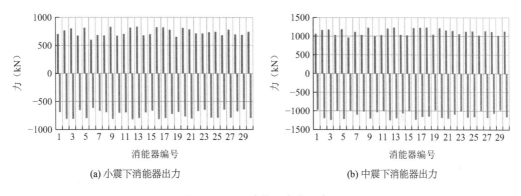

(a) 小震下消能器出力　　　　　　　　　　　(b) 中震下消能器出力

图 11.2-18　消能器出力示意图

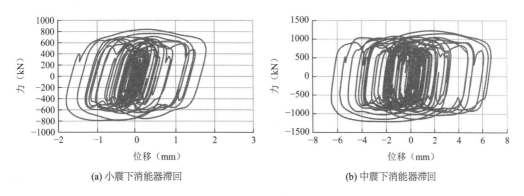

(a) 小震下消能器滞回　　　　　　　　　　　(b) 中震下消能器滞回

图 11.2-19　典型消能器滞回曲线

（2）结构弹塑性性能

结构弹塑性分析采用 ABAQUS，混凝土采用塑性损伤模型，钢材及钢筋采用双线性塑性模型，钢弹簧隔振支座及消能器采用 CONN3D2 单元模拟。弹塑性时程分析输入，采用符合规范要求的 2 条天然记录及 1 条人工记录。

弹塑性分析基底反力如表 11.2-9 所示，大震下*X*向、*Y*向基底剪力包络值约为小震下基底剪力的 5.07 倍、5.06 倍。

弹塑性基底反力　　　　　　　　　　　　　　表 11.2-9

地震输入	X向反力（kN）	Y向反力（kN）	Z向反力（kN）
天然波 1	146167	147152	598353
天然波 2	160503	158949	611606
人工波 1	165568	167375	598634

结构弹塑性变形如图 11.2-20 所示，不同地震记录输入下结构*X*向、*Y*向变形包络值分别为 1/71、1/63，满足规范要求；隔振层变形*X*向为 18.9mm、*Y*向为 17.4mm，小于钢弹簧隔振支座水平变形限值 25mm 的要求。

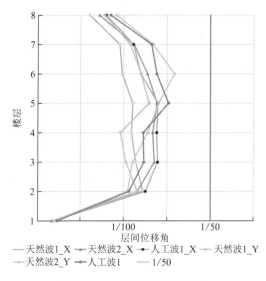

图 11.2-20　结构弹塑性变形

5. 结论

针对既有地铁下行纵穿的实际工程，通过 ETABS 及 ABAQUS 软件，对高烈度区采用钢弹簧隔振支座的结构进行了抗震性能分析与研究，从不同设防地震下结构整体指标、隔振支座变形及消能器减震效果等方面，论证了高烈度区采用钢弹簧隔振支座结构的抗震性能，得到结论如下：

（1）隔振分析结果表明，结构采用钢弹簧隔振支座，在地铁荷载作用下，结构振动满足规范容许振动限值要求。

（2）弹性分析及弹塑性分析结果表明，结构采用钢弹簧隔振支座同时附加消能器后，结构弹性性能及弹塑性性能均能满足要求。

（3）隔振层消能器减小了弹簧支座的水平变形，同时消耗了输入到主体结构的地震能量，避免弹簧支座变形过大的同时，减小了整体结构的地震剪力及变形。

（4）小震及中震下，隔振支座竖向均处于受压状态，未出现受拉变形；为避免大震下隔振支座变形过大，本项目在结构长向端部三跨竖向构件周边设置了抗拉支座及限位装置。

（5）弹簧隔振支座降低了结构竖向基频，改变了结构的竖向动力特性，该类结构构件设计时应考虑竖向地震的不利影响。

参考文献

[1]　秦敬伟, 付仰强, 张同亿, 等, 柱顶弹簧隔振结构抗震性能分析与研究[J]. 建筑结构, 2020, 50(16): 71-76.

[2]　凌育洪, 吴景壮, 马宏伟. 地铁引起的振动对框架结构的影响及隔振研究——以某教学楼为例[J]. 振动与冲击, 2015, 34(4): 184-189.

[3]　孙晓静, 刘维宁, 郭建平, 等. 地铁列车振动对精密仪器和设备的影响及减振措施[J]. 中国安全科学学报, 2005, 15(11): 78-81.

[4]　董霜, 朱元清. 地铁振动环境及对建筑影响的研究概况[J].噪声与振动控制, 2003, 4(2): 1-4.

[5]　任莹, 管立加, 刘骞, 等. 弹簧隔振层在民用工程整体隔振中的减振分析[J]. 工程抗震与加固改造, 2015, 37(1): 77-82.

[6]　申跃奎. 地铁激励下振动的传播规律及建筑隔振减振研究[D]. 上海: 同济大学, 2007.

[7]　闫伟明, 张向东, 任珉, 等. 地铁平台上建筑物竖向振动测试与分析[J]. 北京工业大学学报, 2008, 34(8): 836-841.

[8]　张逸静, 陈甦, 王占生. 城市轨道交通引起的地面振动传播研究[J]. 防灾减灾工程学报, 2017, 37(3): 388-395.

[9]　R.克拉夫, J.彭津. 结构动力学[M]. 北京: 高等教育出版社, 2006.

[10]　建筑抗震设计规范 GB 50011—2010 (2016 年版)[S]. 北京: 中国建筑工业出版社, 2016.

第 12 章　高层建筑工程减震与风振控制

地震作用和风荷载是高层建筑设计时两种主要水平作用，由于脉动风和地震动的频谱特性存在差异，其引起的结构动力响应的变化规律不同，并非所有的减振（震）措施可同时减小脉动风及地震引起的结构振动。

高层建筑结构水平荷载控制可分为以下三种情况：风荷载控制、地震控制、地震和风荷载共同控制。基于减隔振（震）技术的风振控制与地震控制，在控制目的和控制手段上有所不同。当以风振或地震其中的一种水平作用为主时，需要进行控制装置的合理选型，达到主要水平作用减振目标的同时，兼顾另外一种水平作用下控制装置与主体结构之间的相互影响。对于受风荷载与地震作用共同影响的结构，当采用单一或多种措施进行风振、地震双控时，需同时考虑减振（震）措施对风振及地震的影响。

风荷载控制情况一般出现在沿海高风压低设防烈度地区的高层建筑。风振控制多采用减振技术，控制的主要目的是减小风振下结构楼层加速度，同时可适当减小风振下的结构弹性变形及底部剪力；以风振控制为主的 TMD、TLD 等调谐减振技术，需要考虑控制装置对地震作用下结构动力响应的影响。

地震控制情况一般出现在内陆低风压高设防烈度地区的高层建筑。地震控制多采用减隔震技术，控制的目的往往是控制中大震下的结构损伤，减小弹塑性变形。以地震控制为主的减震技术，其中的位移型消能器往往给结构提供了附加刚度，一般有利于结构基频远离风振主频，对于抵抗风荷载的变形是有利的。速度型消能器（比如黏滞消能器或黏弹性消能器）可显著提升阻尼，风振及地震下均可实现减振效果。对于少数采用隔震的高层建筑，一般要求减隔震结构在设计风荷载作用下减隔震装置不屈服；其风振响应与隔震支座的状态相关：在支座屈服前，风振响应相对于非隔震建筑有所增加；当支座屈服并产生较大位移时风振响应变大不可忽略，但这种极端情况一般很少考虑。

地震和风荷载共同控制情况一般出现在高风压且高设防烈度地区的高层建筑或者超高层建筑。基于减隔振（震）技术的风振与地震的"双控"，需要基于结构动力特性，通过减隔振装置的参数优化，同时有效控制结构风振、地震响应，实现"双控"减振目标的整体设计。对于基于减振（震）装置的风振与地震的双控技术，其实讨论的是主体结构风振舒适度控制，以及中大震作用下结构由弹性变形进入到塑性变形后，控制装置与主体结构之间的相互影响、控制装置的耗能性能。

以上三种设计工况，在减振（震）系统方案选择时，可考虑以下一般规律：

（1）位移型消能器对于控制地震作用下结构位移效果一般较为显著，但对于减小结构的地震作用总基底剪力效果有时候并不显著；速度型消能器的设置增加了结构的阻尼比，从而在减震同时可以较好地减小结构的风振加速度。

（2）调谐质量阻尼器 TMD 及调频液体消能器 TLD 是重要的结构振动控制手段，用于风振控制有很好的效果，当质量比较大时，其对结构抵抗地震作用可能有着一定的效果。在实际应用中充分利用房屋屋顶、消防水箱等作为 TMD 及 TLD，或者把旧有结构新加楼层、屋顶花园设计为 TMD 减震系统，也是一种比较好的减震选择。

12.1　减隔震结构的风振响应

对于常见的高烈度地震区的高层建筑，相比较风荷载，地震对高层结构设计的影响更大，此时以地震控制为主，采用结构减震技术或隔震技术，同时考虑风荷载下结构及控制装置的性能。

12.1.1　减震建筑结构的风振响应

减震建筑结构中，常用减震消能器是通过内部材料或构件的摩擦、弹塑性滞回变形或黏（弹）性滞回变形来耗散或吸收能量的装置。主要包括位移型消能器、速度型消能器。

位移型消能器主要包括金属消能器和摩擦消能器，其受力本构骨架线一般为典型的双折线模型。位移型消能器在地震作用下屈服后，可以有效地增加结构阻尼比，同时增加结构的刚度，因此加入位移型消能器后结构的周期变短，阻尼比增加。而在风振作用下，位移型消能器一般很少屈服或不允许屈服，其并不能显著提高风振下的阻尼比，位移型消能器对风振控制的贡献主要体现在刚度上，即在质量不变的情况下，增大结构的自振频率，从而对结构振动产生影响，其对风振控制的作用取决于风振动激励频率与主结构的频率比。

速度型消能器主要包括黏弹性消能器与黏滞消能器。在减震方面，速度型消能器通过增加结构的阻尼实现减小结构基底剪力和层间位移。在风振加速度控制方面，以单质点结构体系为例，在外部激励作用下，结构加速度放大系数如图 1.3.3（a）所示。可见，当风振动激励频率 f_1 与结构自振频率 f_n 接近时，加速度传递比 $T(\omega) = \frac{\sqrt{1+(2\xi)^2}}{2\xi}$，可见该区域加速度的传递比与阻尼比 ξ 密切相关。而一般脉动风的周期在几秒到几十秒之间，和高层建筑结构的自振周期接近，往往容易引起结构的振动。速度型消能器的设置增加了结构的阻尼比，从而可以很好地减小结构的风振加速度。

12.1.2　隔震建筑结构的风振响应

隔震建筑结构通过在基础和上部结构之间或层间设置水平刚度较小的隔震支座，延长了结构的自振周期，从而使上部结构远离场地的地震卓越周期，可以大幅减小结构地震基底剪力，但同时也可能使结构自振周期更接近脉动风激励周期，从而影响隔震结构的风振响应。

1. 研究成果

哈尔滨工业大学的农国畅、段忠东等建立了 12 层混凝土框架结构的非隔震与隔震模型，施加 50 年一遇和 100 年一遇风荷载进行了时程分析；兰州理工大学的杜永峰、朱前坤等对一栋 18 层高 54m 的钢筋混凝土隔震结构进行了风时程分析；福州大学的商昊江等对某 25 层高层隔震结构进行了不同风压下的时程分析。三者均得出结论：在强风作用下基础隔震结构的加速度响应都比非隔震结构有明显增大。分析原因在于，强风下隔震支座发生明显位移，导致隔震结构的基频变长，更接近风荷载中的长周期动力成分，造成强风下的动力响应变大。

中国地震局工程力学研究所的金星、韦永祥基于实测结构反应台阵的数据来检验和研究隔震建筑结构，通过对"龙王"台风的结构数据分析，认为大楼在强风作用时的风振响应类似于有阻尼自由衰减振动；隔震层以上结构的峰值加速度和峰值位移，相对于隔振层上的首层响应，基本上没有放大，大楼的风振响应体现在隔震层，单质点体系振动特点显著。

2. 设计规定

我国规范中对于减隔震结构的风荷载承载力做了明确的规定，主要包括以下内容：

（1）《抗规》中，要求隔震结构风荷载和其他非地震作用的水平荷载标准值产生的总水平力不宜超过结构重力的 10%，主要是考虑橡胶隔震支座的抗拉强度低，需要限制非地震作用的水平荷载。

（2）《隔震标准》对隔震结构的抗风做出了明确的要求，隔震层的抗风承载力应符合下式规定：

$$\gamma_w V_{wk} \le V_{Rw}$$

式中，V_{Rw} 为隔震层抗风承载力设计值，隔震层抗风承载力由抗风装置和隔震支座的屈服力构成，按屈服强度设计值确定；γ_w 为风荷载分项系数；V_{wk} 为风荷载作用下隔震层的水平剪力标准值。

（3）《建筑消能减震技术规程》JGJ 297—2013 中，考虑位移型消能器的低周疲劳问题，要求在 10 年一遇标准风荷载下，摩擦消能器不应进入滑动状态，金属消能器和屈曲约束支撑不应产生屈服。

可见在正常情况下，减隔震结构需保证在设计风荷载作用下减隔震装置不会屈服，从而确保风荷载作用下支座与主体结构的安全。在对隔震层进行抗风验算时，风荷载标准值的计算可采取支座初始刚度的计算模型。

3. 风荷载调整

需要注意的是，隔震建筑周期变化会导致风荷载响应有所增加，具体考虑方法如下：

对于高层建筑，任意高度等效静力风荷载 w_z 为：

$$w_z = \beta_z \mu_s \mu_z w_0$$

式中，β_z 为风振系数；μ_s 为体型系数；μ_z 为高度系数；w_0 为基本风压。

对于隔震与非隔震建筑，根据规范，风压高度系数与体型系数不变，等效风荷载的大小取决于风振系数 β_z。高层建筑 z 高度处的风振系数 β_z 可按下式计算：

$$\beta_z = 1 + 2gI_{10}B_z\sqrt{1 + R^2} \tag{12.1-1}$$

式中，g 为峰值因子，可取 2.5；I_{10} 为 10m 高度名义湍流强度，对应 A、B、C 和 D 类地面粗糙度，可分别取 0.12、0.14、0.23 和 0.39；R 为脉动风荷载的共振分量因子；B_z 为脉动风荷载的背景分量因子。

脉动风荷载的共振分量因子可按下列公式计算：

$$R = \sqrt{\frac{\pi}{6\xi_1} \frac{x_1^2}{\left(1 + x_1^2\right)^{4/3}}} \tag{12.1-2}$$

$$x_1 = \frac{30f_1}{\sqrt{k_w w_0}}, x_1 > 5 \tag{12.1-3}$$

式中，f_1 为结构第 1 阶自振频率（Hz）；k_w 为地面粗糙度修正系数，对 A 类、B 类、C 类和 D 类地面粗糙度分别取 1.28、1.0、0.54 和 0.26；ξ_1 为结构阻尼比。

脉动风荷载的背景分量因子可按下式计算：

$$B_z = kH^{a_1} \rho_x \rho_z \frac{\phi_1(z)}{\mu_z} \tag{12.1-4}$$

式中，$\phi_1(z)$ 为结构第 1 阶振型系数；H 为结构总高度（m），对 A、B、C 和 D 类地面粗糙度，H 的取值分别不应大于 300m、350m、450m 和 550m；ρ_x 为脉动风荷载水平方向相关系数；ρ_z 为脉动风荷载竖直方向相关系数；k、a_1 为系数，按表 12.1-1 取值。

系数 k 和 a_1　　　　　　　　　　　　　　　　表 12.1-1

粗糙度类别		A	B	C	D
高层建筑	k	0.944	0.670	0.295	0.112
	a_1	0.155	0.187	0.261	0.346

脉动风荷载的空间相关系数可按下列规定确定：

竖直方向的相关系数可按下式计算：

$$\rho_z = \frac{10\sqrt{H + 60e^{-H/60} - 60}}{H} \tag{12.1-5}$$

水平方向相关系数可按下式计算：

$$\rho_x = \frac{10\sqrt{B + 60e^{-H/50} - 50}}{B} \tag{12.1-6}$$

式中，B 为结构迎风面宽度（m），$B \leqslant 2H$。

对迎风面宽度较小的高耸结构，水平方向相关系数可取 $\rho_x = 1$。

任意高度振型系数可表示为：

$$\phi_z = 2 \times \left(\frac{z}{H}\right)^2 - \frac{4}{3} \times \left(\frac{z}{H}\right)^3 + \frac{1}{3} \times \left(\frac{z}{H}\right)^4 \tag{12.1-7}$$

根据工程实例，隔震建筑风荷载相对非隔震建筑有一定增加，增加幅度与结构自振周期变化相关。

12.2　风振控制高层结构的抗震性能

对于风荷载较大的沿海地区，高层建筑中风振影响不容忽略，尤其对于低烈度地震区的风荷载对结构设计的影响更为显著。此工况下常用的风振控制装置主要有调谐质量阻尼器 TMD、调谐液体阻尼器 TLD、黏滞消能器 VFD、黏弹性消能器 VED 等，这些装置在风与地震共同控制的高层建筑中，其减震性能需进行评估。

12.2.1　基于调谐减振的风振控制

调谐减振技术用于风振控制有很好的效果，工程中常用调谐减振装置主要包括调谐质量阻尼器（TMD）及调谐液体阻尼器（TLD）。

位于台北市中心的台北 101 大厦设置了 TMD 系统，重达 660t 钢球，用钢索从 92 层悬吊至约 88 层高度，用来减小大楼在风荷载作用下侧向加速度与满足大楼舒适度要求。上海陆家嘴的上海中心大厦在靠近顶部位置安装了摆式电涡流调谐质量阻尼器，可有效减小风荷载对高层建筑的动力响应，并经历了台风的考验。第一个在高层建筑中应用 TLD 来减小风振反应的例子是日本横滨 149m 高的 Shin Yokohama Prince Hotel，当风速为 20m/s 时，记录结果显示该系统的减振效率达到 30%～50%。我国珠海金山大厦也采用了 TLD 来减小风振反应，经过风振测试，减振达到了预期的效果。

12.2.2　风控措施的减震性能分析

调谐减振技术用于抗风振设计时，由于风与地震控制有效减振频带存在差异，调谐被动控制设计时一定要统筹考虑，以免对地震作用效应产生不利影响。

1. 风控 TMD 的减震作用

设计合理的抗风 TMD，在高层建筑结构的抗震中也可以发挥作用。Cmba Port Tower 是日本第一个安装 TMD 的高耸建筑，并于 1987 年 12 月 16 日近海地震（5 级）中经受住了考验。经研究得知，该建筑设置 TMD 后，地震作用下顶层位移减小 15%，加速度减小 2%。

谢军龙、周福霖用 6 层框架模型试验验证了 TMD 对多层房屋结构具有一定的减震效果，并将此方法实际应用于 7 层住宅的"加层减震"改造中，分析结果表明，加层改造后底部剪力下降了约 30%；武汉理工大学的张开鹏、张耀庭等对 4 层框架结构进行了有、无 TMD 结构的振动台对比试验，验证了 TMD 对多层结构具有一定的减震效果，顶层最大位移降低了 18.5%，最大加速度放大倍率降低了 25%，并应用 TMD 方法对某 7 层框架结构进行了改造，分析表明，改造后的建筑与改造前相比，结构的底部剪力下降了约 30%。

尽管如此，TMD 在减震方面的应用尚有一定的局限性：

（1）由于地震能量密度谱较宽，地震作用下 TMD 被动控制往往只能在 TMD 固有频率（结构的基本自振频率）附近一个很窄的频率范围内减小结构的响应。

（2）TMD 控制效果和地震波的频谱特性有很大关系，不同地震波作用下结构地震响应的控制效果往往相差较大。

（3）TMD 设计过程中，在满足一定质量比的前提下，还需将 TMD 系统的自振频率与受控结构的自振频率调谐至一个合理的比值，只有满足这一条件才能使 TMD 发挥最大的减振耗能效果，达到最好的控制作用。

2. 风控 TLD 的减震作用

调谐液体阻尼器（TLD）是另一种调谐质量阻尼装置，它利用容器中的液体振荡来吸收和消耗主结构的振动能量。与 TMD 一样的是，二者都属于被动控制范畴的吸振器减振体系。

楼梦麟、牛伟星等通过钢结构的振动台模型试验，发现 TLD 减震效率不仅与 TLD 和结构间的基频比值有关，而且与输入地震动的频谱特性和峰值加速度有密切关系。特别当输入地震动的能量主要分布在结构基频附近时，结构本身的地震反应很大，同时 TLD 的减震效果也最明显。当输入地震动能量分布远离结构基频时，结构的地震反应较小，同时减震效果不十分明显。

李春祥、李忠献、李宏男等进行了 TLD 用于高层建筑地震反应方面的研究，研究结论说明 TLD 的减震效果与地震波的输入有关，当地震波的卓越频率与结构的自振频率接近时减震效果很好。相反，减震效果就差。

许多研究表明，利用 TLD 来控制结构的地震反应是有一定效果的。然而，具体的减震效果不仅与地震波的特征周期偏离结构自振周期的远近有关系，还与地震波的具体频谱特性有关系。

在实际工程中，消防水池、游泳池等形状尺寸主要是根据其使用要求确定的，一般难以大幅更改，其质量比、频率比往往难以达到理想减振需求，这对 TLD 的实际推广应用会产生比较大的影响。

12.3　高层建筑地震与风振双控的减振技术

当地震与风荷载对高层结构设计的影响均比较大时，宜采用适当的减振技术，实现地震与风振的双控。

基于阻尼减振的控制技术，通过提高结构的阻尼，减小风振下及地震下的动力响应，可实现地震与风振的"双控"设计。当然，考虑到风荷载与地震在重现期、振动频带、振动能量等方面的差异，对于控制装置的性能要求更高。其中黏滞消能器（VFD/VFW）自 20 世纪 70 年代引入建筑工程以后，经过广大学者和工程师的探索和分析，取得了很大的发展。

对于风、地震双控的高层建筑，速度型消能器的设置对二者的贡献大小也有一定的区别，关于黏滞消能器在抗震、抗风方面的效果，国内部分采用黏滞消能器设计的高层建筑工程（地震与风振双控）以及部分文献算例分析结果统计如表 12.3-1 所示，从统计数据可以看出，黏滞消能器在控制风振加速方面效果更为明显。

地震与风振双控的高层建筑实例 表 12.3-1

项目	方案	减震率	减振率
北京银泰大楼	73 套大型液体黏滞消能器	7.2%	10.4%
天津国贸中心	12 套黏滞消能器	8.5%	11%
长庆石油科研楼	用于控制高层顶部钢塔风振	62.5%	52.5%
天津富力广东大厦	83 套套索式黏滞消能器	23%～38%	72.5%
厦门某 152m 框筒结构	伸臂桁架共 16 个大型黏滞消能器	16.26%	42.44%
北京某 191m 写字楼	164 个黏滞消能器 24 个无粘结支撑	11.23%	50%

12.4 减震与风振控制工程设计案例

12.4.1 综合风振控制措施的减震性能实例

1. 工程概况

以海口双子塔-北塔项目为例，第 7.3.2 节介绍了该项目结构概况、风振控制措施及其效果，下文对这些风振控制措施的减震效果进行评估。

该项目综合考虑消能器力学性能、周围环境、建筑舒适性及经济性，采用综合减震及风振控制设计方案，主要设计思路是：顶部利用消防水箱设置两个总质量 600t 的 TLD，以控制风振下的顶层酒店的加速度；酒店区段设置黏滞阻尼墙，以减小小震下酒店区段位移及加速度响应；中震及大震下，耗能型屈曲约束支撑（BRB）及黏滞阻尼墙综合耗能。风振及小震下屈曲约束支撑（BRB）不屈服。

风振、小震及中震下，主体结构处于弹性状态，仅考虑消能器的非线性，采用 ETABS（V16.0.2）作为主要分析软件。黏滞阻尼墙采用 Maxwell 模型，BRB 及耗能梁段采用塑性 Wen 模型。TLD 减振水箱等效成具有相应阻尼、质量和弹簧刚度的单质点 TMD 减振体系，风时程及 TLD 减振水箱的单质点动力参数由风洞试验提供。

2. 减震性能评估

小震下，消能部件中仅黏滞阻尼墙提供耗能，结构上部区段（72~87 层）的位移减震率 6%~14%，如图 12.4-1 所示。黏滞阻尼墙典型滞回曲线如图 12.4-2 所示，黏滞阻尼墙变形约 4mm，阻尼力约 80t。

中震下，结构基底剪力减震率 6.0%，层间变形减震率 4%~8%。考虑到中震下 BRB 及耗能梁段刚刚开始工作，结构整体的控制效果仍以黏滞阻尼墙控制结构局部变形（酒店区段）为主。黏滞阻尼墙中震下典型滞回曲线如图 12.4-3 所示，最大出力约 190t，80% 以上的阻尼墙出力为 100~190t，变形约 12mm。

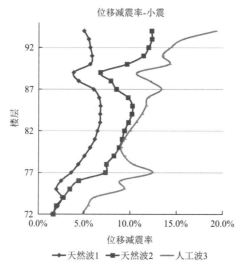

图 12.4-1 酒店区段位移减震率

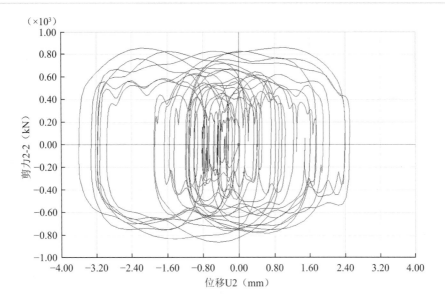

图 12.4-2　小震下黏滞阻尼墙典型滞回曲线

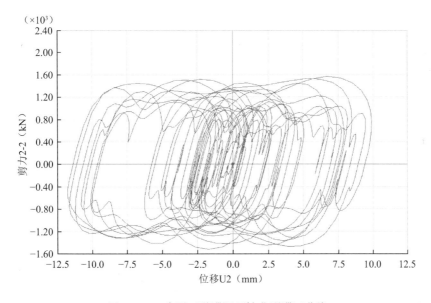

图 12.4-3　中震下黏滞阻尼墙典型滞回曲线

中震下防屈曲支撑典型滞回曲线如图 12.4-4 所示，中震下防屈曲支撑大部分开始耗能，最大变形 9.9mm。

大震下，黏滞阻尼墙、BRB 耗能相当，对整体结构起到了较好的保护效果。BRB 均进入了塑性耗能阶段。图 12.4-5 为典型 BRB 大震下位移反应曲线图。图 12.4-6 为典型黏滞阻尼墙荷载-位移反应曲线图，阻尼墙的最大出力为 2111kN，最大速度为 99mm/s。

耗能型防屈曲约束支撑 BRB 及酒店区黏滞阻尼墙总耗能如图 12.4-7 所示，分别为 $4.42 \times 10^{10} \mathrm{N} \cdot \mathrm{mm}$、$4.99 \times 10^{10} \mathrm{N} \cdot \mathrm{mm}$，相当于塑性耗能的 12.75%、14.38%。耗能型防屈曲约束支撑 BRB 耗能产生的附加阻尼比为 0.13%。黏滞阻尼墙耗能产生的附加阻尼比为 0.15%。

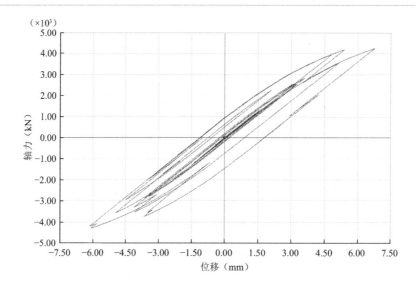

图 12.4-4　中震下防屈曲支撑典型滞回曲线

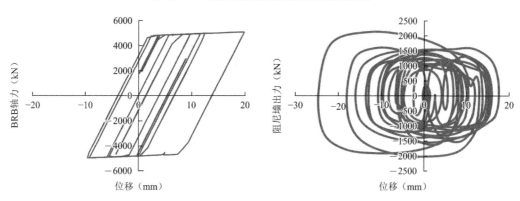

图 12.4-5　典型 BRB 中心支撑荷载-位移反应曲线图　图 12.4-6　典型黏滞阻尼墙荷载-位移反应曲线图

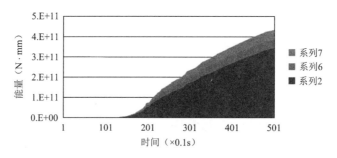

图 12.4-7　L2607 Y 向大震下塑性耗能分布图

12.4.2　TMD 风振控制的减震性能算例

1. 工程概况

某 12 层高 51.9m 的钢支撑框架，典型平面布置图、正立面见图 12.4-8、图 12.4-9。抗震设防烈度为 8 度 0.2g，设计地震分组为第二组，Ⅱ类场地土，特征周期 0.35s。

由于结构顶层加速度、位移反应最大，将 TMD 设置在结构顶层，如图 12.4-10 所示。采用结构分析计算软件 Midas GEN 对结构进行时程分析，结构自振特性计算结果列于表 12.4-1。

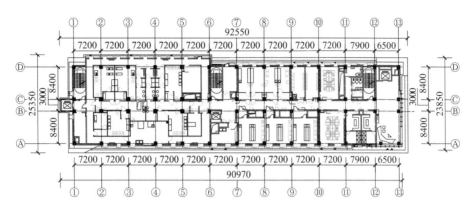

图 12.4-8　典型平面布置图

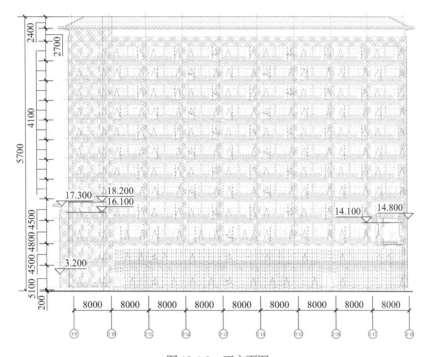

图 12.4-9　正立面图

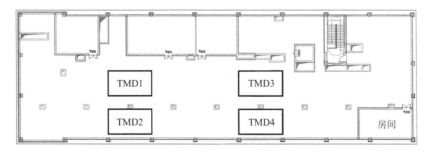

图 12.4-10　屋顶 TMD 布置示意图

357

振型	一	二	三
周期（s）	1.9331	1.8886	1.4735
频率（Hz）	0.5173	0.5295	0.6787

结构自振特性　　　　　　　　　表 12.4-1

利用 TMD 控制结构的第一振型反应，共设置 4 个 TMD，五个对比方案参数如表 12.4-2 所示。

4 个 TMD 参数　　　　　　　　　表 12.4-2

总质量比	单个质量比	频率比	子结构阻尼比	等效刚度（kN/m）
1%	0.25%	0.997	0.025	700
2%	0.5%	0.994	0.035	1400
3%	0.75%	0.991	0.043	2100
4%	1.0%	0.988	0.050	2100
5%	1.25%	0.985	0.056	3430

2. 风振控制

风振作用下，不同质量比模型结构顶层风振加速度如表 12.4-3 所示。

顶层风振加速度统计　　　　　　　　　表 12.4-3

总质量比	无控模型加速度（m/s²）	TMD 模型加速度（m/s²）	减振率
1%	0.1186	0.09558	19.4%
2%	0.1186	0.09431	20.5%
3%	0.1186	0.09123	23.1%
4%	0.1186	0.08891	25.0%
5%	0.1186	0.08718	26.5%

选取质量比 0.03 模型与无控模型对比，顶层加速度风时程分析结果如图 12.4-11 所示。

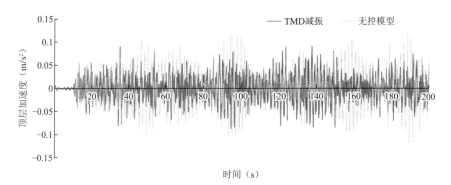

图 12.4-11　顶层风振控制效果（质量比 3%）

可见，本案例中，TMD 的设置对于顶层风振加速度有着较好的控制效果，且随着质量比的增加，减振率也有所增加。需要注意的是，TMD 对于风振控制效果与风时程密切相关，对于不同的风时程，减振效果差异较大。

3. 减震性能评估

选取与Ⅱ类场地土卓越周期 T_g 为0.4s相近的三条地震波 T1、T2 和 T3，以及 T4（T_g 为0.3s）、T5（T_g 为0.55s）、T6（T_g 为0.65s）、T7（T_g 为0.75s）作为结构地震激励。各条地震波下位移减震率统计如表 12.4-4 所示。

减震率统计　　　　　　　　　　　　　表 12.4-4

地震波	无 TMD			质量比	有 TMD			减震率		
	顶点位移（mm）	加速度	基地剪力（kN）		顶点位移（mm）	加速度（mm/s²）	基地剪力（kN）	顶点位移	基地剪力	加速度
T1	115	2272	24450	1%	115	2248	23890	0.10%	2.30%	1.10%
				2%	111	2259	22480	3.50%	8.10%	0.60%
				3%	115	2260	22786	0.20%	6.80%	0.50%
				4%	112	2214	22560	2.60%	7.70%	2.60%
				5%	109	2179	22540	5.20%	7.80%	4.10%
T2	52	3416	20050	1%	52	3475	18090	0.10%	9.80%	−1.70%
				2%	51	3559	17550	1.90%	12.50%	−4.20%
				3%	51	3561	17564	1.90%	12.40%	−4.20%
				4%	51	3623	17730	1.90%	11.60%	−6.10%
				5%	50	3605	16760	3.80%	16.40%	−5.50%
T3	187	2911	27517	1%	183	2945	26880	2.10%	2.30%	−1.20%
				2%	172	2966	26020	8.00%	5.40%	−1.90%
				3%	155	2960	23635	17.10%	14.10%	−1.70%
				4%	146	2977	21820	21.90%	20.70%	−2.30%
				5%	141	2979	21630	24.60%	21.40%	−2.30%
T4	117	3024	17251	1%	117	3011	17140	0.00%	0.60%	0.40%
				2%	116	3058	16810	0.90%	2.60%	−1.10%
				3%	114	3047	16795	2.60%	2.60%	−0.80%
				4%	110	3068	16590	6.00%	3.80%	−1.50%
				5%	109	3054	16550	6.80%	4.10%	−1.00%
T5	167	3332	27925	1%	161	3244	27260	3.60%	2.40%	2.60%
				2%	137	3234	23670	18.00%	15.20%	2.90%
				3%	110	3203	21997	34.10%	21.20%	3.90%
				4%	117	3198	22190	29.90%	20.50%	4.00%
				5%	111	3168	20960	33.50%	24.90%	4.90%
T6	235	3983	41362	1%	227	3887	39650	3.40%	4.10%	2.40%
				2%	208	3723	32860	11.50%	20.60%	6.50%
				3%	147	3557	25530	37.40%	38.30%	10.70%
				4%	164	3482	27360	30.20%	33.90%	12.60%
				5%	151	3471	24550	35.70%	40.60%	12.90%

地震波	无 TMD			质量比	有 TMD			减震率		
	顶点位移（mm）	加速度	基地剪力（kN）		顶点位移（mm）	加速度（mm/s²）	基地剪力（kN）	顶点位移	基地剪力	加速度
T7	241	4078	39672	1%	232	4063	37930	3.70%	4.40%	0.40%
				2%	202	4251	33570	16.20%	15.40%	−4.20%
				3%	193	4311	34278	19.90%	13.60%	−5.70%
				4%	194	4033	34850	19.50%	12.20%	1.10%
				5%	176	4087	31400	27.00%	20.90%	−0.20%

注：表中负值为加速度放大比例。

由表中数据可以看出：

（1）相同风控 TMD 设置对于不同地震波减震效果差异较大；

（2）整体而言，风控 TMD 可以减小结构基底剪力及顶点位移，但对于结构地震作用下加速度可能导致放大效应；

（3）TMD 质量比的增加，地震位移和基底剪力减震率基本上随之提高，这一点规律与风振控制减振相同，但并不是每条地震波反应都完全符合此规律。

12.4.3 隔震建筑的风振响应实例

某 6 层隔震框架结构，该结构采用基础隔震。结构高 27.5m，宽 19.8m。标准层平面见图 12.4-12，整体结构模型见图 12.4-13。

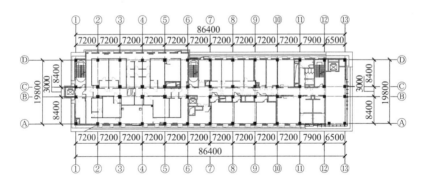

图 12.4-12 标准层平面图

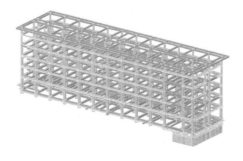

图 12.4-13 整体结构模型

上部结构工程参数如表 12.4-5 所示。为说明支座刚度选取的影响，给出两个方案：方案 1 为计算时采用支座初始刚度；方案 2 为计算时采用支座 100%变形等效刚度（后者约为前者的 0.1 倍）。隔震对风荷载及风振响应控制影响分析见表 12.4-6。

工程参数　　　　　　　　　　　　　　　　　　　　　　　表 12.4-5

建筑设防类别	特殊设防类（甲类）
基本风压	0.45
地面粗糙度	B
风荷载体型系数	1.4
抗震设防烈度	8 度
基本地震加速度	0.2g
隔震支座形式	橡胶支座 + 铅芯橡胶支座
隔震支座	7 × LRB900 + 25 × LRB800 + 20 × LNR800

隔震建筑风振响应　　　　　　　　　　　　　　　　　　表 12.4-6

内容	非隔震	方案 1	方案 2
第一周期T_1（s）	1.072	1.411	3.087
风荷载（kN）（隔/非）	3539	3608（102%）	3780（107%）
顶层加速度（m/s²） （按规范公式计算）	0.036	0.041（114%）	——

为分析隔震建筑的风振特性，采用 Midas GEN 软件建立整体结构模型，在各层质心输入了风时程荷载，顶层风荷载时程曲线如图 12.4-14 所示。不同隔震支座刚度假定下，各楼层加速度统计如表 12.4-7 及图 12.4-15 所示。

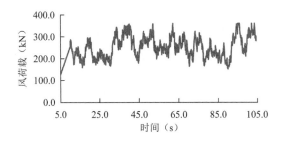

图 12.4-14　顶层质心风荷载时程曲线

隔震建筑风时程分析楼层加速度统计（mm/s²）　　　　　表 12.4-7

楼层号	方案 1	方案 2	非隔震	方案 1/非隔震	方案 2/非隔震
6	47.9	43.4	39.8	1.21	1.09
5	46.0	40.3	36.5	1.26	1.10
4	38.2	36.7	31.3	1.22	1.17
3	38.5	33.4	27.0	1.43	1.24

续表

楼层号	方案 1	方案 2	非隔震	方案 1/非隔震	方案 2/非隔震
2	34.0	34.8	24.6	1.38	1.41
1	27.7	34.6	15.4	1.80	2.25
隔震层	20.7	37.3	0.4	48.01	86.65

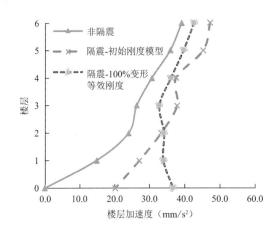

图 12.4-15　隔震建筑风时程分析各楼层加速度

　　由表 12.4-7 中数据可见：

　　（1）支座刚度取值不同，风荷载也会相应变化，相对非隔震模型，方案 1 增加了 2%，方案 2 增加了 7%。特别需要注意的是，一般隔震计算软件往往会采取方案 2 或迭代后支座刚度计算风荷载，从而会增加铅芯支座的比例，以本案例为例，如果采用方案 2 或迭代后支座刚度计算，支座需调整为 12×LRB900＋20×LRB800＋20×LNR800，进而又会影响隔震建筑的减震效率等。

　　（2）隔震支座采用初始刚度时，根据规范公式计算，顶层风振加速度相对于非隔震模型增加 14%；根据风时程分析结果该值增加 21%，说明隔震建筑由于自振周期变长，更接近风荷载中的长周期动力成分，动力响应会相应变大，该分析结果与相关研究结论基本一致。

　　（3）与非隔震建筑不同，隔震建筑的风振响应与隔震层相关，且当隔震支座刚度变小时，上部楼层的风振响应与隔震层更趋于一致，与相关研究成果检测到的"整体平动型"类似。

参考文献

[1]　建筑消能减震技术规程: JGJ 297—2013[S]. 北京: 中国建筑工业出版社,2013.

[2]　农国畅, 段忠东. 隔震结构的抗风分析与等效风荷载[D]. 哈尔滨: 哈尔滨工业大学, 2011.

[3]　杜永峰, 朱前坤. 高层隔震建筑风振响应研究[J]. 工程抗震与加圈改造, 2008 30(6): 64-68.

[4]　商昊江, 祁皑, 范宏伟. 高层隔震结构风振研究[J]. 工程抗震与加圈改造, 2011, 33(4): 37-42.

[5] 金星, 韦永祥, 康兰池, 等. 隔震建筑结构的风振观测与初步分析[A]. 第七届全国地震工程学术会议论文集[C], 广州, 2006: 923-931.

[6] 建筑结构荷载规范: GB 50009—2012[S]. 北京: 中国建筑工业出版社, 2012.

[7] 滕军. 结构振动控制的理论、技术和方法[M]. 北京: 科学出版社, 2009.

[8] 谢军龙, 周福霖. 多层房屋结构 TMD"加层减震"试验研究和应用[J]. 世界地震工程, 1998 (14): 57-60.

[9] 张开鹏, 张耀庭. TMD 在多层房屋加层减震中的理论分析与试验研究[J]. 世界地震工程, 2004 (3): 82-84.

[10] 楼梦麟, 牛伟星, 宗刚, 等. TLD 控制的钢结构振动台模型试验研究[J]. 地震工程与工程振动, 2006 (1): 145-151.

[11] 李春祥, 高层钢结构抗风抗震控制优化设计理论与方法研究[D]. 上海: 同济大学, 1998.

[12] 李宏男, 贾影, 李晓光, 等, 利用 TLD 减小高柔结构多振型地震反应的研究[J]. 地震工程与工程振动, 2000 (2): 122-128.

[13] 李忠献, 王森林, 姜忻良, 等, 高层建筑地震反应最优多重 TLD 控制[J]. 地震工程与工程振动, 1996(4): 69-77.

[14] 张渊, 钟铁毅. 高层建筑矩形 Multi-TLD 系统等效阻尼比分析[J]. 中国安全科学学报, 2004 (1): 74-79.

[15] 韩军, 李英民, 刘立平, 等. TLD 结构减震控制的数值分析[J]. 工业建筑, 2010 (4): 55-59,74.

[16] 彭程, 陈永祁.液体粘滞阻尼器和 TMD 应用于高层结构的抗风效果对比[J]. 工程抗震与加固改造, 2013 (6): 54-61.

[17] 赵广鹏, 娄宇, 李培彬, 等. 粘滞阻尼器在北京银泰中心结构风振控制中的应用[J]. 建筑结构, 2007(11) : 8-10.

[18] 彭程, 陈永祁. 天津国贸中心抗风设计[J]. 钢结构, 2013 (7): 54-59.

[19] 陈道政, 李爱群, 张志强, 等. 西安某科研楼顶钢结构塔楼风振控制的研究[J]. 钢结构, 2004 (4): 41-46.

[20] 万怡秀, 陈永祁, 吴连杰, 等. 天津响螺湾超高层结构消能减震及风振控制实例分析[J]. 建筑结构, 2013 (6): 24-29.

[21] 沈国庆, 陈宏, 王元清, 等. 带黏滞阻尼器高层钢结构的抗震抗风性能分析[J]. 中国矿业大学学报, 2007 (3): 206-209.

第 13 章 组合减隔振（震）设计

13.1 组合减震技术

组合减震技术是指根据结构的变形特点以及结构抗震性能化设计要求，合理组合应用多种减震装置，充分发挥各种减震装置耗能效果，减小地震作用效应，改善结构的抗震性能，其分类如图 13.1-1 所示。

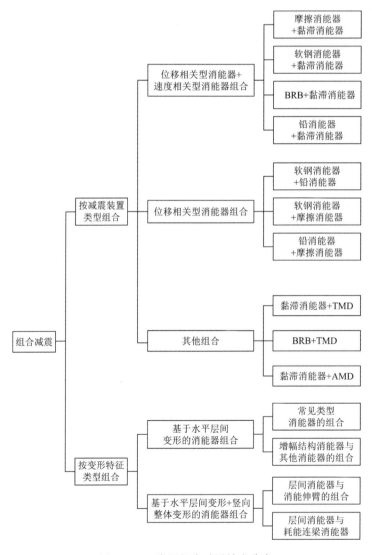

图 13.1-1 常用组合减震技术分类

组合减震中，不同类型的减震装置的组合，根据结构多道抗震防线的原理，通过合理设计减震装置的刚度及阻尼参数，控制不同地震水准下减震装置发挥耗能作用的阶段及耗能贡献，实现综合耗能减震效果的合理优化。引入基于结构不同变形特征的减震装置组合，比如利用结构局部竖向变形和水平变形组合，增加了消能器的变形，显著提高了消能器的耗能减震效果。

13.2 组合减隔震技术

13.2.1 组合减隔震原理

隔震与减震组合技术，是指结构在采用隔震技术的基础上，在结构楼层布设减震装置进一步减小地震作用效应，改善整体结构抗震性能，组合减隔震技术分类见图 13.2-1。

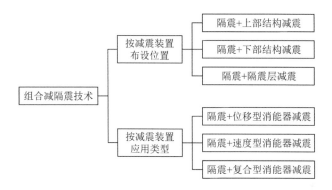

图 13.2-1 常用组合减隔震技术分类

组合减隔震技术主要应用在高烈度区结构抗震设防要求较高的情况，组合减隔震技术通常是隔震为主、减震为辅，隔震的主要目的是延长整体结构的周期、降低地震能量的输入，减震主要是配合隔震，布设于隔震层的减震装置，可有效控制隔震层变形的同时消耗一部分输入结构的地震能量，布设于上部结构的减震装置，为上部结构提供耗能。考虑到隔震后上部结构变形趋于整体平动，隔震后上部结构的层间变形相对非隔震结构明显减小，布设于上部结构层间的减震装置可采用位移放大型装置。

组合减隔震技术目前在国内外均有工程应用。云南滇西医疗中心一期住院楼建筑高度70.9m，抗震设防烈度达到 8 度（0.3g），结构抗震性能要求高，住院楼与门诊医技楼交通连接且分属两个隔震结构，为了提升减震效果并控制隔震层及上部结构水平变形，高层住院楼采用隔震层增设黏滞消能器的减震技术，支座类型包括铅芯橡胶支座、普通橡胶支座和弹性滑板支座，组合减隔震效果良好。西昌中心医院项目距离安宁河地震断裂带不到200m，属于 9 度高烈度设防区、可建乙类高层建筑区域，其结构设计属于超 A 级高度的超限高层建筑，项目采用基础隔震＋隔震层消能器黏滞消能器＋上部楼层 BRB 的组合减隔震技术，有效地抵抗了罕见的地震破坏力，保证了结构的抗震性能。日本东京清水总部大楼采用基础隔震＋隔震层黏滞消能器减震设计方案；东京日本桥大楼采用层间隔震＋下部结构减震（黏滞阻尼墙）设计方案；日本大阪中之岛音乐厅大楼采用层间隔震＋上部结构减震（黏滞消能器）设计方案，均取得了良好的耗能效果。

13.2.2　组合减隔震设计方法

组合减隔震设计，其主要设计思路为先隔震、再减震，即先根据减隔震目标，建立无控结构模型，基于无控结构的竖向反力进行隔震装置的初选，通过对隔震装置＋主体结构全模型的计算分析，优化隔震参数，结合隔震层及上部结构的减震控制需求，进行减震方案的选型设计，建立隔震装置＋主体结构＋减震装置的整体模型，基于整体模型的动力时程分析验算减隔震效果，并进行相应隔震部件、主体结构构件及消能减震部件的设计。

组合减隔震设计流程如图 13.2-2 所示。

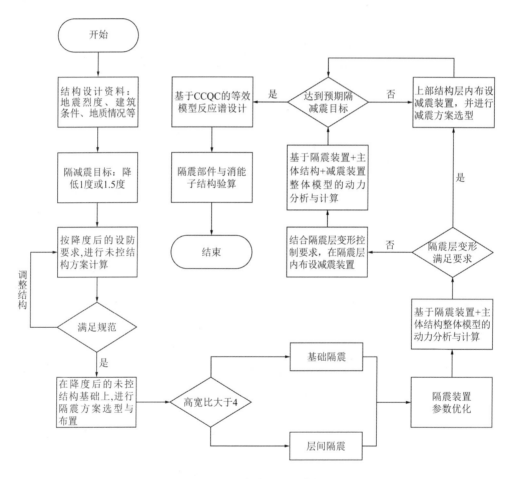

图 13.2-2　组合减隔震设计流程

13.3　组合减隔振设计

13.3.1　组合减隔振技术

组合减隔振设计是隔振技术与减振技术的组合应用，主要用于微振动控制等振动控制标准较为严格的情况，电子工业是精密制造业，其精密设备的制造精度已达到纳米级，以集成电路（IC）为例，制版、光刻等工序要求环境微振动控制在 VC-E 或 VC-F 级（即环境振动速度小于 3μm/s 或 1.5μm/s），对于薄膜晶体管（TFT）厂房来说，内部曝光机、涂布机等在自身产生振动的情况下，要求其设备基台的振动值满足 VC-C 级（即振动速度小于12.5μm/s）的标准。其他诸如激光试验、纳米材料产品试验及测试、单晶硅熔炼、光纤制造、光学测试及雷达性能测试等领域，均涉及微振动控制设计。微振动控制是电子工业厂房或含有精密仪器设备的实验室设计中的重要一环，往往需要结合振动控制目标，采取建筑结构及动力设备隔振 + 精密仪器设备隔振的组合减隔振技术。

微振动控制标准，与精密仪器设备本身的动力特性密切相关，包括自振频率及阻尼，当外界振动激励接近精密设备的某一阶自振频率时，往往会由于共振影响产生过大响应，造成精密设备无法正常工作。防微振设计就是通过合理设计，从振动源头、振动传播路径及调节或改变精密设备自身的动力特性等方面，减小精密仪器设备的振动量值，使之能够正常工作。对于精密仪器设备的微振动控制指标，最科学的方法是通过试验确定，试验主要内容包括精密仪器设备的动力特性测试、不同外部激励下的受迫振动测试、振动数据采集及分析等。当试验条件不具备时，也可依据 GB 50868 的规定确定。目前，大多数精密设备可采用振动速度作为防微振设计的控制指标。有一些精密设备，比如惯导仪表（包括陀螺仪和加速度计），对振动加速度敏感，该设备采用振动加速度作为控制指标。

组合减隔振通过对建筑结构及建筑内部动力设备隔振 + 精密仪器设备隔振的综合减隔振技术措施，实现精密仪器设备正常运行所需的微振动环境，目前在实际工程中应用广泛。

13.3.2　组合减隔振设计方法

组合减隔振设计内容与流程（图 13.3-1）与常规的建筑结构设计有显著不同，应坚持概念设计与振动实测并重的设计原则，具有全过程控制、分阶段设计的明显特点，有限元计算作为辅助手段，便于方案前期的振动量值评估，实际效果应以不同阶段的振动实测值为准，通过不同阶段的控制措施，确保精密仪器设备的振动量值满足要求。

建筑结构减振设计，具体包括合理动静分区的平面布置、采用合理的结构形式、采取经济实用的构件减振措施。电子工业厂房平面布置时，对振动敏感、具备微振动控制指标要求的建筑单体或功能房间，应尽量远离振源（外部振源如路面交通、地铁等，内部振源如动力设备），建筑内部产生振动的设备与对振动敏感的精密仪器分类集中、分区布置，尽量减小振动影响；有条件的话，对于布置精密仪器的区域应与建筑内部的空调机房等区域设缝脱开，有效降低空调机组振动对精密仪器设备的影响。合理的建筑结构形式及基础形式，对于微振动控制具有较大意义。实际工程中，应结合建筑及工艺布局，综合考虑上部结构地震作用、经济性等因素，尽量采用刚度较大的结构形式，基础形式宜采用整体性好、刚度大的筏板基础或桩筏基础。针对振动的传播全过程（振源、振动传播路径、建筑结构主体及精密仪器设备）采用隔振措施，可有效降低振动量值。科学实验建筑主体，可采用竖向刚度小、满足地震设防要求的隔振支座；科学实验建筑内部的动力设备尽量设置在建筑物底层，并采用动力设备隔振措施，相应的动力管道安装隔振吊架及隔振支撑，隔断内部振源的振动传播路径；对于精密仪器设备，可采用大体积防微振基础或无源隔振系统（比如空气弹簧隔振装置），也可采用有源振动控制系统，对微振动进行精准控制。

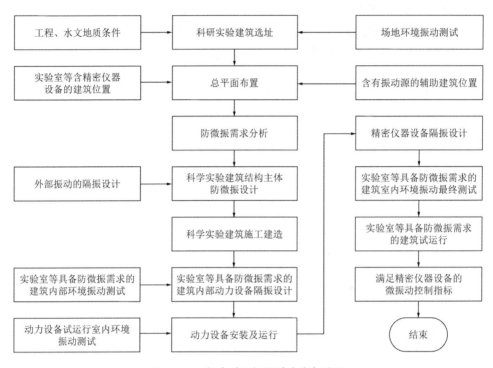

图 13.3-1　组合减隔振设计内容与流程

微振动控制工程具体设计中，主体结构减振设计需考虑地基基础与上部结构两部分减振设计。

对于有微振动控制要求的建筑地基基础的选型，需要结合精密设备容许振动要求与建设场地的地质条件综合确定，除满足规范要求的承载力及变形要求外，尚应按照《地基动力特性测试规范》GB/T 50269—2015 的要求进行动力特性测试，为后期振动物理场模拟提供参数，当建筑主要持力层范围内存在较厚的软弱土层（承载力低于 100kPa）时，宜采用人工复合地基或桩基；对于集成电路制造厂房前工序、液晶显示器制造厂房、纳米科技建筑及实验室应设置筏板基础，板厚不宜低于 500mm，基础下地基土应夯压密实，控制沉降变形；当防静电地板范围内设置精密设备或仪器独立基础时，应沿独立基础四周设置永久缝。

有防微振控制需求的建筑物主体结构设计，除满足使用功能、工艺荷载、抗震设防等要求外，尚应考虑精密设备或仪器微振动控制装置的荷载，主体结构选型及布置时，应通过减小主跨、加大梁板刚度等减振措施控制由于主体结构刚度不足造成的振动响应，并结合建筑形体及布局，合理设置结构缝，阻断振动向微振动控制区域传递；对于集成电路制造厂房前工序、液晶显示器件制造厂房、光伏太阳能制造厂房、纳米科技建筑及各类实验室等建筑宜采用小跨柱网以减小结构构件振动，同时工艺设备层采用钢筋混凝土防微振平台，平台柱网尺寸建议以 0.6m 为模数，竖向支撑构件间可设置防微振墙进一步提高刚度，平台可采用板式、梁板式或井式楼盖结构，建议尺寸如表 13.3-1 所示，结合洁净通风需求，楼板采用一定开孔率（开孔率不宜大于 30%）的华夫板（最小尺寸如表 13.3-2 所示）。

除了传统结构减振措施，主体结构的减振可以采用黏滞消能器减振或调谐质量吸振技术。黏滞消能器在小振幅下的出力性能对于减振效果影响较大，调谐质量吸振对特定频带的振动控制效果显著，实际应用中需考虑振动频带宽度的影响。邻近动力设备及管道产生的振动，会通过设备基础、结构构件传递到精密仪器设备，产生建筑楼宇内部振源的振动影响，可采用设备底座隔振减小振动的传递，该方法振动控制效果明显、施工方便且经济可控，目前应用较多。精密仪器设备的隔振，需结合微振动控制指标、仪器设备所在位置的本底振动情况，综合确定精密仪器设备的隔振选型，一般采用空气弹簧隔振平台，若所在位置的结构本底振动较大、控制指标较高，需采用主动控制装置。

平台结构梁板柱建议最小的截面尺寸　　　　　　　　　表 13.3-1

梁板式楼盖		井式楼盖		主梁高跨比	柱截面尺寸（mm）
板高跨比	梁高跨比	板厚（mm）	梁高跨比	1/8	600×600
1/20	1/12	150	1/15		

华夫板建议最小截面尺寸　　　　　　　　　表 13.3-2

梁高跨比	主梁高跨比	板厚（mm）	板洞直径（mm）	间距（m）
1/10	1/8	180	300	1.2

精密仪器设备正常使用功能的要求，决定了微振动控制的需求。实际工程中，考虑到防微振的振动量是很小的，影响微振动量的因素多且变化大，组合减隔振设计需结合场地实测、结构封顶后测试、设备运营测试等分阶段进行控制，最终评价以实测结果为准。科研实验建筑的防微振设计，应注重概念设计与场地实测，综合采用多种措施，从方案阶段开始直至建筑运营使用，全过程控制，分阶段设计，方能保证最终的微振动环境满足电子工业厂房或科研试验建筑的正常使用要求。

13.4　组合减隔振（震）工程设计实例

13.4.1　BRB＋TMD 组合减震实例

1. 工程概况

某医院感染楼工程位于西安市，抗震设防烈度为 8 度（0.2g），第二组，场地类别为 Ⅱ 类。地上 4 层，屋面高度为 19.250m。典型建筑平面如图 13.4-1 所示。屋顶设置两处种植花园，覆土厚度 600mm。结构体系为 BRB 支撑＋钢框架结构，同时利用屋顶花园作为 TMD 调谐质量阻尼器，形成了 BRB 屈曲约束支撑＋屋顶花园 TMD 组合减震方案，整体结构模型如图 13.4-2 所示。

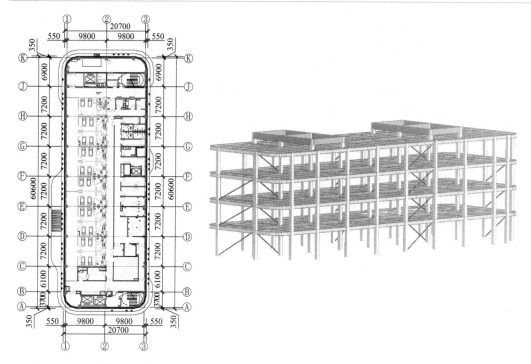

图 13.4-1 建筑平面示意图 　　　　　　　　图 13.4-2 结构模型

组合减震方案示意如图 13.4-3 所示，其中，BRB 支撑参数如表 13.4-1 所示。

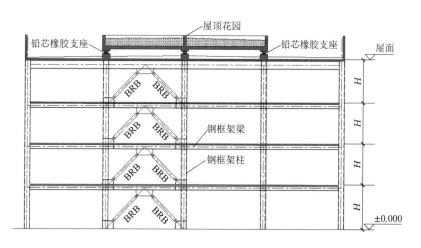

图 13.4-3 组合减震方案示意图

BRB 支撑参数　　　　　　　　　表 13.4-1

编号	芯材材质	屈服承载力（kN）	极限承载力（kN）	屈服后刚度比	数量
BRB-1	Ly160	1000	2000	0.035	22

注：本项目设防地震时部分 BRB 屈服耗能。

屋顶花园与屋面之间共设置 12 个 LRB500 铅芯橡胶支座，支座参数如表 13.4-2 所示。该模型屋顶花园与下部结构的质量比为 9.2%。

型号	LRB500-5-0.392
隔震垫有效直径（mm）	500
第一形状系数S_1	20
第二形状系数S_2	5
竖向刚度K_v（kN/m）	2×10^6
屈服前水平刚度K_0（kN/m）	9550
屈服后水平刚度K_u（kN/m）	730
屈服力Q_d（kN）	40
橡胶层总厚度（mm）	102
100%等效阻尼比	22%

铅芯支座参数　　　　　　　　　　　　　　　表 13.4-2

2. BRB + TMD 组合减震设计

设有屋顶花园 TMD 的多自由度剪切型结构可以模拟成图 13.4-4 所示的主体结构 + TMD 系统。

BRB 钢框架结构 + TMD 系统的运动方程为：

$$\begin{bmatrix} M_1 & 0 \\ 0 & m_d \end{bmatrix}\begin{Bmatrix} \ddot{x}_1 \\ \ddot{x}_2 \end{Bmatrix} + \begin{bmatrix} c_1 + c_b + c_d & -c_d \\ -c_d & c_d \end{bmatrix}\begin{Bmatrix} \dot{x}_1 \\ \dot{x}_2 \end{Bmatrix} + \begin{bmatrix} k_1 + k_b + k_d & -k_d \\ -k_d & k_d \end{bmatrix}\begin{Bmatrix} x_1 \\ x_2 \end{Bmatrix} = -\begin{Bmatrix} M_1 \ddot{x}_g \\ m_d \ddot{x}_g \end{Bmatrix}$$

式中，M_1 为主体结构的第一振型广义质量，c_1 为主体结构阻尼，c_b 为 BRB 屈服耗能提供的附加阻尼，刚度 $K_1 = k_1 + k_b$ 为主体结构综合刚度，k_1 为主体结构刚度，k_b 为 BRB 等效刚度；m_d、c_d、k_d 分别为 TMD 的质量、阻尼和刚度，其中 $k_d = \sum_{i=1}^{m} k_{hi}$，$k_{hi}$ 为单个铅芯橡胶支座的水平剪切刚度，m 为支座数量；x_1 和 x_2 分别为主体结构和 TMD 相对基底的位移；$\ddot{x}_g$ 为地震时地面运动加速度。

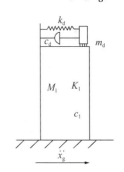

图 13.4-4　主体结构 + 屋顶花园 TMD 示意图

3. 主要分析结果

对无控模型（模型 1）、BRB 支撑减震模型（模型 2）、BRB + TMD 组合减震模型（模型 3）分别进行了中震反应谱法及时程分析，统计主要分析结果，如表 13.4-3 所示。

主要分析结果统计（中震）　　　　　　　　　　表 13.4-3

内容	符号	模型 1	模型 2	模型 2/模型 1	模型 3	模型 3/模型 1	模型 3/模型 2
周期（s）	T_1	1.2919	0.9817	—	1.3777	—	—
	T_2	1.1092	0.959	—	1.3534	—	—
屋面顶点位移（mm）	D_{xmax}	86.3	45.25	52.4%	34.41	39.9%	76.0%
	D_{ymax}	71.16	50.78	71.4%	36.39	51.1%	71.7%

内容	符号	模型 1	模型 2	模型 2/模型 1	模型 3	模型 3/模型 1	模型 3/模型 2
层间位移角	U_{xmax}	1/140	1/305	45.9%	1/373	37.5%	81.8%
	U_{ymax}	1/202	1/273	74.0%	1/372	54.3%	73.4%
基底剪力（kN）	V_{xmax}	8991	8797	97.8%	7961	88.5%	90.5%
	V_{ymax}	10244	9593	93.6%	7881	76.9%	82.2%
楼面合加速度（g）	a_{max}	0.254	0.264	103.9%	0.220	86.6%	83.3%

同时，进行了大震弹塑性时程分析，统计主要分析结果如表 13.4-4 所示，铅芯橡胶支座滞回曲线如图 13.4-5 所示，BRB 支撑滞回曲线如图 13.4-6 所示，整体结构耗能分布如图 13.4-7 所示。

主要分析结果统计（大震）　　　　　　　　表 13.4-4

内容	符号	模型 1	模型 2	模型 2/模型 1	模型 3	模型 3/模型 1	模型 3/模型 2
周期（s）	T_1	1.2919	1.1141	—	1.5693	—	—
	T_2	1.1092	1.0425	—	1.5593	—	—
屋面顶点位移（mm）	D_{xmax}	191.79	118.33	62%	79.35	41%	67%
	D_{ymax}	158.16	124.80	79%	82.14	52%	66%
层间位移角	U_{xmax}	1/63	1/113	56%	1/143	44%	79%
	U_{ymax}	1/91	1/113	81%	1/142	64%	80%
基底剪力（kN）	V_{xmax}	19671	16466	84%	15067	77%	92%
	V_{ymax}	22574	20070	89%	17328	77%	86%
楼面合加速度（g）	a_{max}	0.560	0.480	86%	0.434	78%	90%

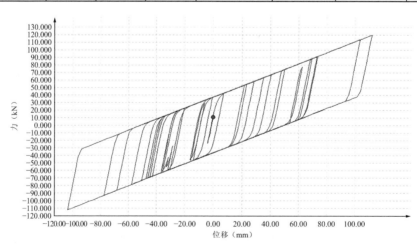

图 13.4-5　大震铅芯橡胶支座滞回曲线

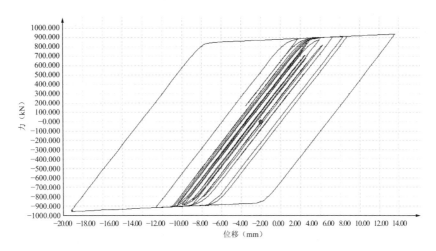

图 13.4-6　大震下 BRB 滞回曲线

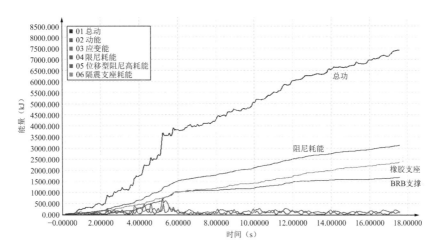

图 13.4-7　罕遇地震作用下结构耗能组成

中震作用下，相对无控模型（模型 1），BRB 的设置（模型 2）提高了抗侧刚度，层间位移显著减小，但是楼层加速度反而有所增加；屋顶花园 TMD 的设置（模型 3）有效降低了基底剪力、层间位移角、顶部位移以及楼层加速度。

大震作用下，BRB 与铅芯橡胶支座滞回曲线饱满，二者耗能较好。同时，罕遇地震下仅部分梁端及个别首层柱底出现轻微损坏，其余均处于弹性状态。可见采用 BRB 屈曲约束支撑 + 屋顶花园 TMD 调谐质量阻尼器的钢框架组合减震方法，在本项目中起到了较好的减震效果。

13.4.2　BRB + VFD 组合减震实例

1. 工程概况

廊坊市人民医院抗震设防烈度为 8 度（0.2g），设计地震分组第二组，场地类别为 III 类。根据本项目地震安全性评价结果，多遇地震、设防地震及罕遇地震的水平地震影响系数最大值分别为 0.18、0.51、0.97，场地特征周期分别为 0.55s、0.60s、0.80s，设防地震下安评给出的抗震设防条件高于《抗规》8 度 0.2g 约 13%。本项目总建筑面积 390630m²，建设内容包括门急诊医技楼、三栋病房楼、行政科研楼、跨街连廊、发热门诊等（图 13.4-8）。地下 3 层，地上多层 5 层，高层 10 层，建筑最大高度 43.5m。南区门急诊医技住院综合楼地上通过防震缝分为 4 个结构单元：A1 区、A2 区、B 区和 C 区；北区通过防震缝划分为 7 个结构单元：D 区、E1 区、E2 区、连廊单元一～四；各结构单体的划分如图 13.4-9 所示。

图 13.4-8　建筑效果图

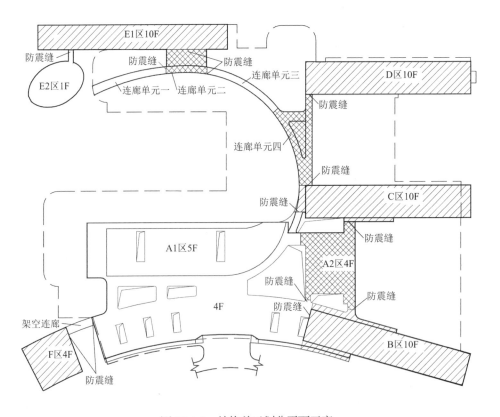

图 13.4-9　结构单元划分平面示意

2. 结构性能目标、主体结构及减震技术选择

本项目初步设计完成于 2021 年 11 月，《抗震条例》颁布之初，河北省《建筑工程消能减震技术标准》颁布实施之前，业内专家学者围绕正常使用性能目标的研究和讨论处于起步阶段，关于正常使用的具体设计控制指标尚无规范或标准依据。参考《抗规》性能化设计相关要求，以及国内学者对于楼层加速度的初步研究结果，本项目从结构承载力、层间变形和楼层加速度三个方面考虑，确定结构抗震性能目标见表 13.4-5。

结构及构件在不同水准地震作用下的性能目标 表 13.4-5

地震作用水准		多遇地震	设防地震	罕遇地震
层间位移角限值		1/250	1/200	1/90
楼层加速度		—	0.25g	0.45g
关键构件	子结构框架柱	弹性	弹性	允许少量进入塑性
	子结构框架梁	弹性	弹性	允许少量进入塑性
普通竖向构件	其余竖向构件	弹性	弹性	允许进入塑性
耗能构件	框架梁	弹性	弹性	允许进入塑性

根据《抗震条例》相关要求，本项目医疗建筑需采用隔震或减震技术。由于建筑方案单体众多且交错相连，高层和多层建筑相互咬合，隔震技术应用难度较大，因此本项目采用减震技术。经过前期试算，混凝土结构附加消能减震技术，在承载力、层间变形和楼层加速度各方面均难以满足既定的性能目标要求。结合廊坊市地方政策文件对医院建筑装配式建造的要求，本项目医疗类建筑采用钢结构 + 减震技术，钢框架梁柱的主要截面尺寸及材料强度见表 13.4-6 和表 13.4-7。

多层门诊医技楼钢框架主要梁柱截面选型 表 13.4-6

楼层	框架柱	框架梁	钢材牌号
1～2 层	□500 × 500 × 25 × 25	H500 × 250 × 12 × 25 H500 × 250 × 10 × 20	Q355
3～4 层	□500 × 500 × 20 × 20		

高层病房楼钢框架主要梁柱截面选型 表 13.4-7

楼层	框架柱	框架梁	钢材牌号
1～2 层	□600 × 600 × 24 × 24	H500 × 250 × 12 × 25 H500 × 250 × 10 × 20	Q355
3～4 层	□550 × 550 × 22 × 22		
5～8 层	□500 × 500 × 20 × 20		
9～10 层	□500 × 500 × 18 × 18		

相比混凝土结构，钢结构承载强度高，延性好，结构变形能力强更有利于减震装置发挥滞回耗能作用。本项目中多层建筑钢框架刚度相对较大，主要采取附加速度型消能器的减震方案，在不增加主体结构刚度的情况下，主要为结构提供阻尼耗能，也有利于楼层加

速度响应的控制；高层钢框架相对较柔，局部楼层需要考虑设置位移型消能器，减震装置的选择对层间变形及加速度响应的控制存在一定的互相制约因素：一方面，增加位移型消能器的数量或刚度，可以提高结构的刚度，解决层间变形的控制问题；另一方面，通常结构刚度增加会导致加速度响应增大，不利于对医疗建筑中的非结构构件及设备仪器的正常使用保护。因此，高层病房楼的减震设计重点是探索可以实现层间变形及楼层加速度双控的减震方案。

3. 病房楼减震设计思路及消能器布置方案

病房楼结构高度 43.5m，标准层平面布置东西向 17 跨，南北向 3 跨。钢框架整体刚度偏柔，长宽比较大，抗扭刚度较差。无控结构前 3 阶周期为 2.57s（X）、2.41s（扭转）、2.26s（Y）；多遇地震下无控结构 X 及 Y 向层间位移角分别为 1/387、1/289。为充分发挥位移型、速度型两类消能器的技术特点，结合主体结构变形及加速度响应特性，减震装置采取屈曲约束支撑（BRB）和黏滞消能器（VFD）沿楼层竖向组合布置的方案：BRB 的数量自下而上采用"正三角形"递减布置，VFD 的数量自下而上采用"倒三角形"递减布置，即：1～3 层 BRB 下部最多，4～7 层除平面外周四角控制扭转保留 BRB，其余换为 VFD；8～10 层 BRB 取消，仅布置 VFD。

病房标准层面积约 3250m²，1～8 层 X 向和 Y 向各布置 8 个消能器，约 203m² 一个消能器，9～10 层数量略减，1～10 层共布置 152 个消能器，其中屈曲约束支撑（BRB）68 个，黏滞消能器（VFD）84 个。组合减震计算采用 ETABS 软件建模分析（图 13.4-10），黏滞消能器的间接连接钢支撑截面为方钢管 300×300×12。消能器力学性能参数见表 13.4-8，各层布置数量统计见表 13.4-9，典型的消能器楼层平面布置见图 13.4-11。

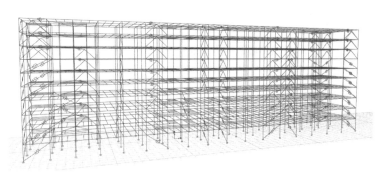

(a) 病房楼组合减震三维模型

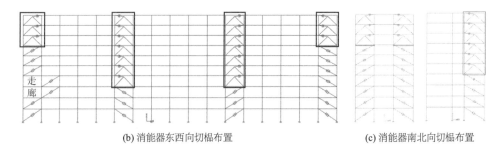

(b) 消能器东西向切桁布置　　　　　(c) 消能器南北向切桁布置

图 13.4-10　组合减震三维模型及消能器切桁布置示意图

组合减震两类消能器的力学性能参数　　　　表 13.4-8

屈曲约束支撑					
编号	芯材材质	等效截面面积（mm²）	屈服承载力（kN）	极限承载力（kN）	屈服后刚度比
BRB-1	LY160	22500	3500	7000	0.05

黏滞消能器					
编号	阻尼系数C [kN/(m/s)$^\alpha$]	阻尼指数α	设计阻尼力（kN）	设计行程（mm）	设计速度（mm/s）
VFD-1	1000	0.25	750	±50	350

消能器各层布置数量　　　　表 13.4-9

层号	层高（m）	黏滞消能器布置个数		屈曲约束支撑个数	
		X向	Y向	X向	Y向
10 层	4.1	6	6	0	0
9 层	4.1	6	8	0	0
8 层	4.1	8	8	0	0
5～7 层	4.1	4	4	4	4
4 层	4.5	4	4	4	4
2～3 层	4.5	2	2	6	6
1 层	5.1	0	2	6	6

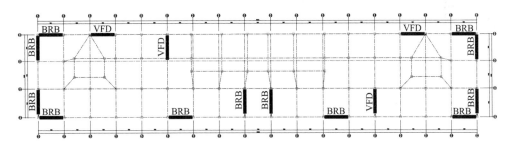

(a) 2～3 层消能器布置

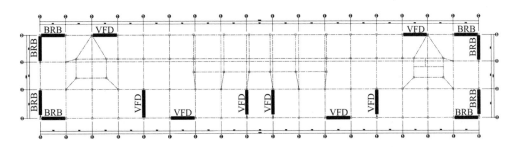

(b) 5～7 层消能器布置

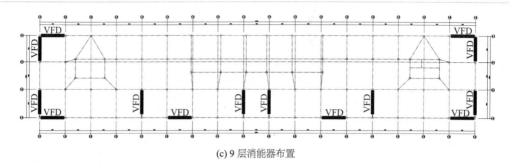

(c) 9 层消能器布置

图 13.4-11　典型的消能器楼层平面

4. 病房楼减震计算结果及方案对比

为了研究组合减震方案的有效性和必要性，对比构建仅布置 BRB 的单一消能器减震方案：消能器布置及总数量保持不变，将组合减震中的 VFD 全部替换为 BRB。根据结构刚度需求，BRB 的屈服承载力沿楼层竖向自下而上分段减小：1~3 层 5000kN，4~5 层 3500kN，6~7 层 2500kN，8~10 层 1600kN。为使得 BRB 尽早屈服，在设防地震下充分耗能，BRB 芯材材质均选择 Q160 软钢。

同时考虑主体结构和连接单元的非线性，采用相同的地震输入，对无控结构及两个减震方案进行动力弹塑性时程分析。以贴近规范反应谱的人工波分析结果为例，对比两个减震方案相对无控结构的减震控制效果，结果如下：

（1）层间位移角

由图 13.4-12 对比可知，组合减震方案和 BRB 单一消能器减震方案对层间位移角的减震控制效果均很明显，设防地震及罕遇地震下可达到 1/200 和 1/90 的预期目标。

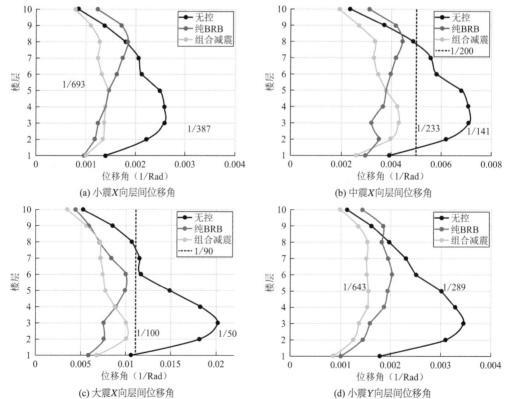

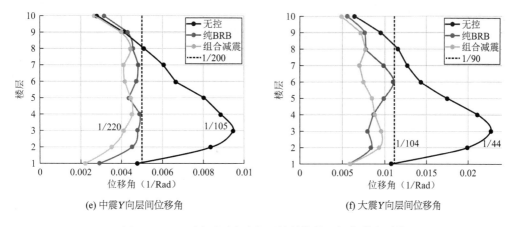

(e) 中震Y向层间位移角　　　　　　　(f) 大震Y向层间位移角

图 13.4-12　两个减震方案与无控结构的层间位移角对比

组合减震方案中，随地震作用的增加，罕遇地震相比设防地震最大层间位移角减震效果没有明显下降，这与仅布置黏滞消能器的减震方案规律有所不同。分析原因是组合减震中的 BRB 在设防地震下刚进入屈服或接近屈服，在罕遇地震下 BRB 充分屈服耗能，弥补了非线性黏滞消能器耗能能力下降的不足。

（2）楼层加速度

由图 13.4-13 对比可知，楼层加速度响应沿楼层竖向呈"S"形分布，无控结构在设防地震下的最大楼层加速度接近 0.30g，采用组合减震方案后，中上部加速度的控制效果明显，实现了设防地震下不超过 0.25g 的设计目标。采用 Q160 软钢 BRB 的减震方案，相比无控结构的加速度响应不降反增，设防地震下中间层的加速度响应接近 0.30g，顶层最大响应接近 0.45g。罕遇地震下组合减震方案实现了加速度不超过 0.45g 的控制目标，BRB 减震方案的最大加速度达到 0.60g，相比组合减震方案增大明显且不满足预设的控制目标。

（3）结构损伤

由图 13.4-14 对比可知，罕遇地震下无控结构 2～6 层大量框架梁端屈服出铰，1～6 层均有框架柱端屈服出铰。组合减震结构出铰位置在 2～8 层局部框架梁梁端；框架柱出铰较少，位置均在首层柱底。梁、柱塑性铰的可接受准则均为 B 点，未超过立即使用（IO）；BRB 减震结构的整体损伤程度与组合减震结构相差不多，局部框架梁端及首层柱底出铰均为轻微损伤。

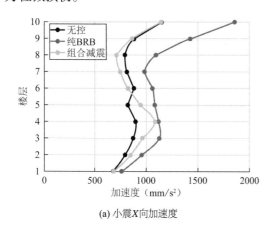

(a) 小震X向加速度

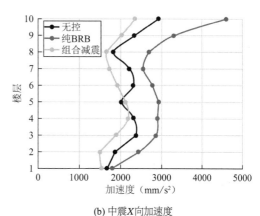

(b) 中震X向加速度

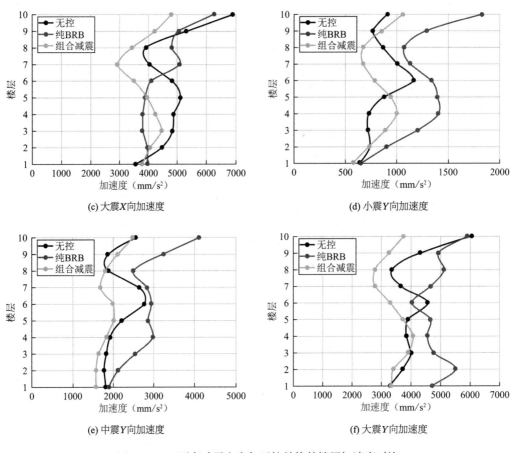

(c) 大震X向加速度

(d) 小震Y向加速度

(e) 中震Y向加速度

(f) 大震Y向加速度

图 13.4-13　两个减震方案与无控结构的楼层加速度对比

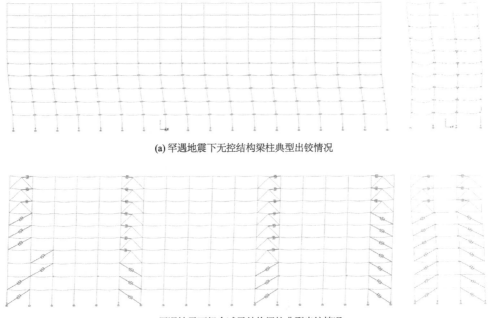

(a) 罕遇地震下无控结构梁柱典型出铰情况

(b) 罕遇地震下组合减震结构梁柱典型出铰情况

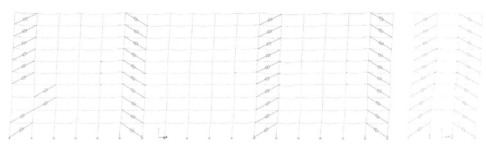

(c) 罕遇地震下 BRB 减震结构梁柱典型出铰情况

图 13.4-14 两个减震方案与无控结构的结构损伤对比

5. 小结

（1）病房楼无控结构的承载力及层间变形基本满足《抗震条例》实施之前的抗震设计要求，采用位移型消能器和速度型消能器沿楼层竖向组合布置的减震方案后，不仅可以实现结构承载力性能大幅提升，更是可以兼顾结构变形及楼层加速度响应的双控需求，全面实现了设防烈度下正常使用性能目标。

（2）以设防地震补充刚度为主的 BRB 减震方案，对结构承载力及结构变形的控制可实现与组合减震近似的减震效果，但对有楼层加速度的控制效果不降反增，无法全面实现设防烈度下正常使用性能目标。

13.4.3 组合减隔震技术实例

1. 工程概况

某 4 层框架结构（图 13.4-15），建筑结构高度 23m，无地下室，高宽比 1.0，抗震设防烈度 8 度 0.2g，设计地震分组第二组，Ⅱ类场地，根据地震安全评价报告，本项目场地特征周期小震下为 0.4s，中震下为 0.60s，大震下为 0.80s。采用叠层橡胶支座基础隔震＋黏滞消能器方案。

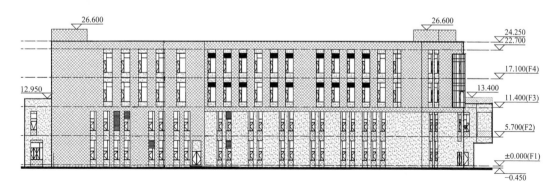

图 13.4-15 建筑立面图

2. 减隔震装置布置

橡胶隔震支座直径、数量及布置主要考虑面压、拉应力、罕遇地震水平位移限值等因素，隔震支座参数如表 13.4-10 所示，具体布置如图 13.4-16 所示。

隔震支座力学性能参数

表 13.4-10

型号	LNR800	LNR900	LRB800-1	LRB800-2	LRB900
隔震垫有效直径（mm）	800	900	800	800	900
剪切模量 G（MPa）	0.392	0.392	0.392	0.6	0.49
第一形状系数 S_1	≥20	≥20	≥20	≥20	≥20
第二形状系数 S_2	≥5	≥5	≥5	≥5	≥5
竖向压力限值（kN）	5024	6358	5024	5024	6358
竖向刚度（kN/mm）	3100	3700	3400	3300	4100
等效水平刚度（kN/mm）	1.21	1.35	1.83	2.7	2.41
设计剪应变	100%	100%	100%	100%	100%
极限剪应变	≥400%	≥400%	≥400%	≥400%	≥400%
屈服前刚度（kN/mm）	—	—	15.29	25.78	21.4
屈服后刚度（kN/mm）	—	—	1.18	1.98	1.65
橡胶层总厚度（mm）	163	184	163	148	184
屈服力 Q_d（kN）	—	—	106	106	141

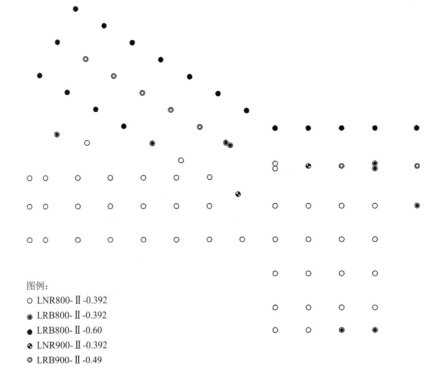

图例：
○ LNR800-Ⅱ-0.392
◉ LRB800-Ⅱ-0.392
● LRB800-Ⅱ-0.60
◍ LNR900-Ⅱ-0.392
◎ LRB900-Ⅱ-0.49

图 13.4-16 隔震支座布置图

由于本项目设防地震、罕遇地震下的特征周期较长，显著高于规范值，隔震层位移过大，超出支座极限位移，故在隔震层布置了黏滞消能器。黏滞消能器参数见表 13.4-11，布置图如图 13.4-17 所示。

黏滞消能器参数

表 13.4-11

消能器规格型号	阻尼系数$C[kN \cdot (m/s^{-1})^{-0.4}]$	阻尼指数	极限位移（mm）	最大阻尼力（kN）	数量（套）
VFD1	1200	0.4	550	1400	13

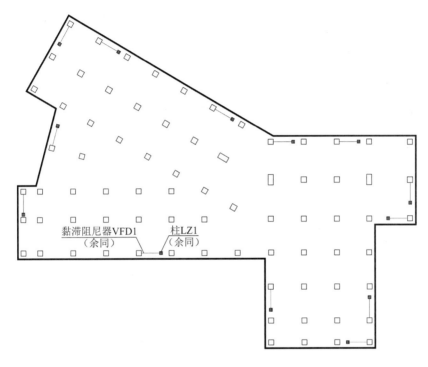

图 13.4-17　隔震层黏滞消能器布置示意图

3. 减隔震设计目标

本建筑减隔震设计的基本设防目标是：当遭受相当于本地区基本烈度的设防地震时，主体结构基本不受损坏或不需修理即可继续使用；当遭受罕遇地震时，结构可能发生损坏，经修复后可继续使用；遭受极罕遇地震时，不致倒塌或发生危及生命的严重破坏。

设防地震下基底剪力减少不小于 50%，结构抗震等级按降一度考虑（与竖向地震相关的抗震措施不降低）。

设防地震下层间位移角不大于 1/400，罕遇地震下层间位移角不大于 1/100，极罕遇地震下层间位移角不大于 1/50。

支座不允许出现拉应力，罕遇地震下支座面压不大于 20.0MPa，长期荷载下的面压不超 10.0MPa。

验算设防地震及罕遇地震作用下结构与隔震层的承载力和变形，且验算极罕遇地震作用下结构及隔震层的变形。

4. 主要分析结果

（1）周期振型

在设防地震作用下，隔震结构与非隔震结构的周期对比见表13.4-12，可见隔震后结构两方向周期明显延长。

隔震前后结构周期（s）　　　　　　　　　　　表 13.4-12

周期	隔震前	隔震后
1	0.973	2.780
2	0.956	2.777
3	0.854	2.572

（2）减震系数

设防地震作用下，不同隔震方案的最大减震系数见表 13.4-13 所示，地上各层隔震前后两个方向最大减震系数均小于 0.5，上部结构可按本地区设防烈度降低一度确定抗震措施。

楼层最大减震系数　　　　　　　　　　　表 13.4-13

隔震方案	减震系数	
	X向剪力比	Y向剪力比
仅设置隔震支座	0.476	0.423
组合减隔震	0.350	0.331
目标值	0.5	0.5

（3）支座位移

隔震支座的水平位移计算采用的荷载组合为：$1.0 \times$ 结构自重 $+ 0.5 \times$ 可变荷载 $+ 1.0 \times$ 水平地震。不同地震作用下支座最大水平位移的计算结果见表 13.4-14，可见隔震层中黏滞消能器的设置，对于控制支座最大水平变形可以起到很好的作用。

最不利方向地震工况的支座水平位移（mm）　　　　表 13.4-14

最大支座位移工况	罕遇地震	极罕遇地震
仅设置隔震支座	608	875
组合减隔震	438	546
限值	440	652

（4）减震隔装置滞回曲线

罕遇地震下，典型隔震支座及黏滞消能器滞回曲线如图 13.4-18 及图 13.4-19 所示，滞回曲线稳定饱满，起到了耗能作用。

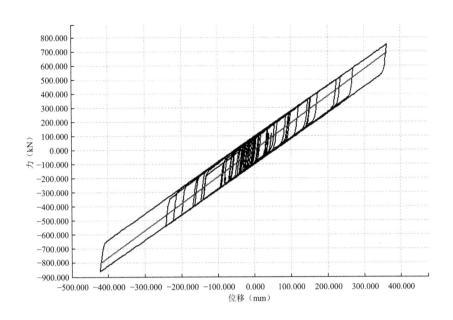

图 13.4-18　罕遇地震下隔震支座滞回曲线

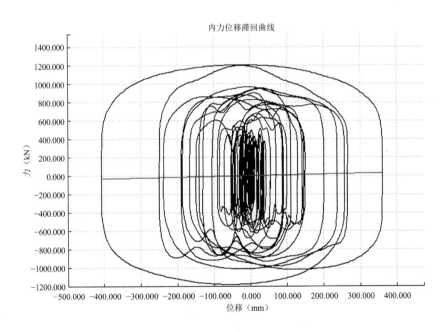

图 13.4-19　罕遇地震下黏滞消能器滞回曲线

（5）耗能情况

罕遇地震下，结构*X*方向在人工波 R0083TG080 作用下，结构耗能情况统计如图 13.4-20 所示。消能器耗能占比 71.95%，其中位移型消能器耗能占比 29.22%，速度型消能器耗能占比 42.73%；总能量等效阻尼比 23.87%，其中初始阻尼比占比 5.00%，结构弹塑性占比 1.62%，位移型消能器占比 7.01%，速度型消能器占比 10.25%。

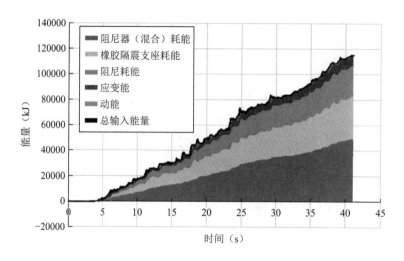

图 13.4-20　R0083TG080_X 工况能量图

13.4.4　组合减隔振技术实例

1. 工程概况

本项目位于兰州东部科技新城（场地总图见图 13.4-21），总建筑面积约 8.5 万 m^2，项目场地属于川塬丘陵沟壑区，建筑场地类别为 Ⅱ 类，建筑基础采用柱下独立基础，持力层为角砾层，属于中硬场地土。其中电推进测评中心东北角部的精密仪器实验室（图 13.4-22）设有测试专用扭摆、静态测试精密倾角试验台及动态测试摆台等设备，对环境微振动要求较高，需要进行微振动控制方案设计。

本项目微振动控制目标如下：1Hz 以下振动加速度不大于 $1 \times 10^{-6} m/s^2$，无速度、位移控制要求；1Hz 以上振动加速度水平向不大于 $2 \times 10^{-5} m/s^2$、竖向不大于 $1 \times 10^{-4} m/s^2$，无速度、位移控制要求。

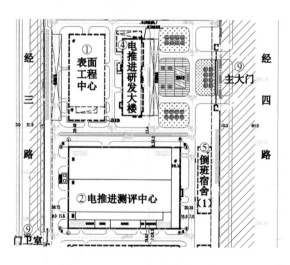

图 13.4-21　项目场地总图示意

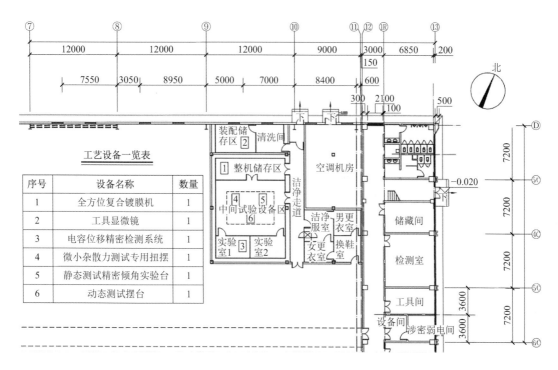

图 13.4-22 精密仪器实验室布置示意

工艺设备一览表

序号	设备名称	数量
1	全方位复合镀膜机	1
2	工具显微镜	1
3	电容位移精密检测系统	1
4	微小杂散力测试专用扭摆	1
5	静态测试精密倾角实验台	1
6	动态测试摆台	1

2. 微振动测试

本次测试，旨在评估实验室内振动是否满足设备振动控制指标，确定现场场地内外各振源的分布情况及振源振动水平，对各振源特性及各振源的振动传播衰减特性进行评估，为后续减振设计提供相应的数据支持。

本项目采用的振动测试仪器主要包括振动加速度/速度传感器、INV3062C 采集仪、电脑（加配专业软件），其余配套设备有传感器电源、多功能电源、GPS、无线路由器、数据电缆线等。

其中脉动拾振器为中国地震局工程力学研究所研制的 941B 型低频拾振器，该拾振器为多功能传感器，主要用于超低频或低频振动测量、地面和结构物的脉动测量、一般结构物的工业振动测量、高柔结构物的超低频大幅度测量和微弱振动测量。本项目使用的分析软件为 DASP-V11 工程版，它是一套多通道信号采集和实时分析软件，通过和东方所的不同硬件配合使用，即可构成一个可进行多种动静态试验的实验室。DASP 平台软件是由动态测试和信号分析软件组成的，其中包括信号示波和采集、信号发生和 DA 输出、基本信号分析等方面的几十个测试分析模块。

为捕捉到振源振动特性及振动衰减特性，在精密仪器实验室内外考虑 3 个测试断面，断面一为实验室周边测点，断面二为实验室北侧纵向断面，断面三为实验室东侧横向断面。每个断面共布设 6 个测点，其中测点 1~4 为三向测点（X向-北向、Y向-东向、Z向-方向垂直于地面），测点 5、6 为竖向测点（Z向-方向垂直于地面），测点布置方案如图 13.4-23~图 13.4-25 所示，总计布置 42 个传感器。测试采样数据波形示例如图 13.4-26 所示。

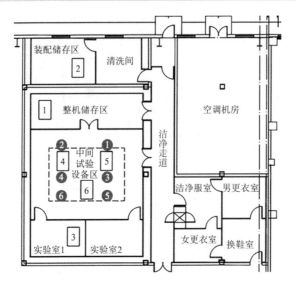

图 13.4-23 实验室周边测点布置

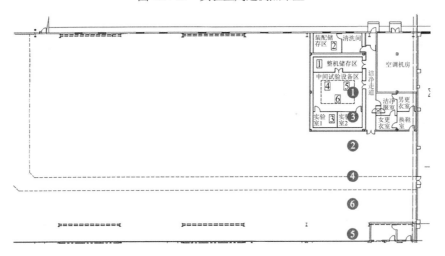

图 13.4-24 横向断面测点

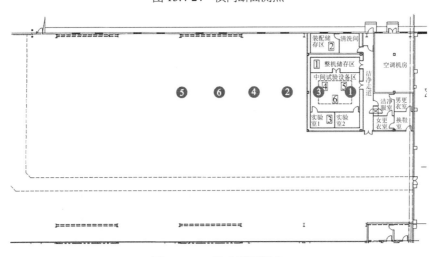

图 13.4-25 纵向断面测点

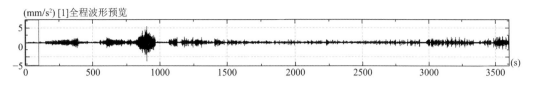

图 13.4-26　测试采样数据波形示例

本项目振源工况如表 13.4-15 所示，测试工况如表 13.4-16 所示。不同测试工况下典型测点的时域分析如图 13.4-27 所示（以工况 1 测点 2 为例），1/3 倍频程分析得到 No-Mo 图见图 13.4-28。

振源工况　　　　　　　　　　　　　　　　表 13.4-15

振源状况	周边状况
日间：外部振源	高铁运行通过、路面交通、远处施工干扰，测点周围无人员走动及其他干扰，内部振源尚未进场、开启
夜间：外部振源	高铁运行通过，路面交通较日间明显减少，远处施工停止作业，测点周围无人员走动及其他干扰，内部振源尚未进场、开启

测试工况　　　　　　　　　　　　　　　　表 13.4-16

工况编号	振动状况	工况描述
1	日间	测点布置 1，沿实验室内部周边布置 6 个测点，其中测点 1~4 为三向（水平和竖向）测点，测点 5、6 为竖向加速度测点，总计 14 个传感器。包括环境振动、高铁经过时振动测试。测量物理量：加速度（mm/s²）
2	夜间	测点布置 1，沿实验室内部周边布置 6 个测点，其中测点 1~4 为三向（水平和竖向）测点，测点 5、6 为竖向加速度测点，总计 14 个传感器。包括环境振动、高铁经过时振动测试。测量物理量：加速度（mm/s²）
3	夜间	测点布置 2（横向断面），沿实验室横向布置 6 个测点，其中测点 1~4 为三向（水平和竖向）测点，测点 5、6 为竖向加速度测点，总计 14 个传感器。包括环境振动、高铁经过时振动测试。测量物理量：加速度（mm/s²）
4	夜间	测点布置 2（纵向断面），沿实验室纵向布置 6 个测点，其中测点 1~4 为三向（水平和竖向）测点，测点 5、6 为竖向加速度测点，总计 14 个传感器。包括环境振动、高铁经过时振动测试。测量物理量：加速度（mm/s²）

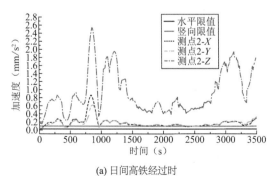

(a) 日间高铁经过时

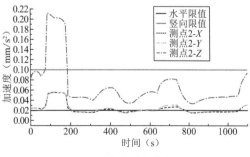

(b) 夜间高铁经过时

图 13.4-27　工况 1 测点 2 加速度有效值

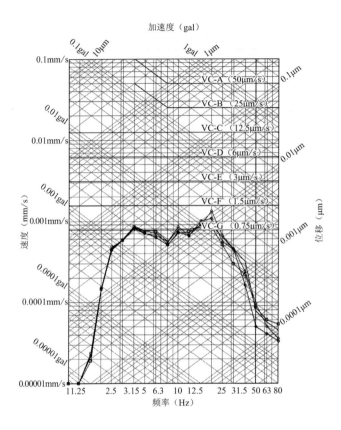

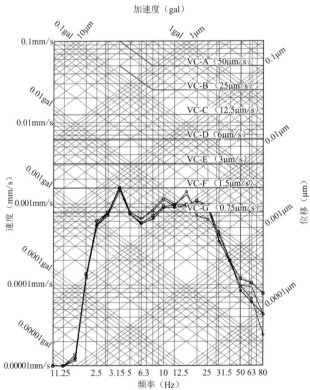

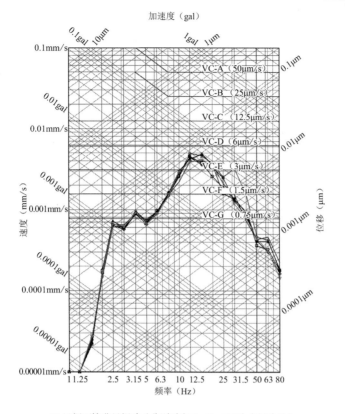

(a) 日间环境背景振动（分别对应 *X*、*Y*、*Z* 三个坐标分量）

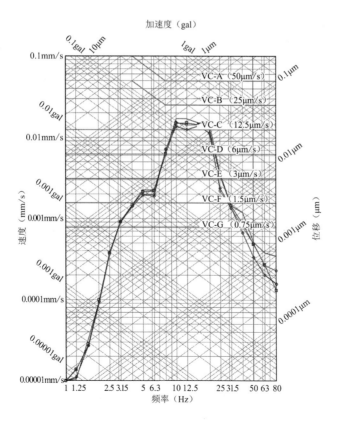

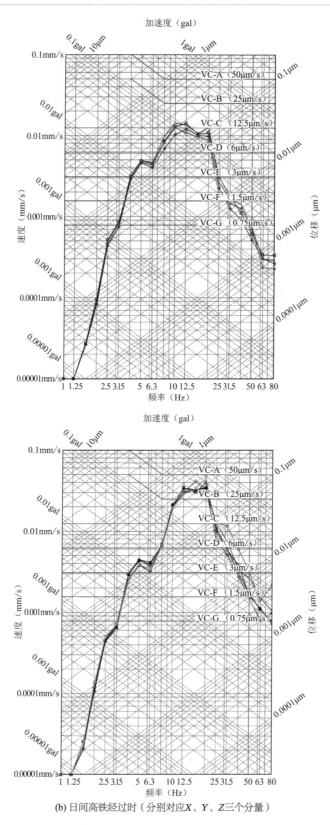

(b) 日间高铁经过时（分别对应X、Y、Z三个分量）

图 13.4-28　工况 1 测点 No-Mo 图

对测试数据进行时域统计分析、频谱分析及 1/3 倍频程分析，可以得出以下结论：

（1）实验室场地现状不满足工艺要求的容许振动值，高铁运行引发的振动影响明显。高铁经过时，实验室的振动以中低频为主，主要集中于 10～16Hz 和 30～40Hz 频段。

（2）日间实验室振动比夜间测试的振动更为明显，主要受到白天路面交通振动影响，同时实验室周边的远处室内空间存在一定的施工作业，并且白天邻近场地存在施工机械及渣土运输车辆作业。

（3）目前阶段，室内动力设备、空调机房设备尚未进场安装，基于现有条件的测试结果表明，夜间背景环境振动较小。

3. 微振动组合减隔振设计

（1）振源分析

外部振源包括：

①轨道交通：项目用地南侧为宝兰客专线，与电推进测评中心直线距离最近处 150m 左右，距离超稳超静实验室约 200m，高铁经过产生的振动由土体传至设备基础，显著影响精密设备微振动环境。

②路面交通：项目用地两侧临近市政道路，左侧为经三路，距离约 50m，右侧为经四路，距离约 85m。

③邻近建筑设备振动：机加制造中心位于电推进测评中心南侧，外墙距离 20m 左右，距离超稳超静实验室约 80m。

④园区内道路交通：内部道路紧邻电推进测评中心，道路行车对微振动有一定影响。

内部振源包括：

①楼宇内机电设备：空调机组、设备管道。

②人员走动：人员走动影响微振动控制。

另外，地脉动由随机振源激发并经场地不同性质的岩土层界面多次反射和折射后传播到场地地面的振动，以低频为主。

（2）组合减隔振方案

本项目考虑到主动隔振的动作机构可能引入低频干扰，且设备复杂，造价高。静电悬浮加速度计测量频带低，为排除测量设备干扰引起的低频噪声，因此不建议使用主动隔振。

结合项目振源情况、微振动控制指标要求及业主单位的建议，本项目拟采用组合振动控制方案，即针对外部振源及地脉动采用隔振沟槽＋大体积块体基础＋被动隔振平台（图 13.4-29）；针对内部振源采取设备及管道被动隔振。

隔振沟槽＋大体积混凝土块体基础方案如下：沿放置具有微振动控制需求的精密仪器的场地周边，设置隔振沟槽（图 13.4-29b），隔振沟深度为 7m，宽度为 200mm，隔振沟填充柔性材料；隔振沟外侧为四周挡土墙，墙厚上部为 300mm，根部为 600mm；隔振沟内侧为大体积混凝土基础，块体基础尺寸为 9m×7m×7m，挡土墙与块体基础共用基础底板，基础底板平面尺寸为 11.6m×9.6m，基础底板厚度为 1500mm，隔振砂垫层平面尺寸为 9.4m×7.4m，厚度为 500mm。

被动隔振平台以竖向隔振为主，分别对应仪器 4、仪器 5、仪器 6，设置 3 台被动隔振平台，隔振平台尺寸分别为 1.9m×1.6m、2.2m×1.6m、1.4m×1.4m，平台高度不超过 800mm。隔振后隔振体系的竖向自振频率不大于 1.5Hz。

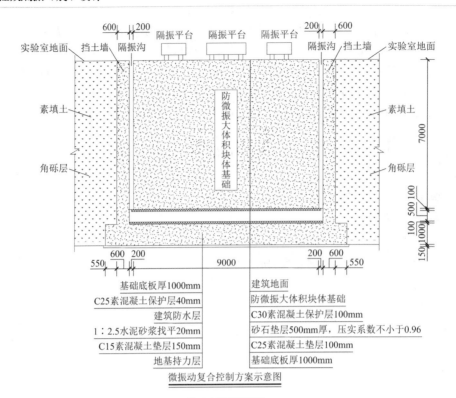

(a) 1-1 剖面示意图

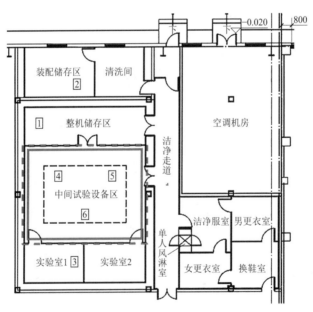

(b) 隔振沟槽平面示意图（图中加粗实线与虚线之间为隔振沟槽位置）

图 13.4-29　微振动控制方案示意

内部动力设备及管道隔振方案如图 13.4-30 所示，针对临近实验室的动力设备，比如空调机房内的机组及管道，采用弹簧隔振，隔振后体系的竖向频率不大于 2.5Hz，设备管道设置减振支架。

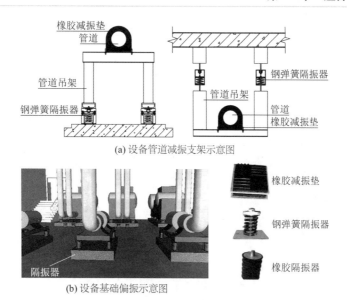

(a) 设备管道减振支架示意图

橡胶减振垫

钢弹簧隔振器

橡胶隔振器

(b) 设备基础偏振示意图

图 13.4-30　内部动力设备及管道隔振做法示意

4. 减振效果分析

（1）隔振沟＋大体积混凝土基础的减振效果

根据地勘报告，场地地基土剪切波速取 250m/s，本项目的隔振沟尺寸，对于 18Hz 以上的振动，隔振效果能达到 80%，对于 12～18Hz 的振动，隔振效果约 50%，对于 12Hz 以下的振动隔振效果有限。

本项目结合建筑空间及减振效果，采用 9m×7m×7m 的块体基础作为辅助大质量，随上部精密仪器设备共同振动，消耗振动能量以达到减振的目的。

按照设计方案中的隔振沟、挡土墙、底板、垫层和大体积混凝土基础参数在 ABAQUS 中建立有限元模型进行分析计算，模型如图 13.4-31 所示，模型参数如表 13.4-17 所示。

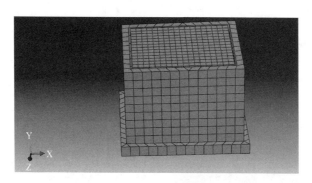

图 13.4-31　隔振沟＋大体积混凝土基础有限元模型

模型参数　　　　　　　　　　　　　　　　　表 13.4-17

部件	单元	材料密度（kg/m³）	材料弹性模量（N/m²）	泊松比
挡土墙＋底板	三维实体单元	2500	3.0×10^{10}	0.25
垫层	三维实体单元	2000	2.0×10^{8}	0.25
大体积基础	三维实体单元	2500	3.0×10^{10}	0.25

根据现场测试结果选取影响最大的日间高铁经过工况对模型进行动力时程分析，所取时长为50s。

选取图13.4-32中的节点进行分析，该体系减振效果如图13.4-33、图13.4-34所示。

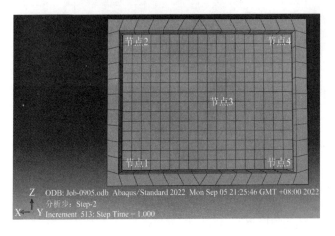

图13.4-32　块体基础顶面控制节点示意图

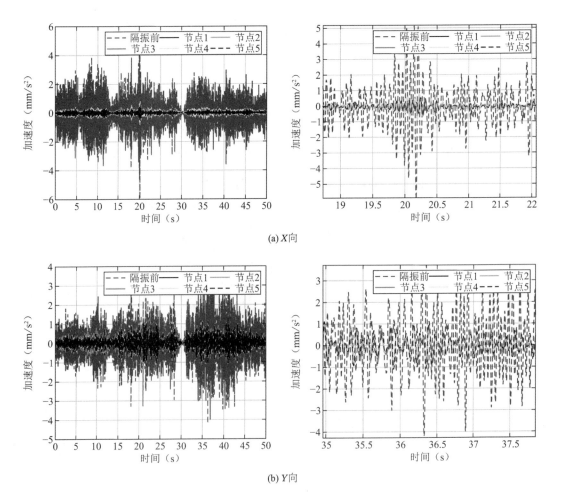

(a) X向

(b) Y向

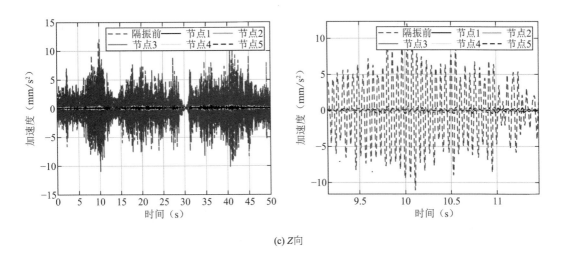

(c) Z向

图 13.4-33　隔振沟＋大体积基础计算结果时域图

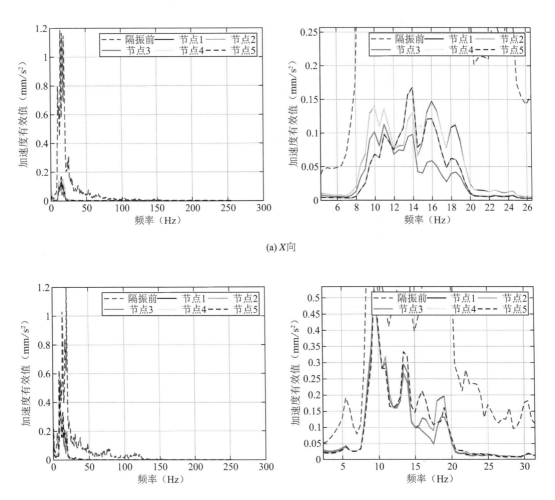

(a) X向

(b) Y向

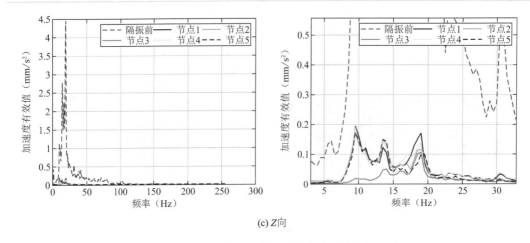

(c) Z向

图 13.4-34　隔振沟＋大体积基础计算结果频域图

（2）被动隔振平台隔振效果

被动隔振平台由平台和隔振器组成，在 ABAQUS 中搭建的被动隔振平台有限元模型，采用三维实体单元，等效材料密度为 2333kg/m³，弹性模量为 3×10^{10}N/m²，泊松比为 0.3，隔振器采用弹簧/消能器单元，竖向刚度为 77644.35N/m，竖向阻尼为 3297N/（m/s），控制水平振动，平台水平刚度及阻尼不应过小，其模型如图 13.4-35 所示。

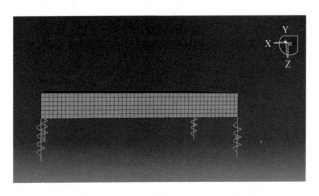

图 13.4-35　被动隔振平台有限元模型

根据现场测试结果选取影响最大的日间高铁经过工况对模型进行动力时程分析，所取时长为 50s，在隔振器底部与地面连接处在 X、Y、Z 三个方向上分别施加对应荷载。

被动隔振平台基频按照 1.5Hz，按照隔振效果曲线，对于 2.12Hz 以上的振动具有隔振效果，对于 4Hz 以上的减振率可达到 80% 以上。选取图 13.4-36 中的节点进行分析，被动隔振平台计算结果如图 13.4-37、图 13.4-38 所示。

（3）隔振沟＋大体积混凝土基础＋被动隔振平台的减振效果

将隔振沟＋大体积混凝土基础和被动隔振平台进行连接，其模型如图 13.4-39 所示，模型各部件参数保持不变，对比分析在日间环境振动、日间高铁经过、夜间环境振动和夜间高铁经过四个不同工况下组合措施的减振效果。选取图 13.4-40 中的节点进行分析，不同工况下隔振体系的计算结果如图 13.4-41～图 13.4-52 所示，时域有效值如表 13.4-18～表 13.4-21 所示。

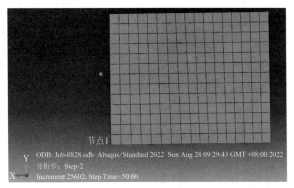

图 13.4-36　隔振平台控制节点示意图（平台顶面角点）

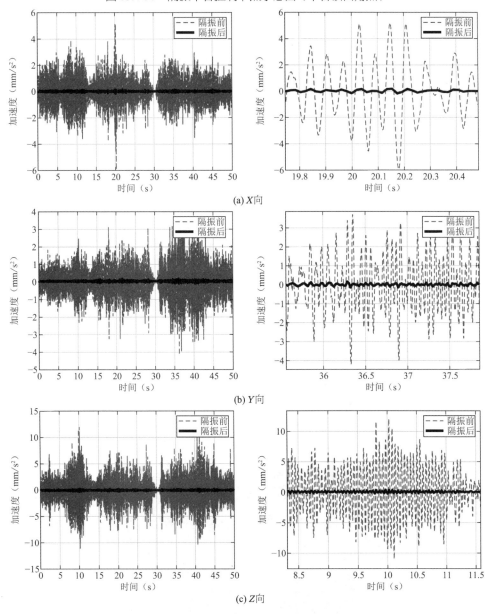

(a) X向

(b) Y向

(c) Z向

图 13.4-37　被动隔振平台计算结果时域图

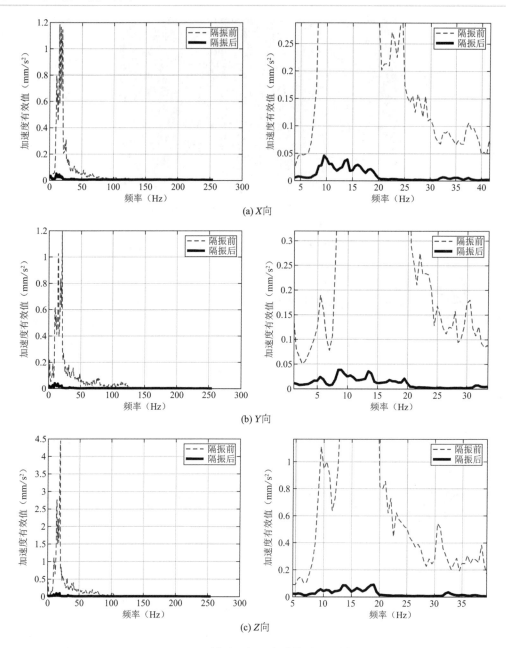

(a) X向

(b) Y向

(c) Z向

图 13.4-38　被动隔振平台计算结果频域图

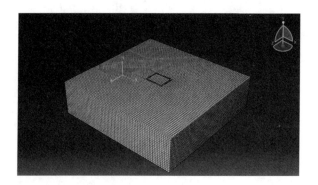

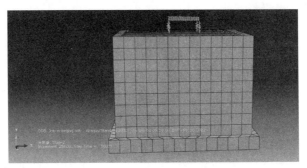

图 13.4-39　组合隔振体系有限元模型

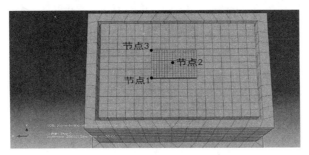

图 13.4-40　组合方案分析节点位置示意图

①日间环境振动

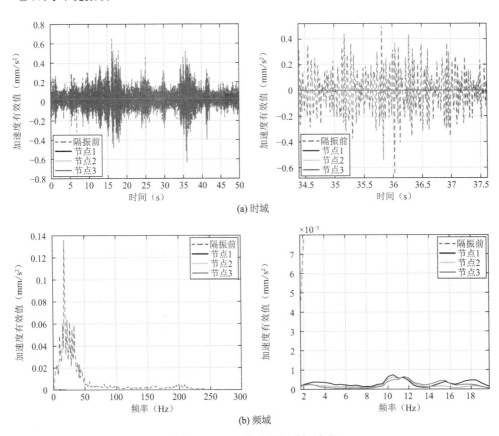

图 13.4-41　X向水平振动加速度

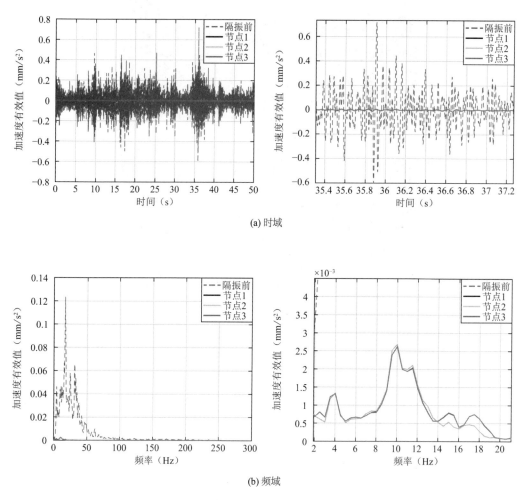

(a) 时域

(b) 频域

图 13.4-42　Y 向水平振动加速度

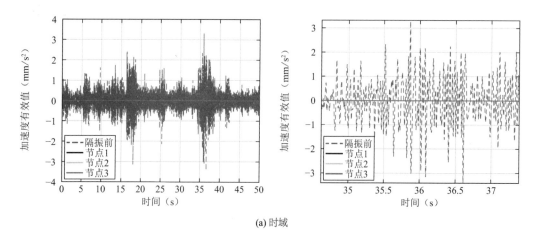

(a) 时域

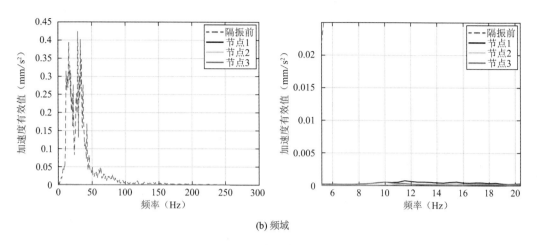

(b) 频域

图 13.4-43　*Z*向竖向振动加速度

②日间高铁经过

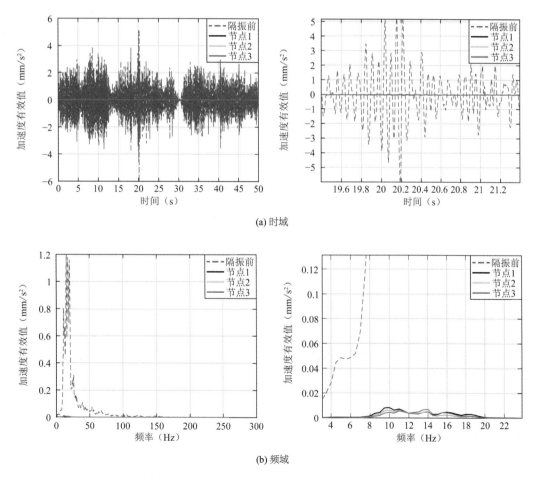

(a) 时域

(b) 频域

图 13.4-44　*X*向水平振动加速度

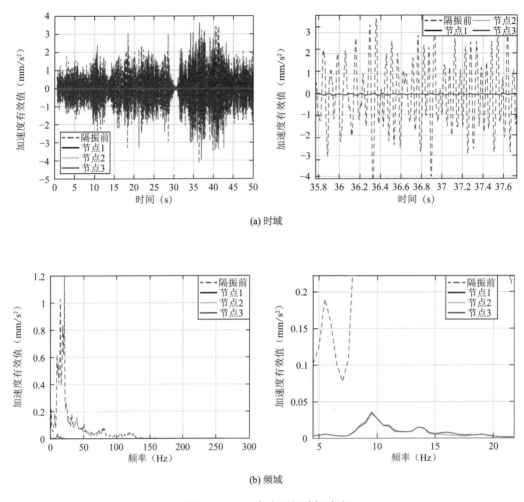

(a) 时域

(b) 频域

图 13.4-45　Y向水平振动加速度

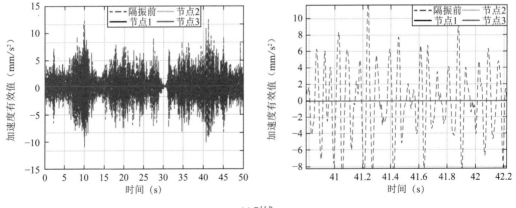

(a) 时域

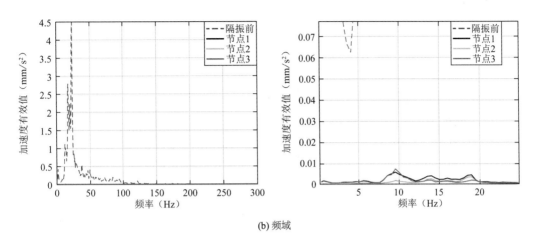

(b) 频域

图 13.4-46 Z向竖向振动加速度

③夜间环境振动

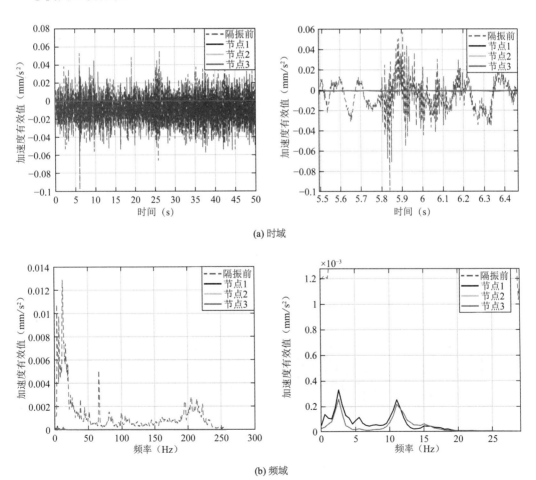

图 13.4-47 X向水平振动加速度

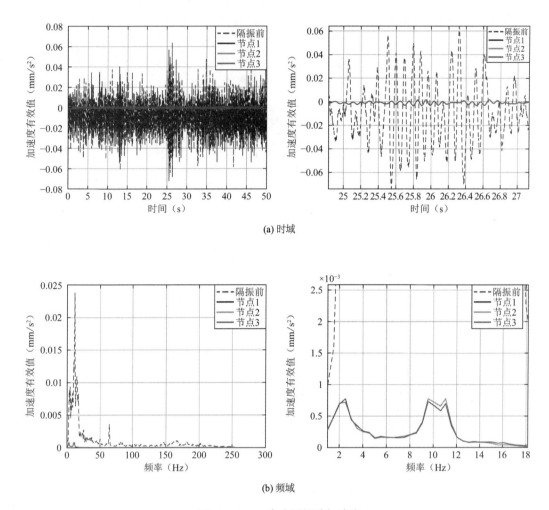

(a) 时域

(b) 频域

图 13.4-48　Y向水平振动加速度

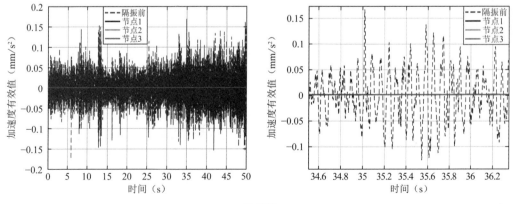

(a) 时域

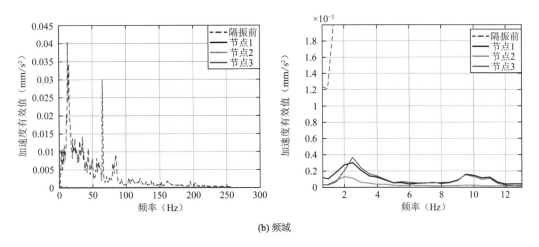

(b) 频域

图 13.4-49　Z向竖向振动加速度

④夜间高铁经过

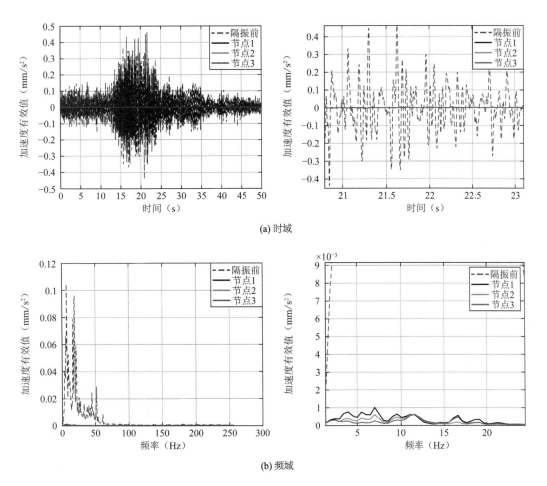

图 13.4-50　X向水平振动加速度

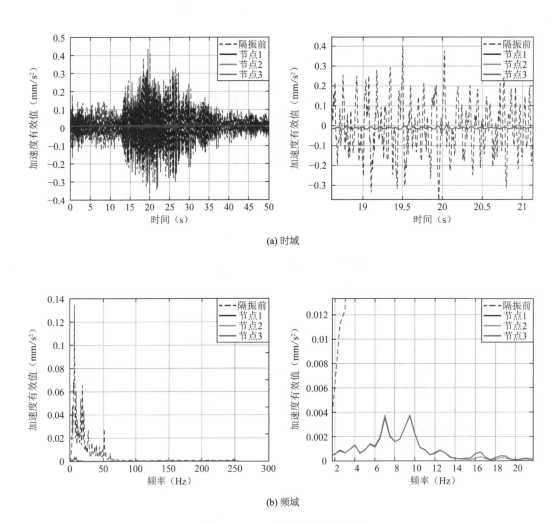

(a) 时域

(b) 频域

图 13.4-51　Y向水平振动加速度

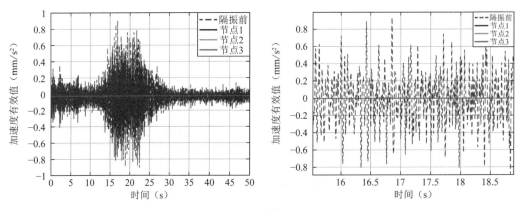

(a) 时域

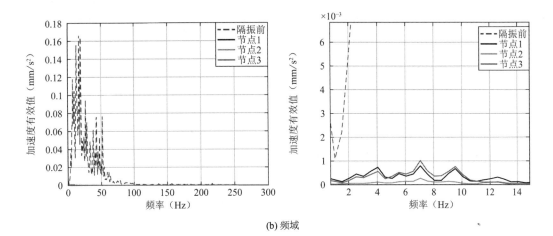

(b) 频域

图 13.4-52　Z向竖向振动加速度

日间环境振动有效值统计　　　　　　　　　　　　　　　表 13.4-18

节点	方向	时域有效值（m/s²）	控制要求（m/s²）
1	X	6.33×10^{-7}	
	Y	2.12×10^{-6}	
	Z	6.89×10^{-7}	
2	X	4.77×10^{-7}	X向 $< 2 \times 10^{-5}$
	Y	2.10×10^{-6}	Y向 $< 2 \times 10^{-5}$
	Z	3.59×10^{-7}	Z向 $< 1 \times 10^{-4}$
3	X	4.95×10^{-7}	
	Y	2.12×10^{-6}	
	Z	5.24×10^{-7}	

日间高铁经过有效值统计　　　　　　　　　　　　　　　表 13.4-19

节点	方向	时域有效值（m/s²）	控制要求（m/s²）
1	X	5.68×10^{-6}	
	Y	1.69×10^{-5}	
	Z	4.33×10^{-6}	
2	X	4.50×10^{-6}	X向 $< 2 \times 10^{-5}$
	Y	1.75×10^{-5}	Y向 $< 2 \times 10^{-5}$
	Z	1.98×10^{-6}	Z向 $< 1 \times 10^{-4}$
3	X	4.68×10^{-6}	
	Y	1.69×10^{-5}	
	Z	3.50×10^{-6}	

夜间环境振动有效值统计 表 13.4-20

节点	方向	时域有效值（m/s²）	控制要求（m/s²）
1	X	3.41×10^{-7}	
	Y	1.34×10^{-6}	
	Z	2.47×10^{-7}	
2	X	2.60×10^{-7}	X向 $< 2 \times 10^{-5}$
	Y	1.28×10^{-6}	Y向 $< 2 \times 10^{-5}$
	Z	9.21×10^{-8}	Z向 $< 1 \times 10^{-4}$
3	X	2.19×10^{-7}	
	Y	1.34×10^{-6}	
	Z	2.13×10^{-7}	

夜间高铁经过有效值统计 表 13.4-21

节点	方向	时域有效值（m/s²）	控制要求（m/s²）
1	X	7.25×10^{-7}	
	Y	2.26×10^{-6}	
	Z	5.89×10^{-7}	
2	X	4.65×10^{-7}	X向 $< 2 \times 10^{-5}$
	Y	2.27×10^{-6}	Y向 $< 2 \times 10^{-5}$
	Z	1.99×10^{-7}	Z向 $< 1 \times 10^{-4}$
3	X	3.85×10^{-7}	
	Y	2.26×10^{-6}	
	Z	6.30×10^{-7}	

　　经计算分析，上述方案能够满足超静超稳实验室的微振动控制要求。隔振沟 + 防微振基础 + 被动隔振平台的效果对比（图 13.4-53、图 13.4-54）表明了组合隔振措施的有效性和必要性。

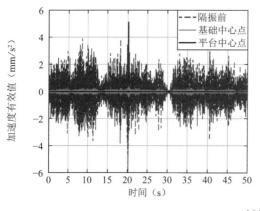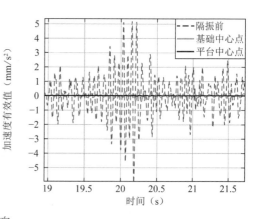

(a) X向

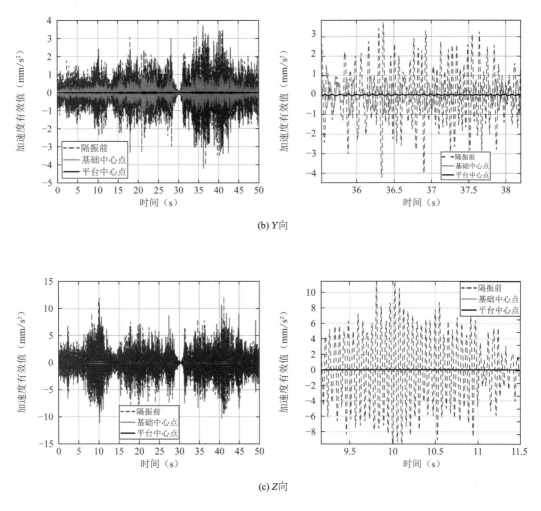

(b) Y向

(c) Z向

图 13.4-53 隔振效果对比（时域）

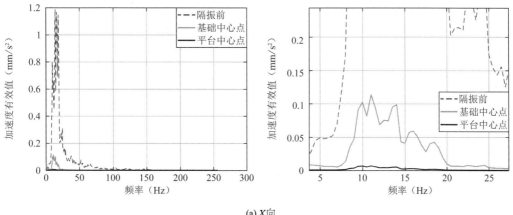

(a) X向

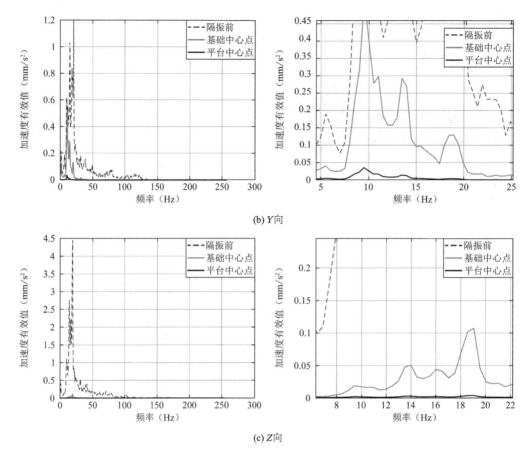

(b) Y向

(c) Z向

图 13.4-54　隔振效果对比（频域）

5. 结论

本项目通过对实验室场地的现场振动测试及振动评估分析，比较了不同减振方案的微振动控制效果，得出以下结论：

（1）现场振动实测结果表明，高铁运行通过时，对超静超稳实验室的微振动环境影响较大，尤其日间高铁经过时，场地振动最为明显，不满足精密设备正常使用要求，需采取防微振措施。

（2）结合项目地勘报告，通过数值模拟计算分析，本项目拟采用隔振沟＋防微振大体积钢筋混凝土块体基础＋被动隔振平台的综合减振措施，其中隔振沟＋大体积混凝土、被动隔振平台分别针对不同频段的振动，综合措施的控制效果可以满足控制指标的要求。

（3）鉴于现有场地中的动力设备及空调机房设备尚未安装、运行，本项目的微振动控制目标留有一定的余量。

参考文献

[1]　吴宏磊，丁洁民，刘博. 超高层建筑基于性能的组合消能减震结构设计及其应用[J]. 建筑结构学报，

2020, 41(3): 14-24.

[2] 丁洁民, 吴宏磊, 王世玉. 减隔震技术的发展与应用[J]. 建筑结构, 2021, 51(17): 25-33.

[3] 夏昌. 屋顶花园 TMD 减震控制研究[J]. 合肥工业大学学报, 2012 (5): 669-672.

[4] 余文正, 孙柏锋, 应伟. 高烈度区高层建筑组合减隔震效果分析研究[J]. 工业建筑, 2022, 52(9): 94-100.

[5] 章征涛, 刘伟庆, 王曙光, 等. 组合隔震技术在某高层结构中的应用[J]. 建筑结构, 2017, 47(8): 87-92.

[6] 潘钦锋, 颜桂云, 吴应雄, 等. 近断层脉冲型地震动作用下高层建筑组合隔震的减震性能研究[J]. 振动工程学报, 2019, 32(5): 845-855.

[7] 苏涛, 梁嘉健, 施谊. 组合隔震技术在 9 度区某高层住宅项目的应用与分析[J]. 建筑结构, 2021, 51(Z): 950-954.

[8] 陈瑞生, 吴进标, 刘彦辉, 等. 黏滞消能器-基础隔震混合体系优化研究[J]. 振动与冲击, 2020, 39(11): 93-100.

[9] 叶昆, 舒率. 基于性能需求的基础隔震结构附加调谐惯容消能器的优化设计研究[J]. 动力学与控制学报, 2020, 18(5): 57-62.

[10] 郭安薪, 徐幼麟, 李惠. 高科技厂房精密仪器工作平台的微振混合控制[J]. 地震工程与工程振动, 2003, 24(l): 161-165.

[11] 胡晓勇, 熊峰. 高科技厂房结构微振响应分析[J]. 地震工程与工程振动, 2006, 26(4): 56-62.

[12] 刘勺斌, 杨洪波, 刘洋, 等. 基于 Stewart 平台的空间光学仪器主动隔振系统研究[J]. 噪声与振动控制, 2008, 4(2): 10-14.

[13] Fujita S, Kato E, Kashiwazaki A, et al. Shake Table Tests on Three-Dimensional Vibration Isolation System Comprising Rubber Bearing and Coil Spring[C]//Proceedings of 11th World Conference on Earthquake Engineering. 1996.

第 5 篇

建筑工程减隔振（震）技术专项研究

第 14 章　建筑工程减振（震）相关问题

14.1　金属屈服型消能器楼层位移传递率

工程中金属屈服型消能器通常以"墙式"或"支撑型"间接连接形式布置在上下楼层之间，利用层间相对位移传递给消能器滞回耗能。消能器水平变形与结构层间相对位移之比称为楼层位移传递率，表征消能器效率发挥程度。

结构层间相对变形包含整体弯曲变形和层间剪切变形，其中弯曲变形是属于整体几何变形，越高的楼层累积的弯曲变形比例越大，弯曲变形无法使层间水平向布置的消能器发挥消能效果，消能器滞回耗能主要依靠层间剪切变形。另外，由于间接连接构件的刚度有限，支承墙体的弯剪变形或者斜撑的轴向变形会导致层间剪切变形的水平位移传递损失。为了确保消能器发挥减震效果，必须保证连接构件及支承子结构的刚度及强度，进而提高楼层位移传递率，减少位移损失。

本节以金属剪切型软钢消能器为例，分析和探讨消能器楼层位移传递率问题。

14.1.1　不考虑整体弯曲变形和支承梁转动的理想模型

金属屈服型消能器加载试验方案如图 14.1-1 所示，支座条件为下端固定，上端有侧移但无转动，这是消能器理想的耗能工作模型。《建筑消能减震技术规程》JGJ 297—2013 中要求，"与消能器连接的支撑、支墩、剪力墙的刚度不宜小于消能器有效刚度的 2 倍"，工程中连接段墙体刚度有限，上下支承梁与消能部件"耦合"后产生弯曲变形，这都与试验台的工作条件有差别。

先不考虑子结构整体弯曲变形和支承梁转动，以墙式连接的消能部件为研究对象，变化连接段墙体的刚度，构建对比模型，分析消能器楼层位移传递率问题。

图 14.1-1　剪切型金属消能器试验

　　采用 ETABS 软件建立消能部件模型，消能器为 Wen 连接单元，主要力学性能参数：屈服力 500kN，屈服位移 4mm，弹性刚度 125kN/mm，屈服后刚度系数 0.1。首先，模拟图 14.1-1 试验台加载情况（图 14.1-2a）：选用两个消能器并联，顶部侧向加载 100kN；连接墙体墙厚 0.3m，墙高 3m，下端固定，上端自由，经试算当墙长为 2m 时（图 14.1-2b），墙体的侧向水平刚度为 500kN/mm，为两个消能器并联刚度之和的 2 倍；最后，将消能器与连接段墙上下串联，建立消能部件模型（图 14.1-2c）。为对比连接墙体刚度影响，将模型（c）中连接段墙体墙长由 2m 增加为 4m，其他条件不变，得到模型（d）。

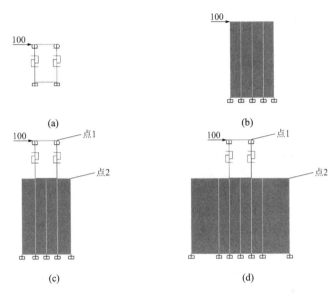

图 14.1-2　理想模型侧向加载图

　　模型（a）～（d）的侧向变形结果见图 14.1-3，各模型中"楼层位移传递率"对比计算列于表 14.1-1。

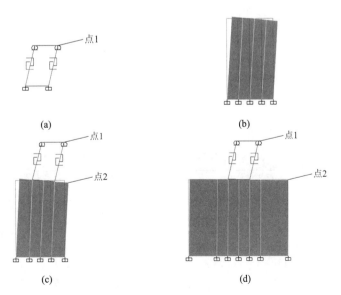

图 14.1-3　理想模型侧向变形图

理想模型楼层位移传递率
表 14.1-1

模型	点 1 水平位移（mm）	点 2 水平位移（mm）	消能器水平剪切变 形（mm）	消能器转动引起水 平变形（mm）	楼层位移传递率
（a）	0.4	—	0.4	—	100%
（b）	—	0.20	—	—	—
（c）	0.61	0.17	0.4	0.04	65.5%
（d）	0.44	0.0367	0.4	0.0033	90.9%

模型（c）和（d）中，点 1 的水平位移可分解为三部分：①随下部连接墙体弯剪变形的水平分量（点 2 水平位移），②消能器水平剪切变形，③消能器转动引起水平变形。由表 14.1-1 结果可知，第③部分变形占比较小，可忽略。可见，理想的上下串联模型（c）下端固定、上端有侧移无转动，当连接段墙体满足 2 倍刚度比的规范最低要求时，消能器楼层位移传递率为 65.5%。随着连接段墙体墙长由 2m 增加为 4m，墙体侧向刚度达到消能器刚度的 8 倍，连接墙体的弯剪变形位移损失减少，位移传递率提高到 90.9%。

14.1.2　考虑支承梁转动的子结构模型

将图 14.1-1 模型（c）、（d）分别置于子框架结构中，得到图 14.1-4 模型（e）、（f）。子框架结构层高 4.5m，柱跨 8.0m，柱截面 700mm×700mm，梁截面 700mm×700mm。由于子框架梁、柱参与分担侧推力，通过试算将框架顶部左右两个加载点的侧向荷载分别调至 106.47kN 和 86.86kN，可得到每个消能器承担的水平剪力均为 50kN，实现与模型（c）、（d）中消能器相同的工作状态。

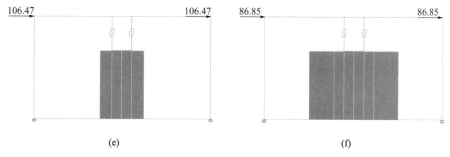

图 14.1-4　子结构模型侧向加载图

模型（e）、（f）中各点的水平变形及楼层位移传递率列于表 14.1-2。

子结构模型楼层位移传递率
表 14.1-2

模型	点 1 水平位 移（mm）	点 2 水平位 移（mm）	消能器剪切 变形（mm）	子结构位移 传递率	仅考虑消能部件的理 想模型位移传递率	传递率下降比
（e）	0.45	0.93	0.4	43.0%	65.5%（模型 c）	66%
（f）	0.13	0.58	0.4	68.9%	90.9%（模型 d）	76%

相比上节仅考虑消能部件的理想模型，由于墙体底部支承框架梁有较大的弯曲转动，楼层位移传递率在子结构模型中有所下降，消能减震的效率降低。支撑梁的转动变形随着墙长与柱跨比例的减小会更为显著，当墙长与梁跨之比为 0.5 时，尽管连接墙体侧向刚度

达到了消能器侧向刚度的 8 倍，位移传递率也只有 68.9%。

需要说明的是，上述子框架仅有一层，且柱底的支座条件为固定，层间变形主要是剪切变形，几乎没有整体的弯曲变形。实际工程中，结构整体弯曲变形会随着楼层的增高逐步累加，层间位移传递考虑楼层整体弯曲变形的扣除后，位移传递率会进一步减小。

14.1.3　支撑型连接楼层位移传递率

在模型（f）的基础上，将子结构中消能器下部的连接墙体改为一对钢支撑，子结构及消能器布置不变，得到模型（g）。钢支撑截面 300mm × 300mm × 10mm × 15mm，材质 Q345，支撑杆长 4.61m，倾角 40.6°。将框架顶部左右两点的侧向荷载调至 86.96kN，可模拟每个消能器承担的水平剪力均为 50kN，此时侧向变形及轴力图见图 14.1-5。

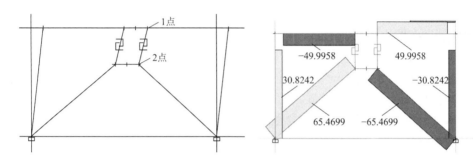

图 14.1-5　模型（g）侧向变形及轴力图

模型（g）中点 1 和点 2 的水平位移分别为 0.59mm 和 0.16mm，连接剪切变形 0.4mm，钢支撑的侧向等效刚度为消能器刚度的 2.5 倍，消能器楼层位移传递率为 67.8%。仅从数值看，传递率与模型（f）相当，但产生位移传递损失的原因有所不同：模型（f）主要是墙下支承梁的转动造成位移传递损失，模型（g）则是钢支撑的轴向拉压变形引起了整个支承体系的水平变形。为便于理解，对点 2 水平位移进行手算复核如下：

支撑轴力 $F = 65.47$kN，$E = 2.06 \times 10^5$N/mm²，$A = 118.5$cm²；

轴向变形 $F/K = F/(EA/L) = 0.123$mm；

水平变形 $= 0.123/\cos 40.6° = 0.16$mm，和模型计算结果一致。

需特别说明的是，如果实际布置中消能器下部钢支撑相交至钢梁中点（图 14.1-6），间接支撑体系对消能器转动的约束会降低，位移传递率会进一步下降。

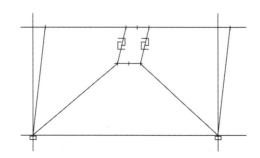

图 14.1-6　人字形钢支撑相交于梁中时的子结构侧向变形图

14.1.4 工程实例

1. 工程概况及减震设计思路

北京同仁医院改建扩建工程，总建筑面积 15.2 万 m²，建筑功能涵盖门急诊、医技及病房等。地上病房主楼 15 层，裙房 5 层，首层周边有较多下沉庭院，结构嵌固面取地下一层地面。抗震设防烈度 8 度（0.3g），设计地震分组第一组，场地类别Ⅲ类。作为生命线工程，传统的混凝土抗震结构难以满足复杂医疗建筑使用功能及超高烈度下的抗震设防目标。项目建设之初，恰逢住建部 2014 年 2 月颁布《住房城乡建设部关于房屋建筑工程推广应用减隔震技术的若干意见（暂行）》不久，设计团队在广泛调研的基础上，进行了包括钢结构、屈曲约束支撑、黏滞消能器等多个主体结构及减震产品选型的方案比选，从适用性及经济性角度优选了混凝土结构＋剪切型软钢消能器的方案，合理规划消能器平面及楼层布置，优选消能部件墙式连接形式，为门诊、医技等区域开放了更多的走道和使用空间。

2. 消能器布置及减震设计思路

门诊医技单元嵌固面以上共 6 层，其中，−1 层及 1 层层高 4.8m，2～5 层层高 4.5m，嵌固面以上建筑面积约 4 万 m²。采用钢筋混凝土框架＋剪切型软钢消能器结构形式，墙式连接中墙长与梁跨之比在 0.5～0.7 之间，每片连接墙顶并联布置两个消能器，B1～4 层共布置 106 处，212 个消能器。消能器性能参数及数量见表 14.1-3。

耗能减震设计思路：多遇地震下，结构层间变形较小，消能器处于临近屈服状态，主要给主体结构提供一定的附加刚度，满足高烈度区承载力及变形需求；设防地震及罕遇地震下，结构层间变形增大，消能器先于主体结构屈服，利用软钢剪切变形耗散地震能量，从而减小主体结构的地震反应。

剪切型软钢消能器的数量及参数 表 14.1-3

建筑楼层	消能器数量（X/Y）	屈服承载力（kN）	屈服位移（mm）
B1	20/22	800	4
1	26/26	800	4
2	28/24	500	4
3	20/22	500	4
4	12/12	500	4
5	0		
合计	106/106		

采用 ETABS 软件，按实际建立消能器非线性连接单元及其墙式连接模型（图 14.1-7），通过非线性动力时程分析以及静力推覆分析两种方法，统计连接单元的剪切变形，对比校核验证消能器多遇地震下工作状态是否达到临近屈服的预定目标。根据层间变形、连接单元剪切变形，计算间接连接消能器的楼层位移传递率。

3. 多遇地震下消能器工作状态验证及楼层位移传递率统计

（1）非线性动力时程分析

结构 X、Y 向消能器布置均匀，验算结果比较接近，篇幅所限，仅将 X 向消能器的剪切变形统计列于表 14.1-4。

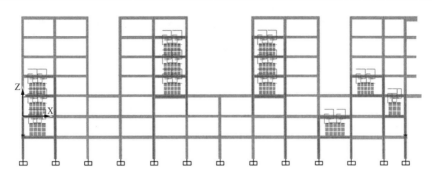

图 14.1-7　消能减震结构切榀布置示意图

非线性动力时程分析 X、Y 向消能器剪切变形统计　　　表 14.1-4

	人工波（X）	天然波 1（X）	天然波 2（X）	人工波（Y）	天然波 1（Y）	天然波 2（Y）
消能器总数	106 个	106 个	106 个	106 个	106 个	106 个
屈服个数 及变形	共 79 个 >6mm 6 个 5~6mm 24 个 4~5mm 49 个	共 81 个 >6mm 2 个 5~6mm 35 个 4~5mm 44 个	共 64 个 5~6mm 27 个 4~5mm 37 个	共 66 个 >6mm 8 个 5~6mm 12 个 4~5mm 46 个	共 92 个 >6mm 16 个 5~6mm 20 个 4~5mm 56 个	共 65 个 >6mm 2 个 5~6mm 12 个 4~5mm 51 个
未屈服个 数及变形	共 27 个 3~4 mm	共 25 个 3~4 mm	共 42 个 3~4mm	共 40 个 3~4 mm	共 14 个 3~4 mm	共 41 个 3~4 mm

从表 14.1-4 可以看出，多遇地震下大部分消能器变形状态为屈服或接近屈服，消能器的选择及布置方案达到了预期的效果。

（2）静力推覆分析

侧推力荷载分布模式对推覆分析结果有较大影响，经过对比分析，采用指定侧推力（反应谱分析各层地震力分布相对比例模式）加载的模式，可以获得较为合理的结果。多遇地震 X、Y 向能力曲线与需求曲线性能交点对应的总阻尼比分别为 5.53% 和 5.67%。由于此时主体结构未进入塑性，超出结构固有阻尼比 5% 的部分为消能器滞回耗能提供的附加阻尼比，此结果与人工波时程分析结果基本一致，两种方法可互为验证。

消能器的水平剪切变形统计见图 14.1-8，图中横坐标 0~4 分别表示 B1~4 层，本节余同。从统计结果可知，消能器的平均剪切变形略大于 4mm，且 X、Y 向消能器的工作状态大致相同，消能器的选择及布置方案达到了预期的效果。

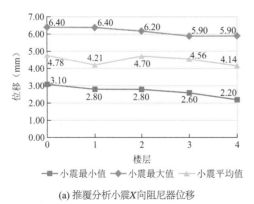

(a) 推覆分析小震 X 向阻尼器位移

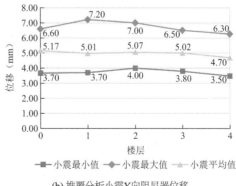

(b) 推覆分析小震 Y 向阻尼器位移

图 14.1-8　静力推覆分析下消能器水平剪切变形楼层统计

根据各层消能器平均位移、各层结构层间变形，求得 X、Y 向的楼层位移传递率列于表 14.1-5。

推覆分析 X、Y 向消能器楼层位移传递率　　　表 14.1-5

楼层	层高（mm）	层间位移角（X）	层间位移（mm）（X）	消能器平均位移（mm）（X）	楼层位移传递率（X）	层间位移角（Y）	层间位移（mm）（Y）	消能器平均位移（mm）（Y）	楼层位移传递率（Y）
B1	4800	1/594	8.08	4.28	53%	1/571	8.41	5.17	61%
1	4800	1/579	8.29	4.21	51%	1/545	8.80	5.01	57%
2	4500	1/597	7.53	4.70	62%	1/564	7.97	5.07	64%
3	4500	1/579	7.77	4.56	59%	1/558	8.06	5.02	62%
4	4500	1/599	7.51	4.14	55%	1/564	7.97	4.70	59%

14.1.5　小结

本节以金属屈服型消能器墙式连接的子结构模型为基础，提出了"楼层位移传递率"的概念，分析了影响楼层水平位移传递的主要因素，结合工程实例，采用非线性时程分析和静力推覆分析两种计算方法，验证了消能器的屈服耗能状态，定量分析了多遇地震下消能器楼层位移传递率，主要结论如下：

（1）墙式连接中，支承连接段墙体的框架梁的弯曲转动是位移传递损失的主要原因，可通过增大墙长与梁跨之比，提高连接墙抗侧刚度，同时约束减小支承梁的转动，提高位移传递率。需注意，连接墙两侧的框架梁会产生类似钢结构偏心支撑耗能梁段的内力增大问题，实际工程中可通过埋设型钢的方式解决；支撑型连接中支撑轴向变形及交汇节点处的转动是位移传递损失的主要原因。可通过加大支撑截面即提高轴向刚度，加强支撑交汇处抗转动构造的方式提升位移传递效率。

（2）工程实例中，金属屈服型消能器采用墙式连接的墙长与支承梁跨度之比在 0.5～0.7 之间，消能器楼层位移传递率在 0.51～0.64 之间，多遇地震下消能器水平剪切变形相对层间水平变形存在较大的位移传递损失。

（3）假定楼层位移传递率，可采用反应谱方法迭代计算金属消能器的等效刚度及附加阻尼比，回代主体结构采用反应谱等效线性方法进行承载力设计。假定的位移传递效果需要验证，建议建立真实的支承连接模型，考虑消能器连接单元非线性属性，采用时程分析方法或者推覆分析方法，从结构响应及消能器实际变形等方面验证消能器的工作状态。

补充分析结果表明，合理的设置连接段墙长与梁跨比的情况下，设防地震下层间变形增幅很大，但随着消能器进入非线性屈服耗能状态，消能器出力及间接连接的位移损失增幅变缓，楼层位移传递率相对多遇地震会有所提高。

14.2　黏滞消能器最优减震率及变参数设计对结构减震性能的影响

减震工程设计中，与消能器串联的间接连接刚度有限，消能阻尼力在串联刚度上发生的位移损失影响减震效果。关于支撑刚度对消能结构减震效果的影响，已有学者对其进行过研究。欧进萍等指出，当结构振动频率和耗能器黏滞阻尼系数一定时，存在最佳的支撑刚度，使得减震效果达到最佳。蒋通等指出，支撑与非线性消能器的串联刚度越大，消能结构位移和剪力的减震效果越好。

虽然业界普遍得出了可以通过调整支撑刚度来提高减震效果的结论，但是，对于不同结构类型、不同地震作用水准、不同消能器参数，应用黏滞消能器的消能结构的减震效果变化规律和连接刚度位移损失之间的关系，尚缺少深入的论证与总结。

本节从黏滞消能器"规范法"附加阻尼比的计算公式切入，根据附加阻尼比与消能器出力、间接连接等效串联刚度、主体结构刚度之间的关系，推导了附加阻尼比达到最优值的"连接刚度位移最优损失率"。通过实际工程的算例分析，得到层间位移角减震率随黏滞消能器的阻尼系数、地震作用水准变化的规律，并用"连接刚度位移损失率"对变化规律进行了解析，为应用黏滞消能器的减震结构优化设计提供理论依据。

14.2.1　连接刚度位移损失率的理论推导

附加非线性黏滞消能器的减震结构单自由度基本体系如图 14.2-1 所示，其中，k_s 为主体结构刚度；k_b 为间接连接支撑刚度；k_d 为消能器 Maxwell 模型中的串联刚度；C 和 α 分别为消能器的阻尼系数和阻尼指数。因为主要研究对象为减震结构的附加阻尼，故设定原主体结构无模态阻尼。

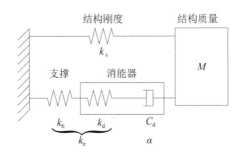

图 14.2-1　减震结构的基本体系

由图 14.2-1 可知，消能器的等效串联刚度 k_e 可表达为：

$$k_e = \frac{k_d k_b}{k_d + k_b} \tag{14.2-1}$$

根据《建筑消能减震技术规程》中相关规定，附加阻尼比 ξ 的计算公式为：

$$\xi = \frac{\lambda F d}{2\pi F_s d_s} \tag{14.2-2}$$

式中，λ 为阻尼指数的函数；F 为消能器的最大阻尼力；d 为消能器最大位移；F_s 为结构的最大楼层剪力；d_s 为结构的最大层间位移。

定义减震结构的层间位移与消能器位移之差为减震结构总体位移损失 $d_{损}$，消能器的最大位移 d 可写为：

$$d = d_s - d_{损} \tag{14.2-3}$$

除了发生在等效串联刚度上的位移损失，结构整体弯曲变形引起的层间变形引起消能器转动，也可认定为水平位移损失，由此，将$d_{损}$写为：

$$d_{损} = d_{损\,ke} + \eta_d d_s = \frac{F}{k_e} + \eta_d d_s \tag{14.2-4}$$

式中，$d_{损\,ke}$为连接刚度位移损失，对应于最大阻尼力在等效串联刚度k_e上的变形；η_d为整体弯曲变形位移损失率，即结构整体弯曲变形引起的层间水平相对位移在整体层间位移中的占比。

将式(14.2-3)、式(14.2-4)代入式(14.2-2)，可得减震结构的整体附加阻尼比：

$$\xi = \frac{\lambda F}{2\pi F_s}\left(1 - \eta_d - \frac{F}{k_e d_s}\right) \tag{14.2-5}$$

将$F_s = k_s d_s$，代入上式，可得：

$$\xi = \frac{\lambda F}{2\pi k_s d_s}\left(1 - \eta_d - \frac{F}{k_e d_s}\right) \tag{14.2-6}$$

将连接刚度位移损失$d_{损\,ke}$与结构最大层间位移d_s之比定义为连接刚度位移损失率η_{ke}，可用下式表达：

$$\eta_{ke} = \frac{d_{损\,ke}}{d_s} = \frac{F}{k_e d_s} \tag{14.2-7}$$

将式(14.2-7)代入式(14.2-6)，整体附加阻尼比表示如下：

$$\xi = \frac{\lambda k_e}{2\pi k_s}\left[(1 - \eta_d)\eta_{ke} - \eta_{ke}^2\right] \tag{14.2-8}$$

主体结构及消能器确定后，k_s、k_e、η_d均为定值，由上式可知，附加阻尼比ξ可表述成唯一变量η_{ke}的一元二次方程，且方程曲线开口向下，因此ξ存在最大值，即最优阻尼比ξ_{max}。当ξ达到ξ_{max}，变量η_{ke}对应值为η_{ke-op}，求解如下：

$$\eta_{ke-op} = \frac{1 - \eta_d}{2} \tag{14.2-9}$$

式中，η_{ke-op}为连接刚度位移最优损失率，即对应最优附加阻尼比的连接刚度位移损失率。

将式(14.2-9)代入式(14.2-8)，可得减震结构的最优附加阻尼比为：

$$\xi_{max} = (1 - \eta_d)^2 \frac{k_e}{k_s}\frac{\lambda}{8\pi} \tag{14.2-10}$$

当消能器的阻尼指数一定时，λ为定值，由式(14.2-10)可知，最优附加阻尼比ξ_{max}与等效串联刚度k_e和结构刚度k_s的比值、整体弯曲变形损失率η_d有关。定义$y = k_e/k_s$为损失刚度比，等效串联刚度相对主体结构的刚度越大，y越大；结构整体弯曲变形的比例越小，η_d越小，则ξ_{max}越大。

假定阻尼指数α为0.2，则λ为3.74。分别令$\eta_d = 0$及$y = 1$，根据式(14.2-8)，绘制附加阻尼比随连接刚度位移损失率η_{ke}变化的曲线于图14.2-2和图14.2-3，分别研究附加阻尼比随损失刚度比y和整体弯曲变形损失率η_d变化的规律。

分析图14.2-2和图14.2-3可知：如果忽略结构整体弯曲引起的位移损失，则当η_{ke}为0.5时，即连接刚度位移损失$d_{损\,ke}$达到结构最大层间位移d_s的0.5倍时，出现使附加阻尼比达到最大值的情况；当等效串联刚度和结构刚度的比值y为0.25时，即使忽略弯曲变形损失的不利影响，附加阻尼比的最优值也只有约 3%，随着刚度比 y 的增大，ξ_{max} 逐渐增大；整体弯曲变形损失率 η_d 越大，则 η_{ke-op} 越小，ξ_{max} 越小，η_d 从 0～0.3 变化时，附加阻尼比的最大值降幅超过 60%。

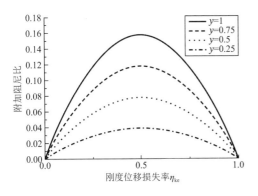

图 14.2-2　附加阻尼比随损失刚度比 y 变化的规律曲线（$\eta_d = 0$）

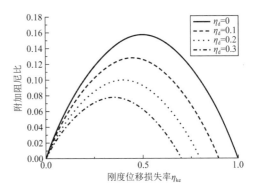

图 14.2-3　附加阻尼比随整体弯曲变形损失率 η_d 变化的规律曲线（$y = 1$）

14.2.2　工程实例及计算结果分析

新疆某医院项目设计于 2017 年，抗震设防烈度为 8 度（0.2g），场地特征周期 0.45s。门诊楼和病房楼的主体结构分别为混凝土框架和框架-剪力墙结构，附加黏滞消能器作为消能减震措施，设防地震作用下附加阻尼比目标分别为 5% 和 3%，降低地震响应约 20% 和 15%。采用 ETABS 软件建模，模型概况如表 14.2-1 和图 14.2-4 和图 14.2-5 所示，消能器布置如图 14.2-6 和图 14.2-7 所示。

时程分析地震动输入采用两条天然波和一条人工波，其多遇地震反应谱如图 14.2-8 所示。

固定消能器的布置、数量及阻尼指数 α，在不同地震作用水准下（小震、中震、大震），仅改变消能器的阻尼系数 C，分别统计最大层间位移角（框架结构第 2 层，框架-剪力墙结构第 5 层）的减震率 θ 随 C 变化的情况，减震率 θ 的定义见下式：

模型概况　　　　　　　　　　　　　　　　　　表 14.2-1

结构类型	长×宽（m）	层数	结构高度（m）	基本周期（s）	单方向每层消能器数量
框架	34.5×23.2	3	14.1	0.614	2
框架-剪力墙	68.5×21.6	7	29.7	0.645	4

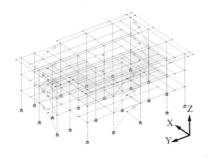

图 14.2-4　框架结构减震模型

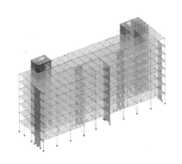

图 14.2-5　框架-剪力墙结构减震模型

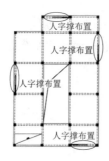 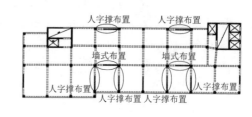

图 14.2-6　框架结构消能器平面布置　图 14.2-7　框架-剪力墙结构消能器平面布置

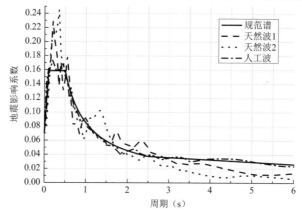

图 14.2-8　地震波反应谱

$$\theta = \left| \frac{u_{有控} - u_{无控}}{u_{无控}} \right| \times 100\% \qquad (14.2-11)$$

式中，$u_{有控}$ 为有控结构的层间位移角；$u_{无控}$ 为无控结构的层间位移角。

固定消能器的阻尼指数 α 为 0.3，不同地震作用水准下 X 向最大层间位移角减震率 θ 随阻尼系数 C 的变化如图 14.2-9、图 14.2-10 所示。

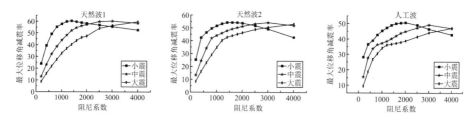

图 14.2-9　最大层间位移角减震率 θ 随阻尼系数 C 的变化规律曲线（框架结构）

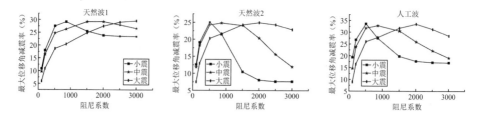

图 14.2-10　最大层间位移角减震率 θ 随阻尼系数 C 的变化规律曲线（框架-剪力墙结构）

由图 14.2-9、图 14.2-10 可以看出，随阻尼系数C的增加，减震率θ呈现先增大后减小的规律。小震、中震、大震作用下，最优减震率θ_{max}基本保持不变，框架结构θ_{max}约为 50% 左右，而框架-剪力墙结构θ_{max}约为 30%，框架-剪力墙结构的θ_{max}明显小于框架结构的θ_{max}。

减震率θ随地震作用的变化趋势和C的大小有关，当阻尼系数C较小时，减震率θ随地震作用的增大而减小（小震下减震率最大）；随阻尼系数C的增加，其规律逐渐过渡到减震率θ随地震作用的增大先增后减（中震下减震率最大），直至C取值足够大时，减震率θ随地震作用的增大逐渐增大（大震下减震率最大）。

在 14.2.1 节单自由度体系的理论推导中，主要依靠附加阻尼比ξ来评价减震效果，而附加阻尼比ξ和减震率θ为正相关。因此，可以用附加阻尼比ξ的变化规律对层间位移角减震率θ的变化规律进行分析解读。

1. 阻尼系数C对减震率的影响分析

当地震作用不变时，随阻尼系数C增加，消能器出力F及间接连接位移损失$d_{损ke}$显著增大，而结构位移响应d_s的变化相对较小。因此，连接刚度位移损失率η_{ke}随C增大而增大，逐渐接近最优减震率η_{ke-op}，直至越过η_{ke-op}。因此减震率θ随C增大呈现先增大后减小的趋势。

最优阻尼比ξ_{max}及最优减震率η_{ke-op}与地震烈度无关。当地震作用水准提高时，结构位移响应d_s增加，需要更大消能器出力F在间接连接上产生更大的$d_{损ke}$，进而才能使η_{ke}达到η_{ke-op}，故随着地震作用水准的提升，最优减震率θ_{max}对应的C逐渐增大。

损失刚度比y越小、整体弯曲变形损失率η_d越大，则最优阻尼比ξ_{max}越小。这可以解释实例中框架-剪力墙结构的最优减震率θ_{max}相对框架结构较小：框架-剪力墙结构相对框架结构的y较小，η_d较大。

2. 地震作用对减震率的影响分析

根据式(14.2-7)，对于黏滞型消能器的刚度位移损失率，有：

$$\eta_{ke} = \frac{F}{k_e d_s} = \frac{Cv^\alpha}{k_e d_s} = \frac{C(wd)^\alpha}{k_e d_s}(0 < \alpha < 1) \tag{14.2-12}$$

式中，ω为结构的振动响应圆频率；v为消能器的速度；d为消能器的位移。

随地震烈度的增加，结构位移响应d_s随之增加，但对于非线性黏滞消能器（$0 < \alpha < 1$），消能器出力F随d_s的增加并不明显。因此，由式(14.2-12)可知，随d_s增加，非线性黏滞型消能器的刚度位移损失率η_{ke}将减小。故随地震烈度增加，d_s增加，η_{ke}将减小。

以上述框架模型为例，用支撑的总侧向刚度除以结构层侧移刚度的平均值，可以得到其各层平均损失刚度比$y = 1.64$。假定三档阻尼系数取值，画出对应的单自由度体系的附加阻尼比随刚度位移损失率变化的曲线，如图 14.2-11 所示。

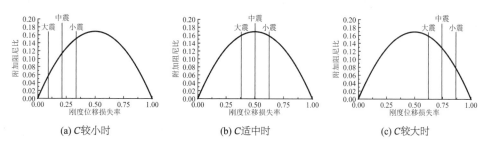

图 14.2-11 地震作用水准变化对应的附加阻尼比变化示意

由前文论述可知，地震作用水准不变时，刚度位移损失率η_{ke}与阻尼系数C正相关。因此，当阻尼系数C较小时，小震作用下的η_{ke}将小于或接近最优损失率$\eta_{ke\text{-}op}$。此时，随地震作用增加，η_{ke}减小，逐渐远离$\eta_{ke\text{-}op}$，附加阻尼比逐渐减小，呈现减震率θ随地震作用的增大而减小的规律，如图 14.2-11（a）所示。这种情况在结构变形较大时，间接连接的位移损失占比相对较小时容易出现。

当阻尼系数C逐渐增大时，小震作用下的η_{ke}逐渐增大，直至大于并远离$\eta_{ke\text{-}op}$。此时，随地震作用增加，η_{ke}减小，中震下接近$\eta_{ke\text{-}op}$，大震下小于$\eta_{ke\text{-}op}$，呈现减震率θ随地震作用的增大而先增大后减小的规律，如图 14.2-11（b）所示，这种情况在框架-剪力墙结构主体结构层间变形较小时更容易出现。

当C足够大时，大震作用下的η_{ke}已经达到或超过$\eta_{ke\text{-}op}$，此时小震、中震、大震作用下，η_{ke}随地震作用的增加，将一直处于逐渐接近最优减震率$\eta_{ke\text{-}op}$的过程中，呈现减震率θ随地震作用的增大而增大的规律，如图 14.2-11（c）所示。

14.2.3　小结

本节通过引入基于单自由度基本体系的位移损失理论推导和基于实际工程的变参数数值分析，得到的主要结论如下：

（1）减震结构中，存在"连接刚度位移最优损失率"$\eta_{ke\text{-}op}$，使得附加阻尼比达到最优值ξ_{max}。$\eta_{ke\text{-}op}$的取值与等效串联刚度和结构刚度的比值即损失刚度比y、结构整体"弯曲型"变形造成的位移损失率η_d有关，y越大，η_d越小，则ξ_{max}越大。

（2）理论推导表明，最优阻尼比ξ_{max}与地震作用水准无关。算例中，最优减震率θ_{max}随地震作用水准的变化不明显，框架-剪力墙结构的最优减震率θ_{max}相对框架结构较小，原因是框架-剪力墙结构相对框架结构的y较小，η_d较大。

（3）设定地震作用水准不变，随阻尼系数C的增加，减震率θ先增大后减小，在工程设计时，需要注意阻尼系数的增大未必带来减震效果的提升。

（4）设定阻尼系数C不变，变化地震作用水准，有三种情况：减震率θ随地震作用的增大逐渐减小，这种情况在间接连接的位移损失占比相对较小时容易出现；减震率θ随地震作用的增大先增后减，这种情况在主体结构层间变形较小、连接位移损失相对突出时容易出现；当C较大时，大震作用下，结构最大变形情况下连接位移损失占比依然突出，η_{ke}已经达到或超过$\eta_{ke\text{-}op}$时，θ随地震作用的增大逐渐增大。

（5）进行减震结构设计时，应综合小震、中震、大震下的减震效果进行设计，保证减震结构在中震、大震下的安全储备。避免因片面追求小震下的减震效果而导致中震、大震下结构安全储备降低。

14.3　黏滞消能器布置优化及设计建议

采用附加黏滞消能器的消能减震结构，在方案设计阶段，需要结合建筑平面功能，试算消能器的布置部位及数量。建筑师通常希望在各层相对隐蔽且统一的位置（如交通盒、主走廊、公共卫生间、外立面实墙等）布置消能器，以便统一装修及适应后期功能调整。沿楼层上下连续均匀布置消能器，对于减少子结构单元的数量是有利的，但是，由于主体结构各层的结构受力和层间变形存在差异，沿楼层竖向均匀布置的消能器耗能减震效果存在差异，整体减震效果存在优化提升的空间。

本节主要讨论在结构各层面积相当，消能器性能参数统一、总数量一定的前提下，如何沿结构竖向各楼层分配消能器的数量，获取更好的减震效果。

14.3.1　优化布置方法

消能部件的概念设计可遵循两个原则：①消能部件的竖向布置宜使结构侧向刚度沿竖向均匀变化，避免侧向刚度和承载力突变；②消能部件宜布置在层间相对位移或相对速度较大的楼层，提高消能器的减震效率。基于原则二，在消能器沿楼层竖向均匀布置（简称"均匀布置"）获得初步减震效果的基础上，固定消能器总量，提出如下三种优化调整消能器沿楼层竖向布置的方法：

（1）按层间位移角比例分配方法（简称"位移角分配法"）：在"均匀布置"减震分析的基础上，计算各层层间位移及相对比例关系，按位移角比例分配固定总数的消能器，确定优化布置方案。

（2）按楼层应变能比例分配方法（简称"应变能分配法"）：在"均匀布置"减震分析的基础上，计算楼层剪力及层间位移，进一步计算各层应变能及相对比例关系，按应变能比例分配固定总数的消能器，确定优化布置方案。

（3）在应变能分配法分配基础上结合层间位移角比例进一步调整方法（简称"应变能分配再调整法"）：首先按（2）调整消能器竖向布置，在此基础上，结合（1）进一步调整建筑中部变形较大楼层的消能器数量。

14.3.2　模型算例

采用 ETABS 软件建立一个双轴对称的 5 层混凝土框架模型：层高 4.5m，柱跨 8.0m，梁截面 400mm × 650mm，柱截面 700mm × 700mm。经试算，沿结构两个主轴方向同时布置或仅沿单方向布置黏滞消能器，对于评价单向地震作用的减震效果影响不大。为简化模型，仅在结构 X 向各层相同位置分别布置 4 个黏滞消能器，总数量 20 个，定义为"均匀布置模型"，见图 14.3-1（a）。阻尼系数为 $250kN/(m/s)^{0.3}$，阻尼器采用人字形钢支撑连接（截面为 □260 × 260 × 10）。抗震设防烈度为 8 度（0.2g），场地特征周期 0.45s。

为证明优化调整方法的有效性，选取一条贴近规范反应谱的人工波作为固定地震动输入，调幅至多遇地震水准，首先计算"均匀布置模型"的结构响应。以此为基础，采用"位移角分配法"和"应变能分配法"优化调整布置方案，计算过程数据列入表 14.3-1 和表 14.3-2。两种方法调整消能器布置后，中间楼层的层间位移角仍相对较大，进而在"应变能分配法"的基础上，将 1 层及 4 层的消能器向层间位移角较大的 2 层及 3 层调整，即按"应变能分配再调整法"得到的"优化布置模型"，见图 14.3-1（b）。均匀布置模型和 3 个优化布置模型的消能器分布数量见表 14.3-3。

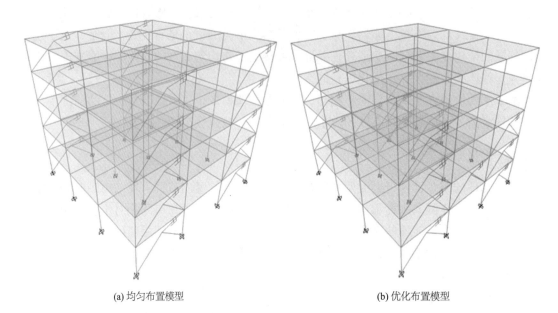

(a) 均匀布置模型   (b) 优化布置模型

图 14.3-1 黏滞消能器沿楼层"均匀布置"及"优化布置"模型

"位移角分配法"优化调整消能器布置的计算过程　　　　　　表 14.3-1

楼层	均布模型消能器数量	均布模型层间位移角	层间位移角比例	按位移角比例分配消能器数量	优化模型（取整）布置数量
5	4	0.000401（1/2493）	0.10	2.1	2
4	4	0.000722（1/1385）	0.19	3.7	4
3	4	0.000975（1/1025）	0.25	5.0	4
2	4	0.001067（1/937）	0.28	5.5	6
1	4	0.000713（1/1402）	0.18	3.7	4
总和	20	0.003878	1.00	20	20

"应变能分配法"优化调整消能器布置的计算过程　　　　　　表 14.3-2

楼层	均布模型消能器数量	均布模型层间位移角	均布模型楼层剪力（kN）	层高（mm）	应变能（kN·mm）	应变能比例	按应变能比例分配消能器数量	优化模型（取整）布置数量
5	4	0.000401	543.8	4500	490.7	0.04	0.7	0
4	4	0.000722	1143.7	4500	1857.9	0.14	2.8	3
3	4	0.000975	1564.0	4500	3431.0	0.25	5.1	5
2	4	0.001067	1828.1	4500	4388.9	0.33	6.5	7
1	4	0.000713	2064.5	4500	3312.0	0.25	4.9	5
总和	20	0.003878	7144.2	22500	13480.5	1.00	20.0	20

均匀布置及优化布置的各层消能器分布数量对比　　　　　　表 14.3-3

楼层	均匀布置	位移角分配法	应变能分配法	应变能分配再调整法
5	4	2	0	0
4	4	4	3	2

续表

楼层	均匀布置	位移角分配法	应变能分配法	应变能分配再调整法
3	4	4	5	6
2	4	6	7	8
1	4	4	5	4

选取层间位移角和附加阻尼比作为评价指标，对比优化布置前后结构减震效果的变化。层间位移角的对比见表 14.3-4 和图 14.3-2；附加阻尼比分别采用"规范法"和"能量比法"计算的结果对比见表 14.3-5（阻尼比计算方法详见 14.4.1 节）。

优化布置调整前后有控结构的层间位移角统计对比　　　　　表 14.3-4

楼层	均匀布置	位移角分配法	应变能分配法	应变能分配再调整法
5	1/2493	1/2392	1/2159	1/2197
4	1/1385	1/1474	1/1449	1/1490
3	1/1025	1/1136	1/1210	1/1280
2	1/937	1/1044	1/1106	1/1150
1	1/1402	1/1477	1/1543	1/1547

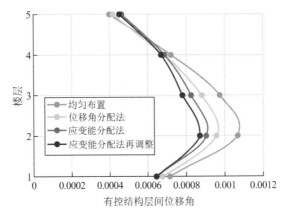

图 14.3-2　优化布置调整前后有控结构的层间位移角统计对比

优化布置调整前后有控结构的附加阻尼比统计对比　　　　　表 14.3-5

计算方法	均匀布置	位移角分配法	应变能分配法	应变能分配再调整法
规范法	12.34%	14.45%	15.82%	16.80%
能量比法	16.34%	19.19%	20.10%	19.96%

由以上优化布置前后结构减震效果的变化可知：

（1）优化调整对位移角较大楼层（2 层、3 层）的减震控制明显提升，结构各层层间变形趋向均匀。相对均匀布置模型，三个优化布置模型的最大层间位移角的减小程度达到约 10%、15% 及 20%；附加阻尼比数值的提升达到 2.1%～4.4%（规范法）、2.8%～3.7%（能量比法），各种优化方法均可得到更好的减震效果。

（2）应变能是楼层剪力和层间位移的乘积，"应变能分配法"是在"位移角分配法"的基础上，引入了楼层剪力相对比例的修正，即将层剪力较小楼层的消能器进一步调整到层剪力更大的楼层，三种方法本质都是在结构响应控制需求更大的楼层集中布置消能器。

（3）相比均匀布置模型，虽然优化模型 1 层消能器数量减少，但 1 层位移角最大减幅接近 10%，原因是上部 2 层及 3 层减震效果提升后向下部传递的响应减小。另外，优化布置模型顶层位移角最大增幅为 15%，因顶部楼层本身响应相对较小，减少消能器布置对承载力及变形控制的不利影响有限。

14.3.3 工程实例

新疆某医院医技楼工程于 2017 年设计，抗震设防烈度为 8 度（0.2g），场地特征周期 0.45s。主体结构为 3 层混凝土框架结构（局部 4 层为出屋面楼梯间及设备机房），附加黏滞消能器作为消能减震措施，消能器采用"人字撑"或"单斜撑"间接连接，支撑截面为 $\square 300 \times 300 \times 12$，消能器的阻尼系数为 $1000 \mathrm{kN}/(\mathrm{m/s})^{0.3}$。主体结构 1～3 层消能器布置数量相同：$X$ 向各层布置 8 个，共 24 个消能器；Y 向 1 层布置 8 个，2、3 层各布置 7 个，共布置 22 个消能器，"均匀布置"减震模型如图 14.3-3 所示。

以 X 向消能器优化布置调整为例，采用"位移角分配法"和"应变能分配法"确定消能器楼层数量的计算过程分别见表 14.3-6 和表 14.3-7。

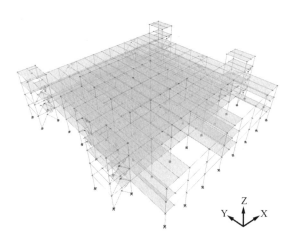

图 14.3-3　各层"均匀布置"消能器减震模型

"位移角分配法"优化调整消能器布置的计算过程　　表 14.3-6

楼层	均布模型消能器数量	均布模型层间位移角	层间位移角比例	按位移角比例分配尼器数量	优化模型（取整）布置数量
4	0	—	—	—	0
3	8	0.000609（1/1642）	0.26	6.2	6
2	8	0.000923（1/1083）	0.39	9.4	10
1	8	0.000833（1/1200）	0.35	8.5	8
总和	24	0.002365	1	24	24

"应变能分配法"优化调整消能器布置的计算过程　表 14.3-7

楼层	均布模型消能器数量	均布模型层间位移角	均布模型楼层剪力（kN）	层高（mm）	应变能（kN·mm）	应变能比例	按应变能比例分配尼器数量	优化模型（取整）布置数量
4	0	—	—	—	—	—	—	0
3	8	0.000609	5748	4500	7877	0.14	3.3	4
2	8	0.000923	10354	4500	21504	0.37	8.9	8
1	8	0.000833	13465	5100	28602	0.49	11.8	12
总和	24	0.002365	31971	18100	57982	1	24.0	24

类比简单模型优化方案，均匀布置和三个优化布置模型的消能器楼层分布情况对比见表 14.3-8。

均匀布置模型及优化布置模型的各层消能器分布数量对比　表 14.3-8

楼层	均匀布置	位移角分配法	应变能分配法	应变能分配再调整法
4	0	0	0	0
3	8	6	4	2
2	8	10	8	12
1	8	8	12	10

优化布置前后结构层间位移角的对比见表 14.3-9 和图 14.3-4，附加阻尼比分别采用"规范法"和"能量比法"计算的结果对比见表 14.3-10。

优化布置调整前后有控结构的层间位移角统计对比　表 14.3-9

楼层	均匀布置模型	位移角分配法	应变能分配法	应变能分配再调整法
4	1/2544	1/2487	1/2481	1/2597
3	1/1642	1/1675	1/1602	1/1633
2	1/1083	1/1144	1/1121	1/1246
1	1/1200	1/1219	1/1293	1/1326

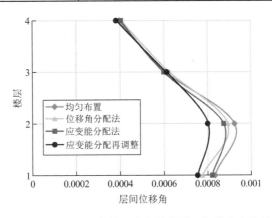

图 14.3-4　优化布置调整前后有控结构的层间位移角统计对比

优化布置调整前后有控结构的附加阻尼比统计对比   表 14.3-10

计算方法	均匀布置模型	位移角分配法	应变能分配法	应变能分配再调整法
规范法	13.57%	14.59%	15.15%	16.84%
能量比法	11.62%	12.23%	12.22%	13.48%

由以上优化布置前后结构减震效果的变化可知：

（1）优化调整对最大层间位移角（2层）的减震控制明显提升，三个优化模型的位移角的减幅分别约为3%、5%及13%；附加阻尼比数值的提升达到0.6%～1.85%（规范法）、1.02%～3.27%（能力比法），各种优化方法均可得到更好的减震效果。

（2）相对均匀布置，大量减少3层阻尼器的布置数量，提升整体附加阻尼比的同时，3层的层间位移角增大并不明显。

（3）"位移角分配法"和"应变能分配法"的减震效果相当，"应变能分配再调整法"的减震效果提升更明显：消能器由1层向2层再次调整后，上下层位移角都有减小，附加阻尼比增大。

14.3.4　小结

（1）为了充分发挥黏滞消能器的耗能减震效率，有针对性地控制主体结构地震响应，基于概念设计的布置原则，在消能器沿楼层竖向均匀布置的基础上，提出"位移角分配法""应变能分配法"及"应变能分配再调整法"等优化布置方法，可进一步提升消能减震效果。

（2）各种优化方法，原则都是根据结构响应按需调整布置，定量分析计算过程简单，具备工程可操作性。相比而言，"应变能分配法"以及"应变能分配再调整法"在层间变形的基础上，进一步考虑了结构楼层剪力的差异，建议实际工程中可优先采用。

（3）实际减震工程中，建筑功能及结构形式复杂多变，限制消能器布置的影响因素很多，优化布置尚需根据工程具体情况和需求开展。

14.4　附加阻尼比回代等效线性化分析方法的评价及设计建议

附加阻尼比是消能减震结构分析与设计的重要指标，客观反映了消能器滞回耗能相对结构总应变能的占比，对于整体评估消能器耗能效率、减震方案有效性等具有指导意义。本方法有两个主要缺点：一是不能真实反映结构受地震作用时附加阻尼比的变化，二是不能反映附加阻尼在结构空间真实分布情况的影响。

为方便实施结构分析及构件设计，当主体结构基本处于弹性状态时，可以将非线性动力时程分析确定的附加阻尼比回代叠加至主体结构，进而采用振型分解反应谱法对主体结构进行等效线性化分析。

14.3节讨论了黏滞消能器的优化布置，优化后多遇地震下附加阻尼比提升效果明显。本节在对比附加阻尼比各种计算方法的基础上，针对上节"均匀布置"及"优化布置"模型，增加设防地震下附加阻尼比的计算，将得到的附加阻尼比回代主体结构进行等效线性化分析，与非线性动力时程分析结果进行对比，评价等效线性化分析的准确性及其与阻尼器均匀布置与否的相关性，进而给出应用附加阻尼比回代等效线性化分析时的设计建议。

14.4.1　附加阻尼比的计算方法

工程中可用的黏滞消能器附加阻尼比的计算方法有三种：规范应变能法，能量曲线对比法，结构响应对比法。

1. 规范应变能法（简称"规范法"）

《抗规》第 12.3.4 条和《建筑消能减震技术规程》JGJ 297—2013 第 6.3.2 条规定，消能部件附加给结构的有效阻尼比可按下式计算：

$$\xi_d = \sum_j W_{cj}/(4\pi W_s) \tag{14.4-1}$$

式中，W_s 为消能减震结构在水平地震作用下的总应变能（不计结构扭转影响）；W_{cj} 为第 j 个消能器在水平地震作用下往复循环一周所消耗的能量。

2. 能量曲线对比法（简称"能量比法"）

基于时程分析结果中消能器滞回耗能与结构固有阻尼耗能的比例关系，推算消能器的附加阻尼比，可按下式计算：

$$\xi_d = \left(\frac{W_c}{W_1}\right) \cdot \xi_1 \tag{14.4-2}$$

式中，W_c、W_1、ξ_1 分别表示消能器耗能、固有阻尼耗能、结构固有阻尼比。

工程中常用的"能量比法"为地震动激励结束时刻的累积能量对比。

3. 结构响应对比法

以有控减震模型的结构响应为基准，采用等效对比的方法，推定消能器提供主体结构的附加阻尼比，具体方法如下：

（1）以包含非线性连接单元及间接连接的有控减震模型为基准，进行考虑连接非线性的动力时程分析；

（2）预先假定一个附加阻尼比，叠加至无控结构，形成等效模型，进行相同地震波输入的线性时程分析；

（3）对比等效模型与有控模型的结构响应（基底剪力，楼层剪力，最大层间位移，顶点位移等），选取主控指标响应基本一致，则获得推定的附加阻尼比，否则调整附加阻尼比，再次计算对比，直至满足。

三种附加阻尼比计算方法的特点对比见表 14.4-1。

附加阻尼比计算方法对比　　　　　　　　　表 14.4-1

计算方法	特点及问题
规范法	不同部位的消能器滞回耗能达到峰值具有不同时性； 各层楼层剪力和层间位移的最大值具有不同时性； 消能器的滞回曲线可能具有不对称性； 计算相对繁琐，需要计算软件支持或自编后处理程序
能量比法	不同地震动计算结果存在离散性； 减震结构计算重点关注最大地震作用时刻或最大结构响应时刻的消能器附加耗能状态，采用时程结束时刻的累积能量对比有局限性； 计算简便，可用于快速评估及方案对比

计算方法	特点及问题
结构响应对比法	地震动输入样本差异导致有控模型的结构响应有所差异； 有控模型中不同响应指标的减震效果存在差异，以不同指标为目标进行等效分析迭代逼近，推算的附加阻尼比存在一定的差异

14.4.2 不同地震作用水准下附加阻尼比的计算结果对比

沿用 14.3.2 节的算例模型，"均匀布置"和采用"应变能分配再调整法"得到的"不均匀布置"的消能器数量对比见表 14.4-2。

两模型消能器竖向布置   表 14.4-2

楼层	均匀布置消能器数量	不均匀布置消能器数量
5	4	0
4	4	2
3	4	6
2	4	8
1	4	4
总数量	20	20

分别采用"规范法"和"能量比法"，计算上述两个模型在不同地震作用水准下的附加阻尼比，结果列于表 14.4-3 和表 14.4-4；以有控模型的最大层间位移角为基准，采用"结构响应对比法"迭代计算附加阻尼比，计算结果对比列于表 14.4-3 和表 14.4-4。

"均匀布置模型"附加阻尼比计算结果   表 14.4-3

计算方法	多遇地震	设防地震
规范法	12.34%	4.47%
能量比法	16.34%	7.25%
结构响应对比法	17.44%	5.2%
能量比法/规范法	1.32	1.62

"不均匀布置模型"附加阻尼比计算结果   表 14.4-4

楼层	多遇地震	设防地震
规范法	16.80%	5.79%
能量比法	19.96%	8.98%
结构响应对比法	32.59%	7.51%
能量比法/规范法	1.19	1.55

对比以上结果可知：

（1）随着地震作用的增大，附加阻尼比计算结果减小，其规律符合 14.2 节结论，即结构层间变形较大，多遇地震下间接连接的位移损失相对较小，刚度位移损失率未达到最优值，附加阻尼比随着地震作用的增加呈现下降趋势。

（2）三种附加阻尼比计算方法得到的结果差别较大：能量比法计算结果大于规范法，随地震作用的增加，两者之间的差距进一步增大，最大差别达到 62%；结构响应对比法计算结果和采用的目标基准有关，在此不做深入比较。

（3）黏滞消能器沿楼层不均匀布置时，设防地震下三种附加阻尼比计算方法的计算结果差异略有减小，但变化不大。可以判定三种附加阻尼比计算方法结果差别和阻尼器是否沿楼层均匀布置相关性不大。

14.4.3　等效线性模型减震效果的对比及评价

将规范法和能量比法计算得到的附加阻尼比分别回代主体无控结构模型，形成等效线性模型，采用相同的地震波进行不同地震作用水准的时程分析，以有控减震模型的结构层间位移角计算结果为基准，对比等效线性模型计算结果的偏差，进而评价"附加阻尼比回代等效线性化分析"的准确性。

1. 多遇地震作用下的减震计算结果对比

层间位移角的计算结果对比列于表 14.4-5、表 14.4-6 及图 14.4-1。

均匀布置时等效线性模型与有控模型的层间位移角对比（多遇地震）　表 14.4-5

楼层	有控模型	无控模型＋规范法阻尼比（12.34%）	无控模型＋能量比法阻尼比（16.34%）	无控模型＋结构响应对比法	（无控＋规范法）/（有控）	（无控＋能量比法）/（有控）	（无控＋结构响应对比法）/（有控）
5	1/2493	1/1984	1/2173	1/2222	1.26	1.15	1.12
4	1/1385	1/1196	1/1317	1/1345	1.16	1.05	1.03
3	1/1025	1/915	1/996	1/1017	1.12	1.03	1.01
2	1/937	1/846	1/918	1/937	1.11	1.02	1.00
1	1/1402	1/1282	1/1383	1/1408	1.09	1.01	1.00

不均匀布置时等效线性模型与有控模型的层间位移角对比（多遇地震）　表 14.4-6

楼层	有控模型	无控模型＋规范法阻尼比（16.80%）	无控模型＋能量比法阻尼比（19.96%）	无控模型＋结构响应对比法	（无控＋规范法）/（有控）	（无控＋能量比法）/（有控）	（无控＋结构响应对比法）/（有控）
5	1/2197	1/2192	1/2341	1/2923	1.00	0.94	0.75
4	1/1490	1/1329	1/1406	1/1721	1.12	1.06	0.87
3	1/1280	1/1005	1/1064	1/1287	1.27	1.20	0.99
2	1/1150	1/925	1/976	1/1149	1.24	1.18	1.00
1	1/1547	1/1394	1/1464	1/1683	1.11	1.06	0.92

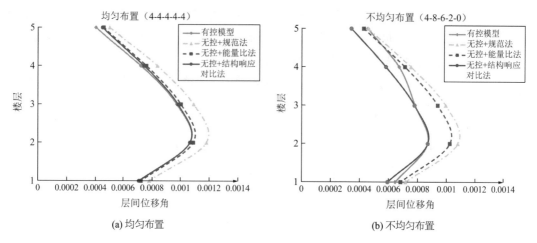

(a) 均匀布置   (b) 不均匀布置

图 14.4-1   等效线性模型与有控模型计算的层间位移角对比（多遇地震）

2. 设防地震作用下的减震计算结果对比

层间位移角的计算结果对比列于表 14.4-7、表 14.4-8 及图 14.4-2。

均匀布置时等效线性模型与有控模型的层间位移角对比（设防地震）   表 14.4-7

楼层	有控模型	无控模型＋规范法阻尼比（4.47%）	无控模型＋能量比法阻尼比（7.25%）	无控模型＋结构响应对比法	（无控＋规范法）/（有控）	（无控＋能量比法）/（有控）	（无控＋结构响应对比法）/（有控）
5	1/527	1/480	1/554	1/499	1.10	0.95	1.06
4	1/307	1/290	1/334	1/301	1.06	0.92	1.02
3	1/236	1/224	1/259	1/233	1.05	0.91	1.01
2	1/218	1/209	1/242	1/218	1.04	0.90	1.00
1	1/326	1/321	1/370	1/333	1.01	0.88	0.98

不均匀布置时等效线性模型与有控模型的层间位移角对比（设防地震）   表 14.4-8

楼层	有控模型	无控模型＋规范法阻尼比（5.79%）	无控模型＋能量比法阻尼比（8.98%）	无控模型＋结构响应对比法	（无控＋规范法）/（有控）	（无控＋能量比法）/（有控）	（无控＋结构响应对比法）/（有控）
5	1/534	1/514	1/603	1/562	1.04	0.89	0.95
4	1/327	1/310	1/362	1/338	1.05	0.90	0.97
3	1/265	1/240	1/281	1/263	1.10	0.94	1.01
2	1/246	1/225	1/264	1/245	1.09	0.93	1.00
1	1/359	1/343	1/402	1/374	1.05	0.89	0.96

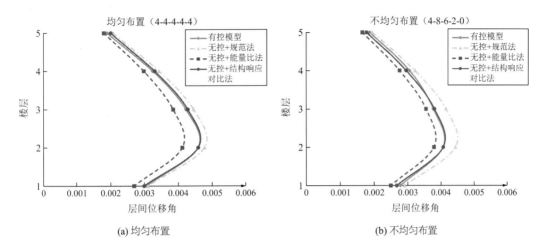

(a) 均匀布置　　　　　　　　　　(b) 不均匀布置

图 14.4-2　等效线性模型与有控模型计算的层间位移角对比（设防地震）

分析对比以上计算结果可知：

（1）多遇地震作用下，等效线性模型的层间位移角均大于有控减震模型的结果，从层间位移角的减震效果评价"规范法"和"能量比法"计算的附加阻尼比均偏保守。等效线性模型低估实际减震效果的情况在"不均匀布置"模型中更为突出，最大偏差达 27%。

（2）随着地震作用的增加，"规范法"等效线性模型结果偏保守，"能量比法"结果偏冒进，与有控模型结果的相差基本在 10%以内。

（3）"附加阻尼比回代等效线性分析"的准确性和消能器沿楼层布置均匀程度有一定关系。非均匀布置情况下，消能器集中布置的楼层的耗能比例大，等效计算时"集中布置"楼层的减震效果通常被低估。由于多遇地震作用下的附加阻尼比相对突出，减震效果被低估的情况较设防地震时更为明显，算例中等效线性模型与减震有控模型结果的差别超过 20%，值得重视。

（4）相比"规范法"和"能量比法"，采用"结构响应对比法"得到的附加阻尼比，回代等效线性分析结果更接近，主要原因是计算中采用了层间位移角为目标基准反推的附加阻尼比。

14.4.4　附加阻尼比回代等效线性化计算准确性研究

根据以上分析对比可知，对于黏滞消能器减震结构，用唯一定量"附加阻尼比"回代评估减震效果的准确性，受消能器沿楼层竖向布置"不均匀程度"和"附加阻尼比绝对值大小"的影响较大，进一步研究"规范法"附加阻尼比的计算过程，对"不均匀程度"进一步剖析。

在结构总应变能及整体附加阻尼比的基础上，定义第 i 层结构弹性应变能 W_{si} 占结构总弹性应变能 W_s 比例为"层弹性应变能比" μ_i，列式如下：

$$\mu_i = \frac{W_{si}}{W_s} = \frac{W_{si}}{\sum\limits_{j=1}^{n} W_{sj}} \tag{14.4-3}$$

定义第i层的黏滞消能器滞回耗能相对本层弹性应变能的比为"层附加阻尼比"：

$$\xi_i = \frac{W_{ci}}{4\pi W_{si}} \tag{14.4-4}$$

式中，W_{ci}为第i层黏滞消能器在水平地震作用下往复循环一周所消耗的能量。

将ξ_i'定义为"层有效阻尼比"，即第i层黏滞消能器耗能相对结构总应变能的比例，经下式推导可知，"层有效阻尼比"可写为"层弹性应变能比"μ_i与"层附加阻尼比"ξ_i的乘积：

$$\xi_i' = \frac{W_{ci}}{4\pi \sum\limits_{j=1}^{n} W_{sj}} = \frac{W_{si}}{\sum\limits_{j=1}^{n} W_{sj}} \cdot \frac{W_{ci}}{4\pi W_{si}} = \mu_i \cdot \frac{W_{ci}}{4\pi W_{si}} = \mu_i \xi_i \tag{14.4-5}$$

基于以上推导，黏滞消能器提供的总附加阻尼比ξ可以写为：

$$\xi = \frac{\sum\limits_{i=1}^{n} W_{ci}}{4\pi \sum\limits_{j=1}^{n} W_{sj}} = \sum\limits_{i=1}^{n} \mu_i \xi_i = \sum\limits_{i=1}^{n} \xi_i' \tag{14.4-6}$$

由式(14.4-6)可知，黏滞消能器的总附加阻尼比ξ为各层阻尼器提供的"层有效阻尼比"ξ_i'的总和。依照"规范法"计算附加阻尼比，将多遇地震作用下"均匀模型"和"不均匀模型"的附加阻尼比计算过程和结果分别列于表14.4-9和表14.4-10。

"均匀模型"结构总附加阻尼比与楼层附加阻尼的计算对比　　　　表14.4-9

楼层	消能器数量	楼层剪力（kN）	层位移（mm）	弹性应变能（kN·mm）	层弹性应变能比μ_i	消能器滞回耗能（kN·mm）	层附加阻尼比ξ_i（%）	层有效阻尼比ξ_i'（%）	总有效阻尼比ξ（%）
5	4	543.8	1.80	490.7	3.64%	1771.0	28.72	1.05	
4	4	1143.7	3.25	1857.9	13.78%	3695.7	15.83	2.18	
3	4	1564.0	4.39	3431.0	25.45%	5463.7	12.67	3.23	12.34
2	4	1828.1	4.80	4388.9	32.56%	6196.0	11.23	3.66	
1	4	2064.5	3.20	3312.0	24.57%	3783.4	9.09	2.23	

"不均匀模型"结构总附加阻尼比与楼层附加阻尼的计算对比　　　　表14.4-10

楼层	消能器数量	楼层剪力（kN）	层位移（mm）	弹性应变能（kN·mm）	层弹性应变能比μ_i	消能器滞回耗能（kN·mm）	层附加阻尼比ξ_i（%）	层有效阻尼比ξ_i'（%）	总有效阻尼比ξ（%）
5	0	773.3	2.05	791.6	7.58%	0	0.00	0.00	
4	2	1108.0	3.02	1672.9	16.03%	1833.4	8.72	1.40	
3	6	1229.5	3.51	2160.5	20.70%	6927.8	25.52	5.28	16.80
2	8	1483.8	3.91	2901.2	27.80%	9776.4	26.82	7.45	
1	4	2003.2	2.91	2911.6	27.89%	3494.1	9.55	2.66	

分析表 14.4-9 和表 14.4-10 可知，阻尼器集中布置楼层的"层有效阻尼比"相对更大，在整体减震耗能中的贡献突出。

如果各层的有效阻尼比ξ_i'相同，可以认为各层阻尼器耗能对主体结构减震的贡献"均匀"，采用回代总附加阻尼比进行等效线性化分析，其计算结果最为准确。然而实际情况是：首先，各楼层层间变形不尽相同，即使阻尼器数量沿楼层均匀布置，层间变形小的楼层的阻尼器耗能贡献较小，各层减震耗能很难"均匀"；其次，在结构变形大的楼层多布置阻尼器能有效控制层间变形及提升整体减震效果，这将进一步加大各层耗能贡献的"不均匀"，此时用总附加阻尼比回代无控模型等效计算时，势必低估贡献突出楼层的减震耗能效果（同时高估消能器较少楼层减震效果）；最后，如果是位移型和速度型阻尼器"组合减震方案"，黏滞消能器的分布可能集中在局部楼层，此时用部分楼层阻尼器减震耗能得到的"总附加阻尼比"回代等效线性化分析，很容易低估阻尼器集中布置楼层的实际减震效果（同时高估消能器较少楼层减震效果），很难得到和真实有控模型完全一致的计算结果。

14.4.5　小结

本节在总结黏滞消能器附加阻尼比计算方法的基础上，通过算例对比研究了"等效线性化"分析方法的准确性及其与阻尼器均匀布置与否的相关性，经公式推演及剖析附加阻尼比的计算过程，分析了各层阻尼器耗能对主体结构的减震贡献"是否均匀"的影响因素，进而对附加阻尼比回代等效线性化分析方法的准确性进行了评价，主要结论如下：

（1）用唯一定量"附加阻尼比"回代无控模型等效计算减震效果的准确性，主要取决于各层阻尼器耗能对主体结构减震的贡献是否"均匀"，其实质是各层阻尼耗能相对结构总应变能是否均匀。如果各层的阻尼耗能均匀，等效线性化计算的结果相对更准确。阻尼器参数一致时，影响"均匀"的主要因素是主体结构各层层间变形的差别以及阻尼器沿楼层的布置均匀程度。

（2）不论阻尼器沿楼层竖向是否均匀布置，规范法和能量比法算得的附加阻尼比均会不同程度低估或高估实际减震效果。工程设计可采用"结构响应对比法"计算附加阻尼比，以目标减震结果为基准，在一定程度上能更准确地推定"等效附加阻尼比"。需要注意的是，当存在消能器在某些楼层集中布置时，"结构响应对比法"回代附加阻尼比等效线性化分析结果仍然存在楼层之间的偏差，随着地震作用增加，附加阻尼比绝对值减小时，由于阻尼耗能贡献的降低，这种楼层之间的减震效果偏差会有所减小。

（3）实际工程中各层减震耗能很难实现完全的"均匀"，附加阻尼比回代等效线性化分析方法存在局限性，主要是回代"均一变量"不能完全模拟"不均匀"减震耗能的实际情况，在结构各层层间变形差别大、阻尼器沿楼层不均匀布置情况下尤其值得重视。

14.5　屈曲约束支撑布置形式对比研究

屈曲约束支撑（简称 BRB）通常以"人字撑""V 形撑""对角撑"形式直接布置在主体结构的层间，各种支撑布置形式首先要满足建筑功能需求，如跨中留设门洞可选择"人字撑"，两侧门洞可选择"V 形撑"，单侧门洞可选择"对角撑"。通常在方案试算阶段，设计人员习惯以"对角撑"等效支撑形式模拟 BRB 的附加刚度，当布置方案初步确定后，结合建筑功能需求，直接进行产品选型并沿用"对角撑"布置，或是按侧向刚度等效原则将"对角撑"转化为一对"人字撑"或"V 形撑"（本节均以"人字撑"为例），再进行产品选型及减震模型布置。

如果 BRB 在节间的布置形式不受建筑限制，在侧向刚度相同的前提下，两种布置形式的技术经济性值得对比研究。

14.5.1 人字撑与对角撑布置的侧向刚度等效计算

首先推导对角撑布置的侧向刚度公式。假设结构体系为单跨铰接链杆体系，且忽略柱子竖向变形，对该体系施加水平侧推力F，相应顶点水平位移为u，则沿支撑轴向产生的变形为$u\cos\theta$（图 14.5-1）。支撑的轴向刚度为$K'=\dfrac{EA}{L}$，则产生$u\cos\theta$的变形对应的力为$F'=\dfrac{EAu\cos\theta}{L}$，由 D 节点受力平衡可知水平力的大小应为$F=F'\cos\theta=\dfrac{EAu\cos^2\theta}{L}=Ku$，因此对角撑布置的侧向刚度为$K=\dfrac{EA\cos^2\theta}{L}$，人字撑布置的侧向刚度推导过程与此类似，此处不再赘述。

需要说明的是，在减震结构中，可将减震子框架看成是带有变形的框架与带有支撑的铰接链杆体系的叠加，因此，上述公式推导过程中的假设条件对于研究不同支撑布置形式的侧向刚度等效问题是成立的。

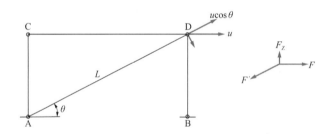

图 14.5-1　计算简图

假设布置支撑的子框架柱跨为B，层高为H，"人字撑"及"对角撑"的布置如图 14.5-2、图 14.5-3 所示。

已知B、H，以及钢材的屈服强度f_y，弹性模量E，支撑截面面积A，支撑长度L，支撑角度θ，令"人字撑"和"对角撑"的侧向水平刚度相同，列出等式如下：

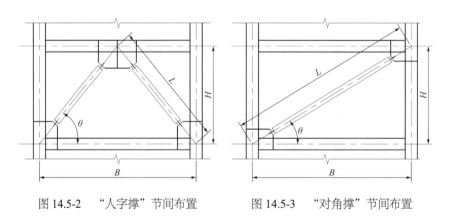

图 14.5-2　"人字撑"节间布置　　　　图 14.5-3　"对角撑"节间布置

$$\frac{EA_{斜}\left(\cos\theta_{斜}\right)^2}{L_{斜}}=\frac{2EA_{人}\left(\cos\theta_{人}\right)^2}{L_{人}} \tag{14.5-1}$$

式中，$A_{人}$ 和 $L_{人}$ 分别为"人字撑"截面面积和节间长度；$A_{斜}$ 和 $L_{斜}$ 分别为"对角撑"（单斜杆）截面面积和节间长度。

将支撑角度 θ 用 B 和 L 的关系表达，代入式(14.5-1)可得：

$$\frac{EA_{斜}\left(B/L_{斜}\right)^2}{L_{斜}}=\frac{2EA_{人}\left(B/2L_{人}\right)^2}{L_{人}} \tag{14.5-2}$$

式(14.5-2)两侧约去公因数，可得：

$$\frac{A_{人}}{A_{斜}}=\frac{2L_{人}^3}{L_{斜}^3} \tag{14.5-3}$$

假定柱跨 B 为 8000mm，层高 H 分别为 3900mm、4500mm 和 5100mm，单斜撑的等效支撑截面面积 A_e 为 13600mm²，由式(14.5-3)可求得侧向水平刚度等效时的人字撑截面面积。估算节点尺寸后，由支撑节间长度确定 BRB 产品长度。根据截面面积计算 BRB 轴向屈服承载力，进一步分别计算两种布置情况对应的侧向水平屈服力，列于表 14.5-1。

侧向水平刚度等效时人字撑与单斜撑 BRB 选型及侧向屈服力对比　　表 14.5-1

B（mm）	H（mm）	布置类型	等效支撑截面面积 A_e（mm²）	等效支撑节间长度 L（mm）	BRB 产品长度（mm）	BRB 轴向屈服承载力 N_{by}（kN）	支撑对应的侧向水平屈服力 F（kN）
8000	3900	人字撑	6654	5622	3600	1460	2110
		单斜撑	13600	8990	6500	3000	2690
8000	4500	人字撑	7586	6054	4000	1670	2230
		单斜撑	13600	9226	6800	3000	2610
8000	5100	人字撑	8567	6512	4500	1880	2340
		单斜撑	13600	9572	7200	3000	2530

注：1. BRB 轴向屈服力 $N_{by}=0.85A_e\times f_y\times1.1$。$0.85A_e$ 为 BRB 芯材截面面积，1.1 为芯材钢板超强系数。钢材强度为 Q235。

2. 支撑对应的侧向水平屈服力 $F=N_{by}\times\cos\theta$，"人字撑"水平屈服力为单根屈服力的 2 倍。

可以看出，在侧向水平刚度等效的前提下，上述 B、H 尺寸下"单斜撑"的水平屈服力均大于"人字撑"，且随 H/B 的减小，差距逐渐增大。

侧向水平刚度等效时，"人字撑"和"单斜撑"对应的侧向水平屈服力之比为：

$$\frac{F_{人}}{F_{斜}}=\frac{2f_y\cdot A_{人}\cdot\cos\theta_{人}}{f_y\cdot A_{斜}\cdot\cos\theta_{斜}}=\frac{2L_{人}^2}{L_{斜}^2}=\frac{0.5+2(H/B)^2}{1+(H/B)^2} \tag{14.5-4}$$

令 $\frac{F_{人}}{F_{斜}}=1$，可得 $\frac{H}{B}=\frac{\sqrt2}{2}$，绘出 $\frac{F_{人}}{F_{斜}}$ 随 $\frac{H}{B}$ 的变化曲线，如图 14.5-4 所示。

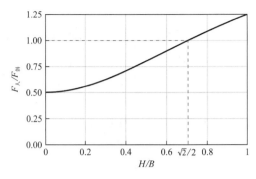

图 14.5-4　$\dfrac{F_人}{F_斜}$ 随 $\dfrac{H}{B}$ 的变化曲线

由图可以看出，当 $\dfrac{H}{B}<\dfrac{\sqrt{2}}{2}$ 时，$\dfrac{F_人}{F_斜}<1$；当 $\dfrac{H}{B}>\dfrac{\sqrt{2}}{2}$ 时，$\dfrac{F_人}{F_斜}>1$。

14.5.2　人字撑与单斜撑布置的技术经济比较

在进行附加 BRB 的减震结构设计时，除了需要支撑的刚度来满足层间变形限值指标，还需要 BRB 在更大的地震作用下尽早屈服耗能，由表 14.5-1 可知，"人字撑"方案对应的侧向屈服力相对较小，意味着随地震作用的增加更易进入屈服。公式推演进一步表明，$H/B=\sqrt{2}/2$ 是判断两种布置形式更易屈服的中间值，工程中常见的柱网和层高尺寸属于 $H/B<\sqrt{2}/2$ 的情况，此时"人字撑"相对"单斜撑"布置更容易使支撑屈服。

表 14.5-1 中仅呈现了 BRB 的选型的对比，即一根长度超过 6m 的大吨位 BRB "单斜撑"布置和两根更短的小吨位 BRB "人字撑"布置。需要注意的是，减震工程的造价，除了产品本身，还包括预埋件、节点板、运输安装及检测实验费用。根据工程经验及案例测算，侧向水平刚度等效时，在混凝土结构中采用一根大吨位"单斜撑"与采用两根小吨位的"人字撑"的经济性基本持平；在钢结构中，由于预埋工程量减少，"单斜撑"布置的经济性通常会更好。

14.5.3　小结

在提供相同侧向刚度的前提下，对于通常情况的子框架尺寸而言（$H/B<\sqrt{2}/2$），BRB 采用"人字撑"布置相较于"单斜撑"布置更容易进入屈服，经济性持平或相对较好，在设计时可优先考虑。

14.6　超高层结构消能伸臂减震关键技术研究

对于高烈度地震区的超高层结构，地震作用与刚度需求之间相互影响，结构有效抗侧效率降低，构件断面往往较大；同时，高烈度地震区的核心筒，地震作用下墙肢受拉明显，为控制地震下的墙肢拉应力，需要配置大量型钢，对施工及经济性指标不利。消能减震技术利用耗能装置（如消能器）消耗地震能量，减小主体结构的地震输入，降低整体结构体系的地震响应，进而减轻甚至避免主体结构构件的损伤破坏，是一种有效可行的抗震策略。

常见的消能减震结构沿结构层间布设消能器，通过消能器两端的相对速度或相对变形耗散地震能量。超高层结构体系地震作用下的结构变形以弯曲变形为主，常规层间布设的阻尼器，对于超高层结构减震效率较低。工程实践表明，利用超高层结构外框系统与内筒系统之间的伸臂结构，可大幅提升伸臂连接的消能器耗能作用，为超高层减震提供了新的思路。黏滞消能器是一种速度型耗能减震装置，通过消能器两端的相对速度产生阻尼耗能，工程中应用广泛，本节主要探讨超高层结构基于非线性黏滞消能器的消能伸臂减震方案。

14.6.1　消能伸臂减震方案

消能伸臂速度型减震初步方案如图 14.6-1（图中粗线所示为消能器连接构件）所示，消能器集中布置于设备层，方案 1 通过套索装置放大层间变形，方案 2 及方案 3 均是将消能器布设于外部框架与核心筒之间的外伸桁架端部，区别是：方案 2 采用斜向布置消能器，方案 3 采用竖向布置消能器。

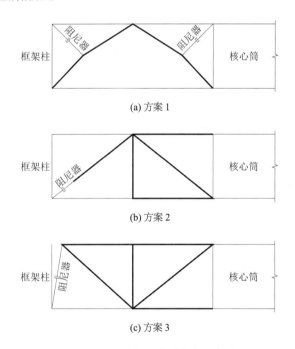

(a) 方案 1

(b) 方案 2

(c) 方案 3

图 14.6-1　消能器减震方案示意图

从概念上，方案 1 通过套索装置放大层间变形，采用合理设计，位移放大系数可达 2～4，但放大装置的连杆内力较大，套索装置构件加工及施工成本较高，同时对于同一跨间布置两个套索消能器，外框与内筒之间的梁轴力较大（套索装置连杆的内力分量叠加造成的轴力较大），大震下性能难以保证；方案 2 采用外伸桁架上的斜向消能器，连接外框与内筒，通过竖向变形及层间变形实现耗能减震，消能器的两端分别与桁架杆件及外框柱节点相连，无需复杂构件（如牛腿）设计即可实现变形传递；方案 3 较之方案 2，考虑到层间有效变形在超高层结构中的占比较小，通过外伸桁架的整体刚度实现外框与内筒之间的联系，保证变形传递至消能器的效率更高。综合考虑，方案 3 可实现更大的消能器变形，效率更高，同时具备方案 2 的综合优势。

14.6.2 减震参数优化

1. 结构信息

本节基于 8 度区某 310m 超高层实际项目，开展了消能减震方案的论证与分析工作，从减震方案的概念设计、参数优化、减震效果以及与传统抗震方案的比较等方面，说明减震方案的优势。

本工程由两座超高层塔楼及中间部位裙楼组成。东塔楼地上 67 层，地下 4 层，结构高度约 310m，平面尺寸 59.6m×59.6m，核心筒平面尺寸 25.3m×25.3m。西塔楼地上 63 层，地下 4 层，结构高度约 247.3m，平面尺寸 52.5m×52.5m，核心筒平面尺寸 21m×21.5m。东塔建筑功能包括商业区、办公、住宅公寓。西塔建筑功能为商业、住宅公寓、五星级酒店。塔楼结构设计使用年限为 50 年，主体结构安全等级为一级。抗震设防烈度为 8 度，设计基本地震加速度值为 0.2g，设计地震分组为第二组，场地类别Ⅲ类，场地特征周期 0.55s，50 年设计基准期内基本风压取 0.4kN/m²，地面粗糙度类别为 C 类。主体结构采用型钢混凝土框架-核心筒，塔楼结构立面及典型平面图如图 14.6-2 所示。

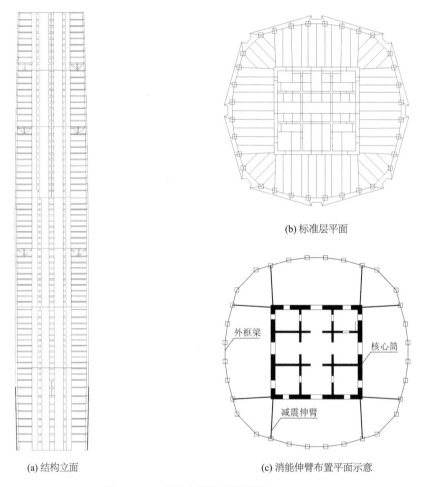

(a) 结构立面　　(b) 标准层平面　　(c) 消能伸臂布置平面示意

图 14.6-2　结构立面及典型平面

减震结构方案主要抗侧力体系为型钢混凝土框架＋混凝土核心筒＋外框内筒之间的

黏滞阻尼减震桁架。结构外框沿建筑物外轮廓布置 32 根型钢混凝土框架柱，1～8 层由于建筑对于入口及大堂空间的需要采用斜柱，柱截面尺寸为 1300mm×1300mm～900mm×900mm，含钢率 5%，外围钢框架梁与框架柱刚接。核心筒外墙的厚度为 1300～400mm，内墙厚度为 650～300mm。楼面钢梁与外框、核心筒均铰接。减震桁架结合避难层及设备层集中布置于 31 层、51 层及 61 层，总计减震桁架数量 24 组，每组减震桁架端部布设 2 个消能器（布设方式采用图 14.6-1 所示方案 3），减震桁架与所在楼层楼板脱开，桁架上弦顶距楼板底 200mm。为保证减震桁架的面外稳定，需在桁架上、下弦所在楼板平面内，设置垂直桁架方向的连系钢梁，连系钢梁按照压弯构件，轴力按照不低于桁架弦杆最大轴力的 1/50 考虑。

为更好地说明减震方案的减震效果及方案优势，建立无控结构模型（减震结构直接去掉消能器黏滞消能器）及抗震结构模型，其中抗震结构采用型钢混凝土框架＋混凝土核心筒＋环带桁架的抗侧力体系，外框架型钢混凝土柱截面为 1500mm×1500mm～1000mm×1000mm，型钢含钢率 6%～8%，筒外墙厚度为 1500～500mm，内墙厚度为 650～300mm，抗震结构各项性能指标均满足规范要求。考虑到地震作用下，消能器给主体结构提供阻尼的同时提供动刚度，常用的振型分解反应谱分析无法考虑消能器动刚度贡献，本节对于减震方案的计算分析与评价均采用考虑消能器非线性的动力时程分析法，地震输入选用满足规范要求的 5 组天然记录＋2 组人工记录，结构阻尼比取 0.04。

2. 消能伸臂减震参数优化

减震方案的减震效果取决于消能器的布设方案（位置、数量）、消能器参数、连接构件刚度等因素，同时考虑到实际安装间隙会降低小震下非线性消能器的减震效果，消能器的耗能减震效果评价宜采用中震下的力学指标。具体到本项目，布设方案比选确定、保证连接刚度的前提下，以中震下基底剪力、层间位移及附加阻尼比不低于 2%（阻尼比计算采用能量比值法），为综合优化目标，对消能器参数进行优化分析，主要包括阻尼系数及阻尼指数的优化。地震输入采用 5 条记录＋2 条人工记录，7 条地震记录均满足规范要求。

如图 14.6-3～图 14.6-5 所示，当消能器阻尼系数一定，阻尼指数介于 0.1～0.4 时，减震结构基底剪力随着阻尼指数的增大呈现先减后增的趋势，基底剪力相差约 5.0%，阻尼指数为 0.3 时最小；层间变形随阻尼指数的增大单调增大，变化幅度约 20%；附加阻尼比随着阻尼指数的增大单调递减，阻尼指数 0.1～0.4 对应的附加阻尼比分别为 3.4%、2.9%、2.3%及 1.7%。

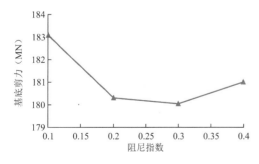

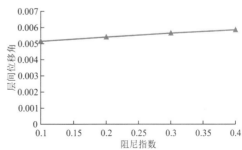

图 14.6-3 基底剪力随阻尼指数的变化曲线　　图 14.6-4 层间位移角随阻尼指数的变化曲线

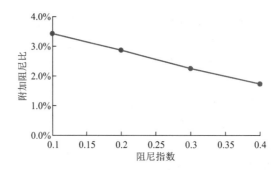

图 14.6-5　附加阻尼比随阻尼指数的变化曲线

阻尼指数一定的情况下，阻尼系数对于综合优化目标的影响如图 14.6-6～图 14.6-8 所示，阻尼系数取值介于 $2000 \sim 5000 kN \cdot (s/m)^{0.3}$ 之间，减震结构基底剪力随着阻尼系数的增大逐步降低，但降低速率趋缓，最大值与最小值相差 3.3%，剪力变化基本可以忽略；层间变形随着阻尼系数的增大单调减小，变化幅度约 15%；对应阻尼系数 $2000 kN \cdot (s/m)^{0.3}$、$3000 kN \cdot (s/m)^{0.3}$、$4000 kN \cdot (s/m)^{0.3}$、$5000 kN \cdot (s/m)^{0.3}$ 的附加阻尼比分别为 1.5%、2.3%、2.9% 及 3.5%。

综合优化目标（即中震下基底剪力、层间位移及消能器提供的附加阻尼比不低于 2%）分析，同时考虑到消能器出力过大，消能器造价较高，与其相连的结构构件内力较大，中大震下构件性能难以保证，故选取消能器参数为：阻尼指数 0.3，阻尼系数 $3000 kN \cdot (s/m)^{0.3}$，消能器行程及出力按照基于 ABAQUS 的大震计算结果，考虑 1.2 倍安全系数，消能器设计行程取 250mm，设计出力取 2500kN。

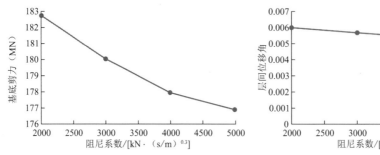

图 14.6-6　基底剪力随阻尼系数的变化曲线

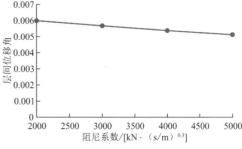

图 14.6-7　层间位移角随阻尼系数的变化曲线

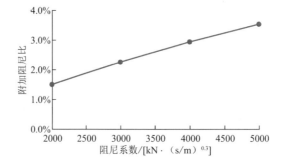

图 14.6-8　附加阻尼比随阻尼系数的变化曲线

14.6.3　减震效果分析

1.　减震结构与无控结构对比分析

为评价消能器减震效果,提取减震结构及无控结构的分析结果,如图14.6-9及图14.6-10所示。小震下最大层间位移角减震率为 26.7%，楼层剪力最大减震率为 20%，基底剪力减震率为 14%，减震后结构位移满足规范 1/500 的要求；中震下最大层间位移角减震率为 15.5%，楼层剪力最大减震率为 15%，基底剪力减震率为 10%。

小震及中震下消能器滞回曲线如图 14.6-11 所示,滞回曲线饱满,消能器发挥了耗能减震作用。小震下消能器稳定出力 1000kN，最大变形约 23mm，小震下消能器提供给主体结构的附加阻尼比约 0.041（结构阻尼比为 0.04，下同）；中震下消能器稳定出力 1500kN，最大变形达到 80mm，中震下消能器提供的附加阻尼比为 0.023。

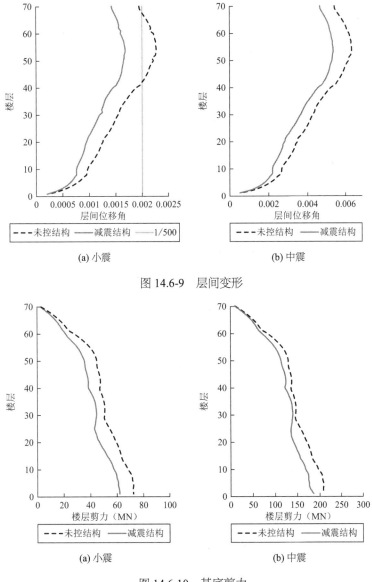

(a) 小震　　　　　　　　　　　　　(b) 中震

图 14.6-9　层间变形

(a) 小震　　　　　　　　　　　　　(b) 中震

图 14.6-10　基底剪力

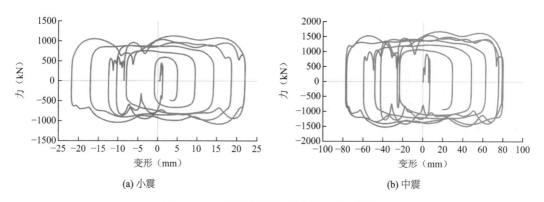

(a) 小震　　　　　　　　　　　　(b) 中震

图 14.6-11　消能伸臂典型消能器滞回曲线

2. 减震结构与抗震结构对比分析

（1）结构整体指标

减震结构与抗震结构整体指标对比，由于设置了消能器，减震结构的整体刚度明显小于抗震结构，减震结构周期约为抗震结构周期的 1.1 倍，地震作用降低；同时，考虑消能器的动刚度及阻尼贡献，减震结构X向及Y向基底剪力约分别为抗震结构的 66.5%、67.0%，减震结构最大层间位移角约为抗震结构最大层间位移角的 78.8%、78.7%。

小震及中震下，减震结构与抗震结构的层间位移角及楼层剪力随楼层的分布如图 14.6-12 和图 14.6-13 所示。相比较抗震结构，减震结构小震下层间位移减小约 21%，基底剪力减小约 33%，中震下层间位移角减小约 15%，基底剪力的减小约 30%。为增加结构整体刚度，抗震结构中采用三道环带桁架形成加强层，控制结构变形的同时造成结构竖向抗侧刚度突变；减震结构竖向刚度更加均匀，结构受力更为合理。

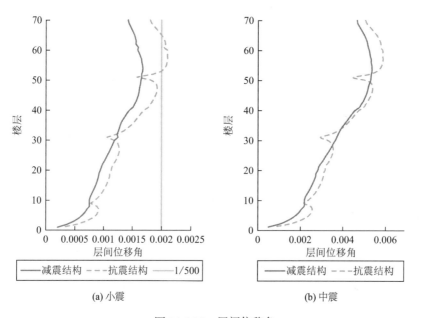

(a) 小震　　　　　　　　　　　　(b) 中震

图 14.6-12　层间位移角

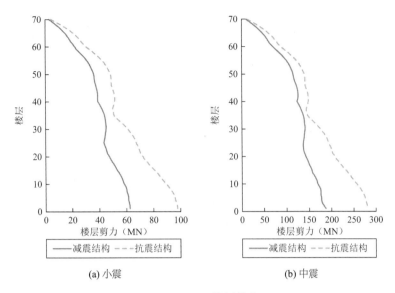

(a) 小震　　　　　　　　　　　　　(b) 中震

图 14.6-13　楼层剪力

（2）剪力墙拉应力

以*X*向为主地震输入为例，提取中震下混凝土核心筒外墙肢（墙肢编号见图 14.6-14）拉力，如图 14.6-15 所示，由于 30 层以上核心筒墙肢拉力较小或受压，图中仅示意 1～30 层拉力分布。相较于抗震结构，减震结构核心筒底部左右侧墙肢拉力最大降低 48%（墙肢 P3），最小降低 20%（墙肢 P1），可有效减少底部区段核心筒墙肢型钢用量。

通过减震结构、抗震结构及无控结构墙肢拉力沿楼层分布对比，不难发现，在核心筒底部，减震结构墙肢拉力较之无控结构降低明显，主要原因包括两个方面的影响：（1）消能器发挥了耗能作用，给主体结构提供了附加阻尼，减小了底部墙肢的地震输入，进而降低了墙肢拉力；（2）消能器在动力时程输入下，为主体结构提供了动刚度，调整了外框与内筒之间的内力分配，通过动刚度起到了类似于伸臂桁架的作用，使得减震结构的外框分担地震作用比例提高，减小了核心筒地震倾覆力矩，减小了墙肢拉力。

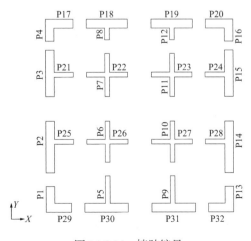

图 14.6-14　墙肢编号

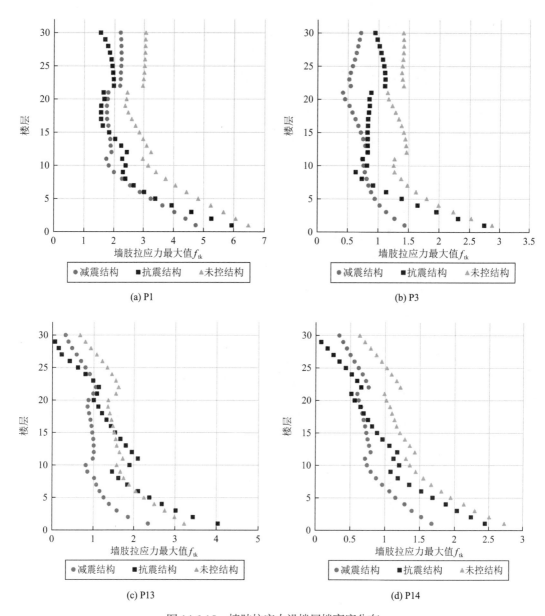

(a) P1

(b) P3

(c) P13

(d) P14

图 14.6-15　墙肢拉应力沿楼层楼高度分布

14.6.4　小结

基于 8 度区某 300m 实际超高层项目，对消能伸臂减震结构的耗能装置进行了参数优化、布置位置比选，并与传统抗震结构进行了对比分析，得到以下结论：

（1）超高层减震结构，受限于层间有效变形较小，需要采用位移放大机制才能取得较为明显的减震效果，同时考虑到建筑使用空间的限制，宜采用大出力消能器集中布设，布设于外框与内筒之间的减震桁架属于较优的选择之一。同时，消能器参数取值，应综合考虑减震目标、经济性、连接构件设计等进行优化分析，并采取构造措施保证消能器的面外稳定。

（2）针对本项目优化后的减震方案，消能器参数取为阻尼指数 0.3、阻尼系数 3000kN·(s/m)$^{0.3}$，可实现小震、中震下提供附加阻尼比 4.1%、2.3%，基底剪力减震率 14%、10%，最大层间位移角减震率 26.7%、15.5%，减震效果明显。

（3）相较于抗震结构，减震结构地震作用降低明显，结构受力均匀，不存在刚度突变，地震作用下结构性能更优。

（4）减震结构由于消能器附加给主体结构的阻尼效应及动刚度，可明显降低核心筒底部墙肢的拉力，减少墙肢内部型钢用量，节省材料的同时缩短工期，体现了较为明显的经济性优势。

参考文献

[1]　欧进萍，吴斌，龙旭. 结构被动耗能减震效果的参数影响[J]. 地震工程与工程振动，1998(3): 60-63.

[2]　蒋通，贺磊. 非线性黏滞消能器消能结构减震效果分析[J]. 世界地震工程，2005(6): 57-63.

[3]　Computer and Structures, Inc. CSI 分析参考手册[M]. 北京：北京筑信达工程咨询有限公司，2017.

[4]　韩玉栋，王立伟，龙辉元，等. 中铁·西安中心超高层结构设计[J]. 建筑结构，2013, 43(23): 42-46.

[5]　赵延彤，James Swanson，施伟顺，等. 银川绿地中心超高层结构设计[J]. 建筑结构，2016, 46(Z): 1-5.

[6]　郑少昌，郑建东. 昆明同德广场超高层办公楼抗震设计[J]. 建筑结构，2015, 45(1): 10-14.

[7]　杨学林，周平槐，徐燕青. 兰州红楼时代广场超限高层结构设计[J]. 建筑结构，2012, 42(8): 42-49.

[8]　徐福江，盛平，王轶，等. 海航国际广场 A 座主楼超高层结构设计[J]. 建筑结构，2013, 43(17): 81-84.

[9]　陈建兴，包联进，汪大绥. 乌鲁木齐绿地中心黏滞阻尼器结构设计[J]. 建筑结构，2017, 47(8): 54-58.

[10]　建筑抗震设计规范：GB 50011—2010(2016 年版)[S]. 北京：中国建筑工业出版社，2016.

[11]　建筑消能减震技术规程：JGJ 297—2013[S]. 北京：中国建筑工业出版社，2013.

[12]　付仰强，张同亿，丁猛，等. 高烈度地震区某超高层结构减震分析与设计[J]. 建筑结构，2020, 50(21): 84-88.

第 15 章　建筑工程隔振（震）相关技术问题

15.1　隔震结构等效线性模型的反应谱法研究

《隔震标准》颁布实施之前，隔震结构设计主要采用分部设计的减震系数法：将整个隔震结构分为上部结构、隔震层和下部结构，分别进行设计。对于上部结构的设计，首先采用时程分析法计算隔震前后结构的地震响应，确定隔震后主体结构的水平向减震系数，基于减震系数对上部结构的地震作用及抗震措施进行调整，将上部结构转化为抗震结构进行反应谱分析及设计。

《隔震标准》提出了隔震结构的直接设计方法，上部结构、隔震层和下部结构一体化建模及设计。对上部结构计算地震作用时，可采用振型分解反应谱法或时程分析法。虽然考虑隔震支座非线性行为的时程分析方法更为精确，但是考虑到地震波的随机性和离散性，以及时程分析方法进行结构承载力设计的复杂性，业内也有部分专家更倾向于设计人员普遍掌握的反应谱分析方法：在既定的地震作用水准下，对隔震支座的非线性特性迭代计算，转化为具有线性属性的支座等效刚度及等效阻尼，采用振型分解反应谱法对隔震结构等效线性化模型进行分析与设计。

本节计算模型来源于国家标准《隔震标准》编委会 2016 年给出的隔震结构地震作用与结构验算方法工程实例试设计任务书，采用 ETABS2015 分析算例，通过对比反应谱法和时程分析法的计算结果，研究采用反应谱法对带隔震层的"一体化"模型进行等效线性分析的适用性。

15.1.1　隔震支座等效线性化参数的计算

铅芯橡胶支座对于隔震结构的贡献包含两个方面，其一是隔震层刚度相对较小，隔震后结构周期拉长，地震响应降低；其二是具有弹塑性行为的支座相当于位移型消能器，屈服后耗能对主体结构有消能减震的作用。由此可知，如果采用反应谱法分析"一体化"隔震模型，首先需要确定支座的等效线性化参数。

本节研究中，隔震支座采用 Isolator 连接单元模拟，其弹塑性行为的等效线性参数包括等效刚度和有效阻尼系数。

连接单元的等效刚度，可取最大水平位移点对应的割线刚度k。其计算公式为：

$$k = \frac{F}{d_{max}} \tag{15.1-1}$$

连接单元的有效阻尼系数C，理论上为连接单元的等效阻尼比ξ和临界阻尼系数C_c的乘积，如下式所示：

$$C = \xi C_c = 2\xi m_i \omega = 2\xi m_i \frac{2\pi}{T_n} = 2\xi m_i \sqrt{\frac{k}{m_i}} = 2\xi \frac{k}{\omega} \tag{15.1-2}$$

式中，m_i为隔震层上部结构根据第i个隔震支座刚度占隔震层总刚度的比例分配给该隔震支座的等效质量；T_n为加载方向第n次迭代对应的振动周期；ω为隔震结构加载方向的基本周期对应的圆频率。等效阻尼比的计算公式为：

$$\xi = \frac{S_{\text{滞回面积}}}{4\pi S_{\text{应变能}}} \tag{15.1-3}$$

$$S_{\text{应变能}} = \frac{1}{2}kd_{\max}^2 \tag{15.1-4}$$

式中，$S_{\text{滞回面积}}$为连接单元以$d_{\max}$为幅值，加载一周所得滞回曲线的面积；$S_{\text{应变能}}$为结构的应变能。

由上述公式可见，隔震层的变形量会影响隔震支座等效刚度和有效阻尼系数，而隔震支座有效刚度和有效阻尼系数回代等效模型后影响隔震层的计算变形量。因此，需要迭代求解隔震支座的等效刚度和有效阻尼系数。

隔震连接单元的初始刚度、屈服力、屈服后刚度比已知，迭代求解过程表述如下：

步骤一：假设连接单元位移为d_1、隔震结构基本周期为$T_{1,1}$，根据式(15.1-1)和式(15.1-2)可以求得d_1，$T_{1,1}$对应的等效刚度k_1、有效阻尼系数C_1。

步骤二：将连接单元线性属性中的等效刚度、有效阻尼系数设置为k_1、C_1，用反应谱法求解，可以得到连接单元的位移为d_2，隔震结构基本周期为$T_{1,2}$，由d_2、$T_{1,2}$可以得到等效刚度k_2、有效阻尼系数C_2。

步骤三：k_n、C_n分别是等效刚度、有效阻尼系数的设置值，k_{n+1}、C_{n+1}分别是等效刚度、有效阻尼系数的实际计算值，若$|k_{n+1} - k_n/k_n| > \varepsilon$，$|(C_{n+1} - C_n)/C_n| > \varepsilon$，则将$k_{n+1}$、$C_{n+1}$作为新的设置值输入连接单元，重复步骤二，直至设置值与实际计算值误差小于目标限值。

等效刚度和有效阻尼系数的迭代过程是收敛的，其最终结果与连接单元的初设位移无关，主要取决于地震作用的大小，不同地震作用对应不同的隔震支座等效状态。等效刚度和有效阻尼系数确定后，回代赋予隔震支座等效线性化属性，进行"一体化"隔震模型反应谱法等效线性分析。

15.1.2　模型算例及计算结果分析

如图 15.1-1 所示，本节采用了三种不同结构形式的隔震模型，模型概况见表 15.1-1，隔震支座布置情况见表 15.1-2。对于每个隔震模型，都有对应的不设置隔震支座的抗震模型作为对照模型，用于考察有无隔震支座对反应谱法计算结果的影响。每个模型都设计了数条地震波（El-Centro、Taft、rgb1、ACC1、ACC8、ACC10、ACC11、ACC12，其中 rgb1 为规范组提供，ACC*为分析团队的自造人工波，3 栋建筑的人工波选用不尽相同，在统计意义上与规范反应谱一致）的时程分析算例和反应谱分析算例。主要统计两种分析方法计算"一体化"隔震模型楼层剪力的差别。

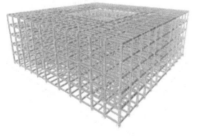　　

(a) 框架结构模型　　　　　(b) 剪力墙结构模型　　　　(c) 框架-剪力墙结构模型

图 15.1-1　隔震结构模型

模型概况 表 15.1-1

模型分类	长×宽（m）	层数（不含隔震层）	总高度（m）	高宽比	隔震前T_1（s）	隔震后T_1（s）
框架	90.0×90.0	5	33.5	0.37	1.849	3.354
剪力墙	47.5×12.0	10	31.8	2.65	0.966	2.382
框架-剪力墙	50.4×38.0	27	99.5	2.62	2.427	3.939

隔震支座设计参数及布置情况 表 15.1-2

支座类型	支座型号	初始刚度（kN/m）	屈服力（kN）	屈服后刚度比	支座数量（个）		
					框架	框架-剪力墙	剪力墙
天然橡胶支座	LNR600	1033	—	—	—	—	2
	LNR800	1405	—	—	44	—	4
	LNR1300	2133	—	—	—	23	—
	LNR1500	2272	—	—	—	5	—
铅芯橡胶支座	LRB600	9700	90	0.1	—	—	7
	LRB800	13100	160	0.1	102	—	13
	LRB1300	26000	424	0.0833	—	29	—
	LRB1500	27700	565	0.0833	—	4	—
滑板支座	ESPB1300	18467	796	0	—	9	—

为了更好地对比两种分析方法的结果差异，尽量消除地震波离散性与规范标准反应谱在地震作用输入上的差异，所有算例中反应谱法计算均采用地震波对应的真实反应谱（图 15.1-2、图 15.1-3）进行分析。按任务书要求，框架模型的地震波峰值加速度调幅至 0.3g，对应规范谱设计特征周期 0.45s 进行人工波选波；框架-剪力墙、剪力墙模型的地震波峰值加速度调幅至 0.2g，对应场地特征周期 0.35s 进行人工波选波。

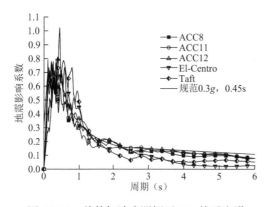

图 15.1-2　峰值加速度调幅至 0.3g的反应谱

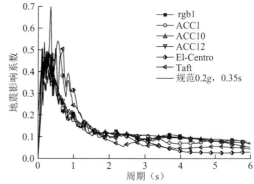

图 15.1-3　峰值加速度调幅至 0.2g的反应谱

为提高效率，时程分析采用快速非线性分析法（FNA 法）。FNA 法是基于模态的分析方法，可考虑连接单元的非线性行为。分析过程中将所有振型的模态阻尼比统一设置为 0.05。模态工况子类型采用 Ritz 向量，添加的荷载类型包括 Acc eleration（UX，UY）；Load Pattern（DEAD，LIVE）；Link（ALL），模态数量按如下公式设置：

$$模态数量 = 连接单元数量 \times 2 + 楼层数 \times 2 + 10 \qquad (15.1\text{-}5)$$

为验证 FNA 法的精确性，分别选取 1 条人工波和 1 条天然波，进行 FNA 法与直接积分法的计算结果对比，层剪力比计算结果见图 15.1-4。由图可知，两种方法的计算结果相差基本在 10%以内。

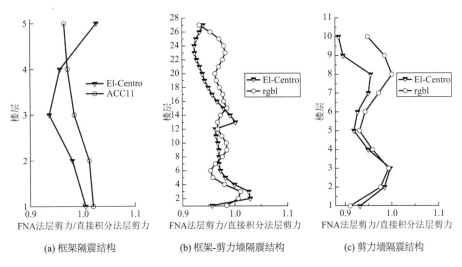

(a) 框架隔震结构　　(b) 框架-剪力墙隔震结构　　(c) 剪力墙隔震结构

图 15.1-4　两种时程分析法计算隔震结构的楼层剪力比

对于框架结构、框架-剪力墙结构、剪力墙结构三种模型的不同算例，对比时程分析法和反应谱法的楼层剪力计算结果。不同地震波输入下，两种隔震结构分析方法计算所得楼层剪力的比值随楼层的变化如图 15.1-5 所示。

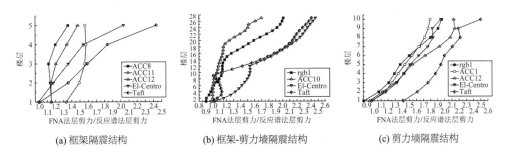

(a) 框架隔震结构　　(b) 框架-剪力墙隔震结构　　(c) 剪力墙隔震结构

图 15.1-5　隔震结构时程分析法和反应谱法的楼层剪力比

由图 15.1-5 可以看出，对于三种模型，在不同的地震波输入下，时程分析法和反应谱法之间的楼层剪力比值规律如下：底层剪力两种方法结果较为接近，沿楼层自下而上差别呈逐渐增大的趋势，差别最大的顶层剪力比值可达 2.5。这说明反应谱法对隔震结构顶部的楼层剪力存在明显低估。

15.1.3　隔震上部结构对应的抗震模型计算结果

对于上述隔震结构，删除隔震支座及以下布置，将隔震层上支墩柱底设置为固接（为了更贴近传统的抗震结构），形成上部结构抗震模型。分别选择人工波（rgb1、ACC11）及天然波（El-Centro）进行时程分析，采用地震波对应的反应谱进行振型分解反应谱法分析，两种计算方法所得楼层剪力的比值随楼层的变化如图 15.1-6 所示。由图可以看出，对于不带隔震层的抗震结构，两种方法的计算结果接近，楼层剪力比值并没有随楼层自下而上逐渐增大。

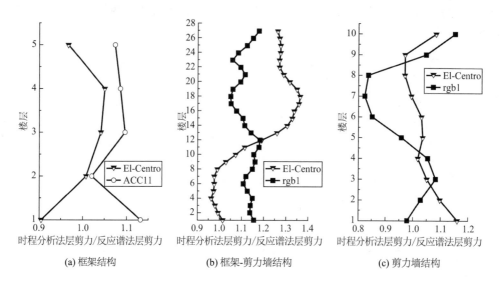

(a) 框架结构　　　　　(b) 框架-剪力墙结构　　　　　(c) 剪力墙结构

图 15.1-6　抗震结构时程分析法和反应谱法的楼层剪力比

15.1.4　天然橡胶支座隔震结构计算结果对比

在地震波输入的时程过程中，由于隔震层的变形状态不断改变，对应于不同时刻铅芯橡胶支座的等效刚度、等效阻尼也随之不断变化。

以框架隔震模型的 El-Centro 波时程分析为例，提取基底剪力最大时刻和顶层剪力最大时刻的各层剪力及隔震层变形，并按隔震支座变形对应的割线刚度求和计算隔震层的等效刚度，结果对比列于表 15.1-3。

不同时刻隔震框架结构状态　　　　　　　　　　表 15.1-3

计算时刻		基底剪力最大时刻（5.74s）	顶层剪力最大时刻（2.58s）
楼层剪力（kN）	5 层	6635	18749
	4 层	14701	21275
	3 层	24739	12782
	2 层	33318	4652
	1 层	34174	−2820
隔震层位移（mm）		58	28
隔震层等效刚度（kN/m）		449754	722234

由表 15.1-3 可知，不同时刻隔震支座的等效状态不同。反应谱法中，如果基于特定状态（如隔震支座单向最大变形）等效线性来模拟具有非线性特征的隔震层（铅芯橡胶支座隔震），则无法考虑时程过程中隔震层非线性状态的变化，因此造成等效线性计算结果与时程分析法计算结果之间存在较大差异。由此可得出以下推论：如果隔震层的等效线性状态在时程中保持不变，则两种方法之间的差异将显著减小。

为了检验上述推论，将框架隔震模型的隔震支座全部替换为天然橡胶支座 LNR800（等效刚度为 1405kN/m，隔震后第一周期 3.70s）。统计时程分析 FNA 法与反应谱法计算的楼层剪力比值随楼层的变化，与之前的隔震模型结果对比绘于图 15.1-7 和图 15.1-8。由图可知，当隔震支座保持线性状态时，时程分析法与反应谱法的层剪力比值明显降低，两种方法的差异明显减小。

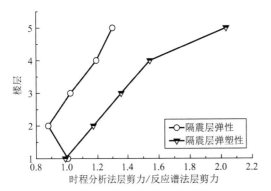 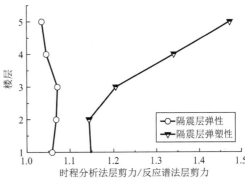

图 15.1-7　El-Centro 波作用下的层剪力比　　　　图 15.1-8　ACC8 波作用下的层剪力比

15.1.5　不同支座隔震结构算法影响规律验证

为进一步验证结论，采用更为规则的模型，并用正弦波输入进行验证。规则模型为 5 层混凝土框架结构，采用基础隔震，层高 4.2m，平面布置双轴对称，纵、横向柱网尺寸均为 8.1m。1～3 层柱截面为 800mm×800mm，4～5 层柱截面为 700mm×700mm，梁截面为 400mm×650mm，如图 15.1-9 所示。隔震模型分别采用弹性的天然橡胶支座 GZP700（等效刚度 1088kN/m）和弹塑性的铅芯橡胶支座 GZY700（初始刚度 13340kN/m，屈服力 107kN，屈服后刚度比 0.08）。

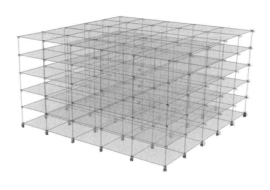

图 15.1-9　规则模型

正弦波输入周期为 2s，幅值为 60gal，持续时间为 25s。其 5%阻尼比的反应谱如图 15.1-10 所示。时程分析与反应谱分析的楼层剪力比值列于图 15.1-11。

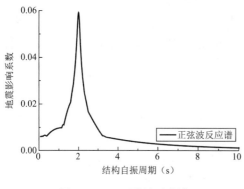

图 15.1-10　正弦波反应谱

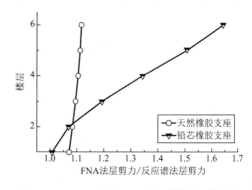

图 15.1-11　正弦波作用下规则模型层剪力比

由对比结果可知，基于正弦波输入下的规则计算模型，两种方法的楼层剪力差别规律依然存在。但隔震层为弹性的模型，两种方法结果差别较小，隔震层为弹塑性的模型，两种方法在底层差别较小，随楼层增高，差别显著增大。

15.1.6　小结

本节针对三种常用结构体系，研究分析了反应谱法与时程分析法（含 FNA 法）计算结果的差异及规律。研究中分别考虑了带铅芯橡胶支座隔震层的"一体化"分析模型，对应的抗震模型、带天然橡胶支座隔震层的"一体化"分析模型，进而通过规则结构在正弦波作用下的分析验证了规律的适用性。通过本节研究及分析，可以得出以下结论：

（1）对于"一体化"隔震结构进行仅考虑连接单元非线性的动力时程分析，FNA 法与直接积分法计算结果相近，为提高分析效率，当主体结构保持弹性时，可采用 FNA 法。

（2）基于等效线性计算带弹塑性隔震层的隔震结构，无法考虑地震作用过程中隔震支座等效状态变化的影响，可能造成反应谱法与时程分析法结果差异较大。反应谱法可能低估结构上部楼层的剪力，造成结构设计偏于不安全，因此应采用两种计算方法结果进行包络设计。

（3）对于隔震层为近似弹性变形的隔震结构，反应谱法与时程分析法计算结果较为接近，可直接用于此类隔震结构的计算分析。

15.2　分部设计方法水平向减震系数研究

15.2.1　研究模型

本章 15.1 节中探讨了隔震建筑结构不同分析方法带来的结果差异性，并给出了分析方法选择建议。本节针对《抗规》的减震系数方法，探讨采用楼层减震系数设计中存在的内力计算问题并给出设计建议。

如本书第 8 章所述，虽然《隔震标准》中的直接设计方法应用越来越普遍，但鉴于《抗规》中的分部设计方法仍在应用，且现有工程多为使用本方法进行完成的设计，所以本节讨论的内容对于评估现有隔震建筑的安全性具有重要意义。

现行规范采用减震系数方法进行隔震结构的设计时，水平向减震系数最大值规定如下：对于多层建筑，为按弹性计算所得的隔震与非隔震各层层间剪力的最大比值。对于高层建筑结构，尚应计算隔震与非隔震各层倾覆力矩的最大比值，并与层间剪力的最大比值相比较，取二者的较大值。以上规定虽然有一定包络性，但由于隔震模型和非隔震模型在地震作用下的响应不同，其构件的内力分布存在差异，可能会出现层内力水平向减震系数不能包络构件内力水平向减震系数的问题。

为此，本节仍采用 15.1 节中框架结构和框架-剪力墙结构案例，两个案例的竖向构件布置图见图 15.2-1，分别对框架模型和框架-剪力墙模型进行隔震及抗震结构的计算分析，说明以上问题。

采用时程分析法，分别计算隔震模型和抗震模型在不同地震波（El-Centro 波和 ACC11 波）下的结构响应，后续以楼层剪力为例开展论述，比较楼层剪力减震系数与楼层各竖向构件剪力减震系数的差异，计算分析内容列于表 15.2-1 中。

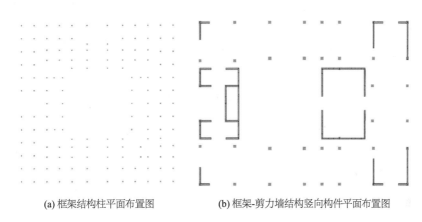

(a) 框架结构柱平面布置图　　　　(b) 框架-剪力墙结构竖向构件平面布置图

图 15.2-1　计算模型竖向构件布置图

对比计算内容　　　　　　　　　　　　　　表 15.2-1

模型分类	分析方法	计算内容及目的	算例工况及数量
隔震	FNA 法时程分析	针对框架、框架-剪力墙两类结构，统计不同地震波下（1 条人工波 +1 条天然波）楼层及构件剪力的减震系数，对比其差别	2 个案例（框架及框架-剪力墙）分别计算 2 条地震波，共 4 个算例
抗震	线性时程分析		2 个案例（框架及框架-剪力墙）分别计算 2 条地震波，共 4 个算例

需要指出的是，在实际工程中隔震支座对柱底的约束偏弱，因此建议对抗震模型的柱底约束都采用铰接处理。为了验证以上建议，分别对框架隔震结构、柱底刚接抗震结构、柱底铰接抗震结构进行了 El-Centro 波下的时程分析，得到了层间位移角沿楼层的分布。对各层层间位移角按楼层最大值进行了归一化处理，对比结果如图 15.2-2 所示。由图可以看出，柱底铰接的抗震模型与原隔震模型贴合较好，而柱底刚接的隔震模型则与原隔震模型差异较大，这说明柱底铰接抗震模型的变形模式更加贴近于原隔震模型。

对于框架-剪力墙模型，柱底刚接与铰接的差异很小。对比 El-Centro 波下框架-剪力墙抗震模型柱底刚接与铰接的层间位移角，如图 15.2-3 所示。由图可见，柱底刚接与铰接的框架-剪力墙抗震模型的变形模式基本相同。

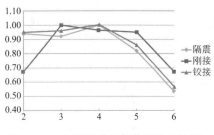

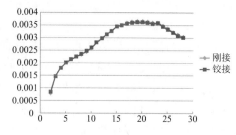

图 15.2-2　框架结构层间位移角对比图　　图 15.2-3　框架-剪力墙结构层间位移角对比图

综上所述，框架结构底部约束变化对层变形的影响较大；框架-剪力墙结构，底部约束变化对层变形影响较小。

15.2.2　框架结构分析结果

为简化说明问题，本节仅列出 X 向地震输入得到的框架柱剪力进行了构件减震系数的图表统计分析。采用 El-Centro 波和 ACC11 波分别计算隔震及抗震模型，得到的楼层剪力减震系数列于表 15.2-2 和表 15.2-3 中，各楼层框架柱剪力减震系数离散性分布图见图 15.2-4 和图 15.2-5。

El-Centro 波楼层剪力减震系数　　　　　　　　表 15.2-2

楼层	隔震模型楼层剪力（kN）	非隔震模型楼层剪力（kN）	楼层剪力减震系数
6（建筑五层）	18749	36248	0.52
5（建筑四层）	26072	45552	0.57
4（建筑三层）	31392	52681	0.60
3（建筑二层）	33576	59864	0.56
2（建筑首层）	34173	72244	0.47

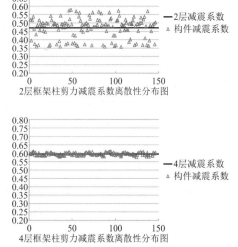

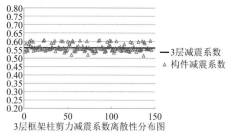

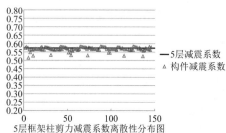

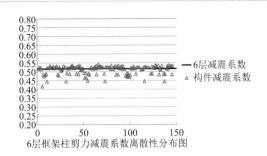

图 15.2-4　El-Centro 波各楼层框架柱剪力减震系数

ACC11 波楼层剪力减震系数　　　　　　　　　表 15.2-3

楼层	隔震模型楼层剪力（kN）	非隔震模型楼层剪力（kN）	楼层剪力减震系数
6（建筑五层）	15553	41629	0.37
5（建筑四层）	29906	60207	0.50
4（建筑三层）	42407	82081	0.52
3（建筑二层）	51772	87533	0.59
2（建筑首层）	55246	103860	0.53

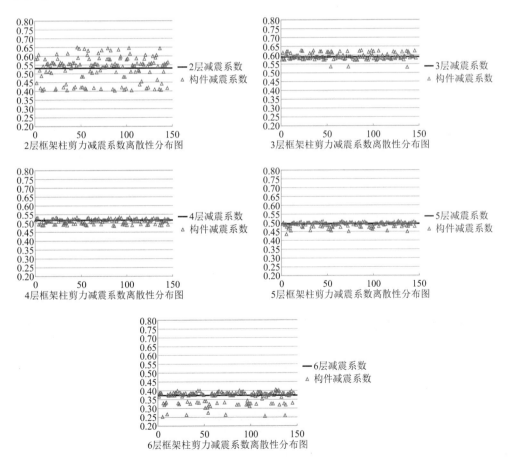

图 15.2-5　ACC11 波各楼层框架柱剪力减震系数

从上述图表可以看出：

（1）框架结构的减震系数随楼层变化，沿高度呈现中间减震比例小，上下减震比例大的现象。

（2）不同地震波计算得到的楼层减震系数差异较大。

（3）结构在不同楼层，层减震系数和构件减震系数的分布差异不同，这种差异性在框架结构首层、顶层表现得最为显著，但顶层相对底层偏于安全。

（4）同层不同位置构件的减震系数与楼层减震系数存在差异，在 El-Centro 波下，首层正负最大差别分别为 22% 与 -24%；在 ACC11 波下，首层正负最大差别分别为 22% 与 -24%。

（5）当采用各楼层减震系数的包络值进行设计时，并不能保证所有构件的设计都是偏于安全的，有些构件的减震系数会超出楼层包络值。

另外，图 15.2-6 给出首层框架柱的水平向减震系数，可见同层不同位置构件的减震系数差异较大，但在平面分布上存在一定的对称性和规律性，这与竖向构件刚度、内力与对应支座性能相关。

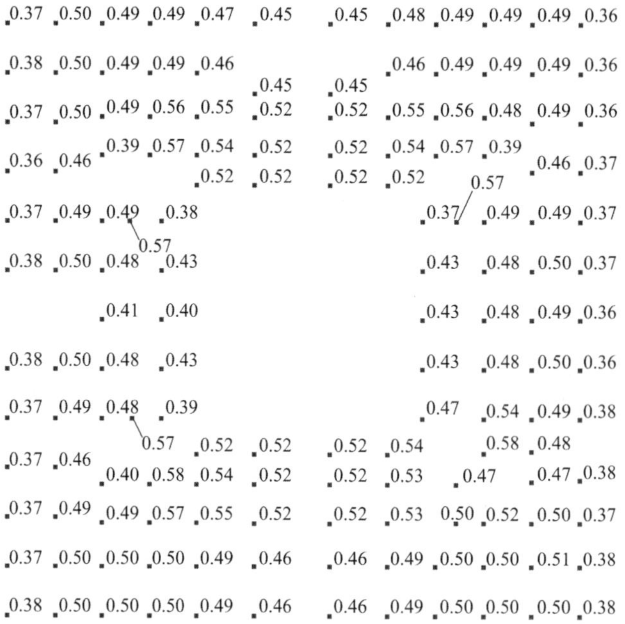

图 15.2-6　首层框架柱水平向减震系数

15.2.3　框架-剪力墙结构分析结果

同上节，仅列出 X 向地震输入得到的框架柱剪力、剪力墙剪力的构件减震系数图表统计分析。两条地震波计算得到的楼层剪力减震系数分别列于表 15.2-4 和表 15.2-5 中，各楼层框架柱剪力减震系数离散性分布图分别见图 15.2-7 和图 15.2-9，各楼层剪力墙剪力减震系数离散性分布图见图 15.2-8 和图 15.2-10。

El-Centro 波楼层剪力减震系数　　　　　　　　　　　表 15.2-4

楼层	隔震模型楼层剪力（kN）	非隔震模型楼层剪力（kN）	楼层剪力减震系数
28	3326	8348	0.40

续表

楼层	隔震模型楼层剪力（kN）	非隔震模型楼层剪力（kN）	楼层剪力减震系数
27	6883	16961	0.41
26	10073	24224	0.42
25	12919	30137	0.43
24	15458	34826	0.44
23	17702	38668	0.46
22	19646	42264	0.46
21	21251	45496	0.47
20	22488	48340	0.47
19	23484	50064	0.47
18	24216	50724	0.48
17	24696	50620	0.49
16	24936	50976	0.49
15	24874	50929	0.49
14	24428	50206	0.49
13	23981	48806	0.49
12	25078	47290	0.53
11	26040	47452	0.55
10	26791	47670	0.56
9	27284	48256	0.57
8	27542	50052	0.55
7	27647	52568	0.53
6	27679	54900	0.50
5	27630	57127	0.48
4	27361	60656	0.45
3	26201	63245	0.41
2	23987	65406	0.37

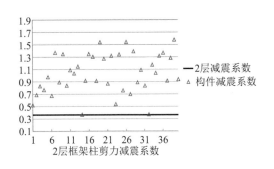

2层框架柱剪力减震系数

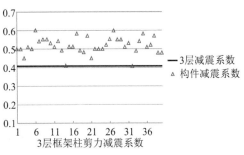

3层框架柱剪力减震系数

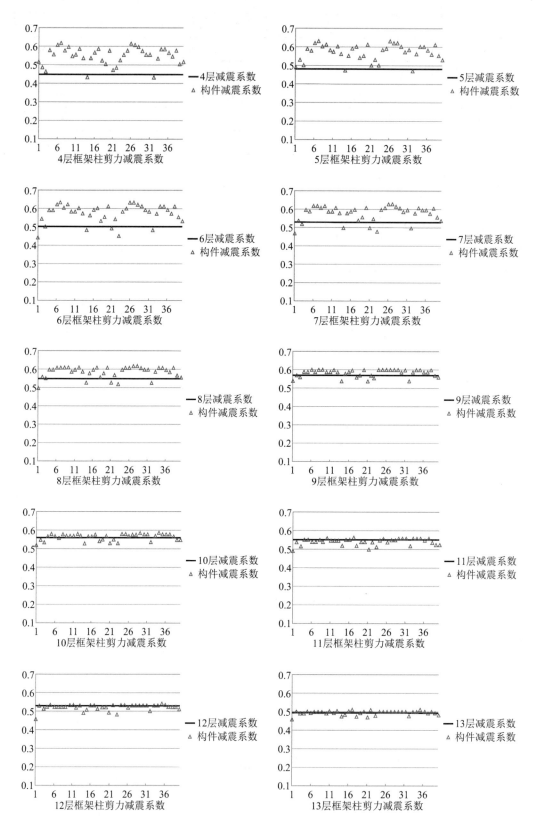

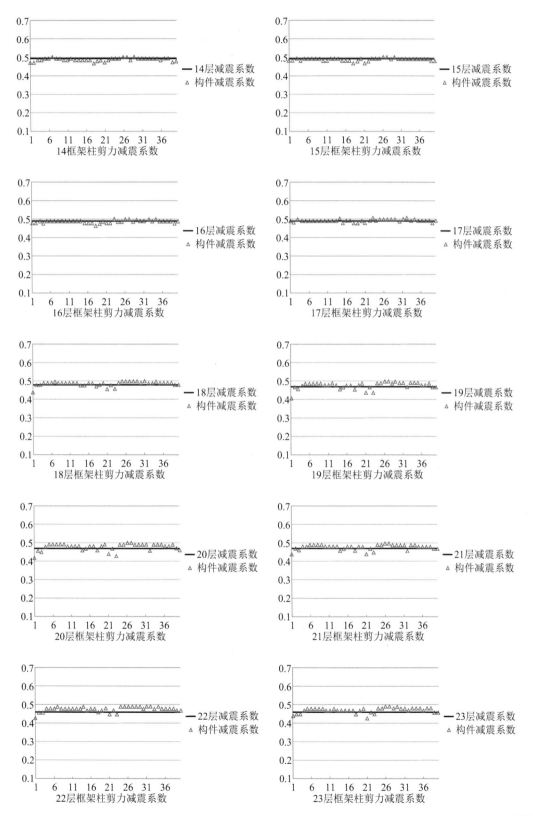

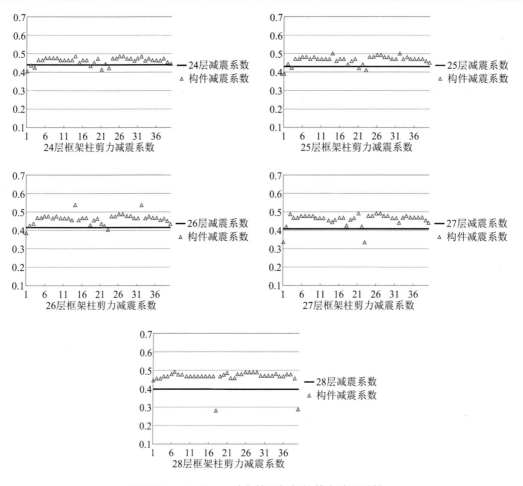

图 15.2-7　El-Centro 波各楼层框架柱剪力减震系数

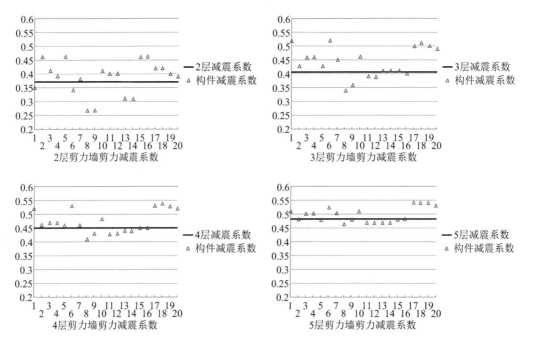

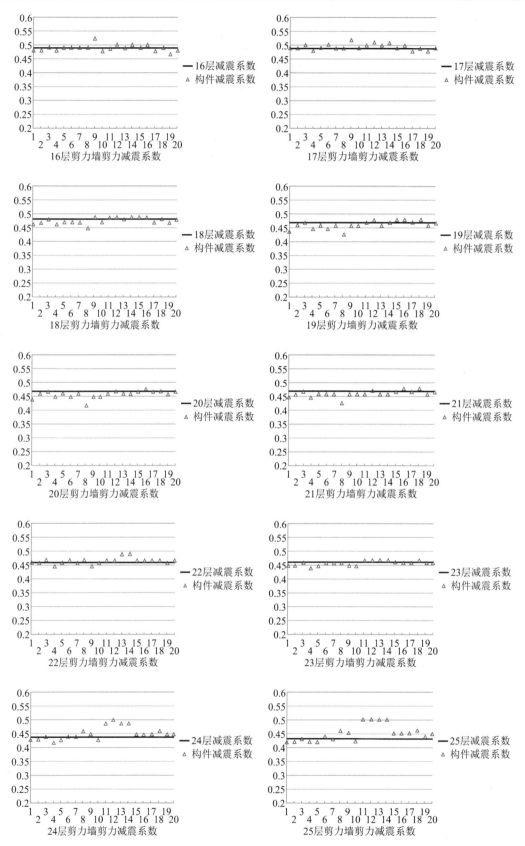

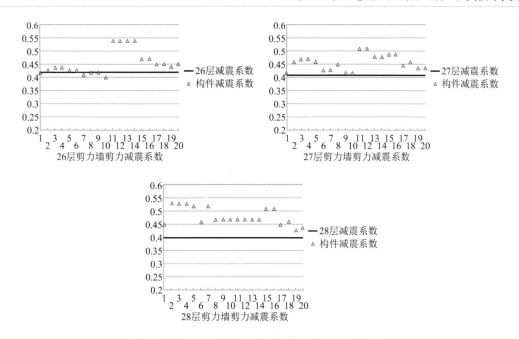

图 15.2-8　El-Centro 波各楼层剪力墙剪力减震系数

ACC11 波楼层剪力减震系数　　　　　　　　表 15.2-5

楼层	隔震模型楼层剪力（kN）	非隔震模型楼层剪力（kN）	楼层剪力减震系数
28	2830	7186	0.39
27	6035	13883	0.43
26	9076	18870	0.48
25	11833	22248	0.53
24	14247	24904	0.57
23	16229	28539	0.57
22	17832	31467	0.57
21	19184	32922	0.58
20	20407	33575	0.61
19	21374	34782	0.61
18	22028	36252	0.61
17	22319	38485	0.58
16	22790	40874	0.56
15	23680	42514	0.56
14	24617	45048	0.55
13	25883	48259	0.54
12	27345	49730	0.55
11	28675	50418	0.57
10	29629	52469	0.56
9	30108	53762	0.56

楼层	隔震模型楼层剪力（kN）	非隔震模型楼层剪力（kN）	楼层剪力减震系数
8	30216	54249	0.56
7	30249	55533	0.54
6	30497	58407	0.52
5	31115	62029	0.50
4	31591	63805	0.50
3	31461	65578	0.48
2	32417	67721	0.48

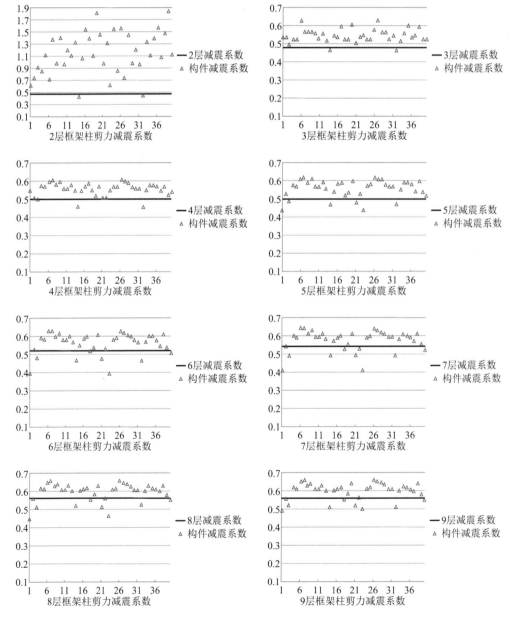

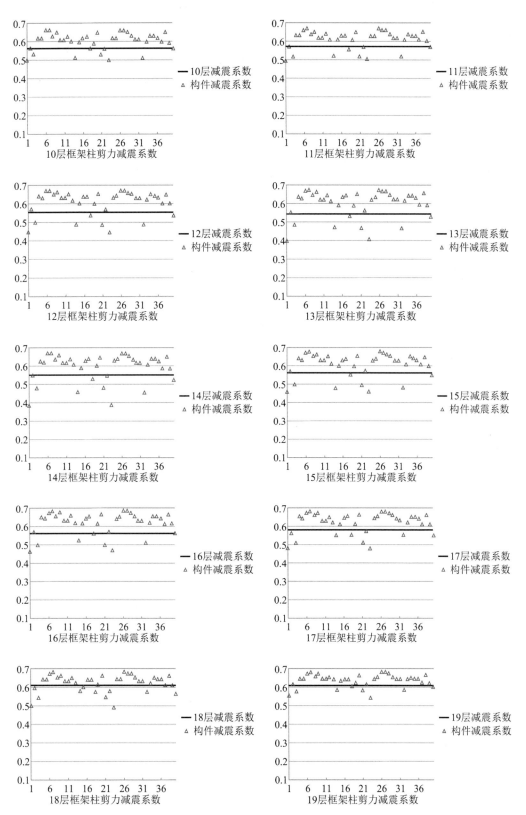

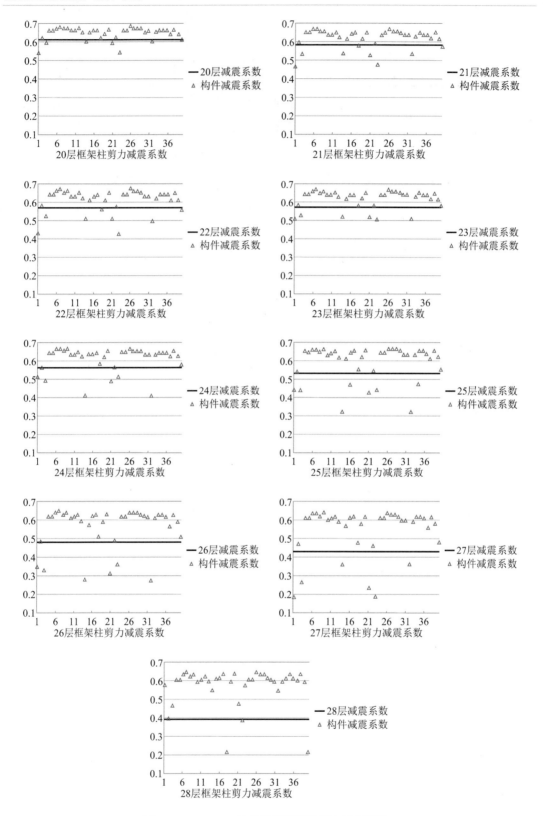

图 15.2-9　ACC11 波各楼层框架柱剪力减震系数

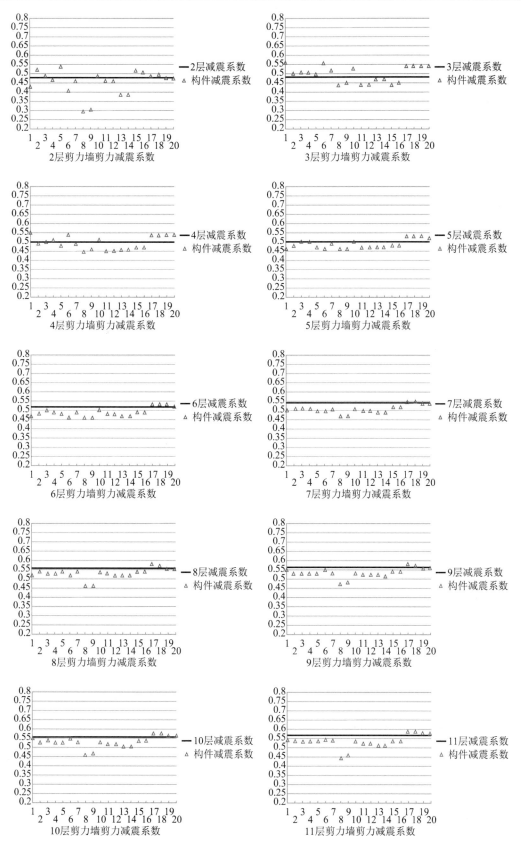

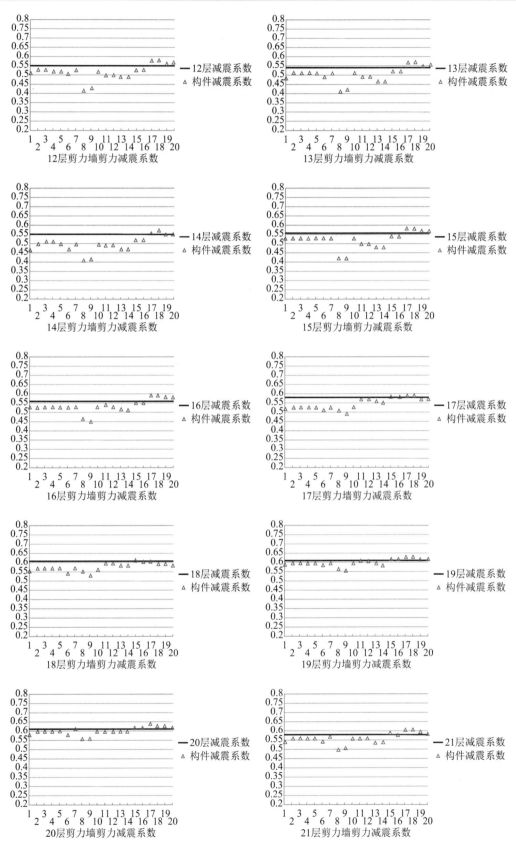

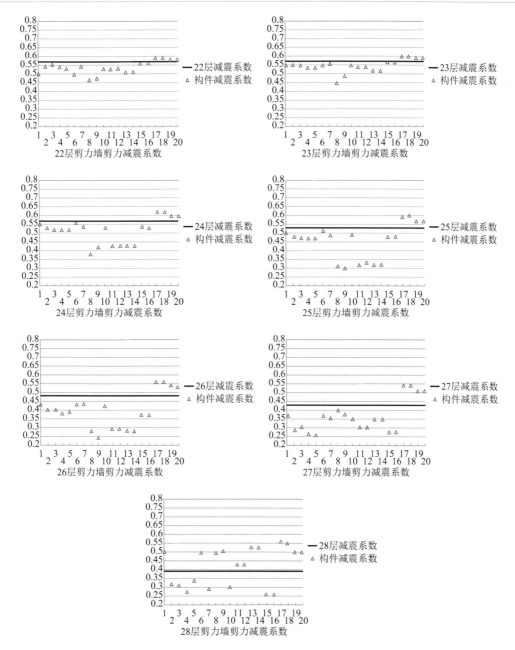

图 15.2-10　ACC11 波各楼层剪力墙剪力减震系数

从上述图表可以看出：

（1）框架-剪力墙结构的减震系数随楼层变化规律同框架结构相似，沿高度呈现中间减震比例小，上下部分减震比例大的现象。

（2）不同地震波计算得到的楼层减震系数有所差异，分别比较框架柱、剪力墙计算结果，均有类似问题。

（3）结构在不同楼层，层减震系数和构件减震系数的分布差异不同，这种差异性在框架-剪力墙结构上部和下部表现得比框架结构更显著，分别比较框架柱、剪力墙减震系数，均有同样问题。

（4）对于框架-剪力墙结构中的框架柱，构件减震系数与楼层减震系数差异波动很大，且下部及上部若干楼层不安全问题突出，尤其是首层部分框架柱，其构件减震系数超出 1.0，当采用减震系数方法进行设计时，对于这部分构件将存在较大的安全隐患。

（5）对于框架-剪力墙结构中的剪力墙，构件减震系数与楼层减震系数差异较大，也出现下部及上部若干楼层偏于不安全问题。

另外，图 15.2-11 给出 El-Centro 波首层竖向构件剪力减震系数，可见同层不同位置构件的减震系数差异较大，但在平面分布上，框架柱及剪力墙减震系数均存在一定的空间对称性和规律性。

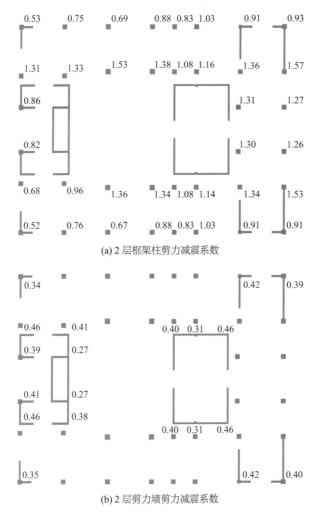

(a) 2 层框架柱剪力减震系数

(b) 2 层剪力墙剪力减震系数

图 15.2-11　El-Centro 波首层竖向构件剪力减震系数

15.2.4　小结

通过本节楼层减震系数与构件减震系数对比，当采用各楼层减震系数的包络值进行设计时，并不能保证所有构件的设计都是偏于安全的，有些构件的减震系数会超出楼层包络值，框架-剪力墙结构底层框架柱甚至出现剪力放大的现象。

上述现象应当引起广大设计人员的高度重视，有必要评估按此方法完成设计的相关隔震建筑工程的安全性。

据此，结合新标准实施及相应软件发布，建议隔震建筑工程设计应采用《隔震标准》中的直接设计方法进行。

15.3　低频高承载竖向钢弹簧支座性能研究

15.3.1　弹簧元件性能研究

1．试验研究

为研究钢弹簧支座力学性能，对弹簧元件进行拟静力加载试验，试验加载如图 15.3-1 所示。

图 15.3-1　弹簧元件加载试验

竖向荷载-变形曲线如图 15.3-2 所示。试验从 0mm 逐级加载至 35mm，不考虑初始间隙，弹簧荷载-位移曲线基本保持线性。弹簧加载至 35mm 时，并未出现弹簧压并（即弹簧元件达到最大压缩量），试验测得弹簧元件竖向刚度为 5.210kN/mm，按照《弹簧设计手册》的公式，弹簧元件理论竖向刚度见式(15.3-1)，竖向刚度的理论计算值与试验实测值误差约为 2.0%。

$$K_v = \frac{Gd^4}{8D^3n} = 5.296 \text{kN/mm} \tag{15.3-1}$$

式中，K_v 为弹簧元件竖向刚度的理论计算值；d 为弹簧簧丝直径；D 为弹簧中径；n 为弹簧有效圈数。

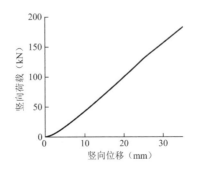

图 15.3-2　竖向加载荷载-位移试验曲线

2. 有限元模拟研究

考虑到弹簧支座是由参数相同的弹簧元件并联组装而成，忽略弹簧元件之间的相互作用，可近似认为弹簧支座的力学性能参数为弹簧元件的总和。为更好地研究钢弹簧隔振支座的力学性能，基于 ABAQUS 软件进行弹簧元件的性能模拟，与试验结果进行验证后，开展了水平与竖向同时加载下的性能模拟研究。

钢弹簧隔振支座的弹簧元件，材料屈服强度取 1470MPa。采用 ABAQUS 软件模拟，单元类型 C3D20R，网格尺寸 8mm。底部边界采用底面铰接，顶部采用位移加载。有限元模型如图 15.3-3 所示。

图 15.3-3　弹簧元件有限元模型

弹簧元件竖向荷载-位移曲线如图 15.3-4 所示。竖向变形小于 30mm 时，弹簧元件的荷载-位移曲线为直线，保持弹性状态，理论曲线、试验曲线及有限元模拟曲线的差异小于 6.0%；竖向变形达 35mm 时，弹簧元件等效刚度降低约 3.0%，出现塑性变形，但并不明显；竖向变形达到 40mm 时，塑性变形加大，弹簧元件等效刚度降低为初始竖向刚度的 0.94，为理论竖向刚度的 0.90。弹簧元件竖向性能的有限元模拟与理论模型及试验结果相差 5.0% 以内，表明有限元模拟的合理性。

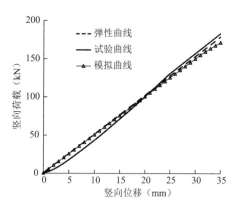

图 15.3-4　荷载-位移曲线对比

竖向位移加载至 31mm 时，弹簧元件簧丝内侧开始进入塑性，出现簧丝局部的轻微塑性，塑性应变约为 0.03 倍屈服应变，荷载-位移曲线开始出现拐点；继续竖向加载至 35mm 时，塑性开展范围有所扩大，但仅限于簧丝截面内侧局部区域，塑性程度亦有限，最大塑性应变约为 0.16 倍屈服应变（图 15.3-5）。

基于上述有限元模型，在不同竖向荷载作用下，进行水平位移加载。

竖向加载 30mm 条件下，水平加载至 10mm 时，水平加载方向上的底部簧丝塑性继续开展，最大塑性应变增加为 0.002357，约为 0.33 倍屈服应变；水平继续加载至 15mm，弹簧最大塑性应变为 0.003975，约为屈服应变的 0.55 倍，塑性部位扩展至全部有效簧丝（有效圈数内的簧丝）。

竖向位移加载 35mm 下，水平加载至 10mm 时，弹簧元件最大塑性应变为 0.0038，约为 0.5 倍屈服应变，有效簧丝内侧均出现不同程度的塑性，靠近底部簧丝塑性最明显；水平继续加载至 15mm（图 15.3-6）时，弹簧最大塑性应变 0.0058，约为 0.8 倍的屈服应变，弹簧接近压并状态。

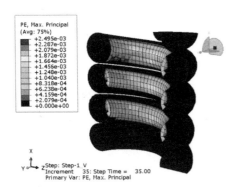
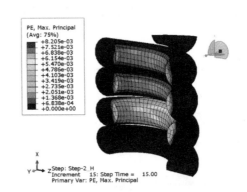

图 15.3-5　竖向加载 35mm 塑性应变

图 15.3-6　竖向加载 35mm + 水平加载 15mm 下弹簧元件塑性应变

竖向加载至预定变形 20mm、25mm、30mm 及 35mm 并保持不变，然后分别进行水平位移 15mm 加载，得到弹簧元件的水平荷载-位移曲线（图 15.3-7）。

不同竖向加载下的水平荷载-位移曲线基本重合，表明弹簧元件的水平刚度与竖向加载基本无关，即弹簧元件水平刚度的竖向加载相关性不大，弹簧元件水平刚度基本恒定为 4.766kN/mm，约为弹簧元件竖向刚度的 0.9 倍。

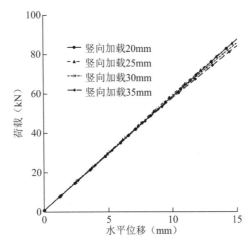

图 15.3-7　水平荷载-位移曲线

3. 弹簧元件变形控制指标建议

结合试验研究及有限元模拟，当水平变形不超过 10mm、竖向变形不超过 30mm 时，弹簧元件基本保持弹性；当水平变形不超过 15mm、竖向变形不超过 35mm 时，弹簧支座不出现弹簧压并，弹簧元件出现屈服，屈服应变不大于 0.005；竖向变形超过 35mm 后，在水平变形的耦合作用下，弹簧塑性开展较快，同时容易出现弹簧压并。因此，建议该型号钢弹簧变形控制指标如下：仅竖向静荷载下弹簧支座应保持完全弹性，并考虑一定的安全系数，竖向变形控制在 20mm 以内；水平竖向变形耦合时，弹簧支座保持基本弹性，竖向最大变形控制在 30mm 以内，最大水平变形不超过 10mm；极限情况下，弹簧支座应避免压并，簧丝可进入轻微塑性状态，竖向最大变形指标控制不大于 35mm 时，耦合水平最大变形宜不大于 15mm。水平变形通过水平阻尼装置控制的前提下，竖向最大变形限值可适当放松。

15.3.2　270t 大承载钢弹簧支座性能研究

通过 ABAQUS 建立低频大承载钢弹簧支座有限元模型（图 15.3-8 及图 15.3-9），进行力学性能分析研究。模拟加载采用位移加载方式，加载位置为支座上部盖板，边界条件为底部盖板约束。

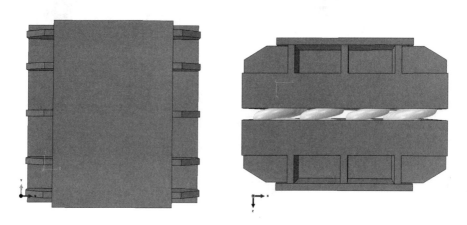

图 15.3-8　钢弹簧支座效果图

图 15.3-9　整体有限元模型

如图 15.3-10 及图 15.3-11 所示，模拟结果表明，加载至设计位移（25mm），支座上下盖板及弹簧元件应力比逐渐加大，上下盖板及加劲肋板最大应力比约为 0.65，位于弹簧支撑位置。弹簧元件最大应力比大部分处于 0.45，内侧边缘局部达到 0.60，整体支座处于弹性状态。弹簧元件竖向变形较为一致，表明上下盖板的约束能够实现整体协调变形。

图 15.3-10　25mm 加载下弹簧元件变形

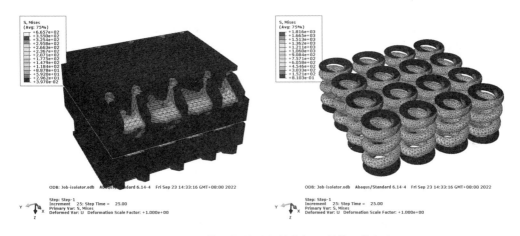

图 15.3-11　25mm 位移加载对应的盖板及弹簧元件应力云图

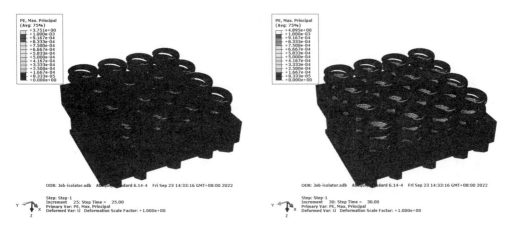

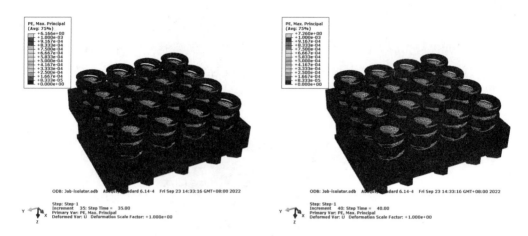

图 15.3-12　不同加载位移下弹簧元件塑性应变

　　随着加载位移的加大，弹簧元件的应力逐步变大，尤其弹簧元件内径对应位置，由于处于剪扭组合应力状态，内侧较之其他位置更早进入局部塑性，局部产生塑性应变（图 15.3-12）。加载 30mm 时，出现塑性应变的深度沿弹簧径向逐步向外侧扩展，加载至 40mm 时，塑性区域占比截面面积明显。从弹簧支座的加载荷载-位移曲线（图 15.3-13）看，竖向位移加载超过 30mm 时，较之理论曲线，模拟的荷载-位移曲线开始出现拐点，表明整体支座出现屈服，当刚度退化有限时，加载至 40mm，模拟曲线较之理论曲线，刚度退化约 12%。

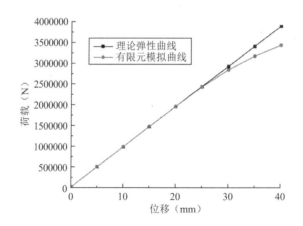

图 15.3-13　弹簧支座的加载荷载-位移曲线

15.3.3　1.6Hz 超低频竖向弹簧隔振支座试验研究

　　为适应地铁减振控制需求，研制了针对建筑结构敏感低频段减振的 1.6Hz 超低频隔振支座，竖向设计荷载 100t。为更好地研究竖向隔振支座的力学性能，进行了静力加载试验（图 15.3-14）及有限元模拟研究。荷载-位移曲线结果对比如图 15.3-15 所示，试验曲线、理论曲线及模拟结果曲线基本一致，设计荷载下隔振支座的力学性能良好，达到了设计预期。

图 15.3-14　超低频大承载钢弹簧隔振支座性能试验

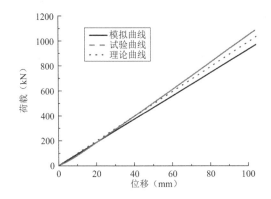

图 15.3-15　竖向加载 + 水平加载下弹簧支座荷载-位移曲线

参考文献

[1]　Computer and Structures, Inc. CSI 分析参考手册[M]. 北京: 北京筑信达工程咨询有限公司, 2017.

[2]　潘鹏, 叶列平, 钱稼茹, 等. 建筑结构消能减震设计与案例[M]. 北京: 清华大学出版社, 2014.

[3]　CLOUGH R W, PENZIEN J. Dynamics of structures[M]. New York: McGraw-Hill, 1993.

[4]　张同亿. 叠层橡胶支座隔震结构设计的若干问题[J]. 建筑结构, 2007, 37(8): 59-60.

[5]　石诚, 张同亿, 冉田莘, 等. 隔震结构等效线性模型的反应谱法研究[J]. 建筑结构, 2018, 48(17): 84-88.

[6]　付仰强, 张同亿, 秦敬伟, 等. 多线性竖向复合隔振结构性能研究[J]. 建筑结构, 2021, 51(22): 78-83.

[7]　付仰强, 张同亿. 某医疗钢结构隔震设计与性能分析[J]. 建筑结构, 2021, 51(18): 92-97.

第 16 章　大型振动模拟试验设施设计

16.1　大型振动模拟试验设施设计概论

土木工程、交通设施、大型装备等工程问题研究，一般采用理论分析、数值模拟和试验研究等手段。其中理论分析是研究的基础，数值模拟和试验研究相互补充和验证，而对于复杂重大结构问题，试验研究在整个研究工作中占有极为重要的地位，特别是涉及振动问题，振动模拟试验研究是主要的研究手段。本章所述的振动模拟试验设施，主要涉及地震模拟振动台、离心模拟试验装置等。

16.1.1　大型振动模拟试验设施发展及现状

振动模拟试验设施通常按照台面尺寸以及负载能力界定，台面尺寸依据所需进行试验的最大模型的平面尺寸来定。一般台面尺寸 2m 以下，负载能力小于 10t 的为小型振动模拟试验设施，台面尺寸大于 2m 小于 6m，负载能力 10~50t 为中型振动模拟试验设施，台面尺寸 6m 以上，负载能力大于 50t 的为大型振动模拟试验设施。

20 世纪 60 年代以后，振动模拟试验设施有了较快发展，地震模拟振动台开始广泛建设，截止到目前全球已建成数百座振动模拟试验设施。早期的振动模拟试验设施，受技术水平及经济条件的影响，一般都是中小型振动模拟试验设施，其加载能力有限、模型缩尺比大。随着经济及科学技术的发展，需要加大模拟试验设施振动台的台面尺寸和承载能力，进行大比例尺或足尺试验以克服模型缩尺效应的影响。20 世纪 90 年代以来，日本、美国等国外研究机构建设了一系列大型地震模拟振动台，其中多个台面尺寸大于 6m，载重超过 100t。2005 年，日本防灾科学技术研究所建成了 E-Defense 地震模拟振动台（图 16.1-1），为目前世界上已投入使用的尺寸最大、载重最大的振动台，其台面尺寸 20m×15m，载重 1200t，三向六自由度，水平向满载最大加速度 9m/s²，竖向满载最大加速度 15m/s²，在地震研究领域取得了系列成果。

图 16.1-1　E-Defense 地震模拟振动台

近年来，我国大型振动模拟试验设施也有了较大发展，其中 2017 年西南交通大学建成并投入使用了台面尺寸 10m×8m 三向六自由度地震模拟振动台，为目前我国投入使用的最大地震模拟振动台。天津大学大型地震工程模拟试验设施（NFEES），台面尺寸 20m×16m，最大载重 1350t，三向六自由度，水平双向满载峰值加速度 15m/s²，竖向满载加速度 20m/s²，将成为世界上最大的振动模拟试验设施（图 16.1-2）。

图 16.1-2　天津大学大型振动台基础

目前国内外已建成和在建的大型地震模拟振动台见表 16.1-1。

大型地震模拟振动台统计

表 16.1-1

序号	台面尺寸（m）	最大荷载（kN）	频率范围（Hz）	运动方向	运动参数			设置单位
					位移（mm）	速度（cm/s）	加速度（g）	
1	10×8	1600	0.1～50	X	600	—	1	中国西南交通大学
				Y	600	—	1	
				Z	600	—	2	
2	10×8	1600	0～40	X	800	120	1.2	中国广州大学
				Y	800	120	1.2	
				Z	400	80	1	
3	9×6	1200	0～50	X	500	150	1.5	中国东南大学
				Y	500	150	1.5	
				Z	300	120	1.3	
4	8×6	1500	0.1～50	X	150	50	1.5	中国苏州科技学院
				Y	150	50	1.2	
				Z	100	35	1	
5	8×8	1500	0～50	X	250	1000	1	中国台湾地震工程中心
				Y	250	1000	1	
				Z	250	1000	1	
6	15×15	X向5000或Z向2000	0～50	X或Z	X向30或Z向30	X向37或Z向37	X向0.55或Z向1.0	日本国立防灾科技中心

序号	台面尺寸（m）	最大荷载（kN）	频率范围（Hz）	运动方向	运动参数			设置单位
					位移（mm）	速度（cm/s）	加速度（g）	
7	12×8	4000	0～20	X	50	40	0.8	日本国有铁道研究所
8	12.2×7.6	4000	0～30	X	750	180	1	美国加州大学圣地亚哥分校
9	8×8	3000	0～30	X	—	—	2	日本建设省土木研究所
				Y	—	—	2	
				Z	—	—	2	
10	8×6	1000	0～30	X	75	60	0.7	日本建设省土木研究所
11	6×6.5	1250	0～20	X	50	60	0.8	日本电力中央研究所
12	6×6	1000	0～50	X	125	70	1	法国原子能署地震机械研究室
				Y	125	70	1	
				Z	100	70	2.5	
13	7×5.6	1400	0`50	X	500	220	5.9	意大利欧洲地震工程研究中心
14	20×16	13500	0.1～25/50	X	1000	150	1.5	中国天津大学（在建）
				Y	1000	150	1.5	
				Z	500	70	2	
15	20×15	12000	0～50	X	1000	200	0.9	日本防灾科学技术研究所
				Y	1000	200	0.9	
				Z	700	70	1.5	
16	15×15	10000	0～30	X	200	75	1.8	日本原子能工程试验中心
				Z	100	37.5	0.9	

16.1.2 大型振动模拟试验设施振动特征

大型振动模拟试验设施，一般为地下或半地下形式，包括振动试验模型、振动台体、激振装置、设施基础及地基等，构成一个整体振动体。激振装置通过控制系统控制振动台体满足模型振动目标，同时对基础产生反力，带动基础及地基产生振动，地基及基础设计是振动控制的关键内容。大型振动模拟试验设施振动特征，主要表现在以下几个方面：

（1）最大激振加速度大，振动负荷大，基础反力大，基础振动控制要求高，需要很大的基础重量。

（2）振动频率范围较宽，一般涵盖场地特征周期、基础及周围建筑自振频率，特别是设施验收或检测工况，需要长时间运行若干频率或扫频的正弦波，共振难以避免。

（3）振动源为满足试验的需要，是通过动力加载设备及控制系统操纵激振器，实现各种振动波形再现，是主动发生的，振动扰动力为已知可控。

（4）大型振动设施台面尺寸及运动行程较大，一般需要较大的安装地坑，设施基础自身很难做到刚性。

（5）大型振动模拟试验设施，振动输出能量大，对周围环境影响区域大，特别是振动试验设施邻近的建筑，需考虑振动对其影响。

大型振动模拟试验设施，如果试验运行工作时的振动过大，不仅影响到试验精度、对振动试验设备自身造成损害，还会影响现场工作人员的身心健康，对试验建筑的结构安全和耐久性造成伤害，还可能对邻近区域周边环境也会造成不良影响。所以，大型振动模拟试验设施基于振动控制的结构设计尤为重要。

16.2 大型振动模拟试验设施设计内容及要点

大型振动模拟试验设施的工作原理为：将试验对象放在一个足够刚性的台面上，通过动力加载设备使台面再现各类振动现象。也就是控制系统操纵激振设备，实现台面各种振动波形输入，其中液压源系统提供驱动所需动力，基础承受动反力。

大型振动模拟试验设施，一般由振动台体及支撑系统、液压驱动和动力系统、控制系统及振动台基础和配套试验建筑工程等构成。振动台体及支撑系统包括固定试件的刚性振动台体、支撑架等；液压驱动和动力系统包括水平及竖向激振器、蓄能器、液压供给等；控制系统包括伺服模拟控制系统、供电系统、计算机控制系统；振动台基础承受振动台系统自重及振动反力，是振动控制的关键。配套试验建筑工程主要包括放置振动台体及基础的试验大厅、安装液压源及冷却系统空间、用于振动台控制系统的控制室、供配电用房等。

本章研究的大型振动模拟试验设施的设计内容，涵盖了模拟试验设施的动力基础设计、上部结构设计以及正常工作状态下的环境振动影响分析与控制。

16.2.1 基础设计

大型振动模拟试验设施，其中振动台体、基础及地基形成一个整体振动体系，基础设计是研究设施成败的关键。其设计流程如下：

1. 搜集设计所需资料

（1）设备资料：包括振动试验功能；振动台台面尺寸、自重及最大行程；满载峰值加速度、最大速度、最大出力等；激振器性能、数量及布置；设备安装地坑尺寸及预埋件要求；其他附属设备情况等。

（2）振动试验设备对基础振动要求的限值：为达到振动模拟试验的功能及精度需要，需要对基础振动输出做出一定的限制，一般由设备厂家及使用单位提供限值。

（3）场地及环境对振动的限值：为满足现场操作人员的正常工作要求，同时保证用于振动模拟试验设施的建筑结构安全及耐久性，需要控制不同频率的振动限值，同时对于设施周围环境，要求满足有关标准规范的振动限值规定。

（4）振动试验设施配套建筑工程布置：包括试验设施试验大厅及控制室、动力站房等相互关系及平面布置图等。

（5）工程地质勘察及水文资料：除常规需要的工程地质资料外，应包括动力计算需要的土层压缩波、剪切波波速，剪切模量及泊松比等。

（6）其他与试验设施结构设计相关的要求及资料。

2. 基础结构选型

根据工艺设备要求、建筑环境情况及工程地质条件，选定基础结构形式，初步确定基础各部分尺寸及基础质量。初步验算考虑动力系数的地基承载力，如不满足，需加固地基或采用桩基等措施。科学合理的基础设计，需要重点注意如下几点：

（1）基础选型

大型振动模拟试验设施，基础选型的主要目的，除满足试验功能外，需达到基础振动输出最小。

选型的原则是基础中心尽量与力作用线重合或减小距离，作用力要尽量对称；基础要有一定的埋深，基础重量与振动扰力要达到一定的比例，埋深和基础重量直接影响地基刚度及阻尼，对于水平激振力较大的振动试验设施，基础埋深还要考虑因重心偏低而增大基础顶面的摆动；基础尺寸也可以提高地基刚度及增大基础的阻尼，从而减小振动影响；提高基础系统的自振频率可减小对低频试验建筑的振动影响。

一般动力设备基础常采用实体大块式基础，基础本身刚度大，可认为基础是刚体，设备振动的控制主要通过控制地基的弹性变形来实现。对于大型振动模拟试验设施，因台体、激振设备等安装需要，基础无法做成刚性块体，常见基础形式如图 16.2-1 所示，包括开口箱形基础、水平与垂直分离型基础、基础和桩基组合型基础、带隔振沟的块体基础、双层隔振基础、开口箱形与周围框架联合基础等。

开口箱形基础构造简单，一般用于试验设施不太复杂，地质条件较好，地基刚度较大的基岩、砂卵石等。

水平与垂直分离型基础主要适用于水平激振力较大情况，可使水平激振力作用线基本通过上层质量中心，减小作用于基础上的力矩，减小基础水平向振动。

基础和桩基组合型基础用于工程地质条件较差，地基承载力及动刚度不能满足要求时。桩基的选取除满足静力承载力外，需整体考虑动刚度及阻尼。

带隔振沟的块体基础用于周围环境对振动控制要求较高的情况，近距离水平振动有一定隔离效果，而竖向振动隔离效果有限，远距离振动与直接埋置型基础相当，有时甚至还有振动增大现象。

双层隔振基础包括内基础和外基础，外基础埋于土中，由开口箱形组成，内基础用于安装振动设备。内外基础之间架设隔振装置，如弹簧支座、橡胶垫等。此类基础隔振效果较好，外基础振动小，但基础造价高，长期维护较困难，一般用于振动设备尺寸不大，周围环境对振动敏感性要求较高的情况。

开口箱形与周围框架联合基础用于特大型动力试验设施，由设施周围核心开口箱形实体刚性块体与外延地下室框架剪力墙等形成整体式联合基础。通过核心刚性块体与外延区域的协同变形，同时增大基础质量及振动刚度和基组阻尼，能够有效控制振动台运行造成的基础振动及其对外部环境的影响。

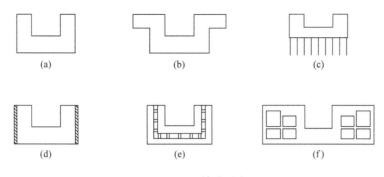

图 16.2-1　基础形式

（2）基础重量取值

振动模拟试验设施基础质量，直接关系到基础振动量值的大小，一般而言基础质量越大，振动幅值越小。传统采用基础质量与基组振动部分质量比的方法控制，指导性比例指标为 30～50。

作者近年来研究发现，对于加速度小于 1.0g 的振动模拟试验设施，设计质量比 30～50 偏于保守；对于振动加速度大于 1.0g 的大型振动模拟试验设施，简单采用"质量比"控制可能是不安全的，而应该采用振动试验设施基础重量与激振器最大出力的比值控制。一般情况下，基础重量是基组振动出力的 30 倍以上，可保障振动控制目标。但同时应该注意，对于大型振动模拟试验研究设施，因基础存在设备安装需要较大的地坑及内部空腔，需通过合理设计，保证基础整体刚度，确保基础有效参振质量。

3. 确定基础振动控制指标

基础振动控制指标有 3 个方面的要求：一是振动试验设备的需要；二是设备基础安全需要；三是周围环境的振动控制需要。振动控制限值的主要目的，是满足振动试验设备对基础振动的要求、基础自身及邻近工程结构安全、现场操作人员及设备需求及对环境的影响。振动控制指标过严，难以实现，且会造成投资的巨幅增大，控制指标过低，又不能满足安全及环境影响的要求。

我国相关规范中，提出了明确的限值要求：《液压振动台》GB/T 21116—2007 基于振动台安装运行需要，要求振动台基础振动的加速度与振动台主振方向的额定加速度之比不大于 5%；《液压振动台基础技术规范》GB 50699—2011 基于国内液压振动台的使用和测试情况，考虑保证建筑结构安全因素，要求液压振动台基础顶面的振动容许值应符合最大振动线位移不大于 0.1mm，最大振动速度不应大于 10mm/s，最大振动加速度不应大于 0.1g；《建筑工程容许振动标准》GB 50868—2013 基于振动台自身振动控制及环境振动影响，针对液压振动台，分别给出了基础稳态容许振动位移峰值 0.1mm，容许振动加速度峰值 0.1g。

国外对振动台基础的限值也有一些要求，如苏联的标准是基础振动位移幅值小于 0.25mm；德国 DIN 4150-3 中，对振动台试验室等工业建筑，建筑基础处的振动速度限值为 20～50mm/s。不同频率的振动输出，对工程结构、人体感受都会不同，国际标准化组织机械振动和冲击技术委员会（ISO/TC108）基于大量振动测试，制订 ISO 2631 基于不同频率和振幅的地面振动对人体、机器及结构的最大位移振动限值，如图 16.2-2 所示。美国给出了基础振动对人、结构物影响的定量分区曲线（图 16.2-3），可确定不同频率对应的振动加速度对人体感受和结构的破坏程度。

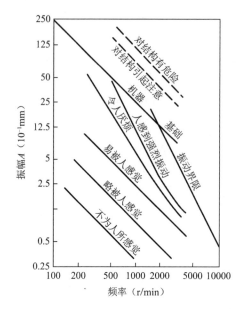

图 16.2-2 振动对人（站立）和结构的一般界限

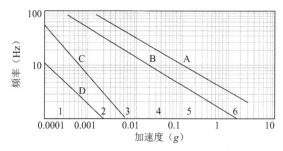

A—加速度1.0g；B—加速度0.1g；C—加速度0.0065g；D—加速度0.002g；
A~B—房屋产生裂缝；A以上—房屋破坏严重；B以下—房屋无破坏；
1—人无感觉；2—人轻微感；3—人明显感；4—人强烈感；5—人痛感；6—严重影响

图 16.2-3 振动对房屋、人的定量影响图

另外，不同的振动设备厂家，对基础振动也提出了一些控制要求，如美国 MTS 公司基于环境振动控制与振动台激振器的控制精度要求，提出基础振动控制指标为最大振动加速度 0.1g，最大振动速度 12.7mm/s，最大振动线位移 0.13mm；英国 Servotest 公司要求振动台基础的振动加速度最大值不超过 0.1g，振动线位移不超过 0.1mm。

从上述可以看出，对于振动试验设施基础振动控制指标，规范之间有较大不同。目前国内有关规范对振动限值的规定有一定适用范围，如国家标准《液压振动台》GB/T 21116—2007 适用于额定负载 5000kg、额定正弦激振力小于 1000kN；《建筑工程容许振动标准》GB 50868—2013 适用于单个激振器出力不大于 500kN、最大加速度不大于 0.3g、最大行程不大于 300mm。上述适用范围一般均属于中小振动试验设施，其基础自振频率较高，一般能达到 30~50Hz，对应的控制指标比较合理。但是，目前对于大型、特大型振动模拟试验设施，振动限值尚无控制标准。大型振动模拟试验设施，台面尺寸、承载能

力大，需要较大的基础振动质量，基础的自振频率相对较低，不同试验频率的振动输出影响差别较大，控制指标也宜根据不同频段进行相应调整。建议其基础顶面控制点振动控制限值可按表 16.2-1 的要求。

基础顶面控制点振动控制限值建议值　　　　表 16.2-1

容许振动位移峰值（mm）			容许振动速度峰值（mm/s）			容许振动加速度峰值（g）		
＜5Hz	5～20Hz	＞20Hz	＜5Hz	5～20Hz	＞20Hz	＜5Hz	5～20Hz	＞20Hz
0.15	0.1	0.06	4	7	10	0.04	0.07	0.1

4. 确定基础动力荷载

大型振动模拟试验设施，一般为三向六自由度，有多个激振器与基础相连，基础振动计算可以由设备厂家提供力谱，但厂家不能提供或者前期设计时，可根据振动试验设施振动台体运动情况取得惯性力及相应的力矩，激振力的作用点为激振器与基础连接面。

基础承受振动台运动质量惯性力一般为试验模型质量、台体自身质量及激振器运动部分质量之和 m 和运动加速度 a 的乘积：

$$\sum F_x = ma_x \tag{16.2-1}$$

$$\sum F_y = ma_y \tag{16.2-2}$$

$$\sum F_z = ma_z \tag{16.2-3}$$

式中，$\sum F_x$、$\sum F_y$、$\sum F_z$ 分别为基础所承受的 x、y、z 向激振力；a_x、a_y、a_z 分别为振动模拟研究设施台面 x、y、z 向的加速度，可由设备厂家获得加速度谱。

对于谐振动，振动荷载为：

$$F = ma_{max} \sin \omega t \tag{16.2-4}$$

式中，a_{max} 为台体简谐振动峰值加速度；ω 为简谐振动圆频率。

大型振动模拟试验设施功能曲线能够显示振动模拟设施在工作频率范围内的位移、速度、加速度能力。激振器的最大出力决定了台面的最大加速度，液压站的供油能力决定了最大速度，激振器的行程决定了最大位移。以某大型地震模拟振动台最大功能曲线为例，如图 16.2-4 所示，试验设施的最大能力分 4 个阶段，0.1～0.22Hz 为最大位移段，0.22～10Hz 为最大速度段，10～15Hz 为最大加速度段，15～25Hz 为加速度递减段；振动荷载取值分 2 个阶段，分别为振动台指标验收和正常使用试验阶段；振动台工作频率范围内，并不是每个频率都能达到最高加速度，根据正弦振动规律，最大位移 X_{max}、最大速度 V_{max}、峰值加速度 a_{max} 及振动频率 f 关系如式(16.2-5)，在上述 4 个参量中，已知任 2 个参量，可以计算出另 2 个参量。

设计过程中，根据不同的频率求得对应的最大加速度，计算最大加速度产生的惯性反力，作为振动荷载作用于振动台基础进行动力计算。除对最大振动加速度段进行各频率的振动计算外，还需对振动模拟试验设施基础各振型自振频率、邻近建筑自振频率等进行计算验证。

5. 确定地基动力特征参数

地基主要动力特征参数包括地基刚度、阻尼比和参振质量，是基础动力计算准确与否的主要因素，取值方法详见第 16.3 节。

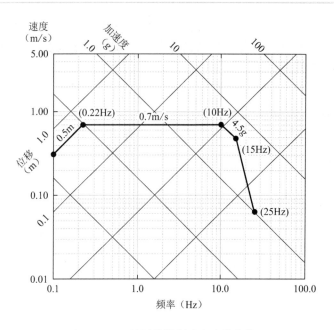

图 16.2-4　地震模拟振动台功能曲线

$$a_{\max} = 2\pi f V_{\max} = 4\pi^2 f^2 X_{\max} \tag{16.2-5}$$

6. 动力计算分析

根据振动荷载性质及基础形式，采用相应的动力计算模式，计算基础的最大振动位移、振动速度和加速度等振动输出量，与前述基础振动控制指标比较，如不满足要求，需调整基础结构或地基处理措施，直至动力计算输出满足振动容许限值规定。

对于一般的振动设备基础，可简化为落于地基上的单质点刚体。根据动力学基本理论，在激振力作用下产生强迫振动，基组的惯性力、阻尼力和地基变形的弹性力与激振力实现平衡，平衡方程如下式：

$$m\ddot{z} + c\dot{z} + kz = F_p(t) \tag{16.2-6}$$

式中，$F_p(t)$ 为基组的激振力，简谐振动时为 $F_p(t) = F\sin\theta t$。

基组自振圆频率按下式计算：

$$\omega = \sqrt{\frac{k}{m}} \tag{16.2-7}$$

临界阻尼系数按下式计算：

$$c_r = 2m\omega = 2\sqrt{mk} \tag{16.2-8}$$

阻尼比按下式计算：

$$\xi = \frac{c}{c_r} = \frac{c}{2\sqrt{mk}} \tag{16.2-9}$$

上述平衡方程可改写为：

$$\ddot{z} + 2\xi\omega\dot{z} + \omega^2 z = \frac{F}{m}\sin\theta t \tag{16.2-10}$$

对上式求解，得出平稳振动时振动位移公式：

$$z = \frac{F}{k} \frac{1}{\sqrt{\left(1 - \frac{\theta^2}{\omega^2}\right)^2 + 4\xi^2 \frac{\theta^2}{\omega^2}}} \tag{16.2-11}$$

式中，m 为基组质量；c 为地基阻尼系数；k 为地基动刚度；θ 为激振力频率；ω 为基组自振圆频率；ξ 为基组阻尼比；z 为振动方向线位移。

由上式可看出 $\frac{F}{k}$ 为激振力最大值作用下的静力位移，可得出动力系数：

$$\beta = \frac{1}{\sqrt{\left(1 - \frac{\theta^2}{\omega^2}\right)^2 + 4\xi^2 \frac{\theta^2}{\omega^2}}} \tag{16.2-12}$$

求 β 对参数 $\frac{\theta}{\omega}$ 的导数，并令导数为零，可求出 β 为峰值时对应的频率比：

$$\left(\frac{\theta}{\omega}\right)_{\beta\mathrm{max}} = \sqrt{1 - 2\xi^2} \tag{16.2-13}$$

可得出，振动最大线位移：

$$z_{\mathrm{max}} = \frac{F}{k} \frac{1}{2\xi\sqrt{1 - \xi^2}} \tag{16.2-14}$$

求出最大振动线位移后，根据正弦振动规律：

$$z = z_{\mathrm{max}} \sin(\omega t + \psi) \tag{16.2-15}$$

对位移求导，得出速度及加速度公式：

$$v = \omega z_{\mathrm{max}} \cos(\omega t + \psi) \tag{16.2-16}$$

$$a = \omega^2 z_{\mathrm{max}} \sin(\omega t + \psi + \pi) \tag{16.2-17}$$

简化后可得振动最大速度、加速度与最大位移关系式如下：

$$v_{\mathrm{max}} = \omega z_{\mathrm{max}} = 2\pi f z_{\mathrm{max}} \tag{16.2-18}$$

$$a_{\mathrm{max}} = \omega^2 z_{\mathrm{max}} = 4\pi^2 f^2 z_{\mathrm{max}} \tag{16.2-19}$$

7. 等效静力计算及构件设计

在动力计算基础上，进行等效静力计算。可根据使用情况，进行各工况荷载组合，完成基础构件承载力配筋计算及变形验算。

8. 绘制基础施工图

包括结构布置图、配筋图及预留孔洞和预埋件详图等。

16.2.2　上部结构设计

振动模拟研究设施，为满足试验设备及研究的需要，往往需要同时建设配套试验厂房或研究室等。对于大型振动模拟研究设施，有时试验厂房和设备基础无法脱开而直接落于振动设备基础之上。尽管对振动试验设施基础进行减振、隔振设计，振动输出能够满足规范振动限值要求，但鉴于振动模拟试验的特殊性，特别是简谐振动的影响，仍然可能对试验室厂房及邻近建筑结构安全造成影响，危害建筑工程的结构安全和耐久性。

试验厂房以及邻近试验建筑工程设计，除要进行正常使用及抗震设计外，还需对设备基础振动影响进行评估和抗振设计。

1. 结构选型

大型振动模拟试验设施配套的试验厂房，结构布置及选型应考虑振动的影响，且尽量减少次构件，以避免局部振动过大。

大型振动模拟试验设施振动频率往往从几赫兹到几十赫兹，振动频率涵盖基组自振频率、试验厂房及邻近建筑工程各振型频率，当振动频率与建筑频率接近时，虽然振动输出不是最大值，但可能对建筑工程的影响很大，尤其结构高阶振型，或者局部构件，有可能出现共振问题。

2. 结构受力分析与设计

试验厂房受设施振动影响分析，最直接的方式是将结构主体、基础及地基建立整体有限元模型，对基础动力分析的同时，得出结构主体动力特性及内力。但是由于整体模型中单元特性不同，致使整体分析模型单元规模庞大，计算效率较低。

另一种分析方法是将基础作为上部结构的嵌固端，上部结构建立三维有限元模型，先进行模态分析，得出上部结构的各个振型和频率，对照基础动力分析对建筑工程底部施加各种工况的振动加速度进行时程分析，获得建筑结构的动力响应及构件内力，进行上部结构设计。

16.2.3 环境振动影响分析与控制

1. 振动分析与评估

大型振动模拟试验设施基础的振动，将振动能量传递到周围土体。一般情况下，其基础自身具有较大的刚度，基础振动传递取决于地基的刚度和阻尼。地基土体作为一种比较复杂的介质，很难精确地进行理论分析，一般需要从振动基本理论出发，进行合理的假定，选择科学分析方法，才能使计算分析与实际情况比较相符。

1）理论模型

大型振动模拟研究设施基础动力分析，常用的设计分析模式包括弹性半空间模型和质-弹-阻动力模型。

（1）弹性半空间模型

弹性半空间模型（图 16.2-5）基本假定是：将块体基础看成刚体，置于半空间的表面上，把基础周围土体看成各向同性、均匀、连续的弹性体，认为块体基础的刚度和阻尼是土的剪切模量、泊松比、剪切波速、密度以及外荷载频率等的函数。在上述假定和其他简化条件下，可建立相应的数学物理方程及定解条件，再利用弹性波动理论的概念对这种边值问题求解，最终得到扰力 $P_0 e^{i\omega t}$ 作用下，作用点上的竖向位移如下：

$$Z = \frac{P_0}{Gr_0} e^{i\omega t}(f_1 + if_2) \tag{16.2-20}$$

$$G = \rho V_s^2 \tag{16.2-21}$$

式中，G 为半空间地基的剪切模量；V_s 为半空间地基的剪切波速度；r_0 为扰力作用面积的半径或等效半径；f_1 及 f_2 为与地基泊松比、基底应力分布及频率因数 a_0 有关的位移函数；ρ 为半空间地基的质量密度；i 为虚数，$i = \sqrt{-1}$。

其中，频率因数 a_0 可按下式计算：

$$a_0 = \omega r_0 \sqrt{\frac{\rho}{G}} \tag{16.2-22}$$

弹性半空间模式,其优点是除可计算基础本身的动力特性外,还可得出基础振动对周围环境的影响,缺点是计算过程比较复杂,计算效率比较低。

（2）质-弹-阻模型

质-弹-阻模型（图 16.2-6）以结构力学的振动理论为基础,基本假定是块体基础是具有质量的刚体,地基按弹性体,在扰力作用下地基产生弹性变形,振动过程中,考虑地基土的能量耗散产生的阻尼,既假定机器与基础为有质量的刚体,地基为无质量的弹簧,并起消能器的作用,刚度和阻尼可根据试验和经验确定,又称为理想集总参数法。

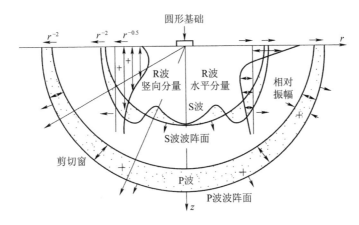

图 16.2-5　弹性半空间模型

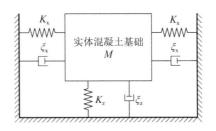

图 16.2-6　理论模型示意

质-弹-阻模式基本振动方程如下:

$$[M]\{y''\} + [C]\{y'\} + [K]\{y\} = \{F(t)\} \tag{16.2-23}$$

式中,$\{F(t)\}$ 为激振设备作用于设施基础的反力;$\{y''\}$、$\{y'\}$、$\{y\}$ 分别为基组各质点的加速度、速度、位移;$[M]$ 为基组参振质量;$[C]$ 为基组系统阻尼系数;$[K]$ 为基组的刚度。

从上式可知,对于基组来说,$\{F(t)\}$ 为已知量,$\{y''\}$、$\{y'\}$、$\{y\}$ 振动输出量,需要满足振动限值需要。$[M]$、$[C]$、$[K]$ 为基组的特征参数,可以通过对地基及基础的设计,减少振动输出量。根据大型振动试验设施振动特点,选择合理的基础选型及地基处理措施,根据不同振动频率特征,合理增大基组振动质量、基组阻尼及地基刚度,达到振动控制和减振的目的。比如低于 5Hz 的低频振动控制宜增加地基刚度,中频振动控制宜增加阻尼,高频振动控制宜增加基组质量。

本方法优点是理论与模型分析简单，同时地基刚度、阻尼可以通过现场动力检测进行修正得到理想结果；缺点是不能直接分析周围环境的振动影响。我国现行《动力机器基础设计标准》GB 50040—2020（简称《动力基础标准》），基于大量现场试验基础上，采用质-弹-阻模式，给出了各类动力设备基础振动分析的参数取值及计算方法。

2）有限元分析方法

大型振动模拟研究设施基础，因设备安装地坑及其他辅助设备空间需要，基础内往往有比较大的空腔，甚至和地下室连为整体，基础并非真正刚性，自身的变形不能忽略。另外，基础周围边界条件也比较复杂，前述简化计算不能真正体现基础的动力特性。为了能更全面地反映振动模拟设施基础的振动状况，采用数值模拟分析和优化设计，是十分必要的。

大型振动模拟设施振动控制有限单元法分析的主要步骤为：

（1）明确所要解决的问题

大型振动模拟设施基础结构复杂而且体量庞大，动力分析前，应熟悉工程具体情况及周围环境情况，了解试验设施的工作原理，明确求解范围，选择合适的理论求解方法以及确定所要解决的问题和求解目的。

（2）建立计算模型

有限元分析的目的，是还原一个实际工程系统的数学行为特征，分析必须是针对一个物理原型的准确数学模型。由节点和单元构成的有限元模型与结构系统的几何外形应该是基本一致的。一个分析模型至少要包含离散化的几何形体、单元截面属性、材料数据、荷载和边界条件、分析类型和输出要求等。

在不同的假定条件下简化、搭建模型对基础动力分析结果的准确性有不同的影响，选择合适的动力学理论来建立模型，才能更全面地反映设施基础的动力特性，使基础的设计计算更加精确完善。分析对象、求解目的、时间空间条件等，都决定了模型搭建的规模及形式。

大型振动模拟设施基础建模可分为两种：

第一种是基于弹性半空间理论，将设计基础、影响范围内土体建立整体模型。基础混凝土和周围土体均按三维实体单元，分别对混凝土基础及周围土体进行材料性能和参数取值，对于混凝土包括弹性模量、泊松比、重度，对于土介质包括密度、剪切模量、泊松比等，混凝土和土体单元间共用节点，影响范围边缘作为黏弹性边界。

第二种是基于质-弹-阻理论，仅建立设施基础的混凝土基础模型，赋予混凝土的材料性能和参数，将基础周围土体作为边界，同时按前述方法得出周围土体的抗压、抗剪刚度及阻尼比，将基础底部及周围土体选用弹簧阻尼单元。

（3）模态分析

模态分析主要用于计算结构的振型和周期，借助模态分析输出的结构振型和周期，可以了解基组结构固有的动力学特性，获得结构各种振型和自振频率，有利于正确选用关键频带的振动荷载，同时也可用于振型叠加法进行动力时程分析。

（4）施加动力荷载

结合大型振动模拟研究设施的试验工作状况，荷载取值如前 16.2.1 小节所述。首先根据模态分析取得基础各振型的自振频率、邻近建筑的自振频率等，取得振动计算所需各关键频率点，依据振动台验收调试阶段水平、竖向及满载、空载等不同工况的"振动台功能曲线"，得到各关键频率点的最大加速度值、激振出力与时间的函数，实施加载。

加载位置为激振器与基础的接触面，以面荷载方式施加。

（5）谐响应分析

谐响应分析是用于确定线性结构在承受随时间按正弦（简谐）规律变化的周期荷载时稳态响应的分析方法。

其分析目的是计算出结构在几种频率下的响应，并得到一些响应值-频率的曲线。从这些曲线上可以找到"峰值"响应，并进一步观察峰值频率对应的动力响应。使设计人员能预测结构的动力特性，从而验证结构设计能否抵抗共振、疲劳及其他受迫振动引起的有害作用。

如图 16.2-7 所示，某大型振动试验设施，0.5～25Hz 均为峰值加速度，经谐响应分析，可得出该频段的振动输出。位移振动输出最大值在基组自振频率附近，符合实际情况。

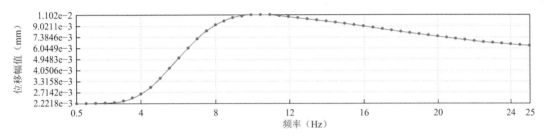

图 16.2-7　位移动力响应结果

（6）动力时程分析

动力时程分析用于确定承受任意随时间变化荷载的结构动力响应。

对于振动模拟试验设施，加载每个频率点的简谐荷载，按振动试验时长进行时程分析，可得出该频率的位移、速度、加速度时程曲线，典型位移时程曲线如图 16.2-8 所示。

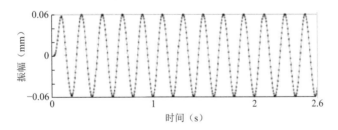

图 16.2-8　简谐荷载位移动力响应时程曲线

（7）振动输出及合理性判断

根据前述选取的各频率关键点，进行动力时程分析，选取有代表性的控制点，提取振动输出的最大位移、速度、加速度，判断其合理性。

如图 16.2-9 所示，某大型振动模拟研究设施，基础自身并非完全刚性，选取基础边缘 A、试验大厅柱底 B、竖向激振器底座 C、基坑边缘 D，各个关键频率对应的振动输出如

图 16.2-10 所示。

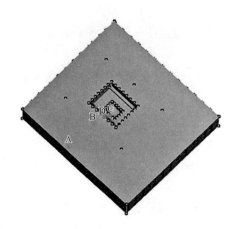

图 16.2-9　监测点位置

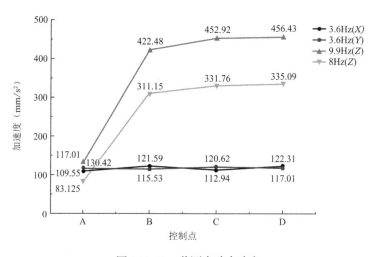

图 16.2-10　监测点动力响应

图中可看出，水平向各点不同频率振动加速度差别不大，而竖向基础边缘与激振器作用点加速度差别较大。主要原因是基础在水平向振动时，基组平面刚度较大，整体参振，而竖向因基础自身并非刚体，振动台体周围刚性区域与外围有一定弹性变形，故核心区域振动输出明显大于外围区域，符合实际情况。

2. 振动控制设计

大型振动模拟试验设施，具有台面及安装空间尺寸大、载重及振动质量大、振动频率范围宽、振动方向及自由度多等特点。其减振设计的主要手段是根据振动特性，通过基础的科学选型、合理加大基组振动质量、优化地基刚度及阻尼，满足振动限值需要。

1）质量、刚度、阻尼综合振动控制措施

从动力学基本方程可知，影响振动输出的关键因素为振动质量$[M]$、阻尼系数$[C]$、基础刚度$[K]$。同等条件下，高频振动时，最大振动加速度值较高，增大基组振动质量$[M]$为更有效的振动控制措施；低频振动时，振动位移相对较大，提高地基刚度$[K]$为更有效的振动控制措施；中频振动特别是共振频率附近，增大基组的阻尼为更有效的振动控制措施。

根据振动台的振动特性，采取不同频率范围的质量、刚度、阻尼针对性的综合振动控制方法，才能较好地达到振动控制的目的。增大基础质量，主要手段是增加混凝土用量；增大地基刚度，主要靠加固地基或采用桩基，包括加大桩长、直径等；增加基组阻尼比一般需要增大基础几何尺寸和埋深等。

2）确定科学合理的振动控制目标

大型振动模拟试验设施，基础的振动输出需要满足试验设施正常运行，现场工作人员能够长期正常工作，能够满足环境振动控制需要。同时又不能过度保守追求过小的振动限值，造成建造成本的巨大浪费。实际工程中，需要针对大型振动模拟试验研究设施的动力特性及工程地质和周围环境条件，确定不同频率下的基础振动位移、速度、加速度的合理控制目标值。

3）地基动力特征参数合理取值

大型振动模拟试验设施基础落于地基上，地基的刚度、阻尼、参振质量是基础计算分析的重要参数，其取值正确与否直接关系到基础动力分析的准确程度，对基础振动输出是否安全起到重要的作用。

4）隔振控制措施

大型振动模拟试验设施，引起邻近建筑工程及周围环境的振动，通过有效增大振动质量、地基刚度、基组阻尼，可以实现减振的目的，满足试验设备及振动限值需要。但是有时因为振动试验设施的高精度要求，或者周围环境的特别要求，依然不能满足环境振动控制要求，需要采取进一步的措施，隔振技术是解决上述问题的有效手段，其中主动隔振主要指对振动源进行隔振，被动隔振指对被保护对象进行隔振。

主动隔振的目的主要在于减小试验设备运行对厂房及邻近建筑的影响，特别是减小对周围环境的振动输出，常用隔振措施有在振动试验设施基础周围设置近场隔振屏障以及对设备基础双层隔振等。

（1）隔振屏障（图 16.2-11）属于振动传播路径的隔振措施，一般包括隔振沟、隔振墙、隔振排桩等。隔振屏障相关设计参见本书第 9 章。

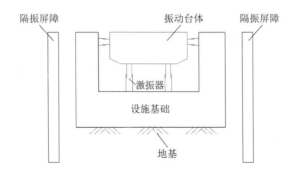

图 16.2-11　隔振屏障示意图

（2）双层隔振基础

大型振动模拟试验设施采用双层隔振基础（图 16.2-12）时，内基础主要用于支撑振动试验设施，外基础落于地基上，与内基础通过隔振支座连接。内外基础均为大质量钢筋混凝土块体，隔振支座可采用阻尼弹簧、橡胶空气弹簧等。

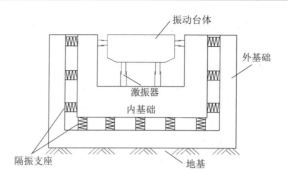

图 16.2-12　双层隔振基础示意图

隔振支座分散布置于内基础底部和四周，可以提供较大的抗压、抗弯、抗扭刚度，应尽量缩短隔振体系的重心与激振力作用线之间的距离，隔振器在平面上的布置，应满足刚度中心与隔振体系的重心在同一垂直线上。

双层隔振基础设计一般分为三步：

①根据激振频率初选隔振体系固有频率

对于一般有自身振动频率的试验设施，可以使用隔振体系中的传递率 η 来确定隔振体系的固有频率：

$$\eta = \frac{[A]}{A} \tag{16.2-24}$$

$$\omega_\eta = \omega\sqrt{\frac{\eta}{\eta+1}} \tag{16.2-25}$$

换算后：

$$\eta = \frac{1}{\left|1 - \dfrac{\omega^2}{\omega_\eta^2}\right|} \tag{16.2-26}$$

式中，$[A]$ 为容许振动线位移；A 为实际干扰线位移；ω_η 为振动体系的固有圆频率；ω 为干扰圆频率；η 为传递率。

传递率 η 越小隔振效果越好，隔振体系的固有频率大大低于机器的干扰频率时，可取得良好的隔振效果。在一般情况下，需要满足 $\dfrac{\omega}{\omega_\eta} > 2.5$。对于振动频率较宽的小型振动模拟设施，隔振支座可采用空气弹簧隔振支座，通过改变空气压力改变隔振系统刚度，调整隔振体系固有频率，取得更好的隔振效果，同时应具有足够大的阻尼。

②确定隔振层参数

隔振支座的主要参数包括刚度和阻尼系数，根据前面确定的隔振体系的固有频率，隔振器刚度如下式：

$$K_1 = m_1\omega_\eta^2 \tag{16.2-27}$$

式中，K_1 为隔振器刚度；m_1 为隔振体系的质量。

隔振器的阻尼系数如下式：

$$c_z = 2\xi_z\sqrt{m_1 K_1} \tag{16.2-28}$$

式中，c_z 为隔振器的阻尼系数；ξ_z 为隔振器的阻尼比。

获得隔振层的总刚度和总阻尼系数后，则可根据相关隔振支座产品情况选择相应的产品，并以产品的参数作为最终的参数进行之后的验算。

③计算振动模拟设施和基础的振动响应

计算振动输出振幅，可采用简化计算方法或有限单元数值模拟，进行隔振后的动力响应分析及周边结构和环境振动分析,实际工程中要根据计算结果对隔振参数进行反复调试,以达到设计要求。

16.3　地基主要动力特性参数

地基的动力特性参数主要包括地基刚度、阻尼比和参振质量等，是振动计算的最重要特征参数，其取值是否准确，是动力计算的关键因素。地基刚度指地基单位弹性位移（转角）所需的力（力矩），它是基础底面以下影响范围内地基土层的综合物理量；阻尼比为振动体系的实际阻尼系数与临界阻尼系数之比；参振质量是指振动体系除基组质量外附加的振动质量。

我国现行《动力基础标准》对于地基刚度、阻尼比明确提出了由现场试验确定的要求。但同时也分别给出了对于天然地基和桩基的地基刚度和阻尼比的经验公式取值和修正计算方法。

16.3.1　天然地基的动力特性参数

1. 地基刚度等效计算

地基刚度系数的取值并不是取值越小越安全，刚度取值偏小时，基组自振频率计算值会低于自振频率实际值，计算振动响应可能小于实际，偏于不安全。

对天然地基，一般以刚度系数形式计算地基刚度。《动力基础标准》给出了不同地基承载力特征值及不同土类型的抗压刚度系数。

对于基础底部由不同土层组成的地基土，其影响深度（图 16.3-1）范围内地基竖向刚度值C_z：

$$C_z = \frac{2}{3} \cdot \frac{1}{\sum\limits_{i=1}^{n} \frac{1}{C_{zi}} \left[\dfrac{1}{1 + \dfrac{2h_{i-1}}{h_d}} - \dfrac{1}{1 + \dfrac{2h_i}{h_d}} \right]} \tag{16.3-1}$$

式中，C_{zi}为第i层土的抗压刚度系数（kN/m^3）；h_i为从基础底至i层土底面的深度（m）；h_{i-1}为从基础底至$i-1$层土底面的深度（m）；h_d为影响深度（m）。

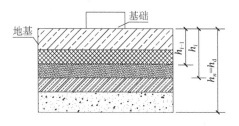

图 16.3-1　计算深度

对于正方形基础：

$$h_{\mathrm{d}} = 2d \tag{16.3-2}$$

其他形状的基础：

$$h_{\mathrm{d}} = 2\sqrt{A} \tag{16.3-3}$$

式中，d 为正方形基础的边长；A 为基础底面积。

利用抗压刚度系数得出抗弯 C_{φ}、抗剪 C_{x}、抗扭 C_{ψ} 刚度系数：

$$C_{\varphi} = 2.15 C_{\mathrm{z}} \tag{16.3-4}$$

$$C_{\mathrm{x}} = 0.7 C_{\mathrm{z}} \tag{16.3-5}$$

$$C_{\psi} = 1.05 C_{\mathrm{z}} \tag{16.3-6}$$

抗压刚度 K_{z}、抗剪刚度 K_{x}、抗弯刚度 K_{φ}、抗扭刚度 K_{ψ} 分别采用下列公式计算：

$$K_{\mathrm{z}} = C_{\mathrm{z}} A \tag{16.3-7}$$

$$K_{\mathrm{x}} = C_{\mathrm{x}} A \tag{16.3-8}$$

$$K_{\varphi} = C_{\varphi} I \tag{16.3-9}$$

$$K_{\psi} = C_{\psi} I_{\mathrm{z}} \tag{16.3-10}$$

式中，A 为基础底面积；I、I_{z} 为基础底面通过其形心轴的惯性矩和极惯性矩。

2. 影响地基刚度系数的主要因素

地基刚度系数地基承载力及地基土类别有关，地基承载力特征值越大地基刚度系数越大，同样承载力情况，随着黏性土、粉土、砂土塑性指数的减小而减小。《动力基础标准》给出了不同地基承载力特征值及土类别的抗压刚度系数表，地基刚度系数与基础底面积 A 及基础的埋置深度 h_{t} 有关，面积越大地基刚度系数越小，埋深越大地基刚度系数越大。

《动力基础标准》给出抗压刚度提高系数 α_{z} 和抗剪、抗弯、抗扭刚度提高系数 α 分别为：

$$\alpha_{\mathrm{z}} = (1 + 0.4\delta_{\mathrm{b}})^2 \tag{16.3-11}$$

$$\alpha = (1 + 1.2\delta_{\mathrm{b}})^2 \tag{16.3-12}$$

$$\delta_{\mathrm{b}} = \frac{h_{\mathrm{t}}}{\sqrt{A}} \tag{16.3-13}$$

式中，δ_{b} 为基础埋深比，大于 0.6 时取 0.6；h_{t} 为基础埋置深度（m）；A 为基础底面积（m^2）。

上式为基于现场模型试验研究的经验公式，适用于地基承载力 80～300kPa 的黏性土、粉土、中砂、砾砂等。受试验条件限制，模型基础底面边长、埋深不会太大，可用于中小型振动试验设施基础。但是当台面尺寸较大，基础底面边长几十米甚至上百米时，上述计算提高系数明显偏大，可采用考虑基础侧向土影响的计算方法更为合理，如下式：

$$\alpha_{\mathrm{z}} = A_{\mathrm{y}}/A \tag{16.3-14}$$

其中：

$$A = a \times b \tag{16.3-15}$$

$$A_{\mathrm{y}} = (a + 2h\tan\alpha)(b + 2h\tan\alpha) \tag{16.3-16}$$

式中，a、b、h 为基础底面边长和埋置高度；α 为基础周围土锥形角（黏聚角）。

刚度提高系数与基底静压力有关，当基底静压力小于 50kN/m² 时，刚度提高系数随静压力的增大而增大，但大于等于 50kN/m² 时不再增大。

3. 天然地基的阻尼

对于大型振动模拟研究设施，试验需要振动频率范围较宽，不可避免地产生共振，共振区内的振动控制主要依靠阻尼来实现。阻尼值越大，振动系统能量耗散越快，抑制系统共振能力越强。工程结构中的阻尼主要可分为结构自身材料变形产生的内摩擦、基础与地基之间的摩擦、周围介质的阻力、外部减振阻尼等。

对于弹性半空间理论，把基础周围土体作为振动单元整体参与振动，地基中的阻尼为系统的内阻尼，阻尼比是土壤剪切模量、泊松比、密度的时间函数，计算比较复杂，同时由于弹性半空间计算模式是假定地基各向同性、均匀的半无限弹性体，与实际情况也有差异。

而质-弹-阻模式，是以振动理论为基础，采用阻尼模拟振动能量向无限远处扩散及地基土内摩擦引起的能量损失，将基础底面及侧面作为边界，地基阻尼假定成常量外阻尼。对于大型振动模拟试验设施，振动频率不会太高，一般最高几十赫兹到一百赫兹，上述方式能够较好地反映基础的动力特性。我国现行《动力基础标准》基于大量试验和实测资料，给出了天然地基不同地质情况阻尼比的计算方法。

竖向阻尼比 ξ_z 按下列公式计算：

对黏性土：

$$\xi_z = \frac{0.16}{\sqrt{\overline{m}}} \tag{16.3-17}$$

对砂土和粉土：

$$\xi_z = \frac{0.11}{\sqrt{\overline{m}}} = 0.11\sqrt{\frac{\rho A\sqrt{A}}{m}} \tag{16.3-18}$$

其中 $\overline{m}$ 为基组质量比：

$$\overline{m} = \frac{m}{\rho A\sqrt{A}} \tag{16.3-19}$$

式中，m 为基组的质量（t）；ρ 为地基土的密度（t/m³）；A 为基础底面积（m²）。

水平回转向阻尼比 $\xi_{x\varphi1}$、扭转向阻尼比 ξ_ψ：

$$\xi_{x\varphi1} = \xi_\psi = 0.5\xi_z \tag{16.3-20}$$

影响地基土阻尼的主要因素如下：基底静压力相同时，阻尼比随基础底面积的增加而增大；基础面积相同时，阻尼比随静压力的增加而减小；地基土泊松比越大阻尼比越大；基础埋深越大，阻尼比显著增大。《动力基础标准》给出了埋置基础竖向阻尼比提高系数 β_z 及水平回转向和扭转向阻尼比提高系数 β：

$$\beta_z = 1 + \delta_b \tag{16.3-21}$$
$$\beta = 1 + 2\delta_b \tag{16.3-22}$$

式中，δ_b 为基础埋深比，大于 0.6 时取 0.6。

4. 天然地基参振质量

落于天然地基上的动力设备基础，在外界扰动力的作用下产生振动，振动过程必然带动基础周围土体的共同振动，这部分土体质量称为地基土的参振质量。

我国现行标准《动力基础标准》，采用的是质-弹-阻模式，未考虑天然地基的参振质量，在进行大量现场试验的基础上，标准中提供的天然地基抗压刚度系数进行了降低，满足基础固有频率与实际基本一致，这样计算的振动线位移会偏大，标准中给出振动线位移折减系数予以弥补。其中竖向振动线位移折减系数0.7，水平向振动线位移折减系数0.85。这种简化计算方式，有待进一步研究。

弹性半空间理论的等效集中参数法，明确了参振质量附加系数，与地基土泊松比、密度及质量比有关，可采用如下公式计算：

竖向参振质量：

$$\varepsilon_z = 1 + \frac{4(0.038 + 0.3\nu)}{(1 - \nu)b} \qquad (16.3\text{-}23)$$

水平向参振质量：

$$\varepsilon_x = 1 + \frac{1}{6b} \qquad (16.3\text{-}24)$$

$$b = \frac{m}{\rho r_0^3} \qquad (16.3\text{-}25)$$

式中，b为质量比；m为基础质量（t）；ν为地基泊松比；ρ为地基土的密度（t/m³）；r_0为地基土影响半径。

16.3.2 桩基的动力特性参数

1. 桩基刚度

实际工程中，一般大型振动模拟设施，中软土场地不能满足地基承载力或动力控制需要，往往采用桩基础。桩基的动刚度，是指桩顶产生单位弹性位移所需的力，包括抗压刚度、抗剪刚度、抗弯刚度、抗扭刚度等。桩基的抗压刚度是最基本参数，抗剪、抗弯、抗扭刚度系数一般可按其与抗压刚度系数的关系确定。

目前桩基动刚度的取值，除现场动力测试外，主要有两种方法，一种是我国现行标准《动力基础标准》给出的当量刚度系数法（简称"动规法"），另一种为《工程地质手册》（中国建筑工业出版社出版）推荐的弹性杆件计算法（简称"弹性杆法"）。

（1）"动规法"

《动力基础标准》通过大量的现场桩基测试，针对预制桩及打入式灌注桩给出抗压刚度计算公式：

$$K_{pz} = n_p k'_{pz} \qquad (16.3\text{-}26)$$

$$k'_{pz} = \sum C_{p\tau} A_{p\tau} + C_{pz} A_p \qquad (16.3\text{-}27)$$

式中，K_{pz}为桩基抗压刚度（kN/m）；k'_{pz}为单桩的抗压刚度（kN/m）；n_p为桩数；$C_{p\tau}$为桩周各层土的当量抗剪刚度系数（kN/m³）；$A_{p\tau}$为各层土的桩周表面积（m²）；C_{pz}为桩尖土的当量抗压刚度系数（kN/m³）；A_p为桩的截面面积（m²）。

需要注意的是，《动力基础标准》给出的刚度系数值，是针对桩间距为4～5倍桩径的预制桩或打入式灌注桩，对地基土有一定的挤密作用。如桩间距小于4m，计算动刚度应适当折减，折减系数可取 0.8～0.9。如为普通钻孔灌注桩，建议采取后注浆技术，增强桩与桩间土的共同作用。

《动力基础标准》给出的当量刚度系数，同一类土取值范围较大，如同为黏性土可塑状态，桩周土当量抗剪刚度系数$C_{p\tau}$值为 10000～15000kN/m³，计算取值可根据土的状态分类指标确定，如黏性土是按液性指数（I_L）分类，采用插入法取值。

（2）"弹性杆法"

《工程地质手册》基于弹性杆件理论，假定桩是垂直、弹性的，桩周土是无限薄层组成的线弹性体，且桩周表面与土紧密接触，给出单桩竖向刚度计算公式，简称"弹性杆法"。主要计算公式如下：

$$k_{pz} = \frac{\lambda \tanh \lambda + \beta}{\beta \tanh \lambda + \lambda} \tag{16.3-28}$$

$$\lambda = \left(\frac{k_\tau}{k_p}\right)^{\frac{1}{2}} \tag{16.3-29}$$

$$\beta = \frac{k_s}{k_p} \tag{16.3-30}$$

$$k_p = \frac{EA_p}{L} \tag{16.3-31}$$

$$k_\tau = \sum C_{\tau p} A_{\tau p} \tag{16.3-32}$$

$$k_s = C_{zp} A_{pz} \tag{16.3-33}$$

式中，k_p为桩本身的抗压刚度（kN/m）；k_τ为桩与桩周土之间的抗剪刚度（kN/m）；k_s为桩尖处地基土的抗压刚度；$C_{\tau p}$为桩周各层土的当量抗剪刚度系数，按表 16.3-1 取值；C_{zp}为桩尖土的当量抗压刚度系数，按表 16.3-2 取值；A_{pz}为桩尖土的当量受压面积，可取桩承台面积除以桩数的面积。

桩周土的当量抗剪刚度系数 $C_{\tau p}$ 表 16.3-1

桩周土承载力特征值f_{ak}（kN/m²）	$C_{\tau p}$（kN/m³）	桩周土承载力特征值f_{ak}（kN/m²）	$C_{\tau p}$（kN/m³）
70 ≤ f_{ak} ≤ 100	30000～35000	150 ≤ f_{ak} ≤ 200	40000～60000
100 ≤ f_{ak} ≤ 150	35000～40000	200 ≤ f_{ak} ≤ 250	60000～80000

桩尖土的当量抗压刚度系数 C_{zp} 表 16.3-2

土的名称	桩尖土的状态	状态指数	桩尖入土深度（m）	C_{zp}（kN/m³）
黏性土	软塑～可塑	1 ≥ I_L > 0.25	10～20	60000～100000
			20～30	100000～150000
	硬塑	0.25 ≥ I_L > 0	10～20	110000～180000
			20～30	180000～300000

土的名称	桩尖土的状态	状态指数	桩尖入土深度（m）	C_{zp}（kN/m³）
粉、细砂	中密	$15 < N \leqslant 30$	10～20	60000～100000
			20～30	100000～150000
	密实	$N > 30$	10～20	120000～200000
			20～30	200000～300000
中、粗砂、砾砂、圆砾、卵石	中密	$10 < N_{63.5} \leqslant 20$	10～20	100000～150000
	密实	$N_{63.5} > 30$	10～20	150000～280000

式(16.3-28)中，$\tanh\lambda$ 为 λ 的双曲正切函数，函数图像如图 16.3-2 所示，从图中可以看出，当 $\lambda \geqslant 2$ 时，$\tanh\lambda \approx 1$，此时式(16.3-28)转换为：

$$k_{pz} \approx \lambda k_p = \sqrt{k_\tau k_p} \tag{16.3-34}$$

即当 $\lambda \geqslant 2$ 时 k_{pz} 为常数，刚度不再增加。

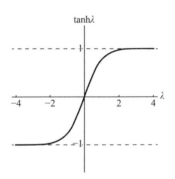

图 16.3-2 双曲正切函数

对于等断面混凝土灌注桩基，λ 公式转化如下：

$$\lambda = \sqrt{\frac{k_\tau}{k_p}} = \sqrt{\frac{\sum C_{\tau p} A_{\tau p}}{\dfrac{EA_p}{L}}} = \sqrt{\frac{C'_{\tau p} \pi DL^2}{E\dfrac{1}{4}\pi D^2}} = 2L\sqrt{\frac{C'_{\tau p}}{ED}} \tag{16.3-35}$$

设 λ 取值 2，则桩基合理最大长度 $L_{\max}$ 为：

$$L_{\max} = \sqrt{\frac{ED}{C'_{tp}}} \tag{16.3-36}$$

式中，D 为桩径（m）；E 为桩身混凝土弹性模量（kN/m²）；C'_{tp} 为桩长范围内桩周土当量抗剪刚度系数加权平均值（kN/m³）。

"动规法"和"弹性杆法"比较分析如下："动规法"是基于几十个现场动力测试数据给出的当量刚度系数，近似于单桩抗压承载力的计算方法，计算简单，其刚度计算值随桩长增大而直线增加，但是未考虑桩身弹性性能。而"弹性杆法"计算公式中包含了桩周及桩尖土体刚度与桩身刚度比的函数，桩长径比达到一定比例后抗压刚度不再增加，与实际受力情况更为相符。上述分析表明,"动规法"对桩间距、成桩方式有具体规定,具有一定的适用条件;"弹性杆法"从理论基础上比"动规法"更合理,计算结果和现场实测值更为相符,但是计算稍显复杂。另外,对于"动规法",如果桩长较短时计算值可能偏小,桩长过长时($\lambda > 2$)计算值可能偏大,宜适当调整。

2. 桩基阻尼的计算取值

桩基阻尼产生的主要来源是桩基周围土体参振的能量消耗,可近似按黏滞阻尼考虑。《动力基础标准》中,对于桩基阻尼,根据承台底部不同的土类型,分别给出了桩基竖向阻尼比计算公式如下:

桩基承台底为黏性土:

$$\xi_{pz} = \frac{0.2}{\sqrt{\overline{m}}} \tag{16.3-37}$$

桩基承台底为砂土、粉土:

$$\xi_{pz} = \frac{0.14}{\sqrt{\overline{m}}} \tag{16.3-38}$$

基组质量比:

$$\overline{m} = \frac{m}{\rho A \sqrt{A}} \tag{16.3-39}$$

式中,A为基础底面积。

考虑桩基承台埋深对阻尼比的提高作用,修正后桩基竖向阻尼比:

摩擦桩:

$$\xi'_{pz} = \xi_{pz}(1 + 0.8\delta) \tag{16.3-40}$$

端承桩:

$$\xi'_{pz} = \xi_{pz}(1 + \delta) \tag{16.3-41}$$

埋深比:

$$\delta = \frac{h_t}{\sqrt{A}} \tag{16.3-42}$$

以摩擦桩为例,对上式换算后:

$$\xi'_{pz} = \xi_{pz} + 0.8\delta\xi_{pz} = 0.2\sqrt{\frac{\rho A\sqrt{A}}{m}} + 0.16 h_t \sqrt{\frac{\rho\sqrt{A}}{m}} \tag{16.3-43}$$

式中,h_t为基础埋深;A为基础底面积。

由式中可知,基组的阻尼除与土质有关外,还与基组质量、基底面积、基础埋深、基底土重度等有关。基底面积越大,阻尼比越大;基础埋深越大,阻尼越大;基底土重度越大,阻尼越大。需要注意的是,桩基基组的阻尼,很大部分来自桩土作用,能量通过桩传递于周围土层中,《动力基础标准》中桩基阻尼公式是通过一定数量的桩基实测给出的经验公式,并没有体现桩的特征参数,有一定的局限性。

诺瓦克(M.Novak)依据弹性半空间理论,假定桩身范围内的土层是由一系列无限薄层的弹性层所组成的独立弹性体,桩尖以下的土层为一个弹性半空间体。在弹性半空间与弹性层之间满足某种边界条件,然后求解一维波动方程,得到单桩抗压刚度及阻尼。图 16.3-3 给出了相关桩、土性质的刚度、阻尼关系曲线，由此可求得桩基刚度和阻尼系数。

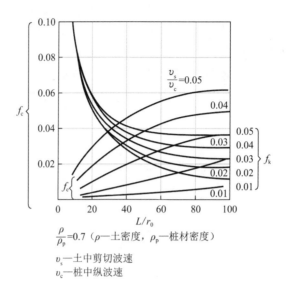

$\dfrac{\rho}{\rho_\mathrm{p}}=0.7$（$\rho$—土密度，$\rho_\mathrm{p}$—桩材密度）

v_s—土中剪切波速
v_c—桩中纵波速

图 16.3-3　桩、土性质的刚度、阻尼关系曲线

单桩抗压阻尼系数：

$$C_\mathrm{zh} = \frac{E_\mathrm{zh} \cdot A_\mathrm{zh}}{r_0} \cdot f_\mathrm{c} \tag{16.3-44}$$

式中，E_zh 为桩的弹性模量（kPa）；A_zh 为桩截面面积（m²）；r_0 为桩半径（m）；f_c 取值见图 16.3-3。

3. 桩基参振质量

我国现行《动力基础标准》对桩基的参振质量明确规定，进行打入式预制桩或灌注桩动力计算时，必须计入桩基附加的参振质量，如下式：

$$m_0 = l_\mathrm{t} \times b \times d \times \rho \tag{16.3-45}$$

式中，b、d 分别为基础底面的宽度和长度（m）；l_t 为桩的折算长度，当桩长 $L < 10\mathrm{m}$ 时取 1.8m，当桩长 $L > 15\mathrm{m}$ 时取 2.4m，桩长为 10～15m 时，采用插入法计算。

桩基竖向振动总质量为：

$$m_\mathrm{sz} = m + m_0 \tag{16.3-46}$$

式中，m_sz 为桩基参振总质量（t）；m 为基础的质量（t）。

另外，对于埋深较深的大型动力基础或地下工程，还宜考虑地下工程周围填土的参振质量，取值方法可以参照天然地基土体参振质量。

4. 桩基动力参数现场测试分析

影响地基刚度和桩基阻尼的因素很多，不同地区不同场地都有很大差别。现行规范经验取值及理论计算难以涵盖，需要进行现场的原位测试。国家标准《地基动力测试规范》GB/T 50269—2015 对测试方法及内容有比较明确的规定。

一般对于地基刚度、阻尼比、参振质量，主要采用模型基础测试的方式确定，对于桩基，需在工程现场采取与工程设计桩基相同的桩径、桩长和间距，桩顶设置钢筋混凝土承台。测试方法是通过模拟机器设备基础的振动，将激振设备安装在模型基础上，对基础施加竖向简谐扰力，通过改变设备转速改变频率，得到基础振动的振动线位移和对应的频率，在直角坐标系中将所有位移和频率交点连成曲线，得到一条模拟基础强迫振动的线位移随频率变化的幅频响应曲线（图 16.3-4）。

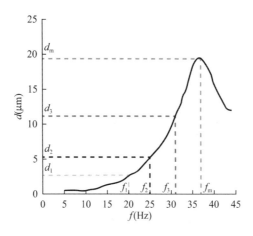

图 16.3-4　幅频响应曲线

从曲线中可看出基础竖向振动的共振振动线位移、对应的振动频率，以及曲线上若干点振动位移及对应频率。根据基本振动方程及规范公式，可计算出基组系统的阻尼比，进而推算出基础参振质量和地基动刚度。

i 点频率对应地基竖向阻尼比 ξ_{zi}：

$$\xi_{zi} = \left[\frac{1}{2} \left(1 - \sqrt{\frac{\beta_i^2 - 1}{\alpha_i^4 - 2\alpha_i^2 + \beta_i^2}} \right) \right]^{\frac{1}{2}} \tag{16.3-47}$$

$$\beta_i = \frac{d_m}{d_i} \tag{16.3-48}$$

$$\alpha_i = \frac{f_m}{f_i} \tag{16.3-49}$$

桩基竖向阻尼比：

$$\xi_z = \frac{\sum\limits_{i=1}^{n} \xi_{zi}}{n} \tag{16.3-50}$$

式中，ξ_z 为单桩竖向阻尼比；d_m 为基础竖向振动的共振最大振动线位移（m）；f_m 为最大振动线位移对应的振动频率（Hz）；f_i 为在幅频相应曲线上选取的第 i 点的振动频率（Hz）；d_i 为在幅频相应曲线上选取的第 i 点的频率所对应的振动线位移（m）。

已知基础阻尼比和最大振动线位移及振动扰力，根据简谐振动最大线位移公式，可反算出基础竖向振动的参振总质量：

$$m_z = \frac{m_0 e_0}{d_m} \cdot \frac{1}{2\xi_z\sqrt{1-\xi_z^2}} \qquad (16.3\text{-}51)$$

式中，m_z 为基础竖向振动的参振总质量（t）；m_0 为激振设备旋转部分的质量（t）；e_0 为激振设备旋转部分质量的偏心距（m）。

由质量、自振频率和刚度关系式，得出桩基抗压刚度：

$$K_z = m_z(2\pi f_{nz})^2 = 4\pi^2 m_z f_m^2(1-2\xi_z^2) \qquad (16.3\text{-}52)$$

式中，K_z 为地基抗压刚度（kN/m）；f_{nz} 为基础自振频率（Hz）。

由于上述模型基础的尺寸、形状、埋深及基底压力，与实际工程基础不同，而这些因素对桩基动力参数影响又较大，所以由模型基础现场实测得到幅频响应曲线，再根据质-弹-阻计算模式，按单质点简谐振动方程，推算出的桩基阻尼及其他动力特征参数，必须进行一系列的换算，将试验模型基础的测试参数换算成设计基础的参数以后，才能用于设计。

明置块体基础测得的动力参数，根据基础面积及基底压力，乘以换算系数 η：

$$\eta = \sqrt[3]{\frac{A_0}{A_d}} \times \sqrt[3]{\frac{P_d}{P_0}} \qquad (16.3\text{-}53)$$

式中，A_0、A_d、P_0、P_d 分别为模型基础和设计基础底面积及基础底面静压力。

基础埋深对地基刚度的提高系数：

$$\alpha_z = \left[1 + \left(\sqrt{\frac{K_{z0}'}{K_{z0}}-1}\right)\frac{\delta_d}{\delta_0}\right]^2 \qquad (16.3\text{-}54)$$

式中，K_{z0}'、K_{z0}、δ_0、δ_d 分别为模型基础和设计基础的抗压刚度及埋深比。

由明置模型基础测试的地基阻尼比换算：

$$\xi_z^c = \frac{\sqrt{m_r}}{\sqrt{m_{dr}}}\xi_{z0} \qquad (16.3\text{-}55)$$

式中，m_r、m_{dr} 分别为模型基础和设计基础的质量比。

基础埋深对设计基础地基阻尼比的提高系数：

$$\beta_z = 1 + \left(\frac{\xi_{z0}'}{\xi_{z0}}-1\right)\frac{\delta_d}{\delta_0} \qquad (16.3\text{-}56)$$

式中，ξ_{z0}' 为埋置模型基础的地基竖向阻尼。

桩基现场动力测试，一般采用 2 根或 4 根桩基，所得的单桩抗压刚度，当用于超过 10 根桩的群桩基础时，需考虑群桩效应系数，分别乘以 0.75 或 0.90 的折减系数。

阻尼比公式是根据质-弹-阻计算模式基本方程导算出来的，其基本假定是阻尼、振动质量、地基刚度均为定值。理论上频幅响应曲线中，任一频率点计算的阻尼比都应是定值，但桩基周围土体为非匀质弹性体，桩-土共同作用是个复杂的问题，同时测试工作也存在一定误差，因此导致不同频率的振幅导算出的阻尼比有些差别，故可取 3 个频率导算阻尼比的平均值。由于上述的基本假定与工程实际的差别，用于桩基也会有较大误差，另外模型基础与设计基础的修正系数，也是在天然地基基础测试取得的经验值，故测试用模型基础，应尽量与工程实际接近，测试导算结果仍需要深入验证分析，方可用于实际工程。

16.4 大型振动模拟设施工程设计实例

16.4.1 某超大型地震模拟设施实例

1. 工程概况

某超大型地震模拟振动台，台面尺寸20m×16m（长×宽），最大载重1350t，三向六自由度，水平双向满载峰值加速度±15m/s²，竖向满载峰值加速度±20m/s²，工作频率 0～25Hz。台体底部均匀分部 18 个竖向激振器，四周布置 24 个"八"字形水平激振器。振动台安装基坑尺寸 27.32m × 23.32m（长×宽），深 9.8m（局部 15.85m）。

根据振动台试验需求及建筑功能情况，在振动台激振器底座及四周，布置大体积混凝土，形成刚性核心区域。外围区域，结合功能房间框架柱、梁、周边混凝土外墙及加厚的地下室底板、顶板，形成整体式联合基础。其中基础核心刚性区域，连接竖向激振器的底板厚 8.5m，基坑周围墙厚 5.2m；连接水平激振器的顶板，板厚 5.2m，宽度 13m。刚性核心区平面尺寸48.2m × 57.5m（长×宽），总高 19.5m，总质量约 10 万 t。联合基础周围框架部分 3 层，层高均为 4.5m，总高 17.5m。总体平面尺寸95.1m × 105.2m，整体式联合基础总质量约 20 万 t（图 16.4-1）。

为增强周围区域竖向刚度，周围筏板内，按轴线布置钢筋混凝土剪力墙，各区格内填充毛石（或废弃混凝土块）混凝土配重，既可增加周围区域振动刚度，又做到废弃建筑垃圾的再利用，满足绿色发展理念。扩大的基础底板，足够的基础埋深及周围嵌固，满足基组振动质量的同时，可大幅提高基组系统阻尼比，尤其对于水平和回转向的低频振动控制效果更为有效。

本工程场地地处华北平原，属冲击、海积低平原，埋深 120m 深度范围内，主要由淤泥质黏土、粉质黏土、粉土、粉砂等组成，列入表 16.4-1。

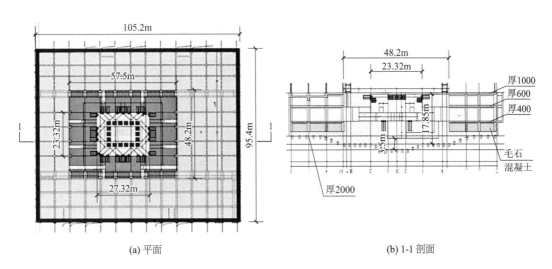

(a) 平面　　　　　　　　　　　　　　(b) 1-1 剖面

图 16.4-1　振动台基础几何尺寸示意

地质资料 表 16.4-1

	岩性	土层厚度（m）	顶部高程（m）	压缩波速 V_p（m/s）	剪切波速 V_s（m/s）	承载力 f_{ak}（kPa）	压缩模量 $E_{s(1-2)}$（MPa）
①₂	素填土	1.0~4.5	−0.8~0.3	287.0	112.0		3.59
1	黏土	0.6~3.7	−0.5~−4.4	442.0	132.5	100	3.91
⑥₁	淤泥质粉质黏土	0.8~6.0	−4.6~−5.5	495.0	126.5	85	3.68
⑥₂	粉质黏土	3.7~9.6		818.8	150.3	110	4.93
⑥₃	粉土	0.4~2.5		1034.5	169.0	125	11.73
⑦	粉质黏土	1.0~2.7	−15.8~−17.2	1222.0	193.5	130	5.44
⑧₁	粉质黏土	0.9~4.5	−17.8~−18.7	1241.2	214.2	150	5.52
⑧₂	粉砂	1.5~4.4		1313.3	284.0	180	13.68
⑨₁	粉质黏土	1.0~7.6	−22.8~−25.3	1291.8	254.8	160	5.70
⑨₂	粉砂	1.5~7.0		1369.0	321.7	200	13.90
⑪₂	粉砂	6.7~9.0	−32.1~−33.5	1418.3	345.7	210	14.80
⑫₁	粉质黏土	3.0~4.5	−40.2~−41.5	1323.3	323.5	170	6.50
⑬₁	粉质黏土	3.0~10.0	−43.9~−45.6	1347.5	349.8	180	6.60
⑬₂	粉砂	≈20.0		1613.0	451.3	230	16.40
⑬₃	粉质黏土	≈3.5		1468.5	418.5	190	7.60
⑭₁	粉砂	≈16.3	≈−71.7	1641.3	481.3	240	15.50
⑭₂	粉质黏土	≈7.70		1544.0	476.5	200	7.20
⑭₃	粉砂	≈12.0		1740.7	560.0	250	15.40
⑮₁	粉质黏土	≈11.0	≈−107.7	1566.3	520.5	210	7.70
⑮₂	粉砂	未穿透		1810.5	578.5	260	16.30

　　天然地基不能满足承载力要求，采用桩基础。动力机器桩基设计原则是在满足等效静压承载力的基础上，重点考虑设施振动控制影响，满足地基动刚度要求，选择合理的长径比，既要满足承载要求，又可充分发挥桩基作用，尽量增大地基动刚度和阻尼，达到安全、实用、经济的目的。

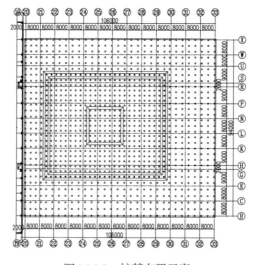

图 16.4-2　桩基布置示意

设计中依据工程地勘资料、承载力要求、桩基动刚度要求及考虑桩土共同作用的弹性影响系数，确定桩端落于第⑪层粉砂层，桩长 18m，桩径 0.7m，桩混凝土强度等级 C30。

代入式(16.3-47)，桩基刚度弹性影响系数 $\lambda = 2L\sqrt{\dfrac{C'_{тр}}{ED}} = 2 \times 18 \times \sqrt{\dfrac{60000}{30\times10^6\times0.7}} = 1.92$，接近 2，符合弹性杆理论的有效经济桩长要求。

为了满足振动控制需求，桩间距满足承载力前提下，特别注意地基刚度中心尽量靠近振源中心，刚性核心区域桩间距 2.8m×2.8m，桩间距为 4 倍桩径；周边区域桩间距 3.5m×3.5m，桩间距为 5 倍桩径。为更好地满足桩土共同作用，采用后注浆技术。

单桩抗压承载力特征值 $R_a = 2000$kN，单桩竖向动刚度 1.1×10^6kN/m。

为验证桩基动力特性参数，在工程现场进行了桩基动力参数的原位测试。根据基础设计情况，选取场地内有代表性的位置，进行了 3 组试验，分别进行了明置、埋置强迫振动测试，获得了单桩抗压刚度、抗剪刚度、阻尼比、附加参振质量等工程基础的动力特征参数。

本工程设计过程中，分别采用了《动力基础标准》刚度系数法、弹性杆法、现场动力测试法，设计取值见表 16.4-2。

不同方法计算的桩基动力参数　　　　　　　　　　表 16.4-2

动力参数	计算方法			
	规范法	弹性杆法	动力检测法	计算取值
单桩抗压刚度（kN/m）	1.20×10^6	1.16×10^6	1.18×10^6	1.15×10^6
抗剪刚度系数（kN/m³）	0.65×10^5	0.80×10^5	0.99×10^5	0.99×10^5
竖向阻尼比	0.452		0.386	0.386
水平向阻尼比	0.300		0.299	0.299
附加参振质量（t）	58.6		55.5	50.0

2. 振动台基础振动评估与控制

（1）动力荷载取值

振动台系统施工安装完成后，需分别进行空台、满载刚体及弹性试件试验，是对振动台最大性能的检验，同时也是对振动台基础安全可靠性的考验。其振动输入一般远大于正常试验工作情况。一般振动台验收根据体现振动台系统振动能力的功能曲线进行。振动台系统的功能曲线，是振动台系统性能的包络，显示了振动台系统在工作频率范围上的最大位移、速度、加速度能力。振动台验收方法是根据功能曲线，运行若干频率或扫频的正弦波，施加各频率的最大加速度，持续运行 30min。本工程振动台竖向和水平向振动功能曲线如图 16.4-3 所示。

由振动台功能需求可知，振动台工作频率 0.1~25Hz，但并不是每个频率都能达到最高加速度，根据正弦振动规律，最大位移 X_{max}、最大速度 V_{max}、峰值加速度 a_{max} 及振动频率 f 关系已知任两个，可以计算出另两个参量，结果列入表 16.4-3、表 16.4-4 中。

关键点频率对应的最大加速度产生的惯性反力，作为振动荷载作用于振动台基础进行动力计算。

（2）结构动力分析

计算分析采用 ANSYS Workebench 软件，振动台基础混凝土选用 Solid186 单元构造三维实体结构，桩基采用弹簧-阻尼单元，基础四周土体选用弹簧单元模拟基础与土体的接触关系。

　　模态分析：计算过程采用 Program Controlled 法，选取了 20 阶振型，其中前 8 阶振型涵盖了平动、平面内扭转振动、竖向振动、空间振动（表 16.4-5），其余为扭转和耦合振动等高阶振动。

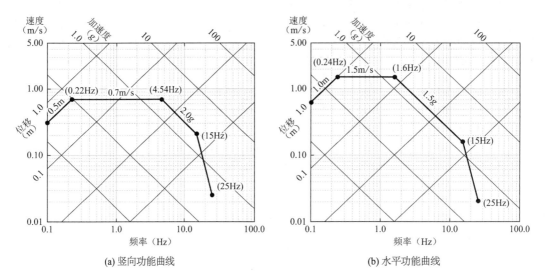

(a) 竖向功能曲线　　　　　　　　　　　　　(b) 水平功能曲线

图 16.4-3　振动台竖向和水平向振动功能曲线

大型振动台竖向振动功能曲线关键点　　　　　　　　表 16.4-3

关键区域	频率范围（Hz）	关键点对应加速度
等位移段（0.5m）	0.1～0.22	$0.8 \times 10^{-4}g \sim 0.10g$
等速度段（0.7m/s）	0.22～4.54	$0.10g \sim 2.0g$
等加速度段（2.0g）	4.54～15	$2.0g$
加速度下降段（25Hz下降至0.4g）	15～25	$2.0g \sim 0.4g$

大型振动台水平向（X、Y）功能曲线关键点　　　　　　表 16.4-4

关键区域	频率范围（Hz）	关键点对应加速度
等位移段（1.0m）	0.1～0.24	$0.8 \times 10^{-4}g \sim 0.10g$
等速度段（1.5m/s）	0.24～1.6	$0.10g \sim 2.0g$
等加速度段（1.5g）	1.6～15	$2.0g$
加速度下降段（25Hz下降至0.33g）	15～25	$2.0g \sim 0.33g$

前 8 阶振动频率及特征　　　　　　　　　　　　表 16.4-5

振型	振动频率（Hz）	振动特征说明
1	3.8091	沿X轴方向平动
2	3.8384	沿X轴方向平动
3	3.9781	沿XY平面绕Z轴平行转动
4	8.4149	沿Z轴竖向振动

振型	振动频率（Hz）	振动特征说明
5	8.7009	沿XZ平面绕Y轴平行转动
6	8.7762	沿YZ平面绕X轴平行转动
7	9.4709	空间内扭转振动
8	9.9037	绕Y轴扭转振动

前 8 阶振型模态如图 16.4-4 所示。

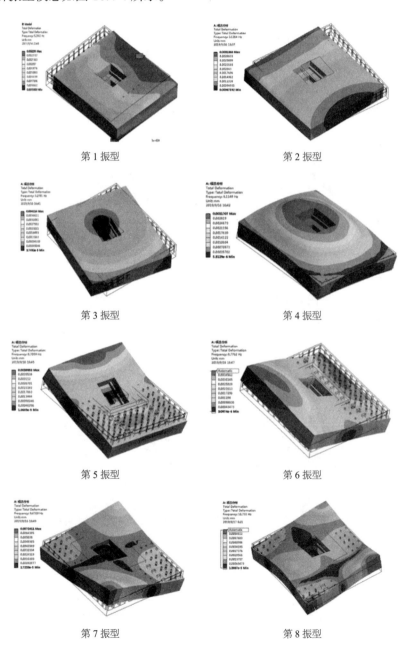

第 1 振型　　　　　　　　　　第 2 振型

第 3 振型　　　　　　　　　　第 4 振型

第 5 振型　　　　　　　　　　第 6 振型

第 7 振型　　　　　　　　　　第 8 振型

图 16.4-4　振型模态示意

从图 16.4-4 可以看出，1、2、3 阶为水平和水平扭转振型，4 阶为竖向振型，5、6 阶为摇摆倾覆振型，7、8 阶以上为空间扭转或其他高阶振型。水平及扭转向振动自振频率 3Hz 左右，竖向振动自振频率 8Hz。在基础质量一定的情况下，桩基刚度对基组竖向自振频率影响很大，侧面土体刚度对水平向振动影响很大。本工程桩基竖向刚度明显大于水平刚度，计算结果与工程实际相符。

（3）动力分析结果

设计中根据模态分析得出的基础各阶频率，结合振动台功能曲线，考虑阻尼比影响，选取水平向及竖向若干控制性频率点，进行计算分析验证。

在振动台基础选取代表性 4 个控制点，分别为竖向激振器底部 C，基坑顶边水平激振器位置 D，核心刚性区域外沿 B，基础边沿 A，如图 16.4-5 所示。

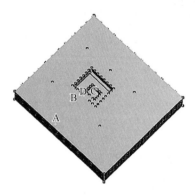

图 16.4-5　控制点位置示意

计算结果控制点最大位移、最大速度及最大加速度如图 16.4-6～图 16.4-8 所示，其中竖向最大响应位于基础 D 点，对应振动频率为 8.1Hz，最大位移 0.0924mm，最大速度 7.371mm/s，最大加速度 0.0456g。

水平向振动各点差距不大，最大响应位于 D 点，对应振动频率为 3.6Hz，最大位移 0.158mm，最大速度 5.17mm/s，最大加速度 0.122g，均满足振动限值要求。

从各控制点振动差值可以看出，竖向振动时，刚性核心区域 B、C、D 点振动差别不大，外围区域 A 点竖向振动位移明显变小；而水平向振动，各点最大振动位移基本相同，表明基础水平刚度及竖向刚度差异对振动传播影响较大。从振动量值可以看出，竖向振动共振频率较高，控制点振动加速度较大，最大振动位移较小；而水平振动自振频率较低，最大振动位移较大，振动加速度较小，符合振动力学基本规律。各振动频率的最大振动速度差别不大，均有较大安全裕度，能够满足结构安全需要。

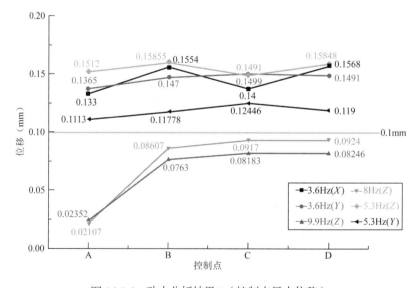

图 16.4-6　动力分析结果 1（控制点最大位移）

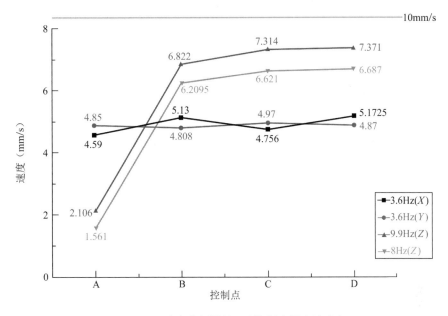

图 16.4-7　动力分析结果 2（控制点最大速度）

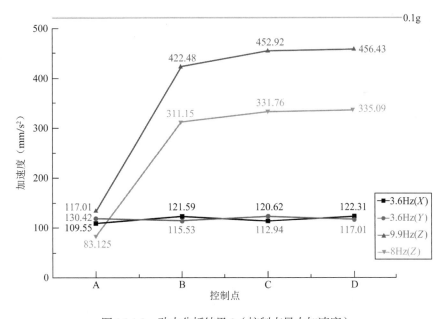

图 16.4-8　动力分析结果 3（控制点最大加速度）

3. 正常试验阶段动力分析

　　大型振动台正常试验以地震模拟为主，计算过程中，选若干天然及人工地震波，根据设计峰值加速度及振动台运动部分质量，计算力谱反作用于激振器底面，分别进行竖向及水平向时程分析，取得基础控制点振动反应，经计算，基础顶面最大位移、速度、加速度均小于振动控制限值。

　　如图 16.4-9 所示，分别以 El-Centro 波及 TAFT 波为例，计算出峰值加速度均不大于

0.04g，远小于振动台验收阶段简谐振动时的基础最大振动输出。

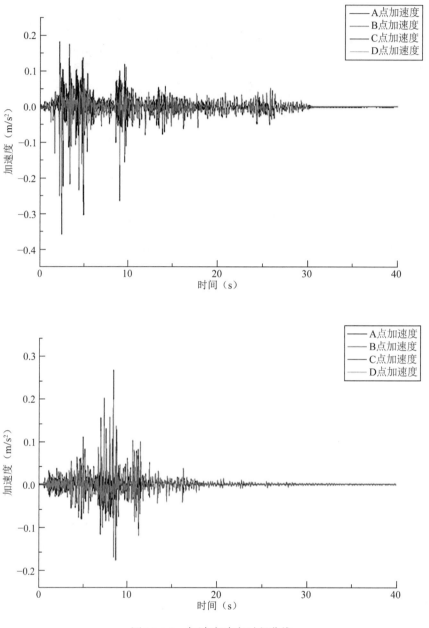

图 16.4-9　加速度响应时程曲线

　　计算结果分析验证：通过对振动台验收阶段的简谐振动分析和正常试验阶段的地震波模拟试验振动分析，简谐振动造成的基础振动远大于地震波模拟试验分析，起控制作用，分析重点是简谐振动对基础的振动影响。分析表明，对于大型地震模拟振动台基础振动控制，仅控制质量比，并不能达到很好的效果。应根据振动特性，结合不同频段，在质量、刚度、阻尼等各方面，采取综合措施。对于远高于自振频率的高频振动，增加基组参振质量能较好地控制，对于远低于自振频率的低频振动，提高地基刚度，对于接近于自振频率的共振频段，尽量增大基组阻尼比。

4．试验建筑结构设计

为满足试验功能需要，本工程振动台试验厂房，如图 16.4-10 所示，跨度 45m，长度 105m。设置两台 500t 起重机，轨顶高程 26m，檐口高度 36m。中间为试验大厅，布置振动试验台，两侧分别设置试验模型加工区及公用设备间和控制室等。

大型振动台试验厂房结构选型原则：除满足常规重型厂房结构选型准则外，重点考虑减小频繁振动影响的措施。主要包括结构布置尽量与振动台对称，结构选型采用抗振能力较强的钢结构，使厂房自振频率远离基础自振频率，减小振动影响。柱网布置、屋面桁架体系、天窗架等，尽量采用主结构，减少次结构，降低局部高频激振发生。

结构计算分析采用三维结构模型（图 16.4-11），因建筑部分与基础刚度相差悬殊，采用上部结构嵌固于振动台基础之上，除常规起重机运行及地震作用计算外，通过模态分析，取得上部建筑主要振型自振频率，选取上部结构自振频率对应频率的振动台基础振动输出，作为振动作用对上部结构进行振动验算，同时选取振动台基础各方向主要振型的最大振动输出对上部结构进行补充验算。

通过计算分析可知，振动台上部建筑主体结构振型频率为 1～2Hz，与振动台基础自振频率差别较大，基础振动对结构主体影响小于地震效应，不起控制作用。而上部结构局部振动的高阶振型，振动频率有可能与基础振动频率重合，振动影响较大，特别是局部构件或屋顶悬挂管线灯具等，需要根据动力分析结果，进行局部加强或采取安全构造措施。

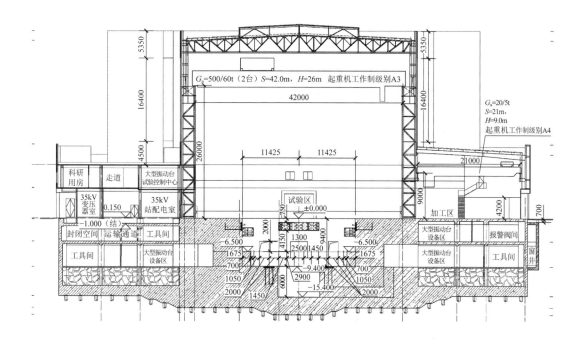

图 16.4-10　结构及基础剖面示意

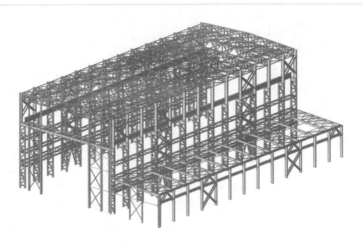

图 16.4-11　上部结构模型图

16.4.2　超重力离心模拟与试验装置实例

1. 工程概况

本项目总建筑面积 34560m²，包括超重力离心机主机楼和试验楼，其中，主机楼包括主试验厅、辅试验厅以及主机运行保障设施等。主试验厅的地下二层结构布置超重力离心机主机室、驱动室、辅助设备间以及设备基础等。

根据建筑功能的空间布局以及离心机机室振动需要，将离心机机室分为 3 个独立的结构单体，其中结构单体 A 为重载机主机室，单体 B 为模型机主机室，单体 C 为高速机主机室。三个机室的基础连成整体（图 16.4-12）。

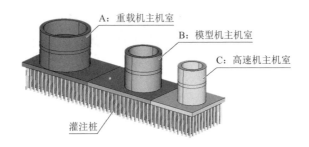

图 16.4-12　结构三维构成图

各离心机机室为两层混凝土剪力墙结构，地下一层层高 7m，地下二层层高 10m，筏板厚度 2m。

2. 设计依据及相关资料

（1）《建筑工程容许振动标准》GB 50868—2013

（2）《工程隔振设计标准》GB 50463—2006

（3）《动力机器基础设计规范》GB 50040—96

（4）《建筑振动荷载标准》GB/T 51228—2017

（5）《建筑桩基础技术规范》JGJ 94—2008

（6）《机械振动　在旋转轴上测量评价机器的振动　第 3 部分：耦合的工业机器》GB/T

11348.3—2011

（7）《机械振动 在非旋转机械上测量评价机器的振动 第 2 部分：50MW 以上，额定转速 1500r/min、1800r/min、3000r/min、3600r/min 陆地安装的汽轮机和发电机》GB/T 6075.2—2012

（8）《公路桥涵地基与基础设计规范》JTG 3363—2019

（9）《城市区域环境振动标准》GB 10070—88

超重力离心机属于大型机器设备，机器运转时会产生较大的振动荷载，由此引起地下结构及设备基础的振动，并通过地基土传递到场地环境中。因此，结构振动既要满足设备工作条件的需求，又要满足场地环境振动的要求。

对机器基础执行《建筑工程容许振动标准》《动力基础标准》相应的标准，对场地振动敏感目标执行《城市区域环境振动标准》相应的标准，见表 16.4-6 和表 16.4-7。

<table>
<tr><td colspan="3" align="center">基础振动评价标准</td><td align="right">表 16.4-6</td></tr>
<tr><td align="center">标准名称</td><td align="center">标准类别</td><td colspan="2" align="center">标准值</td></tr>
<tr><td align="center">《建筑工程容许振动标准》
GB 50868—2013</td><td align="center">离心机基础</td><td colspan="2" align="center">振动位移：0.1mm
振动速度：5.0mm/s</td></tr>
</table>

<table>
<tr><td colspan="2" align="center">环境振动影响评价标准（dB）</td><td colspan="2" align="right">表 16.4-7</td></tr>
<tr><td rowspan="2" align="center">标准名称</td><td rowspan="2" align="center">标准类别</td><td colspan="2" align="center">标准值</td></tr>
<tr><td align="center">昼间</td><td align="center">夜间</td></tr>
<tr><td align="center">《城市区域环境振动标准》
GB 10070—88</td><td align="center">居民、文教区</td><td align="center">70</td><td align="center">67</td></tr>
</table>

转动部分通过主轴轴承与底座连接，而底座与预埋件在顶部通过螺栓连接、在底部通过焊接连接（图 16.4-13）。根据离心机转动系统与结构之间的连接关系，径向振动荷载通过转臂传递到主轴，由主轴传递到底座，由底座传递到地下二层的顶板上。

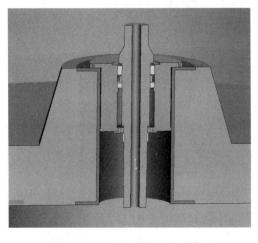

图 16.4-13　离心机轴剖面示意图

振动荷载由设备厂家的模拟结果确定。本项目模拟分析时重载机、模型机和高速机产生的径向振动荷载幅值都取 750kN。高速机的工作频率小于 11Hz，重载机的工作频率小于 5Hz。

3. 工程地质情况

岩土勘察资料显示的场地土分布情况如下（图 16.4-14）：①$_0$ 层为杂填土，厚度约 1.7m；①$_1$ 层为粉质黏土，厚度约 1.3m；第②$_1$ 层为淤泥质黏土，厚度约 9.5m；第③$_2$ 层为黏土，厚度约 3.7m；第④$_3$ 层为粉砂，厚度约 2.6m；第⑤$_1$ 层为黏土，厚度约 0.8m；第⑤$_{2-1}$ 层为粉砂，厚度约 1.5m；第⑤$_3$ 层为粉砂，厚度约 2.4m；第⑥$_3$ 层为圆砾，厚度约 9.0m；第⑩$_1$ 层为全风化泥质粉砂岩，厚度约 1.9m；第⑩$_3$ 层为中等风化泥质砂岩，厚度约 6.0m。桩基位于⑤$_3$、⑥$_3$、⑩$_1$ 和⑩$_3$ 层，其中⑩$_1$ 和⑩$_3$ 是本工程拟建主机室的桩基持力层。

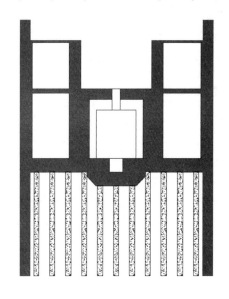
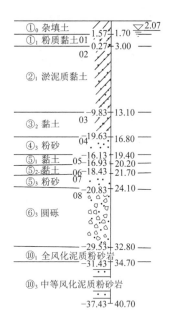

图 16.4-14　工程地质剖面图

地下结构及基础混凝土强度等级如下：基础垫层 C15，基础底板、外墙、地下室顶板 C35；钢筋强度等级 HPB300、HRB400。

4. 地基基础设计

根据设计方案，本项目采用钻孔灌注桩桩筏结构，三个离心机基础筏板厚度一致，均为 2m，舱室纵向中心线处，考虑电梯、离心机及其安装槽等，降板处按折板处理。同时各离心机主机室基础筏板连成整体，增强整体抗振能力。

钻孔灌注桩桩端持力层为⑩$_1$ 全风化泥质粉砂岩和⑩$_3$ 层中等风化泥质砂岩。桩长 15m，其中基础降板处桩长 13m，桩端进入持力层约 4m。布桩采用筏板均匀布桩方式，桩间距为 3d，d 为桩径。布桩图见图 16.4-15。

基坑围护结构的地下连续墙自地面深入基岩，兼作离心机设备基础振动的隔振屏障。

地下结构体系采用钢筋混凝土剪力墙结构，如图 16.4-16 所示，主机室顶部位于地面 -3m。高速机舱室剪力墙厚 1800mm，电机室剪力墙厚 3100mm，模型机主机室内筒剪力墙厚 2000m，外筒剪力墙厚 1800m，重载机主机室内筒剪力墙厚 2000mm，外筒剪力墙厚 1800mm，地下一层顶板厚 300mm，地下二层顶板厚 600mm，如图 16.4-17 所示。

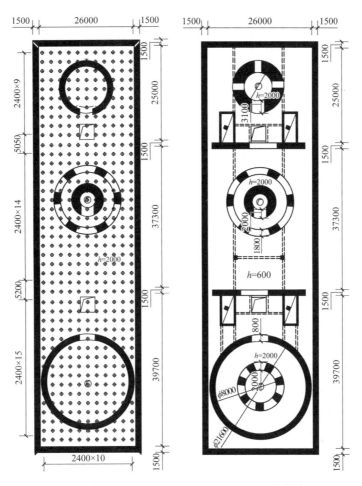

图 16.4-15　桩位平面布置图　　　图 16.4-16　竖向构件布置图

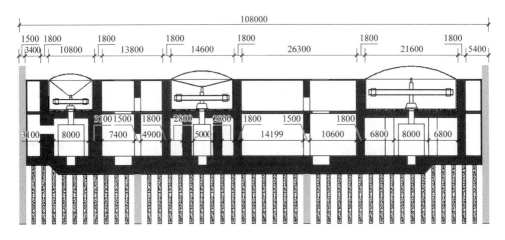

图 16.4-17　离心机机室纵向剖面图

本工程针对基础振动的结构设计和分析思路为：

第一步，建立整体有限元模型，进行基础振动控制概念方案设计，确定结构振动控制的策略和采取的结构措施；

第二步，分析桩侧土、地下室外墙土对基础振动的影响；

第三步，根据振动控制的目标，确定合理的结构、桩基、土的参数，然后对结构进行模态分析、频域分析和振动评价。

5. 计算模型参数

计算模型中的单元类型和参数如表 16.4-8 所示。

计算模型采用的单元类型和参数 表 16.4-8

软件类型	部位	单元类型	单元参数
ANSYS V15.0	墙、楼板、筏板	Solid65	弹性模量：$3.15 \times 10^{10} \text{N/m}^2$ 泊松比：0.2 密度：2500kg/m^3
	桩	Beam188	截面：直径 1000mm 弹性模量：$3.15 \times 10^{10} \text{N/m}^2$ 泊松比：0.2 密度：2500kg/m^3
	弹簧	Link180	弹性模量：$2.1 \times 10^5 \text{N/m}^2$ 长度：0.5m 截面：根据刚度调整截面面积
	接触单元	MPC	

在分析模型中将桩周围的土体模拟为弹簧。土弹簧的刚度采用"m"值法计算得到。"m"值根据各层土的类别查《公路桥涵地基与基础设计规范》JTG 3363—2019 确定。

根据项目建设地点的地质情况，桩基穿过土层包括⑤₃粉砂、⑥₃圆砾、⑩₁全风化泥质粉砂岩和⑩₃层中等风化泥质粉砂岩，其中⑩₁和⑩₃是本工程拟建主机室的桩基持力层。

按照《公路桥涵地基与基础设计规范》JTG 3363—2019，桩侧面的地基系数随深度Z_i成正比例增长，即 $C = mZ_i$（m 为地基刚度比例系数）。本项目将桩全长等分为 6 段，每段 2m，各中间集中弹簧的刚度可按下式计算：

$$K_i = b_1 \lambda m Z_i \tag{16.4-1}$$

式中，b_1 为桩的计算宽度；m 为比例系数；λ 为节段长度；Z_i 为自地面至第 i 集中弹簧的距离。

根据规范，当桩径 $d \leqslant 1.0$m 时，桩的计算宽度为：

$$b_1 = 0.9(1.5d + 0.5)$$

根据上述公式，并按规范查表的值即可得到筏板下每段土弹簧的刚度。本计算中 m 值分别取规范中的下限值和上限值，由此确定相应的土弹簧的刚度见表 16.4-9 及表 16.4-10。

桩侧土弹簧刚度（桩径 d=1.0m） 表 16.4-9

深度 Z（m）	m		宽度 b_1（m）	段长度 λ（m）	刚度（kN/m）	
	下限值	上限值			下限值	上限值
2	30000	80000	1.8	2	216000	576000
4	80000	120000	1.8	2	1152000	1728000
6	80000	120000	1.8	2	1728000	2592000
8	80000	120000	1.8	2	2304000	3456000
10	80000	120000	1.8	2	2880000	4320000

深度Z（m）	m		宽度b_1（m）	段长度λ（m）	刚度（kN/m）	
	下限值	上限值			下限值	下限值
2	3000	5000	1	2	12000	20000
4	3000	5000	1	2	24000	40000
6	3000	5000	1	2	36000	60000
8	3000	5000	1	2	48000	80000
10	3000	5000	1	2	60000	100000
12	3000	5000	1	2	72000	120000
14	5000	10000	1	2	140000	280000
16	5000	10000	1	2	160000	320000
18	5000	10000	1	2	180000	360000
20	5000	10000	1	2	200000	400000
22	5000	10000	1	2	220000	440000
24	5000	10000	1	2	240000	480000
26	30000	80000	1	2	1560000	4160000
28	30000	80000	1	2	1680000	4480000
30	30000	80000	1	2	1800000	4800000
32	30000	80000	1	2	1920000	5120000

单位面积侧墙土弹簧刚度　　　　　　　　　　表 16.4-10

基础底板位置桩长 15m，降板较基础底板下沉 2m，此处桩长 13m，桩端进入基岩约 4m，因此，距基础底板−11m 以下都按固支考虑，同时，桩上端与筏板之间刚接，Solid 单元与 Beam 单元之间的连接采用 MPC 单元模拟。以下各分析工况都采用相同的边界条件。

6. 有限元模型

根据上述建模参数，建立离心机机室的计算模型，如图 16.4-18 所示。

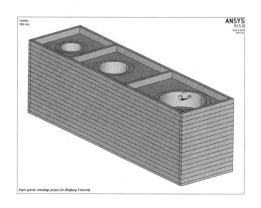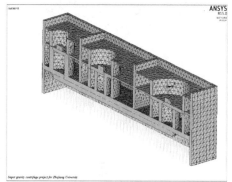

图 16.4-18　离心机机室整体计算模型

7. 模态分析

通过计算分析，离心机主机室在原状土刚度与 2 倍桩间土刚度两种工况下的前 6 阶固有频率如表 16.4-11 所示。

三机整体模型前 6 阶固有频率及振型特性　　　　　　　　表 16.4-11

阶数	外墙土 + 原状土刚度			外墙土 + 2 倍桩间土刚度		
	频率（Hz）	振型	基频/工作频率	频率（Hz）	振型	基频/工作频率
1	12.90	沿Y轴（长轴）振动	1.29	13.22	沿Y轴（长轴）振动	1.32
2	13.38	沿X轴（短轴）振动		13.49	沿X轴（短轴）振动	
3	14.16	绕长轴中线位置扭转		14.28	绕长轴中线位置扭转	
4	16.36	绕长轴1/3、2/3等分线位置扭转		16.46	绕长轴1/3、2/3等分线位置扭转	
5	17.50	上部结构摆动		17.61	上部结构摆动	
6	19.93	扭转振动		20.06	扭转振动	

从表 16.4-11 可知，在原状土刚度条件下，结构的基频达到 12.90Hz；在 2 倍桩间土刚度条件下，结构的基频达到 13.22Hz，都避开了离心机的工作频率，避免了基础发生共振。

2 倍桩间土刚度条件下的结构振型如图 16.4-19 所示。

根据本节分析结果可知：

（1）两种工况下，结构振型基本一致，结构体系第 1 阶和第 2 阶振型为水平振动，第 3 阶、第 4 阶和第 6 阶振型为扭转振动，第 5 阶振型为上部结构摆动。

（2）两种工况比较，随着桩侧土刚度增加，基础的基频有所提升，原状土刚度条件下基础的基频为 12.90Hz，2 倍桩间土刚度条件下基础的基频为 13.22Hz，增大约 3%，增大效果不明显。

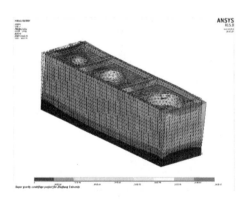
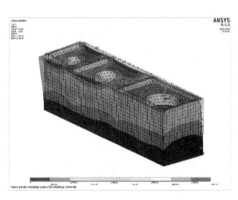
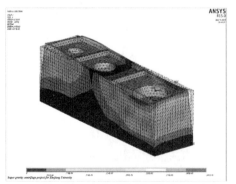
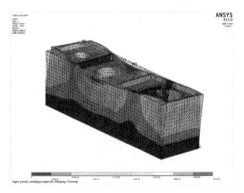

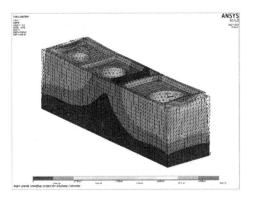
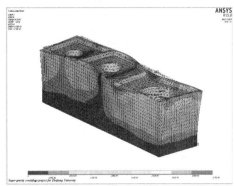

图 16.4-19　前 6 阶振型模态

8. 稳态分析

一般采用频域的稳态分析求解建筑物中的旋转机械对建筑物或者自身运行的影响，分析的目的是避免结构共振、疲劳等不利情况。

本节对结构进行稳态分析确定结构的振动响应与频率的关系，并判断结构的振动水平是否满足相关规范和标准的要求。为分析最不利荷载组合情况，在离心机转臂和主轴交叉处分别施加 X、Y 方向振动荷载，幅值均为 750kN，扫频的频率为 1～20Hz。荷载施加共分四种工况，分别为重载机、模型机和高速机单独施加，以及三台机器同时施加。

模型参数为：桩径 1.0m，桩长 15m；墙覆土刚度按表 16.4-9 和表 16.4-10 中弹簧刚度计算值的最大值取值，桩侧土刚度按表中弹簧刚度计算值的最大值及 2 倍取值。

原状土刚度条件下结构频域分析如下：

（1）重载机加载时，各离心机基座位移响应及速度响应如图 16.4-20 及图 16.4-21 所示。可见在原状土刚度条件下，对重载机同时施加 X、Y 方向 750kN 的力进行扫频计算，在离心机工作频率下各点响应均满足规范要求。从图中还可以看出，振动由重载机传递至模型机再传递至高速机，响应水平逐渐衰减。重载机到模型机的振动水平衰减明显，而模型机到高速机衰减较弱，这是因为重载机与模型机距离较远，模型机与高速机距离较近。

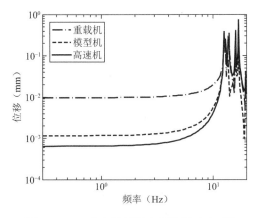
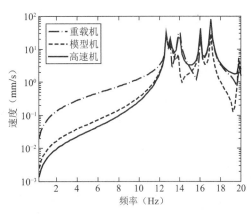

图 16.4-20　离心机基座水平位移响应对比　　图 16.4-21　离心机基座水平速度响应对比

（2）模型机加载时，各离心机基座位移响应和速度响应如图 16.4-22 及图 16.4-23 所示。可见在原状土刚度条件下，对模型机同时施加X、Y方向 750kN 的力进行扫频计算，在离心机工作频率下各点响应均满足规范要求。振动由模型机传递至重载机和高速机，响应水平均有所衰减。模型机到重载机的振动水平衰减较明显，模型机到高速机衰减较弱，这是因为模型机与重载机距离较远，而模型机与高速机距离较近。

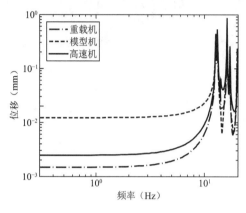 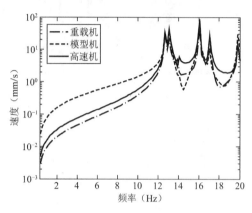

图 16.4-22　离心机基座水平位移响应对比　　　图 16.4-23　离心机基座水平速度响应对比

（3）高速机加载时，各离心机基座位移响应和速度响应如图 16.4-24 及图 16.4-25 所示。可见在原状土刚度条件下，对高速机同时施加X、Y方向 750kN 的力进行扫频计算，在离心机工作频率下各点响应均满足规范要求。振动由高速机传递至模型机再传递至重载机，响应水平有所衰减。高速机到模型机的振动水平衰减明显，模型机到重载机衰减较弱，这是因为高速机与模型机距离较近，而模型机与重载机距离较远，符合振动传递规律。

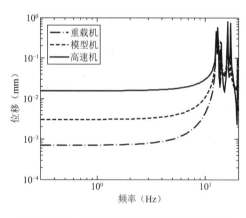

图 16.4-24　离心机基座水平位移响应对比　　　图 16.4-25　离心机基座水平速度响应对比

（4）三机同时加载各离心机基座位移响应和速度响应

将各离心机单独工作时的某个离心机基础的响应相加，得到三台机器同时工作时该离心机基础的响应，图 16.4-26～图 16.4-33 为详细分析数据。可见在原状土刚度条件下，对三台离心机同时施加X、Y方向 750kN 的力进行扫频计算，在离心机工作频率下各点响应均满足规范要求；三台离心机同时工作时，高速机的响应最大，重载机的响应最小。

同样的分析过程, 经过分析得到在 2 倍桩间土刚度条件下, 各离心机基础的动力响应, 其振动响应和传播规律与原状土相似, 此处不再赘述。

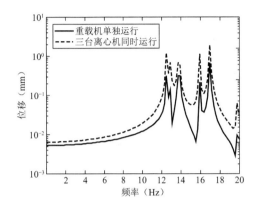

图 16.4-26　重载机单独运行与三机同时运行时
重载机基座水平位移响应对比

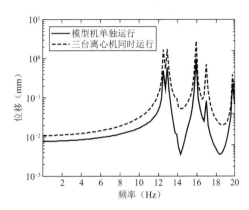

图 16.4-27　模型机单独运行与三机同时运行时
模型机基座水平位移响应对比

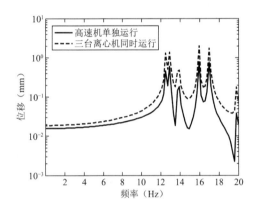

图 16.4-28　高速机单独运行与三机同时运行时
高速机基座水平位移响应对比

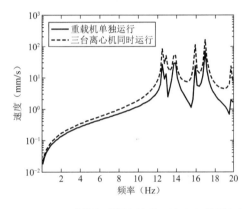

图 16.4-29　重载机单独运行与三机同时运行时
重载机基座水平速度响应

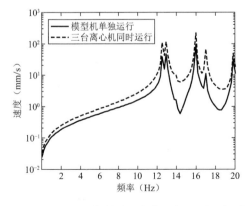

图 16.4-30　模型机单独运行与三机同时运行时
模型机基座水平速度响应对比

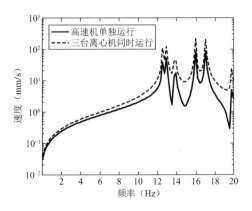

图 16.4-31　高速机单独运行与三机同时运行时
高速机基座水平速度响应对比

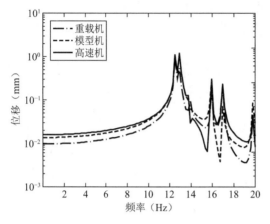

图 16.4-32　三机同时运行时各离心机基座
水平位移响应对比

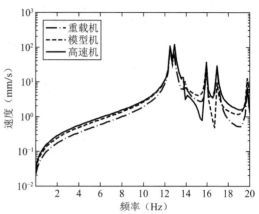

图 16.4-33　三机同时运行时各离心机基座
水平速度响应对比

9．地面振动预测

地面振动衰减计算如下：离心机主机室的振动响应确定之后，可以根据地面振动衰减公式得到距振源 r(m)处地面的竖向或水平向的振动线位移、速度和加速度。根据《动力基础标准》，距振源 r(m)处地面的竖向振动线位移可以用下列公式进行计算：

$$u_\mathrm{r} = u_0 \left[\frac{r_0}{r}\xi_0 + \sqrt{\frac{r_0}{r}}(1-\xi_0) \right] \mathrm{e}^{-f_0\alpha_0(r-r_0)} \tag{16.4-2}$$

$$r_0 = \mu_1 \sqrt{\frac{A}{\pi}} \tag{16.4-3}$$

式中，u_r 为距振动基础中心 r 处地面的振动线位移（m）；u_0 为振动基础的振动线位移（m）；f_0 为基础上机器的扰力频率（Hz）；r_0 为基础的当量半径（m）；ξ_0 为无量纲系数（m）；α_0 为地基土能量吸收系数（s/m）。

得到地面振动后，即可得到地面 Z 振级：

$$VL_\mathrm{z} = 20\lg\frac{a}{a_0} \tag{16.4-4}$$

式中，α 为地面上的振动加速度（m/s²），$\alpha = \omega^2 u_\mathrm{r}$；$\alpha_0$ 为 10^{-6}m/s²。

根据计算结果可知，对于高速机，在工作频率 0～10Hz 范围内的地面铅垂向振级最大为 65dB，对于低速机工作频率 0～4Hz 范围内的地面铅垂向振级最大为 44dB，都满足规范的要求。

10．结论

通过不同基础形式的结构振动控制方案的分析结果可知：

（1）对于整体基础，结构体系第 1 阶和第 2 阶振型为水平振动，第 3 阶、第 4 阶和第 6 阶振型为扭转振动，第 5 阶振型为上部结构摆动。

（2）对于整体基础，考虑外墙土及桩间土对结构的作用后，基础的基频避开了离心机的工作频率，可以避免结构发生共振。

（3）对于整体基础，三台离心机单独或同时施加 X、Y 方向 750kN 的力进行扫频计算，在离心机工作频率下各点响应均满足规范要求。

16.4.3　大型振动台异形动力基础隔振实例

1．工程概况

某大学工程师学院试验大楼振动台结构如图 16.4-34 所示，由 4 个垂直液压作动器、4 个水平液压作动器支撑并激振，产生六自由度运动。8 个液压作动器的反力作用在内基础上，内基础与隔振器构成隔振系统。

振动台的主要参数是内基础设计的重要参考资料。台面尺寸为 6.0m × 6.0m，台面自重 30t，台面最大有效负载为 30t，台面最大容许倾覆力矩 75t·m，激振方向为三向，台面最大水平位移为 ±0.5m，台面最大竖直位移为 ±0.2m，台面满载最大水平加速度为 ±1.0g，台面满载最大竖直加速度为 ±1.0g，工作频率范围为 0.1～50Hz，振动波形为地震波、正弦波、随机波等用户定义波形，台面驱动形式为液压伺服驱动。

本工程隔振的主要目的是控制基础顶面的振动响应：基础角点及中心点在三个方向的峰值加速度 ≤ 0.08g；外基础振动峰值加速度 ≤ 0.02g。

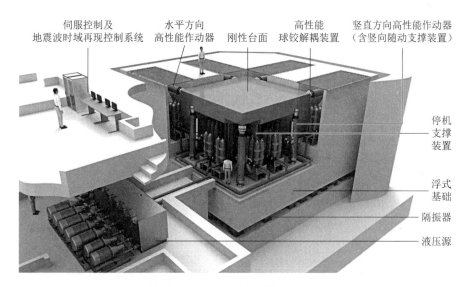

图 16.4-34　振动台结构示意图

受场地条件的限制，振动台基础平面为去掉 1/2 左上角的正方形（图 16.4-35），边长为 13.4m，高度为 9.05m。振动台位于右下角 7.2m × 7.2m 区域内，4 个水平向作动器分别位于左下方和右上方，安装作动器的通道宽 2m，深 1.5m。

2．隔振方案

地震模拟振动台的基础支撑着整个振动台系统，如果振动台基础振动过大，会破坏振动台的运动性能，对工作人员的健康产生一定的影响，更为严重的是危害到周围建筑物和设施。因此，基础振动控制设计尤为重要。目前，控制振动台基础的主要途径是选择合理的基础几何形状，增大基础的重量，提高基础的刚度，把基础振动水平控制在规定的范围之内。若周围建筑物对振动有更高的要求，则需要对振动台基础采取隔振设计才能满足相关要求。因此，根据本项目的特点，本项目采取隔振措施进行振动控制。

由于振动台的工作频率范围很宽，基础的自振频率往往在这个频率范围之内，不可避免地会发生共振。结合结构动力学振动传递率及隔振装置变形能力，确定隔振支座布置原则：①隔振系统的基频不大于2.5Hz；②重力荷载下隔振支座竖向变形极差小于1mm；③隔振层刚心与上部结构质心的偏心小于3.0%。此外，振动台基础一般按照动力机器基础的理论进行设计分析，基础的重量约为总重的50倍。

为了使隔振系统质刚重合，将隔振器放置在基础四周，位于中下部，在厚度较大的地方，隔振器间距减小，厚度较小的地方，隔振器间距相应增大。基础中间设置下挂钢砂混凝土块体，降低基础的重心。在基础下部沿四周布置共32个钢弹簧隔振支座如图16.4-36所示。隔振器顶高程确定为−7.000m，剖面图如图16.4-37所示。

3. 动力荷载

根据设备厂家提供的作动器力谱，共5个典型工况，分别是X向单独振动，Y向单独振动，X、Y水平向同动、Z向单独振动、X、Y、Z三向同时振动。六自由度振动台三维结构和作动器编号分别如图16.4-38和图16.4-39所示。台面坐标按右手定则确定X、Y、Z轴的方向。台面的在工作零位时台面的上表面为X、Y所在平面，X、Y的坐标原点位于台面几何中心。各液压缸的活塞杆伸出方向为正方向，与台面的X、Y、Z正方向一致。

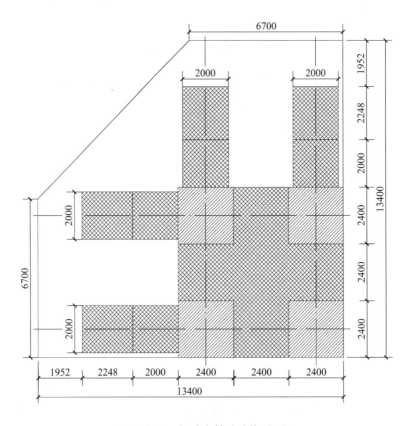

图 16.4-35　振动台基础结构平面图

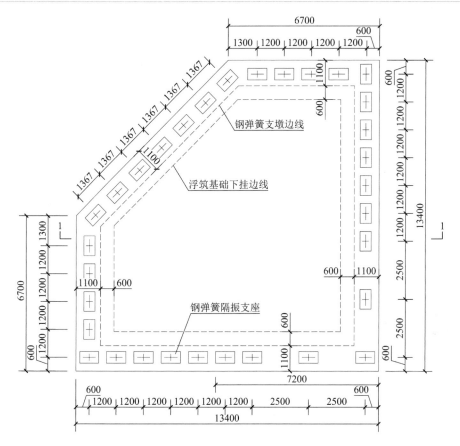

图 16.4-36　钢弹簧隔振支座平面布置图

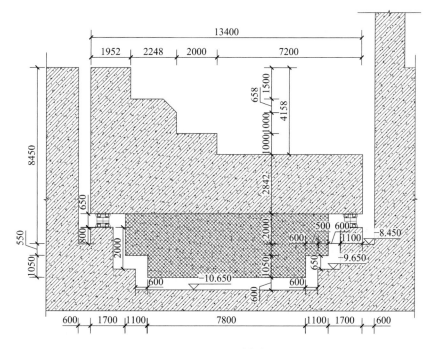

图 16.4-37　1-1 剖面图

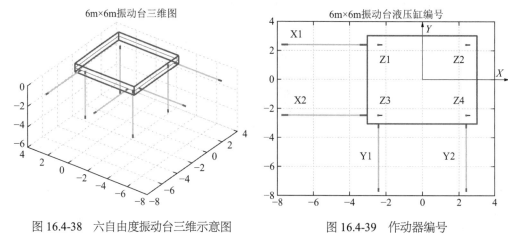

图 16.4-38　六自由度振动台三维示意图　　　　图 16.4-39　作动器编号

（1）水平单向满载振动时的力谱

满载 300kN，质心高度 2.5m，Y 轴方向模型无偏心。当进行 X 向振动时，由于倾覆趋势，会在 Z 轴液压缸上产生附加力。Y 向作动器理论上无荷载。按伺服控制单独控制（无波形再现），仿真得到 X 向振动时 X 向作动器、Z 向作动器的力谱，如图 16.4-40 所示。两个 X 向激振力同相位，Z1、Z3 与 X 向激振力同相位，Z2、Z4 与 X 向激振力反相位。其中，在 10Hz 以下 Z2 作动器的力与其他作动器反相位，在 10Hz 以上，各作动器都是同相位激振。

当进行 Y 向振动时，由于结构的对称性，Y 向作动器力谱同 X 向作动器的力谱。

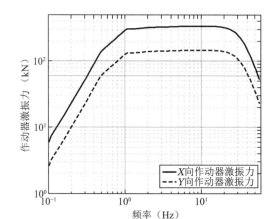

图 16.4-40　X 向加载时的 X 向作动器力谱、Z 向作动器力谱

（2）X、Y 向满载同时振动时的力谱

X、Y 同相位、同幅值激振时，台面沿 45° 对角线运动，Z2、Z3 承担抗倾覆荷载，力谱如图 16.4-41 所示。两个 X 向、两个 Y 向激振力同相位，Z3 与 X 向、Y 向激振力同相位，Z2 与 X 向、Y 向激振力反相位。

（3）Z 向单独满载振动的力谱

Z 向满载激振时，模型在 X 轴、Y 轴无偏心，Z 向质心高 2.5m。Z 向作动器的力谱如图 16.4-42 所示。

（4）*X*、*Y*、*Z*三向同相位同时满载振动的力谱

X、*Y*、*Z*三向同时同相位激振时，*X*、*Y*、*Z*三向作动器的力谱如图 16.4-43 所示。其中 Z2 作动器的力在 10Hz 以下是与其他作动器反相位，在 10Hz 以上，各作动器同相位激振。

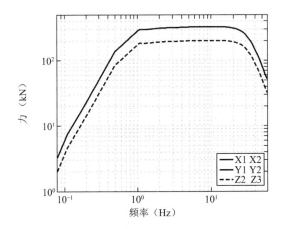

图 16.4-41　*X*、*Y*向加载时的*X*向、*Y*向、*Z*向作动器力谱

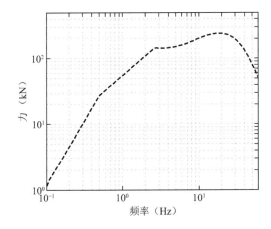

图 16.4-42　*Z*向加载时的*Z*向作动器力谱力谱

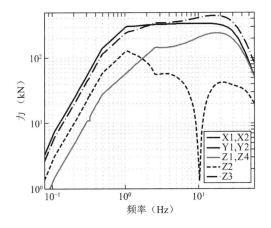

图 16.4-43　三向同时加载时各作动器激振力

4. 隔振前振动响应分析

（1）内基础振动

采用 SAP2000 软件对振动台内基础隔振系统整体建模，振动台基础采用 Solid 实体单元模拟，钢弹簧隔振器采用 Link 单元模拟。上部混凝土为 C30，弹性模量为 3×10^4MPa，泊松比为 0.2，密度为 2500kg/m³，下挂为钢砂混凝土，密度为 3300kg/m³，阻尼比为 0.05。隔振系统有限元模型如图 16.4-44 所示。

图 16.4-44　有限元模型

隔振系统前 10 阶模态计算结果如表 16.4-12 所示，部分振型如图 16.4-45 所示。从计算结果可以看出，第 1 阶振型为沿−45°对角线水平振动，第 2 阶振型为沿 45°对角线水平振动，第 3 阶为绕Z轴转动，第 4 阶为竖向振动，第 5 阶为绕−45°对角线转动，第 6 阶为绕 45°对角线转动，从第 7 阶振型开始为上部结构的自身振动。

隔振系统前 10 阶频率和振型质量参与系数　　　　　表 16.4-12

阶数	频率（Hz）	SumUX	SumUY	SumUZ	SumRX	SumRY	SumRZ
1	1.30	0.48	0.47	6.0E-9	0.018	0.018	6.7E-8
2	1.34	0.96	0.96	8.2E-9	0.037	0.037	0.011
3	1.71	0.96	0.96	8.4E-9	0.043	0.043	1
4	2.43	0.96	0.96	1	0.043	0.043	1
5	2.58	0.99	0.99	1	0.37	0.4	1
6	2.64	1	1	1	1	1	1
7	55.18	1	1	1	1	1	1
8	69.54	1	1	1	1	1	1
9	71.21	1	1	1	1	1	1
10	73.77	1	1	1	1	1	1

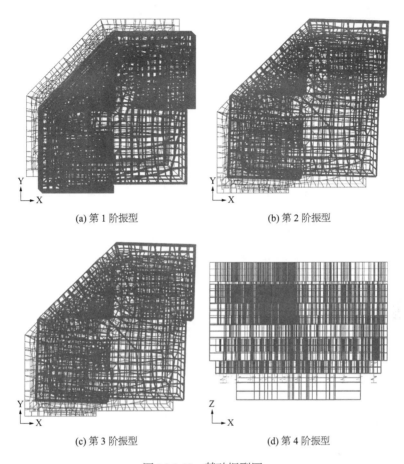

(a) 第 1 阶振型　　　　　　　　　　(b) 第 2 阶振型

(c) 第 3 阶振型　　　　　　　　　　(d) 第 4 阶振型

图 16.4-45　基础振型图

　　将上述各典型工况下的作动器激振力作为输入动荷载，得到各分析工况下基础顶面
的动力响应，如图 16.4-46～图 16.4-53 所示。根据计算结果，振动台内基础的振动位移
小于 6mm，振动加速度小于 800mm/s² (0.08g)，满足设计要求。同时，在系统的固有频
率处有明显的峰值，这表明在设备启动阶段会发生共振，过了共振段之后，基础的振动明
显减小。

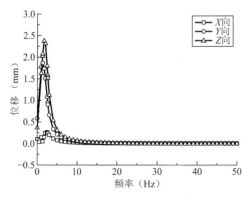

图 16.4-46　X 向激振时基础顶面位移

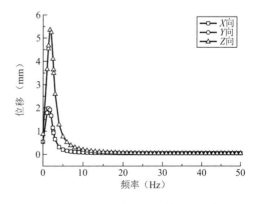

图 16.4-47　X、Y 向激振时基础顶面位移

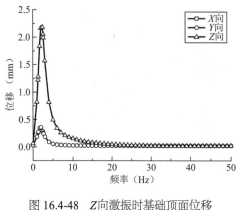

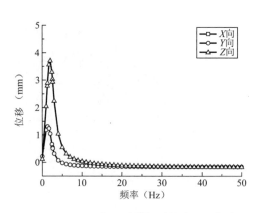

图 16.4-48　Z向激振时基础顶面位移　　　　图 16.4-49　三向同时激振时基础顶面位移

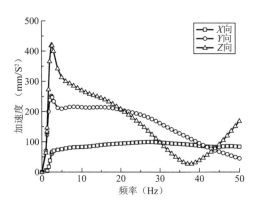

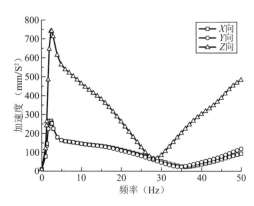

图 16.4-50　X向激振时基础顶面加速度　　　图 16.4-51　X、Y向激振时基础顶面加速度

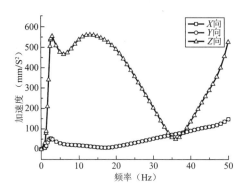

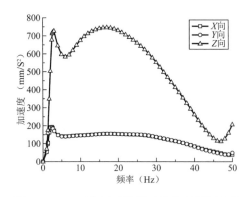

图 16.4-52　Z向激振时基础顶面加速度　　　图 16.4-53　三向同时激振时基础顶面加速度

（2）外基础振动

外基础的激振力为32个隔振支座传递到的动荷载，其最大的激振力如图 16.4-54 所示。外基础结构模型包括筏板、桩基和上部结构，本计算取部分结构模型。

根据《动力基础标准》相关规定，计算建筑基础底部土体的刚度系数，其中，抗压刚度系数：$C_z = 21119\text{kN/m}^3$，抗剪刚度系数：$C_x = 14783\text{kN/m}^3$。有限元模型如图 16.4-55 所示。

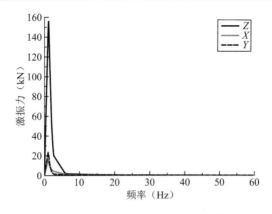

图 16.4-54　隔振支座 1 激振力曲线

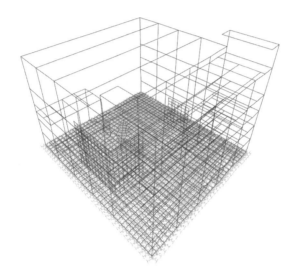

图 16.4-55　有限元模型

　　根据分析结果提取浮筑基础附近动力响应,如图 16.4-56~图 16.4-58 所示。根据计算结果,外基础振动加速度小于 0.02g,满足要求。

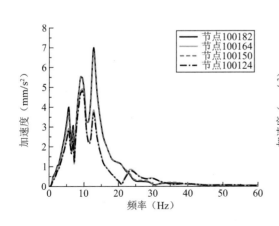

图 16.4-56　外基础筏板X向加速度响应

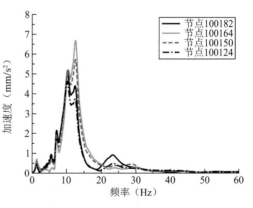

图 16.4-57　外基础筏板Y向加速度响应

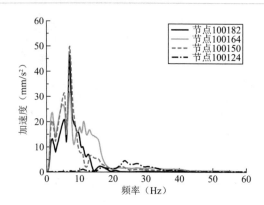

图 16.4-58　外基础筏板Z向加速度响应

5. 基础隔振分析与设计

本工程振动控制的关键技术为：合理确定隔振系统的基频，该值需要根据振动台台面的控制精度以及隔振传递效率综合确定，本项目隔振系统的基频不大于 2.5Hz；隔振支座的布置尽量符合质刚重合的原则，隔振层刚心与上部结构质心的偏心小于 3.0%，减小结构绕水平轴的摆动和扭转模态的影响。

（1）隔振选型

本项目采用钢弹簧隔振器作为隔振装置，隔振器的刚度按下述方法确定：首先计算在自重荷载作用下的支座反力；然后根据基频 2.5Hz 反算得到与基频对应的支座竖向变形，本项目支座竖向变形为 42mm；最后用支座反力除以变形，得到隔振器的竖向刚度。隔振器的水平刚度由厂家根据设计的竖向刚度，确定相应的产品规格，从而确定水平刚度。本项目每个隔振器的水平刚度统一为 7.6kN/mm。为了降低振动台基础的响应，钢弹簧隔振器配置的阻尼均为 1.2kN/（mm/s）。隔振系统和隔振器的参数如表 16.4-13 及表 16.4-14 所示。

隔振系统参数　　　　　　　　　　　　　表 16.4-13

长度	L	14.40m
宽度	B	14.40m
高度	H	9.05m
振动台质量	M_a	480kN
预埋件质量	M_s	100kN
混凝土质量	M_c	30057
浮筑基础总质量	$M + M_a$ $M_s + M_c$	30637kN
竖向频率	f	2.45Hz
振动台工作频率	f_m	0～60Hz
自重下隔振器竖向变形	d	42mm

隔振器参数		表 16.4-14
隔振器数量	N	32
刚度	K_v	20.3kN/mm 21.0kN/mm 21.7kN/mm 22.3kN/mm 23.3kN/mm 23.9kN/mm 24.6kN/mm
	K_h	6.6kN/mm 7.6kN/mm
总刚度	K_v K_h	738.50kN/mm 230.20kN/mm
阻尼	D_v D_h	0.6kN·s/mm 1.2kN·s/mm
总阻尼	D_v D_h	19.2kN·s/mm 38.4kN·s/mm
静位移	d	42mm
隔振系统的竖向频率	f	2.45Hz
隔振器承载能力	F	34691kN

（2）隔振效果

为了验证振动控制效果，并与预期目标进行对比，对振动台的内外基础进行振动测试。测试内基础顶面在三个方向上的加速度、外基础在三个方向上的加速度。测点布置如图 16.4-59 所示，内基础布置 4 个测点，外基础布置 4 个测点，总共 8 个测点。内基础各测点距离基础边 600mm，外基础测点距离基础边 1000mm。测试结果如表 16.4-15～表 16.4-22 所示，由表中数据分析可知，隔振后内基础与外基础振动均满足要求。

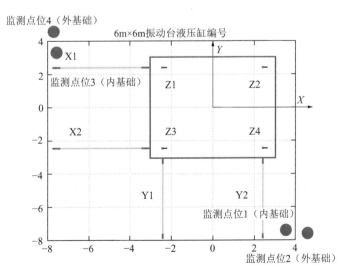

图 16.4-59　测点布置图

测点 1（内基础）最大振动加速度均方根值（Z 向垂直振动） 表 16.4-15

最大值工况	方向	最大均方根值（mm/s²）	对应主频（Hz）
满载 30t 负载，最大加速度 1g，频率 3Hz，振动方向Z	X	121.8	2.9
	Y	118.4	2.9
	Z	185.2	2.9

测点 2（外基础）最大振动加速度均方根值（Z 向垂直振动） 表 16.4-16

最大值工况	方向	最大均方根值（mm/s²）	对应主频（Hz）
满载 30t 负载，最大加速度 1g，频率 3Hz，振动方向Z	X	8.2	8.8
	Y	8.1	8.8
	Z	13.3	2.9

测点 3（内基础）最大振动加速度均方根值（Z 向垂直振动） 表 16.4-17

最大值工况	方向	最大均方根值（mm/s²）	对应主频（Hz）
满载 30t 负载，最大加速度 1g，频率 3Hz，振动方向Z	X	132.6	2.9
	Y	128.2	2.9
	Z	203.9	2.9

测点 4（外基础）最大振动加速度均方根值（Z 向垂直振动） 表 16.4-18

最大值工况	方向	最大均方根值（mm/s²）	对应主频（Hz）
满载 30t 负载，最大加速度 1g，频率 3Hz，振动方向Z	X	8.7	8.8
	Y	10.9	8.8
	Z	15.7	2.9

测点 1（内基础）最大振动加速度均方根值（X 向垂直振动） 表 16.4-19

最大值工况	方向	最大均方根值（mm/s²）
满载 30t 负载，频率 0.3Hz，最大X向位移 0.5m	X	95.0
	Y	122.7
	Z	174.6

测点 2（外基础）最大振动加速度均方根值（X 向垂直振动） 表 16.4-20

最大值工况	方向	最大均方根值（mm/s²）
满载 30t 负载，频率 0.3Hz，最大X向位移 0.5m	X	8.0
	Y	3.1
	Z	2.8

测点 3（内基础）最大振动加速度均方根值（X 向垂直振动）　　　表 16.4-21

最大值工况	方向	最大均方根值（mm/s²）
满载 30t 负载，频率 0.3Hz，最大X向位移 0.5m	X	291.0
	Y	305.1
	Z	415.5

测点 4（外基础）最大振动加速度均方根值（X 向垂直振动）　　　表 16.4-22

最大值工况	方向	最大均方根值（mm/s²）
满载 30t 负载，频率 0.3Hz，最大X向位移 0.5m	X	8.4
	Y	12.1
	Z	6.9

参考文献

[1]　动力机器基础设计标准: GB 50040—2020[S]. 北京: 中国计划出版社, 2020.

[2]　地基动力测试规范: GB/T 50269—2015[S]. 北京: 中国计划出版社, 2015.

[3]　液压振动台: GB/T 21116—2007[S]. 北京: 中国标准出版社, 2007.

[4]　液压振动台基础技术规范: GB 50699—2011[S]. 北京: 中国计划出版社, 2011.

[5]　建筑工程容许振动标准: GB 50868—2013[S]. 北京:中国计划出版社, 2013.

[6]　常士骠, 张苏民. 工程地质手册[M]. 5 版. 北京: 中国建筑工业出版社, 2017.

[7]　徐建. 建筑振动工程手册[M]. 2 版. 北京:中国建筑工业出版社, 2016.

[8]　黄浩华. 地震模拟振动台的设计与应用技术[M]. 北京: 地震出版社, 2008.

[9]　张同亿, 付仰强, 赵宏训. 大型地震模拟振动台基础设计综述[J]. 建筑结构, 2021, 51(17): 106-114.